AF671225

Otto Sterns gesammelte Briefe – Band 1

Horst Schmidt-Böcking · Alan Templeton ·
Wolfgang Trageser
(Hrsg.)

Otto Sterns gesammelte Briefe – Band 1

Hochschullaufbahn und die Zeit des Nationalsozialismus

Herausgeber

Horst Schmidt-Böcking
Institut für Kernphysik
Universität Frankfurt
Frankfurt, Deutschland

Wolfgang Trageser
Institut für Kernphysik
Universität Frankfurt
Frankfurt, Deutschland

Alan Templeton
Oakland, USA

ISBN 978-3-662-55734-1 ISBN 978-3-662-55735-8 (eBook)
https://doi.org/10.1007/978-3-662-55735-8

Die Deutsche Nationalbibliothek verzeichnet diese Publikation in der Deutschen Nationalbibliografie; detaillierte bibliografische Daten sind im Internet über http://dnb.d-nb.de abrufbar.

Springer Spektrum

Verantwortlich im Verlag: Margit Maly

Gedruckt auf säurefreiem und chlorfrei gebleichtem Papier

Springer Spektrum ist ein Imprint der eingetragenen Gesellschaft Springer-Verlag GmbH, DE und ist ein Teil von Springer Nature.
Die Anschrift der Gesellschaft ist: Heidelberger Platz 3, 14197 Berlin, Germany

Vorwort der Akademie der Wissenschaften in Hamburg

Als die Sprecherin der Akademie-Arbeitsgruppe „Wissenschaftsgeschichte", die Mathematikhistorikerin Karin Reich, vorschlug, die Edition der zum Teil bisher noch unveröffentlichten Korrespondenzen Otto Sterns als Projekt im Rahmen ihrer Arbeitsgruppe zu unterstützen, haben wir seitens der Akademie der Wissenschaften in Hamburg diesen Vorschlag gerne angenommen.

Denn zu Hamburg hatte Otto Stern enge Beziehungen: Nach seiner Zeit in Frankfurt und Rostock kam er 1923 als erster Ordinarius und Direktor an das neu gegründete Institut für physikalische Chemie der Universität Hamburg, wo er bis zu seiner Emigration 1933 eng mit Wolfgang Pauli zusammenarbeitete, aber auch diverse Universitätsämter bekleidete. Es waren seine Forschungen in Hamburg, mit denen Stern die Grundlagen für Entwicklungen wie die Kernspintomographie, Atomuhren oder den Laser legte. Heute ist auf dem Campus Jungiusstraße, Sterns ehemaliger Wirkungsstätte, ein Hörsaal nach ihm benannt.

Seine Forschungsleistungen und seine Persönlichkeit – seine Bescheidenheit und Hilfsbereitschaft, seine Verantwortung für seine Mitmenschen, die ganz besonders aus seinen Briefwechseln deutlich werden –, machten Hamburg seinerzeit zu einem Anziehungspunkt für Physiker aus der ganzen Welt. Er war persönlich mit zahlreichen wichtigen Fachkollegen und Geistesgrößen seiner Zeit bekannt. Dies hatte sich bis in die Hamburger Verwaltung herumgesprochen. So schrieb 1929 ein hoher Verwaltungsbeamter zur Unterstützung von Sterns Antrag für einen Institutsneubau (der übrigens bis heute in Benutzung ist): „Abgesehen von seinem internationalen Ruf hat Herr Prof. Stern die seltene Gabe, nicht nur die Kollegen seines eigenen Faches, sondern auch die Kollegen der benachbarten Gebiete an sich zu ziehen, sie zu wissenschaftlichen Arbeiten anzuregen [. . .]." Das klingt nach einem geradezu idealtypischen Mitglied einer Wissenschaftsakademie: begeisterungsfähig über die Fachgrenzen hinaus und am interdisziplinären Austausch nicht nur interessiert, sondern darin auch aktiv tätig. Und so wurde Otto Stern auch in diverse Akademien der Wissenschaften in aller Welt gewählt – allerdings nicht in die Hamburger, denn die wurde erst 2004 gegründet.

Dafür halten zwei heutige Hamburger Akademiemitglieder, Peter Toschek und Roland Wiesendanger, das Andenken an Otto Stern in Ehren. Auf Ihre Einladungen hin fanden in den letzten Jahren mehrere Otto Stern-Symposien statt, immer unter Beteiligung zahlreicher Nobel-, Kavli- und Millenniumspreisträger, die allesamt auch ein Zeichen setzten als lebendige Aktualisierung und Vergegenwärtigung der großen Bedeutung Otto Sterns für die moderne Physik bis zum heutigen Tag.

Ich danke daher Herrn Schmidt-Böcking, Herrn Templeton, dem Neffen Otto Sterns, und Herrn Trageser sehr, dass Sie uns mit den Briefen Otto Sterns wichtige Quellen zum Verständnis seiner Persönlichkeit, seines Umfeldes und der zeitgenössischen wie der Physikgeschichte erschlossen haben. Mein Dank gilt auch Prof. Karin Reich und Prof. Tilman Sauer von der Johannes Gutenberg-Universität Mainz, die das Projekt mit ihrer wissenschaftshistorischen Expertise begleitet haben. Die Konzeption der Bände ermöglicht es ganz bewusst, dass sich jeder ganz unterschiedliche Aspekte aus dem Leben Otto Sterns erschließen kann – ich wünsche eine erkenntnisreiche und interessante Lektüre!

Hamburg, im April 2018

Prof. Dr. Edwin J. Kreuzer
Präsident

Vorwort der Universität Frankfurt

Der Physiknobelpreisträger Otto Stern hat in den Jahren 1919 bis 1922 wegweisende Physikgeschichte an der Frankfurter Universität geschrieben. Bei der Entstehung der modernen Quantenphysik war er einer der ganz großen Pioniere. Mit der 1919 in Frankfurt entwickelten Molekularstrahlmethode führte er dynamische Impulsmessverfahren in die experimentelle Physik ein, die es erstmals ermöglichten, in die innere Dynamik von Atomen und Kernen hineinzuschauen und diese zu vermessen. Mit dieser Methode konnte er 1922 zusammen mit Walther Gerlach erstmals die Quantisierung der Drehimpulse in Atomen und deren Richtungsquantelung nachweisen und damit Frankfurt zu einem der wichtigsten Physikzentren der damaligen Zeit machen.

Seit einigen Jahren liegt Otto Sterns Brief- und Dokumenten-Nachlass in digitaler Form vor und belegt seinen regen Austausch mit den anderen Giganten der damaligen Physik (Einstein, Planck, Nernst, von Laue, Born, Bohr, Pauli, Meitner, etc.). Im vorliegenden ersten Band der insgesamt dreibändigen Edition werden diese Briefe erstmals veröffentlicht und stellen damit einen wichtigen Beitrag zur Erweiterung der modernen Physikgeschichte dar. Die Goethe-Universität dankt den Verantwortlichen für ihre unermüdliche Arbeit an diesem wichtigen historischen Zeugnissen: Prof. Horst Schmidt-Böcking und Wolfgang Trageser (beide Goethe-Universität) sowie Alan Templeton (Großneffe Otto Sterns/Oakland USA), Prof. Karin Reich (Universität Hamburg) sowie Prof. Tilman Sauer (Universität Mainz).

Dank geht auch an die Förderer, ohne deren Engagement diese Edition nicht möglich gewesen wäre: Die Akademie der Wissenschaften in Hamburg, Firma Roentdek/Schmidt-Böcking sowie verschiedene mit der Goethe-Universität verbundene Stiftungen und Einrichtungen: Vereinigung von Freunden und Förderern der Goethe-Universität, Alfons und Gertrud Kassel-Stiftung, Johanna-Quandt-Jubiläumsfonds, Georg und Franziska Speyer'sche Hochschulstiftung.

Im Namen des Präsidiums der Goethe-Universität wünsche ich den Lesern dieses Bandes und der noch folgenden der Edition spannende Einblicke in ein bisher wenig bekanntes Kapitel der Physikgeschichte.

Herzlichst

Prof. Manfred Schubert-Zsilavecz
Vizepräsident Third Mission

Vorwort der Autoren

Der Nachlass Otto Sterns enthält wichtige wissenschaftliche Briefzeugnisse aus der Entstehungszeit der modernen Quantenphysik und enthält mehr als 1200 Briefdokumente. Fast ein halbes Jahrhundert nach Otto Sterns Tod im Jahre 1969 ist dieser Schatz der Wissenschaftsgeschichte bisher weitgehend verborgen geblieben. Nur kleine Teile seines Briefwechsels sind in den Briefausgaben z. B. Einsteins, Bohrs oder Paulis u. a. publiziert worden. Der Physiknobelpreisträger Stern hat seine ganz großen Pionierarbeiten auf dem Gebiet der experimentellen Physik vollbracht. Seine experimentellen Nachweise und Entdeckungen einiger der fundamentalsten Quanteneigenschaften (wie Quantisierung der Drehimpulse, Richtungsquantelung, innere Struktur des Protons und Deuterons, etc.) sind unter den Physikern weltweit als große Pionierarbeiten anerkannt. Die herausragende Bedeutung seiner Beiträge zur Entwicklung der experimentellen dynamischen Nachweismethoden (Impulsmessung) werden oft in ihrer sehr großen Bedeutung nicht richtig eingeschätzt und auch nicht ausreichend gewürdigt.

Unterstützt durch die Familienangehörigen Otto Sterns, die Familie Templeton, hat die Bancroft Library in Berkeley, wo der wesentliche Teil des Nachlasses Otto Sterns hinterlegt ist, in den vergangenen Jahren Otto Sterns schriftlichen Nachlass einmal auf Mikrofilm und dann digital durch Einscannen gesichert und gespeichert. Diese gespeicherten Daten liegen uns, den Autoren, seit ca. zwei Jahren vor. Obwohl wir Autoren keine ausgebildeten Wissenschaftshistoriker sind (HSB ist experimenteller Atom- und Molekülphysiker, WT theoretischer Physiker und AT Historiker) haben wir es trotzdem gewagt, den Briefverkehr aus dem Nachlass zu transkribieren (viele Sternbriefe sind in Sütterlinschrift handgeschrieben und meist nur als Briefentwürfe vorhanden) und auszuwerten und zu einem auch für Nichthistoriker interessanten Manuskript zusammenzustellen. In drei Bänden mit jeweils ca. 400 Seiten soll der Briefnachlass im Springer Verlag nun veröffentlicht werden.

Die Wissenschaftshistoriker müssen uns nachsehen, dass wir uns bei dieser Zusammenstellung der Briefe nicht an deren festgelegte Regeln halten, sondern versuchen anhand der Briefe eine Art Lebensbiographie über Otto Stern zu erstellen. Da wir Autoren nicht über das breite und extrem umfangreiche Grundlagenwissen der physikalischen Wissenschaftsgeschichte verfügen, fehlt dieser „Briefbiographie“

an sehr vielen Stellen der Querverweis auf andere publizierte Arbeiten zur Wissenschaftsgeschichte. Wir sind aber trotzdem fest davon überzeugt, dass die hier von uns vorgelegte „Briefbiographie“ einen ersten wichtigen Beitrag liefern kann, den Briefverkehr von Otto Stern mit den anderen großen Pionieren der modernen Quantenphysik und Quantenchemie der Öffentlichkeit durch eine dreibändige Briefedition im Springer Verlag bekannt zu machen.

Die Briefe sind nach Themenschwerpunkten und in jedem dieser Schwerpunkte dann weitgehend chronologisch geordnet, um auch einer breiten Leserschicht Otto Sterns Wirken durch diese „Briefbiographie“ besser vermitteln zu können. Im ersten Band, der 2018 erscheint, wird in Abschn. 2.1 Otto Sterns Hochschullaufbahn (Briefe mit den Hochschulverwaltungen, Gutachten über ihn etc.) dargestellt. In Abschn. 2.2 erfährt der Leser aus den Briefen mit Kollegen, mit Behörden und mit Freunden etc., wie die Diktatur des Nationalsozialismus’ Sterns Leben und Wirken verändert hat. Die Folgen des Nationalsozialismus’ haben Sterns Leben bis zu seinem Tode 1969 beeinflusst.

Im zweiten Band werden in Abschn. 3.3 die Briefe mit wissenschaftlichem Bezug unterteilt nach den beiden Forschungsschwerpunkten Sterns (a. die Beziehung von Thermodynamik (Entropie) zur Quantenphysik und b. die Entwicklung der Molekularstrahlmethode und die damit durchgeführten Forschungen) besprochen. Im Abschn. 3.4 werden die vielen Nobelpreisnominierungen, die für Stern von 1924 bis 1944 beim Nobelkomitee eingereicht wurden, zusammengestellt. Diese wissenschaftshistorisch interessante Nobelpreisgeschichte wird mit Hilfe der Unterlagen des Nobelarchivs besprochen. Im dritten Band werden dann in Abschn. 3.5 Sterns zahlreiche Tagungsbesuche und in Abschn. 3.6 die Briefe mit Freunden (fast ausschließlich nach Sterns Emeritierung im Jahre 1945 geschrieben) dargestellt.

Als wir vor drei Jahren begonnen haben, diese Briefe aufzuarbeiten, haben wir den dazu erforderlichen Arbeitsaufwand völlig unterschätzt und in keiner Weise geahnt, welche wissenschaftliche Detailarbeit dazu notwendig ist. Ohne ständige Hilfe von Kollegen und Archiven hätten wir diese Aufgabe niemals auch nur annähernd bewältigen können. Obwohl uns bewusst ist, dass für einen Wissenschaftshistoriker unsere vorgelegte „Briefbiographie“ bei Weitem nicht den Ansprüchen einer wissenschaftlichen Briefausgabe entspricht, waren wir aus Zeitgründen und auch wegen fehlender finanzieller Unterstützung gezwungen, die Publikation so zu einem vorläufigen Abschluss zu bringen.

Wir sind vielen Kollegen zu großem Dank verpflichtet. An vorderster Stelle danken wir der Familie Templeton und besonders Liselotte Templeton geb. Kamm (Nichte Otto Sterns und verstorbene Wissenschaftlerin auf dem Gebiet der physikalischen Chemie an der University of California in Berkeley, die den Nachlass Otto Sterns der Bancroft Library 1970 übergeben hat) und deren Tochter Diana Killen-Templeton für deren sehr wichtige Unterstützung. Für die ständige Hilfe bei der Erstellung der Briefedition sind wir Karin Reich (emeritierte Mathematikprofessorin und Wissenschaftshistorikerin an der Universität Hamburg) zum größten Dank verpflichtet. Sie hat uns eigentlich zu dieser „Mammutaufgabe“ inspiriert und war zu jeder Zeit bereit, uns „Nicht-Historikern“ mit Rat und Tat zu unterstützen. Durch ihr Mitwirken hat uns dann die Akademie der Wissenschaft in Hamburg gebeten und quasi den Auftrag gegeben, den Briefverkehr Sterns zu transkribieren und dann zu veröffentlichen. In gleicher Weise sind wir Tilman Sauer, Professor für Geschichte der Mathematik an der Universität Mainz, zu großem Dank verpflichtet. Ohne die Möglichkeit, bei beiden immer um Rat fragen zu können, hätten wir die Publikationen der Sternbriefe niemals in Angriff genommen. Beide haben uns durch Korrekturlesen wichtige Verbesserungshinweise gegeben. Große Unterstützung haben wir von Elke Senne, Referentin für Forschung an der Akademie der Wissenschaften in Hamburg, erhalten.

Wichtige Unterstützung haben wir auch erfahren von Bretislav Friedrich (Professor am Fritz Haber Institut in Berlin) und Dieter Hoffmann (emeritierter Professor am Max Planck Institut für Wissenschaftsgeschichte in Berlin) sowie von Karl Grandin (Direktor des „Centrum för Vetenskapshistory of Science“ der „Kungl. Vetenshapsakademien“ in Stockholm) und von Reinhold Schuch (emeritierter Professor für Atomphysik an der Stockholm University), der uns schwedische Texte des Nobelarchivs ins Deutsche übersetzt und interpretiert hat. Ohne die ständige Hilfe der Kuratoren Peter Hanff und seines Vorgängers Daniel Farrell (Bancroft Library in Berkeley) sowie Mary Elings bei der Bereitstellung und Digitalisierung der benötigten Dokumente wäre diese Briefedition niemals möglich gewesen.

Ein Teil der Briefe (ca. 250 der hier dargestellten Dokumente) an und von Stern wird in anderen Archiven verwahrt. Diesen Archiven und deren Mitarbeiter sind wir ebenfalls zu sehr großem Dank verpflichtet. Diese Archive sind: das ETH Hochschularchiv in Zürich. Hier danken wir besonders dem jetzt in Zürich wohnenden emeritierten Professor Bruno Lüthi, der uns Zugang zu wichtigen Informationen (Dokumente und Züricher Interview 1961) über Stern ermöglicht hat. Wir danken dem Universitätsarchiv der Goethe Universität in Frankfurt und dessen Leiter Dr. Michael Maaser sowie der Universitätsbibliothek der Goethe Universität. Den Leitern der Universitätsbibliothek Dr. Angela Hausinger, Mathias Jehn, und Heiner Schnelling sind wir zu besonderem Dank verpflichtet, da sie uns bei der der Datenspeicherung auf Mikrofilm und bei der Digitalisierung der Dokumente finanziell unterstützt haben. Dem Staatsarchiv Hamburg und den Professoren Fritz Thieme, Horst Förster, Volkmar Vill, Peter Toschek und Roland Wiesendanger von der Hamburger Universität danken wir für zahlreiche Detailinformation über Hamburger Wissenschaftler, die mit Otto Stern in Hamburg zusammengearbeitet haben oder ihm dort begegnet sind, und für die Bereitstellung von Fotos aus Sterns Hamburger Zeit.

Den Universitätsarchiven in Rostock, dessen Archivarin Betty Kleinschmidt und dem Rostocker Physiker Professor Reinhard Mahnke sowie dem Library Archive der Carnegie Mellon University Pittsburgh und den Archivaren Jennie M. Benford und Katherine Barbera sowie dem Physikerkollegen Professor Robert B. Griffiths sind wir zu Dank verpflichtet für die Bereitstellung von Dokumenten aus Sterns Personalakten und von Fotos. Dem Churchill College Cambridge CCC Archiv und deren Archivaren Sophie Bridges und Caroline Herbert danken wir für die Überlassung von Kopien von Briefen aus dem Nachlass von Otto Robert Frisch und Lise Meitner. Wir danken dem Niels Bohr Archiv in Kopenhagen und dessen Direktor Finn Aaserud und Felicity Pors für die Kopien von Stern- und Bohr-Briefen sowie den New York University Archives und deren Archivarin Katie Ehrlich für die Kopien von Stern- und Courant-Briefen. Beim Einstein Papers Project (California Institute of Technology und Hebrew University, Jerusalem) bedanken wir uns für die Kopien von Sterns Briefverkehr mit Einstein. Der Preußischen Staatsbibliothek Berlin danken wir für Kopien von Sterns Briefverkehr mit Born und Landé sowie der Akademie der Wissenschaften zu Göttingen für Informationen zu Sterns Mitgliedschaft und Entlassung aus der Akademie. Dem Deutschen Museum und besonders dessen Mitarbeitern Dr. Michael Eckert und Dr. Joseph Georg Huber danken wir für wichtige Informationen und Kopien von Briefen aus Walther Gerlachs Nachlass im Deutschen Museum.

Ferner möchten wir Dr. Jost Lemmerich (Berlin) für Informationen zu Max von Laue und James Franck, Dr. Gernot Gruber (früher Duden-Verlag) für viele unterstützende Diskussionen, Professor Louis DiMauro von der Ohio State University für die Überlassung von Fotos von Alfred Landè und Dr. Karsten Krakow (Frankfurt) für die Überlassung von Dokumenten zu Otto Sterns Bruder Kurt Stern vielmals danken.

Den Mitarbeiterinnen Marianne Frey, Claudia Freudenberger und Viorica Zimmer des Instituts für Kernphysik der Goethe Universität und Pia Seyler-Dielmann (Bibliothek der Naturwissenschaften im Otto-Stern-Zentrum der Goethe Universität) danken wir für deren ständige Hilfe bei der Aufbereitung der Briefe.

Last but not least sind wir der Goethe Universität (Präsidium der Universität und hier besonders Vizepräsident Professor Dr. Manfred Schubert-Zsilavecz), der Vereinigung von Freunden und Förderern der Goethe Universität, der Quandt-Stiftung (Johanna Quandt-Jubiläumsfond und Prof. Dr. Werner Müller-Esterl), der Georg und Franziska Speyer'sche-Hochschulstiftung (Frau Präsidentin Professor Birgitta Wolff) und der Alfred und Gertrud-Kassel-Stiftung (Ekkehardt Sättele) für deren wichtige finanzielle Unterstützung zu großem Dank verpflichtet.

Eine persönliche Anmerkung zum Schluss [HSB und WT]. Die intensive Beschäftigung mit Otto Sterns Briefen hat uns einen tiefen Einblick in das Leben und in die Persönlichkeit Otto Sterns vermittelt. Neben den herausragenden wissenschaftlichen Leistungen, die Otto Stern in nur wenigen Jahren erbracht hat und die zu Recht mit dem Nobelpreis ausgezeichnet wurden, ist uns der Mensch Otto Stern auf Grund seiner Verantwortung für seine Mitmenschen zu einem liebenswerten Vorbild geworden. Seine vorbildhafte Bescheidenheit und Hilfsbereitschaft für jeden, der Hilfe brauchte, wird aus den dargestellten Briefen sichtbar.

Frankfurt, im April 2018

Horst Schmidt-Böcking
Alan Templeton
Wolfgang Trageser

Inhaltsverzeichnis

Einleitung

1

Horst Schmidt-Böcking, Alan Templeton und Wolfgang Trageser

1.1 Inhalt, Archive und Struktur der Briefedition

Die in dieser Briefedition (3 Bände) zusammengestellte Korrespondenz von Otto Stern (1888–1969) besteht aus 1186 Briefen und Dokumenten. Davon sind ca. 810 Briefe, die Stern mit befreundeten Wissenschaftlern und Kollegen ausgetauscht hat, sowie ca. 220 Briefe, die aus dienstlichen Gründen mit Behörden, z. B. mit den Hochschulleitungen der Universitäten, mit Stiftungen oder auch mit Militärdienststellen ausgetauscht wurden und aus Briefen und Berichten von Dritten (z. B. ca. 60 Nobelpreisnominierungen [NOB]), die Otto Stern betreffen. Die Anzahl der Briefe pro Jahr schwankt zwischen 0 und 100. In den Jahren 1917 bis 1932 und 1940 bis 1943 liegt die Anzahl der im Nachlass vorhandenen Briefe immer unter 10 pro Jahr. Im Jahre 1933, dem Jahr seiner Emigration, stieg wegen Sterns eigener Stellensuche und seiner Hilfe bei der Stellensuche von Kollegen, die von den Nazis aus ihrem Amt entfernt wurden, die Anzahl der Briefe auf 100 und blieb auch in den beiden folgenden Jahren hoch. Hohe Briefzahlen gab es dann wieder von 1944 bis 1948 wegen der Nobelpreisglückwünsche sowie durch den wieder möglich gewordenen Briefverkehr mit alten Freunden in Deutschland. Aus der Zeit des Ersten Weltkrieges gibt es im Nachlass über 50 Briefe von Familienangehörigen. Von diesen privaten Briefen sind aber in diese Briefdarstellung nur sehr wenige ausgewählte aufgenommen worden.

Die Briefedition umfasst drei Bände. In Band I werden Briefe und Dokumente dargestellt, die in Abschn. 2.1 Sterns Hochschullaufbahn und in Abschn. 2.2

H. Schmidt-Böcking (✉)
Institut für Kernphysik, Universität Frankfurt
Frankfurt, Hessen, Deutschland

A. Templeton
Oakland, California, USA

W. Trageser
Institut für Kernphysik, Universität Frankfurt
Frankfurt, Hessen, Deutschland

H. Schmidt-Böcking, A. Templeton, W. Trageser (Hrsg.), *Otto Sterns gesammelte Briefe – Band 1*, https://doi.org/10.1007/978-3-662-55735-8_1

die Briefe betreffen, die sich mit den Folgen des Nationalsozialismus und dem Krieg befassen. In Band II werden in Abschn. 2.3 die Briefe mit vorwiegend wissenschaftlichem Inhalt und in Abschn. 2.4 Sterns Nobelpreisnominierungen und Folgen vorgestellt. In Band III Abschn. 2.5 werden die Briefe Sterns Tagungsbesuche und Reisen betreffend und in Abschn. 2.6 die Briefe nach Sterns Emeritierung mit vor allem rein privaten Inhalten vorgestellt.

In der hier aufgeführten Chronologie sind die Dokumente und Briefe chronologisch dargestellt, in einzelnen Kapiteln sind die Briefe nicht streng chronologisch, sondern nach Themen und Personen angeordnet, um es dem Leser leichter zu machen, einen Themenschwerpunkt im Zusammenhang zu lesen. Damit die gesuchten Briefe leicht gefunden werden können, wird in Spalte 3 der Chronologie der jeweilige Band, in Spalte 4 das Kapitel und in Spalte 5 die Seitenzahl angegeben, wo der Brief in transkribierter Form dargestellt wird.

Die transkribierten Dokumente stammen aus den folgenden Archiven (Fundstellen).

Die Archive werden wie folgt in gekürzter Form wiedergegeben:

[ACMU] ⇒ Archives of the Carnegie Mellon University,
[AdW] ⇒ Akademie der Wissenschaften zu Göttingen
[BAL] ⇒ Bancroft Library, Collection number: Banc MSS 85/96 c and Microfilm number BANC FILM 3429
[CCC] ⇒ Churchill College Cambridge CCC, CB2 1TQ,
[CCT] ⇒ Trinity College Library, Cambridge,
[DMA] ⇒ Deutsches Museum München,
[EIN] ⇒ Albert Einstein Archives, The Hebrew University of Jerusalem, Jerusalem, Israel and Einstein Papers Project, California Institute of Technology MC 20-7, 1200 E. California Blvd., Pasadena, CA 91125, USA.
[ETHZ] ⇒ ETH-Bibliothek Zürich, Archive,
[KRA2011] ⇒ Privater Besitz von K. Krakow, Frankfurt-Niederrad,
[NBA] ⇒ Niels Bohr Archive Kopenhagen,
[NOB] ⇒ The Nobel Population 1901–1950, A census 2002 The Royal Swedish Academy, Produced by Universal Academy Press, Center for History of Science, The Royal Swedish Academy of Sciences,
[NYU] ⇒ New York University Archives,
[SBB] ⇒ Staatsbibliothek zu Berlin, Preußischer Kulturbesitz,
[UAF] ⇒ Archiv der Universität Frankfurt UAF,
[UAHH] ⇒ Universitätsarchiv Hamburg,
[UAR] ⇒ Universitätsarchiv Rostock Universitätsbibliothek
[UBF] ⇒ Universitätsbibliothek Johann Christian Senckenberg, Universität Frankfurt
[TEM] ⇒ Privater Nachlass Otto Sterns/Familie Otto Stern,
[WIE] ⇒ Aktives Museum Spiegelgasse für Deutsch-Jüdische Geschichte in Wiesbaden e. V.;

Direkt abrufbar über Internet sind die Dokumente in der Bancroft Library. Der Link heißt: http://cdn.calisphere.org/data/28722/3c/bk0016n**xxxx**/files/bk0016n**xxxx**-FID1.pdf.

In dem Vorspann zu jedem Brief wird der Standort und bei der Bancroft Library auch eine elfstellige Zahlen-Buchstabenfolge angegeben. Die letzten vier Zeichen müssen an Stelle der **xxxx** im Link eingesetzt werden und dann sollte das Originaldokument (in Blöcken mit anderen Dokumenten zusammen) einsehbar sein. Für den Brief **0001** heißt das z. B.: **xxxx** muss durch **8t3c** ersetzt werden.

Außerdem können alle in der Briefedition gezeigten Briefe/Dokumente sowie weitere hier nicht gezeigte Dokumente zu Otto Stern unter der Webseite der Autoren [UBF] ⇒ Universitätsbibliothek Johann Christian Senckenberg, Universität Frankfurt abgerufen werden. Link: http://www.ub.uni-frankfurt.de/archive/stern.html.

Hinweis: Viele der von Otto Stern geschriebenen Briefe liegen nur handgeschrieben in Stenogrammform vor und können vom verschickten Brief abweichen. Diese Briefe werden durch die Abkürzung BE (Briefentwurf) kenntlich gemacht. Postkarten werden durch die Buchstaben PK gekennzeichnet.

Unter Otto Sterns Briefpartnern befinden sich viele der ganz großen Physiker seiner Zeit, wie Albert Einstein (> 20 Briefe), Max Planck, Walther Nernst, Niels Bohr (> 20 Briefe), Max Born, James Franck (ca. 30 Briefe), Wolfgang Pauli (>30 Briefe), Max von Laue (>60 Briefe), Lise Meitner (ca. 60 Briefe) u. a., mit denen Stern auch menschlich zeitlebens eng befreundet war. Otto Stern war ein sehr bescheidener und fast immer fröhlicher Mensch. Von diesen fast 1200 Briefdokumenten wurden nur ca. 300 von Stern selbst geschrieben, denn Stern war eigentlich schreibfaul (gesteht er selbst in einigen seiner Briefe ein und wird ihm öfters von seinen Kollegen in Briefen vorgehalten). Oft fehlt der Antwortbrief von Stern auf empfangene Briefe. Eine Ausnahme macht hier nur der Briefverkehr mit Lise Meitner. In dem Meitner-Nachlass sind mehr als 40 handgeschriebene Briefe von Stern an Meitner vorhanden. Außerdem waren Sterns Briefe meist sehr kurz gehalten. Wenn er als Rentner an seine Freunde (Laue, Pauli, Meitner, Franck, Courant, Simon u. a.) schrieb, dann schrieb er meist sehr ähnliche Briefe. Meist sind nur deren Entwürfe vorhanden, diese Entwürfe sind meist in „gekritzelter" Sütterlinschrift mit vielen stenografischen Abkürzungen in dem Nachlass zu finden.

Die überwiegende Zahl der vorhandenen Briefe (ca. 940 Dokumente und Briefe) stammt aus dem Nachlass Otto Sterns, der in der Bancroft Library in Berkeley [BAL] aufbewahrt wird. Die dort über Internet abrufbare und auch digital verfügbare Mikrofilmdokumentation umfasst über 12.000 einzelne jpg-Files in ca. 300 Blöcken. Weitere Briefdokumente gibt es in den Archiven der ETH Zürich [ETHZ] der Goethe-Universität Frankfurt [UAF] dem Archiv der Universität Rostock [UAR] dem Staatsarchiv Hamburg [UAHH] (jetzt Universitätsarchiv Hamburg).dem Archiv des Carnegie Mellon University in Pittsburgh [ACMU] sowie in den Nachlässen von Max von Laue im Archiv der Goethe-Universität [UAF] und von Albert Einstein im Albert Einstein Archiv [EIN] sowie in den Nachlässen von Max Born und Alfred Landè [SBB], Niels Bohr [NBA], Richard Courant [NYU], Lise Meitner [CCC] u. a. Die überwiegende Zahl der Briefe hat mit Sterns wissenschaftlichem Wirken zu tun.

Der hier zusammengestellte Briefverkehr wird nach folgenden Gesichtspunkten besprochen: In Band I Abschn. 2.1 werden Briefe und Gutachten vorgestellt, die Otto Sterns Hochschullaufbahn (Habilitationen, Beschäftigungsverhältnisse, Berufungen etc.) betreffen. Diese Dokumente sind grob in chronologischer Folge aufgelistet und beziehen sich auf folgende Beschäftigungszeiträume: 1912–1914 ETH-Zürich (Habilitation in Zürich); 1914–1921 an der Königlichen Universität Frankfurt (Umhabilitation 1914); 1921–1922 an der Universität Rostock (Berufung auf eine außerordentliche Professur für theoretische Physik); 1923–1933 an der Universität Hamburg (Berufung auf eine ordentliche Professur für experimentelle Physikalische Chemie mit den Bleibeverhandlungen 1929 wegen eines Rufes nach Frankfurt sowie dem Ausscheiden aus dem Hamburger Staatsdienst (1933) wegen Erlass der Nürnberger Rassengesetze [BB1933]), 1933–1945 Emigration in die USA und Annahme einer Forschungsprofessur an dem Carnegie Institute of Technology in Pittsburgh.

In Band I Abschn. 2.1 werden auch Max Borns Bleibeverhandlungen in Frankfurt (1921) kurz erwähnt [UAF], da Otto Sterns wissenschaftliche Mitarbeit für Born eine wichtige Rolle in dessen Bleibeverhandlungen und damit für dessen Wechsel nach Göttingen spielte.

In Abschn. 2.2 werden die Briefe vorgestellt, die sich mit den Folgen der Diktatur des Nationalsozialismus befassen. Stern hat sich nach seiner Emigration in die USA sehr bemüht, deutschen Wissenschaftlern, die wegen der Nazidiktatur emigrieren mussten, in den USA oder sonst wo bei der Stellensuche zu helfen. Vor allem mit Walter Baade, Rudolf Ladenburg, James Franck und Richard Courant hat Stern in dieser Sache eng zusammengearbeitet und viele Briefe ausgetauscht. Nach 1934 waren die Kontakte mit seinen Freunden in Deutschland sehr erschwert. Durch Briefe versuchte man, Information auszutauschen oder eine Begegnung irgendwo im europäischen Ausland zu arrangieren, vornehmlich in Dänemark oder der Schweiz. Da die Gefahr bestand, dass diese Briefe kontrolliert wurden, wurden nur wenige Briefe ausgetauscht und auch die Inhalte häufig auf Privates beschränkt. Die Folgen der Nazidiktatur hörten mit dem Kriegsende 1945 nicht auf. Stern hat vielen seiner alten Freunde nach dem Krieg mit Care-Paketen geholfen und auch viele andere Dinge des Lebens für sie organisiert. Viele Nachkriegsbriefe von Max von Laue, Hans Jensen, Karl Friedrich Bonhoeffer u. a. berichten über Sterns Bemühungen, seinen alten Freunden zu helfen.

Stern hat Deutschland nach dem Krieg offiziell nicht mehr betreten. Diese offizielle Version entspricht jedoch nicht der Wahrheit. Die hier dokumentierten Briefe an Lise Meitner, Max von Laue u. a. sowie Sterns Passdokumente [BAL] (siehe [bk0016n9b8c]) u. a. belegen, dass er ab 1950 mindestens achtmal deutschen Boden betreten hat. Seine Reisepasseinträge zeigen und in seinen Briefen an Lise Meitner verrät er, dass er sich z. B. 1955 in West-Berlin mit seinen alten Freunden Max von Laue und Max Volmer (nach dessen Rückkehr 1955 aus der Sowjetunion) getroffen und auch Max Born 1957 in Bad Pyrmont besucht hat. Seine Ozeanüberquerungen haben auch oft Bremerhaven als Zielpunkt gehabt. Außerdem hat er 1957 einmal kurz München besucht und 1968 in Lindau an der Nobelpreisträgertagung teilgenommen, wo er über den Bodensee von Zürich aus angereist war.

Es gibt Briefe (z. B. von Rudolf Ladenburg an Otto Stern), in denen Informationen über die Rolle deutscher Physiker beim deutschen Atombombenprojekt ausgetauscht wurden. Wir lesen in dem Briefverkehr u. a. mit Max von Laue, dass Stern nicht mehr bereit war, nach dem Krieg wieder offiziell in deutschen wissenschaftlichen Akademien und Gesellschaften Mitglied zu werden.

In Abschn. 2.3 (Band II) wird der wissenschaftliche Gedankenaustausch mit Kollegen beschrieben. Zwei Themengebiete haben Otto Stern beschäftigt. 1. Die Thermodynamik und das meist von ihm nur theoretisch behandelte Thema Entropie (Was ist Entropie und in welcher Beziehung steht Entropie zur Quantenphysik?) und 2. die Entwicklung der Molekularstrahl-Methode und Sterns damit durchgeführte geniale Pionierexperimente der Quantenphysik. Unter den frühen Briefen (1911–16) sind einige, die Stern mit Albert Einstein und dem Betreuer seiner Doktorarbeit Otto Sackur ausgetauscht hat. Dabei geht es neben der Publikation seiner Doktorarbeit [STERN1912] vor allem um die Frage der Entropie bei sehr tiefen Temperaturen T mit $T \Rightarrow 0$. Das Thema Entropie ist zeitlebens für Stern ein sehr wichtiges Forschungsthema geblieben und war eigentlich das in seinen Briefen mit Albert Einstein, Niels Bohr, Wolfgang Pauli u. a. am meisten diskutierte Forschungsproblem. In seinem Züricher Interview [JOST1961] berichtet Stern, dass er während seiner Hamburger Zeit fast täglich mit Wolfgang Pauli beim Mittagessen über die Frage der Entropie diskutiert hat. So ist es kaum verwunderlich, dass Pauli und Stern diese Diskussion fast bis zum Lebensende per Brief fortgesetzt haben.

Sterns bedeutendste Forschungsleistung war jedoch wie oben schon aufgeführt, die Entwicklung der Molekularstrahlmethode MSM [STERN1920a, STERN1920b, STERN1920c] und deren Anwendungen. Auf diesem Themengebiet gibt es einen regen Briefaustausch mit Rabi, jedoch kaum mit Pauli oder Bohr. Stern hätte für seine Entropieforschung niemals den Nobelpreis erhalten. Mit der Entwicklung der MSM und den damit durchgeführten Experimenten hat er jedoch Wissenschaftsgeschichte geschrieben. Daher sind die Briefe dazu, vor allem später mit Isidor Rabi, der in Hamburg sein Mitarbeiter war (Rabi selbst vermeidet das Wort Schüler) von Bedeutung. Um Sterns Wirken und seine sympathische Persönlichkeit dem Leser nahe zu bringen, werden im Abschn. 2.3 auch Ausschnitte aus Sterns eigenen Interviews und den persönlichen Erzählungen von Max Born, Wilhelm Schütz, Walther Gerlach, Isidor Rabi, Emilio Segrè, Otto Robert Frisch u. a. über Stern wiedergegeben.

In Abschn. 2.4 (Band II) wird Otto Sterns Nobelpreisgeschichte vorgestellt [NOB]. Otto Stern wurde zwischen 1924 und 1944, wie oben schon erwähnt, 83-mal (offiziell 82-mal, plus Einstein im Jahre 1924 [EIN]) für den Nobelpreis für Physik nominiert [NOB]. Einige dieser Nominierungsbriefe sind extrem kurz gehalten und bestehen nur aus wenigen Sätzen, andere beschreiben Sterns wissenschaftliche Leistungen sehr ausführlich. Mehrere Nominierungen gibt es, wo sich ganze Gruppen von Vorschlagenden zusammengetan haben, und gemeinsam einen Nominierungsbrief geschrieben haben. Diese Briefe werden zusammen mit der Laudatio, die am 10.12.1944 von Eric Hulthèn gehalten wurde, hier dargestellt. Da Stern 1934 und 1940 jeweils 15 bzw. 14 Nominierungen erhielt, ist es schwer verständlich, warum es bis 1944 gedauert hat, bis ihm der Nobelpreis verliehen wurde.

Über die Gründe der Entscheidungen des Nobelkomitees wird in den uns zugänglichen Dokumenten des Nobelarchivs [NOB] wenig berichtet. In Abschn. 2.4 werden dann auch viele Glückwunschbriefe, die Stern zur Nobelpreisverleihung erhielt, dokumentiert.

In Abschn. 2.5 (Band III) werden die Briefe aufgeführt, die sich mit Tagungsbesuchen und Reiseplänen befassen. Otto Stern war ein regelmäßiger Tagungsbesucher national, aber auch international. Seit 1912 war er Mitglied bei der Deutschen Physikalischen Gesellschaft DPG und er hat von 1920 bis 1933 häufig an deren Jahrestagungen teilgenommen. Interessant ist, dass er auch nach 1933 (bis 1945) als Mitglied bei der DPG mit Anschrift Pittsburgh/USA geführt wird [DPG]. Auf Nachfrage bei der DPG wurde bestätigt, dass dies kein Versehen des DPG-Archivs ist. Wäre Stern ausgetreten, wäre sein Name in der Mitgliederliste gelöscht worden, denn Albert Einstein wird nach 1933 nicht mehr als Mitglied in den Listen der DPG aufgeführt und dessen Name wurde in der Mitgliederliste der DPG gelöscht. Stern war bei einer Solvay-Konferenz dabei, sowie oft bei Tagungen in Zürich oder am Comer-See etc. Der Besuch von Konferenzen in Kopenhagen waren fast ein Muss für ihn, selbst später in den USA lebend hat er diese so oft wie möglich besucht. Seine persönliche enge Freundschaft mit Niels Bohr und dessen Familie spielte dabei eine große Rolle.

In Abschn. 2.6 (Band III) werden die Briefe besprochen, die Otto Stern als Emeritus mit Freunden und Kollegen ausgetauscht hat. Diese Briefe sind meist sehr kurz gehalten. Viele Briefe, die nach ca. 1950 verfasst wurden, haben meist keinen eindeutigen Themenschwerpunkt mehr und kaum wissenschaftlichen Inhalt. Sie werden daher in chronologischer Folge dargestellt (bis auf wenige Ausnahmen, wo die Briefe z. B. mit einem Adressaten im Zusammenhang aufgeführt werden). Außerdem werden einige wenige ausgewählte Familienbriefe wiedergegeben.

Stern hat nach dem II. Weltkrieg vor allem mit Max von Laue, Wolfgang Pauli und Lise Meitner bis zu deren Tod einen „regen" Briefverkehr gehabt. Briefe von Max von Laue gibt es zahlreiche im Nachlass Otto Sterns [BAL]. Briefe von Stern an Laue im Archiv der Universität Frankfurt [UAF]. Die Briefe mit Pauli hat Karl von Meyenn herausgegeben [MEY2005] und die Briefe von Stern an Meitner und umgekehrt sind im Archiv der Cambridge University [CCC] erhalten geblieben. Aus den Briefen von Laue an Stern geht u. a. hervor, wie oft Stern nach dem Krieg seinen Freund Max von Laue und andere Freunde mit Care-Paketen unterstützt hat. Einige Hamburger Physiker, wie Hans Jensen, konnten ebenso auf Sterns Hilfe zählen. Leider gibt es nur Jensen-Briefe an Stern, Sterns Briefe an Jensen wurden trotz intensiver Nachforschung (auch im privaten Nachlass von Jensen) bisher nicht gefunden. Neben den Jensen-Briefen gibt es Briefe anderer Hamburger Kollegen, die nach dem Krieg aus unterschiedlichen Gründen an Stern geschrieben haben.

Otto Stern war zutiefst mit der deutschen Kultur verbunden und hat unter der erzwungenen Emigration sehr gelitten. So oft er konnte, hat er nach dem Zweiten Weltkrieg Europa besucht und sich oft für mehrere Monate im Jahr in Zürich in der Pension Tiefenau aufgehalten, vor allem der deutschen Kultur und Sprache wegen.

Diese Briefausgabe stellt keine umfassende historische Bewertung der Stern'schen Briefe dar, sondern versucht, wenn möglich, auch die in den Briefen angesprochenen Physikthemen zu kommentieren. Die Autoren HSB und WT haben sich in der Vergangenheit intensiv mit dem historischen Stern-Gerlach-Experiment beschäftigt und haben auf diese Weise auch den Stern'schen Briefnachlass kennenlernen dürfen. Da sie diese Briefe für eine wichtige historische Informationsquelle zur experimentellen Entwicklung der modernen Quantenphysik halten, haben sie diese Briefedition zusammengestellt.

1.2 Otto Sterns Beiträge zur Entwicklung der modernen Quantenphysik

Obwohl er unbestritten einer der größten Pioniere der **experimentellen Quantenphysik** ist (vielleicht sogar der größte und einflussreichste des 20. Jahrhunderts), hat er selbst bescheiden im Hintergrund gelebt, so dass die internationale Physikergemeinschaft kaum weiß, was sie Otto Stern an bedeutenden wissenschaftlichen Errungenschaften eigentlich zu verdanken hat. Diese Briefedition soll mit dazu beitragen, den großen Wissenschaftler und Menschen Otto Stern zu würdigen. Daher soll hier vorab an seine bahnbrechenden Pionierarbeiten erinnert werden [SB2011, TOE2011, TOS2006, FÖR2008].

1. Aufbauend auf das einfache Atomstrahlexperiment von Louis Dunoyer [DUN1911] erkannte Stern, dass er mit Atomstrahlen und daher mit einzelnen isolierten Atomen oder Molekülen, die sich im Vakuum mit einem kontrollierten Impuls bewegen, ein „Mikroskop" bauen kann, mit dem man innere Atom- oder sogar Kerneigenschaften messen kann (der Impuls p eines Atoms ist das Produkt aus Atommasse und Atomgeschwindigkeit, der Impuls wird durch einen Vektor beschrieben, der Richtung und Länge hat). Mit dieser von ihm entwickelten Atom- und Molekularstrahlmethode MSM [STERN1920a, STERN1920b, STERN1920c] wurde er somit zu einem der wichtigsten Pioniere der modernen experimentellen Quantenphysik und Quantenchemie. Er führte mit seiner MSM die Impulsmessung als neue Messmethode in die Quantenphysik ein. Mit der Methode der Ablenkung von im Vakuum in einem Impulszustand präparierten Atomstrahlen und damit der sehr präzisen Messung von transversalen Impulsen erreichten Stern und Gerlach 1922 schon extrem hohe Impulsauflösung, die einer Energieauflösung von ca. 10^{-6} eV entspricht.

2. Zusammen mit Walther Gerlach gelang es ihm, mit Hilfe seiner MSM im Februar 1922 in Frankfurt zum ersten Mal den experimentellen Nachweis zu führen, dass einzelne Atome ein magnetisches Moment haben und der Drehimpuls im Atom in der Tat in Einheiten von $\hbar$ ($h = 2\pi \cdot \hbar$ ist die Planckkonstante) gequantelt ist, [STERN1921, GER1922]. Im sogenannten Stern-Gerlach-Experiment [GER1922, GER1924, SCHÜ1969, FRIED2003, FRIED2003a, TRA2011, HUB2014] und [SAU2016] wurde außerdem die von Pieter Debye [DEB1916] und Arnold Sommer-

feld 1916 [SOM1916] aufgestellte Hypothese der „Richtungsquantelung" von Atomen in einem äußeren Magnetfeld bestätigt (Zeeman-Effekt [ZEE1896, ZEE1897]). Wie wir später aus den Briefen zwischen Otto Stern und Alfred Landé sehen werden, wurde im SGE eigentlich auch schon der Elektronenspin entdeckt [LAN1923].

Nach 1923, als Ordinarius für Physikalische Chemie an der Universität Hamburg konnte er weitere für die Entwicklung der neuen Quantenphysik, Kernphysik und Teilchenphysik fundamental wichtige Pionierarbeiten durchführen.

3. 1927–29 gelangen ihm die ersten Atomstrahl-Interferenzexperimente [STERN1930, FRI1932, FRI1933a, FRI1933b]. Er streute He-Atomstrahlen an einer LiF-Oberfläche und konnte damit die Wellenlänge λ der Atomstrahlen aus der beobachteten Interferenzstruktur direkt bestimmen. Da er den Atomstrahlimpuls p ebenfalls genau messen konnte, konnte er Louis de Broglies [DEBRO1929] Welle-Teilchen-Hypothese mit $\lambda \cdot p = \mathrm{h}$ mit einer Messgenauigkeit von 1 % verifizieren und damit den Welle-Teilchen-Dualismus experimentell quantitativ bestätigen. Otto Stern selbst betrachtete dieses Interferenzexperiment zeitlebens als seinen wichtigsten Beitrag zur Physik [JOST1961].

4. 1933 in Hamburg gelang es ihm zusammen mit seinen Mitarbeitern Immanuel Estermann und Otto Robert Frisch zum ersten Male das innere magnetische Moment des Protons zu messen [FRI1933c], [EST1933a, EST1933b]. Sie stellten dabei fest, dass es ca. Faktor 2,5 größer war als das nach der Theorie Paul Diracs [DIR1928, DIR1930] berechnete und somit das Proton eine innere Struktur haben musste. Damit war von Otto Stern der Nachweis erbracht, dass das Proton kein Elementarteilchen wie das Elektron sein konnte. Otto Stern wurde damit indirekt zum Pionier der Elementarteilchen-Struktur-Physik.

5. 1933 konnten Otto Stern und seine Mitarbeiter Immanuel Estermann und Otto Robert Frisch auch das magnetische Moment des Deuteron [EST1933c, EST1934] messen. Damit war zum ersten Male auch die innere Struktur eines Mehrnukleonen-Atomkerns vermessen worden und der Beweis erbracht, dass auch das Neutron ein magnetisches Moment besitzt und eine innere Struktur hat.

6. 1933 gelang es Otto Robert Frisch [FRI1933d] unter Mitarbeit von Otto Stern, den von Albert Einstein [EIN1917] vorausgesagten Photonrückstoß auf Atome nachzuweisen. Dies ist das Grundlagenexperiment zur heutigen Methode der Laserkühlung [CHU1997] von kalten Gasen.

Otto Stern waren insgesamt nur wenige Jahre Zeit gegeben, um diese beeindruckende Serie von Pionierexperimenten durchzuführen. Er konnte erst 1919 nach dem Ersten Weltkrieg mit Experimenten im Institut für theoretische Physik in Frankfurt beginnen und hatte dann zusammen mit Walther Gerlach [TRA2011, SB2011, HUB2014] in Frankfurt nur knapp drei Jahre Zeit zu experimentieren (Beendigung der Frankfurter Experimente im April 1922). Seine Hamburger Zeit begann am 1.1.1923, aber die dann wirklich erfolgreichen Hamburger Experimente begannen erst nach 1927 mit der Mitarbeit von Immanuel Estermann, Isidor Rabi und Otto Robert Frisch. Nach seinen 1929 durchgeführten Bleibeverhandlungen wegen Abwehr eines Rufes nach Frankfurt stand ihm dann in Hamburg eine ausgezeichnete Infrastruktur für seine Forschung zur Verfügung.

Am 1. Oktober 1933 war die Hamburger Zeit wegen der Anwendung und Vollziehung der Nürnberger Rassengesetze (Gesetz zur Wiederherstellung des Berufsbeamtentums vom 7. April 1933) [BB1933] beendet, und Otto Stern musste in die USA (Forschungsprofessur am Carnegie Institute of Technology in Pittsburgh) emigrieren. Da ihm in den USA die notwendigen Forschungsmittel fehlten, konnte er seine bisherige Spitzenforschung nicht mehr mit dem gewohnten Erfolg fortsetzen. Insgesamt hatte Otto Stern somit nur ca. 13 Jahre Zeit, die oben genannten Meilensteinexperimente durchzuführen.

Zwischen 1924 und 1944 wurde Otto Stern von seinen Physikerkollegen für seine oben genannten Forschungsleistungen 83-mal[1] für den Physiknobelpreis [NOB] vorgeschlagen, öfter als Max Planck (74-mal) oder Albert Einstein (62-mal) oder Arnold Sommerfeld (80-mal, wurde aber niemals mit dem Nobelpreis ausgezeichnet) oder als jeder andere der berühmten Physiker seiner Zeit. 1944 wurde ihm rückwirkend für 1943 der Physiknobelpreis verliehen. In Kapitel 2.4 wird Otto Sterns Nobelpreisgeschichte inklusive der Nominierungsbriefe besprochen werden.

Wie alle vorliegenden Dokumente belegen, hat sich Stern nie mit Kollegen gestritten oder sich in den Vordergrund gedrängt. In keinem der Briefe macht Stern eine abwertende Bemerkung über irgendeinen Kollegen. Um den Menschen Otto Sterns und seinen so erfolgreichen Weg in der experimentellen Physik verstehen zu können, sollte der Leser zuerst erfahren, wer dieser Otto Stern war und wer von seinen Lehrern, Betreuern, Freunden und Kollegen ihn entscheidend beeinflusst und geprägt hat.

1.3 Otto Sterns Herkunft und Jugend

Otto Stern wurde am 17. Februar 1888 als ältestes Kind der Eheleute Oskar Stern (1850–1919) und Eugenie geb. Rosenthal (1863–1907) in Sohrau[2]/Oberschlesien geboren. Er hatte vier weitere, jüngere Geschwister, die Schwester Berta Stern (1889–1963), den Bruder Kurt Stern (1892–1938) und die zwei Schwestern Lotte Stern (1897–1912) und Elise Stern (1899–1945). Otto Sterns Vater Oskar Stern war ein reicher Mühlenbesitzer.

[1] Die offizielle Nominierungszahl des Nobelarchivs (The Nobel Population 1901–1950, A census 2002 The Royal Swedish Academy, Produced by Universal Academy Press, Inc.) beträgt 82 Nominierungen für Otto Stern. Dazu ist zu bemerken, dass Albert Einstein Stern und Gerlach 1924 für den Nobelpreis vorgeschlagen hat, diese Nominierung aber wegen Parallelnominierungen von Einstein nach den 1924 geltenden Regeln nicht gezählt wird. Außerdem behauptet Viktor Hess in seinem Brief an Otto Stern (Briefdokument 0609), dass er Stern 1937 und 1938 für den Nobelpreis der Physik vorgeschlagen hätte. Der Kurator des Nobelarchivs, Karl Grandin [GRA2016] hat diese Behauptung überprüft und festgestellt, dass diese Aussage von Hess falsch ist.

[2] Sohrau (heute Zory) ist eine Stadt in Oberschlesien an dem Fluss Gleiwitzer Neiße (heute Raude genannt) gelegen (ca. 30 km südwestlich von Kattowitz). Sohrau hatte 1888 ca. 3900 Einwohner. Heute hat die Stadt ca. 65.000 Einwohner.

Abb. 1.1 Otto Sterns Eltern: Oscar Stern (1850–1919) und Eugenie Stern geb. Rosenthal (1863–1907) (Bildquelle: Familienbesitz Templeton [TEM])

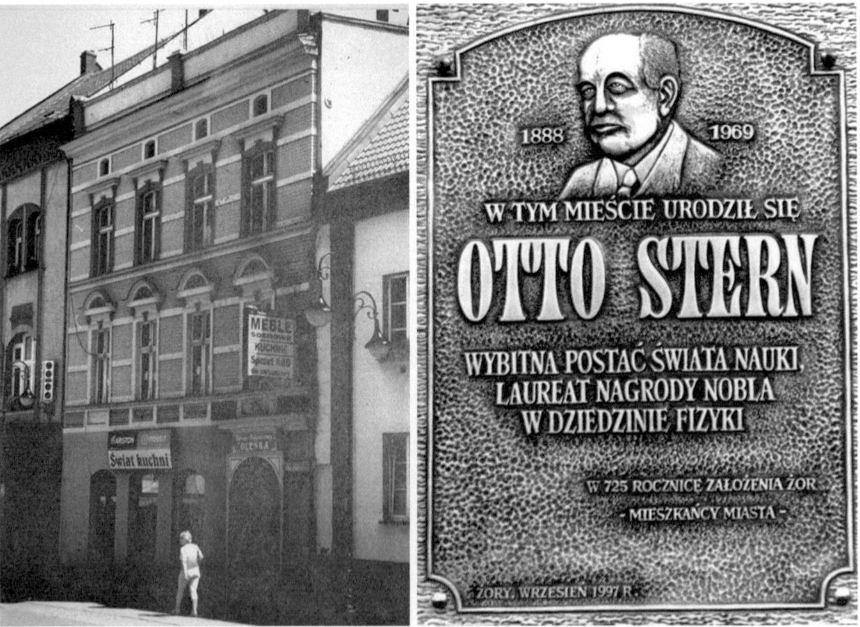

Abb. 1.2 Renoviertes Geburtshaus Otto Sterns in Sohrau/OS und Gedenktafel, die sich am Rathaus befindet (Bildquelle: Abb. Fotostudio Szczepanski Rynek 19, 44–240 Zory (Polen)

Abb. 1.3 Klassenfoto ca. 1898, Otto Stern erste Reihe, zweiter von rechts (Bildquelle: Familienbesitz Templeton [TEM], [BAL] BANC PIC 1988.070)

Die Familie zog 1892 nach Breslau, wo Otto Stern das humanistische Johannes-Gymnasium[3] besuchte. Zu dieser frühen Zeit sind keine Briefe an oder von Stern an andere bekannt. Stern berichtet in einem dreistündigen Interview [JOST1961], das er 1961 mit Res Jost in Zürich führte, über seine Schulzeit und sein Studium. In diesem Interview erwähnt er auch Stationen seines Studiums, das 1906 begann und 1912 mit seiner Dissertation im Fach Physikalische Chemie erfolgreich abgeschlossen wurde.

Unter den hier aufgeführten fast 1200 Dokumenten sind nur wenige Briefe, die privat innerhalb der Familie Stern ausgetauscht wurden. Zwei frühe handgeschriebene Briefe von seiner Mutter und seinem Vater an ihn wollen wir jedoch zuerst vorstellen, um Sterns Beziehung zu seinen Eltern deutlich zu machen.

[3] Das Johannesgymnasium in Breslau wurde 1872 vom Magistrat der Stadt Breslau gegen den Willen des Berliner Kultusministeriums gegründet und bestand bis 1933. Es war ein humanistisches Gymnasium, das auch Juden ohne Vorbedingung als Schüler akzeptierte. Je ein Drittel der Lehrer waren Protestanten, Katholiken und Juden. Auch Fritz Haber hat dieses Gymnasium besucht.

Standort: [BAL], bk0016n8t3c; Dokumentnummer: **[0001/04.07.1906]**

[Das Jahr ist auf dem Brief nicht vermerkt. Da jedoch die Mutter 1907 verstorben ist, sollte der Brief 1906 geschrieben worden sein, als Stern in Freiburg und München studierte]

Jenny Stern Breslau, d. 4. Juli 1906
Mein lieber Junge.
Heute haben hier die Schulferien begonnen, Kurt hat eine miserable Zensur, französisch u. griechisch mangelhaft, dabei ist er 7. von 23 Schülern u. hat die Bemerkung „Versetzung unsicher". Die Klasse muß neidlich sehe[n], warum der 7. schon so eine Bemerkung hat. Nu[n], ich nehme es nicht tragisch, er will in den Ferien ein wenig arbeiten u. die letzten Wochen vor der Versetzung bist Du ja da.
Wir geben Dir gern die Erlaubnis nach Schluß des Semesters noch durch die Schweiz zu reisen. Schreibe uns welche Gesellschaft Du hast und wohin du gehen willst. Wir treffen uns vielleicht unterwegs. Du fährst nach Hause und wir weiter, denn Du kannst ruhig nach Hause kommen auch wenn wir noch nicht zurück sind, es wäre mir sogar sehr lieb Dich als Aufsicht zu Hause zu wissen. Epsteins sind gestern nach Freiburg abgereist und werden Dir Grüße von uns bringen. Frau Epstein hat uns vorher angeläutet.
Hoffentlich hast Du dich bei dem Fest der Grundsteinlegung gut amüsiert. Sonnabend kommt Bertha u. freuen wir uns Alle schon sehr darauf. Es ist zu still bei uns. Anna hat Ihren reichen Abschied genommen u. ich bin sehr froh sie los zu sein. Bertel wird Dir auch noch schreiben. Es grüßt Dich innigst
Deine Mutter

Standort: [BAL], bk0016n8t3c; Dokumentnummer: **[0002/04.07.1906]**

Lieber Otto!
Im Anschluß an Mutters Brief bitte ich Dich uns mitzuteilen, wann, mit wem und wohin Du zu reisen beabsichtigst. Du mußt den Reiseplan vorher feststellen und auch ungefähr die Dauer. Auch mir wäre es eine Beruhigung Dich während uns[erer] Abwesenheit bei den Kindern zu wissen, doch sollst Du Deine Reise deshalb durchaus nicht abkürzen.
Für heut nur noch die herzlichsten Grüße
von Deinem Dich liebenden Vater.

Abb. 1.4 v. r.: Schwestern Berta Stern (1889–1963) und Lotte Stern (1897–1912), Mutter Eugenie Stern, Otto Stern, Schwester Elise Stern (1899–1945) und Bruder Kurt Stern (1892–1938) (Bildquelle: Familienbesitz Templeton [TEM])

2 Otto Sterns Leben im Lichte seiner Korrespondenz

Horst Schmidt-Böcking, Alan Templeton und Wolfgang Trageser

2.1 Sterns Hochschullaufbahn 1912–1945

2.1.1 Breslau, Prag und Zürich 1912–1914

Angeregt durch das Studium der wissenschaftlichen Arbeiten von Ludwig Boltzmann (1822–1888) und Walther Nernst (1864–1941) entschied sich Stern für das Studium der Physikalischen Chemie. An der Universität Breslau belegte er Vorlesungen bei Otto Sackur (1880–1914) und Richard Abegg (1869–1919). Als seine wissenschaftlichen Lehrer benennt er im Anhang zu seiner Dissertation [STERN1912] berühmte Hochschullehrer wie Richard Abegg (1869–1919), Adolf von Baeyer (1835–1917), Leo Graetz (1856–1941), Adolf Kneser (1862–1930), Otto Lummer (1860–1915), Ernst Pringsheim (1859–1917), Heinrich Biltz (1865–1943), den Nobelpreisträger Eduard Buchner (1860–1917) und Jacob Rosanes (1842–1922). Während seiner kurzen Studienzeit in München hat er auch bei Arnold Sommerfeld (1868–1951) eine Vorlesung gehört. Er führt Sommerfeld aber nicht als seinen Lehrer auf, da er, wie Stern zugibt (Interview Zürich 1961), kaum etwas in Sommerfelds Vorlesungen verstanden hätte [JOST1961].

Großen Einfluss auf Otto Stern hatte der direkte Betreuer seiner Dissertation, Otto Sackur (1880–1914). Sterns bei Otto Sackur angefertigte Dissertation [STERN1912] trägt den Titel: „Zur kinetischen Theorie des osmotischen Druckes konzentrierter Lösungen und über die Gültigkeit des Henry'schen Gesetzes für konzentrierte Lösungen von Kohlendioxyd in organischen Lösungsmitteln bei

H. Schmidt-Böcking (✉)
Institut für Kernphysik, Universität Frankfurt
Frankfurt, Hessen, Deutschland

A. Templeton
Oakland, California, USA

W. Trageser
Institut für Kernphysik, Universität Frankfurt
Frankfurt, Hessen, Deutschland

H. Schmidt-Böcking, A. Templeton, W. Trageser (Hrsg.), *Otto Sterns gesammelte Briefe – Band 1*, https://doi.org/10.1007/978-3-662-55735-8_2

tiefen Temperaturen.“ Diese Arbeit, die dreimal in nahezu identischer Form publiziert wurde, enthält sowohl einen theoretischen als auch einen experimentellen Teil. Nach einem zehnsemestrigen Studium bestand Stern am 6. März 1912 das Rigorosum. Am 13. April wurde er zum Doktor der Philosophie promoviert. Offensichtlich hatte Otto Stern sich interessiert gezeigt, nach seiner Dissertation bei Walther Nernst in Berlin arbeiten zu können.

Im folgenden handgeschriebenen Brief vom 24.2.1912 von Walther Nernst an Stern geht es um eine mögliche Assistentenanstellung von Stern bei Nernst in Berlin.

Standort: [BAL], bk0016n8v8n; Dokumentnummer: **[0004/24.02.1912]**

Berlin, 24.2.1912

Lieber Herr Doktor!

Vielen Dank für Ihre Freundlichen Zeilen vom 17. D. M.; ich war gestern beim Präses des J. C. und hoffe auf eine befriedigende Regelung der Angelegenheit; natürlich habe ich meine Quelle nicht genannt.

Unsere Arbeiten in Markenhof haben eine unliebsame Verzögerung durch eine Erkrankung von Prof. Cranz erlitten; leider ist es also z. Zt. noch nicht möglich, Sie aus diesem Grunde anzufordern; so 14 Tage wird es noch dauern.

Mit den besten Grüssen und hoffentlich auf baldiges Wiedersehen

Ihr W. Nernst

Otto Stern wechselte dann nach seiner Promotion in Breslau im Mai 1912 auf Vermittlung[1] von Fritz Haber zu Albert Einstein an die deutsche Karl Ferdinands Universität[2] in Prag. Als Einstein zum 30. Januar 1912 an der ETH Zürich[3] zum Professor ernannt wurde und im August 1912 nach Zürich übersiedelte, ging Stern als Einsteins wissenschaftlicher Mitarbeiter (Nachfolger von Ludwig Hopf[4]) mit nach Zürich. Otto Stern beantragte dort in seinem Brief vom 29.10.1912 die Erlassung der Einschreibegebühr und des Honorars für die Laboratorien.

Stern schrieb:

Standort: [BAL], bk0016n8p9m; Dokumentnummer: **[0005/29.10.1912]**

Hochgeehrter Herr Präsident!

Hierdurch bitte ich ergebenst, mir das für „Wissenschaftliche Arbeiten im physikalischen Laboratorium“ für das Wintersemester 1912/13 eingezahlte Geld zu-

[1] Stern bestätigt in seinem Züricher Interview [JOST1961], dass Sackur Haber gebeten hat, bei Einstein anzufragen, ob Stern Einsteins Mitarbeiter werden könnte.

[2] Die Karls-Universität wurde 1348 durch Kaiser Karl IV. gegründet und ist die älteste deutsche Universität. 300 Jahre später wurde sie in Karl-Ferdinands-Universität umbenannt. Zwischen den Jahren 1417 und 1622 war die Karls-Universität in Böhmens Hauptstadt ein Zentrum der protestantischen Bewegung.

[3] Die Universität Zürich wurde im Jahre 1832 auf Beschluss des Regierungsrates des Kantons Zürich gegründet. Sie ist nicht identisch mit der Eidgenössischen Technischen Hochschule.

[4] Ludwig Hopf (1884–1939) war ein deutscher theoretischer Physiker. Er war ein früher Mitarbeiter Einsteins in Zürich und für eine kurze Zeit mit Einstein in Prag. 1933 emigrierte er wegen seines mosaischen Glaubens nach England.

rück[zu]erstatten, da ich nicht als Studierender, sondern als wissenschaftlicher Mitarbeiter von Herrn Professor Einstein im Physikgebäude tätig bin.
In vorzüglicher Hochachtung
Otto Stern, Dr.phil.

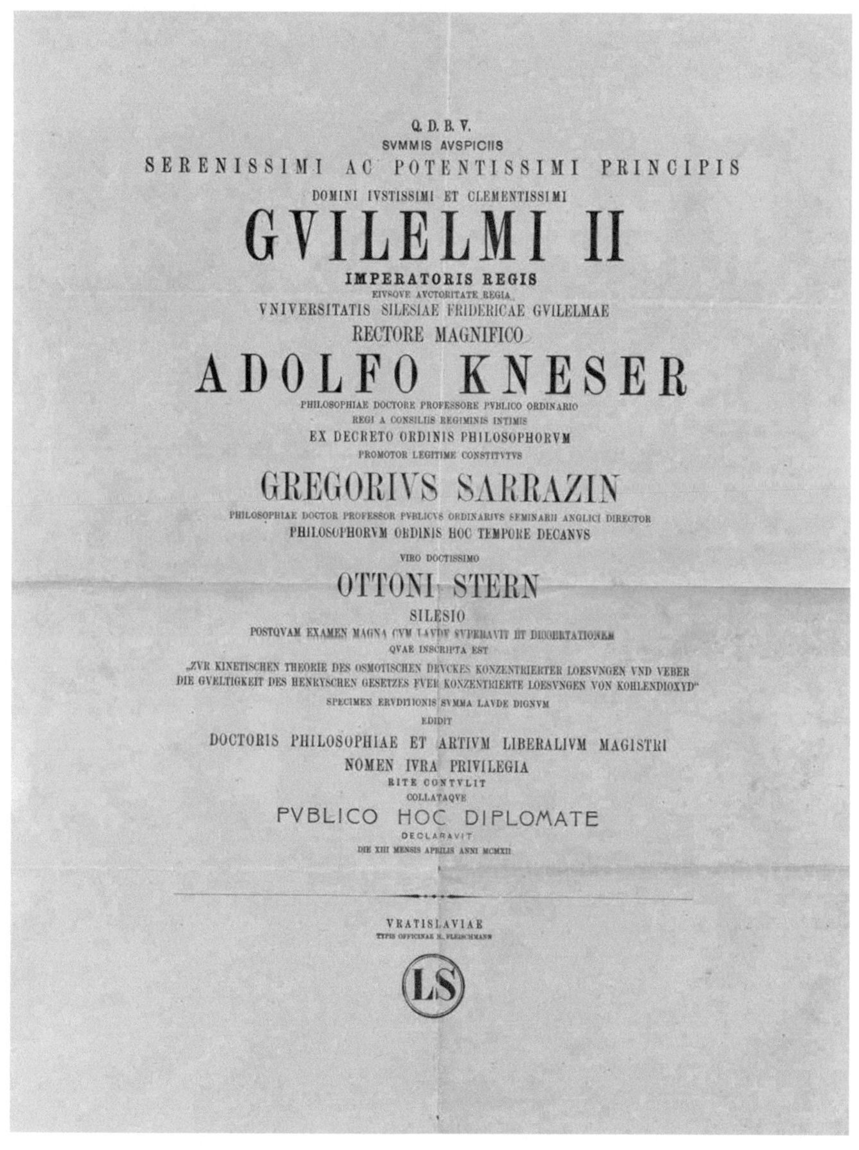

Q. D. B. V.
SVMMIS AVSPICIIS
SERENISSIMI AC POTENTISSIMI PRINCIPIS
DOMINI IVSTISSIMI ET CLEMENTISSIMI
GVILELMI II
IMPERATORIS REGIS
EIVSQVE AVCTORITATE REGIA
VNIVERSITATIS SILESIAE FRIDERICAE GVILELMAE
RECTORE MAGNIFICO
ADOLFO KNESER
PHILOSOPHIAE DOCTORE PROFESSORE PVBLICO ORDINARIO
REGI A CONSILIIS REGIMINIS INTIMIS
EX DECRETO ORDINIS PHILOSOPHORVM
PROMOTOR LEGITIME CONSTITVTVS
GREGORIVS SARRAZIN
PHILOSOPHIAE DOCTOR PROFESSOR PVBLICVS ORDINARIVS SEMINARII ANGLICI DIRECTOR
PHILOSOPHORVM ORDINIS HOC TEMPORE DECANVS
VIRO DOCTISSIMO
OTTONI STERN
SILESIO
POSTQVAM EXAMEN MAGNA CVM LAVDE SVPERAVIT ET DISSERTATIONEM
QVAE INSCRIPTA EST
„ZVR KINETISCHEN THEORIE DES OSMOTISCHEN DRVCKES KONZENTRIERTER LOESVNGEN VND VEBER DIE GVELTIGKEIT DES HENRYSCHEN GESETZES FVER KONZENTRIERTE LOESVNGEN VON KOHLENDIOXYD"
SPECIMEN ERVDITIONIS SVMMA LAVDE DIGNVM
EDIDIT
DOCTORIS PHILOSOPHIAE ET ARTIVM LIBERALIVM MAGISTRI
NOMEN IVRA PRIVILEGIA
RITE CONTVLIT
COLLATAQVE
PVBLICO HOC DIPLOMATE
DECLARAVIT
DIE XIII MENSIS APRILIS ANNI MCMXII

VRATISLAVIAE
TYPIS OFFICINAE H. FLEISCHMANN

LS

Abb. 2.1 Dissertationsurkunde von Otto Stern 1912, Standort (Bildquelle: [BAL]) (bk0016n9b5q).

Abb. 2.2 Otto Sackur (1880–1914) (Bildquelle: private Mitteilung B. Friedrich FHI Berlin und F. Auerbach, „Nekrologe Otto Sackur", Jahres-Bericht der Schlesischen Gesellschaft für vaterländische Kultur. 1914. 1. Band (Breslau: G.P. Aderholz' Buchhandlung, 1915), 35–3.)

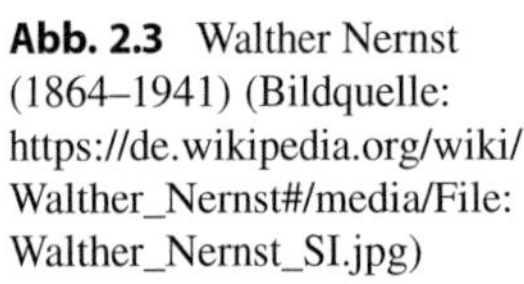

Abb. 2.3 Walther Nernst (1864–1941) (Bildquelle: https://de.wikipedia.org/wiki/Walther_Nernst#/media/File:Walther_Nernst_SI.jpg)

Abb. 2.4 Chemisches Institut der Universität Breslau (Bildquelle: Nachlass Otto Sterns Familienbesitz Templeton [TEM])

und Albert Einstein fügte hinzu:

Ich empfehle das Gesuch meines Mitarbeiters wärmstens. A. Einstein

Der eidgenössische Schulrat stimmte diesem Antrag umgehend in seinem Brief vom 29.10.1912 zu und teilte dies dem Rektorat sowie Albert Einstein und Otto Stern mit [ETHZ]. In Zürich arbeitete Stern unter Einsteins Anleitung auf dem Gebiet der Theoretischen Physik, besonders über Thermodynamik und Molekulartheorie. Am 26. Juni 1913 reichte Stern beim Eidgenössischem Schulrat in Zürich sein Gesuch auf Habilitation[5] ein [ETHZ]. Sterns Habilitationsgesuch an den Eidgenössischen Schulrat [ETHZ] lautete:

[5] Die Habilitationsschrift trägt den Titel: „Zur kinetischen Theorie des Dampfdruckes einatomiger fester Stoffe und über die Entropiekonstante einatomiger Gase." (ETH-Bibliothek, Hochschularchiv, SR3 1913 / Nr. 677). Diese Schrift wurde in identischer Form zweimal publiziert: als Habilitationsschrift im Mai 1913 als Druck bei J. Leemann, Zürich I, oberer Mühlsteg und in Physik. Z., 14, 629–632 (1913).

The building of the Physics Institute of Charles University.

Abb. 2.5 Physikalisches Institut der Karl-Ferdinands-Universität in Prag (Bildquelle: Nachlass Otto Sterns Familienbesitz Templeton [TEM])

Standort: [ETHZ], SR3 1913, Ad. 677/No;

Dokumentnummer: **[0008/26.06.1913]**

An den eidgenössischen Schulrat, Hierdurch bitte ich ergebenst darum, mich an der allgemeinen Abteilung der Eidgenössischen Technischen Hochschule als Privatdozenten für das Fach der physikalischen Chemie zuzulassen. Beschreibung des Lebenslaufes, Ausweise über meine Studien, sowie meine bisherigen Publikationen liegen bei. Die Arbeit: Zur kinetischen Theorie des Dampfdruckes einatomiger fester Stoffe und über die Entropiekonstante einatomiger Gase bitte ich als Habilitationsschrift anzunehmen.

Das Gesuch wurde am 17. Juli 1913 auf Antrag des Schulratspräsidenten angenommen. Die drei Professoren (Albert Einstein, Pierre Weiss und Emil Baur/Physikalische Chemie 1873–1944) wurden am 7.7.1913 um ein Gutachten gebeten. Am 15.7. 1913 war Einsteins Gutachten fertig:

Standort: [ETHZ], SR3 1913, Ad. 677/No. und [EIN], [Document 452 in Vol. 5 of Collected Papers of Albert Einstein (CPAE)]

Dokumentnummer: **[0009/15.07.1913]**

Gutachten zu dem Habilitationsgesuch des Herrn Dr. O. Stern

Ich kenne Herrn Dr. Stern seit zwei Jahren und hatte reichlich Gelegenheit, mich von der Selbständigkeit des wissenschaftlichen Urteils, der zähen Ausdauer und der Tüchtigkeit dieses jungen Mannes zu überzeugen. Ursprünglich physikalischer Chemiker hat er sich rasch in die Methodik der theoretischen Physik eingearbeitet.

Abb. 2.6 Albert Einstein, persönliches Geschenk von Einstein an Otto Stern, Stern hatte dieses Bild immer in seinem Arbeitszimmer hängen (Bildquelle: Nachlass Otto Sterns Familienbesitz Templeton [TEM])

Von den beigelegten Arbeiten erwähne ich hier nur kurz seine Dissertation und eine mit mir zusammen durchgeführte wärmetheoretische Untersuchung; denn diese beiden Arbeiten können noch nicht als selbständige Leistungen angesehen werden. Die als Habilitationsschrift beigelegte Arbeit „Zur kinetischen Theorie des Dampfdrucks [ ], dagegen ist eine durchaus selbständige Leistung. Die theoretische Bestimmung des Dampfdruckes fester Körper ist ein Problem, welches durch das Nernst'sche Wärmetheorem zu einer grossen Wichtigkeit gelangt ist, und an welchem sich daher die tüchtigsten Physiker der Gegenwart versucht haben, ohne dass diese Bemühungen zu dem ersehnten Ziele geführt hätten. Im vergangenen Jahre hat nun Sackur[6] *eine Formel*[6] *gefunden, die der Erfahrung innerhalb der Fehlergrenzen entsprach; aber Sackurs Versuch einer theoretischen Begründung dieser Formel muss als missglückt angesehen werden; denn Sackur musste für die Ableitung Hypothesen über die Molekularbewegung in Gasen heranziehen, die jeder Berechtigung entbehrten. Herrn Stern ist es nun gelungen, jene Formel mit den Methoden der kinetischen Gastheorie abzuleiten, ohne dass er zu irgendwelchen besonderen Hy-*

[6] [SAC1911]

pothesen seine Zuflucht nehmen musste. Diese Ableitung ist nach der Ansicht des Referenten eine wissenschaftliche That von bleibendem Werte. Die von Stern ersonnene Methode, welche ihm gestatten, das Ziel in verblüffend einfacher Weise zu erreichen, verrät ungewöhnliche Begabung.
In mehreren Vorträgen, die Herr Stern im Kolloquium gehalten hat, hat er gezeigt, dass er zum Lehren sehr geeignet ist. Er ist ferner nach der Ansicht aller, die hier mit ihm zu thun haben, ein Mann von offenem und wohlwollendem Charakter.
Herr Prof. Weiss und der Referent haben Herrn Dr. Stern veranlasst, das vorliegende Habilitationsgesuch einzureichen in der Überzeugung, dass unsere Anstalt in ihm eine tüchtige Lehrkraft gewänne. – Ich empfehle das Habilitationsgesuch wärmstens zur Annahme. A. Einstein

Das Gutachten des Physikochemikers Emil Baur vom 17.7.1913 fiel hingegen kritisch aus, er bemängelte das überstürzte Verfahren. Baur kritisierte die Kürze der Habilitationsschrift und die fehlende Aufarbeitung aller relevanten Vorgängerarbeiten. Diese Kritik war offensichtlich berechtigt, denn wie Stern in seinem Züricher Interview später zugab, hatte Gustav Mie schon lange vor ihm die Stern'sche Dampfdruckformel abgeleitet. Baur hat dem Verfahren offenbar nur zugestimmt, da Einstein und Weiss ihn drängten.

Emil Baur bemerkte in seinem Gutachten zu Sterns Habilitation das Folgende:

Standort: [ETHZ], SR3 1913, Ad. 677/No.,
Dokumentnummer: **[0010/17.07.1913]**

Herr Stern hat mit seiner neuen Dampfdruckformel einen guten Start gemacht. Den Befähigungsnachweis hat er damit zweifellos erbracht. Die Habilitationsschrift, die er uns vorlegt, ist freilich nur kurz; es wäre interessant gewesen, wenn er die Gelegenheit benutzt hätte, die ganze Frage der Dampfdruckformeln monographisch zu beleuchten. Der Wert seiner Entdeckung hätte dabei auch voll zur Geltung gebracht werden können.
Herr Stern hat davon Abstand genommen; ich denke, daß wir das wohl entschuldigen müssen im Hinblick darauf, daß er von den Herren Physikern ausdrücklich dazu angehalten worden ist, seine Habilitation schleunig zu betreiben.
Das zeigt, daß die Herren Physiker von Herrn Stern nützliche Mitarbeit im Unterricht erwarten. Ich kann diese Erwartung nur teilen insofern, als für Herrn Stern ein ganz bestimmtes Tätigkeitsgebiet offen liegt.
Nämlich das folgende:

Nachdem die physikalische Chemie in den achtziger Jahren des vergangenen Jahrhunderts einen mächtigen Anstoß erhalten hatte durch die Lehre vom osmotischen Druck, von den freien Ionen und von der Phasenregel, trat in den neunziger Jahren ein gewisser Stillstand ein. Im letztvergangenen Jahrzehnt bemerkt man einen neuen Aufschwung, der in letzter Linie auf die Strahlungstheorie Planck's zurückgeht. Eine Vorlesung über die Anwendungen dieses neuen Forschungsgebietes auf chemische Probleme wäre sehr wünschenswert, und Herr Stern scheint mir alle Voraussetzungen zu erfüllen, um dieser Aufgabe gerecht zu werden.

Somit möchte ich die Habilitation des Herrn Dr. Stern wärmstens befürworten. E. Baur

Am 2.8.1913 fand die Schulratssitzung statt, auf der Otto Stern zum Privatdozenten für Physikalische Chemie an der ETH-Zürich ernannt wurde. Am 2. August 1913 erteilte der Schulrat Otto Stern die „Venia Legendi" an der ETH für Physikalische Chemie. Stern hielt am 15.11.1913 um 11 3/4 Uhr im Chemiegebäude an der ETH Zürich seine Antrittsvorlesung mit dem Titel: Die Bedeutung der Molekulartheorie für die chemische Gleichgewichtslehre [ETHZ]. Vom 2.8.1913 bis Herbst 1914 wirkte Stern als Privatdozent in Zürich an der ETH im Fach Physikalische Chemie. Im Wintersemester 1913/14 kündigte Stern seine Vorlesung „Theorie des chemischen Gleichgewichts mit besonderer Berücksichtigung der Quantentheorie" an [ETHZ]. Da Stern sich 1914 aber als Kriegsfreiwilliger gemeldet hatte, beantragte er, umgehend beurlaubt zu werden, was ihm auch bewilligt wurde.

Ohne Zweifel hat Albert Einstein auf die physikalische Denkweise von Otto Stern einen entscheidenden und sehr positiven Einfluss gehabt. Wie Otto Stern in seinem Züricher Interview [JOST1961] selbst beschreibt, hat er mit Einstein während der Prager Zeit (1912) und in der Züricher Zeit (1913) viel diskutiert. Dabei hat er gelernt, die wichtigen Dinge zu erkennen und zu hinterfragen.

Bei Einstein hat sich Stern zu einem „Querdenker" entwickelt, was später die Auswahl und Planung seiner Experimente sehr beeinflusst hat. Er wollte in seinen Experimenten immer das Wesentliche untersuchen und bevorzugt solche Experimente durchführen, von denen die Mehrheit der Physiker glaubte, das Experiment wäre überflüssig, denn die Theorie hätte die Frage ja schon geklärt.

Da Albert Einstein 1914 nach Berlin wechselte, musste sich Stern eine neue Stelle suchen. Sackur hatte sich in Berlin für ihn bei Walter Nernst verwandt. Otto Sackur schrieb:

Standort: [BAL], bk0016n8x1t; Dokumentnummer: **[0012/07.08.1913]**

Lieber Dr. Stern,

Ich will Ihnen heute unter strengster Diskretion eine Mitteilung machen, die Sie mit gemischten Gefühlen aufnehmen werden, die Sie aber bei reiflicher Überlegung erfreuen wird. Ich hatte heute Vormittag hier Gelegenheit Nernst zu sprechen. Wir sprachen lange über Ihre Arbeit und dabei rückte er allmählich damit heraus mich über Ihre sonstigen Personalverhältnisse auszufragen. Als er hörte, dass Sie vollkommen chemisch ausgebildet sind, fragte er mich, ob ich glaube, dass Sie eine Assistentenstelle bei ihm annehmen würden. Sein Abteilungsvorsteher Wartenberg wird wahrscheinlich demnächst wegberufen werden; zu dessen Nachfolger will er Eucken machen und sie sollen Euckens Nachfolger werden. . Ich schreibe Ihnen das heute schon, obwohl die Sache möglicherweise noch eine Zeit lang dauern wird, und obwohl ich es für möglich halte, dass er sich die Sache auch noch anders überlegt und Sie schliesslich nicht auffordert. Ich tue es auch schon deswegen, weil ich jetzt für einige Wochen vereise - - wohin weiss ich noch nicht genau und Sie mich also im August brieflich daher nur schwer erreichen können. Meiner Ansicht nach müssen Sie ein evtl. Angebot von Nernst annehmen, falls er Ihnen baldige Habilitation[7] in Aussicht stellt, auch wenn Sie lieber in Zürich ein freier Mann als in Berlin bei N. sein wollen. Ausserdem beglückwünsche ich Sie natürlich herzlich zu dem

[7] Offenbar wusste Sackur nicht, dass sich Stern gerade an der ETH-Zürich habilitierte.

Erfolg, den Sie nur Ihren eigenen Arbeiten zu verdanken haben. Massgebend ist für N. auch das Urteil, das Einstein über Sie hat.
Schreiben Sie mir bitte jedenfalls an meine Berliner Adresse, wenn Sie etwas hören.
Herzliche Grüsse

Ihr Sackur

Schon wenige Tage nach Otto Sackurs Gespräch mit Walther Nernst bot Nernst dann Otto Stern in der Tat eine Stelle an. Nernst schrieb:

Standort: [BAL], bk0016n8v8n; Dokumentnummer: **[0013/30.08.1913]**
Geehrter Herr Doktor!
Für das kommende Semester wird so gut wie sicher eine Assistentenstelle frei und zwar diejenige, dessen Inhaber neben dem Abteilungsvorsteher und neben mir selber die selbständigen Arbeiten zu überwachen hat. Wie ich nämlich ganz vertraulich mitteilen möchte, erfuhr ich heute im Ministerium, dass Wartenberg nach Danzig berufen werden wird; Eucken wird sein Nachfolger werden und ich muss daher für Eucken einen Nachfolger suchen. Meine Anfrage geht nun dahin, ob Sie diese Stellung übernehmen wollen; das Gehalt ist das übliche und einer späteren Habilitation steht von mir aus nichts im Wege. Wir arbeiten gerade viel über Dampfdruckformeln und verwandte Fragen; besonders gern würde ich die Fundamentalfrage der Nullpunktsenergie experimentell zu klären zu suchen. An tüchtigen Mitarbeitern ist kein Mangel, auch würden Sie für eigene Untersuchungen an Apparaten wohl alles Nötige hier vorfinden, auch Schüler für selbständige Arbeiten bekommen. Vielleicht schreiben Sie mir mit einer Zeile, ob Sie der Sache näher-treten wollen. Zu jeder weiteren Auskunft bin ich dann natürlich mit Vergnügen bereit.
Mit besten Grüssen Ihr ergebener W. Nernst

Am 11.9.1913 kam dann ein direktes Stellenangebot von Nernst an Stern. Walther Nernst schrieb:

Standort: [BAL], bk0016n8v8n; Dokumentnummer: **[0015/11.09.1913]**
Verehrter Herr Doktor!
Ich war einige Zeit von Berlin abwesend und konnte daher erst heute Ihre freundlichen Zeilen vom 1. ds. Mts. beantworten. InAutorzwischen ist die Berufung von Wartenberg perfekt geworden, wie Sie vielleicht bereits anderweitig gehört haben. Ich könnte ganz gut bis Mitte Oktober warten, bevor ich jemand anders anstelle; es wird dann aber schwierig sein, ihn nur für 1 Semester zu engagieren und ich kann daher nicht versprechen, ob auch am 1. April die Stelle für Sie frei sein würde. Vielleicht besprechen Sie also mit Kollegen Weiss, den ich vielmals von mir zu grüssen bitte, die Angelegenheit. Es hat doch immer etwas missliches für Sie, im Auslande tätig zu sein und, falls Ihnen in Zürich nicht etwas besonderes geboten werden könnte, so wird Ihnen Professor Weiss vielleicht selber zureden, mein Angebot anzunehmen. Sie sind aber wohl so freundlich, mich so früh, wie irgend möglich, von Ihrem definitiven Entschluss in Kenntnis zu setzen.
Mit besten Grüssen Ihr ergebenster W. Nernst

Abb. 2.7 ETH in Zürich (Bildquelle: https://de.wikipedia.org/wiki/ETH_Z%C3%BCrich#/media/File:ETH_Zuerich_1880.jpg)

Obwohl Otto Sackur bemerkte, dass man ein solches Angebot nicht ablehnen könne, entschied sich Otto Stern jedoch anders.

2.1.2 Der Erste Weltkrieg und Sterns Frankfurter Zeit 1914–1922

In Zürich hatte Stern auch Max von Laue kennengelernt, der dort apl. Professor für theoretische Physik war und mit Albert Einstein auf dem Gebiet der Relativitätstheorie gemeinsame Interessen hatte. Stern und von Laue begründeten in Zürich eine lebenslange Freundschaft. Als von Laue 1914 auf eine Professur für theoretische Physik an die neu gegründete Königliche Universität Frankfurt berufen wurde, bot von Laue Stern die Stelle eines Privatdozenten an.

PK Standort: [BAL], bk0016n8t3c; Dokumentnummer: **[0030/07.09.1914]**

Engelberg[8], *7.9.1914*

Lieber Herr Stern!
Wenn Sie diese Karte erhalten, was ziemlich umständlich ist, so schreiben Sie mir doch bitte möglichst bald, was Sie treiben. Ich siedle am 16ten d. M. ungefähr von hier nach Zürich über und am 10ten nach Frankfurt (Adresse umseitig). Sollten Sie in der nächsten Zeit Frankfurt berühren, so besuchen Sie mich doch bitte dort. Ich

[8] Das Franziskanerkloster Engelberg liegt in Unterfranken; Diözese Würzburg.

hätte gern wieder die Uniform angezogen; allein man erklärte mich für Felddienst untauglich. So bin ich denn jetzt hier im Schwange, ohne gerade die innere Ruhe zu haben, die meist die Sommerfrische so angenehm macht.
Mit herzlichem Gruss Ihr M. Laue

Abb. 2.8 Physikalisches Institut der Universität Frankfurt (ca. 1910) (Bildquelle: [UAF])

Otto Stern nahm das Angebot an und stellte am 10.11.1914 seinen Antrag auf Habilitation (eigentlich eine Umhabilitation aus dem Fach Chemie zur Physik) nach Frankfurt.

Standort: [UAF], Abt. 144 Nr. 288, Bl.12, Dokumentnummer: **[0032/10.11.1914]**
Habilitationsgesuch
Hierdurch bitte ich, Otto Stern, bisher Privatdozent für physikalische Chemie an der Eidgenössischen technischen Hochschule in Zürich, um meine Zulassung als Privatdozent für theoretische Physik an der Universität Frankfurt am Main. Als Habilitationsschrift bitte ich meine Arbeit" Zur kinetischen Theorie des Dampfdruckes einatomiger fester Stoffe und über die Entropiekonstante in einatomigen Gasen" [9] *anzusehen.*
Hochachtungsvoll Ergebenst
Dr. Otto Stern z. Z. Berlin-Charlottenburg

[9] [STERN1913]

Offiziell wurde Stern erst am 22. November 1915 auf sein Gesuch hin als Privatdozent an der ETH-Zürich vom schweizerischen Schulrat entlassen [ETHZ]. Von Laue musste zu Sterns Umhabilitationsantrag ein Gutachten schreiben und Stern dazu einen handgeschriebenen Lebenslauf einreichen.

Standort: [UAF], Abt. 144 Nr. 288, Bl. 14,14R+15,

Dokumentnummer: **[0033/10.11.1914]**

Lebenslauf *Frankfurt, den 10.11.1914*

Ich, Otto Stern, bin am 17. Februar 1888 als Sohn des Mühlenbesitzers Oskar Stern zu Sohrau O.S. geboren. Von Ostern 1894 ab besuchte ich das Johannesgymnasium zu Breslau, das ich Ostern 1906 mit dem Zeugnis der Reife verließ. Ich studierte in Freiburg i.B.,Breslau und München zwölf Semester Chemie, speziell physikalische Chemie. In Breslau bestand ich am 6. März 1908 das Verbandsexamen, am 6. März 1912 wurde ich zum Doktor promoviert. Von dieser Zeit ab arbeitete ich wissenschaftlich unter Anleitung von Herrn Professor A. Einstein zunächst ein Semester in Prag, dann in Zürich. Im August 1913 wurde ich in Zürich als Privatdozent für physikalische Chemie an der Eidgenössischen Technischen Hochschule zugelassen, wo ich im Wintersemester 1913/14 und im Sommersemester 1914 Vorlesungen hielt. Meine eigenen wissenschaftlichen Arbeiten bewegen sich hauptsächlich auf dem Gebiete der Molekulartheorie und Quantentheorie. Ich veröffentlichte folgende Arbeiten:

1. *Meine Promotionsschrift: „Zur kinetischen Theorie des osmotischen Druckes konzentrierter Lösungen und über die Gültigkeit des Henryschen Gesetzes für konzentrierte Lösungen von Kohlendioxyd in organischen Lösungsmitteln bei tiefen Temperaturen".*
2. *Gemeinsam mit Herrn A. Einstein: „Einige Argumente für die Annahme einer molekularen Agitation beim absoluten Nullpunkt".*
3. *„Zur kinetischen Theorie des Dampfdruckes einatomiger fester Stoffe und über die Entropiekonstante einatomiger Gase"*
4. *„Zur Theorie der Gasdissozation" Ferner veröffentlichte ich noch einige kleinere Artikel mehr polemischer oder literarischer Art.*

Max von Laue befürwortete in seinem Gutachten nicht nur den Habilitationsantrag, sondern bat darin, Stern alle Gebühren für das Habilitationsverfahren zu erlassen, da er ja bereits in Zürich Privatdozent gewesen war.

Standort: [UAF], Abt. 144 Nr. 288, Bl 13+13R,

Dokumentnummer: **[0034/10.11.1914]**

Gutachten *Frankfurt, der 10.11.1914*

Über das Habilitationsgesuch von Herrn Dr.O.Stern

Die von Stern als Habilitationsschrift bezeichnete Arbeit ist 1913 in der Physikalischen Z.-S erschienen. Ihr Problem ist ein altes: Die Dampfspannungskurve des festen Körpers nach statistischen Grundsätzen zu berechnen. Die Boltzmann-

Gibbs'sche Statistik liefert dafür im Boltzmann'schen Verteilungssatz zwar ein außerordentlich einfaches Rezept, das man aber erst dann anwenden kann, wenn man die Molekularmechanik des festen Körpers vollständig beherrscht; und dazu sind wir gegenwärtig nicht im Stande. Darum kam es darauf an, ein vereinfachtes Modell für einen festen Körper zu finden, welches trotz der Übersichtlichkeit Alles enthält, was am festen Körper für das vorliegende Problem von Belang ist. Da tat nun der Verfasser den guten Griff, das schon von Einstein benutzte Modell eines Systems von monochromatischen Resonatoren einzuführen, welche scheinbar unabhängig voneinander schwingen. d. h. er führt für jedes Atom eine Ruhelage ein, die eine quasielastische Kraft darauf ausübt, wenigstens solange der Abstand des Atoms von ihr innerhalb eines gewissen Wertes bleibt. Wird dieser überschritten, so wird das Atom vollkommen frei, es geht in den Dampf über. Unter diesen Annahmen ist der Boltzmann'sche Verteilungssatz ohne Weiteres anwendbar und liefert die Dampfdruckkurve vollständig; d. h. so, dass auch alle Konstanten in ihr vollständig bestimmt sind.

Die eine dieser Konstanten hat aber gerade in der neuesten Physik ihre große Bedeutung gewonnen; sie ist nämlich dasselbe wie die sogenannte „chemische Konstante" des Dampfes, auf welche man bei der thermodynamischen Behandlung des Verdampfungsproblems nach dem Nernst'schen Wärmetheorem geführt wird. Ihr Wert ist thermodynamisch nicht zu ermitteln. Stern kann nun durch einfachen Vergleich seiner statistisch gewonnenen mit der thermodynamisch abgeleiteten Formel diese Konstante auf das Atomgewicht und universelle Konstante zurückführen, so dass das Atomgewicht hier als die Eigenschaft der Substanz erscheint, welche ihr gesamtes thermodynamisch-chemisches Verhalten im gasförmigen Aggregationszustand beherrscht. Es ist bemerkenswert, dass durch Anwendung quantentheoretischer Methoden schon früher Sackur[10] und Tetrode[11] dieselbe Beziehung für die chemische Konstante abgeleitet und empirisch in gewissem Umfange bestätigt haben. Die Stern'sche Ableitung hat aber den großen Vorzug, daß sie die ja stets sehr unsicheren Methoden der heutigen Quantentheorie bei der Ableitung vermeidet und durch die in dem gewohnten Modell des festen Körpers enthaltene Hypothese ersetzt.

Ich beantrage, diese Schrift als Habilitationsschrift anzunehmen. Ferner beantrage ich, da Herr Stern schon in Zürich am Polytechnikum habilitiert ist, und da ich aus einer großen Reihe von Kolloquiumsvorträgen seine Lehrbefähigung und den Umfang seines Wissens kenne und dabei mit immer neuer Freude seinen ungewöhnlichen wissenschaftlichen Eifer bemerkt habe, ihm die sonst für die Habilitation vorgeschriebenen wissenschaftlichen Leistungen zu erlassen. Drittens schlage ich vor- vorausgesetzt, dass mein Vorschlag einstimmig Annahme findet- ihm auch die pekuniäre Leistung zu erlassen. Ich kann als Beispiel für einen solchen Beschluß der Fakultät anführen, daß mir bei meiner Umhabilitation von Berlin nach München ebenfalls die pekuniären Leistungen erlassen wurden, und daß ich dies als eine Freundlichkeit empfand, die ich jetzt gern Herrn Stern erwiesen sehen möchte.
Ihr M. v. Laue

[10] [SAC1911, SAC1913]
[11] [TET1912]

Da die Zeit drängte, wurde durch Umlauf über alle Teilanträge Max von Laues in der Fakultät abgestimmt, denn Otto Stern war schon als Kriegsfreiwilliger eingezogen worden. Im November 1914 wurde der Umhabilitationsantrag von der Fakultät genehmigt und Otto Stern wurde in Frankfurt Privatdozent [UAF]. Die Umhabilitation wurde auf Antrag des Dekans Schoenflies durch Umlauf im Eilverfahren beschlossen.

Das Gutachten und die Stellungnahme von Schoenflies an die Fakultät lautete:

Standort: [UAF], Abt. 144 Nr. 288, Bl.11, Dokumentnummer: **[0035/10.11.1914]**
Da Herr Dr. Stern im Begriff ist, eine Stellung im Interesse des Kriegsdienstes in kürzester Frist anzutreten und überdies auch schon in Zürich habilitiert ist, so schlage ich der Fakultät vor durch Zirkulation über das Gesuch abzustimmen und zwar gesondert über die drei von Herrn Collegen v. Laue gestellten Anträge
1. Annahme der Habilitationsschrift
2. Erlaß der weiteren wissenschaftlichen Leistungen, d. h. also des Kolloquiums vor der Fakultät
3. Erlaß der Gebühren (bei einstimmiger Zustimmung)
Ich bemerke, daß auf Antrag auch nur eines Mitglieds der Fakultät die Beschlußfassung in der Fakultät erfolgen wird. Dies gilt insbesonders für jeden der obigen Anträge einzeln wobei naturgemäß der Antrag 1) den beiden Anträgen 2) und 3) vorgeht.

Offensichtlich war bei dem schnellen und unbürokratischen Vorgehen ein Dokument einer anderen Angelegenheit verloren gegangen. Schoenflies hoffte, es bei Stern zu finden, und bat Stern um Mithilfe bei der Suche:

PK Standort: [BAL], bk0016n902w; Dokumentnummer: **[0036/11.12.1914]**
Frankfurt a. M., 11.12.1914
Sehr geehrter Herr Dr.,
Seien Sie doch so freundlich, die Papiere die ich Ihnen hier bei Ihrem Weggang aushändigte, darauf hin durchzusehen, ob etwa irrtümlich ein Papier darunter gekommen ist, das Ihnen nicht gehört, sondern uns. Sollte es so sein, so bitte ich um freundliche Zusendung.
Ihr ganz ergebener *A. Schoenflies*

Der Beginn des geregelten Vorlesungsbetriebes war nicht einfach: 1. Für die Universität Frankfurt war es das erste Semester überhaupt und 2. wurden die Dozenten und Professoren kriegsbedingt zu anderen Aufgaben verpflichtet. Eine Absprache zwischen den Dozenten war notwendig und trotzdem, wie Laues Brief zeigt, nicht strengen Regeln unterworfen.

Standort: [BAL], bk0016n8t3c; Dokumentnummer: **[0037/28.12.1914]**
Frankfurt am Main, 28.12.1914
Lieber Herr Stern!
Zu der Anfrage des Dekans nach Ihren Vorlesungen für das nächste Semester bemerke ich, daß ich selbst Mechanik der deformierbaren Körper lese. Kündigen Sie

Abb. 2.9 Max von Laue, (Bildquelle: https://www.nobelprize.org/nobel_prizes/physics/laureates/1914/laue-facts.html)

nur ruhig zunächst etwas an. Zu dem besprochenen Urlaub [zunächst][12] *für die Kriegszeit ist am Anfang des nächsten Semesters immer noch Zeit. Mit herzlichem Gruß wünscht Ihnen ein gutes Weihnachtsfest Ihr M. Laue*

Am 29.1.1915 erhielt Otto Stern die Mitteilung der Naturwissenschaftlichen Fakultät Frankfurt, dass er jetzt als Privatdozent für theoretische Physik zugelassen war (es erforderte aber noch die Einwilligung des königlichen Kommissars, erfolgte am 28.6.1915).

Standort: [UAF], Abt. 144 Nr. 288, Bl.19, Dokumentnummer: **[0039/29.01.1915]**
Frankfurt, den 29. Januar 1915
Ew. Excellenz
beehre ich mich mitzuteilen, daß die Fakultät Herrn Dr. Stern als Privatdozenten für theoretische Physik zugelassen hat.
Der Lebenslauf und das von unserem Referenten erstattete Gutachten liegen bei.
Bei der Meldung des Herrn Dr. Stern war der Fakultät noch nicht bekannt, daß die von Ew. Excellenz uns zugedachte Habilitationsordnung die Einwilligung des Königlichen Kommissars vorschreibt. Sie ist daher von Herrn Dr. Stern nicht eingeholt worden. Sollte Ew. Excellenz bestimmen, daß die nachträgliche Einholung dieser Einwilligung geschehen soll.
Die Fakultät hat aber beschlossen, diese Einwilligung von sich nachträglich einzuholen, falls Ew. Excellenz dies auch in diesem Fall als erforderlich erachtet. Mit Rücksicht auf das Vorlesungsverzeichnis glaubt die Fakultät einen baldgefälligen geneigten Bescheid hier über erbitten zu dürfen.

[12] Wort nicht klar entzifferbar

Obwohl nicht alle Fakultätsentscheidungen regelgerecht verliefen, hatte man in Berlin Verständnis für manchen Regelverstoß an der sehr jungen Universität Frankfurt.

Standort: [UAF], Abt. 144 Nr. 288, Bl.20, Dokumentnummer: **[0040/11.02.1915]**

Der Minister *Berlin W8 den, 11. Februar 1915*
der geistlichen und Unterichts-
Angelegenheiten[13]
U I Nr. 180
Auf die Berichte vom 29. Januar 1923-Nr. 44-, betreffend die Habilitation des Dr. Til[l]mans[14] *und des Dr. Stern, erwidere ich, daß in vorliegenden Fällen von der nachträglichen Einwilligung des Herrn Königlichen Kommissars abgesehen werden kann.*
Im Auftrage *Naumann* [Unterschrift schwierig zu entziffern]

Laue und Stern, die beiden einzigen theoretischen Physiker in Frankfurt, mussten sich gegenseitig vertreten.

Standort: [BAL], bk0016n8t3c; Dokumentnummer: **[0042/20.04.1915]**

[Frankfurt am Main], 20.4.1915

Lieber Herr Stern!
Wenn ich recht unterrichtet bin, wollen Sie im kommenden Semester ihrer militärischen Dienstleistung wegen nicht lesen. In diesem Fall reichen Sie doch bitte bald ein Urlaubsgesuch bei der Fakultät ein, das natürlich ohne Schwierigkeiten genehmigt werden wird.
Ferner sende ich Ihnen gleichzeitig einen neuen Paragraphen zu der Arbeit für Elster und Geitel; zwar ist diese Arbeit schon abgesandt, doch würde ich ihn noch hinterhersenden, wenn sich die Veröffentlichung lohnt. Darüber würde ich gern Ihre Meinung hören. Mein Hauptbedenken gegen die darin vorgeschlagene Methode ist, daß vielleicht die Bewegungen der Grenze so langsam werden, daß die Diffusion (die in der Rechnung vernachläßigt ist) sie verwäscht, bevor sie sich ein beobachtbares Stück bewegt hat. Bitte melden Sie sich bald wieder einmal bei uns an.
Mit herzlichem Gruß *Ihr M. Laue*

Da Stern praktisch schon als Soldat eingezogen worden war, hatte er am 21.4.1915 seine Beurlaubung in Frankfurt beantragt. Stern war bis ca. 1.7.1915 am Flieger- und Luftschiffhafen Frankfurt[15] stationiert (Zeitdauer von Postkartenstempeln der

[13] Frankfurt gehörte zum Königreich Preußen. Aus diesem Grunde mussten alle Berufungsangelegenheiten vom Ministerium in Berlin genehmigt werden.

[14] Josef Tillmans (1876–1935) war ein deutscher Lebensmittelchemiker. 1909 wurde er Leiter der chemischen Abteilung des neugegründeten Städtischen Hygienischen Instituts in Frankfurt und wurde nach seiner Habilitation (1916) 1917 außerordentlicher und 1920 ordentlicher Professor in der naturwissenschaftlichen Fakultät.

[15] Der Frankfurter Luftschiffhafen befand sich im Westen der Stadt auf dem Rebstockgelände. Zum Anlass der Internationalen Luftschiffausstellung landete hier 1909 das Luftschiff „Graf Zeppelin". 1912 wurde der Luftschiffhafen am Rebstock eröffnet.

Feldpostkarten[16] ermittelt). In den ersten Kriegsjahren diente Otto Stern als Gefreiter. Er war in einem Schnellkurs in Berlin als Meteorologe ausgebildet worden.

Standort: [UAF], Abt. 144 Nr. 288, Bl.10, Dokumentnummer: **[0043/21.04.1915]**
An die Naturwissenschaftliche Fakultät der Universität Frankfurt am Main,
Frankfurt, den 21.04.1915

Urlaubsgesuch

Da es mir in nächster Zeit wegen militärischer Dienstleistungen nicht möglich sein wird, meine Lehrtätigkeit auszuüben, bitte ich noch höflichst um Urlaub für das Sommersemester 1915.
Ergebenst Dr. Otto Stern, Privatdozent,
Z. Z. Kriegsfreiwilliger, Flieger-, Luftschiffhafen, Frankfurt, Wetterdienst

Der Dekan Schoenflies teilte Stern am 29.4.1915 mit:

Standort: [BAL], bk0016n902w; Dokumentnummer: **[0044/29.04.1915]**
Sehr geehrter Herr Dr.,
Die Fakultät hat von Ihrer Behinderung, Vorlesungen zu halten, Kenntnis genommen.
Mir persönlich wird es sehr erfreulich sein, Sie vielleicht demnächst einmal persönlich begrüßen zu können. Meine Univ. sprechstunde liegt jetzt 10-11 Uhr Dienst. u. Freitag.
Mit freundlichem Gruß
Ihr ergebener A. Schoenflies
Herrn Privatdozent Dr. O. Stern

Da zu Beginn des Krieges bis ca. 1.7.1915 Stern noch in Frankfurt stationiert war, war er so für Vorlesungen in Frankfurt noch abrufbereit. Laue forderte daher Stern am 2.6.1915 auf, auch Vorlesungen anzukündigen.

PK Standort: [BAL], bk0016n8t3c; Dokumentnummer: **[0046/02.06.1915]**
Lieber Herr Stern! *Frankfurt am Main, 2.6.1915*
Da Sie vermutlich auch schon die Aufforderung zur Ankündigung von Vorlesungen für das Wintersemester erhalten haben, teile ich Ihnen meine Pläne mit. Ich lese Elektrizitätslehre mit Übungen und zweistündig statistische Mechanik. Da ich erst im Winter 1916/1917 an die Thermodynamik komme, wäre es vielleicht nicht ganz gut, wenn Sie etwas damit zusammenhängendes ankündigten. Doch fragen Sie zunächst einmal bei Lorenz, was er macht, und entscheiden Sie dann ganz nach eigenem Ermessen. Tatsächlich werden Sie wohl ebenso wenig zum Lesen kommen, wie im jetzigen Semester. – Mit Einstein[17] *habe ich eine Reihe von Briefen ausge-*

[16] Im Nachlass Sterns im Bancroft Archiv gibt es aus den Jahren 1915 bis 1918 viele Feldpostkarten, die ihm seine Familie geschrieben hat. Aus den Poststempeln der Postkarten können Sterns Aufenthaltsorte während des Krieges ungefähr ermittelt werden.

[17] Nur ein Brief scheint überliefert zu sein: Laue an Albert Einstein 27.4.1915, CPE8, Doc. 85

tauscht; er läßt Sie vielmals grüßen. Seit Sonntag sind wir wieder zu Hause und würden uns sehr freuen, wenn Sie uns wieder einmal besuchen wollten.
Mit herzlichem Gruß *Ihr M. Laue*

Ab ca. Juli 1915 bis August 1916 war Stern als Wetterbeobachter in Lomsha[18]/Polen stationiert. Aus den Briefmarkenstempeln der Postkarten an Sterns eigene Familie wurde dieser Zeitraum abgeschätzt.

Im Nachlass von Otto Stern gibt es zahlreiche handgeschriebene Briefe und Postkarten der Familienangehörigen an Stern, die ihn erreichten, als er in Lomsha den Militärdienst leisten musste. Stellvertretend für diese privaten Briefe wird hier nur der Brief seines Bruders Kurt Stern an ihn wiedergegeben, da der Brief zeigt, dass Otto Stern gut zu leben verstand.

Am 18.9.1916 schrieb Kurt Stern an seinen Bruder Otto Stern:

Standort: [BAL], BANC FILM 3429, No. 67-0551+2,
Dokumentnummer: **[0048/18.09.1915]**
18.Sept.1915

Lieber Otto,
wie ich Dich kenne, wirst Du es Dir in Lomsha bereits recht gemütlich gemacht haben und bereits Kenner aller Delikatessen u. Genüsse von Russisch Polen sein. Auch mir geht es momentan ganz leidlich, da ich 5 Tage Urlaub habe.
Neulich las ich in der Univ.-Bibl. ein Referat über eine Arbeit von Herrn Robert Heller[19] (Ger = Med.Inst. Zürich)- Zweifellos, der Mann den ich [in] Z. kennen lernte- über die Grundzüge einer Theorie der psychischen Invarianten in der mir Herr Heller offenbar meine ganzen Ideen über Parallelismus von Massenwirkungsgesetz u. weiter Fechnersches [?] Gesetz, überhaupt anscheinend die ganze phys.chem. Theorie der Reizerscheinungen wegbewiesen hat, und zwar anscheinend besser wie ich es gekonnt hätte. Immerhin höchst bedauerlich, denn es handelt sich hier wirklich um eine ganz grundlegende Sache.
Renner hat tatsächlich in seiner Cohäsionsarbeit wieder gewaltigen Unsinn betreffs Energetik geschrieben. Ich habe ihm die ganze Geschichte, so wie sie meiner Meinung nach ist, geschrieben und ich glaube ziemlich richtig.
Hast Du dort auch wie in Frankfurt Zeit zu arbeiten?
Den anderen geht es auch gut, natürlich am 15. wieder die übliche Kündigung der Mädchen, nachher Rücknahmeversuche etc...alles wie immer.
Herzliche Gruesse
Dein Kurt
Gratuliere zum Gefreiten!

Offensichtlich musste Stern als ganz einfacher Soldat beginnen.

[18] Lomsha ist eine Kleinstadt in Ostpolen (ca. 150 km von Warschau entfernt)
[19] Robert Heller (1876–1930) war ein Doktorand bei Zangger, siehe [EIN] CPAE Vol. 5 und 8.

Standort: [BAL], bk0016n8t3c; Dokumentnummer: **[0050/24.09.1915]**

Frankfurt am Main, 24.9.1915
Beethovenstr. 33

Lieber Herr Stern!
Gestern habe ich Ihnen noch nach dem hiesigen Flugplatz eine Karte gesandt, mit der Frage, wo Sie sich aufhalten, und heute kommt als Antwort darauf Ihr Brief vom 16.9. aus Lomsha. Um ihren geistigen Hunger etwas zu befriedigen, sende ich Ihnen die beiliegenden S. – A. [Sonder Abdrucke]; im Übrigen liegt eine Tafel Schokolade bei. Wir sind erst seit zwei Tagen zurück, waren nur kurze Zeit in Walchensee, in Mittenwald war ich allein, dann aber waren wir lange zusammen in Berchtesgaden.....Unser Mechaniker Schmidt sitzt übrigens auch in Ihrer Gegend, bei der Waffenwerkstatt der 4ten Garde-Inf.-Division; er schrieb vor Kurzem aus Bialystock[20]*. Metzger muß sich jetzt noch einmal untersuchen lassen und rechnet damit, genommen zu werden.*
Mit herzlichem Gruß, auch von meiner Frau Ihr M. Laue

Laue und Stern standen ständig in brieflichem Kontakt wegen evtl. Vorlesungsvertretungen.

Standort: [BAL], bk0016n8t3c; Dokumentnummer: **[0051/28.09.1915]**

Frankfurt am Main, 28.9.1915

Lieber Herr Stern!
Anbei ein Sonderdruck von Fajans der Sie interessieren wird. Bitte senden Sie ihn gelegentlich zurück, am Besten ebenfalls unter Wertangabe. Das Manuskript[21] *meiner Entgegnung an Einstein liegt jetzt noch einmal bei Prof. Hilb in Würzburg, mit dem ich in der nächsten Woche[n] noch einmal beraten will.*
Übrigens eine Frage: Wenn ich einberufen werden sollte, würden Sie mich dann gern vertreten und die 4 stündige Vorlesung über Elektrodynamik übernehmen wollen? Dazu wäre notwendig, daß Sie sich wieder hierher versetzen liessen und das würde die Universität wohl auch bei den Militärbehörden durchsetzen können. Doch würde sie es natürlich nicht ohne Ihre Zustimmung tun. Fraglich ist ja auch, ob Sie hier neben Ihren militärischen Verpflichtungen die Zeit zu einer Vorlesung fänden. Bitte äußern Sie sich bald dazu.
Mit herzlichem Gruß Ihr M. Laue

Am 22.10.1915 schrieb Laue wieder an Stern [maschinengeschrieben, handschriftlich unterschrieben].

Standort: [BAL], bk0016n8t3c; Dokumentnummer: **[0053/22.10.1915]**

Lieber Herr Stern! Frankfurt.a.M.22.10.15.
Heute schreibt mir Prof.M.Wien, meine Einberufung würde, wenn überhaupt, erst in einigen Monaten erfolgen. Also hat die liebe Seele für einige Zeit wieder Ruhe.

[20] Bialystock ist eine Stadt in Nordostpolen.
[21] Manuskript nicht bekannt.

Hier ist Professor Hartmann, der Vorsitzende des physikalischen Vereins plötzlich gestorben. Er war bis jetzt in Partenkirchen und hat im Zuge irgend eine Lungenerkrankung erlitten, die fast sofort den Tod herbeiführte.
Neulich schrieb mit Trautz[22] *und beklagte sich bitter über die Behandlung, die ihm auf der Bunsenversammlung zu teil geworden wäre. Zum Militär will man ihn auch nicht nehmen, nur zum chemischen Arbeitsdienst ist er ausgemustert worden. Das scheint etwas ganz Neues zu sein, um Soldaten für die Arbeit in Fabriken zu bekommen.*
In der Hoffnung, bald von Ihnen zu hören, mit bestem Gruß Ihr M. Laue

Am 11.11.1915 wurde Max von Laue aus Stockholm mitgeteilt, dass man ihm rückwirkend für 1914 für seine Beugungsexperimente mit Röntgenstrahlung, die er 1912 zusammen mit Walter Friedrich und Paul Knipping in München durchgeführt hatte, den Nobelpreis[23] für Physik verliehen hatte. Stern, der in jenen Tagen nicht in Lomsha, sondern vermutlich in Berlin war, schickte ihm schon am 12.11.1915 ein Glückwunschtelegramm (im Laue-Nachlass nicht gefunden), über das sich von Laue sehr freute.

Laue bedankte sich dann bei Stern am 17.11.1915:

Standort: [BAL], bk0016n8t3c; Dokumentnummer: **[0054/17.11.1915]**
Lieber Herr Stern !
Als erster Glückwunsch von außerhalb Frankfurts traf noch am Abend des 12-ten Ihr freundliches Telegramm ein. Haben Sie herzlichen Dank dafür! Seitdem bin ich nicht mehr zum Arbeiten gekommen, sondern ich tippe. Ab morgen hoffe ich damit zu Ende zu kommen – falls nicht noch gar zu viele Glückwünsche nachkommen. Da aber bekanntlich nichts besser bekommt, als eine recht gründliche Faulheit, so hat der Nobelpreis bis jetzt bei mir außerordentlich segensreich gewirkt.
Die Universitätskanzlei erkundigte sich neulich eingehend nach Ihrer Adresse. Ich habe das betreffende Schriftstück, ohne zu wissen um was es sich handelt, nach Berlin senden lassen. Hoffentlich haben Sie es dort bei Ihren Eltern erhalten?
Neben dem Tippen beschäftige ich mich in anregender Weise damit, an den Knöpfen abzuzählen, ob die Einberufung kommt oder nicht. Ich bin aber noch zu keinem endgültigen Ergebnis gekommen.
Da Sie mir als Freund unfreiwilligen Humors bekannt sind, sende ich Ihnen gleichzeitig eine Nummer der hiesigen „kleinen Presse".
Mit herzlichem Gruß Ihr M. Laue
Wann müssen Sie wieder nach Lomsha [?]

Von Laue wurde zu Wilhelm Wien nach Würzburg abkommandiert, um Kriegsforschung durchzuführen. Da die Entfernung zwischen Frankfurt und Würzburg nur

[22] Max Trautz (1880–1960) war ein deutscher Chemiker. Sein Arbeitsgebiet war die Kinetik chemischer Reaktionen.
[23] MLA style: The Nobel Prize in Physics 1914. Nobelprize.org, Nobel Media AB 2014.Web.3May 2017 <http://www.nobelprize.org/nobel_prizes/physics/laureates/1914/>

ca. 130 km betrug und Laue sehr schnell zwischen Frankfurt und Würzburg kommunizieren konnte, musste Stern niemals als Vertreter bei der Vorlesung für von Laue einspringen. Max von Laue beschrieb in seinen Briefen vom 22.12.1915 und 19.04.1916 an Stern die damalige Situation wie folgt:

Standort: [BAL], bk0016n8t3c; Dokumentnummer: **[0056/09.12.1915]**
Lieber Herr Stern! *Frankfurt am Main, 9.12.1915*
Sie können mir schon wieder gratulieren, nämlich dazu, daß jetzt keine Gratulationen mehr kommen. Aber drei Wochen habe ich schwer daran zu arbeiten gehabt. Nun wenigstens habe ich mich doch sehr gefreut, wie viele längst verschollene Bekannte sich bei dieser Gelegenheit wieder einstellten. Aber zur Erholung geh ich auf den Feldberg (Schwarzwald). Boeke kommt mit. Mit meiner Einberufung wird es nach Mitteilung des Generalkommandos zunächst nichts. Und ob der Krieg, wie Sie neulich schreiben, mich noch zu allen Hoffnungen berechtigt, weiß ich nicht. Die Schweden[24] *haben nämlich zum 1.6.16 eingeladen, „in der Hoffnung, daß sich die internationale Lage in Europa dahin gebessert hat." Ob die Schwedische Regierung, welche die Akademie nach einer Zeitungsmeldung eigens angewiesen hat, die N.[obel] – Preise, ohne Rücksicht auf den Krieg zu verteilen, etwas Bestimmtes weiss?*
Mit herzlichem Gruss *Ihr M. Laue*

Standort: [BAL], bk0016n8t3c; Dokumentnummer: **[0057/10.12.1915]**
Lieber Herr Stern! *Frankfurt am Main, 10.12.1915*
Haben Sie herzlichen Dank für Ihren freundlichen langen Brief vom 6. d. M.. Ich habe fürs nächste Semester angekündigt: Optik mit Übungen, Potentialtheorie und Röntgeninterferenzen (einstündig). Ihre Quantentheorie, stört mich dabei in keiner Weise, sie bildet im Gegenteil eine gute Fortführung meiner statistischen Mechanik, die ich dies Semester lese. Allerdings wird ja wohl kaum etwas daraus werden, obwohl die schwedische Akademie zur Nobelfeier am 1.6.16 eingeladen hat „in der Hoffnung, daß sich die internationale Lage in Europa bis dahin gebessert hat". Ich halte das für etwas starken Optimismus.
Daß Sie mit Ihrer Arbeit so viel Pech habe[n], bedaure ich lebhaft; aber es ist ganz natürlich, daß Sie jetzt unter erschwerenden Umständen schaffen müßten. Wann und wo ist denn Tetrodes[25] *Arbeit erschienen? Ich treibe jetzt, soweit mir die Vorlesungen und die Gratulationen Zeit lassen, (die letzteren haben allerdings in den letzten Tagen aufgehört, wie ich Ihnen gestern schrieb) Kristallographie, vor Allem nach dem Buch*[26] *von Schoenflies, das bei näherer Bekanntschaft sehr gewinnt. Einen S.[onder] – A.[bdruck] aus den Ann.d. Phys. lege ich bei.*
Meinen diesjährigen Institutsetat habe ich jetzt in Büchern angelegt; ich habe die ganzen Fortschritte der Physik, die Annalen d. Physik von 77 – 99 und das Phys.

[24] Die Nobelpreisverleihung in Stockholm fand jedoch erst am 1. Juni 1920 statt.
[25] [TET1912]
[26] Arthur Schönflies, Kristallsysteme und Kristallstruktur, Leipzig 1891.

Rev.vollständig bestellt. Die Bücher kommen in den Bibliotheksraum des Wachsmuthsches[27] *Instituts.*
Im letzten physikalischen Kolloquium sprach ein Oberlehrer (und ob!) über durchdringende Strahlung in höheren Schichten der Atmosphäre (Hessche Strahlung) und ich über die Theorie des Magnetismus; Fortsetzung davon folgt nach Weihnachten.
Mit herzlichem Gruß Ihr M. Laue

Am 22.12.1915 sandte Laue an Stern einen allgemeinen Bericht[28] über den Krieg und das Universitätsleben in Frankfurt:

Standort: [BAL], bk0016n8t3c; Dokumentnummer: **[0058/22.12.1915]**
Lieber Herr Stern!
Zum Weihnachtsfest, das Sie diesmal im fernen Osten verleben, sende ich Ihnen herzlichen Gruß! Hoffen wir, daß in einem Jahr Alles vorüber ist und daß es kein drittes Kriegsweihnachten gibt. Diesmal scheint es ja gerade in den Festtagen besonders kriegerisch auszusehen, wenigstens im Westen. Ich weiß von sehr vielen, denen dort der erbetene Weihnachtsurlaub abgeschlagen werden mußte, weil Urlaubssperre angeordnet war. Und auch die Reden des Reichskanzlers[29] *im Reichstag kann ich nur als einen letzten Versuch ansehen, vor einer weiteren großen und blutigen Operation zum Frieden zu gelangen. Der Versuch war ja allerdings von vornherein nicht sehr aussichtsvoll.*
Mit meiner Einberufung steht es wie bisher; dies Semester brauchen Sie mich sicher nicht mehr zu vertreten. Um überhaupt wieder einmal an die frische Luft zu kommen, gehe ich am 26.d.M. auf den Feldberg[30] *zum Skilaufen.*
Heute habe ich das letzte Kolleg in diesem Jahr gehalten. Es war die statistische Mechanik. Nach dem H-Theorem[31] *und allem, was damit zusammenhängt, habe ich zuletzt die Gibbssche*[32] *stat. Mech. nach der Hertzschen*[33] *Darstellung vorgetragen, die wir in Zürich zusammen gelesen haben. Jetzt bin ich auch völlig in die Sache*

[27] Richard Wachsmuth war Ordinarius für experimentelle Physik an der Universität Frankfurt.
[28] Zwischen dem 25. September und dem 13. Oktober 1915 kam es an der Westfront – im Artois und der Champagne – zu den letzten großen Kampfhandlungen des Kriegsjahres 1915, welche für die Briten und Franzosen mit großen Verlusten verbunden waren.
[29] Der Reichskanzler Theobald von Bethmann-Hollweg (1856–1921) konnte daher im Reichstag aus einer Position der Stärke Friedensfühler ausstrecken, wobei er einem überzogenen Annexionismus der extremen Rechten entgegentrat. Stern war zu dieser Zeit immer noch an der Ostfront. Von Laue stand kurz vor seiner Einberufung.
[30] Der Feldberg ist höchster Berg im Taunus mit 881 m über NN.
[31] Mittels des Boltzmann'schen H-Theorems kann man in der kinetischen Gastheorie die Maxwell-Boltzmann-Verteilung bestimmen und damit die Entropie definieren.
[32] Der amerikanische Physiker Josiah Willard Gibbs (1839–1903) und der österreichische Physiker Ludwig Boltzmann (1844–1906) gelten als Begründer der statistischen Mechanik. Das von Laue erwähnte H-Theorem (Boltzmann-Theorem), das Boltzmann 1872 aufstellte, macht eine Aussage über die Richtung freiwillig ablaufender Prozesse in der statistischen Mechanik.
[33] Der Hinweis, dass von Laue die Vorlesung über die Gibbs'sche statistische Mechanik in der Hertz'schen Darstellung abhielt, bezieht sich wohl auf den Physiker Paul Hertz (1881–1940) und die von ihm gegebenen Darstellung der Gibbs'schen statistischen Mechanik.

eingedrungen. Nur den Zusammenhang der kanonischen Systeme und der mikroskopischen habe ich einfacher gebracht, indem ich als das Wärme-Reservoir, das man für die kanonische Verteilung braucht, ein einatomiges ideales Gas genommen habe.

Im Hydratiesierungskolloquium hat zuletzt Bethe[34] *über Endosmose und seine anschließenden Arbeiten gesprochen. Daß ich im Physikalischen Kolloquium die Theorie des Magnetismus vorgetragen habe, wissen Sie wohl schon.*

Neulich ist mir zufällig die Erklärung für den sogenannten Buddeeffekt[35] *eingefallen; der besteht darin, daß bei Chlor und anderen gefärbten Gasen eine Volumenvergrößerung eintritt, wenn man sie mit kurzwelligem Licht vom sich Ende des sichtbaren Spektrums ungefähr bestrahlt. Man kennt bei allen Gasen die Zusammenziehung im elektrostatischen Feld, die Dispersionstheorie zeigt; ihr Unterschied gegen 1 wächst aber auch mit zunehmender Dichte. Also muß auch die Elektrostriktion ihr Zeichen wechseln und eine Ausdehnung hervorrufen. darauf beruht, daß ihre Dielektrizitätskonstante größer als 1 ist und mit der Dichte wächst (Elektrostriktion). Nun haben diese Gase für kurzwelliges Licht eine Dielektrizitätskonstante kleiner als 1, wie die Im nächsten Monat will ich das noch ein wenig quantitativ durchrechnen und es veröffentlichen, wenn es mir dann noch gefällt. Vielleicht hängt auch die geheimnisvolle Zunahme der ~~Geschwi~~ Schallgeschwindigkeit in ionisierten Gasen, über die besonders in Marburg gearbeitet ist, mit der Elektrostriktion zusammen; doch dessen bin ich noch recht wenig sicher.*

Mit herzlichem Gruß, auch von meiner Frau Ihr M. Laue

Am 19.4.1916 kündigte Laue Stern seine baldige Einberufung an und dass dann Stern die Vorlesungen übernehmen müsste. Dazu kam es dann jedoch nicht. Stern musste nicht für Laue einspringen.

Standort: [BAL], bk0016n8t3c; Dokumentnummer: **[0070/19.04.1916]**

Lieber Herr Stern!

Gestern fand ich bei meiner Rückkehr von Mittenwald Ihren langen Brief; vielleicht gehe ich nächstens noch näher auf ihn ein. Für heute möchte ich Ihnen nur mitteilen, daß ich gestern ein Telegramm erhielt, ob gegen meine bevorstehende Einberufung zu den Funkern Gegengründe vorlägen. Ich habe natürlich verneint und rechne somit auf baldige Einberufung. Dann tritt der vor einem halben Jahr gefaßte Fakultätsbeschluß in Kraft, der Sie mit meiner Vertretung beauftragt. Sie erklärten sich damals damit einverstanden und ich nehme an, daß Sie es auch jetzt sind. Ich habe nun Optik angekündigt. Wenn Sie aber statt dessen lieber Thermodynamik lesen wollen, so ist nichts dagegen zu sagen; nur müßte dann die Optik wohl im Winter an die Reihe kommen.

[34] Hier handelt es sich um den deutschen Physiologen Albrecht Bethe (1872–1955), den Vater des Physikers Hans Bethe (1906–2005), der ab 1915 an der Universität Frankfurt lehrte.

[35] der Budde-Effekt wurde nach dem deutschen Physiker Emil Arnold Budde (1842–1921) benannt. (Siehe hierzu: Max von Laue, Nachruf auf Emil Arnold Budde, In: Verhandlungen der Deutschen Physikalischen Gesellschaft 1921, S. 66–68).

In Mittenwald war es auch wissenschaftlich wunderbar schön. Sommerfeld hat nämlich die Quantentheorie der Serienspektren mit al[l]en Einzelheiten unter Benutzung der Relativitätstheorie heraus und Epstein hat im Anschluß daran den Starkeffekt erklärt. Die Sache ist so schön, daß es unmöglich ist, sich in wenigen Worten darüber auszusprechen.
Mit herzlichem Gruß *Ihr M. Laue*

Wie man diesem Brief entnehmen kann, konnten sich die Physiker trotz Krieg zu kleinen Tagungen treffen und über die neu entstehenden Theorien zu Atombau und Atomspektren diskutieren. Laue fand Sommerfelds neue Feinstrukturtheorie auf der Basis der Relativitätstheorie „wunderbar schön".

Ab ca. Juli 1915 bis August 1916 war Stern zum Kriegsdienst als Wetterbeobachter in Lomsha/Polen abgeordnet. In dieser Zeit überlebte Stern den Absturz seines Wetterflugzeuges (Aussage von Alan Templeton, Großneffe von Otto Stern). Außerdem hat er dort aus Langeweile [JOST1961] zwei Publikationen[36] über Entropiefragen geschrieben.

Aus dem Brief vom 3.1.1917 von Max Born an Stern kann man entnehmen, dass Stern offensichtlich versucht hat, wieder zurück zur Forschung nach Berlin abgeordnet zu werden. Anfang 1917 war dieser Versuch jedoch noch nicht erfolgreich.

Standort: [BAL], bk0016n8n6f; Dokumentnummer: **[0080/03.01.1917]**

Berlin, 3.1.1917

Lieber Herr Kollege,
Auf Ihren Brief hin habe ich gleich Nernst angerufen und mit ihm besprochen, was da zu machen sei. Jedenfalls will ich morgen zu Geh. Rat. Cranz gehen; vielleicht findet sich dann etwas. Sobald ich etwas habe, bekommen Sie Nachricht.
Meiner Meinung wäre es das beste, wenn Sie es ermöglichen könnten, zum Wetterdienst zurückzukehren. Ich spreche übermorgen Hergesell und will dabei ihn fragen, ob er Sie nicht zurückholen kann. Bitte geben Sie mir bald Nachricht, ob das Ihnen recht wäre.
Ihre Abhandlung habe ich mit vielem Interesse gelesen und hätte vieles darüber mit Ihnen zu besprechen. Ich selber komme gar nicht zum wissenschaftlichen Arbeiten.
Mit den besten Wünschen für Ihr Wohlergehen und herzlichen Grüßen Ihr ergebener
M. Born

Aus der Zeit des Ersten Weltkrieges gibt es nur wenige Briefe im Nachlass von Stern, die die Lebenssituation der damaligen Zeit beschreiben. Aus dem Brief des physikalischen Chemikers John Emil Max Eggert geht hervor, dass schon 1917 Nahrungsmittel rationiert waren.

---

[36] Otto Stern, Die Entropie fester Lösungen. Ann. Physik, 49, 823–841 (1916), 354 eingegangen am 10.2.1916 und Otto Stern, Über eine Methode zur Berechnung der Entropie von Systemen elastische gekoppelter Massenpunkte. Ann. Physik, 51, 237–260 (1916) 356, eingegangen am 2.8.1916.

Standort: [BAL], bk0016n8q28; Dokumentnummer: **[0081/15.04.1917]**

[Berlin-Halensee], 15.4.1917

Lieber Herr Stern!
Ihre Herrlichkeiten sind in meine dankbaren Hände, zum Teil auch schon „tiefer" gelandet. Ihr Herr Vater war so liebenswürdig, den Zins dafür an sich zu nehmen, indem er mir vorschlug, den Umweg über Belgien zu vermeiden. – Ihre Tätigkeit scheint ja in einem Wechsel in Permanenz zu bestehen. – Hoffentlich herrschen bei Ihnen nicht mehr so winterliche Temperaturen wie hier. Von irgendwelchem grün ist noch nichts zu erblicken. Dafür soll morgen in Berlin ein bischen was „los" sein, wegen der gekürzten Brotration (1400 g). Vielleicht denken Sie also meiner, wenn Ihnen wieder ein Stück Schokolade begegnet!
Mit herzlichem Gruß Ihr J. Eggert

Erst ab ca. Herbst 1917 wurde Stern dann zur Kriegsforschung bei Walter Nernst an die Universität Berlin abkommandiert (Projekte: z. B. Verflüssigung von Ölen) [BAL]. Während dieser Zeit musste Stern auch spezielle Aufgaben in Belgien erledigen [JOST1961] Offensichtlich hatte Stern an verschiedenen Orten kurze Einsätze, so dass auch Laue nicht wusste, wo er Stern erreichen konnte.

Standort: [BAL], bk0016n8t3c; Dokumentnummer: **[0082/19.09.1917]**

Würzburg, Mergentheimer Str. 40, den 19.9.1917

Lieber Herr Stern!
Ich habe ja viele Monate gar nichts von Ihnen gehört! Darf ich daraus schließen, daß es Ihnen in jeder Beziehung den Umständen entsprechend gut geht? Aber ich hörte doch gern, wo Sie zur Zeit stecken, ob im Osten, Westen auf dem Balkan oder in den Alpen; oder „nur" im Inland? Ich suche bisher vergeblich, die Drehung des unsymmetrischen starren Körpers zu quanteln; vielleicht gelingt es doch noch. Einstein habe ich Anfang Juli auf seiner Durchreise durch Frankfurt gesehen. Er hielt im Physikalischen Verein dort einen Vortrag. Es ging ihm leider nicht so ganz gut, deswegen reiste er auch in die Schweiz. Ich muß heute zu militärischen Zwecken nach Kiel fahren; Prof. Barkhausen, der sonst in Kiel ist, jetzt aber bei der Torpedoinspektion arbeitet, hat dort schönes über die Verstärkerkästen herausgebracht.
Mit herzlichem Gruß Ihr M. v. Laue

Wie man aus den im Nachlass [TEM, BAL] aus dieser Zeit vorhandenen Briefen/Postkarten entnehmen kann, hat sich Stern u. a. im Januar 1917 bei der Minenwerfer-Abteilung in Markendorf bei Jüterborg und im März 1917 auf der Maschinenbeschaffungsstelle in Lüttich sowie im Juni 1917 auf der Maschinenbeschaffungsstelle in Antwerpen aufgehalten.

Ab der ersten Hälfte 1918 führte dann Stern zusammen mit Max Volmer und dessen späterer Ehefrau Liselotte geb. Pusch (Abb. 2.10) im Institut von Walter Nernst in Berlin einige Experimente zur Grundlagenforschung auf dem Gebiet der

Abb. 2.10 Max Volmer und seine Frau Lotte geb. Pusch (Bildquelle: [VOL1985])

Atom- und Kernphysik durch (vier Publikationen[37], davon drei zusammen mit Max Volmer).

Eine Untersuchung betraf die Abklingzeit der Fluoreszenzstrahlung von Jod und eine weitere die Frage, inwieweit die Nichtganzzahligkeit der Atomgewichte durch Isotopieeffekte verursacht wird. Bei den Experimenten zur Abklingzeit (oder mittleren Lebensdauer der angeregten Zustände) benutzten Stern und Volmer einen Molekularstrahl. Dies war vermutlich Sterns erster Kontakt mit Molekularstrahlen.

[37] Otto Stern und Max Volmer, Über die Abklingungszeit der Fluoreszenz. Physik. Z., 20, 183–188 (1919) eingegangen aus Berlin 2.1.1919.
Otto Stern und Max Volmer. Sind die Abweichungen der Atomgewichte von der Ganzzahligkeit durch Isotopie erklärbar. Ann. Physik, 59, 225–238 (1919) eingereicht am 7.1.1919 aus dem Phys. Chem. Institut der Univ. Berlin, Durchführung Aug. bis Nov. 1919, eingegangen Berlin 7.1.1919.
Otto Stern und Max Volmer. Bemerkungen zum photochemischen Äquivalentgesetz vom Standpunkt der Bohr-Einstein'schen Auffassung der Lichtabsorption. Zeitschrift für wissenschaftliche Photographie, Photophysik und Photochemie, 19, 275–287 (1920) Frankfurt und Berlin eingegangen 12.11.1919.
Otto Stern, Zusammenfassender Bericht über die Molekulartheorie des Dampfdrucks fester Stoffe und Berechnung chemischer Konstanten. Z. Elektrochem., 25, 66–80 (1919) eingegangen am 3.11.1919 von Berlin, Schlüterstr. 37 und eingegangen am 27.11.1918.

In dieser Zeit in Berlin begannen seine lebenslange Freundschaft mit Max Volmer und dessen Frau Lotte geb. Pusch (s. Bd. II, Abschn. 2.4) sowie James Franck und Lise Meitner.

Wie aus dem Brief vom 2.3.1919 von Nernst an Stern hervorgeht, wurden die begonnenen Arbeiten der Kriegsforschung auch nach Kriegsende fortgesetzt.

Standort: [BAL], bk0016n8v8n; Dokumentnummer: **[0087/02.03.1919]**

Berlin, 2.3.1919

Lieber Herr Dr.!
Vielen Dank für Ihre Zeilen vom 22. v. M.; ich erfuhr inzwischen, daß leider Ihr Herr Vater plötzlich verstorben ist u. spreche Ihnen zu diesem schweren Verluste mein aufrichtiges Beileid aus.
Neulich war Herr Direktor Sonneborn[38] *mit einem Chemiker seiner Firma bei mir u. wir verabredeten, daß die Voltol-Arbeit*[39] *bei mir fortgesetzt werden soll; einen jüngeren geeigneten Herrn glaube ich gefunden zu haben. Ich nehme an, daß damit die Sache geregelt ist u. daß eine Übersendung der Akten nach Hamburg nicht mehr nötig ist, zumal ich den Herren dieselbe angeboten hatte. Aber natürlich könnte ich sie jederzeit, wenn gewünscht, nach Hamburg senden; ich werde zur Sicherheit noch einmal bei Sonneborn anfragen.*
Hier ist der Zwischensemester im Gange u. damit auch eine Anzahl an wissenschaftl. Untersuchungen..
Mit vielen Grüßen *Ihr ergebener W. Nernst*

Im Februar 1919 kehrte Stern wegen Vorlesungsverpflichtung an die Frankfurter Universität zurück (Beginn der Vorlesungen des Zwischensemesters am 3.2.1919). Gleichzeitig bahnte sich im Institut für theoretische Physik in der Leitung des Instituts ein Wechsel an. Von Laue wollte unbedingt zu Einstein nach Berlin. Durch einen Stellenwechsel mit Max Born (der in Berlin nur eine ao. Professur hatte) konnte in Berlin für von Laue ein Ordinariat geschaffen werden und Born wurde der neue Ordinarius in Frankfurt. Max Born hatte von Göttingen Alfred Landé als zweiten Privatdozenten (neben Stern) für theoretische Physik mitgebracht, aber keine Stelle für ihn [UAF]. Aus dem Brief vom 1.3.1919 von Stern an Landé geht hervor, dass Stern und Landé sich schon vor Landés Wechsel nach Frankfurt gekannt haben. Stern schrieb:

Standort: [SBB], SBB-PK Nachlass Landé 71,2;
Dokumentnummer: **[0086/01.03.1919]**

Lieber Herr Landé,
ich bin seit 14 Tagen hier, lese bereits eifrig und würde mich sehr freuen, wenn Sie mich mal besuchen wollten. Ich habe schon großes Verlangen, wieder mal etwas Quanten zu simpeln. Ihre Adresse weiß ich von Laue, der Sie bestens grüßen und

[38] Jacques Isaak Sonneborn (1863–1936) war ein deutscher Industrieller und Generaldirektor der Ölwerke Stern-Sonneborn AG (Ossag). Die Ossag war ein deutsches Schmierölunternehmen und produzierte u. a. Voltol.
[39] Beim Voltoisierungsverfahren werden fette Öle zu hochwertigen Schmierstoffen verarbeitet.

sich sehr entschuldigen läßt, daß er Sie bei seinem Frankfurter Aufenthalt nicht sprechen konnte, aber das Wohnungssuchen hier läßt einem wirklich keine Zeit übrig, das kann ich bestätigen. Schreiben Sie mir doch bitte vorher, wann Sie kommen. Montag 11-12 und Mittwoch 11-1 lese ich, sonst bin ich fast stets zuhaus.
Ich arbeite jetzt etwas über Dispersionstheorie, komme aber nur langsam weiter. Wie mir Born erzählte, rechnen Sie jetzt Alkalispektren. Davon würde ich gern etwas hören, ich habe es nämlich vor einiger Zeit auch versucht, dann aber aufgegeben. Also lassen Sie mal etwas von sich hören und besuchen Sie [mich] möglichst bald einmal.

Mit herzlichen Grüßen *Ihr Otto Stern*

Abb. 2.11 Max Born (Bildquelle: private Mitteilung Jost Lemmerich Berlin)

Stern war ein Lehrauftrag für Vorlesungen in theoretischer Physik zugesagt worden. Doch dieser Lehrauftrag musste in Berlin durch das Ministerium für Wissenschaft Kunst und Volksbildung genehmigt werden. Da Stern nicht unvermögend war, ging es ihm weniger um Hörerhonorare als vielmehr um den Status seiner Anstellung. Am 25. Juli und 4. August 1919 schrieb der Prodekan Moebius an den Minister und beantragte, dass Stern der Professorentitel ohne weitere Vergütung verliehen werde.

Standort: [UAF], Abt. 144 Nr. 288, Bl.9, Dokumentnummer: **[0089/25.07.1919]**
Anliegend unterbreitet die Fakultät dem Kuratorium ein Gesuch an den Herrn Minister auf Erteilung eines Lehrauftrages an den Privatdozenten Dr. Otto Stern für eine zweistündige Vorlesung über theoretische Thermodynamik und Molekulartheorie, mit der Bitte, dasselbe befürworten zu wollen. Es darf wohl daran erinnert

werden, daß dieser Lehrauftrag Herrn Prof. Dr. v. Laue bereits zugesagt war und daß sowohl der Herr Vorsitzende des Kuratoriums als auch der Herr Ministerialreferent diese Zusicherung für Herrn Prof. Born aufrecht erhalten haben. Zugleich erlaubt sich die Fakultät, darauf hinzuweisen, daß in der Person des Dr. Otto Stern eine ungewöhnlich tüchtige Kraft für den Lehrbetrieb gesichert wird, auf die man auch von anderer Seite aufmerksam geworden ist.
Der Prodekan Möbius

Standort: [UAF], Abt. 144 Nr. 288, Bl.8, Dokumentnummer: **[0090/04.08.1919]**
4. August 1919
Die Zahl der Studierenden der theoretischen Physik ist im Laufe der Semester sehr gestiegen. Da nicht nur die eigentlichen Physiker, sondern auch noch viele Chemiker und fast alle Mathematiker Vorlesungen über theoretische Physik hören, so ist die Zahl der notwendigen Vorlesungsstunden, besonders der Anfängerkurse, sehr groß. Um den Unterricht in geregelter Weise durchzuführen, hat es sich als notwendig herausgestellt, daß neben dem Fachvertreter noch eine Hilfskraft wirksam ist. Nun war seiner Zeit von Seiten des Kuratoriums bereits Herrn Prof. v. Laue zu seiner Entlastung die Einstellung eines jungen Gelehrten bewilligt worden. Für diese Stelle war schon damals der Privatdozent für theoretische Physik Herr Dr. Otto Stern von Seiten der Fakultät in Aussicht genommen. Der Antrag wurde nicht perfekt, da sowohl Prof. v. Laue als auch Dr. Stern in den Heeresdienst traten. Da der Andrang zu den Vorlesungen jetzt nach dem Kriege noch gestiegen ist, erlaubt sich die Naturwissenschaftliche Fakultät nunmehr den Vorschlag wieder aufzunehmen. Da Herr Dr. Stern mehr Wert auf eine sichtbare Auszeichnung als auf eine Vergütung legt, so beantragen wir, das Ministerium wolle den Privatdozenten Dr. Otto Stern den Professorentitel verleihen und ihm einen Lehrauftrag für eine zweistündige Vorlesung über theoretische Thermodynamik und Molekulartheorie erteilen.
Der Prodekan M. Möbius
An das Ministerium für Wissenschaft
Kunst und Volksbildung
Berlin (d.d. Herrn Oberpräsidenten in Cassel)

Stern wurde dann am 6.8.1919 an der Universität Frankfurt zum Professor ernannt.

Standort: [UAF], Abt. 144 Nr. 288, Bl.7, Dokumentnummer: **[0091/06.08.1919]**
Universitätsarchiv Frankfurt am Main (UAF)(26)
Abt. 144, Nr. 288, BL 7
Der Minister für Wissenschaft, Kunst und Volksbildung Berlin M. 8; den 6. August 1919.
UI Nr. 3701 II 1
Dem Privatdozenten in der Naturwissenschaftlichen Fakultät der Universität zu Frankfurt a. M. Dr. Otto Stern habe ich in Anerkennung seiner wissenschaftlichen Leistungen das Prädikat "Professor" beigelegt.
Ich übersende das Patent zur gefälligen weitere Veranlassung.

Haenisch
An die Naturwissenschaftliche Fakultät
der Universität in
Frankfurt a.M.
(d.d. Herrn Oberpräsidenten in Cassel)

Am 11.11.1919 wurde Stern dann die Erlaubnis erteilt, Vorlesungen zu halten.

Standort: [UAF], Abt. 144 Nr. 288, Bl.6, Dokumentnummer: **[0092/11.11.1919]**
Der Minister
für Wissenschaft, Kunst und Volksbildung *Berlin W 8, den 11. November 1919*
UI Nr. 3701
Auf den Bericht vom 4. August d.J. -412- beauftrage ich den Privatdozenten Professor Dr. Otto Stern, in der Naturwissenschaftlichen Fakultät der dortigen Universität Vorlesungen über theoretische Thermodynamik und Molekulartheorie zu halten. Neben den ihm zufliessenden Vorlesungshonoraren kann ihm für diesen Lehrauftrag eine Vergütung nicht gewährt werden.
Ich ersuche, hiernach das Weitere zu veranlassen.
Haenisch
An die Naturwissenschaftliche Fakultät
der Universität
in Frankfurt a.M.
(d.d. Herrn Oberpräsidenten in Cassel.)

Am 27.11.1919 teilte der Rektor der Universität Frankfurt Richard Wachsmuth dem Kuratorium offiziell mit, dass Stern nun das Prädikat „Professor" tragen und Vorlesungen halten dürfe.

Standort: [UAF], Abt. 144 Nr. 288, Bl.5, Dokumentnummer: **[0093/27.11.1919]**
27. November 1919
Dem Kuratorium beehre ich mich anzuzeigen, daß nach einem heute hier eingegangenen Erlaß vom 6. August ds. Js. der Herr Minister dem Privatdozenten in der Naturwissenschaftlichen Fakultät, Herrn Dr. Otto Stern, in Anerkennung seiner wissenschaftlichen Leistungen das Prädikat "Professor" beigelegt hat und daß er ihm einen Lehrauftrag über theoretische Thermodynamik und Molekulartheorie erteilt hat, für welchen neben dem ihm zufließenden Vorlesungshonoraren eine Vergütung nicht gewährt wird.
gez. Wachsmuth *An das Kuratorium der Universität*

Otto Stern hat von November 1914 bis Oktober 1922 in Frankfurt die folgenden Vorlesungen und Seminare angekündigt. Von Juli 1915 bis Februar 1919 hat Stern aber keine dieser angekündigten Vorlesungen gehalten.

Winterhalbjahr 1915/16
Die Entropie; zweistündig, Stern (z. Zt. Luftschiffhafen Frankfurt am Main)

Sommerhalbjahr 1916
Einführung in die Quantentheorie; zweistündig, Stern (im Heeresdienst)
Winterhalbjahr 1916/17
Stern (im Heeresdienst), zeigt gegebenenfalls später an.
Sommerhalbjahr 1917
Stern (im Heeresdienst), zeigt gegebenenfalls später an.
Winterhalbjahr 1917/18
Stern (im Heeresdienst), zeigt gegebenenfalls später an.
Sommerhalbjahr 1918
Prof. Linke, Prof. Seddig und Dr. Stern
Winterhalbjahr 1918/19, keine
Sommerhalbjahr 1919,
Molekulartheorie I: Kinetische Gastheorie, 2-stündig
Winterhalbjahr 1919/20
Thermodynamik: zweistündig nach Verabredung,
Molekulartheorie II: Statistische Mechanik, Mi, Sa 9–10, Das Atom (auch für Chemiker) einstündig in zu verabredender Zeit,
Seminar über Quantentheorie; Mo 5–6; Max Born und Otto Stern
Sommerhalbjahr 1920
Analytische Mechanik, Mo, Di, Do, Fr 9–10, Übungen dazu; Mo 4–6 vierzehntägig, Seminar über Probleme der modernen Physik, Mo 4–6; vierzehntägig, Max Born, Alfred Landé und Otto Stern
Winterhalbjahr 1920/21
Mechanik der Continua (Elastizitätstheorie und Hydrodynamik); Di, Do, Fr 9–10
Sommerhalbjahr1921
Theorie der Wärme (Wärmeleitung und Thermodynamik), Mo, Di, Do, Fr 9–10
Seminar über neuere Probleme der Physik, Di 6–8, N. N., Stern und Landé
Winterhalbjahr 1921/22
Theoretische Physik, Theorie der Elektrizität, Di, Do, Fr 9–10, Übungen in anwendbarer Mathematik; Fr 5–7, Hellinger, Stern, Madelung

Wie schlecht 1919 die Lebensverhältnisse in Frankfurt waren, belegt der Brief des Rektors der Frankfurter Universität an seine Professoren. Dieser Brief findet sich im Nachlass Sterns. Der Rektor lud zum Neujahrsempfang 1920 in den renommierten Frankfurter Hof[40] ein, speisen konnte man 1920 dort jedoch nicht und Getränke mussten teuer bezahlt werden.

Standort: [BAL], BANC FILM 3429, No. 71-0279,
Dokumentnummer: **[0094/09.12.1919]**

Der Rektor schrieb:
Anstelle des infolge der Weihnachtstage ausfallenden akademischen Bierabends schlage ich, nach dem Muster anderer Universitäten, eine Neujahrszusammenkunft

[40] Hotel Frankfurter Hof wurde 1872 bis 1876 durch Karl Jonas Mylius und Alfred Friedrich Bluntschli erbaut und war immer eine der ersten Adressen Frankfurts.

des gesamte Lehrkörpers für den 1. Januar vormittags 12 Uhr vor und bitte die Herren Kollegen und ihre Damen, recht zahlreich daran teilzunehmen; die Söhne und Töchter bezw. sonstige Angehörige der Herren Kollegen sind selbstverständlich ebenfalls freundlichst aufgefordert. Als Ort der Zusammenkunft ist der große Saal des Frankfurter Hofes in Aussicht genommen. Speisen zu verabreichen ist der Frankfurter Hof unter den gegenwärtigen Verhältnissen nicht in der Lage, hingegen ist für einfachen Rhein- und Moselwein vorgesorgt. Allerdings kostet der einfache Wein die Flasche jetzt 6-7 Mark; wenn indessen mehrere sich zu einer Flasche zusammentun, sind die entstehenden Kosten erträglich. Eine Verpflichtung zur Entnahme von Getränken besteht nicht. Wohl aber müssen wir eine Saalmiete von 150Mark zahlen, die auf die Teilnehmer zu repartieren ist. Doch wird von Universitätswegen dafür gesorgt werden, daß die Höhe des für den einzelnen Teilnehmer zu zahlenden Betrags die Summe von 1 Mark nicht überschreitet.

Im Nachlass von Stern findet sich auch ein Brief von Edgar Meyer, seit 1916 Professor für Experimentalphysik in Zürich.

Standort: [BAL], bk0016n8v3w; Dokumentnummer: **[0095/09.12.1919]**
Meyer schrieb am 9.12.1919 aus Zürich an Stern:
Sehr geehrter Herr Doktor!
Zunächst meine herzliche Gratulation zu Ihrer neuen Titelwürde[41]*. Die haben Sie wirklich verdient. Ihre beiden letzten Arbeiten mit Volmer zusammen, die wir im Kolloquium ausführlich besprachen, haben mir ganz ausgezeichnet gefallen.*
Über den weissen Siegellack[42] *kann ich Ihnen beiden keine Auskunft geben. Ich habe auch nur noch einen ganz kleinen Vorrat, von dem ich nichts mehr abgeben kann. Auch wir müssen uns hier mit Ersatzmaterial helfen und suchen uns in den Papeterie-Geschäften möglichst zähen Siegellack aus. Der tut es dann auch. Wahrscheinlich ist es dem Liliendahl*[43] *genau so gegangen, wie vielen in dieser Zeit, er ist total „pleite".*
Momentan leben wir hier in der Erwartung der Dinge, die da kommen werden. Hoffentlich besteht einige Aussicht, dass Debye hierher an das Polytechnikum kommt.
Ich wäre Ihnen auch dankbar, wenn Sie mir möglichst bald folgende Frage[44] *beantworten wollten. Könnten Sie das Fach der physikalischen Chemie vertreten? Aber in ganzem Umfang, also auch den organischen Teil, sowie Elektrochemie? Ich wäre Ihnen für eine baldige Antwort sehr dankbar.*
Grüssen Sie bitte Born, Wachsmuth und Grotrian bestens von mir. Sie selbst seien herzlichst gegrüsst von Ihrem Edgar Meyer

[41] Professorentitel
[42] Der Siegellack diente zum Abdichten von Vakuumapparaturen.
[43] Die Siegellackfabrik Lilliendahl in Neudietendorf (Thüringen) wurde 1778 von Nicolaus Jacob Lilliendahl (1738–1805) erbaut. Die Produktion der Lacke erfolgte bis 1985 nach der Originaltechnologie.
[44] Statt Antwort muss es Frage heißen.

Warum Meyer Stern nach Sterns Kenntnissen in Physikalischer Chemie anfragt, lässt nur Vermutungen zu. Ob er Stern nach Zürich holen wollte?

1920 erhielt Born einen Ruf nach Göttingen, wollte aber gern in Frankfurt bleiben. Am 4.5.1920 informierte Born Stern wie die ersten Gespräche in Göttingen verlaufen waren.

Standort: [BAL], bk0016n8n6f; Dokumentnummer: **[0097/04.05.1920]**

[Kassel-Wilhelmshöhe] 4.5. 1920

Lieber Stern,
im Ministerium war man ziemlich entgegenkommend. Das Extraord. für Sie wird ziemlich sicher gemacht, die Sache mit Franck ist viel schwieriger. Morgen fahren wir nach Göttingen, dort werden wir wohl zum Entschlusse kommen, ob man da dauernd leben kann. Näheres mündlich. Die geplante Erholung in Thüringen ist wieder misslungen; erst konnte ich von Berlin nicht fort, weil am 1. und 2. Mai (Sonntag) keine Züge gingen, dann musste ich nach Leipzig, weil meine Frau sehr elend war, dort bekam ich Asthma und wir mussten schleunigst abreisen. Hier in Wilhelmshöhe erholen wir uns 2 Tag, morgen fahren wir nach Göttingen. Am Montag oder Dienstag werden wir in Frankfurt sein. Meine Vorlesung will ich Donnerstag den 13. Mai anfangen. Bitte lassen Sie die umseitig ausgeschriebene Vorlesungsanzeige von Frl. Grohs (so heißt sie doch?) per Schreibmaschine vervielfältigen und unterschreiben Sie sie selber i. V.. Die Zeiten sind mir nicht mehr ganz erinnerlich, bitte sehen Sie im Vorlesungsverzeichnisse nach. Die große Anzeige soll in 3 Exemplaren geschrieben werden: Eines für den physik. Verein, eines für das schwarze Brett der Univ. und eines für das chem. Institut. Die kleine Anzeige soll in mehreren Exemplaren für die schwarzen Bretter der anderen Fakultäten, Institute und Kliniken ausgefertigt werden. Hoffentlich macht Ihnen dieser Auftrag keine zu große Mühe. Was machen die Versuche?

Grüßen Sie Frl. Bormann, Pauli, Schmidt und alle übrigen Leute in Frankfurt, außer den Franzosen. Meine Frau lässt Sie schön grüßen.
Ihr getreuer Kampfgenosse M. Born.

Dieser Brief von Max Born an Otto Stern wurde 4. Mai 1920, einige Monate vor dem Wechsel Borns von Frankfurt am Main nach Göttingen, geschrieben. Schon im Mai 1920 hatte Born seine Fühler nach Göttingen ausgestreckt und sich um eine Wohnung gekümmert. Die Bedingungen für ein Verbleiben Borns an der Universität Frankfurt waren damals nicht zu erfüllen. Die entscheidende Forderung für Borns Verbleiben war jedoch, dass Otto Stern in Frankfurt eine „etatmäßige" Professur erhalten würde. Borns Bleibeverhandlungsforderungen vom 7.6.1920 waren die folgenden.

Standort: [UAF], Abt. 14 Nr. 139, Bl.7, Dokumentnummer: **[0099/07.06.1920]**

Für den Fall, daß ich in Frankfurt verbleibe, wünsche ich folgendes:

1. *Institut: Erweiterung der Räume, mindestens drei weitere Arbeitsräume für Doktoranden, Arbeitszimmer für Prof. Stern und mich.*
   Verbesserte Werkstatt.

Ein weiterer Assistent. Ein Hilfsmechaniker.
Etat: Mindestens 15.000,-M jährlich, einmalige Aufwendung
Von 50.000,-M für Anschaffungen von Apparaturen.
5000,-M für Anschaffung von Büchern.

2. *Lehrbetrieb:* ***Prof. Stern bekommt eine etatmäßige Professur.*** *(Nur auf diese Weise kann ich ihn mir als Mitarbeiter erhalten).*
3. *Gehalt: Mindestens in derselben Höhe wie in Göttingen. (Gesamteinkommen etwa 37.000 M).*
4. *Das Hilfspersonal (Mechaniker) des Instituts soll fest besoldete Beamtenstellen bekommen.*
5. *Die für diese Neuordnung nötigen Fonds müssen unabhängig vom Schicksal der Frankfurter Universität sicher gestellt werden.*
   Prof. M. Born

Born wollte auf keinen Fall auf Stern als Mitarbeiter verzichten. Alle Forderungen außer der zweiten wurden erfüllt. Man war in Frankfurt nicht bereit, Stern eine etatmäßige Professur zu geben.

Born hatte dann auch noch versucht, Stern als seinen Nachfolger in Frankfurt ins Gespräch zu bringen. Der Mathematiker Arthur Moritz Schoenflies, der in der Frankfurter Berufungskommission (Nachfolge Born) war, hatte mit Einstein in dieser Sache Kontakt aufgenommen. Schoenflies bat am 20.6.1920 Einstein um eine Einstufung der Kandidaten und schrieb [EIN] [CPAE10, Doc. 50, dort datiert zwischen dem 9.6. und 28.7.1920]:

Standort: [EIN], CPAE10, Doc. 50; Dokumentnummer: **[0100/20.06.1920]**
Sehr verehrter Herr Kollege,
Es ist wohl leider ganz sicher, dass wir unsern Max Born an die Göttinger abgeben müssen. Da ist die Frage, wer sein Nachfolger werden soll. Wir haben ja in erster Linie den Stern, den Sie noch von Zürich her kennen, und von dem ich selbst eine ausgezeichnete Meinung habe. Von anderer Seite wird besonders auf Kossel in München hingewiesen. Endlich dürfte wohl auch von Lenz die Rede sein. Jedenfalls darf ich wohl heute so frei sein, mich bittstellend an Sie zu wenden, und für uns Ihr Urteil über die drei genannten Herren zu erbitten. Natürlich ist es für die Fakultät bestimmt. Ich würde aber gern hören, in welcher Reihenfolge die drei Ihrem Urteil nach zu nennen wären, und was Sie über die Einzelnen insbesondere denken [...].

Nachdem Max Born einsehen musste, dass Wachsmuth ihn darin nicht unterstützte, schrieb er am 16. Juli 1920 ebenfalls an seinen Freund Albert Einstein:

Standort: [EIN], CPAE10, Doc. 75; Dokumentnummer: **[0102/16.07.1920]**
Lieber Einstein,
[....] höchstwahrscheinlich gehen wir nach Göttingen, nämlich, wenn Franck berufen wird und annimmt; die Fakultät hat ihn vorgeschlagen. Nun wird die Frage meines Nachfolgers akut. Schoenflies wollte an Dich schreiben und um ein Gutachten bitten. Ich möchte natürlich Stern haben. Aber Wachsmuth will nicht; er sagte

mir: ich schätze Stern sehr, aber er hat solch zersetzenden jüdischen Intellekt. Es ist wenigstens offener Antisemitismus. Aber Schoenflies und Lorenz wollen mir helfen. Wachsmuth schlägt Kossel vor, was sehr raffiniert erdacht ist, denn gegen diesen läßt sich doch nichts sagen, höchstens, dass er keine Mathematik kann, aber das ist kein Fehler. Stern hat unser kleines Institut in die Höhe gebracht und verdient durchaus Anerkennung. Ich brauche Dir ja seinen Wert nicht auseinanderzusetzen.[...]

Einstein antwortete Schoenflies am 29. Juli 1920:

Standort: [EIN], CPAE10, Doc. 89; Dokumentnummer: **[0103/29.07.1920]**
[...] Unter den von Ihnen genannten Fachgenossen halte ich Stern für den Geeignetsten. Sein Wissen ist ein überaus vielseitiges, seine kritischen und pädagogischen Fähigkeiten sind außergewöhnlich. Außerdem hat er Neigung und Geschick zum Experimentieren. Ich glaube nicht, dass meine ausgezeichnete Meinung über Herrn Stern durch den Umstand wesentlich beeinflusst wird, dass ich ihn persönlich gut kenne, denn erst vor kurzem hat sich Herr Bohr spontan höchst anerkennend über ihn ausgesprochen [...).

Letztlich setzte sich aber Richard Wachsmuth durch und Erwin Madelung wurde dann aus Göttingen kommend zum Nachfolger von Born berufen. Otto Stern ging dann zum 1.10.1921 nach Rostock, wo er auf eine apl. Professur für theoretische Physik berufen wurde.

Stern war auch nach dem Kriege Berlin eng verbunden geblieben. Zum einen wohnten Sterns Vater Oskar bis zu dessen Tode im Jahre 1919 sowie einige der anderen Geschwister in Berlin, zum andern unterhielt Stern auch einen engen Kontakt zu den Physikern und Chemikern in Berlin (s. Abb. 2.12).

In Sterns Nachlass befindet sich ein Brief von Hevesy an Stern, wo Hevesy sich für seinen ungarischen Kollegen Polanyi einsetzte und für diesen nach einer Stelle suchte. Polanyi wurde dann später Mitarbeiter von Fritz Haber in Berlin.

Standort: [BAL], bk0016n8r83; Dokumentnummer: **[0101/04.07.1920]**
Kopenhagen, 4.7.1920

Lieber Herr Kollege!
Ich habe Prof. Lorenz vor einiger Zeit in der Angelegenheit Polanyi geschrieben, es ist hier nicht bekannt ob er mit Ihnen darüber gesprochen hat, darum wende ich mich zu Ihnen mit der Bitte sich so weit es möglich ist anzunehmen. Es ist ja von keiner etatmässigen Stelle die Rede, sondern bestiglich von einer Habilitation und ich glaube das verdient Polanyi reichlich. – Herr Lorenz meinte es wären vielleicht nationale Schwierigkeiten vorhanden und er würde sich die Sache überlegen. Nun ist Polanyi Deutschösterreichischer Staatsangehöriger und es ist wohl kaum denkbar, dass man im Deutschen Reich einem Deutschösterreicher Schwierigkeiten macht, da sich ja Deutschösterreich doch früher oder später ans Reich anschliessen wird. Ich wäre Ihnen ausserordentlich dankbar wenn sie in Polanyis Angelegenheit etwas tun könnten. Herr Haber der kürzlich auf der Durchreise hier gewesen ist meinte, dass die Theoretischen Physiker in seiner Angelegenheit was tun sollten, denn sein Arbeitsgebiet liegt der theoretischen Physik am nächsten.

Abb. 2.12 1920 von links: Otto Stern, Friedrich Paschen, James Franck, Rudolf Ladenburg, Paul Knipping, Niels Bohr, Ernst Wagner, Otto von Baeyer, Otto Hahn, Georg von Hevesy, Lise Meitner, Wilhelm Westphal, Hans Geiger, Gustav Hertz und Peter Pringsheim in Berlin. Dieses Bild entstand 1920 beim Besuch Bohrs in Berlin, der zu diesem Anlass die großen Berliner Ordinarien Einstein, Haber, Nernst, von Laue und Planck treffen wollte. Lise Meitner und James Franck nannten die Ordinarien die „Bonzen". Daher organisierten Meitner und Franck am folgenden Tag ein sogenanntes „bonzenfreies" Treffen, bei dem dieses Bild aufgenommen wurde (Bildquelle: [TEM, BAL] BANC PIC 1988.070)

Wir sind hier mit dem Bau des Bohrschen Institut[s] beschäftigt und geniessen die schöne Landschaft und das flotte Leben dieses herrlichen Landes. Hoffentlich sieht man Sie mal hier!
Meine Empfehlung an Prof. Born und schöne Grüsse von Ihrem ergebenen
Georg v. Hevesy

Obwohl Otto Stern schon zum 1. Oktober 1921 seine Stelle in Rostock angetreten hatte[45], teilte er erst am 3. November 1921 der Naturwissenschaftlichen Fakultät in Frankfurt [UAF] mit, dass er den Ruf in Rostock angenommen hatte.

[45] Obwohl Sterns Bestallungsurkunde in Rostock erst am 29.10.1921 beurkundet wurde, wurde Stern nach dieser Urkunde mit Wirkung vom 1.10.1921 zum außerordentlichen Professor bestellt; Dokument 1U. 33569.a [UAR], siehe Briefdokument [0109]).

Abb. 2.13 Otto Stern 1920 (Bildquelle: [TEM, BAL] BANC PIC 1988.070)

Standort: [UAF], Abt. 144 Nr. 288, Bl.3, Dokumentnummer: **[0111/03.11.1921]**

INSTITUT F. THEORET: PHYSIK
DER UNIVERSITÄT
FRANKFURT A.M.
ROBERT_MAYER-STR.2

Frankfurt a/M, 3. November 1921

Sehr geehrter Herr Geheimrat:
Hierdurch erlaube ich mir der Fakultät mitzuteilen, dass ich als ausserordentlicher Professor für theoretische Physik an die Universität in Rostock berufen bin und bereits zum kommenden Wintersemester die Professur übernehmen werde.
Mit vorzüglicher Hochachtung
ergebenst
Prof. Otto Stern
An den Herrn Dekan
der Naturwissenschaftlichen Fakultät Geheimrat Prof. Dr. zur Strassen[46]
Hier *Universität*

[46] Otto Karl Ladislaus zur Strassen (1869-1961) war ein deutscher Zoologe. Von 1909 bis 1934 war er Direktor des Senckenberg-Museums in Frankfurt am Main. Von 1914 bis 1937 war er ordentlicher Professor für Zoologie und vergleichende Anatomie sowie Direktor des Zoologischen Instituts an der neu gegründeten Universität Frankfurt.

2.1.3 Sterns Rostocker Zeit 1921–1922

Die Stelle in Rostock war erst 1920 geschaffen worden. Wilhelm Lenz, der bei Sommerfeld promoviert hatte, war Sterns Vorgänger gewesen. Lenz war auf eine volle Professur nach Hamburg berufen worden. Zum 1. Oktober 1921 wurde Otto Stern in Rostock zum außerordentlichen Professor für theoretische Physik bestellt und musste Vorlesungen in theoretischer Physik halten [UAR]. Der Berufungsbrief des Mecklenburg-Schwerinschen Staatsministeriums für Unterricht vom 29.10.1921 lautete:

Standort: [UAR], Personalakte Otto Stern (1888-1969);

Dokumentnummer: **[0109/29.10.1921]**

Im Auftrage des Mecklenburg-Schwerinschen Staatsministeriums wird der Professor Dr. Otto Stern aus Frankfurt a/M. hierdurch mit Wirkung vom 1. Oktober 1921 ab zum außerordentlichen Professor in der philosophischen Fakultät der Universität Rostock bestellt.

Das Amt ist gemäß dem abgeleisteten Diensteide treu und gewissenhaft zu führen unter Beachtung der allgemeinen akademischen und der besonderen Satzungen der philosophischen Fakultät sowie der besonderen Verpflichtungen in der heutigen Verfügung wegen des Lehrauftrags.

Der außerordentliche Professor Dr. Otto Stern ist unkündbar; er kann nur durch Beschluß der zuständigen Disziplinarkammer aus dem Amte entfernt werden und hat vom 1. Oktober 1921 ab Anspruch auf das für sein Amt nach den geltenden Besoldungsgrundsätzen vom Ministerium zur Zahlung anzuweisende Diensteinkommen.

Falls er aus dem Mecklenburg-Schwerinschen Staatsdienste auszuscheiden wünscht, hat er seine Absicht dem Ministerium ein halbes Jahr vorher, und zwar zu Beginn eines Kalendervierteljahres, mitzuteilen.

Beurkundet unter Unterschrift und Siegel Schwerin, den 29. Oktober 1921

Sterns Möglichkeiten in Rostock, auch weiterhin experimentell zu arbeiten, waren extrem beschränkt. Berufungsverhandlungen gab es für Stern nicht. Er musste alles so akzeptieren, wie die Universität Rostock es ihm anbot. Die wenigen Lehrmittel reichten nicht aus, um anspruchsvolle Experimente zu machen. Sterns Lehraufgaben ließen ihm wenig Zeit für Forschung, und seine Arbeitsbedingungen wurden wie folgt festgelegt:

Standort: [UAR], Personalakte Otto Stern (1888–1969);

Dokumentnummer: **[0110/29.10.1921]**

Nachdem das Ministerium Sie zum außerordentlichen Professor in der philosophischen Fakultät bestellt hat, übermittelt es Ihnen hierneben Abschriften der für Sie ausgefertigten Bestellung und der wegen Ihrer Einführung in das akademische Konzil und in die philosophische Fakultät ergangenen Verfügungen mit der Feststellung, daß Sie den Berufungsverhandlungen gemäß in mindestens 6 Wochenstunden Vorlesungen über theoretische Physik zu halten und die Mitleitung des physikalischen

Abb. 2.14 1910 erbautes Physikalisches Institut in Rostock, Ansicht von der Südseite. Rechts im Bild sind im ersten Stock die Fenster des kleinen, im zweiten Stock die Fenster des großen Hörsaals zu sehen. Im Erdgeschoß befindet sich die Werkstatt (Bildquelle: R. Mahnke/Universität Rostock; private Mitteilung)

Seminars zu übernehmen sowie auf Verlangen in die einschlagenden Prüfungskommisionen einzutreten haben.
Die für den außerordentlichen Lehrstuhl angeschafften Lehrmittel wollen Sie übernehmen, sich binnen einer Frist von 3 Monaten davon überzeugen, daß die in dem Geräteverzeichnisse aufgeführten Gegenstände vorhanden und in gehöriger Beschaffenheit sind, und über das Ergebnis dem Bevollmächtigten der Volksregierung an der Universität Bericht erstatten.
Eine Abschrift der an die Verwaltungsbehörde für die Finanzen der Universität zu Rostock wegen der Auszahlung des bestellungsmäßigen Diensteinkommens und der Umzugskosten erlassenen Verfügung, von der auch der Vorstand der Witwen-Institute eine Abschrift erhalten hat, ist angeschlossen.
An den
Herrn Professor Dr. Otto Stern zu Frankfurt

Otto Stern musste während seiner Rostocker Zeit auch die Funktion des Institutsdirektors übernehmen, da der einzige Rostocker Ordinarius der Physik, der Experimentalphysiker Adolf Heydweiller, emeritiert wurde. Das Ministerium für Unterricht hatte Stern am 20.10.1921 mitgeteilt [UAR]:

Standort: [UAR], Personalakte Otto Stern (1888–1969);

Dokumentnummer: **[0108/20.10.1921]**

(Mecklenburg-Schwerin. Minist. für Unterricht Schwerin, 20. Oktober 1921 G.N. 1 U 34475):

Da sich die Bestallung eines Nachfolgers für den emeritierten Professor Dr. Heydweiller verzögert und mit einer Wiederbesetzung des Lehrstuhls vor dem 1. April 1922 nicht zu rechnen ist, überträgt das Ministerium Ihnen hiermit für die Dauer des Wintersemesters 1921/22 die Leitung des physikalischen Instituts der Universität Rostock.

An Herrn ausserordentlichen Professor Dr. Otto Stern in Rostock

Obwohl Otto Stern in Rostock als Professor für theoretische Physik über fast keine Experimentiermittel und nur über wenig Lehrmittel verfügte, musste er über Letztere genau Rechenschaft ablegen, d. h. deren Empfang und auch später beim Ausscheiden deren Vollständigkeit schriftlich bestätigen.

Standort: [UAR], Personalakte Otto Stern (1888–1969);

Dokumentnummer: **[0116/08.02.1922]**

Rostock, den 8.II. 1922 G.No. 430 9/II

An den Herrn Bevollmächtigten der Mecklenburg-Schwerinschen Volksregierung an der Universität Rostock.

In Befolgung des Ministerialverdikts vom 21.X. 1921 berichte ich hiermit, daß ich die für den außerordentlichen Lehrstuhl für Physik angeschafften Lehrmittel übernommen und mich davon überzeugt habe, daß die in dem Geräteverzeichnis aufgelisteten Gegenstände vorhanden und in gehöriger Beschaffenheit sind.

Otto Stern

Am 29.11.1921 hatte Stern in Rostock seinen Schwur auf die Reichsverfassung abgelegt:

Standort: [UAR], Personalakte Otto Stern (1888–1969);

Dokumentnummer: **[0113/29.11.1921]**

Ich, Otto Stern, schwöre Treue der Reichsverfassung und gelobe und schwöre: nachdem ich zum außerordentlichen Professor der theoretischen Physik ernannt worden bin, will ich meine Dienstobliegenheiten als außerordentlicher Professor und Beamter im Mecklenburg-Schwerin'schen Staatsdienste nach den geltenden Gesetzen und sonstigen Vorschriften, insbesondere den allgemeinen akademischen Satzungen und den besonderen Satzungen der philosophischen Fakultät treu und gewissenshaft erfüllen, dem jeweiligen Rektor und dem Konzil sowie auch meiner Fakultät die schuldige Achtung beweisen, auf der studierenden Jugend Bestes sehen und überhaupt in Allem mit alleiniger Rücksicht auf das Wohl des Landes und der Universität verfahren.

Alles dieses gelobe ich fest und unverbrüchlich zu halten. Otto Stern

Über die im Brief vom 29.11.1921 des Mecklenburg-Schwerinschen Ministeriums angesprochenen Gegenstände zum Experimentieren kann man nur Vermutungen anstellen, eine Molekularstrahl-Apparatur stand Stern jedenfalls in Rostock nicht zur Verfügung. Erwähnenswert ist aber, dass Stern in Rostock mit Immanuel Estermann einen wichtigen Mitarbeiter gewinnen konnte, mit dem dann Stern für mehr als 20 Jahre eng zusammenarbeitete. Der in Berlin geborene Estermann, der kurz zuvor seine Dissertation bei Max Volmer in Hamburg beendet hatte, arbeitete mit Stern bis zu dessen Emeritierung 1945 in Pittsburgh zusammen. Da Stern in Rostock kaum Geld und praktisch keine Apparaturen für Experimente hatte, hatte er großes Interesse, die mit Gerlach begonnenen Experimente in Frankfurt weiterzuführen.

Im Züricher Interview mit Res Jost beschreibt Otto Stern seine Rostocker Zeit wie folgt [JOST1961]:

Inzwischen kam ich dann nach Rostock als Extraordinarius für theoretische Physik. Über Rostock wäre eine Reihe persönlicher Sachen zu sagen. Damals schon, obwohl es offiziell noch keine Nationalsozialisten gab, war die Fakultät sehr nationalistisch eingestellt. Es war ganz altertümlich. Die Fakultät war eine philosophische Fakultät. Da war noch alles zusammen, Philosophie und Philologie. Die ganze Fakultät musste, wenn eine Doktorarbeit zirkuliert wurde, unterschreiben, ob sie die als genügend erachtet.

Im übrigen konnt' ich dort nicht sehr viel machen, weil es erstens kein sehr schönes Institut war, ein sehr kümmerliches Institut und zweitens weil ich furchtbar viel mit den Vorlesungen zu tun hatte. Ich musste ja die große Vorlesung über theoretische Physik lesen, wozu ich jeden Abend mich hinsetzte, um das Kolleg zu präparieren und dann so gegen Mitternacht, da sah ich, dass ich gar nichts mehr verstand. Dann kochte ich mir einen sehr starken Kaffee und schließlich ging es so allmählich. Und später, wie ich dann nach Hamburg kam, konnte ich nie einschlafen, ohne vorher einen ganz starken Kaffee zu trinken. Schließlich kam ich aus Rostock weg, indem ich einen Ruf nach Hamburg bekam als Professor für Physikalische Chemie.

Und da war auch noch eine sehr schwierige Sache, sehr bezeichnend, das war nämlich so: die Universität konnte nicht direkt mit dem Minister verkehren, sondern da war ein Kurator. Da hat die Fakultät meinen Nachfolger vorgeschlagen. Da hat der Kurator gesagt, das geb' ich nicht weiter, bevor der Stern nicht resigniert hat. Da hat die Fakultät gesagt, der Stern kann nicht resignieren, bevor nicht die Frage der Nachfolge geregelt ist. Das war also ein vollständiges, äh, wie nennt man das (Interviewer: Deadlock), *Deadlock, ja. Schließlich wurde mir die Sache zu dumm, ich bin nach Schwerin zum Ministerium gefahren, der Kultusminister war ein sehr netter Mann, und habe dem das auseinander gesetzt und der hat dann erreicht, dass ich zum ersten Januar 1923 nach Hamburg kam. Das Datum ist ja so ungewöhnlich, aber das hängt ja mit dieser Sache zusammen. In Hamburg bin ich angetreten am 1.1.1923 und das war insofern günstiger, als ich eben nicht theoretische Physik zu lesen brauchte, sondern, naja, ich war ja noch nie richtig in theore-*

tischer Physik ausgebildet. Und – (Interviewer: nur von Einstein)- *ja nur von Einstein. Ich hab ihnen ja erzählt, wie die Vorlesungen von Einstein waren und ich habe ja nur ein paar gehört. Nicht wahr. Er war ja nur 3 Semester in Zürich, in der Zeit konnte er ja doch nicht die ganze theoretische Physik lesen. Naja. Aber immerhin, ich hab einiges gelernt bei Einstein. Ich hab halt versucht, mir das beizubringen, soweit das ging. Bezeichnend war, als ich mich von dem Kurator verabschiedete und ihm sagte, mein Nachfolger, das war der Schottky, das ist ein sehr guter Mann. O weh sagte er, hoffentlich nicht zu gut, sonst geht er uns gleich wieder weg.* (Interviewer: Wie lange war der Schottky denn da?) *Das weiß ich nicht genau, aber nicht sehr lange. Sein Nachfolger wurde dann der... na, ist ja furchtbar mit mir, ich hab den Namen vergessen, ich kenne ihn sehr gut, er hat in Quantentheorie sehr schön die allgemeinen Transformationen gemacht* (Interviewer: der Jordan) *ja der Jordan, Pascual Jordan. Ja sehn Sie, es war so, wie Hitler kam, da veröffentlichte er einige sehr kriegerische Bemerkungen. Da wurde er von den Physikern, den ausgewanderten Physikern sehr beschimpft. Ich habe ihn dann in Kopenhagen getroffen bei einer Party bei Bohr und ich erinnere mich, dass ich im Bohr'schen Garten ihn so bei Seite nahm und ihn verhört habe, wie die Sache nun ist. Da sagte er mir: Hörn Sie, sie waren doch in Rostock, Sie wissen doch wie es dort zugeht. Ich könnt dort gar nicht leben, wenn ich das nicht machte. Und er hatte völlig recht. Er hatte geheiratet inzwischen und hatte ein Kind oder Kinder. Naja, man konnte es ihm nicht so übel nehmen. Er hatte eine Schwierigkeit, er stotterte nämlich furchtbar.*

Schon im Juni 1922 wurde Stern ein Extraordinariat an der Universität Hamburg angeboten. Stern informierte die Hochschulleitung der Rostocker Universität umgehend.

Standort: [UAR], Personalakte Otto Stern (1888–1969);

Dokumentnummer: **[0119/09.06.1922]**

An den *Rostock, den 9. Juni 1922*

Herrn Regierungsbevollmächtigte an der Universität in Rostock,

Hierdurch erlaube ich mir gemäß der von mir bei meiner Berufung hierher eingegangenen Verpflichtung mitzuteilen, daß ich soeben von der Hamburger Hochschulbehörde die Anfrage erhalten habe, ob ich einen Ruf auf den erledigten Lehrstuhl für physikalische Chemie (Extraordinariat) zu folgen gewillt bin.

gez. Stern

G.Nr. 1721 Rostock, den 12. Juni 1922

dem Ministerium für Unterricht vorgelegt. *gez. von Buchka*[47]

Da die Stelle in Hamburg (noch auf Betreiben Volmers) dann in ein Ordinariat umgewandelt worden war, nahm Stern diesen Ruf nach Hamburg am 13.11.1922 durch

[47] Gerhard von Buchka (1851–1935) war ein deutscher Jurist, Reichtagsabgeordneter und Direktor der Kolonialabteilung des Auswertigen Amtes. Später wurde er Vizekanzler der Rostocker Universität.

eine persönliche Erklärung bei der Hamburger Hochschulbehörde schon vorab de facto an. Stern schrieb am 8.11.1922 an Regierungsrat Wrochem:

Standort: [UAHH], W 361-6, Hochschulwesen I 80(9);
Dokumentnummer: **[0120/08.11.1922]**

Sehr geehrter Herr Regierungsrat,
nachdem die Professur für physikalische Chemie in ein Ordinariat umgewandelt ist, trage ich keine Bedenken mehr, dem ehrenvollen Rufe Folge zu leisten.
Ich nehme dabei an, daß Sie mir in sachlicher Beziehung soweit als möglich entgegen kommen werden, und möchte mir erlauben, Sie zu persönlicher Besprechung am Freitag Nachmittag oder Sonnabend Vormittag aufzusuchen.
Sollte Ihnen die Zeit nicht angemessen sein, so bitte ich möglichst um telegraphische Nachricht nach Rostock. Andernfalls werde ich mir erlauben, bis Freitag Mittag in Hamburg anzurufen.
Mit vorzüglicher Hochachtung Ihr sehr ergebener Otto Stern

Die Hamburger Behörde (vertreten durch den Regierungsrat von Wrochem) hatte daraufhin den Geheimrat Ministerialrat Krause vom Mecklenburg-Schwerinschen Unterichtsministerium über Sterns Vorabzusage am 13.11.1922 informiert. Von Wrochem schrieb:

Standort: [UAHH], W 361-6, Hochschulwesen I 80(10);
Dokumentnummer: **[0121/13.11.1922]**

Sehr geehrter Herr Geheimrat,
Herr Professor O t t o S t e r n hat mir gegenüber heute die Annahme des an ihn ergangenen Rufes an die Hamburgische Universität erklärt. Da sich die Berufungsverhandlungen wegen eingehender Verhandlungen mit der Finanzdeputation und der Bürgerschaft über den Semesterbeginn hingezogen haben, würde in diesem Semester eine empfindliche Störung im Unterricht eintreten, wenn es nicht möglich wäre, wenigstens vom Januar 1923 ab Herrn Professor Stern schon in Hamburg zu haben.
Ich erlaube mir daher, die ergebene Bitte auszusprechen, Herrn Professor Stern wenn angänglich bereits zum 1. Januar 1923 aus seinem dortigen Dienstverhältnis zu entlassen.
In ausgezeichneter Hochachtung
Ihr sehr ergebener v. W[rochem]

Otto Stern hatte schon mit der Fakultät in Rostock geklärt, dass die Stelle wieder besetzt wird, damit der Lehrbetrieb als gesichert galt. Am 18.11.1922 bestätigte die Philosophische Fakultät der Universität Rostock dem Regierungsbevollmächtigten Buchka in einem kurzen Brief diese Absprache. Obwohl Stern im November 1922 den Ruf nach Hamburg angenommen hatte, war seine Entlassung aus dem Staatsdienste in Rostock mit Schwierigkeiten verbunden. Stern wollte unbedingt schon am 1.1.1923 in Hamburg Institutsdirektor sein. Die Gründe dafür beschreibt er im folgenden Brief an den Herrn Bevollmächtigten der Mecklenburg-Schwerinschen Volksregierung an der Universität.

Standort: [UAR], Personalakte Otto Stern (1888–1969);

Dokumentnummer: **[0122/14.11.1921]**

Abschrift

Rostock, den 14. November 1922

An den Herrn Bevollmächtigten der Mecklenburg-Schwerinschen Volksregierung an der Universität.

Hierdurch teile ich mit, daß ich den Ruf als ordentlicher Professor für physikalische Chemie an die Hamburgische Universität angenommen habe und bitte sehr, meine Entlassung aus dem Mecklenburgischen Staatsdienste bereits zum 1. Januar 1923 erwirken zu wollen.

Dieser außergewöhnliche Termin wäre für mich von größtem Werte: Einerseits weil das Hamburgische physikalische Institut z. Z. ohne Leiter ist, aber wegen Neueinrichtung der Werkstatt und des Praktikums dringend der Leitung bedarf; zweitens wegen sehr dringender wissenschaftlicher Experimentierarbeiten, deren Ausführung mir hier unmöglich ist.

Eine Störung des Unterichtsbetriebes in der Physik wäre durch meine Entlassung zum 1. Januar nicht zu befürchten, da für die Besetzung des Lehrstuhls wohl nur Privatdozenten in Frage kommen, die sicher bereit wären, die Stelle zum 1. Januar zu übernehmen. Bei der Auswahl der Vorlesungen für dieses Semester habe ich diese Möglichkeit bereits berücksichtigt und diese so eingerichtet, daß sie in zwei ziemlich abgeschlossene Teile zerfallen.

Ich hoffe daher auf Berücksichtigung meiner Bitte rechnen zu dürfen, und bitte nochmals ergebenst, meine Entlassung beim Ministerium zu erwirken.

gez. Otto Stern

Rostock, den 14. November 1933 (1922)

In Abschrift an den Herrn Dekan der philosophischen Fakultät mit dem Ersuchen um eine beschleunigte Äußerung der Fakultät

Buchka

17.XI. Gemäß Beschluß vom 13.XI. wird die Fakult. kein Hindernis in den Weg legen, falls die Frage der Wiederbesetzung u. Weiterführung der Vorlesungen im Januar als gesichert werden können. Die Berufung u. Wahl der Kandidaten für den Lehrstuhl wird bereits am 20.XI. stattfinden.

Die Fakultät in Rostock unterstützte ihn bei seinem Wechsel nach Hamburg ebenfalls. Am 27.12.1922 wurde seine Entlassungsurkunde ausgestellt, mit der Bedingung, dass er vier Fünftel seiner erhaltenen Umzugskosten zurückerstatten muss.

Standort: [UAR], Personalakte Otto Stern (1888–1969);

Dokumentnummer: **[0126/27.12.1921]**

G.No 3839 29.XII 22

Mecklenburg-Schwerinschen Ministerium für Unterricht Universität Rostock dem Regierungsbevollmächtigten Buchka Schwerin, den 27. Dezember 1922

G.No 1 U. 45160 b.

Die Entlassungsurkunde für den außerordentlichen Professor Dr. Otto Stern wird Ihnen hiermit übermittelt. Sie wollen sie dem Professor Dr. Stern aushändigen, so

bald er vier Fünftel von den ihm durch Verfügung vom 18. März 1922 gezahlten Umzugskosten im Betrage von 2132,50 M mit 1706 M an die Universitätskasse zurückgezahlt hat.
Prof. Dr. Stern erhält Abschrift dieser Verfügung
Im Auftrage
W. Krause[48]
An den Regierungsbevollmächtigten der Universität Rostock

Am 3.1.1923 erhielt Stern seine Entlassungsurkunde aus dem Mecklenburg-Schwerinschen Staatsdienste.

Standort: [UAR], Personalakte Otto Stern (1888–1969);
Dokumentnummer: **[0127/03.01.1923]**

Eingang 3.I.23
Abschrift
1 U. 45160 b.
Dem außerordentlichen Professor Dr. Otto Stern in der philosophischen Fakultät der Universität Rostock wird auf sein Ansuchen die Entlassung aus dem mecklenburg-schwerinschen Staatsdienste und seinem Lehramte an der Universität Rostock zum 1. Januar 1923 erteilt.
Schwerin, den 27. Dezember 1922
Mecklenburg-Schwerinschen Ministerium für Unterricht
Abschrift an Rektor und Konzil der Universität zu Rostock

2.1.4 Sterns Hamburger Zeit 1923–1933

Da Stern in Rostock keine aussichtreichen Bleibeverhandlungen führen konnte, konnte er auch in Hamburg nicht aus einer Position der Stärke verhandeln, sondern musste das bescheidene Hamburger Ausrüstungsangebot annehmen. Im Brief vom 28.11.1922 der Hamburger Hochschulbehörde sind Sterns Pflichten und Berufungszusagen aufgeführt.

Standort: [UAHH],W361-6, Hochschulwesen I 80(104);
Dokumentnummer: **[0124/28.11.1922]**

Im Auftrage der Hochschulbehörde ist von dem unterzeichneten Regierungsrat Dr. v. Wrochem mit dem außerordentlichen Professor Dr. O. Stern in Rostock Folgendes vereinbart worden:

1) Herr Professor Dr. Otto Stern ist bereit, zum 1. Januar 1923 eine ordentliche Professur für physikalische Chemie in der Mathematisch-Naturwissenschaftlichen Fakultät der Hamburgischen Universität zu übernehmen.

[48] Krause war Ministerialrat im Mecklenburg-Schwerinschen Staatsministerium.

2) Herr Professor Dr. Stern weiß, daß ihm in dieser Stellung obliegt, das Fach der physikalischen Chemie durch Vorlesungen und Uebungen in einem Ausmaße von mindestens 8 Semesterwochenstunden zu vertreten und jedes zweite Semester eine öffentliche Vorlesung im Rahmen seines Wissenschaftsgebiets zu halten.

3) Herr Professor Dr. Stern wird in Gehaltsgruppe XII des Hamburgischen Beamtenbesoldungsgesetzes eingestuft unter Festsetzung seines Dienstalters nach den entsprechenden Bestimmungen.

4) Umzugsgelder von Rostock nach Hamburg werden nach den bestehenden Bestimmungen gewährt. Herr Professor Dr. Stern verpflichtet sich, dem Hamburgischen Staate die Umzugsgelder zu erstatten, falls er vor Ablauf von 5 Jahren nach seinem Dienstantritt seine Hamburgische dienstliche Tätigkeit aufgibt.

5) Aus dem gemäß § 6 Abs. 3 des Hamburgischen Beamtenbesoldungsgesetzes in der Fassung vom 3. November 1922 gebildeten Dispositionsfonds erhält Herr Professor Dr. Stern für die Zeit vom 1. Januar bis 31. März M 25.000.- - für laufende, und M 100.000 für einmalige sachliche Aufwendungen.

6) Durch den Nachtragsetat für 1923 / 24 wird für sachliche Ausgaben für das Gebiet der physikalischen Chemie ein Jahresetat von M 200.000 angefordert.

7) Bei der Senatskommission für Verwaltungsreform wird die Genehmigung zur Einstellung eines Feinmechanikers beantragt.

8) Herr Professor Dr. Stern weiß, daß die Professoren der Hamburgischen Universität verpflichtet sind, an den Aufgaben der Volkshochschule mitzuwirken.

In Anbetracht der damaligen rapiden Geldentwertung (Inflation) waren die zugesagten einmaligen Finanzmittel von 100.000 Mark praktisch wertlos. Sterns Umzugsrechnung vom 13.7.1923 [UAHH] belief sich alleine auf über 236.000 Mark. Am 15.11.1923 war die Inflation beendet, und es wurde die neue Rentenmark eingeführt. Eine Rentenmark entsprach am 15.11.1923 dem Wert von 4,2 Billionen Reichsmark. Stern begann 1923 in Hamburg als ein sehr armer Ordinarius. Wichtig jedoch für Sterns Experimente war Punkt 7), dass er mit dem Mechanikermeister Reiser wieder einen ausgezeichneten Mitarbeiter in seiner Werkstatt hatte.

Am 27.11.1922 hatte schon in Hamburg die Senatssitzung stattgefunden, auf der Sterns Berufung nach Hamburg beschlossen wurde.

Abb. 2.15 Physikalisches Institut der Universität Hamburg[49] in der Jungiusstrasse 9 (Bildquelle: F. Thieme/Fachbereich Physikalische Chemie Uni Hamburg; Private Mitteilung 2010)

Standort: [UAHH],W361-6, Hochschulwesen I 80(102);

Dokumentnummer: **[0123/27.11.1922]**

(Wappen)

Auszug aus dem Protokolle des Senats

Hamburg, den 27. November 1922

Herr Senator Petersen trägt vor: ... Für die ordentliche Professur für Physikalische Chemie sei der außerordentliche Professor in Rostock, Dr. Otto Stern, geboren 1888, gewonnen, der Assistent bei Professor Einstein gewesen sei. Er sei eine anerkannte Autorität auf seinem Gebiete und beherrsche vor allem die Thermodynamik. Der Senat beschließt, den außerordentlichen Professor Dr. Otto Stern in Rostock auf den 1. Januar 1923 zum planmäßigen ordentlichen Professor für Physikalische Chemie in der Mathematisch-Naturwissenschaftlichen Fakultät der Hamburgischen Universität zu ernennen.

gez. Siemsen Dr.

[49] 1921 erfolgte die Gründung des Instituts für Theoretische Physik. Erster Leiter wird Wilhelm Lenz (1888–1957). Seine Mitarbeiter in den Anfangsjahren waren Ernst Ising als Doktorand und Wolfgang Pauli (1900–1958) als Assistent. Später folgte Hans Daniel Jensen (1907–1973). 1923 erfolgte die Gründung des Instituts für Physikalische Chemie. Erster Leiter wurde Otto Stern. In Räumen des Physikalischen Staatsinstituts führten Stern und – als Gast – Isaac Isidor Rabi ihre berühmten Molekularstrahlexperimente durch.

Standort: [UAHH],W361-6, Hochschulwesen I 80(16);

Dokumentnummer: **[0125/06.12.1922]**

Hamburg, d. 6.12.22

1) zu Herrn Prof. Dr. Stern

S.g.H.Prof.!

Hiermit beehre ich mich Ihnen ergebenst mitzuteilen, daß der Senat Sie in seiner Sitzung vom 27.11.22 auf den 1. Januar 1923 zum ordentlichen Professor für physikalische Chemie in der mathematisch naturwissenschaftlichen Fakultät der Hamburgischen Universität ernannt hat.

Zur Annahme des Rufes musste Stern in Rostock zuvor gekündigt haben. Wie aus dem oben zitierten Züricher Interview bereits bekannt ist, kündigen konnte und wollte Stern erst, wenn er sicher war, dass er auch die Hamburger Stelle antreten konnte. Um dieses unlösbare Problem zu lösen, ist Stern selbst im Schweriner Ministerium vorstellig geworden, um mit den Ministerialbeamten alles auf direktem Wege schnell zu klären.

Am 26.1.1923 wurde Stern im Senat als hamburgischer Beamter vereidigt.

Standort: [UAHH],W361-6, Hochschulwesen I 80(17);

Dokumentnummer: **[0130/26.01.1923]**

Wappen

Hamburg, den 26. Januar 1923

Stempel: Eingegangen

Hochschulbehörde 30. Januar 1923

Der Senat eröffnet der Hochschulbehörde,

daß in heutiger Sitzung der Professor der Hamburgischen Universität Dr. Otto Stern als hamburgischer Beamter vereidigt worden ist.

Siemund (Unterschrift schlecht lesbar und Person nicht identifizierbar)

Herrn Prof. Dr. Otto Stern zur gefl. [..] der Eidesurkunde 30.1.1923

In Anbetracht der Hamburger Berufungszusagen kann es daher kaum überraschen, dass Stern im Brief vom 24.1.1923 an Alfred Landé (Landé hatte 1923 in Tübingen eine apl. Professur erhalten) Interesse zeigte, eine Stelle mit besseren Experimentiermöglichkeiten in den USA zu suchen. Stern schrieb:

Standort: [SBB], SBB-PK Nachlass Landé 71,4;

Dokumentnummer: **[0129/24.01.1923]**

Lieber Herr Landé,

vielen Dank für Ihren Brief. Ich bin nicht abgeneigt, eventuell nach Amerika zu gehen, besonders wenn ich dort anständige Experimentiermöglichkeiten bekomme, und habe Epstein bereits in diesem Sinne geschrieben. So gut es mir sonst auch hier gefällt, so fällt es mir doch unangenehm auf, daß der Hamburgische Staat anscheinend kein Geld mehr hat. Wenn Epstein Ihnen noch nähere Einzelheiten über die Stelle geschrieben hat, so teilen Sie mir sie doch bitte mit.

Zu den Multipletts und der allgemeinen Zeemanformel gratuliere ich sehr. Besonders freut mich, daß Sie den Heisenberg[50] *absägen; ich befürchte nur, er wird sich einfach mit Hilfe einiger neuer Hypothesen retten. Ich will jetzt wieder energisch an die Atomstrahlen rangehen, es wird aber natürlich noch geraume Zeit dauern bis ich wieder eine Apparatur in Gang gebracht habe. Zu Ihrer Heirat wünsche ich Ihnen recht herzlich Glück. Haben Sie eine brauchbare Wohnung?*
Viele Grüße, auch an Back Ihr Otto Stern

Offensichtlich waren die Versuche, eine bessere Stelle in den USA zu finden, dann doch nicht erfolgreich, denn Stern ist in Hamburg geblieben. Stern brauchte mehrere Jahre in Hamburg, um ein gut funktionierendes Labor für Molekularstrahlen aufzubauen. Die Räume, Stellen für Mitarbeiter und die finanziellen Mittel für Apparaturen fehlten, um in Hamburg direkt an den Erfolg des Stern-Gerlach-Experimentes in Frankfurt anzuknüpfen zu können.

Wegen der fortschreitenden Geldentwertung kam es darauf an, dass Stern seine ausgelegten Umzugskosten möglichst schnell von der Universität Hamburg erstattet bekam. Aus diesem Grund, bat er um einen Vorschuss auf die Erstattung. Die folgenden Briefe zeigen, wie umständlich und bürokratisch es damals wegen der großen Finanzknappheit war, bis ein Vorschuss ausgezahlt werden konnte.

Standort: [UAHH],W361-6, Hochschulwesen I 80(18);
Dokumentnummer: **[0128/13.01.1923]**
Herr Professor Dr. Otto Stern bittet um einen Vorschuß auf die Erstattung der Umzugskosten von M 200000,-
13.1.23
Laufende Mittel der Kasse stehen daher für einen solchen Vorschuß nicht zur Verfügung. Es bleibt daher nur der Weg der Einwerbung übrig. gez. Rein [Gustav Adolf]

Der Senat konnte darüber nicht entscheiden. Die Bitte wurde an die Finanzdeputation weitergeleitet.

Standort: [UAHH],W361-6, Hochschulwesen I 80(23);
Dokumentnummer: **[0133/03.08.1923]**
Hamburg, den 3. August 1923.
DER SENAT ersucht die Finanzdeputation auf Grund der beifolgenden Aktenstücke, zu veranlassen, daß aus den im Staatshaushaltsplan des Rechnungsjahres 1923 für Unvorhergesehene Ausgaben ausgesetzten Posten, nach zuvor deshalb eingeholter Genehmigung des Bürgerauschusses die Summe von 236338 M als Betrag der dem außerordentlichen Professor Dr. Stern infolge seiner Berufung von Rostock i/M. an die hiesige Universität erwachsenen Umzugskosten entnommen und zur Verfügung

[50] Landé hatte als Erster erkannt, dass es im Atom halbzahlige Drehimpulse mit einem g-Faktor von 2 geben muss [LAN1921a, LAN1921b] Diese Annahme war notwendig, um mit der sogenannten Landé-Formel den anomalen Zeeman-Effekt zu erklären. Der junge Heisenberg hatte diese Idee von Landé übernommen, sehr zum Missfallen seines Doktorvaters Sommerfeld [HEI1922].

der Hochschulbehörde gestellt werde, unter Rückgabe der betreffenden Aktenstücke an die Staatskanzlei
(Unterschrift nicht lesbar)

Herrn Dr. De Chapeaurouge
Standort: [UAHH],W361-6, Hochschulwesen I 80(24);
Dokumentnummer: **[0133/03.08.1923]** *(wenden, nächste Seite)*
Urschriftlich mit der Bitte um Rückgabe an den Vorsitzenden des Bürgerausschusses zur Bewilligung des vorseitig genannten Betrages aus dem im Staatshaushaltsplan für Unvorhergesehene Ausgaben ausgesetzten Posten herbeiführen zu wollen.
Hamburg, den 4. August 1923
Im Auftrage des Senats.
unlesbare Unterschrift
Präses der Finanzdeputation
Urschriftlich
mit dem Bemerken zurückzusenden, daß der Antrag in der Sitzung des Bürgerausschusses am 6. August 1923 genehmigt worden ist.
Der Vorsitzende des Bürgerausschusses
I. A. nichtlesbare Unterschrift
es folgen 5 weitere Unterschriften
Bei der Hochschulbehörde dann am 14. August eingegangen

Die Paul-Riess-Stiftung[51] zu Berlin teilte Stern am 29.6.1923 mit, dass er für den experimentellen Nachweis der Richtungsquantelung 30.000 Mark erhält. Was dieser Geldbetrag kurz vor Ende der Inflation Ende 1923 wirklich wert war, ist heute schwer abzuschätzen.

Standort: [BAL], bk0016n8w85; Dokumentnummer: **[0131/29.06.1923]**
Berlin, 29.6.1923
Hierdurch benachrichtige ich Sie ergebenst, dass die physikalisch-mathematische Klasse der Akademie auf Vorschlag des Kuratoriums der Paul-Riess-Stiftung Ihnen als Zeichen der Anerkennung für Ihre Arbeiten über den „experimentellen Nachweis der Richtungsquantelung im Magnetfelde" 30000 Mark bewilligt hat.
Ich ersuche die anliegende Quittungsvorschrift zu unterzeichnen und an das Bureau der Akademie zurückzusenden, worauf die hiesige Universitätskasse Zahlungsanweisung erhalten wird.
Der Vorsitzende Sekretär
Lüders[52]

[51] Der 1903 verstorbene Amtsgerichtsrat Dr. Paul Riess hatte zur Förderung von Chemie, Physik und Astronomie der Brandenburgischen Akademie der Wissenschaften einen Geldbetrag von 25.000 Mark vermacht, um die Paul-Riess-Stiftung zu gründen. Die Stiftung wurde am 1.4.1918 wirksam.

[52] Heinrich Lüders (1869–1943) war Orientalist und Indologe. Von 1920 bis 1938 war er der Sekretär der Philosophisch-Historischen Klasse der Preußischen Akademie der Wissenschaften.

Die Kontakte zu Gerlach in Frankfurt beschränkten sich auf rein wissenschaftliche Angelegenheiten. Als Gerlach Ende 1924 seinen Ruf nach Tübingen erhielt und diesen Ruf annahm, sandte Stern jedoch ein Glückwunschtelegramm.

Standort: [DMA], **NL 80/274;** Dokumentnummer: **[0137/16.11.1924]**
gerlach bockenheimerlandstr. *V 16 8 – 30 N. 1924*
95 frankfurtmain
Telegraphie des Deutschen Reichs
Amt Frankfurt Main
Telegramm fm + 86/16 hamburg zb + 193 12/11 16/11 6,25
= dem grossbonzen und frau gratuliert herzlichst Stern +

Erwähnenswert ist, dass Gerlach zuvor Stern beim Abschied aus Frankfurt einen Aschenbecher geschenkt hatte, mit der Gravur: ***Lichtstrahlen sind zum „Brechen“ und Molekularstrahlen sind zum „Kotzen“.*** Wo dieser Aschenbecher geblieben ist, ist den Autoren nicht bekannt. Da ihn Rabi 1948 auf seiner Glückwunschkarte zu Sterns 60. Geburtstag (s. Bd. II, Abschn. 2.3) wieder erwähnt, muss Stern diesen Aschenbecher mit nach Hamburg genommen haben, wo Rabi ihn vermutlich gesehen hat.

1925 erhielt Stern die Mitteilung, dass er entsprechend dem Senatsbeschluss vom 20. April 1925 rückwirkend ab 1. Januar 1925 nach der Besoldungsordnung B (28), Sonderplan, 1. Aufsteigende Gehälter, Gruppe II (Beamtenbesoldungsgesetz in der Fassung vom 3. April 1925, Ham. Ges. u. V. O. Bl. 1925 Nr. 37) bezahlt wird. Am 4. Oktober 1927 wurde die Besoldung neu angepasst und Stern in die Gruppe 22 eingestuft.

Lise Meitner fragte am 24.3.1928 bei Stern nach, ob er einen guten Physiker und auch einen physikalisch ausgebildeten Chemiker an Meitner vermitteln könnte.

Standort: [CCC], MTNR 5116B part 1; Dokumentnummer: **[0150/24.03.1928]**
Lieber Herr Stern, *24.3.1928*
obwohl ich vermute, dass Sie gar nicht mehr in Hamburg, sondern auf irgend einer Ferienreise sind, schreibe ich doch dorthin in der Hoffnung, dass der Brief evtl. nachgesandt wird.
Ich möchte Sie nämlich anfragen, ob Sie vielleicht einen guten Physiker (für ein Notgemeinschaftsstipendium[53]) für mich hätten und ausserdem einen physikalischen Chemiker als Assistent für unsere Abteilung. Wesentlich für uns wäre, wirklich tüchtige und wissenschaftlich interessierte Leute zu kriegen. Der physikalische Chemiker käme erst zum 1. Juli in Betracht, es könnte eventuell auch der 1. Dezember sein. Den Physiker hätte ich gern bald.
Frohe Ostern und beste Grüsse! *Ihre [Lise Meitner]*

[53] Die Notgemeinschaft wurde am 30. Oktober 1920 auf Anregung der fünf deutschen Wissenschaftsakademien und namentlich unter Beteiligung von Fritz Haber und dem preußischen Kultusminister Friedrich Schmidt-Ott gegründet, der dann auch ihr erster Präsident wurde. Siehe https://de.wikipedia.org/wiki/Notgemeinschaft_der_deutschen_Wissenschaft

Stern konnte Lise Meitner nur einen Chemiker mit Physikerfahrung in Aussicht stellen.

Standort: [CCC], MTNR 5116B part 2; Dokumentnummer: **[0151/30.03.1928]**

Hamburg, 30.3. 1928

Liebes Fräulein Meitner,
einen Physiker haben wir nicht (auch Koch nicht, den ich mal fragte, wodurch sich z. T. meine verspätete Antwort erklärt).
Mit einem Physikochemiker könnte ich eventuell dienen. Einer meiner (zwei!) Doktoranden wird voraussichtlich im Sommer mit seiner Arbeit fertig. Er ist recht ordentlich, von Natur aus Chemiker, arbeitet aber seit 2 Jahren bei mir eine Molekularstrahlsache, wobei er etwas Physik gelernt hat. Wir sprechen uns ja sicher noch mal, bevor die Sache aktuell wird.
Ich besuche Sie nächstens mal in Berlin.
Angenehmes Osterfest und viele Grüße
Ihr Otto Stern

Otto Stern hatte 1928 eine Einladung für einen längeren Forschungsaufenthalt an die University of California Berkeley erhalten. Aus Nominierungsbriefen für den Nobelpreis (s. Bd. II, Abschn. 2.4) der Physiker Campbell, Birge, Hildebrand und Loeb der University of California Berkeley für Otto Stern geht hervor, dass man in Berkeley sehr genaue Kenntnisse von Sterns Arbeiten zur MSM[54] und insbesondere über das SGE[55] hatte. Interessant dabei ist, dass der damalige Präsident der dortigen Universität, der Astronom William Wallace Campbell (ein bekannter und sehr erfolgreicher Astronom), Otto Stern erstmals am 8. November 1928 und danach mehrere Male in den folgenden Jahren für den Physiknobelpreis vorgeschlagen hatte (s. Bd. II, Abschn. 2.4 [NOB]).

Otto Stern beantragte in seinem Brief vom 21.6.1928 seine Beurlaubung für den Besuch in Berkeley.

Standort: [UAHH], W361-6, Hochschulw. I 80(46+7);
Dokumentnummer: **[0154/21.06.1928]**

Stern schrieb:
Die Abteilungen für Physik und Chemie der Universität von Kalifornien, Berkeley (U.S.A.), haben mich gemeinsam eingeladen vom 20. Januar 1929 an, drei Monate lang (ein amerikanisches Semester) an der dortigen Universität zu lesen. Ich bitte daher die Hochschulbehörde um Urlaub von Neujahr bis Mitte Mai 1929.

Begründung: Dieser Einladung zu folgen, scheint mir einmal im Interesse der deutschen Wissenschaft zu liegen und besonders für die Förderung näherer - auch persönlicher - Beziehungen zu der amerikanischen Fachwelt vorteilhaft zu sein. Der letzte Punkt dürfte besonders für die Hamburgische Universität, die ja die Pflege

[54] MSM Abkürzung für Molekularstrahlmethode
[55] SGE Abkürzung für Stern-Gerlach-Experiment

der Beziehungen zum Ausland als eine ihrer Hauptaufgaben betrachtet, wesentlich sein. Zweitens würde die Gastprofessur mir die beste Gelegenheit bieten, die amerikanischen Arbeitsmethoden und die zum Teil grossartig eingerichteten Institute amerikanischer Hochschulen und Industriekonzerne kennen zu lernen. Bei dem grossen Aufschwung, den die Experimentiertechnik in den letzten Jahren in Amerika genommen hat, wäre dies auch für die Arbeiten des hiesigen Instituts sehr wertvoll.

Ich darf darauf hinweisen, dass bereits mehrere deutsche Physiker (Sommerfeld, Franck, Born) unter den gleichen Umständen beurlaubt worden sind.

Der Unterrichtsbetrieb würde durch diese Beurlaubung nicht wesentlich gestört werden. Herr Dr. Estermann könnte meine Vertretung in der Vorlesung und im Praktikum und zusammen mit Herrn Dr. Knauer die Anleitung zu wissenschaftlichen Untersuchungen übernehmen.

Der Direktor des Instituts für physikalische Chemie Stern

Die Hochschulbehörde vertreten durch den Senator Dr. de Chapeaurouge beantwortete am 23.6.1928 Sterns Antrag positiv, stellte aber die üblichen Bedingungen, z. B. dass die Lehrvertretungen wohl geregelt sein sollten.

Standort: [UAHH], W361-6, Hochschulw. I 80(47);

Dokumentnummer: **[0155/23.06.1928]**

Herrn
Oberregierungsrat Dr. von W r o c h e m
Ich bin für Bewilligung des Urlaubs unter der Voraussetzung, daß die Vertretung von Herrn Professor Stern ausreichend geregelt wird. Es ist [im] Interesse der Universität nur zu begrüßen, wenn hamburgische Gelehrte derartige Aufforderungen erhalten. Ferner ist zu berücksichtigen, daß die Hamburgische Universität augenblicklich Herrn Professor Stern hinsichtlich seiner Unterbringung leider nicht die berechtigten Wünsche erfüllen kann.

de Chapeaurouge

Standort: [UAHH], W361-6, Hochschulw. I 80(48);

Dokumentnummer: **[0156/25.0.1928]**

P.St. 63 *25. Juni 1928*
Herr Professor Dr. Stern
Institut für Physikalische Chemie.
Sehr geehrter Herr Professor!
Auf Ihren Antrag vom 21. ds. Mts. hat der Präses den nachgenannten Urlaub von Neujahr bis Mitte Mai 1929 zwecks Abhaltung von Vorlesungen an der Universität von Californien genehmigt in der Voraussetzung, dass dem hamburgischen Staate keinerlei Kosten durch Vertretung usw. entstehen. Es wird ferner vorausgesetzt, dass auch seitens der Fakultät keine Bedenken erhoben werden und diese mit der von Ihnen genannten Vertretung im kommenden Wintersemester einverstanden ist. Ich darf bitten, der Hochschulbehörde hierüber noch eine kurze Mitteilung zukommen zu lassen.
Mit vorzüglicher Hochachtung v. Wrochem

Die Hochschulbehörde verlangte nachträglich noch von Stern die schriftliche Bestätigung, dass auch die Fakultät keine Bedenken gegen die genannte Vertretung bei den Vorlesungen habe.

Standort: [UAHH], W361-6, Hochschulw. I 80(49);

Dokumentnummer: **[0157/13.07.1928]**

Institut für Physikalische Chemie *Hamburg 36, den 13. Juli 1928*
der Hamburgschen Universität *Jungiusstraße 9*
Direktor: Prof. Dr. O. Stern

An die Hochschulbehörde.
Hamburg
Betr.: Aktenzeichen: P.St. 63
Der Hochschulbehörde teile ich in Beantwortung des Schreibens vom 25. Juli 1928 hierdurch ergebenst mit, dass seitens der Fakultät gegen meine Beurlaubung keine Bedenken erhoben werden und dass sie mit der von mir genannten Vertretung im kommenden Wintersemester einverstanden ist (Fakultäts-Sitzung vom 11.VII. 1928).
Stern (handschriftlich)

Am 11.1.1929 teilte Otto Stern jedoch der Hochschulbehörde überraschend mit, dass er wegen seiner Forschungsarbeiten den Besuch in Berkeley nicht antreten kann.

Standort: [UAHH], W361-6, Hochschulw. I 80(50);

Dokumentnummer: **[0159/11.01.1929]**

Der Hochschulbehörde teile ich hierdurch ergebenst mit, dass es mir der Verlauf meiner z. Zt. im Gange befindlichen Untersuchungen unmöglich macht, die beabsichtigte Amerika-Reise zur
Abhaltung von Vorlesungen an der Universität Berkeley jetzt auszuführen. Ich werde daher von dem mir zu diesem Zweck bewilligten Urlaub keinen Gebrauch machen.

Institut für physikalische Chemie
Der Direktor Stern

Zu vermuten ist, dass Stern zu diesem Zeitpunkt schon über den im April 1929 dann erfolgten Ruf nach Frankfurt informiert war und daher unbedingt wegen möglicher Bleibeverhandlungen in Hamburg anwesend sein wollte. Dies erscheint plausibel, da Stern sofort nach der Ruferteilung aus Frankfurt am 22.4.1929 erneut an die Hochschulbehörde den Antrag stellte, den schon genehmigten Besuch in Berkeley nur um ein Jahr ins Jahr 1930 zu verschieben.

Im April 1929 erhielt Otto Stern dann offiziell den Ruf auf das Ordinariat für experimentelle Physikalische Chemie an der Universität Frankfurt[56]. Diese Stelle

[56] Dazu ist zu bemerken, dass es im Fakultätsbuch der Naturwissenschaften der Universität Frankfurt keinen Hinweis auf diese Ruferteilung gibt [UAF].

war durch den Tod von Richard Lorenz freigeworden. Dieser Ruf gab Otto Stern die Möglichkeit, in Hamburg Bleibeverhandlungen zu führen. Da Frankfurt ein Teil Preußens war, wurde der Ruf vom Preußischen Ministerium für Wissenschaft, Kunst und Volksbildung erteilt, das auch die Hamburger Hochschulbehörde informierte.

Standort: [UAHH], W361-6, Hochschulw. I 80(51);
Dokumentnummer: **[0161/12.04.1929]**

Preußisches Ministerium für Wissenschaft, Kunst und Volksbildung *Berlin W 8 den 12.4.1929 Unter den Linden 4 - Postfach –*
Ministerialrat Prof. Dr. Windelband
Herrn Regierungsdirektor Dr. v. Wrochem H a m b u r g 13 Hochschulbehörde
Sehr geehrter Herr Regierungsdirektor,
Ich gestatte mir Ihnen mitzuteilen, daß mein Herr Minister dem Prof. Dr. Stern – Hamburg das Ordinariat für physikalische Chemie an der Frankfurter Universität zum 1. X. 1929 angeboten hat.
In der Annahme, daß dortseits keine Bedenken gegen diese Berufung bestehen, wäre ich für eine bald gefl. Angabe der derzeitigen Bezüge des Herrn Stern sehr verbunden.

In vorzüglichster Hochschätzung
Ihr sehr ergebener Windelband

Diese Ruferteilung fand selbst in Hamburger Zeitungen Beachtung.

Standort: [UAHH], W361-6, Hochschulw. I 80(52);
Dokumentnummer: **[0162/14.4.1929]**

Hamburger Correspondent *vom 14. April 1929*

Ehrenvoller Ruf**.** *Zur Wiederbesetzung des durch die Emeritierung von Prof. R. Lorenz an der F r a n k f u r t e r Universität erledigten Lehrstuhls der physikalischen Chemie ist ein Ruf an den ord. Professor und Direktor des Instituts physikalische Chemie an der Hamburgischen Universität. Dr. Otto S t e r n ergangen. Dr. Stern begann seine akademische Laufbahn als Privatdozent in Frankfurt a. M., von wo er 1921 als Extraordinarius für theoretische Chemie nach Rostock übersiedelte. Seit sechs Jahren lehrt Stern in Hamburg. Ob Prof. Stern den Ruf annehmen wird, ist noch nicht bekannt.*

Stern war jedoch bereit, in Hamburg zu bleiben, wenn seine Bleibeforderungen erfüllt würden. Die Hamburger Hochschulbehörde reagierte umgehend. Im Schreiben vom 14.5.1929 stellte sie fest, dass Sterns Forderungen sehr hoch seien und nach der damaligen Finanzlage nicht erfüllt werden könnten. Daher wurde schon sehr bald der Bankier Max Warburg kontaktiert, um bei den Finanzproblemen zu helfen. Dem Schreiben an ihn wurde noch ein Gutachten von Professor Haber beigelegt (Im Staatsarchiv nicht auffindbar [UAHH]). Der Senator Dr. de Chapeaurouge nahm Habers Gutachten mit größtem Interesse zur Kenntnis und hatte es schon am 8.4.1929 an Warburg übermittelt.

Standort: [UAHH], W361-6, Hochschulw. I 80(57);

Dokumentnummer: **[0160/08.04.1929]**

Senator Dr. de Chapeaurouge. Hamburg, den 8. April 1929

Gef. 8. 6. 29 Hg. *Sehr verehrter Herr Doktor !*

Ich bestätige Ihnen ergebenst den Empfang Ihres Schreibens in Sachen Professor Dr. Stern. Ich habe das Gutachten von Herrn Geheimrat Professor Dr. Haber mit größtem Interesse gelesen. Die Hochschulbehörde bemüht sich stark um Herrn Professor Dr. Stern. Wenn ich eine Unterstützung brauche, was namentlich bei der Finanzdeputation erforderlich sein dürfte, werde ich mich gern an Sie mit der Bitte um Hilfe wenden.

Mit verbindlichsten Grüßen

Ihr ergebener *gez. Dr. de Chapeaurouge*

Der Hamburger Senator Dr. de Chapeaurouge war daraufhin bereit, Otto Sterns Forderungen mit Hilfe Warburgs und des Hamburger Bürgertums sowie der Hamburger Wirtschaft zu erfüllen. Offensichtlich hatte das beigelegte Gutachten von Fritz Haber über Otto Stern hierbei sehr geholfen. Da Stern nun sicher sein konnte, dass die Universität Hamburg seine Wünsche weitgehend erfüllen würde, beabsichtigte er nun, den mehrmonatigen Aufenthalt in Berkeley nachzuholen. Am 22.4.1929 schon schrieb er an die Hochschulbehörde:

Standort: [UAHH], W361-6, Hochschulw. I 80(53);

Dokumentnummer: **[0163/22.04.1929]**

Hamburg, den 22.4.1929

Die Abteilungen für Physik und Chemie der Universität von Kalifornien, B e r k e l e y (U.S.A.) haben ihre Einladung, ein amerikanisches Semester lang (3 Monate) an der dortigen Universität zu lesen, erneuert und zwar für Mitte Januar bis Mitte April 1930.

Ich konnte die für 1929 zum gleichen Zweck beabsichtigte Reise, für die ich von der Hochschulbehörde Urlaub erhalten hatte, wegen des Verlaufs meiner Untersuchungen nicht ausführen, wie ich der Behörde unterm 11. Januar d. Js. mitteilte.

Unter Bezugnahme auf die in meinem Antrag vom 21. Juni 1928 gegebene Begründung, bitte ich um Genehmigung meines erneuten Urlaubsgesuches.

Der Direktor [Stern]

Wie aus dem Brief [UAF] vom 23.4.1929 des Dekans der Frankfurter naturwissenschaftlichen Fakultät Professor Linke hervorgeht, hatte dieser erst aus Zeitungsberichten erfahren, dass Otto Stern einen Ruf auf die Lorenz-Nachfolge erhalten hatte. Wie schon erwähnt: In den entsprechenden Fakultätsbüchern der Naturwissenschaftlichen Fakultät in Frankfurt gibt es keinerlei Hinweise auf diese Rufterteilung.

Standort: [UAF], Abt. 144 Nr. 288, Bl.2, Dokumentnummer: **[0164/23.04.1929]**

Sehr geehrter Herr Kollege, 23. April

Aus Zeitungsberichten ersehe ich zu unserer Freude, daß Sie den Ruf auf unsere physikalisch-chemischen Lehrstuhl bekommen haben und hoffen, daß Sie denselben annehmen werden.

Wenn Sie zu Besprechungen nach Frankfurt kommen, bitte ich, mich als derzeitigem Dekan möglichst bald aufzusuchen, um Sie über die bisherigen Verhandlungen, den Ausbau der physikalisch-chemischen Institute betreffend, informieren zu können.

Bis dahin verbleibe ich mit kollegialem Gruß

Ihr ergebener gez. Linke

Professor Dr. Otto Stern

Hamburg

Jungiusstr. 9

Da Otto Stern in den Bleibeverhandlungen auch sein Gehalt verbessern konnte, wollte das Berliner Ministerium (für Frankfurt zuständig) wissen, wie hoch Sterns Gehalt in Hamburg sei. Mit zweimonatiger Verzögerung wurden dann Sterns Bezüge dem Berliner Ministerium mitgeteilt.

Standort: [UAHH], W361-6, Hochschulw. I 80(55);

Dokumentnummer: **[0165/06.05.1929]**

P.St. 63 Hamburg, den 6. Mai 1929

1. Herrn Ministerialrat Professor Dr. Windelband

Berlin W. 8.

Unter den Linden 4

Preussisches Ministerium für Wissenschaft, Kunst u. Volksbildung

Sehr geehrter Herr Ministerialrat. Auf das Schreiben vom 12. d.M. beehre ich mich mitzuteilen, daß Professor Otto Stern sein Gehalt (einschließlich des Ortszuschlages und örtlichen Sonderzuschlages) von 12825RM bezieht. Hinzu tritt eine Kolleggeldgarantie von 1000,- RM jährlich. Die durch einen Irrtum entstandene Verzögerung meiner Antwort bitte ich zu entschuldigen.

Mit vorzüglicher Hochachtung

Ihr sehr ergebener

v. Wrochem

Sterns Bleibeforderungen in Hamburg wurden dann im Hamburger Senat am 14.5.1929 verhandelt.

Standort: [UAHH], W361-6, Hochschulw. I 80(56);

Dokumentnummer: **[0167/14.05.1929]**

Hochschulbehörde . *Z.: P. St. 63*

Auszug aus dem Protokolle .

Hamburg, den 14. Mai 1929

10) Der Herr Präses teilt mit, daß der Leiter des Instituts für physikalische Chemie, Herr Professor Otto Stern, einen Ruf nach Frankfurt a. M. erhalten habe. Wolle man Herrn Professor Stern in Hamburg halten, so müßten dessen sachliche Forderungen, die Ausgaben von schätzungsweise RM 150.000 vorsähen, erfüllt werden. Da die Aufwendung so hoher Summen unter den augenblicklichen Verhältnissen nicht möglich sei, wolle er wenigstens versuchen, in einem der an der Jungiusstraße befindlichen Direktorenhäuser, dessen jetziger Inhaber freilich erst zum Auszug bewogen werden müsse, Platz für das Institut für physikalische Chemie zu schaffen.

Die Hochschulbehörde erklärt sich mit den Ausführungen des Herrn Präses einverstanden.

gez. Berkemeyer

Ein hoher Beamter der Hamburger Universitätsverwaltung kommentierte am 15. Mai 1929 Sterns Bleibeverhandlungen wie folgt:

Standort: [TOS2006] Dokumentnummer: **[0168/15.05.1929]**

Ich möchte, wenn ich auch nicht selbst für die Hochschulpolitik verantwortlich bin, nochmals mit allem Nachdruck darauf hinweisen, um mein Gewissen zu entlasten, dass Herr Prof. Stern auf dem Gebiet der physikalischen Chemie neben Einstein der bedeutendste Gelehrte ist, der zwar wenig aus sich macht, aber geradezu einen Weltruf genießt. Hamburger Herren, die in Amerika gewesen sind, werden wohl nach keinem Gelehrten öfter gefragt als nach Herrn Prof. Stern. Geht er von Hamburg fort, so ist gleichwertiger Ersatz überhaupt nicht zu finden. Es gibt nur einige jüngere Herren, die aber sehr unbedeutend sind. Abgesehen von seinem internationalen Ruf hat Herr Prof. Stern die seltene Gabe, nicht nur die Kollegen seines eigenen Faches, sondern auch die Kollegen der benachbarten Gebiete an sich zu ziehen, sie zu wissenschaftlichen Arbeiten anzuregen; dann ist ihm eine glänzende Problemstellung zu eigen, kurz: er ist innerhalb der hiesigen Mathematisch-naturwissenschaftlichen Fakultät ein ganz hervorragender wissenschaftlicher Mittelpunkt, dessen Fortgang – wenn ich diese abgegriffene Phrase gebrauchen darf – eine fühlbare Lücke zurücklassen würde.

Der Universitätssenat unterstützte in seiner Sitzung vom 14. Mai 1929 Sterns Forderungen und ermächtigte Prof. Blaschke, der Hochschulbehörde nochmals eindringlich klarzumachen, welchen Wert die Hamburger Universität auf das Verbleiben von Stern in Hamburg legte, und teilte dies dem Hamburger Senator Dr. de Chapeaurouge mit [UAHH].

Der Auszug des Protokolls dieser Sitzung lautet wie folgt:

Standort: [UAHH], W361-6, IV 998 (2); Dokumentnummer: **[0170/07.06.1929]**

Aus der Akte 112,

g. B. Nr.

Auszug aus dem Protokoll
des Universitätssenats
vom 7. Juni 1929

Bericht des Rektors über die Sitzung der Hochschulbehörde vom 14. Mai 1929 :

i) Wegen des Rufes, den Professor Otto Stern nach Frankfurt erhalten hat, ist in der Hochschulbehörde beraten worden: Die sachlichen Ausgaben für ein Institut, das Professor Stern zum Bleiben in Hamburg veranlassen würde, betragen etwa 150.000 M. und sind nach Meinung der Hochschulbehörde nicht aufzubringen, sie will vielmehr nur versuchen, in einem der jetzigen Direktorenhäuser an der Jungiusstraße Platz für das Institut für physikalische Chemie zu schaffen

Herr Blaschke hebt hervor, daß, wenn man für Stern einen gleich hervorragenden Nachfolger berufen wollte, dieser zweifelsohne ebenfalls nur in ein entsprechendes Institut kommen würde, und daß daher die Ausgaben kaum gespart werden könnten.

Durch einstimmigen Beschluß des Universitätssenats wird Professor Blaschke ermächtigt, der Hochschulbehörde nochmals eindringlich darzulegen, welchen Wert die Universität auf das Verbleiben von Professor Otto Stern legt.

Senator Dr. de Chapeaurouge wandte sich nun an den Bankier Dr. Max Warburg, und Warburg versprach zu helfen. Es dauerte dann aber noch einige Monate, bis die Sache zu einem guten Ende gebracht werden konnte. Sterns Forderungen wurden weitgehend erfüllt. Im Folgenden werden die in dieser Sache vor allem zwischen de Chapeaurouge und Warburg ausgetauschten Briefe aufgeführt.

Standort: [UAHH], W361-6, Hochschulw. I 80(57);
Dokumentnummer: **[0171/08.06.1929]**

Briefe von Senator Dr. de Chapeaurouge an Dr. ***Warburg***

Hamburg, den 8. Juni 1929

Gef.8.6.29.Hg
Sehr geehrter Herr Doktor,
Ich bestätige Ihnen ergebenst den Empfang Ihres Schreibens in Sachen Professor Dr. Stern. Ich habe das Gutachten des Herrn Geheimrat Professor Dr. Haber mit größtem Interesse gelesen. Die Hochschubehörde bemüht sich stark um Professor Dr. Stern. Wenn ich eine Unterstützung brauche, was namentlich bei der Finanzdeputation erforderlich sein dürfte, werde ich mich gern an Sie mit der Bitte um Hilfe wenden.
Mit verbindlichen Grüßen
Ihr ergebener
gez. Dr. de Chapeaurouge

Standort: [UAHH], W361-6, Hochschulw. I 80(58);
Dokumentnummer: **[0172/19.06.1929]**

M. M. WARBURG & CO *Hamburg 1, 19. Juni 1929*
Postschließfach 744

Telegramm-Adresse:
WARBURGUM
Sekretariat
M/ha.

Sehr verehrter Herr Senator,

Ich besitze Ihre gefl. gestrige Zuschrift und will mich sehr gern bemühen, die RM. 30.000. – unter Freunden aufzubringen, aber dann ist es unbedingt nötig, dass ich den hiesigen Herrschaften, die sich für die Einrichtung des Physikalischen Staatsinstitutes interessieren sollen, noch etwas mehr sagen kann. Wäre es möglich, dass Herr Professor Stern ein kurzes, auch Nichtphysikern und – Chemikern verständliches Exposé ausarbeitet, aus dem hervorgeht, was hier erforscht und was gelehrt werden soll und wozu diese Ausstattung nötig ist? Dann wird mir die Arbeit wesentlich erleichtert, vielleicht überhaupt erst möglich. –

Mit verbindlichem Gruss
Max Warburg

Herrn Senator de Chapeaurouge, Hochschulbehörde,
Hamburg 13, Universitätsgebäude, Edmund Siemers-Allee .

Max Warburg konnte schon nach wenigen Wochen einen Erfolg melden, so dass die Hochschulbehörde mit Otto Stern die Bleibeverhandlungen abschloss und es für Otto Stern am 12. Juli 1929 zu einem sehr positiven Vertragsabschluss kam.

Standort: [BAL], bk0016n9b5q; Dokumentnummer: **[0173/12.07.1929]**

Hochschulbehörde. *Hamburg 13, den 12. Juli 1929*

Sehr geehrter Herr Professor,
Anliegend beehre ich mich, Ihnen die Vereinbarung zwischen Ihnen und der Hochschulbehörde ergebenst zu übersenden mit der Bitte, ein Exemplar mit Ihrer Unterschrift versehen an mich zurückzusenden.
Es ist mir ein Bedürfnis, Ihnen bei dieser Gelegenheit meine große Freude über Ihr Hierbleiben auszudrücken und Ihnen für die so verständnisvolle Berücksichtigung aller zu überwindenden Schwierigkeiten meinen aufrichtigen Dank zu sagen.
Möchte Ihr Entschluß Ihnen selbst und unserer Alma mater zum Segen gereichen.
In ausgezeichneter Hochschätzung
Ihr ergebener Wrochem

Herrn Professor Dr. Otto Stern

Standort: [UAHH], W361-6, Hochschulw. I 80(106+7);

Dokumentnummer: **[0173/12.07.1929]**

Herrn Professor Dr. Otto Stern
Hier
Hochschulbehörde Hamburg 13, den 12. Juli 1929
Universitätsgelände, Edmund-Siemers-Allee

Im Auftrage des Herrn Präses der Hochschulbehörde

Ist von dem unterzeichneten Regierungsdirektor Dr. v. Wrochem mit dem planmäßigen ordentlichen Professor Dr. Otto S t e r n folgendes vereinbart worden:

1)

Herr Professor Stern erhält vom 1. Oktober 1929 ab zu seinem jetzigen Gehalt von RM 13500.- eine persönliche emeritierungsfähige Zulage von RM 5500 – fünftausendfünfhundert – und eine Kolleggeldgarantie von jährlich RM 11000. - - elftausend - . Die persönliche Zulage wird in vierteljährlichen Raten, beginnend mit dem 1. Oktober 1929 ausbezahlt, während die Kolleggeldgarantie jeweils zum Schluß des Semesters je zur Hälfte ausbezahlt wird. In der Kolleggeldgarantie von RM 11000. – ist die staatliche Kolleggeldgarantie von RM 1000 – eintausend – inbegriffen.

Erhält Herr Professor Dr. Otto Stern eine Alterszulage, so vermindert sich um diesen Betrag die persönliche Zulage entsprechend, jedoch nur so, daß die festen Bezüge insgesamt immer RM 19000. - - neunzehntausend – betragen, zu denen dann noch die Kolleggeldgarantie
von RM 11000 – einschließlich der staatlichen Kolleggeldgarantie von RM 1000 – hinzukommt.

2)

Herrn Professor Dr. Stern wird im Einvernehmen mit
der Senatskommission für die Verwaltungsreform vom 3. Juli 1929 – Tgb.Nr. 1557/29 – folgendes Personal zur Verfügung gestellt:

1 fachmännich-technisch geschulter Angestellter
(Vergütungsgruppe IV d. Tarifvertrages)
1 Laboratoriumswart (Gr. II d. Tarifvertrages)
1 wissenschaftlicher Assistent und
1 wissenschaftlicher Hilfsarbeiter - beide im Sinne der Besoldungsregelung v. 2.4.28

Der wissenschaftliche Assistent und der Laboratoriumswart werden bereits vom 1. Oktober 1929 zur Verfügung gestellt, während die anderen Angestellten erst nach Fertigstellung des Neubaues eingestellt werden.

3)

Für einmalige Zwecke des Instituts für physikalische Chemie wird Herrn Professor Dr. Stern ein Betrag von RM 30.000 - dreißigtausend – bewilligt, der in Raten, je nach Abruf, ausbezahlt wird. Zunächst wird von dieser Summe für das Wintersemester 1929/30 der Betrag von RM 8000.- - achttausend - zur Verfügung gestellt.

4)

Dem Institut für physikalische wird an laufenden Mitteln ein Betrag von insgesamt RM 15000 - fünfzehntausend – zur Verfügung gestellt.

5)

Die Lehrverpflichtung von Herrn Professor Stern, die im Vertrage vom 28. November 1922 unter Ziffer 2) festgesetzt ist, bleibt aufrecht erhalten.

6)

Herr Professor O. Stern ist verpflichtet, falls er seine hiesige Tätigkeit aufzugeben wünscht, eine Kündigungsfrist von einem Vierteljahr – jedoch nur auf den Schluß des Semesters – innezuhalten.

v. Wrochem *Stern*

Am 15.7.1929 teilte Otto Stern dann der Hochschulbehörde mit, dass er den Ruf nach Frankfurt nicht annehme.

Standort: [UAHH], W361-6, Hochschulw. I 80(60);

Dokumentnummer: **[0174/15.07.1929]**

Sehr geehrter Herr Regierungsdirektor !

Anbei übersende ich Ihnen ein Exemplar des ungeschriebenen Vertrages, nach dem ich dem Preussischen Ministerium mitgeteilt habe, dass ich den Ruf nach Frankfurt a. M. ablehne.

Es ist mir eine grosse Freude, dass Sie es mir ermöglicht haben, dem mir sehr ans Herz gewachsenen Hamburger Wirkungskreis treu zu bleiben, und darüber hinaus, dass unsere Universität durch die Schaffung eines ausreichenden Instituts für physikalische Chemie mit guten Arbeitsmitteln eine wesentliche Förderung erfahren hat.

Ich möchte mir erlauben, Ihnen für Ihre wirkungsvolle Arbeit in dieser Angelegenheit aufrichtig und herzlich zu danken.

Mit ausgezeichneter Hochschätzung Ihr sehr ergebener Stern

Die Stelle in Frankfurt wurde dann 1930 mit dem Chemiker Karl Friedrich Bonhoeffer besetzt.

Otto Sterns Forderungen wurden praktisch alle erfüllt. Persönlich erreichte er eine beachtliche Gehaltsverbesserung, so dass diese auch emeritierungsfähig war. Ihm wurden mehrere Stellen für Mitarbeiter und eine jährliche und einmalige Forschungszulage gewährt. Wie aus Punkt 2 ersichtlich ist, sollte für Stern auch ein Neubau errichtet werden, was auch geschah (dieser Neubau hat den Zweiten Weltkrieg unversehrt überdauert). Wie wir wissen, wurden alle Versprechungen eingehalten. Otto Stern verfügte von nun an in Hamburg über eine ausgezeichnete Infrastruktur für seine Forschung.

Obwohl Otto Stern feste Zusagen erhalten hatte, waren noch Finanzierungsprobleme zu lösen. In der Folgezeit haben sich Warburg zusammen mit der Hochschulbehörde erfolgreich bemüht, die noch fehlenden Gelder zu besorgen. Die folgenden Briefe geben einen Einblick in diese Bemühungen.

Standort: [UAHH], W361-6, Hochschulw. I 80(59);

Dokumentnummer: **[0175/31.07.1929]**

Senator Dr. de Chapeaurouge. *31. Juli [192]9*

Universität.

31.7.29.Ms.

Herrn

Dr. Max W a r b u r g ,

h i e r .

Sehr verehrter Herr Doktor!

Unter Bezugnahme auf Ihr Schreiben vom 19. Juni d. J. in der Angelegenheit von Professor Dr. Otto Stern möchte ich, bevor ich in meine Ferien gehe, Sie nochmals freundlichst daran erinnern, daß ich sehr darauf rechne, durch Ihre Vermittlung aus den Kreisen der Wirtschaft für die Apparatur von Herrn Professor Stern möglichst im Laufe der nächsten Monate 30000 RM zu erhalten. Es wäre uns auch schon wesentlich geholfen, wenn im Laufe der nächsten Monate mir eine Hälfte dieses Betrages und im Laufe des nächsten Jahres die zweite zur Verfügung gestellt werden könnte. Ich würde mich sehr freuen, wenn ich bei Rückkehr von meinem Urlaub im September von Ihnen hören würde, daß Ihre Bemühungen vollen Erfolg gehabt haben.

Mit verbindlichen Grüßen

Ihr sehr ergebener

gez. de Chapeaurouge Dr.

Standort: [UAHH], W361-6, Hochschulw. I 80(61);

Dokumentnummer: **[0176/02.08.1929]**

M. M. WARBURG & CO *Hamburg 1, den 2. August 1929*

Postschließfach 744

Telegramm-Adresse:

WARBURGUM

Sekretariat M/Ha.

Sehr verehrter Herr Senator,

Ich besitze Ihre gefl. Zuschrift vom 31. Juli. Wie ich Ihnen bereits s. Zt. am Telefon sagte, ist es augenblicklich ausserordentlich schwer, Gelder für wissenschaftliche Zwecke aufzubringen. Ich wünsche Ihnen einen recht erfolgreichen Urlaub und hoffe, dass die Wirkung desselben nicht beeinträchtigt sein wird, wenn ich nach Ihrer Rückkehr noch kein Geld aufzuweisen habe.

Mit verbindlichem Gruss

ganz der Ihre Max Warburg

Standort: [UAHH], W361-6, Hochschulw. I 80(62);

Dokumentnummer: **[0178/12.11.1929]**

Senator Dr. de Chapeaurouge *Hamburg, den 12. November 1929*

Herrn Dr. Max Warburg

Hamburg, Ferdinandstr. 75

Sehr geehrter Herr Doktor,

Im Sommer dieses Jahres stellten Sie mir Ihre Hilfe für Herrn Professor Dr. Otto Stern zur Verfügung (Beschaffung der Apparatur für den Stern'schen Neubau; vergl. Schreiben vom 19. Juni und 2. August 1929).

Ich wäre Ihnen dankbar, wenn Sie mir mitteilen könnten, wann und in welcher Höhe ich auf Mittel von Ihnen rechnen darf.

Mit verbindlichen Grüssen

Ihr sehr ergebener

gez. de Chapeaurouge Dr.

Standort: [UAHH], W361-6, Hochschulw. I 80(63);

Dokumentnummer: **[0179/15.11.1929]**

M. M. WARBURG & CO *HAMBURG 1, 15. November 1929*

Postschliessfach 744

Telegramm-Adresse:

WARBURGIUM

Sekretariat M/Ha.

Sehr verehrter Herr Senator,

Ich besitze Ihre gefällige Zuschrift vom 12. ds. Mts. Ich will mich sehr gern für die Beschaffung der Apparatur für den Stern'schen Neubau bemühen. So einfach, wie Sie es anzunehmen scheinen, ist die Beschaffung dieses Geldes aber nicht. Ich habe mich ja auch in der früheren Korrespondenz immer sehr vorsichtig ausgedrückt und mehr Nachdruck auf meine Bereitwilligkeit, mich zu bemühen, gelegt, aber von der Beschaffung selbst leider noch nicht sprechen können. Ich will mich auch weiter bemühen. Ich brauche hierzu eine kurze Ausarbeitung von Herrn Professor Dr. Stern, damit ich mich auf Grund derselben an einige vielleicht gebefreudige Herren wenden kann.

Mit verbindlichem Gruss

Max Warburg

Herrn Senator Dr. de Chapeaurouge Hamburg 13 Universität, Edmund Siemers Allee

Warburg erbat sich von Stern noch ein Exposé, das auch Nichtwissenschaftlern die Bedeutung von Physik und Chemie für die Industrie deutlich machte, um somit die Spendenbereitschaft des Hamburger Bürgertums für die Wissenschaft zu erhöhen. Dieses Exposé stellte Otto Stern jedoch erst im November fertig, so dass es keinen direkten Einfluss auf die Bleibeverhandlungen gehabt haben kann. Obwohl die Bleibeverhandlungen für Stern schon im Juli 1929 zu einem sehr positiven Abschluss gekommen waren, konnten die Geldbeschaffungsbemühungen von Senator de Chapeaurouge bei der Hamburger Industrie und Banken erst ca. ein Jahr später abgeschlossen werden. Die folgenden Briefe berichten über die Bemühungen, die Stern zugesagten Finanzmittel in Hamburg zu beschaffen.

Am 19. November 1929 hat Stern dann das geforderte Exposé bei der Hochschulbehörde eingereicht.

Standort: [UAHH], W361-6, Hochschulw. I 80(64-6);

Dokumentnummer: **[0180/19.11.1929]**

Institut für physikalische Chemie
der Hamburgischen Universität Hamburg 36, den 19. November 1929
Jungiusstraße 9
Direktor: Prof. Dr. O. Stern
An die Hochschulbehörde. Hamburg.

Anbei überreiche ich ergebenst die Abschrift eines Entwurfes des s. Zt. angeforderten Exposés über die Aufgaben des Instituts für physikalische Chemie.

Ich möchte dazu bemerken, dass mehrere Fassungen dieses Exposés angefertigt wurden, und ich nicht feststellen kann, ob der anliegende Entwurf die endgültige Fassung darstellt.

Der Direktor
des Instituts für physikalische Chemie
Stern

Aufgaben des Instituts für physikalische Chemie.

In der letzten Zeit hat die Physik eine immer überragendere Bedeutung für die Nachbarwissenschaften gewonnen. In der modernen Chemie sind die meisten Probleme ohne ausgiebige Verwendung physikalischer Methoden nicht mehr mit Erfolg zu behandeln. Beispiele für die technische Verwendung dieser Methoden: Bindung des Luftstickstoffes, synthetisches Benzin u.s.w.

Das Institut für physikalische Chemie dient dazu, den Studierenden insbesondere der Chemie die Grundlagen dieser modernen Arbeitsmethoden zu vermitteln, und Doktoranden als Spezialisten für physikalisch-chemische Probleme auszubilden, für die in der Technik immer steigender Bedarf vorhanden ist.

Mit diesen Ausbildungs-Aufgaben ist die wissenschaftliche Forschung unlösbar verknüpft, da eine gründliche Ausbildung nur durch Mitarbeit an Forschungsarbeiten möglich ist. Im hiesigen Institut wird speziell die Atom- und Molekülforschung betrieben, für die eine neue Methode (Molekularstrahlen) ausgearbeitet wurde. Sie findet in allen Ländern grosses Interesse. Zahlreiche ausländische Fachgenossen besuchen das Institut und wünschen darin zu arbeiten. Da wir höchstens 2 – 3 Gäste aufnehmen können, haben mehrere Fachgenossen darum gebeten, für einige Monate unseren Versuchen wenigstens als Beobachter beiwohnen zu dürfen (z. B. ein japanischer und ein englischer Gelehrter).

Für diese Untersuchungen werden grössere apparative Einrichtungen (Hochvakuumpumpen, grosse Elektromagneten, Hochspannungseinrichtungen u.s.w.) benötigt, deren Beschaffung erhebliche Geldmittel erfordert.

Standort: [UAHH], W361-6, Hochschulw. I 80(68);

Dokumentnummer: **[0181/02.12.1929]**

M. M. WARBURG & CO *Hamburg 1, am 2. Dezember 1929*

Telegramm-Adresse: *Postschließfach 744*

WARBURGUM

Sekretariat

Sehr geehrter Herr Senator,

Ich habe mich mit Professor Dr. C. Duisberg in Verbindung gesetzt, um mit ihm zu überlegen, wie wir für das Institut für physikalische Chemie am besten Geld bekommen. Er rät dem Institut, sich an die Notgemeinschaft der Deutschen Wissenschaft[57]*, Berlin C. 2. , Schloss, Portal 3, zu wenden, indem er ausführt, dass es eine der Hauptaufgaben der Notgemeinschaft ist, die wissenschaftliche Forschung in Deutschland dadurch zu unterstützen, dass sie die für Forschungsarbeiten erforderlichen Apparaturen, die auf anderem Wege nicht zu beschaffen sind, zur Verfügung stellt.*

Ich stelle daher Herrn Professor Stern anheim, sich unter Bezugnahme auf die Korrespondenz zwischen Herrn Geheimrat Prof. Dr. C. Duisberg und mir sich an die Notgemeinschaft zu wenden.

Mit verbindlichem Gruss

ganz der Ihre

Max Warburg

Herrn Senator Dr. de Chapeaurouge, H a m b u r g 39 , Sierichstr. 47

Standort: [UAHH], W361-6, Hochschulw. I 80(69);

Dokumentnummer: **[0182/06.12.1929]**

Herrn Regierungsdirektor Dr. von Wrochem

Hochschulbehörde

Zur Kenntnis mit der Bitte, das Schreiben [017] mit Herrn Professor Dr. Stern zu besprechen. Die jetzt von Herrn Dr. Warburg vorgeschlagene Form der Erledigung der Angelegenheit entspricht nach meiner Auffassung nicht den im Sommer getroffenen Vereinbarungen.

Hamburg, den 6.12.29

[57] Die Notgemeinschaft der Deutschen Wissenschaft wurde am 30. Oktober 1920 auf Anregung der fünf deutschen Wissenschaftsakademien und namentlich unter Beteiligung von Fritz Haber und dem preußischen Kultusminister Friedrich Schmidt-Ott gegründet. In der Gründungszeit ging es um die „Abhilfe des äußersten Notstandes der Wissenschaft". Weitere namhafte Wissenschaftler, die sich für die Notgemeinschaft einsetzten, waren Adolf von Harnack, Max Planck und Hermann Diels.

Abb. 2.16 oben: Neubau des Physikalisch-Chemischen Instituts für Otto Stern, Aufnahme 1931 (Hausmitte: Otto Stern schaut in seinem Zimmer aus dem Fenster) (Bildquelle oben: F. Thieme/ Fachbereich Physikalische Chemie Uni Hamburg; Private Mitteilung; unten: Aufnahme der Autoren von 2010)

Standort: [UAHH], W361-6, Hochschulw. I 80(71);

Dokumentnummer: **[0184/18.12.1929]**

Senator Dr. de Chapeaurouge *Hamburg, den 18. 12. 1929*

gef. am 18.12.29 Ho,

Herrn Dr. Max Warburg

Hamburg . Ferdinandstr. 75

Sehr geehrter Herr Doktor,

Ich kann erst heute auf Ihr Schreiben vom 2. Dezember zurückkommen in Sachen der Apparatur für Herrn Professor Stern.

Die Notgemeinschaft der Deutschen Wissenschaft kann für die Einrichtung des Stern'schen Instituts satzungsmässig Mittel nicht zur Verfügung stellen, da die Aufgabe der Notgemeinschaft nur darin besteht, für besondere wissenschaftliche Arbeiten Beihilfe zu geben. Sie darf aber nicht die Mittel für laufende Einrichtungen zur Verfügung stellen. Ich habe mich auf Grund Ihres Schreibens vom 2. Dezember bei der Notgemeinschaft nochmals ausdrücklich erkundigt. Die von Herrn Geheimrat Professor Dr. Duisberg erteilte gegenteilige Auskunft beruht auf einem Irrtum. Es sind mithin Mittel für die Apparatur Stern anderweitig zu beschaffen. Meine Bitte, sich in dieser Richtung zu bemühen, darf ich daher wiederholen.

Mit verbindlichsten Grüssen

Ihr sehr gez. de Chapeaurouge Dr.

Standort: [UAHH], W361-6, Hochschulw. I 80(74);

Dokumentnummer: **[0187/15.07.1930]**

M. M. WARBURG & CO *Hamburg 1, den 15. Juli 1930.*

Postschließfach 744

Telegramm-Adresse:

WARBURGIUM

Sekretariat

Sehr geehrter Herr Dr. von Wrochem

Sie haben mir in zarter, aber doch nicht misszuverstehender Weise die Akte hingelegt, in der von dem Wunsche von Professor Stern die Rede war, für sein Institut RM 30.000.- für die Einrichtung zu beschaffen. In dem Gesuch war auch erwähnt, dass in der Technik immer steigender Bedarf nach jungen Physiko-Chemikern besteht. Ich versuche, obgleich die Zeit hierfür denkbar schlecht ist, das Geld aufzutreiben, bisher ohne Erfolg. U. a. wird mir aber gesagt, dass die Schüler es ausserordentlich schwer haben, eine Beschäftigung zu finden. Ich nenne Ihnen Ross und Reiter: Dr. Otto Brill, Sohn von Frau Wwe S. Brill, Brahmsallee 47, hat mit sehr gutem Abschluss sein Studium beendet und die Familie hat ihm dies nur unter grossen Opfern ermöglichen können. Seine Ausbildung ist bereits seit über einem Jahre beendet; Dr. Brill ist vollkommen verzweifelt. Wie reimt sich dies mit der Auskunft von Professor Stern? Es interessiert mich sehr, hierüber etwas zu hören, denn ich möchte mich nur dann um die Gelder bemühen, falls wirklich eine Notwendigkeit für eine solche Ausbildung vorliegt.

Mit verbindlichem Gruss

Max Warburg

Herrn Regierungsdirektor Dr. von Wrochem,

Universität Hamburg.

Standort: [UAHH], W361-6, Hochschulw. I 80(75);

Dokumentnummer: **[0188/23.07.1930]**

Sehr verehrter Herr Professor, *23. Juli 1930*

Sie wissen vielleicht, daß wir uns seinerzeit anläßlich Ihrer Berufung an Herrn Dr. Max W a r b u r g gewandt hatten, um ihn zu veranlassen, Mittel für die Ausbildung Ihr Institut aus privaten Kreisen zu sammeln. Herr Dr. M. Warburg hatte bislang nichts von sich hören lassen, und als ich neulich daran erinnerte, sagte er mir, er würde mir schreiben. Dies hat er inzwischen getan, und zwar führt er Folgendes aus:

Es sei ihm damals gesagt worden, daß in der Technik immer steigender Bedarf nach jungen Physiko-Chemikern bestehe. Er könne sich dann nicht erklären, wie der aus einer ihm bekannten Familie stammende Dr. Otto B r i l l, Brahmsallee 47, der sein Studium mit sehr gutem Abschluß bereits vor einem Jahr beendet habe, immer noch stellungslos sei. Der junge Mann sei ziemlich verzweifelt darüber und seine verwitwete Mutter gleichfalls. Es interessiert nun Herrn Dr. Warburg Näheres darüber zu hören, ob wirklich die Notwendigkeit für eine solche Ausbildung vorliegt, da er nur dann mit Erfolg eine Werbetätigkeit aufnehmen könne.

In vorzüglicher Hochachtung v. W[rochem]

Herrn

Professor Dr. Otto S t e r n *Institut f. physikalische Chemie*

Standort: [UAHH], W361-6, Hochschulw. I 80(76);

Dokumentnummer: **[0189/26.07.1930]**

Institut für physikalische Chemie der Hamburgischen Universität
Direktor: Prof. Dr. O. Stern
Fernsprecher: 3935

Hamburg 36, den 26. Juli 1930
Jungiusstraße 9

Herrn Regierungsdirektor Dr. v. Wrochem,
H a m b u r g .

Sehr verehrter Herr Regierungsdirektor!

Auf Ihren Brief vom 23. d. M. - Aktenzeichen P.St. 63 – beehre ich mich, Folgendes zu erwidern:

Was den Bedarf der Technik an jungen Physikochemikern anlangt, so war seinerzeit, d. h. vor etwa 1 1/2 Jahren, tatsächlich ein immer steigender Bedarf vorhanden. Inzwischen hat sich aber bekanntlich die gesamte Wirtschaftslage ganz ausserordentlich verschlechtert. Infolgedessen sucht die Industrie ihren Personalbestand nach Möglichkeit zu vermindern und erst recht Neueinstellungen zu vermeiden. Speziell bei der I.-G.-Farbenindustrie[58]*, die bisher einen sehr grossen Teil der absolvierten Chemiker und Physikochemiker aufnahm, besteht zur Zeit geradezu eine Anstellungssperre. Daher haben auge[n]blicklich, abgesehen von Ausnahmefällen, nur besonders gute Leute Aussicht, eine Stellung zu erhalten.*

[58] Die I.G. Farbenindustrie AG wurde 1925 durch Vereinigung von mehreren Chemieunternehmen gegründet mit Sitz in Frankfurt am Main. Es war damals das größte Chemieunternehmen der Welt.

Was den von Herrn Dr. Warburg erwähnten Dr. Otto Brill anlangt, so scheint mir Herr Dr. Warburg in diesem Falle nicht ganz zutreffend informiert worden zu sein. Dass Herr Dr. Brill sein Studium mit einem „sehr guten Abschluss" beendet hätte, trifft nicht zu. Wie aus der Promotionsakte hervorgeht, hat er als Gesamtnote ein knappes gut erhalten, die Doktorarbeit selbst ist nur mit genügend zensiert worden. Im Uebrigen hat Herr Dr. Brill kurz nach seiner Promotion eine Stellung bei der Osram[59] *in Berlin bekommen, die er nach einem halben Jahr aus mir unbekannten Gründen verlassen hat.*

Ganz allgemein ist zu sagen, dass selbst unter den heutigen ungünstigen Bedingungen für wirklich gute Leute noch Industriestellungen zu haben sind. Die sachlichen Gründe für die immer steigende Anwendung der physikalischen Chemie in der chemischen Technik bestehen unverändert fort. Daher kann wohl die Nachfrage nach physikalischen Chemikern mit der Wirtschaftslage schwanken, auf die Dauer wird jedoch die chemische Industrie wissenschaftlich in physikalischer Chemie ausgebildete Mitarbeiter nicht entbehren können.

In vorzüglicher Hochachtung ergebenst Stern

Otto Stern hat dann Anfang 1930 seinen dreimonatigen Besuch in Berkeley nachgeholt. Da mehrere Physikprofessoren der Universität Berkeley (Campbell, Birge und Loeb) Stern vor und nach 1930 mehrmals für den Nobelpreis der Physik vorgeschlagen haben (s. Bd. II, Abschn. 2.4) und zu diesem Anlass sehr ausführlich über Sterns Pionierarbeiten berichteten, war Stern vermutlich Gast im Physics Department. Möglich ist auch eine Zusammenarbeit mit Gilbert Newton Lewis aus dem Chemistry Department, den Stern 1933 für den Chemienobelpreis vorschlug [NOB, BAL]. Erwähnenswert ist auch, dass die Universität Berkeley Stern in dieser Zeit die Ehrendoktorwürde verliehen hat.

Die Hamburger Hochschulbehörde hatte am 13.12.1929 auch die in Frage kommende deutsche Auslandsvertretung in den USA über Sterns Besuch in Berkeley informiert.

Standort: [UAHH], W361-6, Hochschulw. I 80(72);

Dokumentnummer: **[0183/13.12.1929]**

P. St. 63. 13. Dezember 1929

Sehr geehrter lieber Herr Terdenge,

Der Direktor des Instituts für Physikalische Chemie der Hamburgischen Universität und ordentlicher Professor Dr. Otto Stern ist von der Abteilung für Physik und Chemie der Universität von Kalifornien, Berkeley, (U.S.A.) eingeladen worden, ein amerikanisches Semester lang (Mitte Januar bis Mitte April 1930) an der dortigen Universität Vorlesungen zu halten. Prof. Stern wird mit Genehmigung der Hochschulbehörde dieser Einladung Folge leisten. Ich beehre mich hiervon Kenntnis zu geben mit dem Anheimstellen, die in Frage kommende deutsche Vertretung entsprechend zu verständigen.

[59] Im Jahre 1906 meldete die Deutsche Gasglühlicht-Anstalt das Warenzeichen OSRAM (Phantasiename) für die Waren „Elektrische Glüh- und Bogenlichtlampen" beim damaligen Kaiserlichen Patentamt in Berlin an. Nach dem Ersten Weltkrieg war der Sitz des Unternehmens in Berlin.

Mit besten Grüssen
Ihr sehr ergebener v. W[rochem]

Herrn Vortragenden Legationsrat
Dr. Terdenge ,
Berlin .
Auswärtiges Amt

Standort: [UAHH], W361-6, Hochschulw. I 80(73);
Dokumentnummer: **[0185/27.12.1929]**

Auswärtiges Amt.
Nr. VI W 11400 *Berlin, den 27. Dezember 1929*
Eing: 31.12.1929)

Lieber Herr Wrochem!
Auf Grund Ihres freundlichen Schreibens vom 13. d.M. P.St.63- habe ich die Deutsche Botschaft in Washington und das Deutsche Generalkonsulat in San Francisco von der Einladung des Professors Stern unterrichtet und sie angewiesen, ihn nach Möglichkeit zu unterstützen. Mit bestem Gruß und Wünschen für das Neue Jahr
Ihr aufrichtig ergebener
Terdenge

In Sterns Nachlass gibt es ein historisch interessantes Foto (s. Abb. 2.17) aus dieser Zeit. Einstein und Stern müssen Anfang 1930 Albert Michelson in Pasadena besucht haben. Michelson war damals 77 Jahre alt und ist ein Jahr später gestorben.

Abb. 2.17 Von links: Stern, Einstein und Michelson (aufgenommen vermutlich 1930 in Pasadena) (Bildquelle: Familienbesitz Templeton [TEM] und [BAL] BANC PIC 1988.070).

Wie Stern im Brief [0186] vom 26.1.1930 an Max von Laue mitteilt, hat er sich zu Beginn seines Aufenthaltes in den USA nicht besonders wohl gefühlt, obwohl er vieles sehr interessant und die Institute ausgezeichnet fand. Wie aus dem Brief weiter zu entnehmen ist, hatte Max von Laue Otto Stern ein inoffizielles Angebot unterbreitet, den Ruf auf eine noch zu schaffende Stelle am neuen Kaiser-Wilhelm-Institut für Physik in Berlin (KWI) anzunehmen. Stern lehnte dieses attraktive Angebot jedoch ab, da es, wie er sich ausdrückt, für ihn nicht anständig gewesen sei, von Hamburg jetzt nach den erfolgreichen Bleibeverhandlungen wegzugehen. Von Berkeley aus schrieb Stern:

Standort: [UAF], Abt. 148 S4, Nr. 1, Dokumentnummer: **[0186/26.01.1930]**
Lieber Herr von Laue,
ich bin am 13. nach Amerika abgefahren, so daß Ihr Brief vom 15. mich leider erst hier erreichte. Inzwischen haben Sie hoffentlich mein Kabel erhalten. Da ich in der ersten Zeit natürlich viel zu tun hatte, komme ich erst heute dazu, Ihnen zu schreiben. Es ist vielleicht überflüssig, Ihnen meine Gründe noch ausführlich auseinanderzusetzen, aber es liegt mir viel daran, daß Sie sehen, daß ich wirklich nicht anders handeln konnte.
Als Sie mir vor über einem Jahr zuerst von dem Projekt des KWI für Physik sprachen, war ich sehr froh mitzutun. Als dann im Sommer für mich die Möglichkeit kam durch den Ruf nach Frankfurt, mir vernünftige Arbeitsbedingungen zu verschaffen, mußte ich diese Möglichkeit aus nutzen, denn Sie wissen ja selbst am besten, wie unsicher damals der Termin der Verwirklichung des Berliner Projektes war.
Ich habe in Hamburg alles bekommen, was ich wollte (Umbau, Verdoppelung des Personaletats, Vervielfachung des Sachetats, usw.). Natürlich war es eine harte Sache, unter den jetzigen Verhältnissen, die Hamburger Finanzbehörde dazu zu bringen, und es wäre nicht gegangen, wenn nicht v. Wrochem und die Hbg. Kollegen sich in geradezu aufopfernder Weise dafür eingesetzt hätten. Unter diesen Umständen konnte die Entscheidung, vor die mich Ihr Brief stellte, gar nicht anders lauten als: Hamburg.
Jetzt gleich, nachdem sich die Hamburger so für mich ins Zeug gelegt hatten, von Hamburg wegzugehen, wäre einfach nicht anständig von mir gewesen. Ich bin überzeugt, Sie sehen, ich konnte nicht anders. Daß ich wirklich gern mit Ihnen zusammen gearbeitet hätte, wissen Sie. Und ich danke Ihnen nochmals recht herzlich für Ihre große Freundlichkeit.
Hier in Amerika gefiel mir's zuerst garnicht, jetzt leidlich. Es ist doch vieles sehr interessant, die Institute ausgezeichnet, und es gibt eine Menge vorzügliche junge Leute hier. Mitte Mai beabsichtige ich wieder in Europa zu sein.
Herzliche Grüße Ihr Otto Stern

Offensichtlich gab es trotzdem auch weiterhin Bemühungen, Stern nach Berlin zu berufen [HOF2013]. Max Planck, der seit dem 18. Juli 1930 Präsident der Kaiser-Wilhelm-Gesellschaft KWI war, wollte durch Bau eines KWI für Physik die Physik in Berlin stärken und damit eine engere Kooperation mit der Universität schaffen. Neben James Franck war Otto Stern zumindest für Laue ein möglicher Kandidat, der für eine solche Direktorenstelle in Betracht gezogen werden sollte. Durch die Machtübernahme der Nationalsozialisten zerschlugen sich jedoch alle Pläne in dieser Richtung.

Die erste große Auszeichnung, die Otto Stern für seine bedeutenden wissenschaftlichen Leistungen erhielt, war die Aufnahme in die Akademie der Wissenschaften in Göttingen. Schon 1929 hatten Max Born, James Franck und Robert Wichard Pohl Sterns Aufnahme in die Göttinger Akademie befürwortet.

Standort: [AdW], Pers. 20 III 3, 1363; Dokumentnummer: **[0177/08.11.1929]**
ERSTES PHYSIKALISCHES INSTITUT DER UNIVERSITÄT *GÖTTINGEN, den 8. November 1929*
Herrn Professor Dr. H.Stille
Akademie der Wissenschaften Göttingen[60]
Wir drei Unterzeichneten bitten, schon jetzt davon Kenntnis zu nehmen, daß wir bei der nächsten, 1930 folgenden Wahl als korrespondierendes Mitglied unserer Gesellschaft Herrn Professor Dr. Otto Stern in Hamburg in Vorschlag bringen möchten. Stern hat sich, von der physikalischen Chemie ausgehend, seit dem Kriege rein physikalischen Fragen zugewandt und sich durch seine Experimentaluntersuchungen einen großen Namen gemacht. Es ist ihm geglückt, durch Ablenkung von Atom - und Molekularstrahlen in inhomogenen elektrischen Feldern magnetische Momente zu bestimmen, die für die feinere Kenntnis des Atom- und Molekülaufbaus von grundlegender Bedeutung sind. In den letzten Jahren hat er sich der experimentellen Begründung der Wellenmechanik zugewandt und schlagende Beweise für die Realität der Materiewellen aufgebracht. Die Experimentalarbeiten, die Stern im Laufe der letzten Jahre veröffentlicht hat, werden allseitig als allerersten Ranges anerkannt. Stern hat schon seit Jahren enge Beziehungen zur Göttinger Physik unterhalten und zählt zu den regelmäßigen Gästen unseres Institutes.
Born, Franck, Pohl

Im Juli 1931 wurde Stern dann mitgeteilt, dass die Göttinger Akademie der Wissenschaften ihn zum korrespondierenden Mitglied gewählt hatte. Stern nahm die Wahl an.

Standort: [AdW], Pers. 20 III 3, 1374; Dokumentnummer: **[0193/28.07.1931]**
Institut für Physikalische Chemie der Hamburgischen Universität *Hamburg 36, den 28. Juli 1931*
Direktor: Prof. Dr. O. Stern

An die Gesellschaft der Wissenschaften zu Göttingen
z. Hd. des Vorsitzenden Sekretärs
Herrn Prof. Dr. Stille
Göttingen

[60] Die Akademie der Wissenschaften zu Göttingen wurde im Jahre 1751 vom Landesherrn König Georg II. August von Großbritannien, Kurfürst von Hannover gegründet. Sie ist die älteste durchgehend bestehende Einrichtung ihrer Art in Deutschland. Berühmte Mitglieder waren die Brüder Jacob Grimm und Wilhelm Grimm, David Hilbert und Werner Heisenberg.

Sehr geehrter Herr!
Für die äusserst ehrenvolle Wahl zum korrespondierenden Mitglied spreche ich der Gesellschaft der Wissenschaften meinen ergebensten Dank aus, ich nehme die Wahl an.
Otto Stern

Otto Stern war zusammen mit seinen Mitarbeitern ein Leuchtturm der Wissenschaft an der jungen Hamburger Universität. Die Hamburger Nachrichten[61] berichteten in der Ausgabe vom 6.2.1932 wie folgt [UAHH]:

Standort: [UAHH], W361-6, IV 998 1 Fotogalerie;
Dokumentnummer: **[0205/06.02.1932]**

Unsere Hamburgische Universität hat ein eigenes "hanseatisches" Gesicht, dessen charakteristische Züge sich - eben deshalb - allgemeiner Bekanntschaft erfreuen. Es ist nur natürlich, dass der Hamburger weniger orientiert ist über die Stellung von Disziplinen, mit denen er nicht in Berührung zu kommen pflegt, die so wenig hanseatisch sind wie z.b. die Mathematik oder die Physik. Es muss deshalb besonders darauf hingewiesen werden, daß die Hamburgische Universität u. a. auf den genannten Gebieten durchaus in der ersten Reihe steht; nicht nur in Deutschland, sondern überhaupt in der ganzen Welt.
Von maßgebender Bedeutung für die neueste Entwicklung der Physik sind die Arbeiten des Instituts für Physikalische Chemie, die von dem Direktor Prof. Dr. of laws Otto Stern und seinen Mitarbeitern in den neuerbauten Laboratorien an der Jungiusstrasse ausgeführt wurden.

Sterns Gruppe hatte hohes internationales Ansehen, und Gäste aus aller Welt kamen zu Stern nach Hamburg. Der Japaner N. Nagasako[62] schrieb am 25.10.1931 an Stern (Postkarte aus Tokio/Japan, handgeschrieben):

PK Standort: [BAL], bk0016n8v8n; Dokumentnummer: **[0199/25.10.1931]**
Tokio, 25.X.1931

Lieber Herr Prof. O. Stern!
Ich bin schon einen Monat in Japan. Jetzt ist die schönste Zeit bei uns. Mitteltemperatur ist ca. 20°C. Ich glaube, daß es in Hamburg bedeutend kühler ist. Ich wollte hier sofort anfangen zu arbeiten. Aber unser Institut ist überfüllt und ich muß noch 14 Tage abwarten, bis ich endlich Laboratoriumszimmer kriegen kann. Vorgestern habe ich Herrn Nishina gesehen. Er hat sich sehr gefreut und er hofft auch, daß Sie mal nach Japan kommen würden.

[61] „Hamburger Nachrichten" war eine Hamburger Tageszeitung, die 1792 gegründet und 1939 eingestellt wurde.
[62] N. Nagasako war als Fellow um 1930 in Hamburg und Berlin und hat mit Max Volmer auf dem Gebiet der chemischen Reaktionen zusammen gearbeitet und auch publiziert (M. Volmer und N. Nagasako; Zeitschr. f. Physik, Chemie 10B 414, (1930)).

Viele herzliche Grüße
N. Nagasako
Institut für physikalische Chemie, Tokio Kogyo-Daigaku

Die Hochschulbehörde in Hamburg hatte ständig Schwierigkeiten „auf Grund der schwierigen Kassenlage", die Kolleggelder[63] und andere Zulagen fristgerecht zu überweisen. In Sterns Personalakte im Hamburger Staatsarchiv gibt es mehrere kurze Mitteilungen (hier nicht abgedruckt), die belegen und zeigen, dass der Staat auch Zusagen wieder kürzen musste.

Am 20.6.1933 hatte Stern bei Rein (Gustav Adolf Rein, Leiter der Abt. Hochschulwesen in der Landesunterrichtsbehörde) einen Reiseantrag zum Besuch einer Tagung in Zürich (s. Bd. II, Abschn. 2.5) gestellt, dabei ahnte Rein offensichtlich schon, dass Stern seine Auswanderung vorbereitete (handschriftliche Notiz von Rein vom 23.6.1933, s. drittletzte Zeile, Staatsarchiv Hamburg, Personalakte Stern [UAHH]):

Standort: [UAHH], W361-6, Hochschulw. I 80(88+9);
Dokumentnummer:**[0218/23.06.1933]**

23/6 Prof. O. Stern bittet telefonisch bis Sonnabend Mittag Nachricht, ob sein Urlaub nach Zürich genehmigt ist, da er am Sonntag bereits nach Berlin fahren will.
Ich habe Staatssekretär Ahrens[64] trotz vieler Versuche heute nicht erreichen können. Gegen die Beurlaubung von Prof. O. Stern, um den vorgesehenen Vortrag in Zürich zu halten, habe ich keine Bedenken. Durch ein Verbot der Reise würde m. E. praktisch mehr Schaden angerichtet; sollte er Beziehungen zur ev. Auswanderung anknüpfen, so braucht man das nicht zu inhibieren (verhindern). 23/6 Rein

Rückwirkend zum 22.6.1933 wurde Sterns Reise nach Zürich dann genehmigt. Als am 29.6.1933 drei Assistenten von Otto Stern (nämlich Immanuel Estermann, Otto Robert Frisch und Robert Schnurmann) wegen ihrer jüdischen Abstammung praktisch von einem Tag auf den anderen entlassen wurden, zog auch Otto Stern die Konsequenzen. Ihm war bewusst, dass auch er als Jude (obwohl er Kriegsteilnehmer im Ersten Weltkrieg war) seine Stelle verlieren würde. Er beantragte daher per Telegramm (Abb. 2.18) von Zürich aus seine Entlassung aus dem Hochschuldienst zum 1. Oktober 1933.

[63] Kolleggelder sind neben den festen Bezügen sogenannte „wandelbare Bezüge", z. B. Honorare für Vorlesungen und Prüfungsgebühren.
[64] Georg Ahrens (1896–1974) war ein Senator in Hamburg und Mitglied der NSDAP.

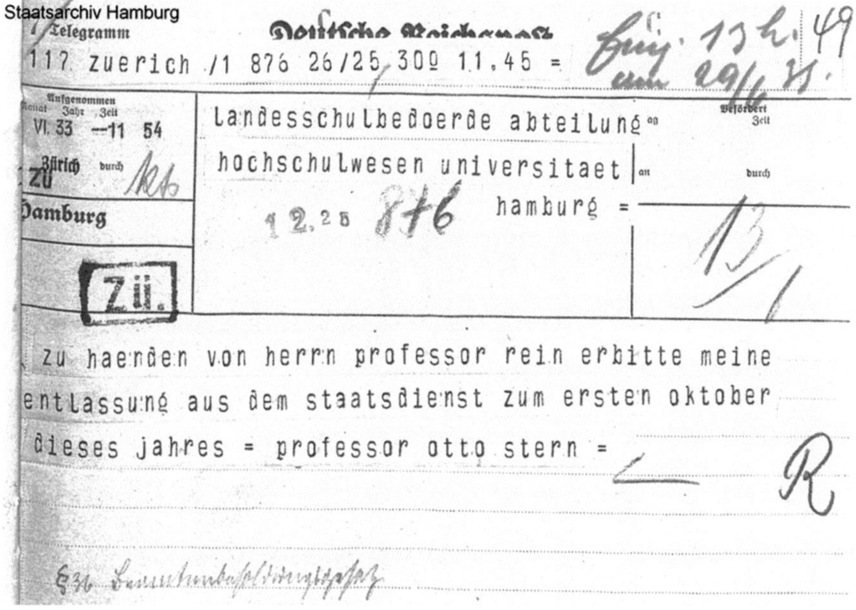

Telegramm
117 zuerich /1 876 26/25 300 11.45 =
Aufgenommen Monat Jahr Zeit
VI. 33 11 54
Zürich durch
Hamburg
Zü
landesschulbedoerde abteilung
hochschulwesen universitaet
12.25 876 hamburg =
zu haenden von herrn professor rein erbitte meine
entlassung aus dem staatsdienst zum ersten oktober
dieses jahres = professor otto stern =
Befördert Zeit durch

Abb. 2.18 Sterns Telegramm mit der Bitte auf Entlassung aus dem Hochschuldienst (Bildquelle: [UAHH], W361-6, Hochschulw. I 80(91))

Standort: [UAHH], W361-6, Hochschulw. I 80(91);

Dokumentnummer: **[0219/29.06.1933]**

DEUTSCHE REICHSPOST
Telegramm
117 zuerich /1 876 26/25 30 ^{0} 11.45
Aufgenommen Landesschulbehoerde abteilung
Monat Jahr Zeit hochschulwesen universitaet
VI.33 11.54 hamburg
Zürich
Hamburg
zu haenden von herrn professor rein erbitte meine entlassung aus dem staatsdienst zum ersten oktober dieses jahres = professor otto Stern

Am Tag darauf, am 30.6.1933, begründete Stern per Brief mit nur einem Satz seine Entscheidung:

Standort: [UAHH], W361-6, Hochschulw. I 80(92);

Dokumentnummer: **[0220/30.06.1933]**

Zürich, d. 30.VI.1933
An die Landesschulbehörde

Abteilung Hochschulwesen
z. Hdn. Von Herrn Prof. Dr. Rein

Hierdurch bestätige ich der Landesschulbehörde ergebenst meine telegraphisch ausgesprochene Bitte, mich zum 1. Oktober 1933 aus dem Staatsdienst zu entlassen.

Ich sehe mich durch die Ereignisse der letzten Zeit zu diesem für mich äußerst schmerzlichen Schritte genötigt.
Falls die Landesschulbehörde eine nähere Begründung wünscht, stehe ich hierfür nach meiner voraussichtlich am Dienstag, d. 4. VII. 1933 erfolgenden Rückkehr von dem Kongreß zur Verfügung.

Otto Stern Professor für physikalische Chemie

1) *Dem Praeses vorgetragen; Ausscheiden genehmigt.*
2) *Antwort an Prof. Stern: Entlassungs – gesuch genehmigen. Termin 1.X.33 .*
Mir zur Unterschrift 4/7 R[ein]

Am 06.07.1933 wurde in Hamburg der Antrag Sterns auf Entlassung vom Präses der Landesunterrichtsbehörde – Hochschulwesen zum 1. Okt. d. J. genehmigt. Am 6.7.1933 teilte Rein Stern mit, dass die Hamburger Landesunterrichtsbehörde seine Entlassung genehmigt hatte [UAHH], [KRA1991].

Standort: [UAHH], W361-6, Hochschulw. I 80(93);
Dokumentnummer: **[0221/06.07.1933]**

P St 63

1) *Herrn Prof. Dr. Otto Stern Direktor des Inst. f. phys. Chemie*
Auf Ihr Gesuch vom 30. Juni d. J. hat der Herr Praeses der Landesunterrichtsbehörde – Hochschulwesen Ihre Entlassung aus dem hamburgischen Staatsdienst zum 1. Okt. d. J. genehmigt.
~~*Ich habe die Pflicht Ihnen mitzuteilen, daß mit der Entlassung der Verlust der Titel, Gehalt und Pensionsanspruch verbunden ist.*~~
2) *Der Universität Abschrift zur Kenntnis.*
3) *Der Math. Naturwissenschaftlichen Fakultät Abschrift zur Kenntnis.*
4) *Kasse zur Kenntnis Ges. 10./7. 33 Rn Kh*
5) *Wv. am 1.X. 1933*

R[ein] 6/7 33

Am 12.7.1933 fand dann in Hamburg die 209. Fakultätssitzung statt, in der schon als Punkt 6. der Tagesordnung die Nachfolge von Stern in Hamburg besprochen wurde (Anlage 9, Staatsarchiv Hamburg, Personalakte Stern [UAHH]) und Friedrich Knauer, Sterns nichtjüdischer Assistent, die „Venia Legendi“ erhielt. Punkt 6 der Tagesordnung dieser Fakultätssitzung lautete:

Standort: [UAHH], W361-6, IV 998 Fotogalerie;

Dokumentnummer: **[0223/12.07.1933]**

Mathematisch-naturwissenschaftliche Fakultät der Univ. HH Bd1, 209. Fak.Sitzung, 12.7.1933

Wahl eines Berufungsausschusses für die Nachfolge Prof. Dr. O. Stern.

Der Herr Dekan gibt bekannt, dass Herr Stern um seine Entlassung zum 1. Oktober gebeten habe und zwar freiwillig ohne eine anderweitige Berufung zu haben. Die L.U.B. (Landes Universitäts Behörde) hat den Antrag genehmigt. Es wird ein Berufungsausschuss gewählt aus den Herren Rabe, Koch, Sena, Artin, Rose, Dekan. Der Herr Dekan hat es übernommen, Herrn Stern für die der Fakultät geleisteten Arbeiten und Verdienste mündlich zu danken.

Punkt 7: Unterricht physikalische Chemie. Wird an den Berufungssausschuss für die Nachfolge Stern verwiesen.

Punkt 2 lautete: Probevorlesung nebst Kolloquium Dr. Knauer.

Nach stattgehabter Probevorlesung: Der direkte Nachweis bewegter Materie durch Korpuskelstrahlung und Kolloquium und nachdem die Landesunterichtsbehörde Abt. Hochschulwesen, erklärt hat, dass grundsätzliche Bedenken gegen die Zulassung nicht bestehen, erteilt die Fakultät Herrn Dr. Knauer die venia legendi für Physik.

Otto Stern stellte am 28.7.1933 den Antrag, einige seiner Forschungsapparate bei seinem Ausscheiden mitnehmen zu dürfen.

Standort: [UAHH], W361-6, Hochschulw. I 80(94+5);

Dokumentnummer:**[0228/28.07.1933]**

An die Landesunterrichtsbehörde Abteilung: Hochschulwesen. H a m b u r g .

Hierdurch bitte ich die Landesunterrichtsbehörde – Abt. Hochschulwesen um die Genehmigung, einige Apparate, die in der Institutswerkstatt für meine wissenschaftlichen Untersuchungen gebaut worden sind, bei meinem Ausscheiden mitnehmen zu dürfen.

Diese Apparate dienen für spezielle Molekularstrahluntersuchungen und sind ausschliesslich verwendbar für die Bearbeitung ganz spezieller Probleme, für die sie eigens entworfen wurden.

Da die in Frage stehenden Probleme bisher nur von mir selbst und meinen Mitarbeitern bearbeitet worden sind, und die Handhabung der Apparate eine jahrelange Einarbeitung erfordert, kommt eine eventuelle Weiterbenutzung nach meinem Ausscheiden nicht in Frage. Irgendeinen Verkaufswert besitzen sie überhaupt nicht.

Ich gestatte mir noch hinzuzufügen, dass das Material zur Herstellung dieser Apparate aus Mitteln beschafft worden ist, die mir die Rockefeller Foundation[65] *zur Durchführung der eingangs erwähnten Untersuchungen zur Verfügung gestellt hatte.*

Der Direktor des Instituts für physikalische Chemie O. Stern

[65] Die Rockefeller-Foundation wurde 1913 von John D. Rockefeller in New York gegründet mit dem Zweck, das „Wohl der Menschheit auf der ganzen Welt" zu fördern (auch Wissenschaft).

Sterns Kollege Peter Paul Koch (später ein fanatischer Nationalsozialist) wurde am 11.8.1933 mit der Prüfung dieser Anfrage beauftragt:

Standort: [UAHH], W361-6, Hochschulw. I 80(97);
Dokumentnummer: **[0236/11.08.1933]**

Landesunterrichtsbehörde *Hamburg, den 11. August 1933*
Hochschulwesen
Herrn Direktor Professor Dr. Koch
Mit der Bitte um Prüfung gemäss der Rücksprache mit Herrn Professor Dr. Rein.
Ihr Knauer
Der Landesunterrichtsbehörde, Abteilung für Hochschul- wesen, mit folgender Aeußerung ergebenst zurückgereicht:
Die in Frage kommenden Apparate habe ich auftragsgemäß besichtigt. Der Materialwert ist geringfügig. Von wissenschaftlichem Wert sind die Apparate nur in den Händen von Professor Stern und seinen Mitarbeitern.
Durch Gewährung der Bitte von Professor Stern würde die Hamburgische Universität weder ein wissenschaftlicher noch ein ins Gewicht fallender materieller Verlust eintreten. 12/8.33 Der Direktor Koch
Mitnahme der Apparate genehmigt. 14/8 [G.A.] R[ein]

Da Stern und Koch immer gut miteinander ausgekommen waren, wundert es nicht, dass Koch Sterns Antrag unterstützte und die Mitnahme der Apparaturen befürwortete.

BE Standort: [UAHH], W361-6, Hochschulw. I 80(98);
Dokumentnummer: **[0239/15.08.1933]**

Landesunterrichtsbehörde *15. August [1933]*
Hochschulwesen *P. St. 63*
Herrn Professor Dr. O. Stern,
Institut für physikalische Chemie
Auf Ihr Schreiben vom 28. v. M. genehmigt die Behörde die von Ihnen beantragte Mitnahme der Apparate für Molekularstrahluntersuchungen bei Ihrem Ausscheiden.
R[ein]

Dies hinderte Koch jedoch nicht, sofort nach dem Ausscheiden von Stern dessen Räume etc. neu zu verteilen. Friedrich Knauer, der Sterns vierter Assistent gewesen war und als Nichtjude als einziger der Stern-Gruppe seine Stelle behalten konnte, berichtet in seinem Brief vom 11.10. 1933 an Stern von Kochs „diktatorischen Verfügungen".

Standort: [BAL], bk0016n8s6h; Dokumentnummer: **[0250/11.10.1933]**

Lieber Herr Stern!
Für Ihre beiden Briefe danke ich Ihnen sehr. Ich werde alles erledigen.

Beiliegend sende ich Ihnen die bis jetzt eingegangenen Postsachen nach. Bücheranzeigen, Weinangebote usw. habe ich gleich weggeworfen. Im naturwissenschaftlichen Verein müssen Sie wohl noch Ihre Mitgliedschaft kündigen?
Prof. Koch hat gestern „diktatorisch verfügt" (sein eigener Ausdruck), daß unsere Werkstatt und unser Praktikum in unser Haus verlegt werden. Die Räume, die wir im Hauptgebäude hatten, wären Ihnen nur aus reiner Gutmütigkeit überlassen worden. Leider habe ich keine Unterlagen darüber, wem die Räume eigentlich gehören. Alle Gründe, die von mir und zum Teil von Herrn Minkowski gegen eine Verlegung vorgebracht wurden, lehnte Herr Prof. Koch als unsachlich ab. Ich wollte dann erreichen, daß wenigstens die Werkstatt drüben bleibt, aber dann hieß es: Entweder alles oder gar nichts! Nicht einmal ein Aufschub bis zum Anfang des Semesters wurde bewilligt! Trotz aller Einwände hat Prof. Koch die Verlegung „diktatorisch verfügt". Das mir gegenüber liegende Zimmer und das Zimmer von Herrn Groth werden als Praktikum eingerichtet, in die Zimmer von Zickermann und Kratzenstein kommt die Werkstatt. Kr. muß also seinen Apparat, der jetzt zu gehen scheint, abreißen. Ich sagte in der Sprechstunde, daß für Kr. durch den Umbau leicht ein Verlust von mehreren Wochen entstehen könnte, da bei unseren Vakuumapparaten leicht große Schwierigkeiten durch Löcher entstehen. Da [hie]ß es: Wenn man begabt ist, kann man ein Loch in drei Stunden finden, dazu verpflichte ich mich (!). Wir mußten gestern sofort mit dem Umräumen beginnen. Ich habe gestern gleich alles an Prof. Lenz geschrieben. Er wird wohl nichts mehr ändern können. Vielleicht ist der Vorteil gewonnen, daß das Institut nicht mehr so leicht ein Opfer der Expansionsgelüste anderer Institute wird. In der gestrigen Fakultätssitzung soll davon gesprochen sein, daß alle jeder zwei Räume belegen, damit das Institut nicht so leer aussieht, und durch seine Leere die gierigen Raben anlockt!
Der Rest des Rockefellergeldes ist noch nicht verlangt worden. Nun ist noch eine Rechnung vom Juli über flüssigen Sauerstoff und flüssige Luft im Betrage von 16,20 RM gekommen. Für die Bestellung waren Bestellscheine aus dem Rockefellerbuch benutzt worden. Wenn es noch möglich ist, möchte ich sie gern mit dem Rockefellergeld bezahlen. Ich werde mit der Bezahlung warten, bis Sie mir geantwortet haben.

Die U.z.M.-Arbeiten [Untersuchungen zur Molekularstrahlmethode]sind noch nicht alle erschienen. Die schwarze Kasse und einen Teil des Geldes, das Sie mir hier gelassen hatten, werde ich wahrscheinlich dazu verwenden, um uns den Fernsprecher zu erhalten.

Von den Apparaten der Notgemeinschaft wollen wir nur die beiden Ablesemikroskope behalten. Den kleinen Magneten und die zwei Pumpen brauchen wir nicht.

Prof. Koch will den Antrag stellen, daß Herrn Groth eine der Assistentenstellen übertragen wird. Über Ihren Nachfolger oder Vertreter ist noch nichts weiter bekannt geworden.

Herr Frisch ist augenblicklich hier. Er reist in den nächsten Tagen nach London.

Alle Institutsinsassen wünschen Ihnen für die Zukunft alles Gute und senden Ihnen freundliche Grüße! Ihr Fr. Knauer

Stern antwortete am 21.10.1933, schon aus Pittsburgh (maschinengeschriebene Kopie ohne Unterschrift) wie folgt und gab Knauer Anweisungen, wie er die unerledigten Sachen abwickeln sollte:

Standort: [BAL], bk0016n8s6h; Dokumentnummer: **[0258/21.10.1933]**
Lieber Herr Knauer, *den 21. Oktober 1933.*
Vielen Dank für Ihren Brief vom 11. Oktober und die nachgesandte Post. Ich wäre Ihnen sehr dankbar, wenn Sie das Nachsenden der Post auch weiter übernehmen würden und mir gleichzeitig immer etwas über die Vorgänge im Institut berichten würden. Was macht Rieger?
Auf Ihre Anfragen möchte ich folgendes antworten:
1). Die Mitgliedschaft im naturwissenschaftlichen Verein werde ich kündigen.
2). Dass Koch mir die Räume im Hauptgebäude aus "reiner Gutmütigkeit" überlassen hatte, ist natürlich nicht richtig. Wir haben die Sache, bevor das Institut gebaut wurde, sehr eingehend besprochen und uns dahin geeinigt, dass wir den Physikern einen anständigen Gitterraum mit Zubehör im Neubau einrichten würden und als Entgelt dafür die Räume im Altbau behalten können. Da Koch aber jetzt auch Direktor des physikalisch-chemischen Instituts ist, wird aber nicht viel zu machen sein.
3). Die Rechnung von M.16,20 für flüssige Luft können Sie noch aus dem Rockefeller Geld bezahlen, nur möchte ich Sie bitten, den Rockefeller Leuten das ausdrücklich mitzuteilen da ich in Paris das noch vorhandenen Geld bereits mit M. 560,71 angegeben habe.
Schreiben Sie bitte auch dazu, dass es sich um eine bereits im Juli erfolgte Bestellung handelt.
4. Was das zurückgelassene Geld anlangt, so wissen Sie ja, dass davon zunächst die Separata der U.z.M. und der Separataversand bezahlt werden sollen. Den Rest verwenden Sie so, wie Sie es für zweckmäßig halten.
5). Die Zeitschrift für Elektrochemie kam in 2 Exemplaren, eins war für das Institut, eins für mich. Soweit 2 Exemplare kommen, schicken Sie mir bitte eins zu. Im Uebrigen lege ich keinen großen Wert auf diese Zeitschrift.
6). Beiliegend ein Brief von einem Herrn Schaake, der um Ausstellung einer Bescheinigung ersucht. Da ich nicht mehr Professor in Hamburg bin, kann ich keine derartigen Bescheinigungen mehr ausstellen. Ich möchte Ihnen nur privatim mitteilen, dass Estermann sich erinnert, dass der Mann im Praktikum war. Vielleicht findet sich noch etwas über ihn in den Praktikumsakten.
Es gefällt mir hier sehr gut, Krüger wird bereits wieder aufmontiert. Grüssen Sie Groth, Rieger und die anderen Leute schön von mir und seien Sie selbst bestens gegrüsst von Ihrem

Sterns eigener Antrag auf Entlassung war sicher keine spontane Entscheidung. Stern wusste, dass er in Nazideutschland trotz seiner Teilnahme als Freiwilliger im Ersten Weltkrieg keine Zukunftsperspektive für seine Forschung hatte. Daher hatte er schon rechtzeitig mit anderen Forschungsinstituten im Ausland (Carnegie

Institute of Technology in Pittsburgh/USA[66], Lindemann/England, der Universität in Jerusalem u. a.) Kontakte geknüpft. Parallel zu den Kontakten nach Pittsburgh hatte Stern über Frederic Lindemann Kontakte nach England aufgenommen, um an einem englischen Forschungszentrum eine Stelle zu finden.

Standort: [BAL], bk0016n8t84; Dokumentnummer: **[0224/13.07.1933]**
Hamburg, 13.7.1933
Lieber Herr Lindemann
Geben Sie mir doch bitte Nachricht, wie die Sache, von der wir in London im Auto sprachen, steht, und ob etwas draus wird. Von Simon hörte ich, dass Sie erst Ende Juli nach Deutschland kommen wollen (höchstwahrscheinlich).
Ich möchte aber sehr gern wissen, was wird, damit ich weiss, wie ich mich anderen Angeboten gegenüber verhalten soll.
Z. B. war gestern Herr Baker, President des Carnegie Institute of Technology, Pittsburgh, hier. Sie wollen dort die wissenschaftliche Forschung aufbauen und Baker bot mir eine recht anständige Professur an. Ich sagte ihm, dass ich in Verhandlungen mit England stünde und die Sache überhaupt nur in Frage käme, wenn aus der englischen Sache nichts wird. Ich brauche wohl nicht zu betonen, dass ich natürlich sehr viel lieber nach England ginge als nach Pittsburgh.
Aber wenn aus Ihrer Sache nichts würde, müsste ich mich eben nach etwas anderem umsehen. Also bitte geben Sie mir Nachricht damit ich weiss, woran ich bin. Wie ich schon in London sagte, kann ich eventuell auch nach London (oder Paris) kommen.
Von Zürich aus habe ich Ihnen am 1. Juli meinen Rücktritt angezeigt. Eine Nachricht von Ihnen habe ich nicht bekommen. Ist vielleicht etwas verloren gegangen?
Mit vielen Grüssen *Ihr Otto Stern*

Lindemann antwortete am 16.7.1933, dass seine englischen Industriepartner zurzeit keine Mittel für ein Stipendium zur Verfügung stellen könnten. Lindemann konnte Stern keine Zusage machen.

Standort: [BAL], bk0016n8t84; Dokumentnummer: **[0225/16.07.1933]**
Oxford, 16.7.1933
Dear Stern,
I have not written earlier as I have been trying to fix my plans more definitely. I fear now I shall not be able to come to Germany until the end of August. By then I expect you will be away on vacation. Unfortunately, my industrial friends have, at any rate, for the present rather come to the end of such resources as they are prepared to devote to research stipends. In these circumstances I do not think it is likely that anything really suitable could be arranged for the time being. If anything changes in the direction I will of course let you know, but for the moment the wave of enthusiasm seems to have died down.

[66] Das Carnegie Institute of Technology in Pittsburgh wurde 1900 von Andrew Carnegie gegründet, um den jungen Menschen in Pittsburgh eine gute Ausbildung zu ermöglichen. 1967 vereinigte es sich mit dem Mellon Institute of Industrial Research zur Carnegie Mellon University,

In the hope that I shall see you again soon and with apologies for this hasty note believe me,
Yours sincerely, *F. A. Lindemann*

Etwas verspätet am 25.7.1933 kam der Brief von Donnan, der aber auch keine Zusage enthielt.

Standort: [BAL], bk0016n8t84; Dokumentnummer: **[0227/25.07.1933]**
London, 25.7.1933
Dear Professor Stern,
Although I have taken some time to reply to your letter, I can assure you that immediately I received it I took the necessary steps, and I hope that by now you have heard from Professor Lindemann concerning the whole matter. If not, please let me know at once.
With all best wishes, *Yours very sincerely,*
F. G. Donnan[67]

Lindemann, dessen Vater 1871 aus Deutschland nach England emigriert war, leitete in England eine Stelle („Displaced German Scholars"), die emigrierten deutschen Wissenschaftlern half, ihre Forschungsaktivitäten in England fortzusetzen. Lindemann unterstützte u. a. Franz Simon, Nicholas Kurti, Dennis Gabor, Kurt Mendelsohn und zusammen mit Rudolf Peierls auch Otto Robert Frisch, in England Stellen zu finden. Die Briefe belegen, dass sich für Stern die Hoffnungen, durch Lindemann in England eine Stelle zu finden, schon Ende Juli 1933 zerschlagen hatten.

Parallel zu den Bemühungen, eventuell in England eine Stelle zu finden, hatte Stern auch zu anderen Kollegen in den USA Kontakte aufgenommen. Einer dieser Kontakte lief über David Locke Webster von der Stanford University[68], der Stern oder auch Estermann ein Stipendium für Stanford anbot. Webster schrieb am 15. August 1933:

Standort: [BAL], bk0016n912d; Dokumentnummer: **[0238/15.08.1933]**
REDCROOFFS
VIA VANCOUVER *TELEGR....*
BRITISH COULUMBIA

Aug 15, 1933

Prof. Otto Stern, Institut für Physik,
Hamburg, Germany,
Dear Professor Stern,
On authority just received from President Wilbur, I am sending you the following cablegram:

[67] Frederick George Donnan (1870–1956) war ein britischer Chemiker. Er war von 1913 bis 1937 Professor für Chemie am University College in London.

[68] Die Stanford Universität ist eine private Universität und wurde 1884 durch das Ehepaar Stanford gegründet. Am 1. Oktober 1891 wurde die Universität eröffnet und der Lehrbetrieb aufgenommen.

Stanford has four thousand dollar position, open coming academic year only, hoping you can accept, but otherwise asking you invite Estermann.
May I add here that the honor of your presence at Stanford and the privilege of your cooperation or Dr. Estermanns will be esteemed most highly by us all.
As it would be impossible to arrange any specific schedule of courses at this distance on such short notice, the best plan would seem to be for a conference of the departmental faculty on your arrival, to service the departmental curriculum in whatever way seems best.
With the most earnest hope that we may have a favorable reply, I am
Yours very truly
David L. Webster

Außerdem erhielt Stern 1933 ein unverbindliches Angebot für eine Professur in Israel (Jerusalem oder Haifa). Wie aus dem Brief [0246] vom 15.9.1933 von Philipp Schwartz an Chaim Weizmann hervorgeht, war Schwartz sehr zuversichtlich, viele jüdische oder halbjüdische deutsche Wissenschaftler nach Palästina zu bringen, darunter auch Stern. Voraussetzung war, dass die gesamten dort aufzubauenden Forschungszentren internationaler Spitzenqualität genügen müssten.

Standort: [BAL], bk0016n8z7n; Dokumentnummer: **[0246/15.09.1933]**

Zürich, 15. September 1933

Sehr verehrter Herr Professor,
Ich danke Ihnen für Ihren freundlichen Brief, datiert vom 15. ds. Mts.
Inzwischen habe ich mit Herrn Otto Stern (Hamburg) telefoniert und ihn gefragt, ob er geneigt wäre, einen Ruf nach einem einstweilen noch nicht genannten Land anzunehmen, in welchem er ein grosszügiges neues Institut bekommen würde. Herr Stern sagte mir darauf, dass er für das nächste Jahr bereits gebunden sei, dass er aber für später durchaus geneigt ist, in Unterhandlungen zu treten. – Soweit ich es beurteilen kann, glaube ich, dass Herr Stern einen Ruf nach Palästina annehmen würde, wenn bestimmte Vorbedingungen erfüllt sind, die ich mir erlauben möchte, Ihnen etwas allgemeiner zu schildern. Auch der Berliner Biologe Prof. Richard Goldschmidt war hier. Ich habe mit ihm auch das Projekt der Universität Jerusalem genau besprochen und ich bekam von ihm die Antwort, die ich erwartete und die die ganze Situation beleuchtet. Herr Rudolf Goldschmidt sagte mir, er würde nach Palästina gehen, schon um zeigen zu können, dass die aus Deutschland vertriebenen Gelehrten überall, selbst auf jungfräulichem Boden, produktiv arbeiten können. Er war der Ueberzeugung, dass auch viele der hervorragendsten deutschen jüdischen Forscher nach Palästina gingen, wenn durch geeignete Vorbereitung zu erreichen wäre, dass das wissenschaftliche Niveau (persönlich und sachlich), in welchem sie gewohnt waren bis jetzt zu arbeiten, sofort geschaffen wird. Herr Richard Goldschmidt also würde nach Jerusalem gehen, wenn 5 – 6 Gelehrte ähnlichen Ranges gleichzeitig hinkämen. Ich persönlich bin der Ueberzeugung, dass eine fruchtbare Arbeit dieser hervorragendsten jüdischen Wissenschaftler tatsächlich nur dann gewährleistet werden kann, wenn in Palästina dieses Niveau geschaffen ist. Ich bin auch überzeugt, dass Sie jeden jüdischen oder halbjüdischen Forscher nach Palästina ziehen können.

Inzwischen war Herr Kaplansky hier und zeigte mir, wieviele Stellen voraussichtlich in Haifa zur Besetzung kommen: auch hier ist also wieder dasselbe Niveau-Problem. Wenn alles in dem Niveau besetzt würde, wie es meines Erachtens jetzt erfolgen könnte, so hätten wir geradezu mit einem Schlag in Palästina ein wissenschaftliches Zentrum, das für die Welt von grosser Bedeutung wäre und dementsprechend auch überall beachtet und als unentbehrlich empfunden würde. Ich verkenne die grossen Schwierigkeiten natürlich nicht, ich glaube aber, dass gerade für den Aufbau der jüdischen Universität auf einem unauffälligen Wege leicht sehr viel zu machen wäre. Ich denke mir, dass man zunächst für die persönliche Vergütung der einzelnen Professoren keinen Etat einsetzen, sondern die einzelnen jüdischen Gemeinden in der ganzen Welt verpflichten sollte, je nach ihrer Grösse und ihrem Vermögen, einen oder zwei Professoren, bezw. einen oder zwei Assistenten als Paten zu übernehmen. So würde etwa die Kopenhagener jüdische Gemeinde, sagen wir, Herrn Goldschmidt 5 Jahre zu bezahlen haben. Die jüdische Gemeinde Amsterdam einen anderen Gelehrten von gleichem Range etc. Ich bin sicher, dass bei einem klaren Plan die Zusagen für diese Patenschaften ohne weiteres zu gewinnen wären und dass wir auf diese Art ungefähr 40 Lehrstühle und wahrscheinlich 80 – 100 Assistentenstellen besetzen könnten.

Herr Dr. Meyerhof[69] *aus Cairo war eben hier und ich besprach mit ihm diesen Plan. Er sagte mir, dass die jüdische Gemeinde in Cairo sicher 1 oder vielleicht sogar 2 Lehrstühle übernähme. Er war der Meinung, dass auch die anderen nordafrikanischen jüdischen Gemeinden, z. B. die in Rabat, sehr gerne helfen würden.*

Ein Vertreter der italienischen Hilfskomitees, den ich in den letzten Tagen gesprochen habe, war ebenfalls der Meinung, dass diese Form die geeignetste ist, die italienischen Juden zur Hilfe heranzuziehen. Auf diese Art würde man die Personalfrage lösen können und es bliebe übrig die Beschaffung der Mittel für die Institute selbst. Dies ist natürlich die schwierigere Frage, weil die grossen Summen gerade für den Bau der Institute nötig sind. Aber immerhin wäre die Lösung der Personalfrage in der von mir angedeuteten Art und Weise bereits eine wesentliche Erleichterung der Verwirklichung unseres Wunsches, eine Universität in Palästina zu haben, die der ganzen wissenschaftlichen Welt unentbehrlich ist.

Ich glaube nicht, dass es gelingen würde, Gelehrte allerersten Ranges nach Jerusalem zu ziehen, bevor durch geeignete Vorbereitung die Frage des Niveaus geregelt ist.

Berl stand knapp vor seiner Abreise nach Amerika als meine Anfrage ihn erreichte. Herr London ist in Oxford im Clarendon Laboratorium[70]*; ich glaube, dass Sie ihn dort leicht erreichen können und dass er, zumal er noch keine feste Anstellung hat, gerne nach Palästina gehen würde.*

Mit den besten Empfehlungen und Grüssen bin ich

Ihr sehr ergebener

gez. Schwartz

[69] Dr. Max Meyerhof (1875–1945) war ein bedeutender Augenarzt und Vetter des deutschen Nobelpreisträgers Otto Meyerhof.

[70] Das Clarendon Laboratory ist ein traditionsreiches Physiklabor der Universität Oxford. Es ist nach der Stiftung für das erste Gebäude benannt, das 1872 eröffnet wurde

Sterns Kontaktperson zum Carnegie Institute of Technology in Pittsburgh war dessen Präsident Thomas S. Baker. Baker hatte, am 6. Januar 1933 mit dem Schiff in Hamburg ankommend, dort am 7.1. eine Rede gehalten. Anschließend hielt er auch Reden in Berlin, Heidelberg, München etc. (s. Personalakte Sterns im Archiv des Carnegie Mellon Institutes in Pittsburgh [ACMU]). Dann hat Baker am 12.7.1933 Stern nochmals in Hamburg besucht (s. Brief [0224] von Stern vom 13.7.1933 an den Engländer Lindemann). Am 18. Juli schickte Baker von Paris aus Stern an dessen Privatanschrift in Hamburg, Hofweg 9, das formale Angebot für eine Forschungsprofessor am Carnegie Institute of Technology [BAL]. Baker schrieb:

Standort: [BAL], bk0016n8p0n; Dokumentnummer: **[0226/18.07.1933]**

Professor Otto Stern
Hofweg 9
Hamburg
My dear Professor Stern,
I wish to invite you to become Research Professor of Physics at the Carnegie Institute of Technology, Pittsburgh. The position which I offer you is not a temporary one and I hope if you accept it, you will be associated with the Institute of Technology for many years.
Your engagement will begin September 1st 1933 and I should like you to be in Pittsburgh between 15th and 30th of September. I can offer you for the first year a salary of 8000 dollars a year with the understanding that this salary may later be increased. It is understood that your work will be devoted to research and to the instruction of such advanced students as you may be willing to accept. You will have the co-operation of one or more Theoretical Physicists, two assistants, one first-class mechanic and one second class mechanic. An adequate laboratory will be placed at your disposal with such apparatus and equipment as may be necessary to carry on the work that you are now doing in Hamburg. It is impossible to describe in a letter all the arrangements that will be made for your work, but I wish to assure you that I shall co-operate with you to the first extent, if you are able to accept my offer, in achieving the scientific aims which you desire. I assume your first year will be occupied largely in organizing your laboratory and selecting your assistants. I will do what is possible to arrange for you to bring to Pittsburgh your chief mechanic.

I shall have to ask you to let me know by cablegram to Pittsburgh not later than August 3rd whether you can accept my invitation; as I told you I shall leave my Paris hotel du Duminy rue du Mont-Thabor, next Sunday morning, July 23rd when I sail from Boulogne on the SS. St. Louis. I shall be in Pittsburgh August 3rd. I shall be glad to meet any expenses that you may incur for telegram, cablegrams etc. I should regard it as a great honor to our institution if you consent to join our Faculty. It would also be a great personal pleasure for me to be associated with you.
Very sincerely yours
Thomas A. Baker, President of the Carnegie Institute of Technology

Stern informierte Baker am 5. August per Telegramm und am 8. August per Brief, dass er das Angebot annehme. Baker schrieb sofort am 5.8. zurück und bestätigte die Zusage [BAL].

Standort: [BAL], bk0016n8p0n; Dokumentnummer: **[0229/05.08.1933]**
My dear Professor Stern,
I have just received your telegram informing me that you accept my offer, and I immediately telegraphed you that I was delighted. I wish to ensure you again that I will do all that is possible to make your work in the United States successful. This letter will also confirm my offer to Dr. Estermann contained in my cablegram yesterday.

Standort: [BAL], bk0016n8p0n; Dokumentnummer: **[0233/08.08.1933]**
8. August
President T.S.Baker,
Carnegie Institute of Technology,
Pittsburgh, Pa., U.S.A.
My dear President Baker:
Entschuldigen Sie, wenn ich diesen Brief noch deutsch schreibe, das wird sich bald ändern.
Zunächst möchte ich Ihnen herzlichst für Ihre grosse Freundlichkeit danken, besonders dafür, dass Sie Estermann eine so schöne Professur angeboten haben. Es wird eine ganz grosse Erleichterung für mich sein, mit meinem alten Mitarbeiter in Pittsburgh anfangen zu können, und wird auch, wie Sie ja wissen, sachlich von grösstem Wert sein, sowohl für den Fortgang der wissenschaftlichen Untersuchungen, wie für den ganzen Aufbau und die Entwicklung.
Ich komme nun gleich mit einer neuen Bitte, die die Fortführung meiner Untersuchungen betrifft. Ich habe zusammen mit Herrn Estermann gerade in den letzten Wochen noch einige Versuche[71] *gemacht, die sehr vielversprechend aussehen und an deren möglichst rascher Weiterführung mir ungeheuer viel liegt. Um das zu ermöglichen, möchte ich Sie um drei Sachen bitten:*
1. Wäre es vielleicht möglich, dass Sie schon jetzt die nötigen Schritte unternehmen, damit mir in irgendeinem der vorhandenen Institute ein geeignetes Zimmer zur Verfügung gestellt wird, indem ich sofort nach meiner Ankunft die Apparatur aufstellen kann. Das Zimmer müsste elektrische Anschlüsse (Gleichstrom D.C.), Gas- und reichliche Wasseranschlüsse enthalten, ausserdem sollte es so (b)gelegen sein, dass es möglichst wenig durch Erschütterungen vom Strassenverkehr leidet.
2. Es wäre sehr wünschenswert, wenn mir gleich nach meiner Ankunft ein Feinmechaniker in einer der Werkstätten zur Verfügung stehen würde.
3. Ich bitte um die Genehmigung, diverse für die Versuche erforderliche Apparate, die nur in Europa erhältlich sind, sofort zu bestellen. Der hierfür erforderliche Betrag wird voraussichtlich etwa 2000$ betragen.

[71] Versuche zur Messung von Kernmomenten.

Ich beabsichtige, mit Estermann zusammen Ende September (wie in Paris verabredet) mit einem Schiff der Baltimore Mail Line abzufahren und würde dann etwa am 8. Oktober in Pittsburgh eintreffen. Ferner möchte ich Sie bitten, mir ein möglichst offizielles Berufungsschreiben (mit Stempeln!) zugehen zu lassen, das ich auf dem amerikanischen Konsulat und überhaupt bei Behörden vorzeigen möchte.
Sie sehen, dass ich von Ihrer Zusage, mich nach Kräften unterstützen zu wollen, gleich ausgiebigen Gebrauch mache und hoffe nur, Ihnen nicht allzu viel Mühe damit zu machen. Meinen herzlichsten Dank im Voraus.
In der Hoffnung auf ein baldiges Wiedersehen in Pittsburgh begrüsse ich Sie als
Ihr sehr ergebener
(Otto Stern)

Das Angebot galt also auch für Immanuel Estermann, der sich in einem Brief vom 7. August bei Baker dafür bedankte [BAL]. Estermann schrieb:

Standort: [BAL], bk0016n8q1q; Dokumentnummer: **[0231/07.08.1933]**
President T.S.Baker
Carnegie Institute of Technology
Pittsburgh, Pa., U.S.A.
My dear President Baker,
I wish to express my sincere thanks for your generous offer to become associate Professor at the Carnegie Institute of Technology, and I am delighted to accept it. I am looking forward with great pleasure to my work in Pittsburgh.
As I shall probably need an official letter of appointment for the purpose of obtaining the American visa, I am asking you to send such a letter to my address in London, N.W. 11, 15 Sandringham Road, Where I intend to stay until my departure.
Hoping to see you soon in Pittsburgh, I remain
Yours very sincerely
Immanuel Estermann

Die Nachricht, dass Stern Bakers Angebot akzeptiert hatte, wurde in Pittsburgh sehr positiv aufgenommen. Paul Foote, Robert Mehl und L. Grondahl brachten gegenüber Stern per Brief umgehend ihre Freude zum Ausdruck, mit ihm in Zukunft zusammenzuarbeiten.

Foote schrieb am 8.8.1933 an Stern:

Standort: [BAL], bk0016n8q8k; Dokumentnummer: **[0232/08.08.1933]**
Dear Professor Stern: *Pittsburgh, 8.8.1933*
Dr. Baker has just informed me that you have accepted a position with the Carnegie Institute of Technology. We are certainly glad to have you choose Pittsburgh, and I believe you will enjoy living in the center of industrial activity of America. Please let me hear from you when you arrive.
With kindest regards, *Paul D. Foote*

Am 08.08.1933 schrieb Mehl an Stern:

Standort: [BAL], bk0016n8p0n; Dokumentnummer: **[0234/08.08.1933]**
Pittsburgh, 8.8.1933

My dear Professor Stern:
Dr. Thomas S. Baker, our president, informed me today that he has been successful in attracting you to the Carnegie Institute of Technology. We are all quite happy that you have decided to come.
I am writing you at this time to extend my own welcome, and to assure you that I shall be more than happy to welcome you personally and to collaborate in research in any way that you might see fit. I hope that your associations here will prove most pleasant to you. May I ask that you extend my good wishes to Professor Estermann?
Sincerely yours, Robert F. Mehl

Auch Grondahl hieß Stern willkommen.

Standort: [BAL], bk0016n9063; Dokumentnummer: **[0235/10.08.1933]**
Swissvale, Pa., 10.8.1933

My dear Professor Stern,
Our good friend President Baker of the Carnegie Institute of Technology has told me that you have accepted a position in his institution and that you are coming to Pittsburgh to continue your work. I am writing to extend my personal welcome and the hope that you will find Pittsburgh a congenial place in which to work and live and that you will be successful in your efforts after you arrive.
During the last twenty years Pittsburgh and vicinity have acquired a great number of physicists so that we feel that we have a rather interesting community of men who are interested in the subject. We have also, of course, an even greater number of engineers and not a few mathematicians. We feel that the community has become very interesting from a scientific and from a technical standpoint. I am sure that especially the physicists will welcome you with open arms and that you will find it interesting to become a member of the Physical Society of Pittsburgh, which has a membership of something over one hundred.
When you arrive I will want to take the first opportunity to get acquainted and to introduce you to other members of the profession. I am looking forward to the building of a physics research laboratory at the Carnegie Institute of Technology with a great deal of interest.
Sincerely yours, L. O. Grondahl

Am 14.8.1933 sagte Baker Stern die volle Unterstützung des Carnegie Institute zu. Baker schrieb am 14.8.1933 an Stern:

Standort: [BAL], bk0016n8p0n; Dokumentnummer: **[0237/14.08.1933]**
Pittsburgh, 14.8.1933

My dear Professor Stern:
Thank for your letter of August 8th which was received very promptly. I agree with you that the cooperation of Dr. Estermann will be invaluable to you. I am delighted that you wish to begin at once your experiments on your arrival in Pittsburgh.

In reply to your three questions I would say:

1. *There will be several rooms at your disposal, any one of which will, I think, meet your requirements. Dr. Lowry has very kindly consented to place at your disposal a room in his laboratory in case the other rooms do not seem to you to be so desirable.*
2. *It would be advisable for you to write me more in detail concerning what you would expect of what you call a "Feinmechaniker". Do you mean an instrument maker or a precision mechanic? I presume it is the latter type of man and several could be found who, I believe, would meet your requirements.*
3. *You are authorized to purchase whatever apparatus you think is necessary for beginning your work. I would ask you, however, to assure yourself that you can purchase the articles more cheaply in Europe than in the United States. Possibly you may wish to send me a list of apparatus that our purchasing agent here could buy in advance of your coming. It is my understanding that duties must be paid on imported physical and chemical equipment. Dr. Lowry also tells me that there are certain patented articles that cannot be imported into this country without the consent of the American holder of the patent, for example the Gaede vacuum pump. We could secure permission from the General Electric Company but we could doubtless buy such an article much cheaper here than in Germany. Please let me know how the manufacturers from whom you purchase the apparatus in question wish to be paid. Shall I send you some money in advance of your coming? Our purchasing agent will also want to have shipping instructions concerning the apparatus so that the formalities with the Custom House can be taken care of expeditiously. Would it be possible for you to ask the manufacturers in making their invoices to quote wholesale prices? This will make a saving in the duties. We shall of course pay the price that you agree on with the manufacturers.*

I note that you will sail on one of the ships of the Baltimore Mail Line. A number of my friends have crossed on these ships and speak highly of them. If possible I shall meet you in Baltimore.
I am enclosing a statement of your official appointment with the seal of the Institute. Please do not hesitate to write me if there are any further arrangements that I can make to advance of your coming.
With sincere regards, *Very truly yours,*
Thomas S. Baker

Einen Monat vor seiner Abreise aus Hamburg informierte Stern in seinem Brief vom 25.8.1933 Baker über letzte Vorbereitungen seines Umzuges nach Pittsburgh.

Standort: [BAL], bk0016n8p0n; Dokumentnummer: **[0240/25.08.1933]**
Hamburg, 25.8.1933
My dear President Baker,
vielen Dank für Ihre Briefe vom 5. Und 14. ds. Ms. und Ihr freundliches Eingehen auf meine Wünsche. Ich möchte auf die verschiedenen Punkte folgendes antworten:

1) Lebenslauf und Photographie liegen bei.
2) Unter Feinmechaniker verstehe ich, wie Sie vermuten, einen „precision mechanic". Es ist sehr wesentlich für die Versuche, einen wirklichen guten Mann zu haben.
3) Für die Bereitstellung des Raumes besten Dank.
4) Da die Mitnahme neuer Apparate von hier, wie ich aus Ihrem Briefe ersehe, Schwierigkeiten bei der Einfuhr machen wird, will ich sie nach Möglichkeit in Amerika beschaffen. Ihrem Vorschlage entsprechend will ich Ihnen eine Liste für Ihren purchasing agent einsenden. Doch wird das noch einige Zeit dauern, weil ich die Liste erst mit Estermann besprechen möchte, der zur Zeit in England ist. Eine Ausnahme möchte ich nur mit zwei Apparaten machen
Erstens bitte ich Sie, Ihren purchasing agent ein Galvanometer nach F. Zernike[72] von Kipp und Zonen[73] in Delft Type Zb besorgen zu lassen.
Zweitens habe ich bereits einen Elektromagneten von Kohl in Chemnitz bestellt, da wir diese Type für unsere Anordnung haben müssen.
Ich möchte diesen Elektromagneten gerne hier von meinem Geld bezahlen. Sollte die deutsche Devisenstelle es nicht erlauben, so schreibe ich Ihnen noch wegen der Bezahlung. Ueberhaupt weiss ich noch nicht, ob ich von Ihrem freundlichen Angebot, mir Geld im Voraus zu schicken, Gebrauch machen muss. Falls erforderlich, schreibe ich noch.
5 Besten Dank für Ihre Emphehlung an Generalkonsul Messersmith. Ich habe ihn kürzlich aufgesucht. Er war sehr freundlich und lässt Sie grüssen. Herrn Dr. Heinroth[74] konnte ich leider nicht aufsuchen, da ich um diese Zeit nicht in Berlin war.
6 Wir haben leider keine Plätze mehr für die Baltimore Mail Line bekommen und deshalb auf der „Minnesota" der Red Star Line gebucht. Das Schiff geht am 29. September aus Antwerpen ab und soll am 6. oder 7. Oktober in Newyork sein.
7 Die Herren P. D. Foote, R. F. Mehl und L. C. Grondahl haben mir sehr freundliche Briefe geschrieben. Da ich mich noch nicht traue, englische Briefe zu schreiben, möchte ich Sie um die Freundlichkeit bitten, den Herren zu danken.
8 Ich freue mich schon sehr auf meine Tätigkeit in Pittsburgh und besonders darauf, gleich mit den Versuchen anfangen zu können. Ich danke Ihnen nochmals für Ihre grosse Freundlichkeit und bin in der Hoffnung, Sie bald wiederzusehen

mit den besten Grüssen Ihr sehr ergebener Otto Stern

Noch in Europa planten Stern und Estermann den Aufbau der neuen Apparaturen in Pittsburgh, um dort umgehend die experimentellen Untersuchungen fortsetzen zu

[72] Frederik „Frits" Zernike (1888–1966) war ein niederländischer Physiker. Für seine Erfindung des „Phasenkontrastmikroskops" wurde ihm 1953 der Nobelpreis für Physik verliehen.
[73] Kipp und Zonen war eine holländische Firma, die physikalische Geräte herstellte. Sie wurde schon 1830 gegründet.
[74] Vermutlich handelt es sich hier um den Ornithologen Dr. Oskar Heinroth (1871–1945).

können. Am 2.9., 5.9. und 11.9.1933 informierte Estermann Stern über die Bestellungen der notwendigen physikalischen Ausrüstung für den Experimentaufbau in Pittsburgh.

Standort: [BAL], bk0016n8q1q; Dokumentnummer: **[0241/02.09.1933]**

London, 2.9.1933

Lieber Herr Stern!
Ihren Brief vom 30. d. v. M. habe ich gestern erhalten, ebenso heute eine Offerte auf eine Kapitzaflasche von 4 1/4 Liter (ca. 1 engl. Gallon) Inhalt. Ich habe noch wegen einer grösseren Flasche angefragt. Der Preis soll £ 22.10.- betragen, Lieferzeit ca. 4 – 5 Wochen. Soll ich die Flasche bestellen? Oder sollen wir die Flasche durch den Purchasing Agent von Pittsburgh aus bestellen lassen. Nach meiner Ansicht wäre es vielleicht am Besten, wenn ich der Firma den Behälter in Auftrag gebe und sage, dass die offizielle Bestellung von Pittsburgh aus erteilt wird. Die Frage ist nun, ob die Grösse genügt oder ob ich noch auf das Angebot für den 2 Gallon Behälter warten soll. Die Lieferfirma ist SIEBE, GORMAN & Co[75]*, Ltd. 187 Westminster Bridge Rd., London S. E. I.*
Wegen der Pumpen habe ich keine Angst, wir bekommen sicher in Amerika auch gute oder machen sie uns. Dagegen sollten wir eventuell eine Kapselpumpe mitnehmen, die Cenco[76] *sind nicht so gut.*
Sonst gibt es heute nichts Neues. Beim Amerikanischen Konsulat war ich bereits mehrere Male, es ist alles soweit in Ordnung bis auf einige Geburtsurkunden, die ich noch aus Deutschland besorgen muss.
Ich fahre nächste Woche zu Fraser, erwarte aber Ihre Nachricht wegen der H_2 – Flasche noch hier.
Mit herzlichen Grüssen *Ihr Estermann*

Standort: [BAL], bk0016n8q1q; Dokumentnummer: **[0242/05.09.1933]**

5.9.1933

Lieber Herr Stern:
Ihren Brief habe ich soeben erhalten. Leider hat mir die Firma den Preis für eine 2 Gallon Flasche noch nicht mitgeteilt, ich habe soeben nochmals gemahnt. Wenn die Firma keine 2 – G. Flasche herstellen kann, werde ich eine 1 G- Flasche bestellen.
Meine Adresse ist bis 15.9.33:
c/o FRASER, SILVER FIRS, CAMP LANE, AYLMERTON, NORFOLK.
Mit vielen herzlichen Grüssen *Ihr Estermann*

---

[75] Siebe Gorman & Company Ltd war eine britische Firma, die Tauch- und Atmungsausrüstung produzierte. Sie wurde von dem in Deutschland geborenen Ingenieur Augustus Siebe (1788–1872) gegründet.
[76] Eine Cenco-Pumpe ist eine rotierende Vorvakuumpumpe.

Standort: [BAL], bk0016n8q1q; Dokumentnummer: **[0245/11.09.1933]**

11.9.1933

Lieber Herr Stern:
Ich habe soeben das Angebot für die 2 Gallon- H_2 – Flaschen bekommen, sie kostet £ 25.- , also um eine Kleinigkeit mehr als die kleinere Flasche gleich in der vorgeschlagenen Weise. Ich denke, dass Sie dann deswegen nach Pittsburgh schreiben, damit die Firma die offizielle Bestellung von Purchasing Agent bekommt. Die Adresse der Firma ist:
Siebe, Gorman & Co, Ltd. , 187 Westminster Bridge Rd, London S. E. I.
Sonst gibt es nichts Neues. Ich bin seit 4 Tagen bei Fraser in seinem neuen Haus und erhole mich dort ausgezeichnet. Das Wetter ist nach wie vor sehr schön. Frasers neues Haus ist übrigens wirklich noch viel schöner als das alte in Cambridge.
Mit vielen herzlichen Grüssen Ihr Estermann
Adresse bis 16.9. Silver Firs, Camp Lane, Aylmerton, Norfolk

Bakers Antwort war die folgende:

Standort: [BAL], bk0016n8p0n; Dokumentnummer: **[0244/07.09.1933]**

Pittsburgh, 7.9.1933

My dear Professor Stern:
I thank you for your letter of August 25th.

1. *Up to the present, we have made no announcement of your coming to our institution but we expect to give a statement to the press sometime next week, probably on Wednesday.*
2. *Dr. Lowry assures me that he is confident that we can secure a precision mechanic for you. He already has one or two names to submit to you and until you have decided upon a man and have secured the apparatus for your shop, Dr. Lowry will place his resources at your disposal.*
3. *I hope you will not hesitate to purchase in Germany whatever apparatus you think can be purchased better there than here. If it is feasible and desirable, do not hesitate to pay for the equipment out of your own funds and we shall reimburse you as soon as you reach America. I shall await your list for our purchasing agent. I have notified our purchasing agent to order at once the galvanometer to which you refer.*
4. *I note that you will sail on the S. S. Minnetonka on the 29th of September from Antwerp. If possible, I shall meet you in New York. In any case I shall have a letter at the steamer for you.*
5. *I am glad that you have heard from some of my Pittsburgh friends and assure you that there will be any others here who will give you a hearty welcome. I am passing your message on the Messrs. Foote, Mehl and Grondahl.*

Please give my best regards to Dr. Estermann and believe me
Very sincerely yours, Thomas S. Baker

Am 18. September informierte Stern die Landesunterrichtsbehörde Hamburg darüber, dass er vom 19.9. bis 30.9.1933 verreisen werde [UAHH]).

Standort: [UAHH], W361-6, Hochschulw. I 80(99);
Dokumentnummer: **[0247/18.09.1933]**

An die Landesunterrichtsbehörde Abteilung für Hochschulwesen H a m b u r g

Hierdurch teile ich ergebenst mit, daß ich vom 19. – 30. September 1933 zu verreisen gedenke.

Mit meiner Vertretung bitte ich Herrn Professor K o c h, der sich dazu bereit erklärt hat, zu beauftragen.

Der Direktor O. Stern

Wie im Archiv der Carnegie Mellon University Pittsburgh (Box 18, Faculty Biographies Collection) [ACMU] zu lesen ist, verließ Stern dann offensichtlich mit der Bahn (Schlafwagen über Dänemark) Deutschland und reiste nach England weiter. Anfang Oktober erreichte Stern Pittsburgh zusammen mit seinem Mitarbeiter Immanuel Estermann. Stern legte Wert darauf, dass er als normaler Reisender Deutschland verlassen hat und nicht als Vertriebener. Von England schrieb er am 23. September in einem Brief an Baker, dass er nach Besuchen in Paris und Zürich am 29.9.1933 mit der Minetonka der Red Star Line von Antwerpen nach New York fahren werde. Die Familie Estermann würde am 30.9. in Southampton zusteigen. Am 6. oder 7.10. erreichte das Schiff New York.

Standort: [BAL], bk0016n8p0n; Dokumentnummer: **[0249/23.09.1933]**

London, 23.9.1933

My dear President Baker:

Besten Dank für Ihren Brief vom 7. September. Ich bin jetzt endlich aus Hamburg weggefahren und zur Zeit in London mit Dr. Estermann zusammen. Wir haben eben besprochen, was an Apparaten noch in Europa zu beschaffen ist:

1.) Elektromagnet. Ich kabelte Ihnen bereits die Bitte, einen Weissschen Elektromagneten bei Max Kohl, Chemnitz (Telegrammadresse: Physik Chemnitz) bestellen zu lassen. Ich habe diesen Elektromagneten bereits Anfang August bestellt; er ist jetzt fertig gestellt. Ich beabsichtige zunächst, diesen Elektromagneten selbst zu bezahlen und vom Carnegie Institute übernehmen zu lassen. Da dies aber zu Schwierigkeiten mit der Deutschen Devisenstelle führte, musste ich der Firma mitteilen, dass der Elektromagnet für Rechnung des Carnegie Institute geliefert werden soll. Die Firma braucht nun eine direkte Bestellung vom Carnegie Institute, da sonst die Ausfuhr auf Schwierigkeiten stösst. Ich hatte Sie gebeten, diese Bestellung zu kabeln, damit der Magnet gleich abgesandt werden kann.

2.) Herr Dr. Estermann hat in meinem Auftrag bei der Firma Siebe, Corman & Co[77]*, Ltd., 187 Westminster Bridge Road, London S. E. 1., einen Behälter für flüs-*

[77] Siebe Gorman & Company Ltd war eine britische Firma, die Tauch- und Atmungsausrüstung produzierte. Sie wurde von dem in Deutschland geborenen Ingenieur Augustus Siebe (1788–1872) gegründet.

sigen Wasserstoff nach Kapitza zum Preise von Lstr. 25.-.- bestellt. Die Firma bittet ebenfalls um eine direkte briefliche Bestellung seitens des Instituts.
3.) Nach nochmaliger Besprechung mit Herrn Dr. E.[Estermann] hat sich herausgestellt, dass wir doch eine Diffusionspumpe aus Stahl nach Gaede[78]*, dreistufig, Modell E brauchen. Der Preis beträgt etwa 500 Reichsmark. Ich bestelle die Pumpe direkt von hieraus und bitte um eine briefliche Bestätigung der Bestellung an die Firma E. Leybold's Nachf., Köln – Bayental*[79]*, Bonnerstr. 500. Falls eine Einfuhrerlaubnis nötig sein sollte, bitte ich Ihren Purchasing Agent, eine solche zu beschaffen.*
Die anderen Apparate, die wir für die Versuche brauchen, (Widerstände, Messinstrumente etc.) können wir zweifellos in Amerika ohne Schwierigkeiten erhalten. Was das Galvanometer anlangt, so waren Sie ja aber bereits so freundlich, die Bestellung zu veranlassen.[X]
Ich will von hier aus noch einmal nach Paris und nach Zürich fahren und dann am 29. d. M. von Antwerpen mit der S.S. Minnetonka der Red Star Line abfahren. Herr Estermann mit Familie steigen am 30. in Southampton ein. Visa etc. sind bereits bei Estermann wie bei mir in Ordnung.
In der Hoffnung auf baldiges Wiedersehen in Amerika bin ich mit besten Grüssen
Ihr sehr ergebener O. Stern
X Herrn Lowry danke ich herzlich für sein Anerbieten, von dem ich Gebrauch machen werde.

Anfang Oktober 1933 kamen Stern und Estermann in Pittsburgh an.

2.1.5 Sterns Pittsburgher Zeit 1933–1946

Das Carnegie Magazin hatte schon in der Septemberausgabe 1933 von Sterns Wechsel nach Pittsburgh berichtet.

Standort: [ACMU] (Box 18, Fac. Biogr. Coll.);
Dokumentnummer: **[0243/07.09.1933]**
In der Zeitschrift "Carnegie Alumnus" vom Dezember 1944 (nach Sterns Nobelpreisauszeichnung) ist darüber zu lesen: Dr. Stern, the first Pittsburgher to be thus recognized, came to Carnegie Tech in 1933 at the invitation of the late Dr. Thomas S. Baker, then president of Carnegie. Dr. Baker had visited Germany early in that year and was keenly aware of the threat to academic freedom in the rise of Hitler to power. He therefore made a second trip to Europe in the summer of 1933 to ascertain which German scientists he might secure for the Carnegie staff. The subsequent announcement of the acceptance by three eminent scholars, Dr. Stern, Dr.

[78] Wolfgang Max Paul Gaede (1878–1945) war ein deutscher Physiker und Pionier der Vakuumtechnik.
[79] Durch Übernahme der Fa. Kothe in Köln durch Ernst Leybold entstand 1851 die Fa. Leybold & Kothe, die sich auf den Vertrieb physikalisch-technischer Apparate konzentrierte. In der Folgezeit produzierte die Firma vornehmlich Vakuumteile (Pumpen, Flanschverbindungen etc.).

Abb. 2.19 Carnegie Institute of Technology in Pittsburgh (Bildquelle: [CARNTECH])

I. Estermann, his assistant, and Dr. Ernst Berl, received considerable public notice as they were among the first of the "exiles" to become connected with American educational institutions.

Die Buhl Foundation[80] gab Stern zum Start in Pittsburgh 25.000 $ für seine Forschung [BAL]. Außerdem erhielt Baker schon am 9. Oktober eine Zusage des Secretary des „The Emergency Committee in Aid of Displaced German Scholars"[81] Stephan Duggan von jährlich 2000 $ für die Dauer von zwei Jahren für die drei „German Scholars" (Stern, Estermann und Berl), die Baker nach Pittsburgh geholt hatte. Die erste Rate über 1000 $ wurde schon am 16.10.1933 überwiesen.

Präsident Baker hatte offensichtlich alles gut für Stern vorbereitet. Das Einleben in Pittsburgh und die englische Sprache machten Stern jedoch Schwierigkeiten. Im

[80] Die Buhl Foundation wurde von Henry Buhl Jr. im Gedenken an seine Frau Loise C. Buhl Mitte der 20er-Jahre des 20. Jahrhunderts gegründet. Das Stiftungskapital betrug 11 Millionen $ und hatte den Zweck, die Stadt Pittsburgh in fast allen Bereichen des städtischen Lebens zu unterstützen. Auch im Wissenschaftsbereich war die Buhl Foundation sehr aktiv. Sie stiftete Bibliotheken, ein Planetarium und unterstützte auch die Forschung der Carnegie Mellon University.

[81] Das „Emergency Committee in Aid of Displaced German Scholars" wurde 1933 gegründet und bestand bis 1941. Es unterstützte deutsche und europäische Wissenschaftler (Österreich, Tschechoslowakei, Norwegen, Belgien, Holland, Frankreich und Italien), die von den Nazis aus ihren Stellen vertrieben worden waren und z. T. um ihr Leben fürchten mussten. Es hatte seinen Sitz in New York.

Brief vom 2.5.1934 an Baade schreibt Stern: *„Mir selbst geht es recht gut, bis auf die Schwierigkeiten des Einlebens hier und der englischen Sprache."*

Beim Experimentaufbau konnten oft Kleinigkeiten ein Experiment verzögern. So fehlte z. B für das Abdichten der Vakuumapparaturen das in Hamburg oft benutzte Apiezon-Wachs. Stern musste Ladenburg um Hilfe bitten.

Standort: [BAL], bk0016n8t18; Dokumentnummer: **[0255/18.10.1933]**

[Pittsburgh], 18.10.1933

Lieber Herr Ladenburg:
Ich bin hier gut angekommen („Krüger" auch), und wir sind schon feste beim Einrichten. Ich denke, es wird ganz gut gehen. Das Einzige, was wir, soweit wir es jetzt übersehen, nicht haben, ist weiches Apiezon-Wachs, und deshalb schreibe ich Ihnen heute. Können Sie uns wohl eine kleine Quantität (vielleicht 50 Gramm oder so) davon schicken und uns angeben, wo wir es am Bequemsten beziehen können?
Ich habe mit Baker schon wegen der Bilder-Besichtigung bei Mellon gesprochen. Er kennt Mellon und wird sich deswegen erkundigen. Ich hoffe, dass Sie bald nach Pittsburgh kommen werden, ich meinerseits beabsichtige, in einigen Wochen wieder mal Princeton zu besuchen.
Viele Grüsse *Ihr Otto Stern*

Ladenburg konnte helfen.

Standort: [BAL], bk0016n8t18; Dokumentnummer: **[0256/19.10.1933]**

Princeton, 19.10.1933

My dear Stern:
Excuse my writing in English but in this way I am able to dictate a letter. I am sending you, under separate cover, a box of Apiezon wax. The address for obtaining this wax is:
Asiatic Petroleum Co.
St. Helen's Court, Gt. St. Helen's
London E. C. 3, England.
The last time we […][1] ordered it, we obtained "6 lbs. Apiezon Sealing Compound Q, as supplied to Dr. Cockroft of Cambridge," and the cost was 1.14.8 Pounds. If you order some of this, please send one such can back to us.
I am very glad that you are going on with your work and I hope you will succeed very soon. We all would be very glad to see you again. I hope you have received, in the meantime, an invitation to the meeting of the New York Section of the American Physical Society held on October 27th at Columbia.
Have you found out if you need the Annalen der Physik, Naturwissenschaften oder the Physikalische Zeitschrift for your library? My books have just arrived and I have stored them here in the attic because I cannot house them at home, so I am willing to sell them if possible.
With best regards to President Baker,
Yours sincerely, R. Ladenburg

Sterns Forschungsbedingungen in Pittsburgh waren in keiner Weise vergleichbar mit denen in Hamburg. In den unten abgedruckten Briefen beklagt sich Stern über die Situation in Pittsburgh und deutet sogar an, dass er sich gerne in den USA eine andere Stelle suchen würde. Insbesondere sein Verhältnis zu dem späteren Präsidenten des Carnegie Institute (Robert Doherty ab 1935) war zerrüttet.

Am 8.12.1933 wurde Stern mitgeteilt, dass er zum „Fellow" der American Physical Society[82] ernannt worden war. Die Verleihung der Urkunde fand am 28.12.1933 in Cambridge statt.

Standort: [BAL], bk0016n8m7g; Dokumentnummer: **[0269/08.12.1933]**

Stern und die Carnegie Mellon University suchten für Pittsburgh häufig gute Mitarbeiter. Im folgenden Brief wendet Stern sich an Robert Oppenheimer, um einen möglichen Kandidaten, den Oppenheimer ihm empfohlen hatte, genauer kennenzulernen.

Am 6.1.1934 schrieb Stern an Oppenheimer:

Standort: [BAL], bk0016n8w19; Dokumentnummer: **[0281/06.01.1934]**

[Pittsburgh], 6.1.1934

Lieber Herr Oppenheimer:
Entschuldigen Sie, wenn ich Ihnen deutsch schreibe, aber ich bin in grosser Eile und es macht ja keinen Unterschied für Sie.
Betreffs Herrn Furry[83] *habe ich mit President Baker gesprochen und es liegt so, dass die endgültige Besetzung der Stelle am Besten doch erst im Herbst zu Beginn des neuen akademischen Jahres erfolgt. Andererseits wäre es gut, wenn wir Gelegenheit hätten, Herrn Furry vorher persönlich kennenzulernen. Es wäre deshalb das Beste, wenn Herr Furry das Sommer-Semester oder zum Mindesten einen Teil davon hier verbringen könnte. Wäre es möglich, dass Herr Furry den Rest seines National Research Fellowship hier in Pittsburgh verbringt? Das wäre dem Carnegie Institute natürlich am liebsten, weil es der billigste Weg wäre. Wenn das aber nicht geht, könnte er auch eine Einladung für das nächste Semester oder einen Teil davon erhalten. Er würde dann Vorträge über ein von ihm auszuwählendes Gebiet zu halten haben.*
Ueberlegen Sie das bitte mit Herrn Furry und geben Sie mir baldmöglichst Nachricht, damit die offizielle Maschine in Gang gesetzt werden kann.
Ich bedauere sehr, dass ich bei meiner Durchreise durch New York Sie nicht mehr aufsuchen konnte, aber ich hatte wirklich keine Zeit.
Mit herzlichen Grüssen *Ihr Otto Stern*

[82] Die American Physical Society (APS) ist nach der Deutschen Physikalischen Gesellschaft die zweitgrößte Physikergesellschaft der Welt. Die APS wurde 1899 in New York gegründet und hatte zum Ziel, „to proclaim the mission of the new Society to be to advance and diffuse the knowledge of physics".

[83] Wendell Hinkle Furry (1907–1984) war ein Doktorand von Ernest Lawrence in Berkeley. Er hat später als theoretischer Physiker auf dem Gebiet der Kernphysik (Mesonentheorie) gearbeitet.

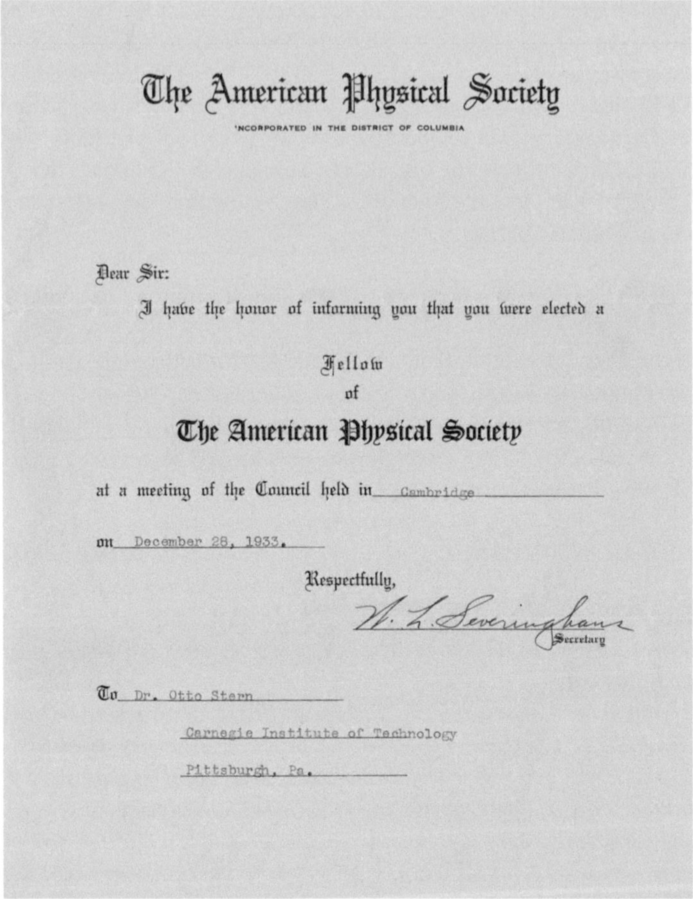

The American Physical Society

INCORPORATED IN THE DISTRICT OF COLUMBIA

Dear Sir:

I have the honor of informing you that you were elected a

Fellow

of

The American Physical Society

at a meeting of the Council held in Cambridge

on December 28, 1933.

Respectfully,

W. L. Severinghaus

Secretary

To Dr. Otto Stern

Carnegie Institute of Technology

Pittsburgh, Pa.

Abb. 2.20 Urkunde zu Sterns Ernennung als Fellow der American Physical Society (Bildquelle: [BAL] bk0016n8m7g).

Am 20.1.1934 teilte Oppenheimer Stern mit, dass Furry inzwischen eine andere Stelle angetreten hat, aber dass er zwei andere Kandidaten empfehlen kann.

Standort: [BAL], bk0016n8w19; Dokumentnummer: **[0294/20.01.1934]**

Berkeley, 20.1.1933

Dear Professor Stern,

Thank you for your good letter; it was here when I returned to Berkeley. Upon my return I found too that Dr. Furry had been offered and had accepted a position an instructor for next year at least he will thus not be available.

May I then make further recommendations? There are two men, both extremely good, either of whom would I believe suit your needs quite perfectly, and neither of whom, as far as I know, has any definite engagements for next year. One is Leo

Nedelsky[84]*, who is at present Instructor in theoretical physics here in Berkeley. Nedelsky took his degree here under me. He has worked on the theory of the production of soft X-rays, and recently we have made together calculations of the production of positives by gamma rays. Nedelsky has had a sound training in physics, and considerable experience in teaching and giving seminars; he has a fresh and fertile interest in physics, and would I think suit you very well. He is a very pleasant person indeed. As a very young boy he was involved in the fighting in Siberia, but has lived now many years in America, and has an American wife. His duties here will be over toward the end of April. He is quite poor and could hardly afford to come to Pittsburgh without a salary that would meet his expenses of the trip and the stay there. But if that could be arranged, could you perhaps get for him temporary appointment for the last six weeks of your semester?*
The other man I have to recommend is Hugh Wolfe[85]*, of whom I think Uhlenbeck, with whom Wolfe took his degree, also spoke to you. Wolfe was National Research Fellow with me for some time; has studied with Kramers, and held various positions here in America. He is a very good physicist, clear and profound. His present address is I think 67 Union Street, Montclair, New Jersey. When at Christmas I last spoke with him, he had no plans for the remainder of this year or the next. I think that either Wolfe or Nedelsky would be completely satisfactory to you.*
Van Vleck will be here tomorrow, and we shall have a look together at the theoretical foundations for the interpretation of your proton measurements, though I doubt that we shall turn up anything new. Lawrence continues almost daily to get further evidence for the disintegration of the deut[er]on, and it is now very hard not to believe that he is right.
With cordial greetings, *Robert Oppenheimer*

Am 26.5.1934 erhielt Stern einen Brief von seinem früheren Guggenheim Fellow Thomas E. Phipps aus Urbana. Phipps empfiehlt Stern Oliver C. Simpson als sehr talentierten Mitarbeiter, der sowohl Theorie beherrscht aber auch experimentell sehr gute Fähigkeiten zeigt. Stern kontaktierte auf Phipps Empfehlung Simpson. Offensichtlich war Stern mit Simpson zufrieden, denn er nahm Simpson in seine Gruppe auf, und es begann eine langjährige Zusammenarbeit.

Standort: [BAL], bk0016n8w5h; Dokumentnummer: **[0348/26.05.1934]**

Urbana, 26.5.1934

Dear Professor Stern:
I was very glad indeed to hear from you. I have intended writing you on several occasions. In fact, I had thought that you might, perhaps, be "in the market" for a research assistant who is expert in molecular ray work, and was on the point, some time ago, of writing you about Mr. Simpson. The only reason I had not done so was this: Mr. Simpson has gone into debt to finish his doctorate, and was hoping

[84] Leo Nedelsky (1903–2005) war ein Student von Ernest Lawrence und wurde später Professor für Physik an der University of Chicago.
[85] Hugh Wolfe war ein Student von Ernest Lawrence in Berkeley.

that he could find a position which would pay more than a research assistantship pays.
However, his interest in theoretical physics - - and in molecular rays in particular - - is such that the position with you interests him very much, and he would like to visit you in Pittsburgh next week.
I can recommend Mr. Simpson to you without reserve. He combines to a rare degree insight into theory and technical expertness. He has made some improvements in molecular ray technique which I think will interest you. I shall not mention them here, but let him discuss them with you when he sees you.
He will take his final examination for the doctorate on Monday, May 28. I have suggested to him that he leave for Pittsburgh Monday night or Tuesday morning, and visit you on the
morning of Wednesday, May 30. If, for any reason, this is not satisfactory to you, will you please wire him before Monday night, if possible?
I hope that you will be able to visit me in Urbana soon. My work is going very slowly. I have two problems which I think are interesting. They involve the application of molecular rays to surface ionization phenomena. I should like to discuss your "universal detector" with you some time. That was a very interesting paper.
With best regards. I remain, Sincerely yours,
T. E. Phipps
P. S. Mr. Simpson is an excellent mechanical draughtsman, and is also himself a precision mechanic in a semi-professional way. He worked out precision methods for our mechanic to follow in the building of the apparatus with which he did his thesis work. He is also a good glassblower. He never starts a problem until he has worked out all details in his own mind, and then he goes at it and does it quickly. He is an artist in his striving after perfection. He not only wants to get results but he insists upon getting them elegantly. I think you will find that he will need very little "breaking in" in order to be of great help to you.
Sincerely, T.E.P.

Am 3. April 1936 ernannte die Dänische Akademie der Wissenschaften[86] Otto Stern zu ihrem Mitglied.

Standort: [BAL], bk0016n8t0q; Dokumentnummer: **[0497/03.04.1936]**

Det Kongelike Danske
VIDENSKABEERNES SELSKAB
Dantes Plada 35 . . . , KOBENHAVN
Kobenhagen, den 3 April 1936

Herrn Professor Otto Stern,
Hierdurch beehre ich mich Ihnen mitzuteilen dass unsere Akademie Sie heute zum Mitglied der "naturvidenskabelig-mathematiske Klasse" ernannt hat.
Das Diplom und ein Exemplar der Statuten unserer Akademie werden wir Ihnen später zukommen lassen.

[86] Die Königlich Dänische Akademie der Wissenschaften (dänisch: Kongelige Danske Videnskabernes Selskab) wurde 1742 gegründet und hat 2010 über 200 Mitglieder.

Als Mitglied der Akademie werden Sie, wenn Sie es wünschen, künftig folgende Publikationen erhalten:
Selskabets Oversigt.
" Keddelelaer, mathematisk-fysiske.
" Skrifter, naturvidenskabelig og mathematisk Afdeling
(math. Inhalt)
Mit vorzüglicher Hochachtung Martin Knudsen Sekretaer

Stern bedankte sich am 23.4.1936 für die ehrenvolle Auszeichnung.

Standort: [BAL], bk0016n8t0q; Dokumentnummer: **[0501/23.04.1936]**
Pittsburgh, den 23. April 1936
Det Kongelige Danske
Videnskabernes Selskab
Zu Händen des Herrn Sekretär, Professor Martin Knudsen,
Dantes Plada 35
Kobenhavn, V.
Hierdurch möchte ich der Akademie meinen herzlichen Dank aussprechen für die hohe Ehre, die sie mir durch die Ernennung zum Mitglied erwiesen haben.
Mit vorzüglicher Hochachtung
Otto Stern

In einem Brief vom 21.3.1937 an Max von Laue beklagt sich Stern über den neuen Präsidenten des Carnegie Instituts:

Standort: [UAF], Abt. 148 S4, Nr. 1; Dokumentnummer: **[0524/21.03.1937]**
Lieber von Laue,
wie üblich muß ich meinen Brief mit einer Entschuldigung beginnen, daß ich erst jetzt auf Ihre frdl. Mitteilungen antworte.. Aber ich habe in der letzten Zeit wirklich viel Ärger und Aufregungen gehabt. Der neue „President“[Doherty] ist ganz unmöglich, und ich muß mich nach einer anderen Stelle umsehen. Scheußlich !
Gesundheitlich und wissenschaftlich geht's mir sonst gut. Ich arbeite z. Z. an einer neuen Mol.strahlmethode, die mir viel Spaß macht (Neubestimmung des Bohrschen Magnetons, Isotopentrennung etc.). Bezgl. der „Dellen“ in den Beugungskurven (He an LiF) hat mich Ihre Karte ~~von~~ daran erinnert, daß wir ja die Hauptdelle für He und H_2 an derselben Stelle gefunden haben. Wenn das genau stimmt, wäre es wirklich sehr schlimm für Lenard Jones. Ich habe daher den Doktorranden, der über diese Sachen (leider „adiabatisch“) arbeitet, daran gesetzt, das so genau als möglich zu prüfen. Das geht in diesem Falle recht genau, weil man einfach He abpumpt und H_2 einfüllt oder viceversa, ohne an Kristall, Justierung etc. irgendetwas zu ändern.
Die „Vorsprünge“ sollten wir leicht finden, wenn die Größe etwa 10^{-6} cm ist (die einzige Schwierigkeit die erwähnte „Adiabatie“ des Doktoranden).
Die frdl. Anschrift von Hrn. Planck an Ihren letzten Brief hat mich sehr gefreut; würden Sie wohl so gut sein, ihm bei Gelegenheit meinen ergebenen Dank und Grüße zu übermitteln.

Hoffentlich sind Sie gesundheitlich wieder ganz auf dem Damm. Ich beabsichtige, im Spätsommer nach Europa zu fahren und hoffe sehr, Sie diesmal zu sehen.

Herzliche Grüße, auch an Ihre Frau, Ihr Otto Stern

Da Stern im März 1939 amerikanischer Staatsbürger wurde, musste er auch an militärischer Forschung mitarbeiten. Aus seiner Publikationsliste kann man entnehmen, dass Sterns eigene Forschungsaktivität von 1938 bis 1945 in Pittsburgh fast ruhte, denn in dieser Zeit wurde nur eine einzige Arbeit publiziert (Immanuel Estermann, Oliver C. Simpson und Otto Stern, Deflection of a beam of Cs atoms by gravity (Meeting at Pittsburgh, Pennsylvania, April 28 and 29, 1944), Phys. Rev. 65, 346-346, 1944).

Die Nachricht am 9. November 1944, dass man Otto Stern rückwirkend den Nobelpreis für Physik des Jahres 1943 verliehen hatte, überraschte Pittsburgh sehr, denn er hatte dort zurückgezogen, ja fast im Verborgenen gelebt und gewirkt. Plötzlich war ganz Pittsburgh stolz auf ihn und würdigte auch in den Zeitungen seinen ersten Nobelpreisträger überhaupt.

Der Carnegie Alumnus schrieb [ACMU]:

Standort: [ACMU], Box 18, Fac. Biogr. Collect.;
Dokumentnummer: **[0579/09.11.1944]**

Dr. Stern does not present the appearance of a cloistered scholar. He is a genial gentleman with a fine sense of humor.
Looks - the jovial type, fine smile, twinkling eyes
Personality and temperament - Reserved among those he does not know well. He has the best traits of the European gentlemen, with all the reserve that goes with it. Among those he knows well he unbends and displays a very definite sense of humor.

His best feature physically his finely shaped, delicate, artistic hands. He has been called by many scientists the greatest manipulator of experimental apparatus in the world. He is considered a master of experimental technique and has the rare combination of that and the necessary theoretical knowledge.

Die Feierlichkeiten, die aus diesem Anlass in Pittsburgh stattfanden wie auch Sterns Briefverkehr mit der Nobelstiftung in Stockholm sowie die vielen Glückwünsche werden im Bd. II, Abschn. 2.4 beschrieben.

Kurze Zeit nach Verleihung des Nobelpreises ließ sich Stern im Alter von 57 Jahren zum Ende des akademischen Jahres 1944/45 emeritieren und zog zu seiner ältesten Schwester Berta Kamm nach Berkeley. Der Beschluss über seine Emeritierung wurde ihm am 19.4.1945 mitgeteilt.

Standort: [BAL], bk0016n9b5q; Dokumentnummer: **[0696/19.04.1945]**
Carnegie Institute of Technology
Schenley Park
Pittsburgh 13, Pennsylvania
Office of the director

DEN 27 NOVEMBER 1895 UPPRÄTTADE TESTAMENTET BESLUTIT ATT TILLDELA DET PRIS SOM FÖR ÅR 1943 BORTGIVES ÅT DEN SOM INOM FYSIKENS OMRÅDE HAR GJORT DEN VIKTIGASTE UPPTÄCKT ELLER UPPFINNING TILL

OTTO STERN

FÖR HANS BIDRAG TILL UTVECKLINGEN AV MOLEKYLSTRÅLMETODEN OCH UPPTÄCKTEN AV PROTONENS MAGNETISKA MOMENT.

STOCKHOLM DEN 10 DECEMBER 1944.

KUNGL. VET. AKAD:S PRESES

KUNGL. VET. AKAD:S SEKRETERARE

KONGL. WETTENSKAPS ACAD.

Abb. 2.21 Sterns Nobelpreisurkunde (Bildquelle: Familienbesitz Templeton [TEM])

College of Engineering *19.4.1945*

Professor Otto Stern
1060 Morewood Avenue
Pittsburgh 13, Pennsylvania

Dear Professor Stern,
I am enclosing with this letter a letter I have received from President Robert E. Doherty, dated April 9, 1945, concerning the action taken by the executive Committee of the Trustees at its meeting on April 4, 1945, with regard to your retirement and the conferring upon you of the title Professor Emeritus.

May I take this occasion to express to you my gratitude for the years of service you have devoted to our institution. You have the best wishes of us all for success and happiness in the future.
Sincerely yours,
Webster N. Jones[87]
Director *Enclosure*

Der beiliegende Brief war der folgende:

Standort: [BAL], bk0016n9b5q; Dokumentnummer: **[0693/09.04.1945]**
Carnegie Institute of Technology
Office of the president *9.4.1945*
Dear Professor Stern,
the following action was taken by the Executive Committee of the Trustees at its meeting on April 4th, 1945:
It was voted on the recommendation of the President and the Director of the college of engineering

(1) to approve the retirement of Prof. Otto M. Stern at the end of the academic year 1944-45;
(2) to express the Trustees appreciation of his scholarship work at the Carnegie Institute of Technology and in recognition thereof to confer upon him the title of Professor Emeritus.

I wish to express again my personal appreciation of your work and to extend my best wishes for your future happiness.
Sincerely yours, *Robert E. Doherty*
Prof. Otto M. Stern *Carnegie Institute of Technology*
cc - Director Webster N. Jones

Neben dem Nobelpreis gab es noch weitere hohe Ehrungen für Otto Stern. Am 24. April 1945 wurde er Mitglied in der National Academy of Sciences of the United States of America[88].

Am 25.4.1945 schrieb Fred S. Wright der Sekretär des „OFFICE OF THE HOME SECRETARY" of the National Academy of Sciences an Stern:

Standort: [BAL], bk0016n8v4f; Dokumentnummer: **[0698/25.04.1945]**
Sir,
I have the honor to inform you that you are elected a member of the National Academy of Sciences at the Annual Meeting held in Washington, April 23 and 24, 1945. The Academy thus desires to express its high appreciation of your acceptance of

[87] Webster N. Jones (1888–1962) war Vizepräsident des Carnegie Institutes of Technology.
[88] Die National Academy of Sciences wurde 1863 in den USA gegründet und hat ihren Sitz in Washington/DC.

this election. In due course a diplom signed by the officers of the Academy will be sent to you. Assuring you of my personal pleasure in counting you as one of our members, I am respectfully yours Fred S. Wright Home Secretary

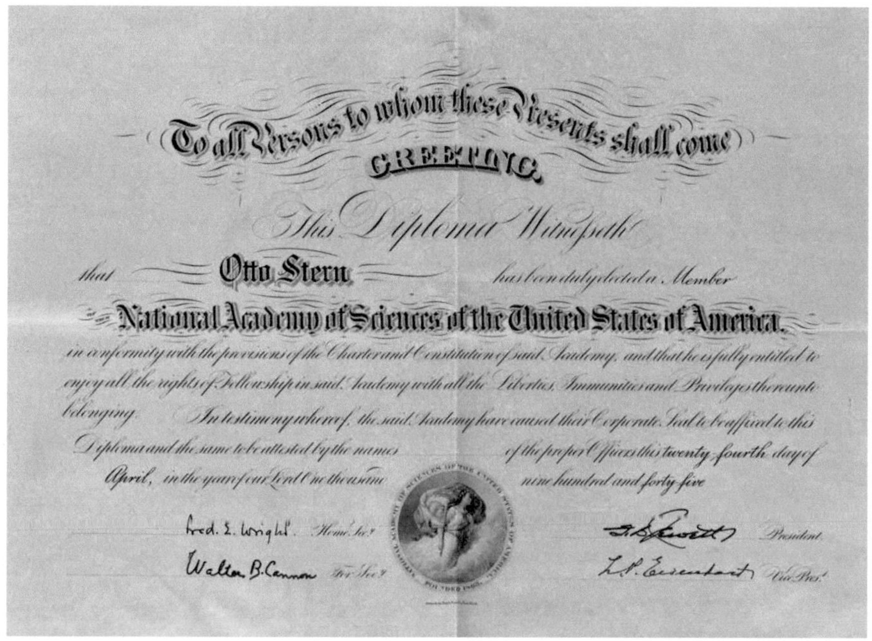

To all Persons to whom these Presents shall come
GREETING.
This Diploma Witnesseth
that Otto Stern has been duly elected a Member
National Academy of Sciences of the United States of America,
in conformity with the provisions of the Charter and Constitution of said Academy, and that he is fully entitled to enjoy all the rights of Fellowship in said Academy with all the Liberties, Immunities and Privileges thereunto belonging. In testimony whereof, the said Academy have caused their Corporate Seal to be affixed to this Diploma and the same to be attested by the names of the proper Officers this twenty fourth day of April, in the year of our Lord One thousand nine hundred and forty five

Fred. E. Wright Home Sec'y
Walter B. Cannon For. Sec'y
President
L.P. Eisenhart Vice Pres.

Abb. 2.22 Urkunde zur Aufnahme in die National Academy of Sciences of the United States. Dokumentnummer: **[0697/24.04.1945]** (Bildquelle: [BAL] BANC FILM 3429, File 79-0485)

Otto Stern bedankte sich am 6.5.1945 mit den Worten:

Standort: [BAL], bk0016n8v3w; Dokumentnummer: **[0702/06.05.1945]**

Mr. Fred E. Wright
Home Secretary
National Academy of Sciences
2101 Constitution Avenue
WASHINGTON, D.C. *Berkeley, May 6, 1945*
Sir:
It is with great pleasure that I accept the election as a member of the National Academy of Sciences.
Please convey to the National Academy of Sciences the expression of my deepest gratitude for the great honor bestowed on me.
Thanking you very sincerely for your kind letter, I am
Very respectfully yours
Dr. Otto Stern
Carnegie Institute of Technology

Pittsburgh, Pennsylvania.

Otto Stern erhielt umgehend Glückwünsche zu seiner Ernennung als Mitglied in der National Academy of Sciences of the United States.

Standort: [BAL], bk0016n8v3w; Dokumentnummer: **[0699/27.04.1945]**

AMERICAN ASSOCIATION
FOR THE ADVANCEMENT OF SCIENCE

OFFICE OF SMITHONIAN INSTITUTION BUILDING
THE PERMANENT SECRETARY WASHINGTON 28, D.C:

April 27 1945

Doctor Otto Stern
Carnegie Institute of Technology
Pittsburgh

Dear Doctor Stern

Please accept my sincere congratulations on your election last Tuesday to membership in the National Academy of Science. This honor was bestowed on you primarily, of course, in recognition of your distinguished achievements as a scientist, and also, I feel, scarcely less in appreciation of your fine personal qualities. At any rate, the vote was on both counts and expressed the confidence of the members that you will regard your election to the Academy not only as an honor but also as opening to you new opportunities and responsibilities to serve the civilization of our day.

Although our special fields of principal scientific interest are quite distinct, I hope I shall have the pleasure of making your acquaintance in the broader domains which all scientists have in common.

Yours sincerely yours
F. R Moulton
Permanent Secretary

PS On referring to the records of the A.A.A.S. I am happy to find that you became a member of the Association in 1935 and were elected to fellowship in 1940.

Standort: [BAL], bk0016n901b; Dokumentnummer: **[0700/30.04.1945]**

UNIVERSITY OF CALIFORNIA

DEPARTMENT OF PHYSICS
BERKELEY; CALIFORNIA *April 30, 1945*

Dr. Otto Stern
Carnegie Institute of Technology
Philadelphia, Pennsylvania

Dear Dr. Stern:

I should like to send my sincere congratulations on your election to the National Academy of Sciences. I was not present at the meeting myself but I have just seen

Professor Latimer, who was present at the meeting, and he told me of your successful election.
As you may know, I have been chairman of the Physics Section and, as such, I should have been present at the meeting to take care of the interests of the nominees of the Physics section. I did not, however, seem advisable to go East under the present war conditions, and I therefore asked Professor Van Vleck to act for me. I have not yet heard from him, but, as I have said, I have now seen Professor Latimer and have been assured of your election.
All members of the Academy of course know ahead of time those that are being proposed, but since only a portion of those proposed are finally elected, one always likes to be quite sure before sending out congratulations. As I believe you also know, it is necessary to be an American citizen in order to be eligible for membership in the Academy. Hence it is only recently that you have been eligible for such membership. Dr. Fermi was also elected and we are thus adding two more Nobel Prize winners to the eight who are already members of the Physics section. That means ten Nobel Prize winners out of the total membership of 45 in the Physics Section.
I trust that after the war is over and there is more time to think about pure physics, it will be possible for me to come East more frequently to attend meetings of the Academy, and I hope to see you at such meetings even if you should not come West. In the meantime, I wish again to congratulate you on this well deserved honor.
Yours sincerely,
Raymond T. Birge [handunterschrieben]

Standort: [BAL], bk0016n8v4f; Dokumentnummer: **[0701/01.05.1945]**

GENERAL ELECTRIC
COMPANY
PITTSFIELD, MASSACHUSETTS

ZAY JEFFRIES
VICE PRESIDENT *May 1, 1945*
Dr. Otto Stern
c/o Metallurgical Laboratory
University of Chicago
Chicago, Ill.
Dear Dr. Stern:

It gives me great pleasure to offer my congratulations on your election to membership in the National Academy of Sciences. I have followed your interesting work in a general way and I am sure that your election to the Academy was a highly deserved honor. I hope you will attend the meetings which are not only stimulating but which give opportunity for interesting discussions with experts in many fields of science.
With kind personal regards, I am,

Sincerely yours
Zay Jeffries

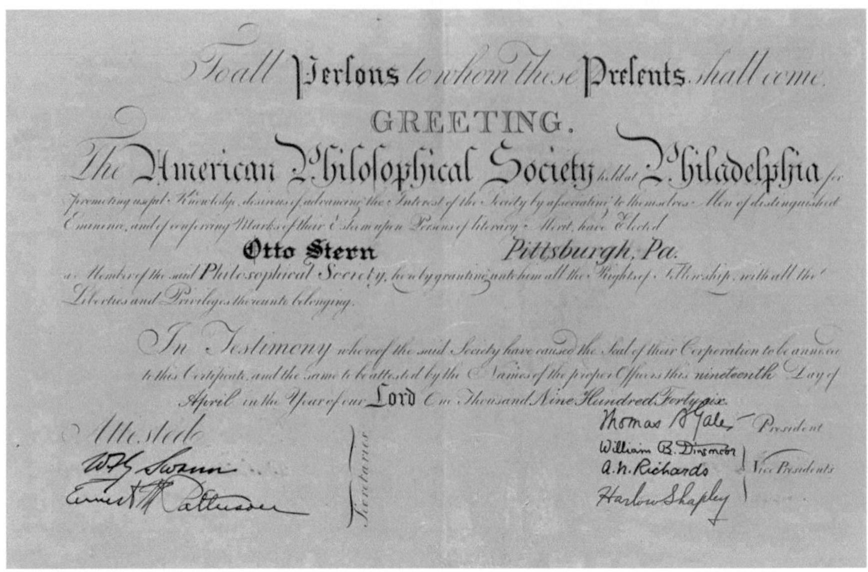

To all Persons to whom these Presents shall come,
GREETING.
The American Philosophical Society held at Philadelphia for promoting useful Knowledge, desirous of advancing the Interest of the Society by associating to themselves Men of distinguished Eminence, and of conferring Marks of their Esteem upon Persons of literary Merit, have Elected
Otto Stern Pittsburgh, Pa.
a Member of the said Philosophical Society, hereby granting unto him all the Rights of Fellowship, with all the Liberties and Privileges thereunto belonging.

In Testimony whereof the said Society have caused the Seal of their Corporation to be annexed to this Certificate, and the same to be attested by the Names of the proper Officers this nineteenth Day of April in the Year of our Lord One Thousand Nine Hundred Forty-six.

Attested
W.F.G. Swann
Ernest M. Patterson
Secretaries

Thomas S. Gates President
William B. Dinsmoor
A.N. Richards
Harlow Shapley
Vice Presidents

Abb. 2.23 Urkunde zur Aufnahme in die American Philosophical Society in Philadelphia (Bildquelle: [BAL], bk0016n9b5q)

Am 19.4.1946 wurde Stern auch Mitglied in der American Philosophical Society von Philadelphia[89] (Abb. 2.23).

Standort: [BAL], bk0016n8m7g; Dokumentnummer: **[0726/19.04.1946]**

Independent Square
Philadelphia, *April 19, 1946*
Sir.
I have the honor of informing you that you have been this day elected a Member of the American Philosophical Society held at Philadelphia for promoting useful knowledges.
I am. Sir: Your obedient Servant.
Luther. P. Eisenfort
Executive Officer
Dr. Otto Stern
1060 Morewood Avenue
Pittsburgh, Pennsylvania

Am 14.11.1946 ernannte die Physical Society of Pittsburgh Stern zum lebenslangen Ehrenmitglied.

[89] Die American Philosophical Society wurde 1743 gegründet mit Sitz in Philadelphia.

Standort: [BAL], bk0016n8q1q; Dokumentnummer: **[0741/14.11.1946]**

PHYSICAL SOCIETY OF PITTSBURG
ASSOCIATED WITH THE
AMERICAN INSTITUTE OF PHYSICS

November 14. 1946

Dr. Otto Stern
759 Cragmont Avenue
Berkeley, California

Dear Dr. Stern:

At the annual meeting of the Physica Society of Pittsburgh held on June 6, 1946, the Constitution of the Society was amended to include the following paragraph:

Article III, Paragraph 3

The membership committee may nominate for election to honorary membership former members of the Society no longer residing in Pittsburgh area who are of acknowledged prominance in the science of physics. Such nominations shall be voted on at a regular meeting and shall reqire a favorable vote of two thirds of the members present for election to honorary membership. Honorary members shall have all the privileges of regular members, but shall be exempt from the payment of dues.

It gives us great pleasure to inform you that you have been elected under this amendment as an honorary member of the Physical Society of Pittsburgh. We hope that you will continue your interest in the affairs of the Society, which you have served so well in the past.

Respectfully yours,

I.Estermann *Signature President*
Carnegie Institute of Technology
Pittsburgh, Pennsylvania

E.Stickly *Signature Secretary*
Pittsburgh Falte GlassCompany
Creighton, Pennsylvania

2.1.6 Stern als Emeritus 1946–1969

Otto Stern hatte sich als Altersruhesitz ein Haus in Berkeley in der 759 Cragmont Avenue mit einem herrlichen Blick auf San Francisco und die Bay gekauft. Sein Plan, dort mit seiner jüngeren Schwester Elise Stern zusammenzuleben, ging leider nicht in Erfüllung, da diese Schwester 1945 in Berkeley plötzlich starb.

Stern beschrieb in seinem Brief vom 12.5.1945 an Lise Meitner, wie er sich sein Leben als Emeritus in Berkeley vorstellte.

Stern schrieb am 12.5.1945 an Meitner.

Standort: [CCC], MTNR 5116B part 1; Dokumentnummer: **[0703/12.05.1945]**

Berkeley, 12.5.45

Liebe Lise Meitner,
über Ihren Brief vom 14. I. habe ich mich ganz besonders gefreut. Seit langer Zeit (6 Jahren!) wollte ich Ihnen dauernd schreiben und immer wieder verschob ich es, ich bin wirklich unmöglich. Aber ich hörte immer von Ihnen, hauptsächlich durch Franck.
Daß Sie sich in wissenschaftlicher Beziehung nicht wohl fühlen, kann ich sehr gut verstehen. Trotzdem die äußeren Bedingungen bei mir viel günstiger aussehen, geht's mir halt ebenso. Ich habe jetzt endgültig resigniert. Ich wollte eigentlich noch warten, denn es sieht ja nicht gut aus, so direkt nach dem Nobelpreis, aber mit unserer Verwaltung (Carnegie Inst. of Techn.) ist eben nichts zu machen. Ich gedenke, den Rest meines Lebens als emeritus hier zu verbringen und an einigen theoretischen Sachen zu arbeiten, in die ich mich schon seit vielen Jahren mal gründlich versenken möchte.
Meine jüngere Schwester, die mir besonders nahe stand, ist leider kürzlich gestorben. Sie lebte auch hier, und wir hatten uns beide schon so gefreut, wie nett es für uns zusammen in Berkeley sein würde. Was wird mit Deutschland?
Ich kann mir gar nichts vorstellen. In absehbarer Zeit (Jahr?) will ich nach Stockholm kommen für meinen Nobelvortrag. Jedenfalls besteht doch jetzt Aussicht, daß wir uns wieder mal sehen, worauf ich mich schon furchtbar freue.
Viele herzliche Grüße *Ihr Otto Stern*

In Berkeley lebte Stern zurückgezogen. Über Kontakte zu anderen Wissenschaftlern in Berkeley ist wenig bekannt. Er besuchte ab und zu Vorträge an der University of California Berkeley. Viele Monate fast eines jeden Jahres lebte er in Europa, hier war Zürich mit der Pension Tiefenau in der Steinwiesstraße sein zweites Zuhause. In Zürich als Mittelpunkt in Europa hatte er seine Treffen mit alten Freunden geplant und seine vielen Besuche von europäischen Tagungen organisiert. Erwähnenswert ist, dass die ETH Zürich Stern 1960 die Ehrendoktorwürde verlieh [BAL].

Standort: [BAL], bk0016n8q28; Dokumentnummer: **[0927/12.11.1960]**

EIDGENÖSSISCHE TECHNISCHE HOCHSCHULE
DER REKTOR

Herrn Prof. Otto Stern
759 Cragmont Avenue
Berkeley/ Cal.
USA

Zürich, 12. Nov. 1960

Sehr geehrter Herr Professor,
Ich habe die grosse Freude, Sie zu benachrichtigen, dass die Vorständekonferenz der ETH in ihrer Sitzung vom 11. November 1960 beschlossen hat, Ihnen auf Antrag

der Abteilung für Mathematik und Physik für Ihre wissenschaftlichen Verdienste die Doktorwürde ehrenhalber unserer Hochschule zu verleihen.
Die Ueberreichung der Urkunde findet jeweils an der akademischen Jahresfeier der ETH statt. Da die Zeit sehr knapp ist, habe ich mir erlaubt, Ihnen folgendes Telegramm zu schicken:

> *"You have been granted the honorary degree doctor of science by the ETH. The diplom will be conferred at ETH day, Saturday, November 19th 1960. Please wire whether you accept the degree and will be able to attend the ceremony. If you cannot come, you will be able to receive the diploma at ETH day 1961.*
>
> *Frey-Wyssling, rector ETH "*

Ich möchte Sie herzlich einladen, am 19. November oder, falls Ihnen dies nicht möglich ist, am nächstjährigen ETH-Tag, nach Zürich zu kommen, um vor dem versammelten Lehrkörper das ehrende Dokument in Empfang zu nehmen und am anschliessenden Mittagessen teilzunehmen. Ich würde mich sehr freuen, wenn ich Sie am Samstag um 10 Uhr im Rektorat begrüssen dürfte. Nähere Einzelheiten über die traditionelle Jahresfeier ersehen Sie aus beiliegendem Programm.
Indem ich Sie zu der Ihnen verliehenen Ehrung aufs herzlichste beglückwünsche, begrüsse ich Sie

mit ausgezeichneter Hochachtung
Frey-Wyssling
Rektor der ETH

Otto Stern bedankte sich wenige Tage später am 15.11.1960 und nahm die Ehrung an.

Standort: [BAL], bk0016n8q28; Dokumentnummer: **[0928/15.11.1960]**
Sehr geehrter Herr Rektor,
vielen Dank für Ihren Brief vom 12. Nov. 1960, den ich heute morgen erhielt, sowie das Telegramm mir eine besondere Freude durch Ehrung von der Hochschule zu empfangen, an der ich meine akademische Laufbahn begann, als ich im Herbst 1913 als Privatdozent an der ETH habilitierte. Ich erlaube mir, Sie zu bitten, allen Mitgliedern der ETH, die mich so geehrt haben, meinen herzlichsten Dank auszusprechen.
Ich sandte Ihnen heute das folgende Antworttelegramm:
" I accept the degree with sincere thanks. Sorry cannot make it Nov. 19th but hope to attend ETH day 1961

Otto Stern"

Ich habe mir, seit ich in den USA bin, meine Verbindung mit Zürich und den Physikern der ETH durch häufige langdauernde Besuche in Zürich aufrechterhalten. Der verstorbene Prof. Pauli war seit langen Jahren mein persönlicher und wissenschaftlicher Freund. Ich beabsichtige [...] im Herbst 1961 wieder nach Zürich zu kommen. Soweit man also in meinem Alter voraussehen kann, hoffe ich bestimmt, mein Diplom am ETH-Tag 1961 persönlich in Empfang nehmen zu können. Indem

ich nochmals herzlich danke, verbleibe ich mit den besten Grüßen und ausgezeichneter Hochachtung Ihr Otto Stern
Adresse: Herrn Prof. Frey-Wyssling Rektor der ETH
Zürich
Eidgen. Techn. Hochschule

Die Züricher Zeitung beschreibt die Verleihung der vier Ehrendoktordiplome wie folgt (dieser Zeitungsausschnitt befindet sich im Nachlass von Otto Stern):

Standort: [BAL], bk0016n8q28; Dokumentnummer: **[0929/19.11.1960]**
Am 19.11.1960 fand der ETH-Tag 1960 statt, wo die Ehrendoktordiplome an folgende vier Personen verliehen wurden:
den Reallehrer Friedrich Saxer in Anerkennung dessen Verdienste um die Erforschung der ostschweizerischen Molasse und um die Förderung der Naturwissenschaften in St. Gallen,
an den Physiker Prof. Dr. Walter Schottky (Erlangen) in Anerkennung dessen Pionierleistungen auf den Gebieten der Elektronenröhren und der Halbleiterphysik, insbesondere der Elektronenemission, der Fehlordnungsphänomene in festen Körpern und der Sperrschichtgleichrichtung,
den Mathematiker Prof. Dr. Heinrich Behnke (Münster) in Anerkennung der großen und erfolgreichen, für die ganze Mathematik bedeutsamen Arbeit, die er gemeinsam mit seinen Schülern, für den Aufbau und die Entwicklung der Theorie der analytischen Funktionen mehrerer Variablen geleistet hat und
an den Physiker Prof. Dr. Otto Stern (Berkeley Kalifornien) in Anerkennung seiner Arbeiten, aus denen uns sein tiefes Verständnis der klassischen Molekularphysik anspricht und wo er die geistreiche Methode der Molekularstrahlen entwickelt, die schließlich die erste Messung des magnetischen Momentes des Protons möglich machte und ihn so zu grundlegenden Fragen über die Struktur der Elementarteilchen führte.
Unter dem lebhaften Applaus der Festversammlung nahmen drei der vier Gelehrten die Ehrenurkunde aus der Hand des Rektors entgegen - Prof. Stern hatte auf die Reise nach Zürich verzichten müssen.

Standort: [BAL], bk0016n8q28; Dokumentnummer: **[0930/23.11.1960]**

EIDGENÖSSISCHE TECHNISCHE HOCHSCHULE
DER REKTOR

Herrn Prof. Otto Stern
759 Cragmont Avenue
Berkeley/ Cal.
USA

Zürich, 23. Nov. 1960

Sehr geehrter Herr Professor,
Die Eidgenössische Technische Hochschule fühlt sich sehr geehrt, dass Sie das Ihnen verliehene Ehrendoktorat angenommen haben, und ich danke Ihnen herzlich für Ihr Telegramm und Ihren Brief vom 15. November.

Es freut mich, dass Sie nächsten Herbst nach Zürich kommen werden, um hier das Diplom persönlich in Empfang zu nehmen. In Abänderung des Textes meines Briefes vom 12. ds. muss ich zwar präzisieren, dass es noch offen steht, ob dies in einer kleinen persönlichen Feier mit den Physik-Professoren oder öffentlich am ETH-Tag 1961 geschehen soll. Laut Reglement musste ich nämlich Ihre Ehrenpromotion bereits dieses Jahr am 19. November als Beschluss der Vorständekonferenz in absentia des Geehrten verkünden, und da nun mein Rektorat am 1. Oktober abläuft, weiss ich nicht, ob mein Nachfolger, der erst im Juni gewählt werden wird, diese Promotion ein zweites Mal verlesen möchte.
Ich habe die Ehre, Ihnen einen kurzen Bericht über die Promotionsfeierlichkeiten aus der Neuen Züricher Zeitung beizulegen.
Indem wir uns ganz ausserordentlich freuen, Ihnen bei Ihrem nächsten Besuch in der Schweiz die Urkunde persönlich zu überreichen, begrüsst Sie

mit ausgezeichneter Hochachtung
Ihr A. Frey-Wyssling
z. Z. Rektor der ETH

Standort: [BAL], bk0016n8q28; Dokumentnummer: **[0931/29.11.1960]**

Sehr geehrter Herr Rektor, *29.Nov. 1960*

herzlichen Dank für Ihren Brief vom 23.XI. Wenn, werde ich bestimmt nächsten Herbst in Zürich sein und mein Ehrendiplom empfangen. Ob das bei einer kleinen Feier oder öffentlich am ETH-Tag geschieht, es wird in jedem Falle eine grosse Ehre und Freude sein.
Entschuldigen Sie bitte mein G~~eschreibsel~~kritzel, aber meine deutsch maschinenschreibende Hilfe ist für einige Zeit nicht verfügbar.
In der Hoffnung nächsten Herbst auch Ihre persönliche Bekanntschaft machen zu dürfen bin ich mit den besten Grüßen und ausgezeichneter Hochachtung

Ihr O. St[ern]

Standort: [BAL], bk0016n8q28; Dokumentnummer: **[0944/17.08.1961]**

EIDGENÖSSISCHE TECHNISCHE HOCHSCHULE
REKTORAT

Herrn
Prof. Dr. Otto Stern
759, Cragmont Avenue
Berkeley
California/U.S.A. *Zürich, 17. August 1961*
FW/Be/rm

Sehr geehrter Herr Professor,
Die Eidgenössische Technische Hochschule hatte die Ehre, Sie letzten Herbst zum Doktor der Naturwissenschaft ehrenhalber zu ernennen. Leider war es Ihnen am letzten ETH-Tag nicht möglich, zur Entgegennahme der Ehrenurkunde nach Zürich zu kommen, weshalb unsere Vorständekonferenz beschlossen hat, Ihnen dieselbe anlässlich einer privaten Feier zu überreichen.

Wie ich erfahren habe, werden Sie demnächst zu einem kurzen Aufenthalt in die Schweiz kommen. Ich würde mich sehr freuen, Ihnen noch während meiner Amtszeit, die am 30. September 1961 abläuft, Ihre Ehrenurkunde persönlich übergeben zu können, und wäre Ihnen daher für Ihre Mitteilung dankbar, wenn Sie beabsichtigen, in die Schweiz zu reisen.
Mit dem Ausdruck meiner kollegialen Hochschätzung, begrüsse ich Sie
Der Rektor
der Eidg. Technischen Hochschule
Frey-Wyssling

Standort: [BAL], bk0016n8q28; Dokumentnummer: **[0945/22.08.1961]**
Bkly, 22.VIII. 61
Sehr geehrter Herr Rektor,
vielen Dank für Ihren Brief vom 17. und der freundl. Einladung zur privaten Feier. Leider soll ich erst den 31.Okt. in Zürich eintreffen, und es würde zu schwierig sein, dieses Datum zu ändern.
Jedenfalls hoffe ich fest, Sie im November zu sehen und Ihnen persönlich zu danken.
Mit meinen besten Grüßen
Ihr Otto Stern

Am 13.10.1961 nahm der theoretische Physiker Res Jost wegen der Übergabe des Doktordiploms mit Stern Kontakt auf (maschinengeschrieben und handunterschrieben):

Standort: [BAL], bk0016n8s3v; Dokumentnummer: **[0948/13.10.1961]**
Lieber Herr Stern,
Von den Olson's hörte ich diesen Sommer, dass Sie Ende Oktober oder anfangs November wieder nach Zürich kommen werden. Ich wäre Ihnen sehr dankbar, wenn Sie mir das Datum Ihrer Ankunft etwas genauer mitteilen könnten. Dies gestattet mir, wenigstens eine der Randbedingungen für die kleine Feier zur Überreichung Ihrer Ehrendoktor-Urkunde zu fixieren.
Am ETH-Tag vor einem Jahr hat der damalige Rektor unserer Schule Ihre Ehrenpromotion schon bekanntgegeben und es erweist sich jetzt leider als unmöglich, an 2 ETH-Tagen Ihre Ehrenpromotion namhaft zu machen. Das veranlasst uns, die Überreichung der Urkunde in einer gesonderten Feier und in Gegenwart des Alt-Rektors durchzuführen. Natürlich sind Sie zum diesjährigen ETH-Tag herzlich eingeladen. Sobald ich weiss, wann Sie nach Zürich kommen, werde ich mit Herrn Kollegen Frey-Wyssling Kontakt aufnehmen und ein passendes Datum festlegen.
Ich freue mich, Sie bald in Zürich zu sehen.
Mit den besten Wünschen und Grüssen
Ihr Res Jost

Am 18.10.1961 antwortete Stern Res Jost (in Sütterlin handgeschriebener Entwurf).

Standort: [BAL], bk0016n8s3v; Dokumentnummer: **[0949/18.10.1961]**
vielen Dank für Ihren Brief vom 13. X. , der mich gerade noch erreicht hat, denn morgen fliege ich nach New York, von wo ich mich am 24. X. mit der United States nach Bremerhaven frühmorgens (?) einschiffe. Wenn alles klappt sollte ich ab 1. Nov. in Zürich, Pens. Tiefenau Steinwiesstr. 8 zu finden sein. Also mit bestem Dank und Gruß, hoffentlich auf baldiges Wiedersehen Ihr Otto Stern

Standort: [BAL], bk0016n8q28; Dokumentnummer: **[0973/05.11.1962]**

EIDGENÖSSISCHE TECHNISCHE HOCHSCHULE
REKTORAT

Zürich, 5. November 1962

An die Ehrendoktoren der E.T.H.

Hochgeehrte Herren,
Ich habe die Ehre, Sie und Ihre Frau Gemahlin zur Teilnahme am

E.T.H.-Tag

der auf Samstag, den 17. November 1962, angesetzt ist, freundlich einzuladen. Das Programm für den akademischen Festakt liegt diesem Einladungsschreiben bei. Die Mitglieder des Lehrkörpers versammeln sich mit den Gästen bis 10.20 in der Aula (30d).
Es würde die Professoren der E.T.H. sehr freuen, wenn Sie und Ihre Gattin an dem auf 12.30 im Kongresshaus Zürich (Konzertfoyer) anberaumten gemeinsamen Mittagessen teilnehmen wollten.
Der Preis des einzelnen Gedeckes beträgt Fr. 17.- Getränke inkl. Aperitif inbegriffen.
Ich bitte Sie, Ihre Anmeldung zum Mittagessen bis spätestens Dienstag, den 13. November 1962, dem Rektoratssekretär der E.T.H. zugehen zu lassen, worauf Sie umgehend die Bankett-Karten erhalten

Mit vorzüglicher Hochachtung
W.Traupel
Rektor der ETH

Den Professoren der theoretischen Physik Res Jost und Markus Fierz war es gelungen, Otto Stern 1962 zu einem mehrstündigen Interview einzuladen, in dem Otto Stern über seine Begegnungen mit Einstein berichtete und gleichzeitig über sich selbst und seine wissenschaftlichen Arbeiten erzählte [JOST1961]. Stern vermachte dieses Interview-Dokument der ETH Zürich und legte in einem Vertrag die Regeln fest, wer und wie man dieses historische Dokument einsehen und verwerten konnte.

Standort: [BAL], bk0016n8p9m; Dokumentnummer: **[0951/01.02.1962]**

1. Februar 1962.

Herrn Professor Dr. Res Jost
Im Brüchli 41
Zürich-Witikon

Sehr geehrter Herr Professor,
in der Beilage erhalten Sie fünf Exemplare der heute Morgen zwischen Ihnen, Herrn Professor Stern und mir besprochenen Vereinbarung betr. das Magneton-Bandes. Es ist wohl am einfachsten, wenn ich sämtliche Exemplare Ihnen zustelle, und Sie bitte, den Text zu überprüfen und allfällige Korrektur-, Aenderungs- und Ergänzungsvorschläge mir mitzuteilen.
Sofern der Text von Ihnen aus gesehen in der jetzigen Fassung in Ordnung ist, bitte ich Sie, die Exemplare zu unterschreiben und an Professor Dr. Otto Stern weiterzuleiten, mit der Bitte, etwa nötige Aenderungen und Ergänzungen vorzunehmen.
Im Falle auch Herr Professor Stern die Vereinbarung im heutigen Wortlaut gutheissen kann, ist er gebeten, seinerseits die Vereinbarung zu unterschreiben und mir sämtliche fünf Exemplare wieder zuzustellen.
Ich werde hierauf seitens der Bibliothek unterschreiben und je ein Exemplar Ihnen, Herrn Professor Stern und Herrn Professor Fierz zustellen lassen. Ein weiteres Exemplar leite ich zur Orientierung über das Geschenk und seine Bedingungen an den Präsidenten des Schweizerische Schulrates weiter. Ferner beabsichtige ich, einen Auszug der Benützungsbedingungen auf der Schachtel des Magneton-Bandes aufzukleben, damit die Benützungsbedingungen jeden, der künftig die Schachtel in die Hände nimmt, sofort in die Augen fallen. Das Magneton-Band wird in unter doppelten Sicherheitsverschluss stehendem Safe der ETH-Bibliothek aufbewahrt.
In der Hoffnung, damit alle zur Sicherung der Diskretion nötigen Vorkehren getroffen zu haben, grüsse ich Sie

Diesem Brief war als Anlage der folgende Vertrag beigefügt:

Standort: [BAL], bk0016n8p9m; Dokumentnummer: **[0951/01.02.1962]**

EIDGENÖSSISCHE TECHNISCHE HOCHSCHULE *ZÜRICH, 1. Februar 1962*
BIBLIOTHEK Leonhardtstr. 33,
Ecole Polytechnique Federale
Bibliotheque

Herrn
Herrn Professor
Dr. Dr.hc. Otto Stern
z. Zt. Pension Tiefenau AG
Zürich, Steinwiesstrasse 8

Vereinbarung

Herr Professor Stern schenkte der ETH-Bibliothek anlässlich eines persönlichen Besuches in Anwesenheit von Herrn Professor Res Jost ein Magnet-Band, besprochen mit biographischen Erinnerungen von Prof. Stern. Der Inhalt dieses Magneton-Bandes sind informelle (spontane) Erinnerungen, deren besonderer

Wert in ihrer Unmittelbarkeit besteht. Wie es dem Wesen solcher Aeusserungen entspricht, sind dabei vertrauliche Bemerkungen gemacht worden. Infolgedessen bedarf das Geschenk eines besonderen Schutzes gegen Indiskretionen.
Herr Professor Stern verfügt in Anwesenheit von Herrn Professor Jost folgendes:
1. Das Magneton-Band darf nicht kopiert werden., es sei denn zur Erhaltung des Textes bei Gefahr von Alterungs-Schädigungen. In diesem Falle ist das überalterte Band zu vernichten.
2. Das Magneton-Band darf nur in den Räumen der ETH-Bibliothek benützt werden. Zur Bewilligung von Ausnahmen ist Herr Professor Stern alleine zuständig.
3. Die Benützung innerhalb der ETH-Bibliothek darf nur nach Einholung der Bewilligung von Professor Stern, im Falle der Nichterreichbarkeit, der Herren Professor Jost oder Professor Markus Fierz erfolgen.
4. Herr Professor Jost wird anhand des Magneton-Bandes ein Typoskript des Textes herstellen lassen, wovon ein Exemplar dem Magneton-Band in der ETH-Bibliothek als Klartext beigegeben wird, das zweite Exemplar von Herrn Professor Jost verwahrt wird. Für die Benützung dieses Typoskriptes gelten die gleichen Bestimmungen wie für das Magneton-Band selber.
5. Veröffentlichungen, auch solche von Zitaten oder Textsteilen, dürfen nur mit schriftlicher Bewilligung von Herrn Professor Stern, oder im Falle der Unerreichbarkeit seiner oben genannten Stellvertreter, erfolgen.
6. Für spätere Zeiten bestimmen die ernannten Stellvertreter im Falle ihres Abgangs von der ETH Nachfolger.

Der Schenker:
Otto Stern

Für die Bibliothek der ETH:
P.Scherrer
Direktor Dr. P. Scherrer

Ein Stellvertreter;
Res Jost

Otto Stern wurden gleichzeitig für seinen persönlichen Gebrauch fünf Exemplare dieses Tonbanddokumentes übergeben.

Otto Stern lebte in Berkeley in enger familiärer Bindung zur Familie seiner Schwester Berta Kamm geborene Stern und deren Tochter Liselotte Templeton mit Ehemann David Templeton und deren zwei Kindern Diana Templeton und Alan Templeton.

Otto Stern verstarb am 17. August 1969 während eines Kinobesuches. Er wurde feuerbestattet und seine Asche ruht auf dem Sunset View Cemetery in El Cerrito bei Berkeley/Ca (ca. 4 km nördlich vom Campus der Berkeley University).

Seine Nichte Liselotte Templeton beschrieb Otto Stern nach dessen Tod wie folgt [TEM]:

It was only since 1946 when my uncle moved to Berkeley that I got to know him well. Before this time we had never lived in the same town, and I had only seen him rarely. Otto Stern moved into a house he had bought several years earlier in the Berkeley hills not far from my parents' house. Because he was a bachelor, he hired a housekeeper who came in six days a week for a few hours to cook and keep house.

Abb. 2.24 Otto Sterns Wohnhaus 759 Cragmont Avenue in Berkeley (Bildquelle: Familie Templeton [TEM]).

He loved good food and good wine. The housekeeper for the last years did not keep the house as clean as he would have liked, but her cooking met with his approval, so she stayed for many years. On Sundays, he would have dinner with his sister, Berta [Kamm] (my mother) and family, or he would go into town for dinner in a restaurant and then to a movie. He loved movies, and Shirley MacLaine[90] *was one of his favorite actresses. Mother was a good talker and he used to kid her that he was kind of deaf in his right ear, because she sat on that side at dinner when they were children. He could be quite talkative himself, especially if you got him to reminisce. During World War I he was drafted into the German Army, made a weatherman and sent to a small town, Lomsha*[91]*, in Russian Poland. There he used to go up in an airplane and make meteorological measurements. When the airplane crashed, luckily not hurting him. it was decided that he would just use balloons. He said it was not very difficult to predict the weather; it was always terrible, very cold. Anyway, he had plenty of free time and used it to calculate a very large determinant which he always called the Lomsha determinant and he published a paper about it (1). Another of his papers is also dated from Lomsha*[91] *(2). After World War II when one could travel again to Europe, he would go to Zurich every year and a half or two years and stay there for about six months. I think one of Zurich's attraction for him was the fact that he could talk German there, especially to the physicists at the ETH. He had had a classical education in the Gymnasium (high school) which included instruction in Latin and Greek, but no modern foreign language.*

[90] Shirley MacLaine (1934–) ist eine amerikanische Filmschau-, Fernseh- und Theaterspielerin.
[91] Lomsha (heute Lomza) Kleinstadt in Ostpolen, ca. 150 km nordöstlich von Warschau.

Abb. 2.25 Sunset View Cemetery in El Cerrito bei Berkeley/Ca. (Bildquelle: Fotos der Autoren)

He only learned English as an adult and never felt that comfortable speaking it. He had friends in Zurich, but I believe that there was also a sentimental reason why he went there. It probably brought back memories of his days with Einstein and von Laue before World War I and the long walks and discussions they had. He developed a friendship with von Laue in Zurich which lasted a lifetime. On those trips to Europe he used to take the train across the US to New York, stopping in Chicago to visit with his friend Franck. From New York he took a boat to Europe. He liked to take Dutch ships because their food was very good and he felt they were just the right size so one would not feel the vibrations so much. On one of these early trips, he stopped in Copenhagen where he stayed with Niels Bohr. At the end of the visit he asked Mrs. Bohr where was the maid, because he wanted to give her a tip for the excellent service he had received. To his embarassment he found out that it was Mrs. Bohr who had made up his room and that there was no maid. On one of the later trips he was questioned by the customs officials for about two hours. Why was he taking so many trips to Europe, why was he going to Amsterdam and so on and on. It turned out that they had been given a tip that a diamond smuggler by

Abb. 2.26 Otto Stern 1968 in Lindau (Bildquelle: [TEM])

the name of Stern was coming back from Amsterdam and they suspected my uncle of being that person. After a time he was able to convince them that they had stopped the wrong man. He took the train, because he felt the airplanes were not safe. He contended they lacked the instruments at that time to tell how far above the ground they were and flying across the United States there were a lot of high mountains. My husband and I knew trains were on the way out when he began to take airplanes in his last years. His stops in New York always included a visit both to his dentist and to his doctor there, Rudi Stern, who was a cousin. After Rudi's death in 1962 he had to find a doctor here in the Bay Area. On the whole he seemed to be in rather good health, but he had arthritis in his hands which bothered him. One day he was trying to boil an egg. He had grandfather's-his father's- gold pocket watch in his hand and dropped the watch into the water instead of the egg. I believe that this was the reason he bought the inexpensive "dollar" pocket watches. They seemed so out of character with his habit of having custom-made shirts, etc. After my mother's death in 1963 he came quite often to our house for dinner. He told me once, "Lilo, please don't use your good crystal glasses when I come to dinner, I might drop my glass." After World War II he was entitled to a pension from Germany as a former professor. He refused to accept it, because he wanted no official connection with Germany. He had an unwritten rule not to go there, but broke it on two occasions for which he made a lot of excuses. In the first instance, he went to East Berlin to visit his old friend Max Volmer[92]*. Volmer, as a sick, old man, had been released by the Russsians to his old villa in East Berlin in the 1960s. Since it was difficult for Volmer to travel, my uncle went to him. The other occasion was a meeting arranged by the Nobel Foundation*[93] *in Lindau at Lake Constance. It was about a year or two before his death. He used to say it was really a Nobel meeting and it was only a fluke that it happened to be in Germany. One of the nicest things I inherited from my uncle is a portrait of Einstein. It used to hang in his office in Hamburg. When the Nazis came into power in 1933, he was told one day that they were going to come the next day to take and destroy it. He took the picture home with him, and it was the only picture hanging in his study in Berkeley. He always looked up to Einstein, who was a role model for him. His study was a spacious room (originally the living room) but full of books and papers. If one wished to sit down, it was first necessary to move several copies of Physical Review or the Neue Züricher Zeitung from one of the chairs. The dining room walls were lined with bookcases full of his old journals. One reason he took an early retirement in 1946 was that he felt teaching took too much of his time; he wished to devote more time to some of his ideas. He wanted to derive a correlation between thermodynamics and quantum theory. His conviction was that the third law is fundamental, and that if it is postulated correctly, it should be possible to derive the wave mechanics as a consequence. He used to grumble that he did not have anybody to talk to about it in Berkeley. I think he did not fare much better in Zurich. Anyway this project did not progress too well. He did publish one paper, his last (3), on this subject. Unfortunately he was not able to accomplish quite his goal. 1. Uber eine Methode zur Berechnung der Entropie von Systemen elastisch gekoppelter Massenpunkte. Otto Stern (1916). Ann. d. Phys. 51, 237-260. 2. Die Entropie fester Lösungen. Otto Stern(1916). Ann. d. Phys. 49, 823-841. 3. On a proposal to base wave mechanics on Nernst's Theorem. Otto Stern (1962). Helv. phys. Acta, 35, No. 4-5, 367-368.*

2.2 Der Nationalsozialismus und seine Folgen

Die Diktatur des Nationalsozialismus hat Otto Sterns Leben und Wirken grundlegend verändert. Sie hat Sterns Arbeitsgruppe an der Universität Hamburg abrupt vernichtet und damit seine weltweit einmaligen Forschungen auf dem Gebiet der Kern- und Elementarteilchenstruktur beendet und Stern zur Emigration in die USA gezwungen. Nach der Emigration konnte Stern sein hohes Hamburger Forschungsniveau auch nicht annähernd mehr erreichen. In den USA hat Stern unmittelbar nach seiner Emigration alles Erdenkliche getan, um anderen vertriebenen deutschen

[92] Das Treffen mit Max Volmer fand 1955 in West-Berlin statt. Max und Lotte Volmer konnten damals noch ungehindert von Potsdam-Babelsberg nach West-Berlin einreisen.

[93] Die Nobel Foundation in Lindau unter der Leitung von Graf Bernadotte lud regelmäßig (jährlich) Nobelpreisträger zu einem Treffen mit Studenten nach Lindau (Deutsche Kleinstadt auf der süd-östlichen Seite des Bodensees) ein. Stern wurde oftmals eingeladen (s. Bd. II, Abschn. 2.4), konnte aber aus gesundheitlichen Gründen nur einmal 1968 teilnehmen.

Wissenschaftlern auf der Suche nach einer Arbeitsstelle zu helfen. Sein Einsatz für andere Kollegen war vorbildlich. Er hat beträchtliche Geldbeträge gespendet, um Kollegen oder Verwandten in Not zu helfen. Die Vertreibung aus Deutschland hat den in seinem Wesen sehr deutsch fühlenden Stern zutiefst verletzt. Er wollte Deutschland nie mehr besuchen und „offiziell" hat er nach seiner Emigration 1933 deutschen Boden niemals mehr betreten. Auf seinen Europareisen zwischen 1933 bis 1950 hat Stern deutschen Boden in der Tat nicht mehr betreten und sich mit deutschen Freunden oder Angehörigen seiner Familie nur in benachbarten europäischen Ländern getroffen. Aus seinen Briefen und Passdokumenten geht jedoch hervor, dass er nach dem Kriege mindestens achtmal wieder in Deutschland eingereist ist und dabei auch enge Freunde in Deutschland besucht hat. Erstmals 1950 auf einer Durchreise von Dänemark in die Schweiz hat er sich wieder in Deutschland aufgehalten. Die Vertreibung aus Deutschland hat ihn und seine Familie dazu gebracht, alle Kontakte mit dem offiziellen Deutschland abzubrechen. Selbst die Göttinger Akademie, bei der er 1931 korrespondierendes Mitglied geworden war, konnte ihn nach dem Krieg nicht mehr dazu bewegen, wieder Mitglied zu werden. In Sprache und Kultur blieb er jedoch dem Deutschtum innerlich zutiefst verbunden und ist es auch bis zu seinem Tode geblieben.

Nachdem er 1939 amerikanischer Staatsbürger geworden war, war Stern auch bereit, im amerikanischen Atombomben-Projekt mitzuarbeiten. Nach dem Krieg hat er zahlreiche deutsche Freunde und notleidende frühere Kollegen mit Care-Paketen unterstützt.

Für Otto Stern waren es 1933 vor allem berufliche Gründe, aus Deutschland zu emigrieren. Als am 29.6.1933 seine drei jüdischen Assistenten Immanuel Estermann, Otto Robert Frisch und Robert Schnurmann von einem Tag auf den nächsten entlassen wurden, wurde Otto Stern bewusst, dass es für ihn und seine Wissenschaft unter der Naziherrschaft in Deutschland keine Zukunft geben konnte. Sein telegrafischer Antrag aus Zürich vom gleichen Datum auf Entlassung aus dem Hamburger Hochschuldienst, kam aber nicht unvorbereitet. Wie schon in Abschn. 2.1 beschrieben, hatte Stern schon vorher Kontaktgespräche mit dem Präsidenten des Carnegie Institute of Technology in Pittsburgh, Thomas S. Baker, geführt. Baker hatte Stern eine Forschungsprofessur in Pittsburgh angeboten. Am 5.8.1933 nahm Stern dieses Angebot an.

Nachdem Stern Anfang Oktober 1933 in Pittsburgh angekommen war, hat er in Zusammenarbeit mit Kollegen und Institutionen sehr aktiv andere ebenfalls vertriebene deutsche Wissenschaftler bei der Stellensuche unterstützt. Zusammen mit Ladenburg, Baade, Courant, Franck und anderen war Stern unermüdlich bemüht, deutschen Wissenschaftlern nach ihrer Emigration und bei der Stellensuche vor allem in den USA zu helfen. Sterns Hilfe kam seinem langjährigen Hamburger Mitarbeiter Immanuel Estermann zu Gute, indem er Baker überzeugte, auch für Estermann eine Professur in Pittsburgh zu schaffen. Wie aus dem folgenden Briefwechsel zu ersehen ist, hat Stern sich für viele Kollegen und Freunde eingesetzt und unterstützende Briefe und Gutachten geschrieben. Wenn es erforderlich war, war er auch bereit, beträchtliche persönliche Geldbeträge zu spenden. Sein Hamburger Assistent Robert Schnurmann wurde über die Notgemeinschaft Deutscher Wissenschaftler im Ausland in Zürich anonym durch Otto Stern mit hohen Geldbeträgen unterstützt.

Im Folgenden wird Sterns Briefverkehr nach Schwerpunkten in Unterabschnitten zusammengefasst, um die zusammenhängenden Briefsequenzen besser verfolgen zu können. In der Sache Unterstützung von Rudolph Minkowski (Zeitraum 1933 bis 1935) wurden in Sterns Nachlass mehr als 35 Briefe von Minkowski, Stern, Baade und Ladenburg gefunden und in der Sache von Robert Schnurmann (Zeitraum 1933 bis 1967) mehr als 25 Briefe. Da der Briefverkehr mit Laue und über Laue mit anderen deutschen Emigranten in den USA wegen Sterns enger Beziehung zu Laue eine besondere Rolle spielt, wird der Briefverkehr Laue betreffend auch in einem separaten Abschn. 2.2.4 dargestellt. Es folgen in Abschn. 2.2.5 die Briefe, die sich mit Angelegenheiten von Sterns Kriegsforschung in den USA und seinem Engagement für Frieden befassen. In Abschn. 2.2.6 sowie als Abschluss des Kapitels über die Nazizeit folgen die Nachkriegsbriefe, die ebenfalls noch im Zusammenhang mit der Nazidiktatur stehen. Zu diesen Briefen gehört auch der Briefverkehr in den 50er-Jahren mit seinen alten Kollegen Wilhelm Lenz/Universität Hamburg und seinem alten Freund Max Volmer, der erst 1955 aus der Sowjetunion nach Deutschland (DDR) zurückkehren konnte, sowie mit Schnurmanns Wiedergutmachungsantrag aus dem Jahre 1967. In Abschn. 2.2.7 werden in einem kurzen Kapitel Briefe und Dokumente gezeigt, die die Holocaustfolgen bei Sterns eigener Familie betreffen.

Es gab 1933 nur wenige Stiftungen und Organisationen, bei denen Stipendien für diese vertriebenen Emigranten beantragt werden konnten. Eine dieser Quellen war der German scientists relief fond, den das Emergency Committee in Aid of Displaced German Scholars, durch Spenden aufgebracht hatte (die Begrenzung „German“ wurde 1938 auf „Foreign“ erweitert). Dieses Komitee war im Mai 1933 von den emigrierten deutschen Wissenschaftlern Alfred E. Cohn, Bernard Flexner und Fred M. Stein gegründet worden. Mit Hilfe von Stephen Duggan, dem Direktor des Institute of International Education, gründeten sie ein Organizing Committee (Duggan committee). Stephen Duggan wurde der erste „Secretary“, Livingston Farrand „Chairman“ und Fred Stein der „Treasurer“ des Komitees. Das Komitee beendete seine Arbeit im Jahre 1945 (s. http://archives.nypl.org/mss/922).

Rudolf Ladenburg (schon 1932 auf eine Professur in Princeton berufen) und Eugene Wigner (seit 1931 ebenfalls an der Princeton University tätig) sowie Maria Goeppert-Mayer und Karl Herzfeld (beide an der John Hopkins University in Baltimore tätig) waren wichtige Mitorganisatoren dieses privaten Fonds. Das Prinzip der Unterstützung war das folgende: Das Komitee zahlte die Hälfte des Gehaltes für ein oder zwei Jahre, wenn (stillschweigend vereinbart) die entsprechende Universität oder das Forschungszentrum danach die volle Bezahlung übernahm. Bis 1941 konnten so über 100 Wissenschaftler (bis 1944 über 300) vermittelt werden, darunter 12 deutsche Nobelpreisträger (bis zum 30.6.1944 gezählt). Die Fondgelder wurden meist von jüdischen Spendern aufgebracht. Außerdem wurden die deutschen Wissenschaftler in den USA (auch Stern) angeschrieben, einen kleinen Teil ihres Gehaltes (2–4 %) an diesen Fond zu spenden [SPO2011].

Unter den Stipendiaten waren z. B. die Naturwissenschaftler Guido Beck (von 1933 bis 1942), Felix Bloch (1933–1944), Richard Courant (1933–1944), Max Dehn (1933–1945), Max Delbrück (1939–1944), Ladislaus Farkas (1933–1943), James Franck (1933–1944), Willy Hartner (1935–1939), Ernst Hellinger (1933–1934, 1938–1944), Arthur Robert von Hippel (1933–1941, 1944), Karl Wilhelm Meissner (1937–1944), Rudolf Minkowski (1933–1942), Emmy Noether (1933–1936, 1939–1940), Peter Pringsheim (1933–1934, 1940–1944), Fritz Reiche (1934–1935, 1938–1945) und Carl Ludwig Siegel (1934–1944) sowie auch z. B. Philosophen, Schriftsteller und Theologen wie Ernst Hartwig Kantorowicz (1933–1934, 1938–1944), Thomas Mann (1933–1934, 1938–1945), Herbert Marcuse (1939–1944) und Paul Tillich (1933–1944).

Schon am 21.11.1933 nahm Ladenburg mit Stern Kontakt auf und bat ihn um Unterstützung für die zur Emigration gezwungenen Wissenschaftler:

Standort: [BAL], bk0016n8t18; Dokumentnummer: **[0265/21.11.1933]**

Princeton, 21.11.1933

Lieber Herr Stern.

Wigner u. ich schicken Ihnen hier einen Entwurf eines Rundschreibens, das kaum einer weiteren Erläuterung bedarf, höchstens dass uns dies als einzige mögliche Form einer Sammlung erscheint. Da ja Hunderte von Hochschullehrern an den Staats-Universitäten in U.S.A. entlassen sind, besteht kaum die Hoffnung allgemein bei amerikanischen Kollegen Unterstützung bei dieser Sammlung zu finden. Wigner u. ich schicken Ihnen dies Rundschreiben mit der Bitte, die einzelnen Punkte zu überlegen, eventuell andre Vorschläge zu machen und uns mitzuteilen, ob Sie eventuell ein solches Rundschreiben mit unterzeichnen würden. Eine gleiche Anfrage geht an Herzfeld.

Ich hatte kürzlich von Born u. Simon Nachricht, beiden geht es gut, sie sind zufrieden mit ihrer Tätigkeit und scheinen auch pekuniär einigermaßen befriedigt zu sein. Simon hat den Ruf nach Stambul abgelehnt. Im KWI [für] Phys[ikalische] Ch[emie] hat Jander sein Amt damit begonnen allen zu kündigen, einige sollen wieder angestellt werden. Einen Brief von Laue lege ich bei, ausserdem schicke ich Ihnen Laues Rede in Würzburg u. bitte mir beides zurückzusenden.

Auch das Rundschreiben u. die beiden Listen bitte ich freundlich zurück, eventuell mit Ergänzungen u. Verbesserungen. Was machen Ihre Versuche?

Mit herzlichen Grüssen, bitte auch an Estermann u. an Pres. Baker (Otto Hahn schrieb mir auch kürzlich u. bat Sie u. Baker zu grüssen) Ihr R. Ladenburg

Der in Hamburg geborene Nobelpreisträger James Franck hatte im April 1933 aus Protest gegen die Entfernung der Juden aus Staatsstellungen seine Entlassung als Professor für Physik an der Universität Göttingen beantragt und war wenig später nach Baltimore/USA emigriert, wo er an der John Hopkins University sofort eine Professur erhalten hatte. Nach einem Jahr Gastaufenthalt 1934/35 in Kopenhagen wurde er 1938 Professor für Physikalische Chemie an der University of Chicago. Dort emeritierte er 1947. Franck, der sich ebenfalls für das Emergency Committee in Aid of Displaced German Scholars einsetzte, nahm bald nach seiner Emigration in die USA mit Stern Kontakt auf und schrieb:

Standort: [BAL], bk0016n8q5x; Dokumentnummer: **[0268/08.12.1933]**

Cambridge/Mass., 8.12.1933

Mein lieber Otto Stern!
Wir sind jetzt glücklich in Cambridge angelangt und wohnen im obigen Hotel![94] *Über Ihr liebes Telegramm habe ich mich ganz besonders gefreut; Sie sind vielleicht schon böse, dass bisher keine Antwort kam, aber wirklich heute ist der erste freie Nachmittag an dem ich zum Schreiben kommen kann. Ihre freundl. Einladung kann ich heute noch nicht beantworten, denn ich weiss nicht ob ich Anstandshalber von hier bzw. Baltimore mal fortfahren kann. Ich habe an Herzfeld geschrieben und sobald ich weiss ob und wann ich kann, schreibe ich Ihnen wieder. Uns ist es wie wohl auch Ihnen – schwer gefallen abzureisen, aber hier sind alle Leute so nett, dass es das Leben erleichtert. Meine Frau ist noch recht müde und kaputt; hoffentlich erholt sie sich hier gut. Kommen Sie zum Weihnachtsmeeting der Am. Ass. Nach Cambridge? Das wäre nett. Bringen Sie Estermann mit? Wir würden uns sehr freuen Sie hier zu sehen.*
Herzl. Grüsse von meiner Frau und mir auch an Estermann.
Ihr J. Franck

Ladenburg berichtete Stern am 10.12.1933 über die ersten Erfolge der Spendenaktion.

Standort: [BAL], bk0016n8t18; Dokumentnummer: **[0270/10.12.1933]**

Princeton, 10.12.[1933]

Lieber Herr Stern.
Besten Dank für Ihre Antwort. Auch Herzfeld schrieb mir. Ich glaube, dass es für diesen 1. Appell unserer Sammlung, der ja nur an die deutschen Kollegen in U.S.A. gerichtet ist, nicht so wichtig ist einen „richtigen arischen" Namen – „gäbe es dergleichen?" – zur Unterschrift zu finden. K. T. Compton kenne ich zwar ganz gut, aber ich halte ihn für diesen Zweck nicht für geeignet, da er ja eben kein Deutscher ist. Wenn dieser Appell Erfolg gehabt hat, dann dachte ich, dass wir uns an Leute wenden, die Fellows u. dgl.. In Deutschland waren (wie Smyth, Turner, Rabi …) und vielleicht unterzeichnet dies Compton mit, obwohl er in M.I.T. bereits eine besondere Sammlung gemacht hat, ebenso wie auch in Columbia eine solche Sammlung stattgefunden hat. Einstein sowohl als auch A. Flexner (den ich nur um Rat bat) haben mir Beiträge zugesagt, letzterer riet auch an die Rockefeller Foundation heranzugehen, wenn wir erst Erfolg gehabt haben – kennen Sie Mason dazu genügend gut?
Mit dem Acad. Assist. Council bin ich durch Szilard in Verbindung, er hat allerdings die versprochene Liste noch nicht geschickt. J. Franck, den ich am Montag abholte, hat unsere Liste durchgesehen u. im wesentlichen in Ordnung gefunden. Auch von Laue bekomme ich laufend Nachricht über unsere Kollegen.

[94] Hotel Continental, Cambridge (Massachusetts).

Was Ihre Frage nach einem Theoretiker v. d. gewünschten Qualifikation betrifft: ich habe mich bei Wigner informiert. Bardeen (den ich selbst nicht kenne) ist graduate student, war 2 Jahre berstend tätig, ein guter Mann, aber wohl mehr mathematisch. Sehr gut ist C. Eckhart (Chicago) durchaus geeignet, aber er ist mindestens schon Assist. Professor.
Sodann ist in 1. Linie D. R. Inglis zu nennen, in Ohio State Uni[versity], Columbus (Ohio), Dr., originelle Ideen, bisher noch wenig publiziert, z. B. Phys. Rev. 43, 194 (Landé kennt ihn natürlich gut. Wigner kennt ihn auch u. hält viel von ihm) in 2. Linie Clarence Zener, Dr., z. Zt. in Bristol England, wo er 1 $\frac{1}{2}$ Jahre bei Lenard - Jones war, vorher hier. Originell u. sehr gut, hat allerdings einen kleinen Sprachfehler, ist auch Amerikaner u. schrieb neulich an
Wigner, dass er zurückkommen möchte. Drittens wäre noch George Shortley zu nennen, der voriges Jahr hier promovierte u. jetzt (als Nat. Res. Fellow glaube ich) in M.I.T. ist.
Bestimmte Pläne für Pittsburg[h] haben wir noch nicht gemacht, aber wir kommen bestimmt. Prs. Baker wollte es mir mitteilen, falls die Mellon Gallery zu sehen ist, jetzt ist allerdings der Bruder gestorben. Am 27.12. denke ich nach Cambridge zur A[merican] Phys[ical] Soc[iety] zu fahren. Kommen Sie auch? Hoffentlich gibt „Krüger" bald nach.
Herzliche Grüsse Ihnen u. Estermann Ihr R. Ladenburg

Eine weitere wichtige Hilfsorganisation war die Notgemeinschaft Deutscher Wissenschaftler im Ausland in Zürich mit einer Zweigstelle in New York, die 1933 von Philipp Schwartz gegründet worden war, um von den Nazis verfolgten Wissenschaftlern zu helfen. Schwartz war seit 1927 außerordentlicher Professor für Pathologie an der Johann Wolfgang Goethe Universität in Frankfurt gewesen und 1933 nach Zürich übergesiedelt. Hauptziel seiner Tätigkeit war die Vermittlung von Hochschullehrern in alle Länder der Erde. Nur in seltenen Fällen vermittelte die Notgemeinschaft auch Stipendien, wie im Fall Robert Schnurmann/ Otto Stern. Nachdem Schwartz selbst eine Professur in Istanbul angenommen hatte, übernahm der Jurist Fritz Demuth von der Handelshochschule Berlin die Leitung der Notgemeinschaft. Die Notgemeinschaft arbeitete eng mit anderen Komitees im Ausland zusammen, dabei spielte die Kooperation mit dem Academic Assistance Council AAC[95] in London ein wichtige Rolle, denn diese hatte die Mittel, um auch Stipendien zu vergeben. 1936 waren schon ca. 1500 Wissenschaftler unterstützt worden, die alle eine Anstellung fanden.

Wichtige Unterstützung leistete auch die Rockefeller Foundation [ROC1913]. Die Rockefeller Foundation wurde 1913 von John D. Rockefeller in New York mit einem Stiftungskapital von über 100 Millionen Dollar gegründet (Wert der Stiftung 2001 über 3 Milliarden Dollar). Ziel war und ist es auch heute noch, wissenschaftliche Projekte auf fast allen Gebieten (auch Naturwissenschaften) zu fördern und an junge Wissenschaftler Stipendien zu vergeben. Die Rockefeller Foundation ist

[95] Das AAC wurde 1933 als Reaktion auf die Diskriminierungen in Nazideutschland unter dem Namen *Academic Assistance Council* (AAC) gegründet [AAC1933].

neben der zwei Jahre älteren Carnegie-Stiftung die bedeutendste Stiftung in den USA.

Die John Simon Guggenheim Memorial Foundation vergab auch Stipendien (Fellowships) an Wissenschaftler. Darunter waren viele spätere Nobelpreisträger aus der Physik, Chemie und anderen Gebieten. Die Stiftung mit Sitz in New York wurde 1925 von Simon Guggenheim und seiner Frau zur Erinnerung an ihren 1922 verstorbenen Sohn John Simon gegründet.

Stern wurde oft angeschrieben und um ein Gutachten gebeten, selbst wenn er die Personen überhaupt nicht kannte. Stern bemühte sich dann über Dritte die geforderte Auskunft zu erhalten und ein hilfreiches Gutachten abzugeben, z. B. im Fall eines früheren Mediziners der Universität Hamburg Karl Tiedcke, der bei der Rockefeller Foundation einen Antrag auf Unterstützung gestellt hatte, oder für einen Dr. Franck Urban, der 1937 bei der John Simon Guggenheim Memorial Foundation in New York um eine Guggenheim Fellowship nachgesucht hatte.

Neben der vielen Arbeit beim Aufbau der Experimente und der Hilfe bei der Stellensuche vieler Kollegen war die Eingewöhnung in die neue Umgebung mit fremder Sprache keine leichte Sache für Stern. Der sehr kurze Weihnachtsgruß von Laue, geschrieben am 12.12.1933, hat Stern sicher mit Freude erfüllt (Postkarte, maschinengeschrieben und handunterschrieben).

PK Standort: [BAL], bk0016n8t3c; Dokumentnummer: **[0272/12.12.1933]**

Lieber Stern! *Berlin, 12.12.33.*

Zum ersten Mal verleben Sie ein Weihnachtsfest fern von Deutschland. Diese Karte soll Ihnen zeigen, daß man hier an Sie denkt. Mit herzlichem Gruß, auch von meiner Frau

Ihr M. Laue

2.2.1 Briefverkehr wegen Unterstützung von Rudolph Minkowski

Rudolph Minkowski, Sterns früherer Hamburger Kollege und ein Vetter des berühmten Mathematikers Hermann Minkowski, ersuchte Stern 1933, ihm bei seinen Bemühungen zu helfen, in den USA arbeiten zu können. Zusammen mit dem Astronomen Walter Baade, der 1931 von Hamburg kommend einen Ruf an das Mount Wilson Observatorium angenommen hatte und der mit Minkowski befreundet war, hat Otto Stern sich dann unermüdlich für Rudolf Minkowski bei dessen Stellensuche eingesetzt. Dieses Bemühen, für Minkowski ein Stipendium oder eine bezahlte Stelle zu finden, war letztlich erfolgreich. Wie der folgende Briefverkehr zeigt, waren aber auf dem Weg dorthin viele Hindernisse zu überwinden.

Minkowski hatte in seinem Brief vom 21.9.1933 an Stern seine Lage in Hamburg geschildert und dass er hoffungsvoll glaubte, nach Baades Auskunft wohl ein Stipendium der Rockefeller Foundation erhalten zu haben. Es stellte sich aber heraus, dass hier ein Versehen vorlag und kein Stipendium für Minkowski gewährt worden war. Minkowski bat daher Stern um Hilfe.

Standort: [BAL], bk0016n8v2b; Dokumentnummer: **[0248/21.09.1933]**

Hamburg, 21.9.1933

Lieber Herr Stern!
Ich habe sehr bedauert, dass ich Sie vor Ihrer Abreise nicht mehr gesehen habe. Wir waren über Sonntag in Neuwerk und sind erst spät am Montag Abend zurückgekommen. Heute habe ich nun endlich Nachricht von Baade, dass Rockefeller (Paris Office) mir zunächst 6 Monate genehmigt hat. B[aade] nimmt an, dass ich das schon längst wusste, ich habe aber noch nichts gehört, obwohl ein Brief von Paris hierher direkt erheblich rascher als auf dem Umweg über Pasadena kommen sollte. Ich möchte Sie deshalb bitten, falls Sie noch jemanden von Rockef[eller] F[oundation] sprechen, nachzufragen, was eigentlich los ist. Andernfalls wäre ich Ihnen dankbar, wenn Sie mir schreiben würden, ob und an welche Adresse in Paris ich schreiben müsste, um die Angelegenheit in Fluss zu bringen. Es wäre mir sehr erwünscht, wenn ich spätestens Anfang Januar fahren könnte, da die in Frage kommenden Objekte im Sommer nicht beobachtbar sind. Ich kann aber hier nichts Wesentliches in Bezug auf die zu erledigenden Bürokratika tun, solange ich nicht etwas Offizielles in der Hand habe. Glauben Sie, dass es Zweck hat, eventuell in Paris persönlich vorzusprechen? Ich freue mich, dass ich nun wohl bald Gelegenheit haben werde, Sie in P[ittsburgh] zu besuchen.
Mit den besten Grüssen, auch von meiner Frau,

Ihr R. Minkowski

Stern wandte sich daher am 15.10.1933 an Baade, um die Sache aufzuklären. Er schrieb:

Standort: [BAL], bk0016n8n27; Dokumentnummer: **[0252/15.10.1933]**

Pittsburgh , Pa. 15. Oktober 1933

Lieber Herr Baade,
von Minkowski bekam ich Ende September die Nachricht, dass Sie ihm geschrieben hätten, die Rockefeller Leute (Paris Office) hätten ihm für 6 Monate ein Fellowship für Mount Wilson bewilligt. Da er selbst darüber noch keine Nachricht erhalten hatte, bat er mich, beim Paris Office nachzufragen, da er wusste, dass ich vor meiner Abreise noch einen Tag in Paris sein würde. Ich habe das getan und mit Jones, dem Direktor des European Office gesprochen. Jones hatte nicht die mindeste Ahnung von der ganzen Sache, ebenso war in den Akten nicht das Mindeste darüber aufzufinden. Nach meiner Ankunft in New York ging ich auf das New York Office, wo ich mit Dr. Hansen sprach. Auch hier war nichts bekannt. Das Einzige, was nach längerem Suchen herausgebracht wurde, war ein persönlicher Brief von Adams [Walter Sydney Adams/Mount Wilson] an Mason, der aber offenbar keine Folgen hatte. Der Direktor, Weaver, war leider verreisst, aber Ladenburg, den ich in Princeton sprach, sagte mir, dass er mit ihm über Minkowski gesprochen und genau die gleiche Auskunft erhalten hätte wie ich selbst.
Ich möchte Sie nun bitten, mir möglichst eingehend und umgehend mitzuteilen, worauf sich Ihre Mitteilung an Minkowski stützt. Offenbar doch auf einen Brief von irgend welchen Rockefeller Leuten an Adams. Es muss doch möglich sein, aufzuklä-

ren, was hier für eine Teufelei vorliegt. Schicken Sie mir doch bitte die Antwort so ausführlich und so rasch wie irgend möglich, damit man sehen kann, was eigentlich los ist und was für Schritte man noch unternehmen kann. Die Rockefeller Leute in Paris und in New York äusserten sich sehr skeptisch über die ganze Angelegenheit. Nach Ihren Nachrichten <u>*muss*</u> *doch aber die Möglichkeit bestehen, irgendetwas zu tun.*

Ich bin eben erst in Pittsburgh angekommen, wie Sie wohl wissen, ist auch Estermann hier. Hoffentlich sehen wir uns mal in Amerika.

Herzliche Grüsse Ihr [Otto Stern]

Wie aus dem Briefverkehr zwischen den dreien (Stern, Baade, Minkowski) hervorgeht, spielten dabei nicht beabsichtigte menschliche Irrtümer eine wichtige Rolle, so dass Baade in seinem Brief vom 17.10.1933 an Stern sogar von „Teufelei und einem Stück schauderbarster 10-Pfennig Detektivgeschichte" sprach.

Standort: [BAL], bk0016n8n27; Dokumentnummer: **[0253/17.10.1933]**

Pasadena 17. Oktober 1933

Lieber Herr Stern,

Ihren Brief, den ich eben bei meiner Rückkehr vom Mt. Wilson vorfinde, will ich gleich beantworten. In der Minkowskischen Angelegenheit scheint in der Tat eine fast unglaubliche Teufelei im Spiele gewesen zu sein. Facta: vor etwa 4 – 5 Wochen, nach Eintreffen der Nachmittagspost, kam Adams [Walter Sydney] in mein Zimmer mit einem aufgebrochenen Brief in den Händen und sagte mir, er habe gerade den erwähnten Brief erhalten und die Nachricht, dass die Rockefeller Foundation eine 6 monatige fellowship für Minkowski bewilligt habe und dass ich mich sicher dazu freuen würde.

Das tat ich in der Tat, so dass ich gleich an Minkowski schrieb und ihm zu der raschen und schmerzlosen Operation gratulierte. Merkwürdigerweise schrieb mir Minkowski dann, er selber hätte noch keine Nachricht, auch die Paris Office wüsste nichts von der Geschichte. Adams meinte zunächst, das sei möglich, da er mit Mason persönlich die Angelegenheit in Gang gebracht hätte. Als Minkowski dann telegraphierte und um Aufklärung des Mysteriums bat, suchte Adams [Walter Sydney] nach dem letzten Briefe, auf Grund dessen er mir die Mitteilung gemacht hatte. Und nun kommt das Unglaubliche: trotzdem Adams [Walter Sydney] und Sekretärin 2 volle Tage lang den gesamten Briefeingang der letzten 3 Monate Stück für Stück durchsahen, war kein Brief mit der besagten Mitteilung zu finden. Was sich fand, war eine Mitteilung der Rockefeller Foundation, dass ein persönlicher Aufenthalt für einen Herrn Josterhoff (junger Astronom aus Leiden) bewilligt sei. Da dieser Brief, sowie wir aus der Erinnerung zu rekonstruieren vermögen um die Zeit eintraf, als Adams [Walter Sydney] mir die bewusste Mitteilung machte, besteht wohl kein Zweifel mehr, dass Adams, der persönlich mehr an dem Kommen von Minkowski interessiert war als an dem des Herrn Josterhoff, den Brief nur unvollständig las, die Namen irgendwie verwirrte und für Wochen in einem holden Wahne lebte. Sie sehen: ein Stück schauderbarster 10 Pfennig Detektiv- Geschichte.

Mir tut es schrecklich leid, dass wir Minkowski durch meine Mitteilung in einen üblen Trubel von Hoffnungen und Zweifeln gestürzt haben. Umso mehr werden wir jetzt versuchen, die Angelegenheit mit allem Druck zu betreiben. Ich werde Adams [Walter Sydney] morgen bitten, noch einmal dringend an die Rockefeller Leute zu schreiben und ich weiß, er wird nichts unversucht lassen, da er an unseren Plänen sehr interessiert ist. Ich will auch Hubble bitten, seinerseits die Rockefeller Foundation zu bombardieren. Und wenn Sie auf Grund Ihrer persönlichen Beziehungen, vielleicht plus Ladenburg, helfen könnten, wäre ich Ihnen persönlich zu grösstem Danke verpflichtet. Es wäre eine ganz grosse Enttäuschung für mich, wenn Minkowski, auf dessen Besuch ich mich schon seit Monaten gefreut habe, nicht käme. In jedem Falle wäre ich Ihnen für eine gelegentlich kurze Mitteilung von dem weiteren Verlauf der Angelegenheit sehr verpflichtet. Mit einem Gefühl der Erleichterung las ich schon vor einiger Zeit in Science, dass Sie und Estermann in Pittsburgh sind. Trotzdem ich froh bin aus Deutschland heraus zu sein, haben mich die drei Grüsse der letzten Monate innerlich sehr mitgenommen und ich war manchmal restlos verzweifelt. Ich hoffe sehr, dass wir uns bald einmal sehen. Da Pasadena schöner ist als Pittsburgh, hoffe ich, hier.
Mit herzl. Grüssen Ihnen und den Estermanns

Ihr Walter Baade

Wie Baade im nachfolgenden Brief vom 18.10.1933 Stern mitteilte, war es durch oberflächliches Lesen des Briefverkehrs bei den Verantwortlichen der Rockefeller Foundation offensichtlich zu Personenverwechslungen gekommen, so dass Minkowskis Antrag erstmal unbearbeitet blieb.

Standort: [BAL], bk0016n8n27; Dokumentnummer: **[0254/18.10.1933]**

[Passadena] 1933 October 18

Lieber Herr Stern:
Eben teilt mir Adams [Walter Sydney] mit, dass laut Brief von Mason keine Hoffnung besteht, von der Rockefeller Foundation aus etwas für Minkowski zu tun. Als Grund hat Mason die gegenwärtige Situation in Deutschland angegeben, welche die verfügbaren Mittel der Foundation auf das Äusserste angespannt habe. Das wird schon stimmen; es tut mir aber persönlich leid, dass Minkowski damit die Möglichkeit genommen ist, einmal herauszukommen. Adams [Walter Sydney] sagte mir auch, er habe sich den ganzen Morgen überlegt, ob man die Geschichte nicht irgendwie anders finanzieren könne, sähe aber im Augenblick keine Möglichkeit. Also hier ist man mit dem Latein zu Ende. Wüssten Sie vielleicht noch eine Möglichkeit? Glauben Sie z. B., dass man über den Studentenaustausch etwas machen könnte? Da in Deutschland für die Physik vernünftige Leute in der Kommission sitzen (bisher war Laue der „boss"), bestände vielleicht ein Schimmer von Hoffnung. Jedenfalls graut es mir, dass ich Minkowski jetzt mitteilen muss, wie die Geschichte steht. Adams [Walter Sydney] selbst ist jetzt auch überzeugt, dass ihm der böse Blick mit dem Brief passiert ist.
Mit herzl. Grüssen *Ihr Walter Baade*

Am 21.10.1933 informierte Stern Minkowski, dass es wenig Hoffnung gäbe, für ihn ein Rockefeller-Stipendium zu erhalten.

Standort: [BAL], bk0016n8v2b; Dokumentnummer: **[0259/21.10.1933]**

21. Oktober 1933

Lieber Herr Minkowski,
entschuldigen Sie, dass ich Ihnen erst jetzt schreibe, aber ich wollte die mysteriöse Angelegenheit erst endgültig aufklären. Das ist nun endlich gelungen, leider ist das Resultat durchaus unerfreulich.
Ich war zunächst in Paris bei Jones, wie ich Ihnen ja schrieb: er wusste von nichts. Ich war dann gleich nach meiner Ankunft hier in New York beim New Yorker Office. Weaver war nicht da, ich sprach mit Hanson; er wusste von nichts. Dasselbe berichtete Ladenburg in Princeton. Darauf schrieb ich von hier aus an Baade, der mir auch prompt antwortete und die Sache aufklärte. Es handelt sich einfach um ein Versehen von Adams [Walter Sydney], der sie mit einem anderen verwechselt hat, dem die Rockefeller tatsächlich ein sechsmonatiges Fellowship bewilligt hatten. Leider dauerte es nahezu 6 Wochen, bis diese Verwechslung aufgeklärt wurde.
Die Sache ist wirklich sehr bedauerlich. Trotz Allem, was mir Mason damals in Paris sagte, scheint keine Möglichkeit zu bestehen, von Amerik[a] aus bei den Rockefeller Leuten etwas für Sie zu erreichen. Der einzige gangbare Weg scheint mir vielmehr der zu sein, dass Sie beim Paris Office ein reguläres Fellowship beantragen. Das musste natürlich Koch machen, unterstützen könnten es ja Ladenburg, Franck und ich. Wir werden natürlich uns bemühen, irgendeine Einladung für Sie zu erreichen. Es sieht aber augenblicklich so aus, wie wenn das im Allgemeinen nur für Abgebaute funktionieren würde. Es ist mir natürlich sehr schmerzlich, dass die Sache so gelaufen ist, aber ich habe Ihnen wirklich immer genau das berichtet, was mir gesagt worden ist.
Estermann und mir gefällt es hier sehr gut. Wir denken, dass wir demnächst mit Versuchen anfangen können. Zunächst sind wir allerdings noch dabei, einen ehemaligen kleinen Hörsaal in ein Laboratorium umzubauen.
In der Hoffnung, dass Sie und Ihre Familie wohlauf sind und dass wir Sie trotzdem bald hier begrüssen können, bin ich mit herzlichen Grüssen Ihr [Otto Stern]

Rudolf Ladenburg aus Princeton unterstützte die Bemühungen von Stern und Baade mit allen seinen Möglichkeiten. Wie aus dem folgenden Brief von Ladenburg an Stern vom 30.10.1933 hervorgeht, gab es neben Minkowski jedoch viele deutsche Emigranten, die Hilfe brauchten.

Standort: [BAL], bk0016n8t18; Dokumentnummer: **[0260/30.10.1933]**

Princeton, 30.10.1933

Lieber Stern.
Es tut mir leid, dass ich Sie nach Ihrem Besuch bei Einstein nicht mehr gesprochen habe. Vielleicht schreiben Sie mir, falls Sie wegen unserer geplanten Hilfsaktion für die deutschen Kollegen weitere Vorschläge haben. Das Einfachste wäre ja, die gesammelten Gelder dem Duggan Committee (Institute of International Education)

zuzuführen – falls man mit dessen Plänen u. der Verwendung des Geldes einverstanden ist. Ich habe übrigens gerechterweise von einem grossen Plan gehört eine neue University in Exile mit 200 Professoren zu gründen, der junge Hornbostel erzählte davon, wissen Sie etwas Sicheres?
Ausserdem möchte ich Sie doch noch einmal auf Fritz Reiche aufmerksam machen. Er ist ja keine „Berühmtheit" und hat, besonders in den letzten 5 Jahren, nichts Wesentliches publiziert. Aber er ist ein ausgezeichneter Dozent u. Lehrer, beherrscht auch die modernste Physik u. neueste Literatur wie wenige, ist für den Experimentalforscher eine vortreffliche Hilfe, grade weil er wenig eigne Probleme hat, stets hilfsbereit etwas theoretisch zu bearbeiten oder auszurechnen und ausserdem ein besonders netter u. zuverlässiger Mensch und ein reizender Gesellschafter. Wäre er nicht eine geeignete Persönlichkeit für die theoretische Stelle an Ihrem Carnegie Institute? Ich lege Ihnen hier eine Liste seiner wesentlichen Arbeiten bei. –
Übrigens bekam ich noch einen Brief von Otto Warburg, indem er schreibt, wenn man durch seine Vermittlung etwas erfahren wolle, möchte man an Dr. Lambert, Rockefeller Foundation, Rue de la Baume Paris schreiben, der es zu ihm weitergeben würde, da er mit dieser Stiftung ohne Gefahr korrespondieren kann.
Mit besten Grüssen *Ihr R. Ladenburg*

Am 5.11.1933 und 6.11.1933 dankte Minkowski Stern für dessen Bemühungen und sah auch selbst kaum Hoffnung für ein Stipendium für einen Aufenthalt in den USA.

Standort: [BAL], bk0016n8v2b; Dokumentnummer: **[0261/05.11.1933]**

Hamburg,5.11.1933

Lieber Herr Stern!
Es freut mich sehr zu hören, dass Sie mit Pittsburgh zufrieden sind. Dass Sie gut in Amerika angekommen sind, konnte ich schon auf einem Zeitungsbild von Ihnen und Familie Estermann sehen, das durch Zufall im Institut aufgetaucht ist.
Dass Baades Nachricht auf eine Verwechslung zurückzuführen ist, hatte ich inzwischen schon von ihm gehört. Im übrigen besteht eine gewisse Diskrepanz zwischen Ihren und Ladenburgs Mitteilung. L[adenburg] schrieb mir, dass er von Weaver erfahren habe, dass „Baades Antrag, der von Adams [Walter Sydney] unterstützt wurde, an das Pariser Büro weitergegeben wird." Trotzdem kann es aber wohl nichts schaden, wenn Koch auch von hier aus einen Antrag beim Paris Office stellt, und ich hoffe, dass er sich dazu bewegen lässt. Ich verspreche mir aber nicht mehr viel von der ganzen Angelegenheit, da ich die Altersgrenze, die meines Wissens für Fellowships besteht, schon überschritten habe, sodass mir die Ablehnung des Antrags nicht unwahrscheinlich ist.
Hier hat sich, seit Sie fort sind, nichts Wesentliches geändert. Bei der Kolloquiumsvorbesprechung hat sich ein gewisser Mangel an Vortragenden bemerkbar gemacht. Dass das weiter keinen Eindruck gemacht hat, brauche ich wohl eigentlich nicht dazu zu sagen. Es war alles gerade so, wie man es erwarten konnte.
Ich würde mich natürlich freuen, wenn sich im Lauf der Zeit die Möglichkeit ergäbe, Sie zu besuchen. Einstweilen bin ich mit den besten Grüssen für Sie und Estermann
Ihr R. Minkowski

Standort: [BAL], bk0016n8v2b; Dokumentnummer: **[0262/06.11.1933]**

Hamburg, 6.11.1933

Lieber Herr Stern!
Gerade nachdem ich den Brief an Sie weggeschickt hatte, bekam ich einen Brief von Baade. Er schreibt über die Ablehnung. Mason hat als Grund für die Ablehnung angegeben, die Rockefeller Foundation sei durch die gegenwärtige Situation in Europa so stark in Anspruch genommen, dass sie fellowships für Forscher, welche eine Arbeitsmöglichkeit hätten, im Augenblick nicht verleihen könnte. Danach scheint es mir im Augenblick auch zwecklos zu sein, von hier aus einen Antrag beim Paris Office zu stellen. Wenn Sie anderer Ansicht sind, auch mit Rücksicht auf die etwaige Altersgruppe, so wäre ich Ihnen für eine entsprechende Mitteilung dankbar, möglichst mit Angabe der genauen Adresse, an die der Antrag zu richten wäre, damit er nicht auf einen falschen Dienstweg kommt. Baade schrieb übrigens auch, dass Adams [Walter Sydney] auch vergeblich versucht habe, anderswo (vermutlich Carnegie) Mittel zu bekommen. Es ist sehr schade, dass die ganze Aktion so ergebnislos verlaufen ist. Für Ihre Bemühungen bin ich Ihnen trotzdem sehr dankbar. Wahrscheinlich werde ich nun versuchen, in Bergedorf an der Nebel-Frage weiterzuarbeiten, wenn auch die Hamburger Atmosphäre nicht gerade die Arbeitslust erhöht.
Mit den besten Grüssen *Ihr R. Minkowski*

Baade und Stern beschlossen nun, jetzt erst recht alles zu unternehmen, um für Minkowski ein Stipendium zu bekommen. Sie waren bereit, dazu alle ihre Verbindungen zu einflussreichen Kollegen in den USA (z. B. zu Edwin Hubble und Rudolph Ladenburg) zu nutzen.

Da immer mehr deutsche Wissenschaftler bei der Rockefeller Foundation um Unterstützung nachfragten, kam auch die RS an ihre finanziellen Grenzen. Sie beschloss daher, nur noch entlassenen Wissenschaftlern zu helfen. Da Minkowski jedoch wegen seiner Kriegsteilnahme im Ersten Weltkrieg seine Stelle in Hamburg noch nicht verloren hatte, war daher ein Antrag bei der Rockefeller Foundation auf eine „Fellowship" für Minkowski aussichtslos.

Als aber dann Minkowski Stern im Brief vom 31.3.1934 mitteilte, dass er nun auch in Hamburg seine Professorenstelle verloren habe und nur auf einer Assistentenstelle (vermutlich nur für kurze Zeit) weiterarbeiten könne, gab es bei der Rockefeller Foundation eventuell nun doch wieder eine neue Chance.

Standort: [BAL], bk0016n8v2b; Dokumentnummer: **[0327/31.03.1934]**

31. März 1934

Lieber Herr Stern !
Endlich kann ich Ihnen mitteilen, dass ich den beliebten Einschreibebrief erhalten habe, d. h. zunächst die Ankündigung der beabsichtigten Entziehung der Lehrbefugnis nach § 6 (Vereinfachung der Verwaltung oder Interesse des Dienstes). Im wesentlichen Koch zuliebe, der sehr gejammert hat, habe ich von der Möglichkeit Gebrauch gemacht, mich dagegen zu äussern. Ich nehme aber nicht an, dass diese str[ä]fliche Gutmütigkeit Folgen haben wird! Der Sinn der Massnahme wird klar

dadurch, dass alle in Frage kommenden mit einer Ausnahme (Bruck) den gleichen Brief bekommen haben.
Natürlich beabsichtige ich nicht, im degradierten Zustand als Assistent weiter zu bleiben, sondern möchte so bald als möglich Hamburg verlassen. Das hätte ich sowieso gerne schon lange getan, wenn ich ein auch nur provisorisches Unterkommen gefunden hätte. Leider sind immer nur vage Möglichkeiten aufgetaucht, die sich nicht materialisiert haben, und die auch nicht sehr verlockend waren, so dass ich nicht unglücklich war, dass sie gar nicht erst in ein ernstes Stadium gekommen sind. Nun wird das Problem aber doch aktuell, und ich wäre Ihnen sehr dankbar, wenn Sie mir schreiben würden, ob, wo und wie ich drüben etwas finden könnte. In Europa scheinen mir kaum vernünftige Möglichkeiten vorhanden zu sein – abgesehen von Provisorien ohne Aussicht, deren Möglichkeiten ich noch nicht erforscht habe, da ich den Brief erst kurz vor meiner Abreise erhalten habe.
In Hamburg sieht es traurig aus. Die physikalische Wüste ist enorm. Lenz beschäftigt sich in steigendem Mass mit Schimpfen, die anderen arbeiten auch nicht, sei es wegen SA-Dienst, sei es wegen Verärgerung infolge langsam, sehr langsam und viel zu spät aufdämmernder Vernunft. Es wird überhaupt viel geschimpft! Ihr Nachfolger ist noch nicht gefunden; Frers hat, so viel ich weiss, noch nicht alle Hoffnung verloren, da Rabe diese Kandidatur mit Energie unterstützt! Als kleines Beispiel lege ich Ihnen ein Rundschreiben des Rektors im Original bei, aus dem Sie sehen können, wie es heute im Ganzen zugeht. (Bitte nicht sagen, woher Sie es haben!)
Ich habe in diesem Winter versucht, die Nebelarbeit in Hamburg weiterzubringen, nachdem für Mnt. Wilson vorläufig keine Aussicht zu bestehen scheint – leider, es wäre mir zunächst das liebste. Nachdem ich viel Mühe in Eichaufnahmen etc. gesteckt hatte, gab es in sechs Wochen keine richtig klare Nacht, sodass die wesentlichste Arbeit des Winters nutzlos vertan ist. Die Arbeitslust ist in der schönen Umgebung in Hamburg eigentlich nicht so gross, dass man solche Dämpfer braucht. Wir waren jetzt vierzehn Tage in Ascona. Ohne Ferien im Ausland kann man es überhaupt nicht aushalten.
Mit den besten Grüssen auch für Estermanns
Ihr R. Minkowski

Da Minkowski dieser Stellenerniedrigung nicht zustimmte, war er nun de facto entlassen. Minkowski hatte auch Ladenburg über seine De-facto-Entlassung informiert. Im Brief vom 20.4.1934 berichtet Ladenburg Stern über die Gesamtlage und fragt Stern, wie man weiter vorgehen sollte.

Standort: [BAL], bk0016n8t18; Dokumentnummer: **[0329/20.04.1934]**
Princeton, 20.4.1934

Lieber Stern,
Minkowski schreibt mir, dass ihm (u. anderen bisher unbehelligten) die Lehrbefugnis nach § 6 entzogen ist („Vereinfachung der Verwaltung oder im Interesse des Dienstes“), d. h. er ist entlassen.
Er schreibt ferner, dass er Ihnen sowohl als mir im Dezember mitgeteilt habe, dass der Antrag von Adams [Walter Sydney] Pasadena für ihn bei der Rockef[eller]

F[oundation] abgelehnt wurde aus Mangel an Mitteln (ich habe diese Mitteilung nicht erhalten).
M[inkowski] fragt, ob man sich nun, da er seine Stellung verloren hat, für ihn an das N[ew] Y[ork] Office der Rockef[eller] F[oundation] wenden bzw. ob wir Adams veranlassen wollen dies zu tun.
Was meinen Sie? Wissen Sie sonst etwas?
Den Antrag für Reube hat die Pariser Rockef[eller] F[oundation] ebenfalls wegen Mangel an Mitteln abgelehnt.
Herzliche Grüsse *R. Ladenburg*

Ich soll am 21. Mai (Montag) in Lafayette Indiana in der $\Sigma\ \pi X$ Society u[nd] im Colloquium vortragen. Würde es Ihnen passen, wenn ich Sie am Sonnabend vorher besuche? Sonntag Vorm[ittag] werde ich in Laf[ayette] erwartet. Haben Sie schon einen Theoretiker? Sonst könnte ich Ihnen – nunmehr aus eigener Erfahrung – den schon früher genannten Dr. L. A. Young[96] *ganz besonders empfehlen. Er ist Schüler von Uhlenbeck u. Slater u. ist z. Zt. für einen term bei uns, da wir etwas Geld zur Verfügung hatten u. hörten, dass er keine Stellung habe. Er ist in moderner theoretischer Physik wie in der klassischen vortrefflich unterrichtet, hat eigene Ideen u. ist zudem als Haustheoretiker sehr nützlich, stets bereit erforderlich Probleme zu lösen u. zu helfen, arbeitet z. Zt. in Richtung der Dirac-Oppenheimer-Theorie*[97]*.*
Er wird auch in Washington sein, so dass Sie ihn begutachten können.
Ihr R. L. [Ladenburg]

Minkowski teilte Stern in seinem Brief vom 30.4.1934 mit, dass er Franck in Kopenhagen aufgesucht hatte, um sich mit ihm zu beraten, welche anderen Möglichkeiten es für ein Stipendium gab. Franck schlug nun das Duggan Committee für ein Stipendium am Mt. Wilson vor.

Standort: [BAL], bk0016n8v2b; Dokumentnummer: **[0336/30.04.1934]**
[Kopenhagen] 30. 4. 1934

Lieber Herr Stern!
Ich bin für einige Tage hierhergefahren um Francks Rat einzuholen und gleichzeitig dem 1. Mai zu entgehen. Franck riet mir, den Versuch zu machen, durch

[96] L.A. Young war ein theoretischer Physiker, der zusammen mit Uhlenbeck die Dynamik des Elektrons in magnetischen Feldern quantenmechanisch betrachtet hat. Zu seinen Lebensdaten konnte nichts gefunden werden.

[97] Dirac hatte 1926 eine abstrakte Fassung der Quantenmechanik veröffentlicht, die sogenannte Transformationstheorie. Diese Theorie enthält die Matrizenmechanik Heisenbergs und die Wellenmechanik Schrödingers als Spezialfälle. Bei seinem Cambridge-Aufenthalt, bei dem Oppenheimer auch Dirac traf, wies ihn Ralph H. Fowler darauf hin, dass der neue quantenmechanische Formalismus von Dirac noch nicht auf die bekannten Bandenspektren von Molekülen angewendet worden sei. Daraus entstand Oppenheimers Doktorarbeit, mit der er bei Born in Göttingen mit Auszeichnung promoviert wurde. Die Dissertation trägt den Titel „Zur Quantentheorie kontinuierlicher Spektren". Sie wurde in gekürzter Form, quasi als Weihnachtsgeschenk, am 24. Dezember 1926 bei der Zeitschrift für Physik eingereicht und wurde dann im Band 71 (1927) veröffentlicht.

das Duggan-Commit[t]ee das Mt. Wilson-Projekt zu realisieren. Ich habe darüber gleich an Baade und an Ladenburg geschrieben, dem ich von Hamburg aus die nötigen Unterlagen zur Weitergabe an das Duggan-C. [Comittee] schicken werde, dessen Adresse Franck verschafft hatte. Ob auf diesem Wege etwas zustande kommt, wird sich zeigen müssen. Natürlich interessiere ich mich auch für andere Möglichkeiten, wenn es welche gibt, und ich bin deshalb sehr gespannt, ob Ladenburgs Beratung mit Ihnen noch andere Möglichkeiten ergeben hat. Von Hamburg ist kaum etwas zu berichten. Die Herren Kollegen haben es vorgezogen, über die ganze Angelegenheit kein Wort zu äussern, mit Ausnahme des braven S.A. Mannes Knauer, der erklärte, das ginge doch zu weit und es gäbe überhaupt vieles, was zu weit ginge. Ich habe nicht widersprochen! Als Ihr Nachfolger scheint sich Harteck zu ergeben; Frers hätte eigentlich besser ins Niveau gepasst! Koch scheint übrigens sogar den Versuch gemacht zu haben, bei der Hochschulbehörde etwas zu meinen Gunsten zu unternehmen, natürlich nutzlos. Schliesslich noch eine Bitte. Bestätigen Sie bitte den Empfang von Briefen aus Deutschland mit einer Postkarte. Es ist keineswegs selbstverständlich, dass Briefe ins Ausland ankommen. Ich weiss zuverlässig, dass Briefe aus Hamburg an Lichtwitz[98] nicht durchkommen. Ein Brief von mir an Ladenburg ist auch verloren gegangen.
Mit den besten Grüssen Ihr R. Minkowski

Ladenburg versuchte nochmals, bei Adams (Roger Adams) von der Rockefeller Foundation für Minkowski etwas zu erreichen. Er sandte Stern seinen Brief an Adams (Roger Adams) zur Korrektur und bat ihn, wenn Stern zustimmte, ihn an R. Adams (Roger Adams) weiterzuleiten (dieser Brief an Adams (Roger Adams) ist jedoch im Nachlass Sterns nicht aufzufinden).

Standort: [BAL], bk0016n8t18; Dokumentnummer: **[0338/01.05.1934]**
Princeton, 1.5.1934
My dear Stern:
Excuse me please for writing in English but it enables me to dictate the letter. Here enclosed you will find the letter which I promised to write to Adams [Roger] and if you are satisfied with it please send it to him and perhaps if you wrote some words to Baade in favor of Minkowski it would be useful.

Stern „begrüßte" dann in seinem Brief vom 2.5.1934 an Baade Minkowskis Entlassung, da so wieder Hoffnung bestand, dass die Rockefeller Foundation an Minkowski ein Stipendium vergeben könnte. Gleichzeitig bat er Baade, ebenfalls Druck auf R. Adams auszuüben.

[98] Vermutlich handelt es sich hier um den Mediziner Leopold Lichtwitz (1876–1943), der von 1916 bis 1931 die innere Abteilung des Krankenhauses in Altona leitete. Er musste 1933 in die USA emigrieren.

Standort: [BAL], bk0016n8n27; Dokumentnummer: **[0339/02.05.1934]**

[Pasadena] 2. Mai 1934

Lieber Herr Baade:

Von Minkowski bekam ich die Mitteilung, dass er jetzt glücklich auch entlassen ist. Damit ist ja nun eine Schwierigkeit für die Unterstützung durch die Rockefeller Foundation weggefallen, denn Sie erinnern sich ja, dass Weaver damals sagte, dass sie üblicherweise nur etwas für abgebaute Leute tun können.

Könnten Sie wohl Adams [Walter Sydney] veranlassen, dass er noch einmal einen Antrag an die Rockefeller macht, unter Betonung der veränderten Sachlage. Ladenburg schreibt in diesem Sinne an Adams [Walter Sydney]. Sowohl Ladenburg wie ich sind natürlich gern bereit, die besten Auskünfte über Minkowski an die Rockefeller oder jede andere Stelle zu senden.

Ich will Anfang Juni nach Europa (nicht Deutschland) fahren und hoffe, Minkowski dort zu sprechen. Es wäre sehr erfreulich wenn ich ihm dabei schon über hier unternommenen Schritte berichten könnte. Eventuell kann ich ihm auch ausrichten, was für Schritte er unternehmen soll. Es wäre mir daher sehr angenehm, von Ihnen umgehend Nachricht zu bekommen, sowie Sie etwas wissen.

Ich würde auch sonst gern wieder einmal hören, wie es Ihnen geht. Mir selbst geht es recht gut, bis auf die Schwierigkeiten des Einlebens hier und der englischen Sprache.

Mit herzlichen Grüssen Ihr [Otto Stern]

Stern informierte Minkowski am 4.5.1934 über die Lage und über seine bevorstehende Reise nach Europa. Sterns Wohnanschrift in Europa war die seines Bruders Kurt Stern in Paris.

Standort: [BAL], bk0016n8v2b; Dokumentnummer: **[0340/04.05.1934]**

[Pittsburgh], 4.5.1934

Lieber Herr Minkowski,

Vielen Dank für Ihre beiden Briefe vom 31. März und 4. April, die die letzten sind, die seit November vorigen Jahres von Ihnen erhalten habe. Ich war vor einigen Tagen in Washington beim Meeting der Amer. Phys. Society und habe dort mit L[adenburg] gesprochen. Er hat an Adams [Roger]geschrieben und ich an Baade. Hoffentlich funktioniert die Sache diesmal.

Ich beabsichtige, am 13. Juni mit der Lafayette der French Linie nach Europa zu fahren und etwa 3 Monate dort zu bleiben. Hoffentlich findet sich dabei Gelegenheit, Sie zu sehen. Meine europäische Adresse ist: p.A. Dr. Kurt Stern. Paris 15^e^ 4 Place de Vaugirard.

Wir sind hier schon feste beim Arbeiten und Institut einrichten. Estermann und ich haben mit erklecklichem Fluchen den „Kreuger“[99] *hier aufgestellt und das magne-*

[99] Vermutlich ein Apparaturteil, das den Namen der Herstellerfirma „Kreuger“ trug. Der schwedische Konstrukteur Ivar Kreuger könnte der Besitzer dieser Firma gewesen sein.

tische Moment des Deutons[100] *gemessen. Es ist 0,7 bis 0,8 Kernmagnetonen. Der im Patentblatt angegebene Wert ist infolge eines Rechenfehlers (Faktor 2!) falsch.*
Mit besten Grüssen Ihr [Otto Stern]

Baade informierte am 12.5.1934 Stern, dass ein neuer Antrag für Minkowski bei der Rockefeller Foundation eingereicht werden kann, aber er machte auch klar, dass Stern und Ladenburg volle Unterstützung geben müssen.

Standort: [BAL], bk0016n8n27; Dokumentnummer: **[0343/12.05.1934]**

[Pasadena] 1934 Mai 12

Lieber Herr Stern:
Besten Dank für Ihren Brief, den ich vor 2 Tagen auf dem Mt. Wilson erhielt. Es traf sich gut, dass auch Adams auf dem Berge war, der gleichzeitig den Brief von Ladenburg empfing. Infolgedessen bot sich gute Gelegenheit, die Minkowski-Angelegenheit gründlich zu erklären. Resultat:
Adams [Walter Sydney] ist gern bereit, erneut einen Antrag für Minkowski bei der R. F. [Rockefeller Foundation] zu stellen und wird das in diesen Tagen tun (er war sich, als ich mit ihm sprach, nur noch nicht klar, ob er besser an die New York- oder Paris-Office schreiben sollte, um den Apparat möglichst schnell in Bewegung zu setzen). Soweit ist alles schön und gut. Ich möchte aber glauben, nachdem ich mir den ersten Versuch, Minkowski hierher zu bekommen, angesehen habe, dass Sie und Ladenburg von Ihrem Einfluss bei der R. F. werden Gebrauch machen müssen, falls irgendwelche Bürokrat. oder formalen Schwierigkeiten diesmal eintreten sollten. Adams [Walter Sydney] ist nämlich der typische Neu England Mann d. h. sehr zurückhaltend, wenn es hart auf hart geht und er hasst es anscheinend, jemand zu beeinflussen. Jedenfalls habe ich das Gefühl, dass er jedes Bedenken der R. F. als einen zeitlich überlegten Entschluss anzusehen geneigt ist, der zu respektieren wäre. Jedenfalls hoffe ich sehr, dass diesmal etwas aus der Sache wird. Aus den verschiedenen Unterhaltungen mit Adams [Walter Sydney] weiß ich, dass er Minkowski in der Tat gern hier hätte, da er gern eine Fortsetzung unserer Hamburger Nebelarbeiten hier am Mt. Wilson sähe. Minkowski selbst habe ich schon vor 14 Tagen, als er mir seine Entlassung mitteilte, geschrieben, dass Adams [Walter Sydney] bereit wäre, erneute Versuche bei der R. F. zu unternehmen. Desgleichen habe ich ihm auseinandergesetzt, wie er evtl. definitiv in Pasadena untergebracht werden könnte. Aber das sind Zukunftsfragen, die im Augenblick noch arg in der Luft hängen. Ich denke, wenn wir alle mithelfen wird sich schon ein Weg finden.
Ich bin sehr froh, hier zu sein; dass ich trotzdem oft genug dem Heulen nahe bin, werden Sie auch verstehen. Hoffentlich kommen Sie bald mal hier nach dem Westen, da ich mich sehr freuen würde, sie wiederzusehen. Ihre Bemerkung über Einleben und engl. Sprache verstehe ich nur zu gut, speziell Erstere. Ich habe 8 fertige Arbeiten im Schreibtisch liegen, aber das Text-Schreiben ist die wüsteste Schurkerei, die Sie sich vorstellen können. Ich habe – unter uns – den traurigen Weltrekord, an einer Schreibmaschinenseite (natürlich „Einleitung“ ~ deutsches Aufsatzübel!)

[100] Die Bezeichnung „Deuton“ wurde von dem amerikanischen Physikochemiker Gilbert Newton Lewis (1875–1946) als Name für den Kern des Wasserstoffisotops 2 vorgeschlagen.

8 Tage gesessen zu haben. In Zukunft werde ich wohl nur noch Companie-Arbeiten machen, bei denen der andere Teilhaber das Schreiben erledigt. Sehr gelacht habe ich heute Morgen, als ich die Vermählungsanzeige von Pauli vorfand. Den Zeichen nach zu urteilen (offizielle Anzeige, mit Sorgfalt überlegte Drucktype, Farbe des Druckes etc.) scheint es sich diesmal um eine solide Angelegenheit zu handeln; aus den gleichen Gründen aber hatte ich auch das Gefühl, dass der arme Pauli arg an die Leine geraten ist.[101]

Mit den herzl. Grüssen, auch an die Estermanns. Ihr Walter Baade

Die Entlassung Minkowskis veranlasste nun Stern und Baade erneut einen Antrag bei der Rockefeller Foundation zustellen. Wie man aus den Briefen entnimmt, setzten beide alle ihre Beziehungen ein, um den Antrag für Minkowski erfolgreich zu machen. Baade teilte Stern am 23.5.1934 mit, dass doch wieder Hoffnung für Minkowski bestünde:

Standort: [BAL], bk0016n8n27; Dokumentnummer: **[0346/23.05.1934]**

[Pasadena] 23. Mai 1934

Lieber Herr Stern:

Besten Dank für Ihre Nachricht vom Sonntag. Adams [Walter Sydney] kam heute vom Mt. Wilson zurück und hat eben den Brief an die New York- Office der R. F. losgelassen. Er sagte mir, er wolle ihn an Mason persönlich addressieren, da er dann den bestmöglichen Druck hinter die Sache setzen könnte. Wenn Sie und Ladenburg jetzt die R. F. unter Trommelfeuer nehmen könnten, sollte sich die Angelegenheit nicht allzu lang ausdehnen.

Minkowski schrieb mir in einem kürzlichen Brief, Franck hätte ihm gesagt, sein Aufenthalt würde am besten durch das Duggan Committee finanziert. Um keinen Kuddelmuddel anzurichten, habe ich Adams [Walter Sydney] einstweilen nichts davon gesagt, da ich es für besser halte, erst einmal die R. F. zu versuchen, ehe man den nächsten Schritt unternimmt.

Mit besten Grüssen Ihr W. Baade

Am 29.5.1934 informierte Walter Sydney Adams Ladenburg, dass er den Antrag an den Präsidenten der Rockefeller-Stiftung weitergeleitet habe. Ladenburg teilte Stern sofort diese gute Nachricht mit.

Standort: [BAL], bk0016n8t18; Dokumentnummer: **[0350/29.05.1934]**

Princeton, 29.5.1934

My dear Stern:

I am enclosing, herewith, a copy of the letter I received from W.S. Adams, and I wonder whether you will find time in New York to see President Mason or Dr. Weaver in the interest of Minkowski?

Herzliche Grüsse R. Ladenburg

---

[101] 1934 heiratete Pauli in zweiter Ehe Franziska „Franca“ Pauli geb. Bertram (1901–1987). Diese Ehe brachte Ruhe in sein Leben. Die Ehe blieb kinderlos.

Standort: [BAL], bk0016n8t18; Dokumentnummer: **[0347/24.05.1934]**
Copy for Professor O. Stern

Pasadena (California), 24.5.1934

Dear Dr. Ladenburg:
I have written Dr. Mason, President of the Rockefeller Foundation at New York, expressing the hope that the Foundations might make a grant to Dr. Minkowski to enable him to come to Mount Wilson. I do not know what Dr. Mason's attitude will be in the matter, and I realize that the Foundation has had an enormous number of demands which it has been unable to meet. I very much hope that something may be done in Minkowski's case.
I think it will be valuable if you and Professor Stern would also write Dr. Mason in favor of Dr. Minkowski. I know that he would value the opinion of men who have worked with Minkowski during previous years.
Sincerely yours, *Walter S. Adams*

Am 1.6.1934 berichtete Ladenburg Stern über seine Briefe an einflussreiche Personen der Rockefeller Foundation.

Standort: [BAL], bk0016n8t18; Dokumentnummer: **[0351/01.06.1934]**

Princeton, 1.6.1934

My dear Stern:
I am sending you, herewith, copies of two letters[102] *– one goes to the Rockefeller Foundation in favor of Minkowski – in order that you may know what I have written when you speak with either Mason or Weaver. The other is a letter from Herzfeld concerning the question of Fraulein Hedwig Kohn about which I talked with you. As I do not know whether Herzfeld has sent a similar letter to you, I send you this copy to inform you. I will probably see Minkowski at beginning of July in Hamburg.*
Yours very sincerely *R. Ladenburg*

Standort: [BAL], bk0016n8t18; Dokumentnummer: **[0352/01.06.1934]**
Copy des Briefes Ladenburg an Weaver for Professor O. Stern

Princeton, 1.6.1934

My dear Dr. Weaver:
Last fall I had the pleasure of a conversation with you, as you probably remember, concerning Professor R. Minkowski in Hamburg. At that time he was trying to get a fellowship from the Rockefeller Foundation with the purpose of going to the Mount Wilson Observatory where Professors Adams [Walter Sydney] and Baade were interested in him and his scientific work. You told me that we had to ask the Paris Office of the Rockefeller Foundation for help, as Professor Minkowski had at time his position in Hamburg, that we did, but unfortunately he did not get his fellowship on account of lack of funds of the Paris Office.

[102] Briefe von Rudolf Ladenburg an Warren Weaver vom 1. Juni 1934 und von Walter S. Adams an Rudolf Ladenburg vom 24. Mai 1934.

In the meantime (about two months ago) Minkowski lost his position. Professor [W.S.] Adams of the Mount Wilson Observatory writes me now that he has written to President Mason expressing the hope that the Foundation might make a grant to Professor Minkowski to enable him to come to Mount Wilson, and he asked me to write to the Rockefeller Foundation in favor of Minkowski, as I worked, during previous years, with Minkowski and know him and his scientific work very well. That is why I take the liberty today of writing to you.
I am sending you, herewith, a list of the publications of Minkowski and a record of his training and the work he has done. Minkowski is considered as an outstanding man in the field of physics in which he has worked. His determination of the lifetime of excited atoms which he accomplished in Hamburg as a quite independent work is of fundamental importance and is cited in every textbook of this field. Besides this his investigations of the broadening of spectral lines of transition probabilities of excited atoms, of the paramagnetic rotation and other things are very important contributions to atomic physics. Especially, the study of the intensity distribution of the spectral lines of the great nebulae in Orion, which was undertaken at this suggestion and carried through together with Drs. Baade, Goos and Koch, is a very promising one, and I think it is especially on account of this work that the Mount Wilson Obervatory is interested in him. Besides these original investigations, Minkowski has written some very valuable handbook articles on different subjects of classical and modern optics.
Minkowski is now thirty-seven years old, and I am very hopeful on account of my knowledge of him and his work that he will be able to accomplish very valuable contributions to our science if he can get the opportunity to do further scientific work. So I would like to recommend him very heartily indeed hoping that it will be possible for the Rockefeller Foundation to help in this case.
Yours very sincerely *R. Ladenburg*

Baade konnte dann am 15.6.1934 und 18.6.1934 einen ersten Erfolg in der Minkowski-Sache vermelden. Die Rockefeller-Stiftung war nun bereit, Minkowski zu 50 % zu unterstützen, wenn die andere Hälfte vom Duggan-Committee finanziert würde.

Standort: [BAL], bk0016n8n27; Dokumentnummer: **[0355/15.06.1934]**
15.6.1934

Lieber Herr Stern:
Adams zeigte mir eben die Antwort der Rockefeller-Foundation (Weaver) betr. Minkowski. Die R. F. ist prinzipiell bereit sich mit 50 % an der Finanzierung des Projektes zu beteiligen, wenn die andere Hälfte, wie es in diesen Fällen üblich zu sein scheint, vom Emergency Com[m]ittee (Duggan Com[m]ittee) kommt. Adams [Walter Sydney] will heute die Adresse dieses Kom[m]ite[e]s ausfindig machen und einen entspr. Antrag stellen. Falls Sie und Ladenburg (dem ich gleichzeitig schreibe), vielleicht auch Franck, beim Duggan Commit[t]ee Ihren Einfluss geltend machen könnten, dürfte begründete Hoffnung bestehen, dass die Geschichte diesmal klappt. Hoffentlich erreicht Sie dieser Brief noch in USA.
Mit besten Grüssen *Ihr W. Baade*

Standort: [BAL], bk0016n8n27; Dokumentnummer: **[0356/18.06.1934]**

[Pasadena], 1934 Juni 18

Lieber Herr Stern:

Mein Brief von letzter Woche, den ich nach Pittsburgh adressiert hatte, wird Sie wohl nicht mehr vor der Abreise erreicht haben. Ihren New Yorker Brief erhielt ich gerade eben.

Adams [Walter Sydney] zeigte mir letzte Woche Weavers Antwort auf seinen Brief. Darin teilte er mit, dass die R.F. bereit wäre, sich zu 50 % an den Unkosten für Minkowski zu beteiligen, wenn der Rest vom Duggan Com[m]ittee (Emergency Fund) käme; ferner dass die Initiative vom Duggan Com[m]it[t]ee bzw. [W.S.] Adams auszugehen hätte. Hier liegt offenbar der Punkt, wo es Schwierigkeiten geben kann. Als ich nämlich [W.S.] Adams vorschlug, einfach einen entsprechenden Antrag zu stellen, meinte er, er könnte nicht gut den formalen Antrag stellen, dass im Interesse und zum Besten der Carnegie-Institution Minkowski auf Kosten der R. F. oder einer anderen Institution nach hier delegieren würde. Es müsste sich ein Weg finden lassen, dass er den Antrag im Interesse von Minkowski stellen könne. Offenbar spielen Rivalitäten zwischen Carnegie Institution und R. F. hier herein, in dem Sinne, dass die C. I. ängstlich bedacht ist, sich nichts von der R. F. schenken zu lassen. Das war jedenfalls mein persönlicher Eindruck bei der Unterredung mit Adams. Inzwischen hat [W.S.] Adams an das Duggan-Com[m]it[t]ee geschrieben, des Inhalts, dass er Minkowski für unsere Nebelarbeiten gern hier haben würde und dass das D. C. die Initiative ergreifen möchte, zusammen mit der R. F. Minkowski herüberzubringen. Ich schrieb daraufhin kurz an Sie und Ladenburg mit der Bitte, wenn möglich, das Duggan Com[m]ittee zu bearbeiten.

[W.S.] Adams ist augenblicklich für 8 Tage in Berkeley anlässlich der Tagung der American Assoc. for the Advancement of Science. Sobald er zurück ist, werde ich ihm Ihren Brief zeigen. Inzwischen wird auch wohl Antwort vom Duggan Committee da sein. Jedenfalls werde ich allen meinen Einfluss benutzen, wenn nötig, [W.S.] Adams zu veranlassen, bürokratische Bedenken beiseite zu lassen und über den eigenen Schatten zu springen. Vorläufig hoffe ich, dass das Duggan Committee noch nicht verknöchert ist und die Initiative ergreift.

Mit herzlichen Grüssen *Ihr Walter Baade*

Wie man aus den folgenden Briefen entnehmen kann, waren Reisen von den USA nach Europa keine Schwierigkeit und auch Deutsche konnten die Grenze nach Dänemark noch ohne große Probleme überwinden. Am 19.7.1934 schrieb Ladenburg von Heidelberg aus an Stern:

Standort: [BAL], bk0016n8t18; Dokumentnummer: **[0364/19.07.1934]**

Heidelberg, 19.7.1934

Lieber Herr Stern,

Vielen Dank für Ihren Brief. Baades gleichlautende Mitteilung bekam ich noch in Princeton, vor etwa 4 Wochen, und habe daraufhin mit Weaver u. Murrow ausführlich, wenn auch nur telefonisch, gesprochen. Ganz so günstig wie es nach B[aades]

Brief aussieht, liegt die Sache nicht. Die Rockef[eller] Leute werden von sich aus nichts unternehmen, nur wenn das Duggan Committee (D. C.) die Initiative ergreift, hoffen sie helfen zu können. Adams Antrag war bereits bei Murrow. Leider waren die Mittel des D. C. erschöpft. „Wenn neue Mittel kommen, besteht gute Aussicht. Das wird aber noch eine oder mehrere Monate dauern," sagte Murrow. Die wesentlichen Vorbedingungen seien im übrigen gegeben. Ich selbst habe damals noch einen Empfehlungsbrief geschrieben.
Es wäre sicher sehr nützlich, wenn Sie auch schreiben, sicherlich versteht man dort genügend Deutsch. Wichtig scheint nur, dass Sie persönlich bei Ihrer Rückkehr mit Murrow sprechen (2 West 45th Street, Institute of International Education).
Ich war übrigens in Hamburg und habe unseren Freund gesprochen. Er arbeitet unverdrossen u. ungestört. Er zeigte mir eine schöne Aufnahme der Int. Vert. der roten Cd – Linie, emittiert von einem Molekularstrahl mit Elektronen angeregt, 5 allerdings unaufgelöste Hyp[er]-Feinstr[uktur]-Komp[onen- ten] waren gut erkennbar, mit Perot Fabry etalon von 110 mm Plattenabstand aufgenommen.
Ich habe hier meine Familie wohl u. recht vergnügt vorgefunden, auch den neuen Mittelpunkt, einen Enkelsohn! Meine Pläne für die nächste Zeit sind noch unbestimmt, doch erreichen mich Nachrichten unter obiger Adresse.
Vom 1. – 6. Oktober ist ein grosser internationaler Kongress, speziell Kernphysik, in London, an dem ich beabsichtige teilzunehmen.
Hoffentlich höre ich noch mal von Ihnen. Ich vermute, dass A. Flexner mit Frau aus Princeton in Gastein ist, wollen Sie ihn nicht besuchen?
Herzliche Grüsse! *Ihr Rudolf Ladenburg*

Stern besuchte von Anfang Juni bis zum 15.9.1934 Europa und dabei auch Dänemark. Minkowski wollte diese Chance nutzen, um sich mit Stern zu treffen und das weitere Vorgehen direkt mit Stern besprechen.

Standort: [BAL], bk0016n8v2b; Dokumentnummer: **[0367/03.08.1934]**
Hamburg, 3.8.1934

Lieber Herr Stern!
Vielen Dank für Ihren Brief, den ich gerade noch vor der Abreise erhielt. Wir fahren morgen für 3 Wochen nach Kampen, Haus Mensinga. Eigentlich wollten wir nach FanØ[103]*; das ist aber an Devisenschwierigkeiten gescheitert. Ich kann Sie dort aber ohne Schwierigkeiten besuchen oder einen Ausflug nach Kopenhagen machen. Schreiben Sie doch bitte, wann und wo Sie in Dänemark zu treffen sind. Ich würde mich natürlich sehr freuen Sie zu sprechen. Von Baade habe ich noch nichts endgültiges gehört; es wird wohl noch eine Weile dauern.*
Mit herzlichen Grüssen auch von meiner Frau *Ihr R. Minkowski*

Minkowski half Stern bei seiner Hotelsuche in Dänemark.

[103] Fanö ist eine Insel an der Westküste Dänemarks vor Esbjerg gelegen.

Standort: [BAL], bk0016n8v2b; Dokumentnummer: **[0372/20.08.1934]**

Kampen (Sylt), 20.8.1934

Lieber Herr Stern!
Besten Dank für Ihren Brief vom 18.. Zunächst möchte ich bemerken, dass das Strandhotel in FanØ für Sie etwas zu primitiv sein dürfte, wenn Sie es noch ändern können, würde ich Ihnen unbedingt „Kongen af Danmark" raten. Wir bleiben hier bis zum 27. Ich werde am 27. von hier nach FanØ fahren und, wenn möglich, auch im Kongen absteigen, wo ich gute Bekannte treffen werde, sonst im „Strandhotel".
Sollten Sie Ihren Plan noch ändern, so geben Sie mir bitte noch Nachricht.
Herzliche Grüsse, auch von meiner Frau Ihr R. Minkowski

Baade informierte am 24.9.1934 Stern über den Zwischenstand.

Standort: [BAL], bk0016n8n27; Dokumentnummer: **[0380/24.09.1934]**

[Pasadena], 24. September 1934

Lieber Herr Stern:
Eben erhalte ich Ihren Brief, den ich gleich beantworten will. Die Angelegenheit mit Minkowski steht zur Zeit so: die Rockefeller Foundation ist bereit, die Hälfte der Kosten für den Aufenthalt zu bezahlen, wenn das Duggan Committee die andere Hälfte beiträgt. Nach einer Nachricht, die [W.S.] Adams (Ende Juli?) vom Duggan Committee erhielt, war damals kein Geld für Unterstützung von Emigranten vorhanden, doch wurde Hoffnung auf eine Sitzung im September gemacht, wenn wieder Fonds verfügbar wären. Wenn ich [W.S.] Adams richtig verstanden habe, wäre laut dieser Mitteilung einer neuer Antrag im September unnötig, da Minkowski auf der Liste für die September-Sitzung stände. Jedenfalls sagte [W.S.] Adams damals er könne persönlich nun nichts weiter tun und wir müssten die endgültige Aktion des Duggan Committee abwarten.
Es hängt also alles von den Duggan Leuten ab. Wenn Sie noch einmal tüchtig „pullen" könnten, würde ich mich sehr freuen. Sie werden sicher verstehen, dass wir von hier aus nicht mehr tun konnten und auf den Bescheid vom Juli einfach abwarten mussten. Jedenfalls wäre ich froh, wenn doch noch diese Angelegenheit vom Scheitern gerettet werden könnte.
Mit herzlichen Grüssen Ihr Walter Baade

Obwohl nach jedem kleinen Erfolg in dieser Sache immer wieder neue Hindernisse auftraten, gaben Stern und Baade nicht auf. Stern berichtete Baade am 1.10.1934, dass das Duggan Committee nur unterstützen kann, wenn kein gleichwertiger US-Wissenschaftler die Stelle ausfüllen kann. Stern schrieb:

Es ist geradezu z[um]. K[otzen]., dass bei jeder Verhandlung eine neue Schwierigkeit auftaucht. Immerhin wollen wir die Hoffnung nicht aufgeben.

Standort: [BAL], bk0016n8n27; Dokumentnummer: **[0382/01.10.1934]**

den 1. Oktober 1934

Lieber Herr Baade:
Besten Dank für Ihren Brief vom 24. September. Ich habe am Sonnabend vormittag ausführlich mit Mr. Murrow, Secretary des D. C., gesprochen. Danach liegt

die Sache leider doch etwas anders, als wir bisher annahmen. Dass das Geld für Minkowski bisher noch nicht bewilligt worden ist, liegt nach Murrow nicht so sehr am Geldmangel, als daran, dass das D. C. jetzt nur noch solche ~~Scholars~~ German Scholars nach U.S.A. bringen will, für deren Position kein gleichwertiger Amerikaner verfügbar wäre. Ich habe natürlich gesagt, dass das im speziellen Falle Minkowski zuträfe. Die Begründung dafür ersehen Sie aus beiliegendem Schreiben, das ich mit gleicher Post an Mr. Murrow schicke. Ich habe mich nicht sehr wohl gefühlt bei der Abfassung dieses Schreibens, denn Sie oder Adams wären natürlich viel kompetenter für eine derartige Begründung. Ich hatte aber Murrow zugesagt, ihm das, was ich am Sonnabend gesagt hatte, schriftlich zu geben, so blieb mir nichts Anderes übrig. Vielleicht zeigen Sie aber besser mein Schreiben an Murrow nicht [W.S.] Adams, da er es als Uebergriff meinerseits empfinden könnte. Dagegen wäre es sehr schön, wenn Sie [W.S.] Adams veranlassen könnten, von denselben Gesichtspunkten aus (kein geeigneter Amerikaner verfügbar …) ein Schreiben an Murrow zu schicken. Vielleicht, wenn [W.S.] Adams das nicht will, könnten Sie auch selbst schreiben. Es ist geradezu z[um]. K[otzen]., dass bei jeder Verhandlung eine neue Schwierigkeit auftaucht. Immerhin wollen wir die Hoffnung nicht aufgeben. Halten Sie mich bitte auf dem Laufenden, sowie ein neuer Schritt in dieser Angelegenheit erfolgt.

In Europa war es sehr interessant. Ich hätte viel zu erzählen, hoffe aber, das mal mündlich erledigen zu können, da Briefe schreiben nicht meine Stärke ist.

Herzliche Grüsse *Ihr [Otto Stern]*

Stern versuchte alle Kontakte zu nutzen, um Minkowski zu helfen. Ende September 1934 hatte er in dieser Sache ein Gespräch im „Institute of International Education" (Emergency Committee in Aid of Displaced German Scholars). Stern bedank te sich am 1.10.1934 bei Mr. Murrow, dem „Assistent Secretary" des Emergency Committee in Aid of Displaced German Scholars für dieses Gespräch (maschinengeschriebene Kopie des Briefes ohne Unterschrift)

Standort: [BAL], bk0016n8v3w; Dokumentnummer: **[0383/01.10.1934]**

October 1, 1934

Mr. Murrow,
Institute of International Education,
2 West 45th Street
New York, N.Y.

My dear Mr. Murrow:

I am very indebted to you for the appointment you granted me last Saturday, and I really enjoyed our conversation very much. I should be delighted if you can make it possible to visit me in Pittsburgh in the near future.

Concerning the case of Dr. Minkowski, I should like to point out that in my opinion it would be an especially favourable arrangement to bring him to the Mount Wilson. As I told you, I know Minkowski very well because I have worked in the same building eleven years. I am quite sure that he is a really outstanding experimental physicist, specialized in optics and spetroscopy, who has not only experimental

skill and experience, but also very good ideas, a very rare combination. There are, of course, a few equally good American physicists of the same type, but th[e]y all have very good positions and would not be available for Mount Wilson. Moreover, it is very fortunate that he is not only thoroughly familiar with optics in the physical respect, but has a[o]lso interest and very good training in the application of these methods to astrophysical problems. The Research program which has been proposed by the Mount Wilson is, in fact, a direct continuation of the experiments that Minkowski has carried out in Hamburg during the past few years. As far as my opinion is concerned, I think that the combination of the abilities on Dr. Minkowski and the research facilities of Mount Wilson is of such a kind that I can hardly think of a way in which this particular scientific program could be carried out more efficiently.
Very sincerely yours,
Otto Stern

Am 3.10.1934 folgte diese Antwort Murrows an Stern (Brief maschinengeschrieben und handgeschriebene Unterschrift):

Standort: [BAL], bk0016n8v3w; Dokumentnummer: **[0385/03.10.1934]**

October 3, 1934

Professor Otto Stern
Carnegie Institute of Technology
Schenley Park
Pittsburgh, Pennsylvania

My dear Professor Stern:
It was a very great pleasure to meet you last Saturday. I was happy to have the opportunity to make your acquaintance and grateful for the chance to go over Dr. Minkowskis case with you. In spite of the action taken by my Committee at its last meeting in the matter of Mount Wilson Observatory I still hope that some arrangement may be made by which it will be possible for Minkowski to benefit by the advantages Mount Wilson has to offer, and conversely, for the Observatory to profit by Minkowski's training, experience and skill. I shall keep you posted of any developments in the case.
With best personal wishes,
Sincerely yours,
E.R. Murrow Assistant Secretary

Am 4.10.1934 teilte Minkowski Stern mit, dass seine Entlassung nun „amtlich" sei.

Standort: [BAL], bk0016n8v2b; Dokumentnummer: **[0387/04.10.1934]**

Hamburg, 4.10.1934

Lieber Herr Stern!
Im Anschluss an meinen Brief vom 31. kann ich Ihnen mitteilen, dass ich bei meiner Rückkehr das erwartete Entlassungsschreiben vorgefunden habe. Auf die Weiter-

entwicklung bin ich neugierig. Zunächst schreibe ich Briefe. Ich bin aber trotz aller Unsicherheit nicht unzufrieden.
Mit den besten Grüssen *Ihr R. Minkowski*

Stern bestätigte umgehend dem Duggan Committee, dass nur Minkowski für diese Untersuchungen am Mount Wilson Observatorium in Frage käme. Doch das Duggan Committee reagierte ablehnend, da keine Gewähr bestünde, dass Minkowski nicht einem Amerikaner den „Job" wegnähme. Baade berichtete dann von seinem Gespräch mit Roger Adams, dem Zuständigen bei der Rockefeller Foundation.

Standort: [BAL], bk0016n8n27; Dokumentnummer: **[0392/20.10.1934]**
[Pasadena], 1934 October 20
Lieber Herr Stern:
Besten Dank für die Nachrichten in der Minkowski Angelegenheit. Von hier aus sind wohl keine weiteren Schritte nötig, da sich inzwischen Folgendes ereignet hat: im letzten Brief an [W.S.] Adams teilte das Duggan Committee mit, dass wenig Aussicht für Minkowski bestände, da das Committee keine Gewähr dafür hätte, dass Minkowski nicht einem dafür qualifizierten Amerikaner ein job wegnähme. Wie [W.S.] Adams mir erzählte, wurde er ob dieser eigenartigen Antwort wütender und wütender, so dass er sich zu einem neuen Schreiben entschloss. In diesem stellte er fest, dass er aus 2 Gründen die Bemühungen für Minkowski unternommen habe: einmal, weil er Minkowski für den kompetenten Mann halte, die vorgeschlagenen Untersuchungen, an denen das Mt. Wilson Observatory sehr interessiert sei, durchzuführen; sodann, wie er geglaubt habe, das D. C. sei eine Institution, in Deutschland in Schwierigkeiten geratenen Wissenschaftlern zu helfen. Der letzte Brief erwecke aber den eigenartigen Eindruck, als ob das D. C. [Duggan Committee] seine Hauptaufgabe darin sehe „to prevent competition between clever Jews and poor Nordics". Auf seinen sehr deutlichen Brief erhielt [W.S.] Adams inzwischen eine Antwort vom Sekretär des D. C., welcher erklärte, auf eine solche Antwort habe er schon seit langem gewartet, da sie mit seiner eigenen Auffassung übereinstimme. Er würde [W.S.] Adams Brief bei der nächsten Sitzung vorlegen und hielte es für sehr wahrscheinlich, dass das Gesuch nun doch genehmigt würde.
Hoffen wir, dass das wirklich der Fall sein wird; mir wird allmählich schlecht, wenn ich nur an das D. C. denke. Minkowski schrieb mir inzwischen aus London; es hat mich wenigstens etwas beruhigt, dass Koch ihn bisher als Assistenten hat halten können. Sollte noch einmal eine Intervention von hier nötig werden, so lassen Sie es mich bitte umgehend wissen. [W.S.] Adams ist so wütend auf das D. C., dass er gern bereit ist, Amok zu laufen.
Mit herzlichen Grüssen, auch an Estermann
Ihr Walter Baade

Im Brief vom 22.10.1934 von Stern an Ladenburg berichtete dieser, dass er wenig Hoffnung habe, dass Minkowskis Antrag positiv entschieden würde.

Standort: [BAL], bk0016n8t18; Dokumentnummer: **[0393/22.10.1934]**

[Pittsburgh], 22.10.1934

Lieber Ladenburg:
Besten Dank für Ihren Brief aus Kopenhagen. Ich hoffe, dass Sie glücklich wieder in Princeton gelandet sind. Ich würde Sie natürlich auch sehr gern recht bald wieder mal sprechen, und um das Nützliche mit dem Angenehmen zu verbinden – denn wir alle möchten gern Näheres über den Kernkongress in England hören – möchte ich Sie fragen, ob Sie eine Einladung hierher annehmen würden. Es würde sich darum handeln, dass Sie eine „Public Lecture" hier halten würden und ausserdem in unserem Kolloquium resp. im kleineren Kreise uns von dem Londoner Kongress erzählen würden. Wir können Ihnen 100 Dollar und die Reisespesen dafür in Aussicht stellen. Wohnen können Sie wieder im Athletic Club. Unser Kolloquium ist am Donnerstag abend 8 Uhr 15 und es wäre sehr schön, wenn Sie es so einrichten können, dass Sie an einem Donnerstag abend hier sind. Wenn es Ihnen aber gar nicht passt, könnten wir das Kolloquium natürlich auch verlegen. Es wäre uns sehr lieb, wenn Sie recht bald kommen könnten, z. B. Donnerstag nächster Woche. Die Public Lecture könnte dann am Freitag sein. Wenn Ihnen das passt, bitte ich um sofortige Antwort und Angabe des Themas für die Public Lecture, damit wir die Anzeigen rechtzeitig drucken lassen können. Sie bekommen dann natürlich noch eine offizielle Einladung vom Carnegie Tech. leider nicht von Baker selbst, da er gerade krank ist.
Wir würden uns alle sehr freuen, wenn Sie herkämen, ich ganz besonders. Wir haben auch eine Menge Sachen zu besprechen, z. B. die Angelegenheit Minkowski, denn bei meinem Besuch beim Herrn Murrow in New York hatte ich den Eindruck, dass die Sache recht faul steht. Als besondere Attraktion möchte ich noch erwähnen – was Ihnen jedenfalls auch schon bekannt sein wird, - dass die Internationale Kunstausstellung hier vor Kurzem eröffnet wurde. Also antworten Sie recht bald und hoffentlich im zusagenden Sinne.
Herzliche Grüsse, auch an alle Princeton Leute, soweit ich sie kenne,
Ihr Otto Stern

Im Brief vom 27.10.1934 konnte jedoch Ladenburg dann Stern von einer neuen positiven Entwicklung in der Sache Minkowski berichten:

Standort: [BAL], bk0016n8t18; Dokumentnummer: **[0397/27.10.1934]**

Princeton, 27.10.1934
10^{0} Vru.
Vor dem Telefongespräch geschrieben

Lieber Stern,
Vielen Dank für Brief, Telegramm u. Einladung. Wie ich Ihnen gestern abend u. Herrn Watkins[104] (office of the President) heut[e] morgen – auf Grund seiner offiziellen Einladung – telegrafierte, muss ich leider zu einem Doktorexamen am Don-

[104] Watkins war ein Mitarbeiter im „Office" of the President of Carnegie Institute of Technology.

nerstag hier sein. Hoffentlich macht es Ihnen keine Unannehmlichkeiten das „Seminar" mit meinem Bericht über den Kongress auf Freitag oder Sonnabend zu verlegen. Vielleicht können Sie mir noch mitteilen, wann das Seminar und die Public lecture sein wird, damit ich mich entsprechend einrichte. Ich möchte beide mal „lauteru slides" der üblichen Grösse „of this country" zeigen, ausserdem in der Publ. Lecture gerne einen Kinofilm. Kann ein entsprechender Apparat aufgestellt werden? Breite des Films ist die übliche, zur Sicherheit lege ich ein kleines Stückchen bei. Es wäre nützlich, wenn der Apparat so beschaffen ist (mit besonderer Klappe), dass man ihn für kurze Zeit anhalten u. das Bild „in Ruhe" zeigen, erläutern kann, ohne dass der Film anbrennt.
Ich habe übrigens soeben auch an Andreas Mellon[105] geschrieben u. angefragt, ob wir seine berühmten Bilder Freitag oder Sonnabend sehen können. Wenn ja, würde meine Frau mitkommen. Kann sie dann auch im Athletic Club wohnen oder welches Hotel oder welcher Club würden Sie sonst raten?
Wie ist Ihre Privattelefonnummer?
Ich freue mich ausserordentlich Sie + Estermann u. wohl auch Berl wiederzusehen, es gibt ja eine Menge zu erzählen nach den reichen Erfahrungen dieses Sommers. – Eben die Telefongespräche[106]. Ich komme also doch Donnerstag gegen Abend, so dass ich um 8 $\frac{1}{4}$ zum Seminar da bin.

Bitte benachrichtigen Sie Herrn Watkins, Office of the President, wegen meines heut[e] morgen an ihn abgeschickten Telegramms.
Ich habe gestern vom Emergency Committee (Murrow) vertraulich erfahren, dass ein neuer Antrag für Minkowski vor 2 Wochen angenommen ist u[nd] es hängt jetzt von der Rockef. Fd. ab, ob sie die gleiche Summe beisteuern wollen. Weaver ist z. Zt. verreist, so dass ich deren endgültigen Beschluss noch nicht erfahren konnte – aber ich hoffe sehr, es wird endlich gelingen.
Also auf baldiges Wiedersehen. Ihr R. Ladenburg

Am 6.11.1934 konnte dann Rudolph Ladenburg endlich den Durchbruch in der Sache Minkowski vermelden. Er schrieb:

Standort: [BAL], bk0016n8t18; Dokumentnummer: **[0400/06.11.1934]**
[Princeton, New Jersey], 6. November 1934
My dear Stern:
Enclosed you will find a copy of letter which Dr. Weaver just wrote to me. Now I really hope we can be sure that Minkowski will come to the Mt. Wilson Observatory. I had a very nice time in Pittsburgh and I really thank you very much for all your kindness there. Please give my best regards to Estermann, Berl and Watkins when you see them.
Yours very sincerely, R. Ladenburg

---

105 Andrew William Mellon (1855–1937) war ein amerikanischer Industrieller, der die Wissenschaft unterstützte und ein bedeutender Kunstsammler war.
106 Text stimmt mit handgeschriebenem Original überein.

Stern war glücklich über den Erfolg, aber er blieb skeptisch, ob nicht doch noch ein neues Problem auftauchten könnte. Er schrieb am 19.11.1934 an Baade:

Standort: [BAL], bk0016n8n27; Dokumentnummer: **[0401/19.11.1934]**

19. November 1934

Lieber Herr Baade:
Besten Dank für Ihren Brief vom 20. v. M., über den ich mich ausserordentlich gefreut habe, und die Karte vom 26. , in der Sie mitteilen, dass das D. C. das Geld bewilligt hat. Ich würde nun sehr gerne wissen, ob jetzt wirklich alles in Ordnung ist und [W.S.] Adams die Einladung an Minkowski abgeschickt hat. Ich bin in dieser Sache immer etwas ängstlich, weil dabei schon so viel schief gegangen ist. Ich wäre Ihnen also für eine kurze Nachricht – nur zu meiner Beruhigung – sehr dankbar.
Mit herzlichen Grüssen Ihr [Otto Stern]

Baade antwortete am 28.11.1934:

Standort: [BAL], bk0016n8n27; Dokumentnummer: **[0405/28.11.1934]**

[Pasadena], 28.11.1934

Lieber Herr Stern:
In Beantwortung Ihres letzten Briefes kann ich Ihnen folgendes Mitteilen: auch die Rockefeller Foundation hat – nach der Bewilligung des Duggan-Committees – von sich hören lassen und 1000 Dollar bewilligt. Das ist zwar nicht ganz im Einklang mit dem ursprünglichen Versprechen, nach dem man die gleiche Summe wie vom D. C. [Duggan Comittee] erwarten konnte; aber die R. F. [Rockefeller Foundation] erklärt, unter den gegenwärtigen Verhältnissen könne sie nicht weiter gehen. Jedenfalls stehen also 3000 Dollar zur Verfügung, um Minkowskis Reise und Aufenthalt zu finanzieren. Die Summe dürfte ausreichend sein, um einen 1 jährigen Aufenthalt + Reisekosten für Minkowski allein zu ermöglichen. Da er aber wohl sicher daran denkt, seine Familie mitzunehmen, dürfte wohl nichts anderes übrig bleiben, als dass er die Reisekosten für den Rest der Familie selbst finanziert. Wie das bei der gegenwärtigen Geldzwangswirtschaft in Deutschland möglich ist, kann ich von hier aus natürlich nicht beurteilen. Ich möchte auch nicht gern [W.S.] Adams bitten, wie Sie nach allem Hin und her verstehen werden, weitere 1000 Dollars irgendwoher zu beschaffen. Im Auftrage von Adams habe ich Minkowski vor einigen Tagen von dem definitiven Ergebnis in Kenntnis gesetzt und angefragt, wie er die Sache einzurichten gedenkt.
Also soweit wären wir – endlich! Inzwischen fühle ich leise den Druck, der sich bei der Frage: was weiter? einstellt. Es wird nicht leicht sein, Minkowski unterzubringen bei den gegenwärtigen Verhältnissen. Aber man soll die Flinte nicht vorzeitig wegwerfen.
Wie geht's Ihnen in Pittsburgh? Hoffentlich haben Sie Ihre Molekularstrahlen wieder im Gang; jedenfalls klingt der neue Institutstitel hoffnungserweckend.
Mit herzlichen Grüssen Ihnen und Estermann Ihr W. Baade

Trotz der Zusagen, ein richtiger Erfolg was es nicht. Die bewilligten Mittel reichten kaum für die ganze Familie Minkowski. Es mussten noch weitere Geldquellen gefunden werden.

Standort: [BAL], bk0016n8t18; Dokumentnummer: **[0407/04.12.1934]**

[Pittsburgh], 4.12.1934

Lieber Ladenburg:

Gleichzeitig mit Minkowskis Brief, den ich anbei mit bestem Dank zurücksende, bekam ich einen Brief von Baade, bei dem ich angefragt hatte, wie denn die Minkowski-Angelegenheit stünde. Er antwortete, dass 3000 Dollar (2000 Dollar D. C. und 1000 Dollar R. F.) zur Verfügung stünden und dass das Geld wohl für einen einjährigen Aufenthalt und Reisekosten für Minkowski allein reichen würde. Er hat auch im Auftrage von [W.S.] Adams dieses Ergebnis an Minkowski berichtet und angefragt, wie er sich die Sache einzurichten gedenkt. Nun sagt Baade selbst, und das ist wohl auch zweifellos der Fall, dass Minkowski natürlich mit Familie wird rüber kommen wollen. In diesem Falle würde wohl nichts anderes übrig bleiben, als dass er die Reise für die Familie selbst finanziert. Ganz abgesehen davon, dass es fraglich ist, ob Minkowski bei den augenblicklichen Devisenbestimmungen die ganze Reise bis Pasadena in deutschem Geld bezahlen kann, scheinen mir die 3000 Dollar überhaupt recht knapp. Von einem 1 1/2 jährigen Aufenthalt, wie Minkowski schreibt, kann doch gar keine Rede sein. Die ganze Angelegenheit ist überhaupt wieder, wie üblich, voller Widersprüche, da nach der Copie des Briefes von Weaver an Sie, [W.S.] Adams angeblich das Rockefeller Geld überhaupt nicht brauchte.

Es wäre also zweifellos äusserst wünschenswert, noch etwas Geld aufzutreiben. Was sehen Sie da für Möglichkeiten? Könnten wir Minkowski noch etwas aus unserem Fond (Herzfeld) geben? Es ist doch wahrscheinlich infolge der Ablehnung von Szilard wieder etwas Geld verfügbar. Dann könnte man versuchen, für Minkowski einer Reihe von Vorträgen zu arrangieren, die er auf dem Wege von New York nach Pasadena halten könnte. Oder haben Sie sonst einen Vorschlag?

Anbei sende ich Ihnen die Antwort von meinem Kollegen Mehl hier auf meine Anfrage bezüglich Literatur über Korrosion von Eisen.

Mein diesmaliger Aufenthalt in Princeton war wieder sehr erfreulich. Bitte bestellen Sie auch Ihrer Gattin nochmals meinen besten Dank und viele Grüsse. Wir hoffen, Sie ja nach Weihnachten hier zu sehen, wahrscheinlich melde ich mich aber vorher noch einmal von New York aus bei Ihnen.

Mit herzlichen Grüssen Ihr Otto Stern

Auch Ladenburg beteiligte sich an der Suche nach zusätzlichen Geldquellen:

Standort: [BAL], bk0016n8t18; Dokumentnummer: **[0408/12.12.1934]**

Princeton, 12.12.1934

My dear Stern:

Please excuse me for writing in English but it enables me to dictate the letter.

With regard to Minkowski I see that you have been very right unfortunately. I think that the \$3000 are rather little for a whole year with his family. Certainly the travel *in expenses cannot be paid by this sum, but I believe that he could buy tickets for himself and his family from Berlin to California and pay it with German money – certainly if he takes a German boat, and he could take his furniture with him as Baade did, as far as I know. Then of course he could not travel through the Continent giving lectures.*

Our fund, directed by Herzfeld, has just now, as far as I know, only $100 available. I suppose that Herzfeld wrote to you on account of Paul Hertz. I have heard through Fräulein Noether that the living in Geneva is so expensive that he cannot stay a whole year with the $800, so Herzfeld suggested that he either take $200 more or come back earlier. In case he prefers the latter proposal the $200 would be available.

With regard to Szilard, it has not yet been decided whether he will come or not so that the money is not available just now, and even if he will not come I know that the New York University, especially Professor Cox, would be very glad to use the sum which we offered to get another displaced German scholar over. So at this moment I don't know of more than $100 available for Minkowski. But I think we shall now start another drive and then probably something can be given to him.

Now the only question is, shall we advise Minkowski to go by boat directly to California or only to New York and then through the country giving lectures? I don't know of many places where I could arrange to have him invited and most universities are very hesitant in paying for such lectures. If you agree, therefore, I would write directly to him and advise him to go directly to California in a boat, if he can pay the expenses in German money. Will you please let me know as soon as possible your opinion?

Please give my best thanks and thanks of Professor Einstein to Professor Mehl for his great kindness. I am studying the literature and will then speak with Einstein about the matter.

I hope very much to see you soon here again and hope everything is all right with you.

Mit herzlichen Grüssen, auch an Estermanns,

stets Ihr R. Ladenburg

Standort: [BAL], bk0016n8t18; Dokumentnummer: **[0409/17.12.1934]**

Princeton, 17.12.1934

My dear Stern:

Yesterday Professor Herzfeld was here and told me that in the meantime some more money has come in for our fund, and we will have $500 available if we don't give the extra $200 to Paul Hertz. Herzfeld has not yet written to Hertz [Paul] and we have decided that he only writes him that he may stay with the $800 that he has, as long as he wants, so we have really $500 available. Now besides Minkowski for whom we probably will need money, there is the case of Nordheim. Lark-Horowitz has written me again and urged me to speak with Emergency Committee, Purdue University will probably keep Nordheim for another year as a substitute for a professor going on leave of absence, if Nordheim would come in January and stay there the rest of the

year and would fit into their staff. But it seems necessary that a few hundred dollars will be found somewhere to meet the conditions of the Emergency Committee to arrange this matter, trying to make our contribution as low as possible so that we have at least $300 left for Minkowski. At the same time Herzfeld is now starting a new drive which will certainly give us some result.
I enclose a letter to Minkowski and ask you to send it off directly if you agree with the contents of the letter. Minkowski will understand what I mean as I always correspond in this way with him.
Yours sincerely, *R. Ladenburg*
P.S. I just found out that the fare from New York to Pasadena on a boat of the Panama-Pacific or Dollar Lines, tourist class, is $120 per person and for children between three and twelve years of age it is half fare, so that $360 would cover all the expenses for him and his family.

Standort: [BAL], bk0016n8t18; Dokumentnummer: **[0412/31.12.1934]**
Princeton, 31.12.1934
Lieber Stern,
Gestern kam folgendes Kabel:
Nachricht nur verständlich, wenn Brief Baade verloren. Letzter Brief Baade vom 26. Oktober. Schleunigste Wiederholung späterer Nachricht veranlassen. Kann Fahrtkosten hier bezahlen.
Minkowski
Ich habe dies eben Baade per Flugpost mitgeteilt. Hoffe, dass sein 2. Brief mehr Erfolg hat. Ich habe vorgeschlagen ihn eventuell an P. P. Koch zu adressieren.

Herzliche Neujahrswünsche + nochmals besten Dank für Ihre Gastfreundschaft in Pittsburg[h]. *Ihr R. Ladenburg*

K.F. Herzfeld vom German Scientist Relief Fond bot Stern wegen Minkowski dann folgende finanzielle Unterstützung an:

Standort: [BAL], bk0016n8s29; Dokumentnummer: **[0422/29.01.1935]**
29. January 1935
Sehr geehrter Herr Kollege,
wir schlagen vor, 300 Dollar des German Scientists Relief Fund fur Dr. R. Minkowski, -ehemals Privatdozent fur Physik in Hamburg, zu verwenden. Minkowski hat ein Rockefeller Stipendium fur Mt. Wilson und hofft dort spater auf eine dauernde Stelle. Er mochte aber Frau und Kinder mit nehmen und das Stipendium reicht fur die Fahrtkosten nicht aus.
Wir schlagen vor, den aus dem Jahre 1935-36 zu ubertragen, da fur dieses Jahr das Einkommen wesentlich kleiner sein wird.
Wenn ich bis 10 februar nichts Gegenteiliges höre, nehme ich Ihre Zustimmung an.
Mit den besten Empfehlungen,
Unterschrift K. F. Herzfeld

Damit waren alle finanziellen Hindernisse aus dem Weg geräumt, und Minkowski konnte Deutschland im Mai 1935 mit seiner Familie verlassen. Stern und Estermann trafen sich dann mit ihm in New York.

Standort: [BAL], bk0016n8v2b; Dokumentnummer: **[0459/15.05.1935]**

May 15 35

Will arrive with Estermann New York Friday morning expect to stay at Hotel Vanderbilt but not quite sure stop shall ask in any case for your letter there stop in addition inform you that we will be friday on thirty pm office Radium Chemical Company one east fortysecond street.

Otto Stern

2.2.2 Briefverkehr wegen Unterstützung von Robert Schnurmann

Otto Stern unterstützte auch die Notgemeinschaft Deutscher Wissenschaftler im Ausland. Im Rundbrief der Notgemeinschaft Deutscher Wissenschaftler im Ausland vom Winterhalbjahr 1934/35 wurde mitgeteilt, dass noch für ca. 1300 Wissenschaftler eine Stelle gefunden werden muss. 161 Professorenstellen und 69 andere Stellen waren bis dahin schon vermittelt worden. Dazu wurden 352 Wissenschaftler für kurze Beschäftigungszeiten untergebracht. Die Hauptstelle der Notgemeinschaft war in Zürich, Nebenstellen gab es in London (diese hatte bis Ende 1934/5 schon 60.000 Pfund an Stipendien etc. vergeben) und in New York (diese hatte bis Ende 1934/35 schon 300.000 $ an Stipendien etc. vergeben). Durch Vermittlung von Schwartz fanden viele Mediziner eine Stelle in der Türkei, aber auch aus Persien/Teheran, Peru, Chile, Brasilien, Ecuador, Spanien etc. lagen Stellenangebote vor.

In der Liste der Unterstützer fanden sich Ende 1934/35 eine Reihe von Physikern, Chemikern und Mathematikern von Weltruf, die zuvor nach den USA emigriert waren. Darunter waren: Ernst Berl, Felix Bloch, Richard Courant, James Franck, Hans Kohn, Rudolf Ladenburg, Alfred Landé, Cornel Lanczos, John von Neumann, Emmy Noether, Leo Szilard, Hermann Weyl, Eugen Wigner und auch Otto Stern.

Stern unterstützte über die Notgemeinschaft Deutscher Wissenschaftler u. a. direkt seinen früheren Assistenten Robert Schnurmann, der bis Ende Dezember 1934 in Stockholm arbeitete. Schnurmann hatte Stern am 20.10.1933 aus Stockholm über seine missliche Lage berichtet:

Standort: [BAL], bk0016n8x2c; Dokumentnummer: **[0257/20.10.1933]**

Stockholm, 20.10.1933

Sehr verehrter Herr Professor!

Ich bin ganz planmässig am 1. Oktober hier eingetroffen. Im Institut habe ich ein Einzelzimmer von etwa denselben Ausmassen wie in Hamburg, jedoch ohne den dort gehabten technischen Komfort. Besonders vermisse ich die Druckluftleitung. Einen kleinen Kompressor habe ich inzwischen mit einem Windkessel versehen und

in meinem Zimmer stationiert. Das Glasblasen ist hier eine schwierige Sache. Die Dinge, die ich nicht selbst machen kann, müssen einer Firma in Auftrag gegeben werden. Die Lieferzeit für eine Sache, die etwa 3 Stunden Arbeit macht, beträgt 14 Tage. Ich habe noch nicht ganz heraus, ob das Drängen in solchen Fällen hier als unfein gilt, oder ob die Eingeborenen aufgrund jahrelanger Erfahrung wissen, dass das doch keinen Erfolg hat. Verkürzte MacLeods[107] *gibt es natürlich ebenso wenig wie vernünftige Glashähne.*
Nachdem ich die negativen Dinge vorweggenommen habe, kommen jetzt erfreulichere. Von Land und Leuten bin ich nach wie vor begeistert. Die Menschen sind freundlich und hilfsbereit und tun alles, um mir über die sehr grossen Sprachschwierigkeiten hinwegzuhelfen. Die Familien Klein und Borelius nehmen sich meiner sehr an, und der Institutsmechaniker bringt mir schwedische Wörter bei. Wir verständigen uns, indem wir deutsch, englisch und schwedisch mischen und uns nicht zuletzt unserer Hände bedienen.
Zunächst will ich versuchen, ob eine Anreicherung von H^2 *mittels Diffusion von Wasserstoff durch Metalle möglich ist. Mit einer wirksamen Oberfläche von etwa* $1500\,cm^2$ *sollte ich schon nach 100stündigem Versuch eine sehr deutliche Anreicherung bekommen, falls* H^2 *überhaupt nicht diffundiert. Der Start liegt leider in der Hand der oben erwähnten Firma.*
Prof. Borelius ist nicht sehr für die Fortsetzung meiner Versuche zur elektrolytischen Anreicherung. Er befürchtet, dass das „alle" Leute in Amerika mit besseren Mitteln und dann rascher machen. Er sagte mir, dass er gehört hätte, dass Lewis [Berkeley] sein Verfahren patentiert hätte. Stimmt das? Abgesehen von dem „bigger and better-Komplex" scheint Prof. Borelius sehr grosszügig zu sein in der Zurverfügungstellung der Institutsmittel.
Nebenbei beschäftige ich mich mit den Grenzflächenpotentialen. Für das erste halbe Jahr hat Prof. Klein ein kleines Stipendium (1500skr.) von der Gemeinde für mich bekommen (das ist keine Patenschaft). Danach will mein gegenwärtiger Chef eventuell die Norsk Hydro[108] *anzapfen. Über diese Lebensmöglichkeiten bin ich natürlich sehr glücklich. Dennoch sind das keine Möglichkeiten auf lange Sicht.*
Ich trauere hier besonders unserem Sitzungstisch und unserem Kaffee nach. Es gibt hier nichts Analoges und es besteht keine Möglichkeit, etwas über die Fortschritte der Physik zu hören.
Seit Montag sind Gordons hier. Sie bemühen sich, sich zu akklimatisieren. Heut vor acht Tagen war ich bei dem hiesigen Oberrab[b]iner eingeladen und habe dabei Herrn Schaeffer kennengelernt. Er hat mir ausserordentlich imponiert und ich verstand jetzt Ihren damaligen Optimismus, dass ein so gescheiter Mann etwas Vernünftiges machen wird.
Falls Ihnen, sehr verehrter Herr Professor, das Briefschreiben in der neuen Welt ebenso unsympathisch ist, wie in der alten, wäre ich Ihnen sehr dankbar, wenn Sie Herrn Estermann veranlassen würden, dass er mir gelegentlich berichtet, wie es

[107] McLeods ist ein Druckmessgerät.
[108] Norsk Hydro ist ein norwegischer Konzern für Aluminium und erneuerbare Energie mit Sitz in Oslo.

Ihnen und ihm und seiner Familie geht. Man freut sich im hohen Norden, wenn man etwas aus dem sonnigen Südwesten hört. Ihnen und der Familie Estermann viele herzliche Grüsse
Ihr sehr ergebener *Robert Schnurmann*

Schnurmann sandte Stern am 29.4.1934 einen weiteren Bericht über seine Lage und seine Arbeitsbedingungen sowie sein stetes Bemühen, sich finanziell über Wasser zu halten.

Standort: [BAL], bk0016n8x2c; Dokumentnummer: **[0334/29.04.1934]**
Stockholm, 29. April 1934
Sehr verehrter Herr Professor!
Ich habe mich sehr gefreut, von Ihnen und von Estermanns wieder einmal etwas gehört zu haben und danke Ihnen herzlich für den Brief. Dass Sie nun von Neuem den Kampf um ein Institut führen müssen – das bezieht sich auf Estermanns Mitteilung über Ihr aus dem Nichts geschaffenes Labor und die aus dem Nichts geschaffene Werkstatt – ist doch sehr traurig. Hoffentlich finden Sie alle nötige Unterstützung, um nicht noch Zeit durch Papierkrieg verlieren zu müssen.
Gordons und Kleins haben sich mit Ihren Grüssen ebenfalls sehr gefreut und lassen sie bestens erwidern. Dass ich mich ausserordentlich freuen würde, wenn Sie auf Ihrem Europatrip auch hierher kämen, bedarf keiner besonderen Erwähnung. Ich habe jedoch ausserdem von Herrn Klein den Auftrag, Ihnen zu sagen, dass wir uns alle mit Ihrem Besuch sehr freuen würden.
Sollte sich bedauerlicherweise ein Abstecher hierher mit Ihren Plänen nicht vertragen, so wäre ich Ihnen sehr dankbar, wenn Sie mich wissen liessen, wo ich Sie am wenigsten stören würde. Kommen Sie auch nach Kopenhagen? Mir würde sehr viel daran liegen, Sie zu sehen, um sowohl Physikalisches als auch Persönliches mit Ihnen besprechen zu können.
Über meine äusseren Lebensverhältnisse ist zu berichten, dass ich um die Jahreswende einen Brief aus Genf bekam. Das Comité hatte erfahren (ich vermute von Ihnen), dass ich hierher bereits Möglichkeiten habe, jedoch kein Salz an die Suppe. Das erleichterte oder ermöglichte ein Stipendium von dem hiesigen Comité. Dieses Geld reicht bis Ende Mai. Nach Kleins Besprechungen mit einigen Leuten haben mich Borelius und Klein kürzlich veranlasst, einen neuen Antrag für ein Jahr zu schreiben. Den Bescheid erwarte ich noch. Wenngleich ich ziemlich viel arbeite und mir also sagen kann, dass das Geld ehrlich verdient ist, ist dieser Almosenempfang doch z. K. [zum Kotzen]. Und dazu habe ich noch das wenig tröstliche Gefühl, dass Zukunftsaussichten hier nicht bestehen. Borelius und Klein sind nach wie vor rührend nett und zerbrechen sich dauernd die Köpfe, wie sie mich gerade über Wasser halten können. Borelius ist ausserdem sehr grosszügig, lässt mich ganz selbständig arbeiten, obwohl er nur ein platonisches Interesse an meinen Versuchen hat und obwohl ich noch keine Zeit für die ihn interessierenden elektrochemischen Versuche fand.
Physikalisch fühle ich mich jedoch ein wenig allein auf einer einsamen Insel. Mit den jungen Leuten (zwischen 30 und 40) kann man nicht sprechen (nicht wegen sprachlicher Schwierigkeiten), Gordon ist noch viel schwerer erreichbar und zu-

gänglich als am Schluss der Hamburger Zeit. Klein ist sehr zugänglich und so interessiert, wie Gordon früher war, aber er hat viel um die Ohren und dazu noch eine Frau und fünf Kinder. Wie schön war es doch in H[am]b[ur]g!
Herr Kapitza hat merkwürdigerweise keinen Ton von sich hören lassen. Desgleichen Langevin. Letzterer hat dagegen in seiner Zerstreutheit das ihm seinerzeit übersandte O_2 – Manuskript auf den Redaktionstisch des „Journal de Physique" gelegt. Gegen diese Doppelpublikation habe ich erfolgreich protestiert und mich mit einem (Herrn, Frau, Frl.) J. Langevin darauf geeinigt, unter Beibehaltung einiger Sätze eine andere Arbeit daraus zu machen unter Verwendung der NO – Messungen. Das ist noch im Werden. Ich bin jetzt soweit, dass ich die vielen hundert Momente berechnet habe, nachdem ich meine Mutter, die seit 4 Wochen zu Besuch hier ist, an die Rechenmaschine gesetzt habe, wo sie im Schweisse meines Angesichts gewirkt hat. Man sieht nun sehr schön, wie kompliziert der Fall beim NO liegt und ich bin sehr gespannt, ob sich zum Schluss eine gute Übereinstimmung zwischen Theorie und Experiment gibt.
Die Anreicherung des H^2 durch Diffusion durch Metalle geht sehr langsam vom Fleck. Hauptsächlich hat mich in letzter Zeit die Nachweismethode beschäftigt, deren Brauchbarkeit ich hoffentlich in dieser oder der nächsten Woche erhalten kann. Nebenbei überlege ich mir augenblicklich als Parallele zu Bandenmessungen von Hulthén einen Molekularstrahlversuch, bei dem das schwierigste Problem die Werkstatt und der fehlende Glasbläser sind. Über den Versuch selbst hoffe ich bald mündlich mit Ihnen diskutieren zu können.
Das allgemeine Interesse an der Molekularstrahlmethode scheint erfreulich stark im Wachsen begriffen zu sein. So sah ich mit Vergnügen, dass es offenbar Fraser gelungen ist, eine „Molecular Rays Section" zu schaffen. Im „Nuovo Cimento" hat Persico[109] *einen in grossen Zügen einen ganz vernünftigen Bericht (mit nur ein paar kleinen Irrtümern) geschrieben und hier würde ich scheint's auch eine, allerdings die technischen Mängel nicht kompensierende ideelle Stütze für die Anwendung dieser Methode finden. Geärgert hat mich dagegen, das Herr v. Auwers*[110] *bei seiner Besprechung der letzten Leipziger Vorträge in den „Naturwissenschaften" die Dorfmansche Methode für die Kernmomente angepriesen hat. Ich habe ihm darum ausführlich vorgerechnet, auf welch haarsträubende Weise Herr Dorfman*[111] *zu seinem falschen Ergebnis kam.*
Überhaupt Katzbalge ich mich ein bisschen viel mit Pathologen, so im Augenblick mit Herrn Güntherschulze[112] *über die elektrolytische Anreicherung von H^2 und in einer noch nicht ganz abgeschlossenen Betrachtung mit Herrn Frumkin*[113] *über die Grösse elektrolytisch entwickelter Gasblasen.*
Zum Schluss möchte ich noch Ihre Frage, wie es Gordons geht, kurz beantworten. Er sagte, als ich ihm die Frage weitergab, „sehr gut". Um der Gerechtigkeit willen

[109] Enrico Persico (1900–1969) war ein italienischer theoretischer Physiker, der mit Enrico Fermi zusammenarbeitete und viel zur frühen Verbreitung der Quantenphysik in Italien beitrug.
[110] Karl Friedrich v. Auwers (1863–1974) war ein deutscher Chemiker.
[111] Jakov G. Dorfman (1898–1974) war ein russischer Physiker.
[112] Adolf Güntherschulze (1878–1967) war ein deutscher Physiker.
[113] Alexander N. Frumkin (1895–1976) war ein russischer Chemiker.

muss ich noch zum Ausgleich einer anfangs gemachten Bemerkung sagen, dass Gordon sich im Seminare sehr betätigt. In letzter Zeit hat er häufig zwei- bis dreimal wöchentlich über Grundprobleme der Wellenmechanik vorgetragen. Die Vorträge waren fast durchweg sehr schön und mit sehr viel Sorgfalt vorbereitet.
Ich wäre Ihnen, sehr verehrter Herr Professor, sehr dankbar, wenn Sie mich bald wissen liessen, wann und wo ich Sie sehen kann. Mit der Bitte um Grüsse für Estermanns, denen ich gelegentlich auch wieder schreiben werde, bin ich mit hochachtungsvollstem Gruss

Ihr sehr ergebener Robert Schnurmann

Dem Brief ist ein kurzer Gruß von Walter Gordon an Stern angehängt.

Standort: [BAL], bk0016n8x2c; Dokumentnummer: **[0335/29.04.1934]**

Lieber Herr Stern!
Ich ergreife die Gelegenheit, Ihnen, auch im Namen meiner Frau, von hier aus die besten Grüsse zu senden. Uns geht es hier ganz gut. Augenblicklich wollen wir uns (mit Bohr) auf eine Tour nach Russland begeben. Ich hoffe, dass es Ihnen dort sehr gut geht. Vielleicht können wir uns bei Ihrem Europatrip sehen. Nochmals mit vielen Grüssen

Ihr W. Gordon

Sterns früherer Mitarbeiter in Hamburg, Ronald Fraser aus Cambridge sollte später in der Hilfsaktion für Schnurmann eine wichtige Rolle spielen. Fraser schrieb am 28.5.1934 an Stern:

Standort: [BAL], bk0016n8q6g; Dokumentnummer: **[0349/28.05.1934]**

Norfolk, 28.5.1934

Dear Professor Stern,
Your letter to Nature with Estermann I have dealt with, and it will be in print before you receive this.
I am very glad that you will be in Europe this summer, and hope very much to see you. I have had several letters from Schnurmann in Stockholm, and he writes that he hasn't the facilities for Molecular Ray experiments there, and that he would like to come to my section in Cambridge. I have written to him that I shall be glad to fix things up for him, as far as it concerns apparatus and accommodation, but he does not seem to be at all certain that his money grant will be available for work in Cambridge. He writes that he is hoping to meet you in Paris at the end of June, and I am writing so that you may get this letter before you leave. Perhaps it would be possible for you to help Schnurmann with the Committee from whom he is getting his money, so that it may be still available if he comes to Cambridge. I am looking forward to seeing you if you are in England.
Yours sinverely, *Ronald Fraser*

Im Brief vom 13.6.1934 teilte Schnurmann Stern mit, dass er dessen früheren Hamburger Mitarbeiter Fraser in Cambridge besuchen will. Da Stern sich in der in Frage kommenden Zeit in Europa aufhielt, versuchte Schnurmann ein Treffen mit Stern in London oder Paris zu verabreden.

Standort: [BAL], bk0016n8x2c; Dokumentnummer: **[0354/13.06.1934]**

Stockholm, 13. Juni 1934

Sehr verehrter Herr Professor!

Dieser Brief hat folgende Ursachen. Ich muss Herrn Fraser besuchen und möchte bei dieser Gelegenheit meine über Paris nachhause reisende Mutter bis London begleiten. Force majeure halber müsste das Begleiten spätestens in den ersten Julitagen geschehen.

Da ich Sie auf keinen Fall verfehlen möchte und da ich, falls Sie nicht hierherkommen, unsere Begegnung gerne mit der Englandreise kombinieren möchte, wäre ich Ihnen sehr dankbar, wenn Sie mich möglichst am 22. Juni (an diesem Tag werde ich bestimmt bis 9^{h} in meiner Wohnung und von 10^{h} bis 12^{30h} im Institut sein) telephonisch oder telegraphisch wissen liessen, wann und wo ich Sie sehen kann.

Zu ihrer Orientierung darf ich vielleicht bemerken, dass ich, falls das keine Kollision mit Ihren Plänen gibt am 30. Juni oder 3. Juli in Göteborg abfahren würde und am 2. Juli oder 5. Juli gegen 9^{30h} in London wäre. Ich rechne mit einem etwa 8 tägigen London-Cambridge-Aufenthalt. Sollten Sie nun diese Zeit nicht in England sein, sondern in Paris etwas Zeit für mich haben, so würde ich natürlich dorthin kommen.

Mit hochachtungsvollem Gruß *Ihr sehr ergebener*

Robert Schnurmann

Im Brief vom 28.06.1934 bedauerte Schnurmann dann, sich mit Stern nicht treffen zu können.

Standort: [BAL], bk0016n8x2c; Dokumentnummer: **[0358/28.06.1934]**

Stockholm, 28. Juni 1934

Sehr verehrter Herr Professor!

Für Ihren freundlichen Brief danke ich Ihnen herzlichst. Es ist schade, dass ich Sie jetzt nicht sehen kann. Ich hoffe jedoch bestimmt auf den Spätsommer. Sei es in Kopenhagen oder hier. Herr Klein, der eben bei Bohr ist, wollte Ihnen eine Einladung für hier schicken.

Ich fahre übermorgen in Göteborg ab und werde Fraser wohl am Dienstag sehen. Der Zweck dieser Reise ist, die Arbeits- und Existenzmöglichkeiten in C[ambridge] mit Herrn Fraser an Ort und Stelle zu besprechen. Wegen eines Stipendiums oder der Möglichkeit, mir zu einem zu verhelfen, habe ich bereits in Genf angefragt. Der Bescheid war abschlägig, und ich bekam den Rat, mich an den Academic Assistance Council zu wenden. Das habe ich noch nicht getan. Ich wäre Ihnen natürlich sehr dankbar, wenn Sie mir dabei helfen könnten, oder wenn Sie mir einen anderen Rat geben könnten. Vielleicht darf ich mir erlauben, mich nach der Rücksprache mit Fraser noch einmal deshalb an Sie zu wenden. Wenn Sie glauben, dass irgendwelche Besuche in England, die ausserhalb meines Programmes liegen, wichtig wären, wäre ich Ihnen für einen Hinweis sehr dankbar. Mein bisheriges Programm ist, in

erster Linie Fraser zu sprechen. Ausserdem möchte ich gern Herrn Szilard, Herrn Kapitza und Prof. Born sehen. Das bedeutet jedoch nicht, dass für mich ein Grund vorliegt, meine Suche auf Europa zu beschränken. Sollten Sie in Amerika etwas für mich wissen, so wäre das von ebenso grossem Interesse für mich.
Zunächst muss ich mich mangels der Taube auf dem Dache für einen der Spatzen C[ambridge] oder St[ockholm] entscheiden. Mit der Entscheidung möchte ich, wenn möglich, warten, bis ich Sie gesprochen habe. Von vornherein glaube ich, dass das Milieu in Cambridge lebendiger ist und dass die experimentellen Möglichkeiten durch die besseren Werkstattverhältnisse grösser sind. Andererseits ist hier vielleicht das Gedränge nicht so gross, und die Familien Klein und Borelius sind so ungewöhnlich nett. Eventuell könnte man daran denken, für etwa 2 Jahre nach C[ambridge] zu gehen und dann wieder hierherzukommen. Die Herren B[orelius] und K[lein] wären damit sehr einverstanden. Da mir das andererseits nicht sehr aussichtsreich erscheint, ist es vielleicht besser, das zunächst in die englische Diskussion nicht einfliessen zu lassen.
Estermann gab in Ihrem gemeinsamen Brief der Hoffnung Ausdruck, dass Ihr Institut im Herbst Mitarbeiter bekomme. Das brauche ich wohl nicht explizit auszudrücken, dass ich, wenn ich wieder zu Ihnen kommen könnte, das besonders gern tun würde.
Voraussichtlich bin ich am 13. Juli wieder hier. Dann sollen zwei fertiggeschriebene Arbeiten zum Druck. Nur möchte ich aus formalen Gründen, dass Prof. Borelius, der dann auch kurz aus den Ferien zurück sein wird, sie vorher liest. Die für Langevin bestimmte (die Bestimmung der magnetischen Momente von Molekülen mit der Molekularstrahlmethode) würde ich Ihnen gerne zeigen. Nur möchte ich jetzt Ihre Ferien nicht damit stören. Ich hoffe also auf Ihren Besuch in Stockholm. Beim NO ergab sich ein Unterschied zwischen der gemessenen Schwächung des unabgelenkten Strahls und der berechneten von weniger als 5 %. Mit der zweiten Arbeit (die Grösse elektrolytisch entwickelter Gasblasen) werde ich Sie indessen auch bei ihrem Hierherkommen verschonen.
Da ich Sie, sehr verehrter Herr Professor, vielleicht in den nächsten Wochen um einige Ratschläge bitten möchte, wäre ich Ihnen sehr dankbar, wenn Sie mich jeweils an einer Postkarte im Telegrammstil wissen liessen, wo Sie Post erreicht.
Falls ich, wie beabsichtigt, am 13. Juli wieder von C[ambridge] zurück sein kann, werde ich einige Tage danach für etwa drei Wochen hier in Schweden in Ferien gehen.
Ich wünsche Ihnen, dass Sie Ihren Rheumatismus dieses Mal endgültig auskurieren können.
Mit hochachtungsvollem Gruss Ihr sehr ergebener

Robert Schnurmann

P.S. Vor mehreren Wochen bekam ich ein Formular der „Notgemeinschaft deutscher Wissenschaftler im Ausland". Mir ist aus dem Text nicht mit der nötigen Eindeutigkeit klar geworden, was ich da tun soll. Herr Klein verstand das auch nicht. Darf ich Sie bitten, mir falls Sie diese Verhältnisse kennen, oder falls Ihnen gegenüber jemand über meine Saumseligkeit schimpft, einen Rat zu geben?

Schnurmanns finanzielle Zukunftsperspektive in Stockholm war fast hoffnungslos, und Schnurmann wandte sich in seiner Not in einem Brief vom 5.7.1934 an Stern und bat um Hilfe bei der Suche nach einem Stipendium.

Standort: [BAL], bk0016n8x2c; Dokumentnummer: **[0359/05.07.1934]**

Cambridge, 5.7.1934

Sehr verehrter Herr Professor!

Herr Fraser hatte Ihnen bereits mitgeteilt, dass er eine Arbeitsmöglichkeit für mich in seinem Institut hat, und dass das Problem besteht, Geld für meinen Lebensunterhalt zu beschaffen. Herr Fraser bemüht sich ausserordentlich um die Lösung dieser Sache. Der Academic Assistance Council hat jedoch momentan kein Geld mehr, und die I. C. I. hat ihre Sachen abgeschlossen. So bleibt das J. Relief Comm.. Diese Leute haben den Vorschlag gemacht, dass ich die kleine letzte Reserve, die ich habe, angreifen soll. Im höchsten Falle wollen sie £ 50 jährlich beisteuern. Das kann ich keinesfalls machen, da ich selbst vorausgesetzt, dass ich hier im Laufe von zwei Jahren eine vernünftige Arbeit machen kann, nach Ablauf dieser Frist wieder günstigstenfalls da stehe, wo ich jetzt bin, wahrscheinlich jedoch noch etwas schlechter, weil ich das im Verhältnis zu den sich hier eröffnenden Aspekten warme Nest in St[ockholm] aufgegeben habe.

Unter diesen Umständen wäre es sehr wichtig für uns einmal Ihre Ansicht zu hören und zum anderen Ihre Hilfe zum Finden eines modus vivendi zu erhalten. Prof. Born sagte mir heute, dass seiner Ansicht nach eine Möglichkeit besteht, von Prof. Lowry Geld zu bekommen. Fraser hält das für ausgeschlossen. Er will jedoch heute Abend mit Born darüber sprechen. Eine andere Möglichkeit wäre vielleicht vom Carlsbergfonds durch Ihre und Bohrs Vermittlung etwas zu erhalten. Vielleicht hat auch die Notgem[einschaft] deutscher Wissenschaftler im Ausland Mittel. Wir wären Ihnen natürlich sehr dankbar, wenn Sie das bei Ihrem jetzigen Aufenthalt in Zürich in Erfahrung bringen könnten.

Ausserdem wäre sehr wichtig zu wissen, ob durch Langevins Vermittlung irgendwelche Mittel für hier zu beschaffen sind. Mit dem Acad. Ass. Council steht es so, dass die nächste Komiteesitzung im Oktober ist. Fraser glaubt, dass, falls Sie die Liebenswürdigkeit haben, sich da energisch einzusetzen, doch eine Möglichkeit besteht, von dieser Stelle oder von dem A. A. C. zusammen mit J. Rel. Comm. Das notwendige Geld zu erhalten.

Wir sind traurig, Ihre Ferien mit unseren Nöten so sehr zu stören und hoffen Ihnen bei Ihren Besuchen in Stockholm und Cambridge nur erfreuliche Dinge erzählen zu können.

Mit hochachtungsvollem Gruss *Ihr sehr ergebener*

Robert Schnurmann

Im selben Brief gibt es eine Anlage von Fraser an Stern:

Standort: [BAL], bk0016n8x2c; Dokumentnummer: **[0360/05.07.1934]**

To send you my warm greetings and to wish you a pleasant holiday. Also to say that if you want to meet the people here in Cambridge you should come at the latest in the third week of august. After that (as Kapitza says) you will only find dogs in Cambridge until the beginning of October. You may find Born here at the end of September, but no one else!

Ihr Fraser

Am 8.7.1934 berichtete Schnurmann Stern über die Arbeitsmöglichkeiten für ihn in Cambridge.

Standort: [BAL], bk0016n8x2c; Dokumentnummer: **[0362/08.07.1934]**

Cambridge, 8.7.1934

Sehr verehrter Herr Professor!
Morgen fahre ich wieder nach Stockholm zurück. Vorher möchte ich gerne meine englischen Eindrücke kurz zusammenfassen. Die wesentlichen Leute habe ich inzwischen gesehen, heute noch Herrn Szilard. Er riet mir sehr von hier ab. Einmal, weil hier höchstens ein kurzes Provisorium möglich wäre und die Aussichten auf eine langsame Stabilisierung noch viel geringer seien als in Schweden. Er meint ausserdem, dass die Landsleute hier auch sehr unglücklich über die technischen Möglichkeiten seien. Für alle Institute ist nur ein einziger Glasbläser da. Schliesslich meint Herr S[zilard], eine äussere Empfehlung wäre wahrscheinlich das Cavendish Lab.[114]*, nicht jedoch eine Unterabteilung des phys. chem. lab. Er ist der Ansicht, dass ich die grösseren Arbeitsmöglichkeiten und auch das anregendere Milieu nicht überschätzen soll.*
Ich erlaube mir Ihnen dies mitzuteilen, damit Sie sich nicht irgendwelche Mühe machen, mir zu diesen sehr zweifelhaften Aussichten zu verhelfen. Natürlich möchte ich Sie bitten, diesen Brief vertraulich zu behandeln und besonders weder Fraser noch Estermann davon Mitteilung zu machen.
Sollte sich in Amerika nichts bieten und in Russland nichts Vernünftiges (Kapitza und Leipunski propagieren das), so muss ich unbedingt durchzusetzen versuchen, in St[ockholm] den Mechaniker und die flüssige Luft zu bekommen, die für Molekularstrahlversuche erforderlich sind.
Ich hoffe also auf alle Fälle, diese Probleme noch im Laufe dieses Sommers mündlich mit Ihnen durchsprechen zu können. Mit diesen Zeilen möchte ich nur, wie erwähnt, verhindern, dass Sie sich vorher meinetwegen sehr bemühen. Prof. Born hat, wie er mir sagte, einige sehr warme Briefe für mich für hier geschrieben. Sehr hoffnungsvoll ist er indessen nicht. Und sehr zuraten zu hier, tut er auch nicht. Er meinte, das Beste für mich wäre, wenn ich wieder zu Ihnen käme.
Mit hochachtungsvollem Gruss *Ihr sehr ergebener*
Robert Schnurmann

Wie aus dem folgenden Brief vom 31.7.1934 von Demuth an Stern hervorgeht, hatte sich Max Born wegen Schnurmann an die Notgemeinschaft deutscher Wissenschaftler im Ausland gewandt. Das Professional Committee of the Jewish Central

[114] Cavendish Laboratory ist ein Forschungszentrum auf dem Gebiet der Physik in Cambridge/England.

Fund hatte auf Antrag von Fraser Schnurmann eine Summe von jährlich 50 Pfund bewilligt unter der Bedingung, dass die Notgemeinschaft weitere 50 Pfund zur Verfügung stellte. Stern selbst war bereit, aus seinen privaten Mitteln diesen Betrag über die Notgemeinschaft für Schurmann bereitzustellen.

Standort: [BAL], bk0016n8v73; Dokumentnummer: **[0366/31.07.1934]**

NOTGEMEINSCHFT DEUTSCHER WISSENSCHAFTLER IM AUSLAND

Zürich, den 31. Juli 1934

Herrn Professor Dr. Stern
aus Pittsburgh
z. Zt. Bad Gastein
Sehr verehrter Herr Professor,
Professor Born teilt uns mit, dass entsprechend einem Briefe von Professor Fraser das Professional Committee of the Jewish Central Fund eine Summe von 50 Pfund jährlich für Herrn Schnurmann bewilligt hat. Bedingung hierfür ist, dass die Notgemeinschaft ebenfalls 50 Pfund zur Verfügung stellt. Wenn Sie die Freundlichkeit haben uns diese Summe zu überweisen, so werde ich sie entsprechend Ihrer Verfügung entweder an Prof. Born oder Prof. Fraser gelangen lassen.
Ich freue mich sehr, dass Ihre hochherzigen Bestrebungen zu einem so schnellen Erfolg geführt haben und begrüsse Sie mit den besten Wünschen verbindlich.
Ihr aufrichtig ergebener
Unterschrift Demuth
PS. Ich schicke Abschrift dieses Briefes, damit er Sie schnell erreicht, nach Zürich, Salzburg und Pittsburgh

Am 8.8.1934 hatte Schnurmann über die Zusage der Notgemeinschaft offenbar noch keine Information gehabt. Er bat Stern um Unterstützung:

Standort: [BAL], bk0016n8x2c; Dokumentnummer: **[0368/08.08.1934]**

Stockholm, 8.8.1934

Sehr verehrter Herr Professor!
Ihr Brief vom 1. August war mir nachgereist und kam erst gestern Abend bei meiner Rückkehr in meine Hände. Ich bin Ihnen sehr dankbar, dass Sie sich meiner so warm annehmen.
Nachdem auch Sie nicht sehr zu England zureden, habe ich mich jetzt entschieden, vorläufig hier zu bleiben. Dafür wäre sehr nützlich, wenn Sie die Notgemeinschaft veranlassen könnten, mir die £ 50 hier zuzuschiessen. Herr Klein, mit dem ich heute über diese Dinge sprach, ist der Ansicht, dass ein solcher Zuschuss auch auf die hiesigen Stellen von Einfluss wäre und uns erleichtern würde, das nächste Stipendium für ein ganzes Jahr zu bekommen. Die Situation ist nämlich folgende. Zuerst gab mir Mosaiska Församlingen skr. 1500,-. Dazu bewilligte Insamlingen for landsflyktiga Intellektuella vom 1.I.34 bis 31.V.34, skr. 1000.- . Vom 1.VI.34 bis 1.XII.34 bewilligten beide Stellen zusammen weitere skr. 1500.- . Das stellt das Minimum für die Existenz hier dar, solange man keine Anzüge und keine Wäsche anzuschaffen braucht.

Falls Sie es für nützlich halten, dass auch einer der schwedischen Herren nach Zürich schreibt, so sind die Herren Borelius und Klein jederzeit dazu bereit.
Ich hoffe, dass dieser Brief Sie noch rechtzeitig in Zürich erreicht. Der Sicherheit wegen werde ich ihm ein Telegramm voranschicken.
Da Sie bedauerlicherweise nicht hierherkommen, möchte ich Sie gerne auf jeden Fall in Kopenhagen sehen, vorausgesetzt, dass ich Sie nicht störe. Mir würde dran liegen, auch die Gespräche mit Kapitza und das Problem Semenoff mit Ihnen zu diskutieren. Darum wäre ich Ihnen dankbar, wenn Sie mich wissen liessen, wann Sie in Kopenhagen erreichbar sind.
Ich hoffe, dass Gastein Ihnen geholfen hat. Gordon und Klein haben mir aufgetragen, Sie herzlich von Ihnen zu grüssen. Indem ich Ihnen für Ihre sehr liebenswürdigen Bemühungen nochmals herzlichst danke, bin ich mit hochachtungsvollem Gruss
Ihr sehr ergebener

Robert Schnurmann

P.S. Ich bitte um Grüsse an Ihren Herrn Bruder in Paris.

Stern hat sofort überwiesen, und Demuth konnte schon am 13.08.1934 den Eingang von 500 SFr bestätigen.

Standort: [BAL], bk0016n8v73; Dokumentnummer: **[0369/13.08.1934]**

Zürich, 13.8.1934

Von Herrn Professor Dr. Stern, Pittsburg[h], haben wir

sfrs 500. –

in Scheck erhalten. Diese Summe soll für ein Stipendium an Herrn Dr. Robert Schnurmann, Stockholm, derart verwendet werden, dass ihm nach seinem Wunsch entweder sfrs 40.—monatlich, oder der Gegenwert in schwedischen Kronen zugesandt werden. Herr Dr. Schnurmann hat nur Anspruch auf 12 Monatsraten des erwähnten Zuschusses.
Die Hergabe der Summe durch Herrn Professor Stern soll vertraulich behandelt und namentlich Herrn Dr. Schnurmann gegenüber nicht bekannt gegeben werden.

Notgemeinschaft Deutscher Wissenschaftler im Ausland

Demuth

Wie aus diesen Briefen der Notgemeinschaft an Stern hervorgeht, hat Stern aus seinen eigenen Mitteln Schnurmann mit Beträgen von ca. 1000 SFr pro Jahr unterstützt.

Standort: [BAL], bk0016n8x2c; Dokumentnummer: **[0373/21.08.1934]**

Stockholm, 21.8.1934

Sehr verehrter Herr Professor!
Ich möchte Ihnen für Ihre erfolgreichen Bemühungen bei der Notgemeinschaft in Zürich herzlichst danken. Sie bedeuten, glaube ich, sowohl eine materielle als auch eine ideelle Hilfe für mich hier, indem sie den Kampf um die äusseren Vorbedingungen für Molekularstrahlversuche hier ein wenig zu erleichtern scheinen.

Ich freue mich sehr darauf, Sie in einigen Tagen in Kopenhagen sprechen zu können. Falls das Ihren Dispositionen nicht zuwiderläuft, würde ich am Montag, den 3. September, dorthin kommen. Sollte Ihnen jedoch ein anderer Tag erwünschter sein, so kann ich mich selbstverständlich ganz nach Ihnen richten.
Falls ich in der Zwischenzeit nichts mehr von Ihnen höre, vermute ich, dass ich Sie im Bohrschen Institut treffen kann. Herr Frisch hat vielleicht die Freundlichkeit, mir auf einer Karte mitzuteilen, dass dieser Brief Sie erreicht hat.
Mit der Bitte um einen Gruss an Frisch und mit hochachtungsvollen Grüssen für Sie selbst

Ihr dankbar ergebener
Robert Schnurmann

P.S. Prof. Borelius und Prof. Klein, die Sie auch sehr gerne hier sehen möchten, beauftragen mich, Ihnen mitzuteilen, dass sie Ihnen dieserhalb nach FanØ schreiben werden. – Prof. Klein reist am Freitag zu Bohr und bleibt wohl sicher bis zum 2. IX. in Kopenhagen. Falls es ganz unmöglich wäre, dass Sie hierherkommen, so würden Klein und ich Sie doch in Kopenhagen sehen.

Da Schnurmann ab dem 1. Februar 1935 zu Fraser nach Cambridge gegangen ist, teilte Stern Demuth mit, wie die Zahlungen in Zukunft erfolgen sollten.

Standort: [BAL], bk0016n8v73; Dokumentnummer: **[0402/19.11.1934]**

19.11.1934

Sehr verehrter Herr Geheimrat:
Herr Dr. Schnurmann hat an mich – leider nicht, wie verabredet, direkt an Sie – geschrieben, dass er nun endgültig am 1. Februar 1935 nach Cambridge zu Dr. Fraser gehen wird. Ich wäre Ihnen also sehr dankbar, wenn Sie Herrn Dr. Schnurmann bis Ende des Jahres den für Stockholm verabredeten Zuschuss von, soweit ich mich erinnere, 50 schwedischen Kronen und dann für das Jahr 1935 die Summe von 50 engl. Pfund auszahlen würden, wie wir es verabredet hatten. Gleichzeitig möchte ich Sie bitten, mir mitzuteilen, wie viel ich der Notgemeinschaft zur Ausführung dieser Zahlungen noch zu überweisen habe, was ich wieder mit einem Scheck auf das Bankhaus Leu in Zürich in Schweizerfranken tun werde.
Mit vielem Dank und besten Grüssen Ihr sehr ergebener

Otto Stern

Am 30.11.1934 sandte Demuth Stern die folgende Abrechnung:

Standort: [BAL], bk0016n8v73; Dokumentnummer: **[0406/30.11.1934]**
NOTGEMEINSCHFT DEUTSCHER WISSENSCHAFTLER IM AUSLAND

Zürich, den 30. November 1934

Herrn Professor Dr. Stern
Pittsburgh Schenley Park
Carnegie Institute of Technology

Sehr verehrter Herr Professor,
haben Sie besten Dank für Ihren freundlichen Brief vom 19. d.M., von dem ich gern Kenntnis genommen habe. Von den uns für Herrn Dr. Schnurmann seinerzeit

übergebenen	*sfrs 500.-*
haben wir ihm inzwischen bis incl. Dezember	*" 240.-*
überwiesen, sodass noch ein Restbetrag von	*sfrs 260.-*
vorhanden ist. 50 engl. Pfund sind	*" 800.-*
sodass wir Sie noch um Ueberweisung von	*sfrs 540.-*

bitten dürfen, deren gefl. Zusendung ich erwartend bleibe.
Mit den verbindlichsten Grüssen
Ihr sehr ergebener Unterschrift Demuth
handschriftlich: übersandt 16. XII. 1934

Am 8.1.1935 übermittelte Demuth Stern dann die Bestätigung für den Eingang seines Schecks.

Standort: [BAL], bk0016n8v73; Dokumentnummer: **[0416/08.01.1935]**
NOTGEMEINSCHFT DEUTSCHER WISSENSCHAFTLER IM AUSLAND
Telefon 33016
Postcheck-Konto VIII 17773 Ihr Schreiben vom:
Zürich, den 8. Januar 1935 *Unser Zeichen:*
Löwenstrasse 3, IV. *D/w.*
Herrn
Professor Dr. Stern
Pittsburgh Schenley Park
Carnegie Institute of Technology

Sehr verehrter Herr Professor,
für die freundliche Übersendung des Betrages von
sfrs 540.-
in Scheck auf Zürich zugunsten von Herrn Robert Schnurmann danken wir bestens. Wir haben Ihrer Weisung entsprechend die Summe ausbezahlt und haben es für zweckmässig gehalten den Betrag Herrn Professor Fraser zur Verfügung zu stellen. Wir haben uns erlaubt von der obigen Summe
sfrs 11.50

für unsere Unkosten, die durch die verschiedenen Ueberweisungen und Korrespondenzen entstanden sind, abzuziehen.
Mit vorzüglicher Hochachtung
Ihre sehr ergebene N.D.W. *Demuth (handschriftlich)*

Am 11.1.1935 übermittelte die Notgemeinschaft eine zweite fast identische Abrechnung, aber mit der Zusatzbemerkung, dass Stern noch über ein Guthaben von insgesamt 240 SFr bei der Notgemeinschaft verfüge. In Sterns Nachlass gibt es mit Datum vom 1.4.1935 einen längeren Bericht über die Tätigkeiten und Erfolge sowie über die finanzielle Situation der Notgemeinschaft Deutscher Wissenschaftler im Ausland. Viele Professoren (ca. 150) wurden auf Professorenstellen nach Südamerika (Peru, Brasilien, Ecuador und Venezuela), in die damalige Sowjetunion, in die Türkei, nach England, in die USA, in den Iran etc. vermittelt. Obwohl die Notgemeinschaft über wenig finanzielle Mittel verfügte, konnte sie durch Vermittlung oder bei Unterstützung von Berufungsverfahren im Ausland viele weitere Wissenschaftler unterbringen. Die benötigten Gelder kamen durch Mitgliedsbeiträge (zwischen 4 und ca. 30 $ pro Jahr und Sponsor) zusammen. Unter den Mitgliedern waren die Physiker und Mathematiker Bloch, Courant, Beck, Wigner, Stern, Weyl, Szilard, Noether, Oldenberg, Franck, Einstein etc.

Im Brief vom 24. April 1935 an Stern gibt Fraser einen ersten Bericht über Schnurmanns Eingewöhnen und Erfolge in Cambridge.

Standort: [BAL], bk0016n8q6g; Dokumentnummer: **[0454/24.04.1935]**
PHYSICAL CHEMISTRY LABORATORY
CAMBRIDGE MOLECULAR RAY SECTION
24. April, 1935

Dear Stern,
Many thanks for your letter about Boorse. It is a pity that you have to wait for your new lab. to develop, but I suppose that it can't be helped.
Schnurmann seems to be settling down in Cambridge quite nicely. He brought his apparatus with him from Stockholm, with which he was trying to make molecular weight determinations by effusion. I suggested several improvements in his methods, which he has adopted, and during the last weeks it has behaved extremely well, and I think he will very soon finish the work. He has been much more cheerful since getting these results.
You ask about Kapitza- everything has been kept very secret the winter, and nobody has liked to say very much in case he spoiled any chance that Kapitza might have of getting back to Cambridge, but only today the whole affair has appeared in the Press, and so I am sending you a copy of the paper, which really tells the whole story. I understand that Mrs. Kapitza is returning to Russia very soon. It is all, as you say,. z. K. (zum Kotzen), but we all feel here that perhaps Kapitza was trying to be too clever with the Russians.

I hope all goes well with you in Pittsburgh, and I am looking forward to getting all the news from Estermann when he comes to Europe.
Mit wärmsten Grüssen
Ihr Fraser
Professor O.Stern
Research Laboratory of Molecular Physics,
Carnegie Institute of Technology,
Schenley Park,
PITTSBURGH, Pa. U.S.A.

Fraser hatte selbst Probleme in Cambridge, seinen „Job" zu behalten. Von seinen Sorgen und Bemühungen, um eine Stelle in Kapstad oder Neuseeland zu finden, schrieb er Stern:

Standort: [BAL], bk0016n8q6g; Dokumentnummer: **[0505/07.10.1936]**
PHYSICAL CHEMISTRY LABORATORY
CAMBRIDGE MOLECULAR RAY SECTION
7. Oct., 1936

Dear Stern,
Many thanks for your letter of 23rd September, with the testamonial signed. It is not too late, as although the applications for Cape Town were submitted on 31st August, there has been no selection made as yet. Also vielen Dank!
The New Zealanders, who are suffering like all the world from an ingrowing nationalism, have appointed a New Zealander, in spite of the fact that my name was sent out with strong recommendations by the selection committee in London. z.K.!
However you will be glad to hear that I have not even yet been dismissed from I.C.I., and it may be that they may after all offer me a job. I will let you know about this later, as I do not want to say too much about it to anyone while negotiations are proceeding. However, I would like you to know that the move came from their side and not from mine.
Immer noch etwas!
Schnurmann tells me that he has written to you recently, so no doubt you know his circumstances.
I have a favour to ask of you. I have been inveigled into writing a small booklet on molecular rays for Methuen's Series of Monographs on Physical Subjects. The manuscript is now complete, but I should like your latest figures for the magnetic moments of the proton and deuteron. To make this easy I enclose a card which only needs the figures filled in, and an envelope addressed to myself! If you would let me have this by return I should be most grateful.
Kindest regards to yourself and Estermann.
Ihr Fraser
[Handgeschrieben im Brief hinzugefügt] $\mu_p = 2.5\ \mu_0$ +/- $0.15\ \mu_0$
$\mu_d = 0{,}85\ \mu_0$ +/- $0.05\ \mu_0$

Am 4. Dezember 1936 kam ein weiterer Sorgenbrief von Fraser. Schnurmanns weitere Beschäftigung schien chancenlos.

Standort: [BAL], bk0016n8q6g; Dokumentnummer: **[0509/04.12.1936]**
Fraser (Cambridge) Greenbank Hotel, Hartford, Chesire 4th, Dec. 1936
Dear Stern,
First, let me thank you for sending the data I asked for with the good wishes of yourself and Estermann.
You will be glad to hear that I have not been thrown out of I.C.I. after all, but was transferred from Cambridge to the Research Staff of I.C.I.(Alkali) Limited here in Chesire, with a very considerable rise in salary. The initiative was taken by the chairman of I.C.I. (Alkali), for whom as I think you know, I had been doing work on Molecular Distillation. My duties here are so far not very clearly defined, but I definitely rank amongst the senior members of the research staff, (I am allowed to ~~leave~~ park my car in front of the Lab.) and the financial prospects are pretty good. Shortly after I came here, I was requested to attend for interview in London for the Cape town Chair, and as a result I have had from one of the Directors an assurance without prejudice of quite rapid rises in salary.
Before leaving Cambridge I got some of the experiments nicely rounded off, and on the administration side left everything in good order. The enclosed newspaper cutting will tell you much. All the people with me, except Hughes and Schnurmann, are now settled in good jobs.
Hughes has still another year of his government grant, and has then what amounts to a promise of a job in the London University. So there remains only Schnurmann, and it is about him that I especially want to write to you.
I thought when I left that I had done something for his future. My Government Assistantship, filled by Hughes till October 1937, was transferred to Lowry at my request. Lowry's idea was to apply then for a continuation of the grant in his name for a further period of years, in order that work on molecular rays in Cambridge should not lapse. It was for this reason that the Chairman of I.C.I. was induced to add the final paragraph to his letter. Lowry would have urged for Schnurmann to succeed Hughes, on the very good grounds that no one else in England would have had his training in molecular rays. Lowry died suddenly of heart failure at the beginning of November, and I can see no hope whatsoever of his wishes being carried out. Es ist wirklich zum Kotzen.
Please realize that I cannot forget my responsibility to Schnurmann, but I am at a loss to know what I can do now. Lowry was prejudiced in his favour, because he was very proud of having molecular rays in his lab., but without that personal prejudice, I can see no one in Cambridge taking any notice of Schnurmann. It is not only that he requires, but will not accept, direction in the planning of his work; but that without the technical help (Rieger, Salzmann[115]) to which he was accustomed he is helpless from manipulative side (he has been hunting for leaks in the apparatus

[115] Salzmann vermutlich früherer technischer Mitarbeiter (Glasbläser) in Hamburg.

since July). I can see no chance for him academically, and I could not recommend him industrially.
The only hope I can see for his future is that he should try to get some quite subordinate job, as a teacher of German science in a private school, or perhaps as an abstractor in a library (he really has quite a gift for languages). I have several times suggested these things to him, but only succeeded in hurting his dignity. Perhaps if you were to suggest something of the kind to him, he might be prepared to consider it.
I hope things are going well at Pittsburgh; I shall be especially eager to know the further experiments on selective adsorption turn out.
My warmest regards to Estermann, and to yourself, in which my wife joins me.
Ihr Fraser

Schnurmann ist bis zu seinem Tod am 1.4.1995 in England geblieben. Aus seinen Briefen an Stern ist belegt, dass er vom 1.10.1933 bis 31.12.1934 am Physikalischen Institut der Technischen Hochschule in Stockholm beschäftigt war und zum 1.2.1935 zu Fraser ans Physical Chemistry Laboratory in Cambridge wechselte. Nach den Unterlagen des Chemischen Instituts der Universität Hamburg (https://www.chemie.uni-hamburg.de/pc/publikationen/Schnurmann.html) blieb er dort bis 1939. Von 1939 bis 1942 war er bei der London Midland and Scottish Railway Company, Research Laboratory, Derby, England angestellt und ab 1943 bis 1956 war er Chief Physicist im Physics Department von Manchester Oil Refinery, Ltd., Manchester, England.

Im Nachlass Sterns ist der nächste Schnurmann-Brief erst auf den 12.11.1944 datiert, als Schnurmann Stern in einem kurzen Brief Stern zu dessen Nobelpreis gratulierte (s. Bd. II, Abschn. 2.4). Der nächste darauf folgende Brief wurde dann erst am 23.1.1947 geschrieben.

Standort: [BAL], bk0016n8x2c; Dokumentnummer: **[0758/23.01.1947]**

Denefield, 23. Januar 1947

Dear Professor Stern,
I just receive from Swiss relative Die "Baseler National-Zeitung" of January 20th with a report of your recent lecture in Basel.
I am very glad to see that you are in Europe, and I hope that you will be coming to England and that I may have the pleasure of entertaining you here. It would be very nice to see you again, and if you could be tempted to come to Manchester I should be very happy if I could show you my laboratory. Among other things I am working a good deal on voltolization! Anyhow, I hope that you will be good enough to let me know where it will be most convenient for us to meet.
With kindest regards, yours sincerely,

Robert Schnurmann

Schnurmann wandte sich dann noch zweimal in Briefen (1962 und 1967) an Stern, von dem er Hilfe in seiner Wiedergutmachungsangelegenheit erhoffte.

Standort: [BAL], bk0016n8x2c; Dokumentnummer: **[0977/20.11.1962]**

Oxford, 20. November 1962

Dear Professor Stern,

I applied some time ago to the Hamburg authorities for restitution on the grounds of the interruption of my academic career in 1933. First the point was raised whether the position which I occupied in your laboratory was "planmässig". To the best of my knowledge it was, although my contract had to be renewed every two years owning to the "Besoldungsordnung" which then ruled. Now the argument has arisen whether I would have followed an academic career had it not been for the Nazi persecution. My answer to this is that I had decided on an academic career, but that you had explained to me when you offered me the position on your staff that you had already promised Knauer that he would be the next one on your staff to be recommended for the venia legendi, and as Knauer did not proceed to this stage before the spring or summer of 1933, there was no chance for me, before the political circumstances made it impossible, but that I had every hope and certainly the intention to work for my "Habilitation", had the times remained normal. I wonder if it would be asking you with this request, but I am told that a letter from you would strengthen my case very considerably.

I hope that you are keeping well and that Estermann visited you on his recent trip to California.

With kindest regards, yours sincerely Robert Schnurmann

Standort: [BAL], bk0016n8x2c; Dokumentnummer: **[0982/30.12.1962]**

30.12.1962 Stern an Schnurmann (handgeschriebener Briefentwurf, lateinische Schrift)

Lb. H. Dr. Schnurmann

vielen Dank für Ihren Brief vom 27. Nov. und die freundliche Einladung, der ich leider kaum werde folgen können.

Was das Sachliche anlangt, so befürchte ich, dass ich Ihnen nicht viele helfen kann. Ob Sie planmässig waren oder nicht, weiss ich wirklich nicht mehr. Ebenso habe ich natürlich nur noch eine sehr vage Erinnerung an unser Gespräch, als ich Sie engagierte. Ich will Ihnen aber gern bescheinigen, dass Sie ein gewissenhafter, fähiger und zuverlässiger Assistent waren.

Ich hoffe, dass Sie und Ihre Familie alle wohlauf sind, mir geht es leidlich.

Beste Grüsse und Neujahrswünsche Ihr O.S.

Standort: [BAL], bk0016n8x2c; Dokumentnummer: **[1078/22.12.1967]**

Birmingham, 22. Dezember 1967

Lieber Herr Professor Stern!

Herr Professor Jordan, der sich meiner Wiedergutmachungssache sehr angenommen hat, schreibt mir heute vertraulich, dass eine „positive kleine Empfehlung" von Ihnen, sehr verehrter Herr Professor, begrüssenswert wäre.

Es handelt sich darum, zu bekräftigen, dass es meine Absicht war, die wissenschaftliche Laufbahn weiter zu verfolgen und mich zu habilitieren.

Würden Sie so gut sein, ein paar Zeilen

An den Senat der Freien und Hansestadt Hamburg,
Personalamt,
2 Hamburg 11,
Steckelhörn 12 (Gotenhof)

zu schreiben?
Es tut mir leid, Sie mit dieser Sache zu beschweren, aber ein gutes Wort von Ihnen wäre offenbar sehr angebracht. Ich hoffe, dass es Ihnen gut geht und wünsche Ihnen alle Gute zum Neuen Jahre.
Ihr sehr ergebener *Robert Schnurmann*

2.2.3 Briefe wegen Unterstützung von anderen emigrierten deutschen Wissenschaftlern

2.2.3.1 Briefe wegen Unterstützung von Friedrich Hahn

Aus Briefen der Society for Protection of Science and Learning in Cambridge/England an Stern im September 1944 geht hervor, dass Stern auch seinen früheren Frankfurter Kollegen, den Professor für analytische Chemie Friedrich Hahn, bei dessen Stellensuche in Südamerika unterstützt hat. Der Chemiker Friedrich Hahn war einer der ersten deutschen Wissenschaftler, der Stern um Hilfe bei seiner Stellensuche bat. Stern kannte Hahn aus seiner Frankfurter Zeit. Er bat Stern um gutachterliche Unterstützung.

Standort: [BAL], bk0016n8r2s; Dokumentnummer: **[0266/26.11.1933]**

Paris, 26.11.1933

Lieber Herr Stern!
Dass Sie vor längerer Zeit gleichzeitig mit mir in Paris waren, ohne dass ich etwas davon ahnte und Sie aufsuchen konnte, hat mir, als ich es erfuhr, schrecklich leid getan; ich hätte sehr gern wieder einmal mit Ihnen geplaudert und Ihnen damals vorgeschwärmt, was für einen Dusel ich entwickelt hatte. Inzwischen ist, obwohl es mir immer noch beträchtlich besser geht, als manchem anderen, einiges Wasser in den Wein geflossen, und das ist mit ein Grund, weswegen ich heut an Sie schreibe. Ich will Ihnen also erzählen, wie es damals aussah und wie es heute aussieht. – Als ich kurz vor Pfingsten hier auftauchte, um Arbeitsmöglichkeit und Lebensunterhalt zu suchen, bot mir G. Urbain einen Platz im Laboratoire de Chimie Générale an der Sorbonne [an], an Arbeitsmitteln alles was ich brauchte und 40.000 Frs. jährlich von der Caisse Nationale des Recherches. Ich fiel etwas auf den Rücken, erholte mich dann, dachte: Da bist Du also genau in dem Augenblick gekommen, wo sie das Geld für die Hilfsaktion zusammen hatten und noch kein anderer da war, und griff natürlich mit beiden Händen zu. Fing unmittelbar nach Pfingsten an zu arbeiten; das Labor ist wirklich reizend, was ich an Apparaten und Materialien brauche, habe ich (ich bin ja in dem Punkte sehr bescheiden), und zwei Notes in den Comptes

Rendus[116] *habe ich auch schon heraus. Die Leute sind alle schrecklich nett und familiär im Institut, eine wahre Erholung nach der Frankfurter Atmosphäre, nur mit dem Geld haperts. Entweder sind noch zu viel Leute hinterher gekommen, oder die Mittel sind knapper eingegangen, als man gerechnet hatte, oder beides zusammen: Kurz ich bekomme 18000 Frs. statt der 40000 und dieses auch vorerst nur auf 1 Jahr; was weiter wird, das weiss man nicht.*
Nur für 1 Jahr geht es eben auch so, da setzt man halt etwas vom eigenen zu, aber auf die Dauer können wir das nicht durchhalten. Ich habe darüber eben mit Geheimrat Demuth gesprochen, der jetzt die Notgemeinschaft Deutscher Wissenschaftler im Ausland leitet (Zürich), und der hat mir dringend geraten, deswegen einmal mit Haber zu sprechen, der entweder hier ist oder bald herkommen soll; soeben habe ich dementsprechend an Habers Sohn geschrieben, der ja hier ansässig ist. Nun wollte ich mal fragen: Stehen Sie etwa so mit Haber, dass Sie ein Wort für mich einlegen könnten? Meine Arbeiten kann er ja ohne Nachhilfe beurteilen, aber persönlich kennt er mich kaum und ich ahne nicht, ob und aus welchen Quellen er etwa über mich unterrichtet ist. – Dann: Sehen Sie sonst irgendeine Möglichkeit, mir zu irgend- einer Tätigkeit zu verhelfen, von der man annehmen kann, sie dürfte eine gewisse Sicherung für längere Zeit bedeuten? Sie wissen ja wohl, was ich in der letzten Zeit getrieben habe: Potentiometrische Analyse, vor allem auch in ihren physiko-chemischen Anwendungen, als da sind: Ermittelung von Gleichgewichtskonstanten und dergleichen, und Mikrochemie, diese in der letzten Zeit stark mit Hinsicht auf biologische Probleme (Blutspiegel im Blut und ähnliches), so dass ich z. B. auch recht gut in das Laboratorium eines grossen Krankenhauses passen würde. Im übrigen aber wäre ich jederzeit willens, und wie ich annehme auch noch fähig, mich gründlich umzustellen. Lassen Sie sich doch bitte die Möglichkeiten einmal durch den Kopf gehen.
Hier sind die Aussichten anscheinend nicht sehr gross; die Leute sind, wie ich schon sagte, wirklich rührend nett und hilfsbereit im einzelnen, aber im grossen und ganzen kommt man ihnen nicht sehr nahe, z. B. gar nicht in Familienverkehr. Das ist nur unangenehm im Hinblick auf die endgültige Verankerung, die natürlich dauernd als Problem droht; im Augenblick könnte das Leben sonst nicht angenehmer sein, als es ist. Wir haben eine sehr bescheidene, aber recht nette Wohnung, der Junge geht in die Schule, hat mit der Sprache keine Schwierigkeiten und fühlt sich vollkommen wohl.
Hier in den Instituten bildet natürlich das schwere Wasser einen beliebten Gesprächsgegenstand, wobei es meist nicht ohne einige Calembourgs (eau Lourde und eau de Lourdes) abgeht. Ich aber überlege, dass diese amerikanische Entdeckung vermutlich eine deutsche (wenn auch nicht rein arisch-germanische) geworden wäre, wenn Sie und Vol[l]mer vor etlichen Jahren verrückter Weise Ihren Wasserstoff aus Wasserdampf und glühendem Eisen bereitet hätten, statt durch Elektrolyte.
Aus Frankfurt haben wir bis jetzt noch ganz befriedigende Nachrichten; Dehn und Hellinger haben das vorige Semester in gewohnter Weise beendet und das jetzige ebenso begonnen. Hoffen wir sehr, dass es so bleibt.

[116] Comptes Rendus ist eine mathematische Fachzeitschrift.

Schreiben Sie mal! Viele Grüsse, auch von meiner Frau.
Herzlichst Ihr F. Hahn

Am 23.6.1935 bat Hahn Stern wiederum um Unterstützung (maschinengeschrieben mit Handunterschrift):

Standort: [BAL], bk0016n8r2s; Dokumentnummer: **[0461/23.06.1935]**
Prof. F. Hahn Quito / Ecuador, 23.6.1935
Lieber Herr Stern!
Ich weiss nicht, ob Sie wissen, dass ich hier bin. Zugleich mit noch 4 deutschen und 2 deutsch-schweizerischen Professoren zur Neubelebung der Escuela Politécnica verpflichtet. Wie es hier aussieht, können Sie aus dem Bericht ersehen, den ich naturgemäss in einigen Durchschlägen verschicken muss. Ach so, darin ist nicht erwähnt, weil das die anderen schon wissen, dass Quito über 1800 m über dem Meere liegt.
Nun eine Bitte: Wir halten hier reihum populäre Vorträge (Phys. Verein Ffm!). Können Sie uns etwas Literatur über den schweren Wasserstoff schicken lassen? Eine zusammenfassende Darstellung von Mark aus dem Jahre 1934 haben wir uns bestellt, aber das neuere fehlt, und da mein Zentralblatt noch eingepackt ist, weiss ich nicht einmal, wo ich es anfordern könnte.
Und die weitere Bitte: Schickt uns ständig Sonderdrucke, nur so können wir etwas drin bleiben. Bitte sagen Sie es auch Berl, den Sie schön von mir grüssen wollen, und allen anderen in Betracht kommenden Kollegen. Wir, der Physiker Grossmann und ich, lesen deutsch, französisch, englisch und neuerdings auch spanisch ohne grosse Mühe.
Vielen dank im voraus und herzliche Grüsse von Ihrem F. Hahn

Am 3.1.1945 gratulierte Hahn Stern zum Nobelpreis und übermittelte einen Bericht über seine Tätigkeit in Südamerika.

Standort: [BAL], bk0016n8r2s; Dokumentnummer: **[0678/03.01.1945]**
Dr. F. Hahn, Jefe del
INSTITUTO QUIMICO-AGRICOLA NACIONAL
REPUBLICO DE GUATEMALA
AMERICA CENTRAL
Guatemala, 3 DE Enero (Januar) DE 1944
Lieber Stern,
Durch die Veröffentlichungen in Science weiss ich, dass Sie den Nobelpreis erhalten haben. Ich habe das immer, wenn ich Kollegen oder Schülern gegenüber auf Ihre Arbeiten zu sprechen kam, als auf die Dauer unvermeidlich hingestellt und freue mich ganz schrecklich, dass ich wieder einmal Recht behalten habe. Meine allerherzlichsten Glückwünsche.
Sie sehen, was inzwischen Sonderbares aus mir geworden ist. Natürlich war es nicht schwer, mich nach meinen früheren Arbeiten auf die Analysen von landwirtschaftlichen Böden und ihren Produkten umzustellen; viel schwieriger war es, den

damit verknüpften Behörden und Ackerbauern eine Vorstellung von der Art zu geben, wie technisch wissenschaftliche Probleme angefasst werden müssen und wie Sachverständige verschiedener Sparten zusammenarbeiten müssen. Im allgemeinen glaubt man hier, dass ein Mann mit Apothekerausbildung auch Chemie, Mineralogie, Mycologie usw. derartig beherrscht, dass er "investigaciones cientificas" auf allen diesen Gebieten erfolgreich durchführen kann. Aber langsam geht es auch damit voran, und so will ich nicht klagen.
Nur darüber, dass ich doch etwas den Kontakt mit der Wissenschaft und alten Freunden verliere, z. B. nicht einmal Ihre neueren Arbeiten kenne. Können Sie mir Sonderdrucke schicken? Ich hoffe doch, dass ich noch so ungefähr den Sinn begreifen werde. Und könnten Sie wohl Hevesy meine Glückwünsche übermitteln und ihn um den gleichen Freundschaftsdienst bitten? D. h. ich sehe eben im Weiterlesen, dass er nicht, wie ich annahm, in den Staaten sondern in Copenhagen ist; dann wird das kaum möglich sein.
Meine Frau, die mir sehr gut im Institut hilft, lässt herzlich grüssen; unser Sohn ist in Quito und es geht ihm gut.
Sollten Sie wider Erwarten Zeit zu einem Brief finden, so würde mich das natürlich ganz besonders freuen; er darf englisch geschrieben sein; ich lese es fliessend, aber schreibe es schlecht.
Mit den besten Grüssen
Ihr F. Hahn (handschriftlich)

Anfang 1945 verlor Hahn seine Stelle in Guatemala. Er bemühte sich, in den USA eine Stelle zu finden. Dazu brauchte er von Stern Unterstützung.

Standort: [BAL], bk0016n8r2s; Dokumentnummer: **[0680/21.01.1945]**
Dr. F. Hahn
Guatemala, 21.1.1945
Chalet Rosario.
6 Av. y 1 C. Tivoli

Lieber Herr Stern:
Seit ich Ihnen vor kurzem schrieb, habe ich von einem Tag auf den anderen und ohne vorherige Warnung meine hiesige Tätigkeit verloren. Die landwirtschaftliche Förderung Guatemalas wird einem von der hiesigen und der nordamerikanischen Regierung zu schaffenden Organismus anvertraut, und es werden in diesem nur Bürger eines dieser Staaten beschäftigt; ich aber bin seit 1937 Ekuatorianer. Pech. Natürlich prüfe ich die Möglichkeit, dorthin zurückzukehren, anderseits aber weiss ich nicht, ob nicht meine Kenntnisse und Fähigkeiten in einem technisch und wissenschaftlich weiter fortgeschrittenem Lande besser am Platz wären. Sie kennen mich ja wissenschaftlich und menschlich einigermassen, und so bitte ich Sie um Rat und soweit möglich um Hilfe. Ich habe mich, seit sich unsre Wege trennten, ganz besonders mit Mikrochemie und potentiometrischer Analyse, auch potentiometrische Messung von Reaktionsgeschwindigkeiten katalysierbarer Reaktionen beschäftigt, und glaube, dass ich auf diesem Gebiete, selbst am USA-Masstab gemessen, in Praxis, Forschung und Lehre über-durchschnittliches leisten kann. Sie wissen vielleicht, dass ich seit 1938 Mitglied der entsprechenden Komission der Union Internationa-

le de Chimie bin, worin ja eine gewisse Abstempelung meiner Kompetenz liegt, und ausserdem erinnern Sie sich vermutlich, dass ich in meinen Kenntnissen nicht so eng spezialisiert bin, wie sonst gelegentlich vorkommt. Damit glaube ich mich genügend gerühmt zu haben.
Die grosse Schwierigkeit liegt natürlich wieder in den Bestimmungen, die an vielen Stellen nur die Verwendung von USA-citizens vorsehen; aber gerade darin, meine ich, kann mir Ihr Wissen um meine Person und Ihre Kenntnis der vielleicht vorhandenen Ausnahme-Möglichkeiten hilfreich sein. Ueber meine politische Zuverlässigkeit und meine aktive Beteiligung an der Nazi-Bekämpfung zu einer Zeit in der eine solche Betätigung unter Emigranten noch nicht selbstverständlich war, kann, wenn es nötig sein sollte, die amerikanische Botschaft in Quito oder die englische Gesandtschaft Auskunft geben. Auch der Ekuatorianische Botschafter in Washington, Galo Plaza, kennt mich; er war Ministro de Defenca Nacional während ich im Heeresdienst war (und überdies unser Hausnachbar in Quito).
Ueber meine hiesige Tätigkeit und die Gründe für meine Entlassung kann William C. Davis[117] *(USA Department of Agriculture, Office fpr Foreign Agricultural Relatiosn) Estación Experimental de Cinchona, Guatemala, mein provisorischer Nachfolger, befragt werden.*
Dank, herzlichen Dank im voraus für alles, was Sie für mich tun können; ich hoffe, bald von Ihnen zu hören. Mit den besten Grüssen Ihr
F. Hahn (handschriftlich)

Standort: [BAL], bk0016n8r2s; Dokumentnummer: **[0686/22.02.1945]**
Dr. F. Hahn *Guatemala, 22. Februar 1945*
Chalet Rosario. *6 Av. y 1 C. Tivoli*
Lieber Herr Stern:
Besten Dank für Ihren freundlichen Brief vom 7.2., der genau gleichzeitig mit der Antwort von Oesper, Cincinnati, ankam.
An Dusham habe ich Ihrer Anregung entsprechend geschrieben; mal sehen, was er antwortet. Oesper hat vor Jahren, auf einer der üblichen Europa-Rundreisen, alles aufgesucht, was er an Analytikern aus der Literatur kannte und schätzte, darunter auch mich. Seit dieser Zeit sind wir in sehr freundschaftlichem Gedankenaustausch. Ich fürchte aber, er hat nur sehr wenig Einfluss. Besser wäre es schon, wenn Ihnen oder Berl noch etwas für mich einfiele.
Was mich besonders beschäftigt, ist das Problem der "citizenship". Ich bin 1935 nicht nach den Staaten sondern nach einem der Staaten gegangen, die jetzt eine wirtschaftliche und Kultur-Einheit bilden sollen, und habe 1937 die deutsche Staatsangehörigkeit weggeworfen, um dort Bürger zu werden, zu einer Zeit also, da viele andere ihr Deutschtum noch als kostbares, später aufzuwertendes Gut betrachteten. Wenn sich überdies glaubhaft machen lässt, dass dies kein Tarnungsmanöver war, so müsste es doch eine Möglichkeit geben, mich im Rahmen der "good neighbour" Politik als Bürger Amerikas, wenn auch nicht von den USA, passend zu

[117] William C. Davis war vermutlich am Department of Microbiology der Washington State University tätig.

beschäftigen. Nur müsste man wissen, wer derartige Sonderfälle zu prüfen und zu genehmigen hat. Können Sie das nicht herausbekommen? Ich kann doch nicht unmittelbar an Mr. Roosevelt schreiben!
Mit freundlichen Grüssen
Ihr
F. Hahn (handschriftlich)

Standort: [BAL], bk0016n8r2s; Dokumentnummer: **[0690/15.03.1945]**
Dr. F. Hahn *Guatemala, 15. März 1945*
Chalet Rosario. *6 Av. y 1 C. Tivoli*
Lieber Herr Stern,
der Mann, der meinen Einwanderungsantrag bearbeitet, schreibt mir, dass er neben den persönlichen "sponsors", die vorhanden sind, gern ein paar Aeusserungen von Berufskollegen über meine früheren Leistungen und meinen voraussichtlichen Nutzen für die Chemie in den USA haben möchte; selbstverständlich habe ich ihn zunächst auf die im Druck vorliegende Meinung von Oesper verwiesen; aber ich wäre Ihnen sehr dankbar, wenn auch Sie ein kurzes Urteil beisteuern wollten. Und meinen Sie, dass auch Berl sich dazu bereit finden würde? Von allen bekannten Wissenschaftlern in den USA kennen Sie mich schliesslich, persönlich und aus der Arbeit, am nächsten, und Berl hat wohl das sicherste Urteil darüber, ob meine analytischen Arbeiten etwas wert sind oder nicht. Ausserdem kann er vermutlich mit Leichtigkeit feststellen, dass ich 1931, in Wien, zum Vorsitzenden der Fachgruppe für analytische Chemie im Verein Deutscher Chemiker gewählt worden bin, was ja eine gewisse Anerkennung von Seiten meiner nächsten Arbeitskollegen bedeutet.
Von Dushman habe ich noch nichts gehört, und ich bin Optimist genug, das für ein relativ günstiges Zeichen zu nehmen; a limine ablehnen geht ja immer besonders rasch.
Mit herzlichen Grüssen
Ihr F. Hahn (handschriftlich)
Adresse für die Aeusserung:
Mr, Hugo Emmerich, 29 Broadway. New York, N.Y.

Stern sandte dann am 9.4.1945 die beiden folgenden Unterstützerbriefe für Hahn an Mr. Emmerich in New York.

Standort: [BAL], bk0016n8r2s; Dokumentnummer: **[0692/04.04.1945]**
Mr. Hugo Emmerich,
Broadway,
New York, N.Y.
Dear Mr, Emmerich:
Enclosed, you will find two (2) statements of Dr. Berl and myself which I am sending you on behalf of Dr. F. Hahn in Guatemala.
Yours very truly
O. Stern

April 4, 1945

TO WHOM IT MAY CONCERN:
Dr. F. Hahn was Professor of analytical chemistry at the University of Frankfort. In this activity he has published a number of interesting papers. I know personally that he took very care of many students who had to be introduced to the field of chemistry, especially analytical chemistry. This teaching, as well as his research work, made Professor Hahn one of the best known analytical chemists and teachers in the German universities. I believe strongly that he would develop a similar activity in this country which would be very beneficial for the students here. [von Berl]

TO WHOM IT MAY CONCERN: April 9, 1945
Dr. F. Hahn is known as a very good scientist and an excellent teacher. He is thoroughly honest and reliable and has a very likable personality.
I am convinced that he would be of great value in the field of Chemistry in this country.
O. Stern (handschriftlich)

2.2.3.2 Brief von Segré wegen Unterstützung von Mitarbeitern Sterns

Wie aus dem Brief Emilio Segrés an Stern vom 15.12.1933 zu entnehmen ist, hatte auch Segré versucht, in Rom für die entlassenen früheren Kollegen aus Hamburg etwas zu erreichen, aber auch in Rom waren die Möglichkeiten zu helfen praktisch Null.

Standort: [BAL], bk0016n8x3x; Dokumentnummer: **[0274/15.12.1933]**

Sehr geehrter Herr Professor! Rom 15.12.33
bis jetzt habe ich immer Ihre Nachrichten durch Frisch bekommen und ich korrespondiere noch jetzt mit ihm. Da Sie jetzt aber so weit sind möchte ich sehr gern Ihre Nachrichten direkt haben, damit aber will ich Sie nicht zum schreiben verpflichten da ich mich sehr gut erinnere daß das Ihnen keine besondere Freude gab. Wir haben die schöne letzte Arbeit vom Hamburgischen Institut sehr bewundert und gleichzeitig das Ende der hamburgischen U.Z.M. schwer bedauert. Ich hoffe auch daß Sie sich dort auch persönlich gut befinden werden. Ich hätte sehr gern etwas für die hamburgischen Freunde und insbesondere für Frisch getan. Leider ist es unmöglich gewesen.
Ich arbeite jetzt spektroskopisch. Das ganze Institut wird aber allmählich radioaktiv, und bald, d. h. im 1935 werden wir ein neues Gebäude bekommen. Meine Arbeiten gehen nicht allzu schlecht, dagegen geht meine Karriere miserabel. Über diesen Punkt können Sie sich eine klare Vorstellung machen indem Sie an Deutschland, mit einem geeigneten Korrektionsfaktor, denken. Ich wünsche Ihnen ein glückliches 1934 zur partiellen Entschädigung des 1933 und grüsse Sie herzlichst
Ihr sehr ergebener Emilio Segré.
Beste Grüsse auch an Estermann.

Bei der von Segré erwähnten letzten Arbeit aus Hamburg handelte es sich vermutlich um die Publikation von Immanuel Estermann und Otto Stern: Über die magnetische Ablenkung von isotopen Wasserstoffmolekülen und das magnetische Moment des „Deutons". Z. Physik, 86, 132–134 (1933) (14).

2.2.3.3 Briefe wegen Unterstützung von Leo Szilard, Fritz Reiche, Paul Hertz, James Silverman, Arthur v. Hippel, Paul Ehrenfest, Lothar Nordheim, Ernst Hellinger, Emil Artin, Erich Hecke, Carl Tiedcke, Franck Urban, Guido Beck, Max Apt u. a.

Max von Laue wandte sich im Brief vom 23.12.1933 an Stern, ob er für Leo Szilard einen Unterstützungsbrief schreiben könnte, denn Szilard hätte eventuell eine Chance, bei Raman in Bangalore eine Stelle zu finden. Laue schrieb:

Standort: [BAL], bk0016n8t3c; Dokumentnummer: **[0277/23.12.1933]**

Zehlendorf, 23.12.33.

Lieber Stern!

Szilard hat die Möglichkeit, bei Raman in Bangalore (Indian Institute of Science) eine Dauerstellung zu bekommen. Gibson hat von London dorthin geschrieben, und Szilard hat auch seine Papiere hingesandt. Ich selbst schreibe heute an Raman und möchte Sie fragen: Wollen Sie Sich vielleicht auch für ihn verwenden? Ich weiß doch, wie sehr Sie Szilard seiner Ideen wegen schätzen, und daß Sie ihn vor Jahren gar zu gern nach Hamburg geholt hätten. Ich glaube, Sie täten mit einem solchen Briefe ein gutes Werk.

Ein Expose von Szilard über diese Stelle (mir überbracht durch Kallmann) lege ich bei. In einem Sonderdruck „Materie und Raumerfüllung" den ich Ihnen in wenigen Tagen zusende, lesen Sie bitte, wenn nicht Alles, so Abschnitt III.

Sonst könnte ich noch von vielen, im allgemeinen erfolgreichen Kämpfen mit dem starken Hans[118] *[Johannes Stark]erzählen. Aber das würde zu lang.*

Also leben Sie wohl, auch auf fremden Boden! Und lassen Sie einmal von Sich hören! Mit herzlichem Gruß

Ihr M. Laue

Stern schrieb dann den folgenden Unterstützerbrief für Szilard.

Standort: [BAL], bk0016n8t3c; Dokumentnummer: **[0292/15.01.1934]**

January 15th, 1934

Sir Venkata Raman
Indian Institute of Science
Bangalore, India

My dear Professor Raman,

Professor v. Laue wrote to me that there is a possibility for an appointment of Dr. Szilard in Bangalore. Knowing Dr. Szilard very well, I take the liberty, without being asked, to recommend Dr. Szilard very strongly.

I know Dr. Szilard not only from his papers, but also from many personal discussions. He certainly is quite an outstanding scientist. Besides a very sound knowledge

[118] Der „starke Hans" ist der deutsche Nobelpreisträger und Nazi Johannes Stark, der 1934 Präsident der Physikalisch-Technischen Reichsanstalt in Berlin geworden war.

of physics, he has many excellent and really useful ideas. His work on thermodynamics and statistics is fundamental and exceptionally clever. He is not only a very able theoretical physicist, but knows in the same time to apply his theoretical understanding to experimental and practical problems. A very rare coincidence, as you know. I should like to mention an example: Dr. Szilard had conceived the method of producing high speed protons without the use of high voltage, as it was used so successfully by K.O. Lawrence, [Ernest Lawrence] several years before Lawrence. Unfortunately he did not publish the method, but applied it for a patent which has been granted meanwhile. The reason why he applied for this patent is that he always had a pronounced interest for technical application of physics. He used to collaborate with the big German industrial concerns, like the German General Electric Company (A.E. G.)
From my own personal acquaintance with Dr. Szilard I may state I hardly ever met a physicist who combined to such an extent accuracy and clearness of thinking with abundance of ideas. A discussion with him on any physical subject was always a great pleasure. I may add that he has a very agreable personality and a very fine character.
My very high estimation of Dr. Szilard has caused me to write this letter. I should appreciate it very much if his abilities could be made useful and I am sure that he would be a very valuable member of the staff of your institute.
Yours sincerely,
Otto Stern

Otto Stern unterstützte den Fond des Emergency Committee in Aid of Displaced German Scholars tatkräftig. In der Zusammenarbeit mit dem Emergency Committee tauschte Stern mit Herzfeld, Laue, Lark-Horowitz, Franck und Courant u. a. eine Reihe von Briefen aus, um z. B. Silverman, Reiche, Hertz, Szilard, Lozier, Heitler, Nordheim, v. Hippel u. a. zu helfen.

Standort: [BAL], bk0016n8s29; Dokumentnummer: **[0315/09.03.1934]**
THE JOHNS HOPKINS UNIVERSITY
BALTIMORE, MARYLAND
PHYSICAL LABORATORY
R.W.WOOD; CHAIRMAN

March 9, 1934

Professor Otto Stern
Department of Physics
Carnegie Institute of Technology
Pittsburgh, Penn.

My dear Professor Stern:
Thank you very much for your letter. I am so sorry to hear that you have been sick. I do not know yet when I will be able to come to Pittsburgh.
I have heard that there is expected to be an opening in the Department of Physics at Carnegie Institute of Technology, and I would like to recommend highly to you Dr. S. Silverman.

Dr. Silverman has taken all his undergraduate and graduate studies at this University, and has received his doctor's degree in 1930, with an experimental thesis on the optical properties and adsorption of surface films, which he did under my direction and which has been published in Phys. Rev. 36, 311, (1930). It is a very good piece of work. Since that time Dr. Silverman has stayed on here and has had complete charge of the night course in Physics, and the summer school physics course, besides he has been assisting in the elementary physics laboratory, in Professor Pfund's laboratory of advanced optics, and he has also taught courses in mathematics. He has published quite a number of papers since his thesis, namely: Hardy and S.S., Phys. Rev. 37, 176, (1931); A.H. Pfund and S.S., Phys. Rev. 45, 153 (1934), and is at present working together with Dr. R. B. Barnes on a report on the influence of Brownian motion on galvanometers and other measuring devices, which will appear in the Review of Modern Physics.
Dr. Silverman is a very hard worker and reliable in the fulfillment of his duties. He enjoys teaching. He has a good appearance, excellent character and manners, and is very quiet.
Again with the best wishes for your health, I am
Very sincerely yours
K.F. Herzfeld [Unterschrift handgeschrieben]

Herzfeld informierte Stern am 10.1. und 21.2.1934 über die finanzielle Lage des Komitees und machte einen Vorschlag zur Stipendienvergabe (maschinengeschrieben mit Handunterschrift).

Standort: [BAL], bk0016n8x29; Dokumentnummer: **[0288/10.01.1934]**

January 10, 1934.

Professor Otto Stern
The Ruskin
Pittsburgh, Penn.
My dear Professor Stern:
Excuse me for writing in English, but in this way I can dictate. Excuse, furthermore the late date at which I acknowledge, with many thanks, your check.
I had not felt well in Boston and discovered suddenly that I had the chicken pox. I had to come back to Baltimore right away and came out of the hospital only yesterday.
I have paid in your check to the Johns Hopkins University, which acts as guardian of the money.
With best regards,
Very sincerely yours K.F. Herzfeld

Wie Stern handschriftlich auf dem Herzfeld'schen Brief vermerkte, beantwortete er diesen Brief schon am 24.2.1934.

Standort: [BAL], bk0016n8s29; Dokumentnummer: **[0309/21.02.1934]**

21. Februar 1934

Sehr geehrter Herr Kollege,
Unser Komittee hat augenblicklich 1616,50 Dollar tatsächlich erhalten, während noch etwa 800 versprochen sind. Ich schicke Ihnen beiliegend die Vorschläge, die gemeinsam von den Herren Ladenburg und Wigner, Frau Maria Goeppert-Mayer und mir ausgehen, und bitten um Einverständnis. Sollte ich bis zum 5. März von Ihnen keinen begründeten Gegenvorschlag erhalten, so nehme ich Ihre Zustimmung an.
In diesem Fall würden wir je 800 Dollar Reiche und Hertz [Paul]und 500 Dollar Szilard zur Verfügung stellen. Für den Rest des Geldes würden Vorschläge später folgen.
Mit besten Grüssen
Karl F. Herzfeld (Unterschrift)

Herzfeld legte diesem Brief drei Kurzgutachten des Emergency Committees über Reiche, Hertz und Szilard bei und wertete deren Verdienste und deren Notlage wie folgt:

Fritz Reiche, bisher ordentlicher Professor an der Universität Breslau für theoretische Physik.
Herr Reiche ist einer der wenigen Ordinarien der Physik und verwandter Gebiete, der bisher noch kein Unterkommen gefunden hat, vor allem wohl deshalb, weil er erst zum letzten Termin, nämlich zum 30. September entlassen wurde und bis dahin als ungefährdet galt.
Über seine wissenschaftlichen Leistungen und seine besondere Lehrbegabung braucht an dieser Stelle nichts weiter gesagt zu werden. Er hat zwar eine geringe Pension, die ihm jedoch, da er verheiratet ist und zwei Kinder hat, nur eine äusserst kümmerliche Existenz erlaubt.
Nun hat Prof. Philipp Franck von der deutschen Universität in Prag Herrn Ladenburg geschrieben, dass sie gerne bereit wären Herrn Reiche von der deutschen Universität in Prag eine Gastprofessur anzubieten, falls das dazu erforderliche Geld von anderer Seite beschafft würde. Von privater amerikanischer Seite sind $ 50.- speziell im Interesse von Reiche gespendet worden, und Herr J. Franck hat, als er aus dem Verdienst seiner amerikanischen Gastvorlesungen einen grösseren Betrag zusicherte die Bitte ausgesprochen, dass er vorzüglich für Herrn Reiche verwendet würde.
Wenn die Spender einverstanden wären, dass eine Summe von $ 800 bis 1000.- der Universität Prag für den Fall zugesichert würde, dass sie für eine gewisse Zeit Herrn Reiche als Gastprofessor beruft, könnte man versuchen, von der Rockefeller Foundation oder dem Duggan Komitee eine gleiche Summe für diesen Zweck zu erhalten. Herr Ladenburg ist bereit falls es gewünscht wird, die diesbezüglichen Verhandlungen zu führen. Herr Reiche könnte dann für viele Monate in Prag tätig sein und dadurch Auslandsbeziehungen anknüpfen bzw. vertiefen, die ihm vielleicht eine weitere Tätigkeit im Auslande ermöglichen werden. Auf jeden Fall würde ihn

über die nächste Zeit hinweggeholfen, denn durch diesen Zuschuss und auf Grund dieser Lehrtätigkeit würde er mit seiner Familie ein erträgliches Leben führen können.
Dr. Paul Hertz, zuletzt Privatdozent und ausserplanmässiger Professor der theoretischen Physik an der Universität Göttingen.
Herr Hertz hat eine Frau und zwei Kinder, ist vollständig ohne Pension und in dringender Not. Herr Prof. J. Franck hat berichtet, dass an der Genfer Universität besonderes Interesse für ihn und seine letzten, sehr philosophisch orientierten Arbeiten besteht und eine Einladung möglich wäre, wenn das nötige Geld für eine Gastprofessur von anderer Seite zur Verfügung gestellt würde. Auch dies scheint ein Fall zu sein, wo durch Gewährung eines Beitrages von $ 800.- 1000.- ein Antrag an die Rockefeller Foundation auf Gewährung der gleichen Summe begründete Aussicht auf Erfolg hat. Gegebenenfalls könnte Herr Prof Franck die erforderlichen Verhandlungen mit der Rockefeller Foundation und der Universität Genf führen. Einen Nachteil hat Genf allerdings insofern, da es als besonders teure Stadt bekannt ist.
Dr. Leo Szilard, früher Privatdozent an der Universität Berlin und an der A.E. G. angestellt, jetzt entlassen u. ohne Stellung.
Szilard hat den grössten Teil seiner Reserve dazu verbraucht, im Interesse der entlassenen deutschen Kollegen zu wirken. Ihm ist es z. B. zu verdanken, dass in Belgien an allen 4 Staatsuniversitäten die Hochschullehrer etwa 1/2pct ihres Gehaltes für die Anstellung deutscher Kollegen zur Verfügung gestellt haben. Er ist auf eigenen Kosten durch verschiedene Länder gereist, um für Hilfsaktionen zu wirken, und die richtige lebendige Verbindung zwischen den verschiedenen Hilfskomitees ist zum grossem Teil ihm zu verdanken.
Andererseits ist er ein äusserst intelligenter und ideenreicher Physiker, dessen weitere Betätigung auf wissenschaftlichen, speziell physikalischen Gebiet dringend zu befürworten ist. (Seine Arbeiten auf dem Gebiet der Thermodynamik der Schwankungserscheinungen kann man nach unserer Ansicht als bahnbrechend ansehen, vgl. hierzu auch das Buch von v. Neumann.)
Es trifft sich günstig, dass die New York University bereits eine Summe von $ 300.- gesammelt hat, um einen deutschen Gelehrten für ein Jahr anzustellen. Szilard wurde hierfür in erster Linie in Aussicht genommen. Ausserdem sind der Universität $ 200.- von privater Seite in Aussicht zugesichert, falls Szilard gewählt wird, und die Rockefeller Foundation hat zwar nicht versprochen, aber in Aussicht gestellt, $ 1000.- zur Verfügung zu stellen, falls die New York University die gleiche Summe aufweisen kann. Diese Auskünfte stammen von einer privaten Mitteilung der Professoren R.T.Cox (des Leiters des Komitee an der New York University) und G. Breit an Herrn Ladenburg. Ersterer würde eventuell den formalen Antrag an die Rockefeller Foundation stellen.
Hier ist also eine besonders günstige Gelegenheit, durch Gewährung eines Stipendiums von $ 500.- einen dringend bedürftigen und wertvollen Kollegen wirklich zu helfen, der zudem durch seine aufopfernde Tätigkeit im Interesse der entlassenen deutschen Kollegen unser aller Dankbarkeit verdient.

Stern unterstützte den Emergency Fond mit regelmäßigen eigenen Geldbeträgen. Herzfeld bedankte sich am 9.3.1934 bei Stern für den übersandten Scheck. Aus der Abrechnung vom 21.12.1934 von Herzfeld an Stern zum Ende des Jahres 1934 ist zu ersehen, dass insgesamt über 2866 $ eingesammelt wurden und noch ein Betrag von 300 $ als Unterstützung für Frl. Kohn eingeplant wurden. Damit verblieb ein noch verfügbarer Restbetrag von 461 $.

Stellen waren damals vor allem für junge Postdocs schwer zu finden. Daher wurde jedem Gerücht auf eine freie Stelle sofort nachgegangen. Ladenburg versuchte hier, für einen seiner Mitarbeiter bei Stern eine Stelle zu finden.

Standort: [BAL], bk0016n8t18; Dokumentnummer: **[0312/27.02.1934]**

Princeton, 27.02.1934

Dear Professor Stern:
Please excuse me for writing in English but that enables me to dictate the letter. People I met in New York at the Physical Society meeting told me that there is a position open at the Carnegie Institute of Technology for a younger man in physics, an instructor or something like that. I don't know if that is true or if it has been mixed up with the theoretical man you want – anyhow, I would like to recommend Dr. W. W. Lozier.
Dr. Lozier has worked in our laboratory for two years as a National Research fellow and is here this year as a research associate. He got his Ph.D. degree with Professor Tate in Minnesota and worked mostly on the investigation of the products produced by electron impact, measuring the nature of ions, the dissociation and excitation energy of atoms and molecules. I enclose, herewith, a list of his published papers.
He is now working with Dr. Bleakney with different kinds of mass spectrographs which determine the abundance of different isotopes. He has proved very useful in experimental work and in analyzing experimental results. His last work was on the determination of the dissociation energy of oxygen in which he was very successful.
On his last visit to Princeton, James Franck was very much impressed by the discussions he had with Dr. Lozier. As I, myself, am not so very familiar with this work I only occasionally discussed problems with him but found him always intelligent and interesting.
I hope that you have received the circular sent out by Herzfeld concerning Reiche, Szilard and Hertz and that you will be satisfied with our choice. I still hope to get some more money so that we will perhaps be able to help even one or two more men.
Dr. Taylor tells me that he is sending you heavy hydrogen, therefore I suppose that your experiments are going on nicely and I wish you much luck.
We now have a very effective proton source mounted in our high voltage apparatus and get a large supply of alpha particles, about 300.000 per second (by bombarding lithium). We hope to get real measurements very soon.
I will be thankful if you let me know whether Mr. McDonald from Geneva is in New York and whether you still think that we can meet him some time.
With best greetings, and many regards to President Baker,

Yours very sincerely, R. Ladenburg

Standort: [BAL], bk0016n8t18; Dokumentnummer: **[0342/08.05.1934]**

Princeton, 8.5.1934

My dear Stern:
According to your letter of May 2nd, I used the opportunity of having Birge for a lecture to discuss with him the question of Heitler. He made a note of it and told me that he will consider this when he returns to Berkeley, but I understand that there is very little hope that anything will come out of it. It seems that he cannot get an agreement with Professor G. Lewis who doesn't show any interest to get German scholars over.
With regard to Young, I would like to tell you that The Institute for Advanced Study has offered him a very small position but I think he would prefer very much to go to Pittsburgh. I think he has to make up his mind about this position with the Institute soon, so I feel it would be nice if you let him know in case you would like to have him at Carnegie Tech.
Herzliche Grüsse u. auf Wiedersehen! Ihr R. Ladenburg

Laue hat aus Zürich geschrieben, dass er sich jetzt ernsthaft nach einer Stellung im Ausland umsieht – leider haben die Züricher kein Geld. Ich finde wir müssen uns alle anstrengen, etwas für ihn zu finden. Baker wird sich auch dafür interessieren.

Standort: [BAL], bk0016n8t18; Dokumentnummer: **[0344/12.05.1934]**

Princeton, 12.5.[1934]

Lieber Stern,
Vielen Dank für Ihren Brief. Ich freue mich sehr, dass Sie sich für Dr. Young entschlossen haben. Ich werde ihm Ihren Entschluss und die Einzelheiten mitteilen und Ihnen seine Antwort berichten, eventuell mündlich überbringen – er ist unverheiratet.
Ich werde also Sonnabend den 19. Mai morgens 7^{35} Eastern Standard Time in Pittsburgh ankommen; da ich annehme dass Sie auch in Pittsburgh daylight saving time haben, werde ich es riskieren Sie, nachdem ich gefrühstückt habe, anzurufen. President Baker hat mir sehr nett geschrieben, ich solle in seinem Klub wohnen u. an einem Essen mit einigen seiner Freunde teilnehmen. Ich antworte ihm gleichzeitig, dass ich bereits abends (ca. 11^{0}, stan[dard] time) nach Indianapolis weiterfahren muss, das angebotene Zimmer gern am Tage benutzen u. gern mit ihm abends essen will. Allerdings macht mir mein Magen grade viel Schwierigkeiten u. ich muss sehr strenge Diät halten. Vielleicht können Sie veranlassen, dass ich gekochten Fisch oder ein leicht gebratenes Huhn mit irgendwelchen Gemüsen bekomme.
Ich muss leider Freitag noch hier sein – kann erst abends abreisen – haben auch Sie besten Dank für die Einladung zu Ihrem Essen, an dem ich also leider nicht teilnehmen kann.
Wegen Laue habe ich ausführlich mit Einstein[119] *bzw. er mit mir gesprochen, da er von Laue direkte Nachricht aus Zürich hatte. Ich erzähle Ihnen mündlich weiteres.*
Ich freue mich Sie u. Estermann bald wiederzusehen.
Herzliche Grüsse Ihr R. Ladenburg

[119] Siehe hierzu den Brief vom 20.4.1934 [0329].

Standort: [BAL], bk0016n8t18; Dokumentnummer: **[0378/22.09.1934]**

Kopenhagen, 22.9.1934

Lieber Stern,

Laue bat mich Ihnen zu schreiben. Dr. Loewese für den Sie sich interessieren, ist schon seit 8 oder 10 Tagen wieder frei. Er war gar nicht im Konzentrationslager, sondern „nur" in Untersuchungshaft, es soll ihm nach Aussagen von Verwandten, die ich sprach, nicht schlecht ergangen sein. Übrigens hat ihn Frau Sorge denunziert.

Ich fahre noch für eine Woche nach Berlin, dann nach London u. Cambridge zum Kernkongress + bin erst am 16. Okt. in Princeton. Wann kommen Sie nach dem „Osten", damit wir unsere europäischen Eindrücke austauschen können?

Herzliche Grüsse, auch an Estermanns, Young, Baker + Berl.

Stets Ihr R. Ladenburg

Li[e]se Meitner lässt Ihnen sagen, sie hätte den Eindruck, Sie zu flüchtig gesprochen zu haben, Ihre Bemerkungen beschäftigten sie noch sehr.

Karl Lark-Horowitz, Physikprofessor an der Purdue University in Lafayette, wandte sich am 17.10.1934 an Stern, um dem Theoretiker Lothar Wolfgang Nordheim in einer Notlage zu helfen. Nordheim musste als deutscher Jude 1934 in die USA emigrieren.

Standort: [BAL], bk0016n8t2t; Dokumentnummer: **[0391/17.10.1934]**

PURDUE UNIVERSITY
DEPARTMENT OF PHYSICS
LAFAYETTE; INDIANA

Oct., 17, 1934

Dr. Otto Stern
Carnegie Institute of Technology,
Schenley Park, Pittsburgh, Pa.

My dear Dr. Stern:

I have just received a long and detailed letter from Nordheim, and I want to ask you to use all your influence, and especially your connection with Ladenburg, in supporting my plan for him.

He writes that he has absolutely nothing after this year. If the Emergency Committee in New York, Mr. Murrow, would consider paying him alloted $2000, he could come over sometime January, and I suggest that he will teach during the two semesters here and during summer school. I, therefore, feel that it is fully justified if the committee would pay him the full amount usually alloted for the whole academic year.

AS I told you, it looks almost impossible to find anybody from abroad a position, since, however, Lanczos is only here for one semester, I am going to try to convince the President that it would be a good idee to get Nordheim a position for the 2. semester and summer school. Do you think you could find some support at Carnegie Tech to keep him there for the first semester? In this case I am sure it would be

possible for him to live, not luxurious but comfortable. He writes that he is now married, and his wife (also a physicist) lost her job and he has to support both. I believe the Committee in New York should be given to understand that to help is its main purpose regardless of any red tape regarding distribution of the money. I trust that you will give this matter your kind and immediate attention.
Very sincerely yours,
Karl Lark-Horovitz [Unterschrift handgeschrieben]
Dr. K. Lark-Horovitz
P.S. Letter regarding the different other things you wanted to know, follows.
Gallium ??
[dann folgen fünf weitere Worte in Sütterlin, die nicht zu entziffern sind]

Stern antwortete Lark-Horovitz am 27.10.1934.

Standort: [BAL], bk0016n8t2t; Dokumentnummer: **[0396/27.10.1934]**

den 27. Oktober 1934.

Dr. K. Lark-Horovitz,
Department of Physics,
Purdue University,
Lafayette, Indiana,
Lieber Herr Lark-Horovitz:

Besten Dank für Ihren Brief vom 17. d. M.

Das Problem Nordheim ist wieder recht schwierig. Dass wir ihm hier am Carnegie eine Stellung für das erste Semester verschaffen, scheint mir ganz unmöglich. Augenblicklich ist unser President krank und es kann daher nichts unternommen werden, aber ich habe auch sehr wenig Hoffnung für später.
Mit dem Duggan Committee steht es so, dass ich es augenblicklich wegen einer anderen Sache heftig berenne und bevor diese Sache nicht geregelt ist, möchte ich auf keinen Fall beim D.C. etwas unternehmen. Dagegen wird Ladenburg am 1. und 2. November zu Vorträgen hier sein, und wir (w)erden die ganze Sache ausführlich besprechen und sehen, was da zu machen ist.
Einige Separata sende ich Ihnen anbei. Ihre Frage nach der Ableitung der Bohr'schen These, dass das Elektronen-Moment nicht im Strahlversuch gemessen werden kann, kann ich Ihnen jetzt dahin beantworten, dass Sie die Zitate der betreffenden Arbeiten in Pauli's Artikel über die Wellenmechanik in Geiger-Scheel's Handbuch der Physik, 2. Auflage, Seite 242, Anmerkung 2, finden[120].
Blueprints von der Estermann'schen Pumpe schicken wir Ihnen demnächst, wir müssen erst wieder welche machen lassen.
Mit besten Grüssen
Ihr
O. Stern

Nachdem das Gespräch mit Ladenburg stattgefunden hatte, konnte Stern Lark-Horovitz am 5.11.1934 folgenden Bericht übermitteln:

[120] [GEI1926]

Standort: [BAL], bk0016n8t2t; Dokumentnummer: **[0398/05.11.1934]**

den 5. November 1934.

Dr. K. Lark-Horovitz,
Department of Physics,
Purdue University,
Lafayette, Indiana,

Lieber Herr Lark-Horovitz:
Ich habe den Fall Nordheim mit Ladenburg besprochen.
Bevor irgend welche Schritte unternommen werden können, müssen wir folgendes wissen:
1) Wo ist Nordheim jetzt?
2) Von wann ab ist er ohne Stellung? Nach Ihrem Briefe sieht es aus, als ob seine jetzige Stellung bis zum 31. Dezember 1934 liefe. Das ist doch ungewöhnlich für akademische Stellungen.
3) Um einen Antrag zu stellen, muss man zunächst seinen Lebenslauf und ein Verzeichnis seiner Arbeiten haben.
4) Hat das Duggan Committee die 2000 Dollar der Purdue Universität bedingungslos bewilligt oder muss jemand anders zuzahlen und wieviel? Unser von Herzfeld in Baltimore verwaltetes Comito [?] könnte eventuell einige hundert Dollar übernehmen, aber keine grössere Summe.
Sie schicken am besten die obigen Informationen direkt an Ladenburg, der sich auch bereit erklärt hat, persönlich mit Murrow (Duggan Comittee) zu sprechen, aber erst nachdem die in meinem letzten Brief erwähnte Angelegenheit erledigt ist.
Mit besten Grüssen
Ihr O. Stern

Standort: [BAL], bk0016n8t2t; Dokumentnummer: **[0403/21.11.1934]**

PURDUE UNIVERSITY
DEPARTMENT OF PHYSICS
LAFAYETTE; INDIANA
Nov., 21, 1934.

Dr. Otto Stern
Carnegie Institute of Technology,
Department of Physics
Pittsburgh, Pa.
My dear Dr. Stern:
I have written to Ladenburg as you have advised me to do, but have not heard from him yet. The Emergency Committee has granted $ 2000 to Purdue. I have now the promise of the University here to add $ 250. Nordheim and Fokker, where he is working now, agree that he could come in January, so it is only a question of getting finally the $ 2000 actually to our Controller here and we would be completely satisfied. Is Ladenburg away from Princeton now?

I hope to see you in Pittsburgh at Christmas, and until then, I remain,
Very sincerely yours,
Karl Lark-Horovitz [Unterschrift handgeschrieben]
Dr. Karl Lark-Horovitz
P.S. Will you kindly send us as soon as possible drawing for your diffusion pump?

Standort: [BAL], bk0016n8t2t; Dokumentnummer: **[0404/26.11.1934]**

November 26, 1934.

Dr. K. Lark-Horovitz,
Department of Physics,
Purdue University,
Lafayette, Indiana,
Lieber Herr Lark-Horovitz:
ich war am vorigen Sonnabend, den 17. November, in New York und habe das Duggan Committee telephonisch angerufen. Herr Murrow war nicht da, aber ich habe mit seiner Sekretärin über den Fall Nordheim gesprochen. Sie sagte mir zu meinem grossen Erstaunen, dass Nordheim noch ein Rockefeller Stipendium bis zum Ende September 1935 hatte. Davon wusste ich nichts, ebensowenig wie Ladenburg, den ich am Sonntag in Princeton sprach. Das war natürlich eine sehr unangenehme Situation für mich. Es ist durchaus verständlich, wenn das Duggan Committee unter diesen Umständen zögert, Herrn Nordheim der Rockfeller Foundation gewissermassen weg zu engagieren. Ich nehme an, dass Ladenburg Ihnen inzwischen das Gleiche berichtet hat und schreibe Ihnen nur der Sicherheit wegen noch einmal selbst.
Mit besten Grüssen Ihr O. Stern

Von Hippel hatte 1930 Dagmar Franck, eine Tochter von James Franck geheiratet. Der folgende Brief von Walter Rieger (ein früherer Mitarbeiter Sterns in Hamburg) beschreibt, warum von Hippel seine Istanbul-Stelle aufgeben musste, und berichtet auch gleichzeitig über die schlechten Arbeitsbedingungen in der damaligen Türkei (handgeschrieben).

Standort: [BAL], bk0016n8x08; Dokumentnummer: **[0353/12.06.1934]**
WALTER RIEGER
Istanbul Universitesi Fen Facültesi

Istanbul, 12. Juni 1934.

Sehr verehrter Herr Prof. Stern!
Ich muss Sie vielmals um Entschuldigung bitten, dass ich noch garnichts von mir hören lies. Ich hoffe jedoch, Ihnen, in kurzen Worten alles das vor Augen zu führen, was das Herz des Herrn von Hippel und das meinige seit einigen Wochen bedrückt hat.
Zur Einleitung möchte ich Ihnen mitteilen, dass ich noch bis zum 4. Dez. in Hamburg auf meinen Vertrag zu warten hatte, um so dann Passformalitäten und alles was so mit Auswanderung zusammenhängt in grosser Eile zu erledigen. Dass mein Vertrag kommen [?] musste, wusste ich und habe deshalb schon am 1. Dez. die Ar-

beit niedergelegt, da auch Herr Knull (auf der Behörde) damit einverstanden war. Weihnachten verbrachte ich in Stuttgart bei meinen lieben Eltern.
Am 29. Dez. setzte ich mich mit meiner Frau in den Simplon-Orientexpress und begann am 2. Januar meine Arbeit. Ich hatte genügend zu tun, teils mit Reparatur, teils Aufbau eines electrophys. Praktikums und das Electrik [Wort nicht entzifferbar] wurde immer schöner. Da meine Maschinen bis heute nocht nicht hier sind, können Sie sich vorstellen, was ich zu leisten hatte, mit dem spärlichen Handwerkzeug, das ich mitgebracht habe.
In diesem Sinne also verflog die erste Zeit, bis eines Tages von neidischer Seite, die Studenten gegen den guten Herrn von Hippel aufgehetzt wurden. Es bildete sich nun so langsam eine Riesenschlange von unfären [unfairen] Handlungen. Diese unangenehme Sache, die uns jegliche Lust zum Briefe schreiben genommen hatte, hat nun ein Ende genommen, das ein wenig Licht für die Zukunft lässt. Nachdem sogar Herr Prof. Franck aus Kopenhagen extra nach hier gekommen ist, um bei der Schlichtung zu helfen, ist folgendes herausgekommen. Die türk. Regierung wollte eigentlich einen reinen Electropraktiker, d. h. einen Dr. dipl. ing zur Ausbildung von Electroingenieuren auf der Techn. Hochschule. Es ist nun heraus konstruiert worden, dass Herr v. Hippel für diesen Posten nicht geeignet sei und daher von vornherein falsch berufen. Der Minister hat nun Herrn v. Hippel noch auf ein Jahr engagiert, in welchem H.v. Hippel sich nach einem neuen Lehrstuhl umsehen kann. Da ich ja einen eigenen Vertrag besitze, so konnte mir selbst wenig passieren, aber trotzdem habe ich mit Herrn v. Hippel gelitten. Mein Schicksal ist nun meine 2 Vertragsjahre abzusitzen und zu hoffen, dass H. v. Hippel einen schönen Lehrstuhl findet und ich ihm dann nachfolgen kann.
Herr Prof. Franck ist wieder abgereist.- Das Bestehen unseres Electrik Institutes ist nun in Frage gestellt, und ich werde wohl zum Fakultätsmechaniker aufrücken. Auf irgendeine Weise müssen dann mal meine im Oktober ausgesuchten Maschinen bestellt werden. Warten habe ich nun gründlich gelernt.
Nun möchte ich mich herzlichst für Ihre freundl. Grüsse bedanken, die Herr Prof. Franck mir bestellt hat. Es freut mich sehr, dass der "Krüger"[121] *schon steht und arbeitet. Noch mehr freut mich, dass es Ihnen persönlich gut geht und von dem schönen Institutsetat habe ich auch gehört.- Mir selbst geht es ganz gut, eine Gallenblasengeschichte mit Darmstörung habe [ich] überstanden, scheinbar ist mir die Galle mal übergelaufen bei der Geschichte, mit der Zeit wird man aber abgebrüht. - Die Hitze ist noch zum Aushalten, eine sehr nette Wohnung mit Sicht auf Marmarameer habe ich auch, mitten unter den Türken; daher vorgeschrittene Sprachkenntnisse. Lebensmittel in Hülle und Fülle. Mein Gehalt ist so, dass ich ziemlich sparen kann. Aus Hamburg erhalte ich von Herrn Haaren die laufenden Nachrichten. Ab 1. Juni soll dort wieder ein neuer "Stern" Nachfolger kommen. Ein Deutscher aus England. Prof. Wagner ist wohl wieder weggegangen.*
Nun möchte ich schliessen und hoffe, dass ich eine lange Briefschuld abgetragen habe.
Mit den besten Grüssen Ihr sehr ergebener W. Rieger

[121] Krüger oder Kreuger ist der Name für ein Apparaturteil.

Herr v. Hippel bittet mich, Ihnen ebenfalls die besten Grüsse und Wünsche zu übermitteln und er würde demnächst selbst zur Feder greifen, um Ihnen eine Bericht zu senden.- Viele Grüsse an Familie Estermann und die alttürk. Grammatik steht z. Zt. in meinen Diensten
Vielen Dank dafür.

Standort: [BAL], bk0016n8t18; Dokumentnummer: **[0399/05.11.1934]**
[Pittsburgh], 5.11.1934

My dear Ladenburg:
Answering your inquiry concerning Professor A. v. Hippel, I should like to give you the following information:
I have met Dr. v. Hippel several times and know him pretty well. I don't need to tell you that I estimate him very highly as a physicist, since you are yourself familiar with his work. But I should like to emphasize that he is one of the nicest fellows I ever met. He is absolutely reliable in every respect, and has got a winning personality and open nature. I am perfectly convinced that he will fit excellently into any faculty in this country. Besides, he has spent one year at the University of California as a fellow of the Rockefeller Foundation and from what I have heard he was very much liked by everyone. I should recommend you to ask the California physicists in this respect.
I hope to see you soon. I intend to get to New York in about a fortnight and shall certainly stop at Princeton for a day.
With best regards, *Sincerely [Otto Stern]*

Der folgende Brief vom 20.1.1936 von Franck an Stern zeigt, dass von Hippel, der nach Verlust der Stelle in Istanbul für ca. ein Jahr bei Niels Bohr in Kopenhagen eine Stelle fand, auch zu Beginn des Jahres 1936 noch ohne Zukunftsperspektive war. Durch Einladung von Karl Taylor Compton erhielt er dann im Laufe des Jahres 1936 eine Assistenzprofessur am MIT in Boston.

Standort: [BAL], bk0016n8q5x; Dokumentnummer: **[0487/20.01.1936]**
Baltimore, 20.1.1936

Dear Dr. Stern:
Ladenburg sent me these two clippings and a post card and asked me to send them to you. Allow me to do that from the laboratory and add a few lines which I dictate.
I wish to tell you that we are now, of course, settled in our house. Mrs. Franck is well again and I have nearly finished one small paper about fluorescence in living leaves together with Wood. It is not as interesting as I hoped.
I did not find anything until now for von Hippel and I realize more and more how difficult it is. Nordheim wrote me a letter that he will not be selected as professor at Purdue because they wish not to have a foreigner and not a scientist. He wished to find out if I would know any possibility also even if it is only for summer school. Herzfeld and I thought it over. Herzfeld will write to New York. I wrote to California and asked Nordheim to write to Bethe and to Laporte. If you would, by chance, know

any possibility, tell it to Nordheim. His address will be Purdue University, Lafayette, Indiana.
What are your plans to go to Europe? I expect we shall take a steamer on the American Scantic Line sailing May 16. The cost of the round Trip is approximately $220 for each person, cabin class. If you wish to book as soon as possible the places, shall I find out something also for you?
It never occurred to me in earlier times that I would ever send an English letter to you.
Sincerely yours, *J. Franck*

Sterns Unterstützung des Emergency Committee in Aid of Displaced German Scholars war auch finanziell von substanzieller Bedeutung. Er half regelmäßig mit größeren Geldbeträgen.

Standort: [BAL], bk0016n8s29; Dokumentnummer: **[0419/10.01.1935]**
THE JOHNS HOPKINS UNIVERSITY
BALTIMORE, MARYLAND
PHYSICAL LABORATORY
R.W.WOOD; CHAIRMAN

January 10, 1935

Professor Otto Stern
The Ruskin
Pittsburgh, Penn.
My dear Professor Stern,
Excuse me for writing English, but in this way I can dictate. Excuse, furthermore, the late date at which I acknowledge, with many thanks your check.
I had not felt well in Boston and discovered suddenly that I had the chicken pox. I had to come back to Baltimore right away and come out of the hospital only yesterday.
I have paid in your check to the Johns Hopkins University, which acts as guardian of the money.
With best regards
Very sincerely yours, K.F. Herzfeld [handgeschriebene Unterschrift]

Am 4. März 1935 schlug Herzfeld vor, Hertz in Genf und Reiche in Prag weiterhin zu unterstützen. Er schrieb:

Standort: [BAL], bk0016n8x29; Dokumentnummer: **[0437/04.03.1935]**
Sehr geehrter Herr Kollege, *4. März, 1935*
Wir schlagen vor, dass der German Scientists Relief Fund im Jahre 1935 die folgenden Unterstutzungen gewahrt.
800 Dollar an Herrn P.Hertz fur Arbeiten an der Universitat Genf. Professor Wavre von Genf befurwortet dies sehr und Hertz ware sonst in grosser Not.
600 Dollar fur Prof. Reiche fur Vorlesungen in Prag. Die Deutsche Universitat Prag wunscht sehr, Reiche zu Vorlesungen im Sommersemester einzuladen, hat aber kein Geld. Reiche war krank und braucht diese Summe fur ein Semester.

Wir sind der Meinung, dass es besser ist, wenige Leute fur langere Zeit zu unterstutzen als das Geld zu verzetteln. Wenn ich bis 15 Marz kein gegenteiligen Bescheid von Ihnen habe, nehme ich Ihre Zustimmung an. Eine teilweise Ubersetzung von Wavre's Brief ist beigefugt.
MIt besten Grussen
K.F. Herzfeld (Unterschrift handgeschrieben)

Standort: [BAL], bk0016n8t2t; Dokumentnummer: **[0418/10.01.1935]**
Princeton, 10.1.1935
Dear Stern:
Herzfeld sent me a letter from Professor Wavre in Geneva concerning Paul Hertz and I enclose a copy of it to inform you of this matter.
Herzlichst R. Ladenburg

beigefügter Unterstützerbrief von Wavre:

KFB/M
My dear Colleague:
I have received your letter of January 15 and thank you for it. I am glad to hear that you hope to help Mr. Hertz [Paul]in 1935-1936. This will enable him to benefit by our bibliographical resources and our intellectual life, if he lives in the neighborhood of Geneva, but in France. There in a boarding house he could make an arrangement for a longer stay. He could live most economically at a distance of from five to six kilometres from Geneva.
As doubtless know Geneva is experiencing a terrible financial crisis and I do not believe that we would be able to offer Hertz a paid position in Geneva,
Thank you for your interest in the case of Mr. Hertz, who really needs your sympathy and financial help.
Very sincerely yours, R. Wavre

Am 21.12.1934 versandte Herzfeld an Stern die jährliche Abrechnung des German Scientists' Relief fund.

Standort: [BAL], bk0016n8s29; Dokumentnummer: **[0410/21.12.1934]**
Baltimore, 21 Dezember, 1934
Sehr geehrter Herr Kollege!
ich übermittle die Abrechnung für den German Scientists' Relief fund.

Erhalten bis Dezember 1934	*2866,75*
Bezahlt für P.Hertz	*800*
" " Reiche	*800*
" an N.Y.U. für Szilard	*500*
Scheckkosten	*5*
Rest	*761,75*

davon versprochen für Frl. Kohn 300
frei 461,75
Vorschläge für Verwendung werden demnächst ergehen. Ich habe Dankbriefe von Hertz, Reiche und N.Y.U., obwohl Szilard noch nic[h]t angekommen ist.
Ich wäre dankbar, wenn Sie mir Ihre Entschlüsse für 1935 mitteilen würden, damit wir ein Programm entwerfen können.
Mit den besten Weihnachtswünschen und vielen Grüssen
Karl F. Herzfeld [handgeschriebene Unterschrift]

von Stern handschriftlich darunter vermerkt: $200 in Auftrag gestellt.

Zwei weitere Briefe mit der Bitte um Unterstützung kamen aus Holland. De Haas bat Stern um Hilfe für Paul Ehrenfest junior, den Sohn von Paul Ehrenfest.

Standort: [BAL], bk0016n8r83; Dokumentnummer: **[0413/00.01.1935]**
Leiden, Januar 1935
Lieber und sehr geehrter Herr Kollege,
vielleicht ist es Ihnen bekannt, dass ich nach dem Tode von unserem Freunde Ehrenfest eine kleine Organisation gemacht habe, um die schwere[n] Sorgen über die Familie etwas erleichtern zu können.
Es handelt sich um den jungen Paul, einen sehr begabten und lieben Kerl, welchen ohne Erziehung, ohne jede Schulbildung besser gesagt, von Ehrenfest hinterlassen ist.
Ganz Nord-Europa ist ein pedantisches Land von Papieren und Diplomen und weder in England, die Nordischen Länder, Deutschland!!! ist etwas anzufangen.
Aber in Frankreich geht es. Paul studiert seit einem Jahre bei Auger, Langevin etc., kann da seinen Doktor machen, ohne Vordiplom[en]. Auger ist sehr zufrieden. Meine Absichten sind Paul wenn er sein Dr. in Paris gemacht hat (3 J.) nach U.S.A. zu senden und mit Hilfe von Einstein u. anderen Ihm da eine passende Stelle zu besorgen.
Für sein Studium in Paris brauche ich jedoch Geld.
Voriges Jahr habe ich einigen Freunden von Ehrenfest gefragt und Sie haben mir ohne Ausnahme gegeben.

Wie man dem folgenden Dankesbrief von de Haas entnehmen kann, hat Stern geholfen.

Standort: [BAL], bk0016n8r83; Dokumentnummer: **[0425/00.02.1935]**
Leiden, Februar 1935
Lieber Herr Kollege Stern,
Ich danke Ihnen viel, vielmals für Ihre Gabe für Paul Ehrenfest.
Er hat natürlich nicht die glänzende Begabung von seinem Vater. Aber ich denke und hoffe, dass er einen sehr guten Physiker werden wird. Und lassen wir dankbar sein, etwas tun zu können dem Andenken des Vaters gewidmet. Ehrenfest machte so viel für andere Leute ohne jemals etwas zurück zu fragen.

Ich hoffe, dass der junge Paul nachdem er sein[en] Doktor in Paris gemacht hat seinen Weg nach Amerika finden wird, aus dem pedantischen Europa heraus. Nochmals vielen Dank und herzlichen Grüssen von W. J. de Haas

Am 30.11.1936 bat Courant Stern für die beiden Hamburger Mathematiker Artin und Hecke um Hilfe. Courant schrieb:

Standort: [NYU], MC150 Courant, Box 8, Folder 5;

Dokumentnummer: **[0507/30.11.1936]**

November 30, 1936

Prof. Dr. Otto Stern
Physics Laboratory
Carnegie Institute of Technology
Pittsburgh Pa.

Lieber Stern:
Es ist sehr schade, dass wir uns schon so lange nicht gesehen haben. Können Sie mich gelegentlich in New York wieder mal anrufen, ich würde Sie gern an sich und wegen verschiedener konkreter Fragen bald einmal wiedersehen, auch gern hören, wie es Ihnen geht und wie sich Ihre Dinge entwickeln.
Heute schreibe ich veranlasst durch eine akute Notlage, in der ich evtl. an Ihre persönliche Hilfe appellieren möchte. Während meiner Europareise stellte es sich heraus, dass sowohl Artin wie auch Hecke aus seelischen Gründen eine Einladung nach hierher brauchen. Hecke will nur temporär hierher kommen und alles ist in Princeton dafür in befriedigender Weise für nächstes Jahr vorbereitet.
Artin hingegen muss seine Reise hierher unter dem Gesichtspunkt einer permanenten Übersiedlung betrachten, und es ist aus psychologischen Gründen dringend, dass er bald kommt und auch seine Frau mitbringt. Es ist gelungen, ihm eine Einladung für die Summer School in Stanford im nächsten Juni zu verschaffen. New York University vielleicht auch unter Beteiligung von Princeton möchte ihn gern für den zweiten Term, ab Februar, einladen und Artin rechnet eigentlich damit. Es hat sich aber herausgestellt, dass die Beschaffung der dazu nötigen Mittel in der Kürze der Zeit schwieriger ist, als ich in meinem berüchtigten Optimismus geglaubt hatte. Eine schon sicher in Aussicht gestellte Beihilfe der Carnegie Corporation[122] ist ausgeblieben, auch die Carl Schurz Foundation[123] macht erheblich Schwierigkeiten. New York University hat praktisch nichts. Trotzdem werde ich von da etwa 2-00 [Wort nicht lesbar]einkriegen. Von privaten Freunden sind mir auch kleine Beträge zugesagt. Wir brauchen aber, um Artin einladen zu können, die Sicherheit, dass wir mindestens etwa 1000$ aufbringen können. Ich bemühe mich hierzu sehr und hoffe auch, dass es gelingen wird. Inzwischen aber vergeht die kostbare Zeit, die für Artin nötig ist, um in Hamburg bezw. Berlin den nötigen Urlaub zu bekommen, den er ja erst nach Erhalt der öffentlichen Einladung beantragen kann. Daher würde es eine grosse Erleichterung für mich sein, wenn Sie bei der Angelegenheit

[122] [CAR1911]
[123] [SCHUR1930]

helfen können, indem Sie für einen bestimmten Betrag bürgen, in dem Sinne, dass Sie mir zusagen, diesen Betrag beizusteuern, falls es nicht gelingt, ihn von amerikanischer Seite aufzubringen (womit ich eigentlich als fast sicher rechne). Hoffentlich ist eine solche Bitte, abgesehen von dem Risiko, keine allzu grosse Belästigung. Ich kann auch nicht abschätzen, ob Sie heute noch in der Lage sind und bis zu welchem Betrage Sie in der Situation einspringen können. Die Nützlichkeit der Sache an sich können Sie ja selbst hinreichend beurteilen. Sie würden mir einen grossen Gefallen tun, wenn Sie mir möglichst umgehend antworten würden, da ich gern an Artin, der recht nervös ist und wartet, so bald wie möglich durch den Dean telegrafiere lassen möchte.
Persönlich geht es mir gut, auch hinsichtlich meiner Stellung, ich bin jetzt Head of Department.
Viele sehr herzliche Grüsse auch von meiner Frau
Ihr [Courant]

Stern antwortete schon am 2.12.1936 und sagte seine Bereitschaft zu, 300 $ als Bürgschaft zu übernehmen.

Standort: [NYU], MC150 Courant, Box 8, Folder 5;
Dokumentnummer: **[0508/02.12.1936]**

OTTO STERN
1060 MOREWOOD AVENUE
PITTSBURGH. PA.

d. 2. XII. 36.

Lieber Courant,
ich will Ihnen natürlich sehr gern in der Angelegenheit Artin helfen und bin bereit, meine Garantie bis zu $ 300 zu übernehmen. Höher kann ich aber wirklich schlecht gehen, und es wäre mir natürlich lieb, wenn die Garantie nicht voll in Anspruch genommen würde. Ist Ihnen damit gedient? Bitte antworten Sie mir, denn es liegt mir wirklich sehr daran, Artin zu helfen. Der arme Kerl muß sich ja schrecklich unbehaglich in Deutschland fühlen.
Ich würde Sie auch sehr gern wieder mal sehen und sprechen. Ich will am Freitag, d. 18.XII., in New York sein. Ich habe jetzt zwar reichlich Familie da und werde kaum nach New Rochelle rauskommen können, aber vielleicht können wir uns in der Stadt treffen.
Herzliche Grüße, auch an Ihre Frau,
Ihr Otto Stern

Courant bedankte sich umgehend.

Standort: [NYU], MC150 Courant, Box 8, Folder 5;
Dokumentnummer: **[0511/04.12.1936]**
Dezember 3-5, 1936

Prof. Otto Stern
1660 Morewood Avenue
Pittsburgh Pa.

Lieber Stern:
Vielen sehr herzlichen Dank für Ihren Brief. Ihr Angebot ist ungeheuer grosszügig und wird sicherlich schon durch den moralischen Druck, den man damit ausüben kann, ausgezeichnet helfen. Ich hoffe, dass Ihre Garantie überhaupt nicht in Anspruch genommen zu werden braucht, da ich mit verschiedenen Seiten (u. a. auch den Rockefeller-Leuten) verhandle. Zudem wird es nun wahrscheinlich doch so sein, dass Artin noch nicht im Februar kommen kann, sondern frühestens im Mai und dass die Haupteinladung dann für den nächsten Herbstterm erfolgen wird. Jedenfalls bekam ich vorgestern einen Brief von ihm, in welchem er diese Regelung als praktischer vorschlägt. Er würde dann nach kurzem Aufenthalt hier nach Stanford gehen und im September nach dem Osten zurückkommen.
Ich hoffe sehr, Sie bei Ihrem nächsten Aufenthalt hier zu sehen und komme dann wirklich gern nach New York.
Viele herzliche Grüsse auch von meiner Frau
Ihr [Courant]

Auch der Frankfurter Mathematiker Ernst Hellinger brauchte Courants und Sterns Unterstützung. Courant wandte sich erstmals am 25.12.1935 an Stern wegen Hellinger.

Standort: [NYU], MC150 Courant, Box 8, Folder 5;

Dokumentnummer: **[0483/25.12.1935]**

den 25. Dez. 1935

Lieber Stern:
Nur die Nachricht, dass ich von Hellinger einen an sich garnicht besonders betrübt klingenden Brief erhielt, in dem aber die wesentliche Mitteilung enthalten war, dass er sich sprachlich und sonst noch nicht zu einer Amerikareise in der Lage fühle und einen solchen Plan zum mindesten hinausschieben will. Dagegen drängt er sehr darauf, dass für Dehn etwas geschehe.
Hoffentlich sehen wir uns recht bald einmal. Im Moment bin ich etwas müde und will heut für etwa 12 Tage mit Alexanders aus Princeton leichtsinnigerweise in die Berge (bei Montreal) gehen.
Herzliche Grüsse und Wünsche, auch von meiner Frau
Ihr [Stern]

Hellinger hatte lange geglaubt, den Nationalsozialismus in Deutschland überstehen zu können. Aber Ende 1938 bat die Schwester Hellingers dann Courant bei der Beschaffung eines Visums für Ernst Hellinger für eine Einreise in die USA um schnelle Hilfe. Courant informierte Stern am 17.11.1938 und bat ihn um Unterstützung.

Standort: [NYU], MC150 Courant, Box 8, Folder 5;

Dokumentnummer: **[0552/17.11.1938]**

November 17, 1938

Professor Otto Stern
Physics Department
Carnegie Institute of Technology

Dear Stern:
I received an urgent letter from Miss Hanna Hellinger, concerning her brother, but I simply do not see what I can do except be ready to help personally, and invite him for a lecture when he comes., I do not see what I can contribute towards removing his difficulties in obtaining a visa on short notice. However, I hope that in cases of such outstanding scientists perhaps admission under non-quote visa will be made, solely on the basis of affidavits.
I have written to Princeton to find out whether or not relaxation in the regulations in this respect is really under consideration in Washington, at least for exceptional cases.
With best regards;
I am Sincerely yours, R. Courant

Courant fragte beim Emergency Committee um Hilfe für Hellinger nach.

Standort: [NYU], MC150 Courant, Box 8, Folder 5;
Dokumentnummer: **[0563/07.12.1939]**
December 7, 1939

Professor Otto Stern
Physics Department
Carnegie Institute of Technology
Dear Stern:
I hope you are informed about Hellinger's situation.
What I know is that Northwestern University has applied to the Emergency Committee in aid of Displaced Foreign Scholars, 2 West 45th Street, New York City, for a grant to carry on Hellinger's appointment. However, since Northwestern carefully avoided expressing its desire to keep him permanently later, the application was not acted upon favorably; instead decision was postponed in the scheme. This information I received directly from the Committee, but only Veblen or Weyl, who are active in the matter, have complete knowledge of the situation.
When you are coming to New York again?
Kindest regards.
Sincerely yours R.Courant

Stern versuchte, Courant zu unterstützen, und bemühte sich, eine Stelle für Hellinger zu finden.

Standort: [NYU], MC150 Courant, Box 8, Folder 5;
Dokumentnummer: **[0564/29.12.1939]**
Sunset Hotel
Pasadena on the Gulf
St. Petersburg, Florida, d. 29.XII, 1939

Lieber Courant,
vielen Dank für Ihren Brief vom 7. d. M. betr. Hellinger.

Ich war Anfang Dez. in Chicago und hörte von Hellinger's dasselbe, was Sie mir schrieben. Außerdem war noch eine - allerdings sehr schwache Aussicht - auf eine Stellung bei einem Junior College in Chicago. Ich habe seitdem nichts von Hellinger's gehört, will sie aber mit gleicher Post bitten, mich zu avisieren[124]. *Ich beabsichtige, Mitte Januar das Weekend in N. Y. zu verbringen, und hoffe, Sie dann zu sprechen.*
Ich habe mich hier wieder sehr gut erholt, was auch nötig war, und will am 1.1. wieder in Pittsburgh sein.
Mit herzlichen Grüßen und den besten Neujahrswünschen, auch an Ihre Familie,
Ihr Otto Stern

Am 13.1.1937 wurde Stern von der Rockefeller Foundation wegen des Hamburger Chemikers und Mediziners Carl Tiedcke um ein Gutachten gebeten.

Standort: [BAL], bk0016n912d; Dokumentnummer: **[0515/13.01.1937]**
THE ROCKEFELLER FOUNDATION
49 WEST 49th STREET, NEW YORK

THE NATURAL SCIENCES
WARREN WEAVER; DIRECTOR
FFRANCK BLAIR .... ASSOCIATE DIRECTOR
January 13, 1937
Dear Professor Stern:
Dr Carl Tiedcke, who formerly was the chief of the Chemistry Division of the Tuberculosis Hospital associated with the University of Hamburg, and who also, as I understand it, conducted a personal commercial laboratory for micro-analysis, has recently been in our office inquiring about positions in this country. Dr. Tiedcke presented a considerable number of letters which show that he has received commercial orders for micro-analysis from a widely distributed group of persons or laboratories. On the other hand, the only statement he presented which specifically refers to his own scientific ability, character, etc. was an official letter from Dr. R[L]udolph Brauer[125]*, his former chief.*
We know of certain opportunities for micro-analysts in this country. I do not feel, however, that we have a sufficient amount of direct evidence concerning Dr. Tiedcke's ability. I should appreciate any information you can give me about him.
Cordially,
Warren Weaver [hand unterschrieben]
Professor Otto Stern
Physics Department
Carnegie Institute of Technology

[124] avisieren = österreichisch, auch schweizerisch für benachrichtigen
[125] Ludolph Brauer (1865–1951) war ein deutscher Mediziner. Er gilt als einer der Wegbereiter der Luftfahrtmedizin. 1911 wurde er Direktor des Allgemeinen Krankenhauses in Hamburg-Eppendorf. Brauer war von 1919 bis zur Emeritierung 1934 ordentlicher Professor in Hamburg und daneben weiter Ärztlicher Direktor des Allgemeinen Krankenhauses Eppendorf.

Stern war bereit, in der Sache Tiedcke zu helfen, und antwortete der Rockefeller Foundation am 14.1.1937.

Standort: [BAL], bk0016n912d; Dokumentnummer: **[0517/14.01.1937]**
Dr. Warren Weaver
The Rockefeller Foundation
49 West 49 the Street New York, New York
Dear Dr. Weaver:
I answer to your letter of January 13, I have to say that I do not know Dr. Tiedcke and have never heard of him. Dr. Estermann does not know of him either. We shall have the opportunity of seeing some physicians who were formerly in Hamburg and if we can get information we shall be glad to pass it on to you.
Cordially
Otto Stern

Die Rockefeller Foundation bedankte sich am 16.1.1937 bei Stern für dessen Bemühen.

Standort: [BAL], bk0016n912d; Dokumentnummer: **[0518/16.01.1937]**
THE ROCKEFELLER FOUNDATION
49 WEST 49th STREET, NEW YORK

THE NATURAL SCIENCES
WARREN WEAVER; DIRECTOR

January 16, 1937

Dear Professor Stern,
Thank you for your prompt reply to my inquiry about Dr. Tiedcke.
It is very good of you to keep him in mind when meeting with your Hamburg associates. I shall be most appreciative of any information that you may be able to send.
Cordially
Warren Weaver [handunterschrieben]
Professor Otto Stern
Physics Department
Carnegie Institute of Technology

Auch die Guggenheim Foundation fragte bei Stern um Gutachten an und bat ihn in der Sache Franck Urban um eine Stellungnahme.

Standort: [BAL], bk0016n9040; Dokumentnummer: **[0544/22.10.1937]**
John Simon Guggenheim Memorial Foundation, New York
October 22, 1937
Professor Otto Stern,
Carnegie Institute of Technology
Pittsburgh, Pa.

Dear Professor Stern:
Dr. Frank Urban has applied for a Guggenheim Fellowship. He does not refer to you but it appears in his application that you are familiar with his work. Hence I write to consult you, asking my usual questions: What is your judgement of his abilities? What do you think of the project? What of his abilities with relation to the project? Any light you can shine on these questions will greatly appreciated.
As always, anything you say will be held in the strictest confidence.
Sincerely yours,
Henry Allan Moe

Standort: [BAL], bk0016n9040; Dokumentnummer: **[0545/27.10.1937]**
John Simon Guggenheim Memorial Foundation, New York
October 27, 1937
Dear Dr. Moe:
I do not know Dr. Frank Urban personally. That is probably also the reason why he does not refer to me. I can express my opinion only on the part of his work concerning the electrolytic double layer (papers 9-13).
I think these papers are really excellent, both from the theoretical and the experimental viewpoint. I hope I am not prejudiced in saying so by the fact that he uses a theory of mine and confirms it by his experiments, but I really think that his applications of the theory are very sensible and the difficult experiments are carried out very carefully. I have the impression that the discrepancy with Professor McBain's work, to which he refers, will be solved in the future of his favor.
Of course, I am not in a position to speak about the physiological part of his work, but I would like to say that from his above mentioned papers I have the most favorable impression about his scientific personality.
Sincerely yours,
Otto Stern

1938 wurde das Emergency Committee in Aid of Displaced German Scholars in New York um Unterstützung für den Physiker Guido Beck gebeten. Beck, der von 1928 bis 1932 Assistent bei Heisenberg in Leipzig gewesen war, hatte auch bei Rutherford und Bohr gearbeitet. Als Jude musste er Deutschland verlassen und hat von 1934 bis 1935 an einer Universität in Kansas Vorlesungen gehalten. 1943 übersiedelte er nach Argentinien.

Standort: [BAL], bk0016n8q28; Dokumentnummer: **[0546/11.01.1938]**
Dr. Stephen Duggan, Secretary
The Emergency Committee in Aid of Displaced German Scholars, New York
Duggan an Stern January 11, 1938
Professor Otto Stern
Department of Physics
Carnegie Institute of Technology
Pittsburgh, Pennsylvania

My dear Professor Stern:
I am wondering whether you are familiar with the work of Dr. Guido Beck, a young physicist who taught at the University of Kansas during 1934-35, leaving at the end of the year to go to Odessa,
We have been asked for a confidential report on his research work which, I understand, has been carried on in the field ´s of Theoretical Physics and Nuclear Physics.
Dr. Beck, who has carried on research at the Institute of Theoretical Physics in Copenhagen under Professor Niels Bohr, has published articles in various German and Swiss periodicals, as well as in "Nature".
I should greatly appreciate any information you can give me about Dr. Beck's professional standing. Any date you may send me will be considered confidential.
Sincerely yours,
Stephen Duggan, Secretary

Standort: [BAL], bk0016n8q28; Dokumentnummer: **[0547/20.01.1938]**
20. January 1938
Dr. Stephen Duggan, Secretary
The Emergency Committee in Aid of Displaced German Scholars, New York
Dear Dr. Duggan:
In reply to your letter of January 11 concerning the research work of Dr. Guido Beck, I have to say that I am not familiar with his work. However, I looked over some of his papers and got the impression that, while he has not published anything really outstanding– at least as far as I know– he is a clear thinking scientist and a good theoretical physicist. I seems to me, that if he had the opportunity to really work out his ideas, he would have gotten very valuable results.
I should like to add, that one of my colleagues here who was at the University of Kansas[126] *at the time Dr. Beck taught there, told me that he was very well liked there. The students were also very much satisfied with his courses.*
Hoping this information might be of some use to you, I am
Sincerely yours Otto Stern

Zu Sterns 50. Geburtstag kamen aus Berkeley Geburtstagsglückwünsche von Sterns Schwester Berta Kamm. Dieser Brief ist ein besonderes Dokument zum Kapitel Nazizeit, da es beschreibt, wie auch Sterns Schwester und ihre Familie aus Deutschland über Frankreich in die USA emigrieren mussten. Sterns Schwester berichtet über die Ankunft der Familie in Berkeley.

[126] Die University of Kansas ist beheimatet in Lawrence /Ost Kansas

Standort: [BAL], bk0016n8s4d; Dokumentnummer: **[0548/15.02.1938]**

710 Kuler Avenue

Berkeley (Calif) den 15.II.1938

Mein lieber Otto,

schier 50 Jahre bist Du alt– das ist mir kaum glaublich, weil mir gerade jetzt oft unsere gemeinsame Kindheit und Jugend näher erscheint als die jüngste Vergangenheit, womit ich hauptsächlich die letzten europäischen Jahre meine.

Beim Auspacken der Sachen, die endlich vorige Woche aus Versailles eintrafen, sind mir auf so viele alte Familienbilder und Erinnerungen aus der Tanzstundenzeit gestoßen, daß mir alles plötzlich wieder aus der Tiefe des Bewußtseins auftauchte - unsere schöne sorglose Jugendzeit! - Ich kann Dir nicht wünschen, daß sie wiederkehren möge, denn Unmögliches herbeiwünschen ist sinnlos, aber ich wünsche Dir von Herzen, daß die folgenden Jahrzehnte sich Dir glücklicher und befriedigender gestalten möchten als das vergangene.

Wenn wir auch jetzt - seit Beginn des Februar- ein paar stürmische regnerische Wochen hinter uns haben, so habe ich doch, seit wir hier sind das Gefühl, daß Du Dich hier sehr wohl fühlen würdest und ich glaube und hoffe auch bestimmt, daß Du mal hier landen wirst.

Damit wir wenigstens im Bilde an Deinem Ehrentage bei Dir sind, füge ich Dir mein neuestes - in New York von Frl. Else Goldstein aufgenommenes - Konterfei bei und eine Amateuraufnahme von Walter [Kamm] und Dieter [Kamm], auch Lilos [Templeton geb. Kamm] Aufnahme - in England Nov. 36 gemacht - hast Du wohl noch nicht. Das alte Kinderbild liebe ich sehr und habe mich nun davon getrennt, weil ich ein zweites von der gleichen Sorte fand.

Max-Dieter [Kamm] ist noch in der Universität, sein Glückwunsch wird, wie ich fürchte, nicht mehr rechtzeitig eintreffen.

Übrigens haben sie mich nochmals ins Uni. Hospital kommen lassen, noch eine Röntgenaufnahme gemacht und nun eine Herzerweiterung (your heart is too large!- das hab'ich schon immer gewusst!) festgestellt. - Jedenfalls könnten sie mir aufgrund dieses health reports kein Gesundheitsattest, wie es high school Lehrerinnen brauchen, ausstellen.— Ist auch nicht nötig-

Leb wohl, verlebe Deinen Geburtstag recht angenehm- ich nehme an, daß Li zu Dir gekommen sein wird,- und sei von Herzen umarmt und gegrüßt von Deiner Be

Am 1. Dezember 1938 teilte die Akademie der Wissenschaften zu Göttingen Otto Stern mit, dass aufgrund eines Erlasses des Reichsministers für Wissenschaft, Erziehung und Volksbildung Juden oder mit Juden „versippte" Personen nicht länger Mitglied in der Göttinger Akademie sein können. Sie wurden aufgefordert, selbst ihre Mitgliedschaft zu beenden.

Standort: [BAL], bk0016n8n1p; Dokumentnummer: **[0553/01.12.1938]**
Academy of Göttingen
Gesellschaft der Wissenschaften zu Göttingen *Göttingen, 1. Dez. 1938*
Nr. 408/38

To all Full Members, Foreign and Corresponding Members within the German Reich
In the following we beg to submit to your attention part of a decree [Erlass] of the Reichsminister für Wissenschaft, Erziehung und Volksbildung (W Nr. 2633 dated Nov 15th, 1938). According to it Jews, persons of mixed blood and lastly persons having any relationship to Jews ("jüdisch versippte Personen") can no longer remain members of the Academy. We ask you therefore to send in, if necessary, the declarations mentioned below.

The Secretary of the Math.-Physical Section agn. [Friedrich Hermann] Rein

The Secretary of the philol.-historical Section agn. Kees

Standort: [BAL], bk0016n8n1p; Dokumentnummer: **[0554/01.12.1938]**
Copy. _____
"By introducing into the Statutes the regulation that none but Reichs Citizen shall be full members, a guarantee will be established that Jews by the definition of the Reichs Citizenship Law can not in future be elected. It is clear that the same principle should be observed in electing Corresponding and Honorary Members. For my part I (i. e. the Reichskulturminister) will in the same way not confirm the election of a member of non-German nationality if he is a Jew by the definition of the Reichs Citizenship Law.
As far as the present body of members in concerned, the aim should be that Full and Honorary Members who do not satisfy the said conditions should be removed from the roll of the Academy. To begin with those few Jews who are still Members should be urged in the appropriate way to declare their membership ended on their own accord.
I wish the same measures to be taken with the Jewish Corresponding Members in so far as they are Reichs Subjects. It is in accordance with the basic philosophic (weltanschaulichen) principles that persons of mixed blood and Members having relationship to Jews (Jüdisch versippte Mitglieder) should be eliminated in the same way from the Societies."

Ob Stern auf diesen Brief der Akademie der Wissenschaften zu Göttingen geantwortet hat, ist den Autoren nicht bekannt, da kein solcher Antwortbrief im Nachlass gefunden wurde.

Fritz Reiche wurde 1942 am Queens College im Staate New York eine Stelle angeboten. Stern wurde um ein Gutachten gebeten.

Standort: [BAL], bk0016n8t0q; Dokumentnummer: **[0567/09.09.1942]**

QUEENS COLLEGE

65-30 KISSENA BOULEVARD
FLUSING; N.Y.
OFFICE OF THE PRESIDENT

September 9, 1942

Professor Otto Stern
Carnegie Institute of Technology
Pittsburgh, Pennsylvania
Dear Professor Stern,
we are considering the appointment of Dr. Fritz Reiche, of 112 Mercer Street, Princeton, New Jersey, to our Department of Physics. Would you be good enough to tell me, if you can, something about his scholarship, his classroom effectiveness, and his personality.
I shall be grateful for any help that you can give me in this matter and shall of course regard whatever you tell me as confidential.
Sincerely yours Paul Klapper [handgeschrieben]

Stern übermittelte sehr zeitnah seine Begutachtung.

Standort: [BAL], bk0016n8t0q; Dokumentnummer: **[0568/14.09.1942]**

September 14, 1942

Mr. Paul Klapper
Office of the President
Queens College
65-30 Kissena Boulevard
Flusing, New York
Dear Sir:
Answering your letter of September 9 concerning Dr. Fritz Reiche I can give you the following information:
I have known Dr. Reiche for more than thirty years. He is a distinguished theoretical physicist and made some valuable contributions to the development of our science. He worked mainly on problems of optics and quantum theory, and wrote several books on these subjects. He is the author of a large number of important papers in theoretical physics. The work done by his students under his supervision has also resulted in many valuable contributions.
I have always heard the highest praise for his ability as teacher in the classroom. Since I have known him for such a long time, I feel qualified to say that he is a thoroughly honest man of a very pleasant personality.
I shall be glad to furnish any more detailed information you may require.
Sincerely yours,
Otto Stern

Wen Stern sonst noch durch Gutachten oder auch finanziell unterstützt hat, ist den Autoren nur ungenügend bekannt. Aus einem der vorhandenen Briefe [0860] geht hervor, dass Stern Apt vor dem Kriege 175 RM gegeben hat, um ihm 1938 bei seiner Emigration von Deutschland nach England zu unterstützen. 1954 nach der Rückkehr Apts von England nach Deutschland bat Apt seinen alten Duzfreund Stern um dessen Kontonummer, um diesen Betrag an Stern zurück zu überweisen.

Erwähnenswert ist auch der folgende kurze Brief von Dirac an Stern, in dem dieser um Unterstützung für den russischen Physiker Kapitza bittet, dem die Sowjetunion verweigerte, von seinem Gastaufenthalt in England wieder in die Sowjetunion zurückzukehren (s. auch Brief [0454] Fraser an Stern).

Standort: [BAL], bk0016n8w7m; Dokumentnummer: **[0427/04.02.1935]**

Princeton, 4.2.1935

Dear Professor Stern,
I heard from Ladenburg that you might like to sign the enclosed appeal on behalf of Kapitza, which will be sent to the Soviet Government. I should be very glad if you would sign it and then return it to me in Princeton.
Yours sincerely, *P. A. M. Dirac*

2.2.4 Briefverkehr mit und wegen Max von Laue nach Sterns Emigration

Max von Laue berichtete in seinem Brief vom 6.7.1934 an Stern von den Ereignissen in Deutschland und über die Veränderungen in der Deutschen Physikalischen Gesellschaft.

Standort: [BAL], bk0016n8t3c; Dokumentnummer: **[0361/06.07.1934]**

Zehlendorf, 6.7.34

Lieber Otto Stern !
Aus Ihrem Briefe vom 4. 7. sehe ich mit Freude, daß Sie Ihr kahles Haupt zur Abwechslung einmal wieder europäischen Hoteliers in den Schoß legen wollen. Was für einen Wunsch ich Ihnen vor vielen Monaten einmal übermittelt habe, und wer der R. ist, an den Sie schreiben sollten, ahne ich nicht mehr; zuviel hat sich seitdem ereignet. Ich freue mich jedenfalls sehr, wenn ich mit Ihnen irgendwo zusammenkommen könnte.
Aber freilich ist's schwierig, einen Ort dafür vorzuschlagen. Weit über die Reichsgrenzen hinaus kann man von hier aus der Devisenfrage wegen kaum gehen. Wenns möglich ist, gehe ich im September nach Kopenhagen, wo ja wieder ein kleiner Kongress sein soll. Aber das darf nicht mit der Physikertagung in Pyrmont zusammenfallen, zu der ich unter allen Umständen gehen muß; Sie wissen doch, wer seit 14 Tagen Präsident der Notgemeinschaft der Deutschen Wissenschaft[127] *ist. Daß derselbe mir im Dezember meine Stellung an der Reichsanstalt gekündigt hat,*

[127] Der Nobelpreisträger für Physik und Nazi Johannes Stark wurde 1934 zum Präsidenten der Notgemeinschaft ernannt.

habe ich Ihnen vielleicht schon mitgeteilt. Sehr amüsant ist das Datum (16.12.). Zwei Tage zuvor war nämlich in einer vertraulichen Sitzung eine Besprechung über „Denselben".
Das Neueste ist, daß mich unser besonders geschätzter Kollege L. A. Sommer wegen Beleidigung verklagt. Das war mir erst lästig, macht mir allmählich aber Spaß. Da höre ich z. B. gestern, Sommer hätte vom Dekan 300 RM aus der Fakultätskasse verlangt, weil sein Anwalt Vorausbezahlung wünscht. Er begründete dies mit dem Fakultätsinteresse an der Durchführung seines Prozesses!

Bitte teilen Sie Ihre Adresse laufend mit!

Von den Ereignissen[128] *des 30. Juni haben wir außer Zeitungsnachrichten nichts bemerkt. Hingegen ist's hi[e]r manchmal unangenehm heiß. Das – und auch mein Rheumatismus – bekämpfe ich durch Bäder in der Krummen Lanke – mit gutem Erfolg.*
Am 25. 6. war Nernst's 70-ter Geburtstag. Meine Frau und ich waren bei ihm in Zibelle, dazu Bodenstein, Erhard Schmidt, und auf einige Stunden ein reichliches Dutzend jüngerer Physiker und Chemiker, übrigens auch Riesenfeld. Das Heft der „Naturwissenschaften" mit dem Begrüßungsartikel Bodensteins können Sie in Zürich einsehen. Sie werden auf mich schimpfen, wenn Sie meinen Beitrag lesen, aber das hindert mich nicht, ihn im Sonderdruck beizulegen. Übrigens erscheint in den nächsten Tagen eine Arbeit von Justi und mir in den Berliner Sitzungsberichten, welche die physikalischen Chemiker, insbesondere die in den U.S.A., interessieren wird. Ich mache mich auch hier auf viele Anfeindungen gefaßt. Sie handelt von den thermodynamischen Gleichgewichten bei einheitlichen Stoffen und stellt ein Versehen von Ehrenfest richtig, der mit seinen Gleichgewichten zweiter Art leider einige Verwirrung angerichtet hat. (Sie stehen nämlich im Widerspruch zum zweiten Hauptsatz!). Daß einem so klaren Kopfe dies zustoßen mußte, vermag ich nur durch die Verwirrung zu erklären, die bald ~~darauf~~ nach dieser Veröffentlichung zu seinem Ende geführt hat.
In Zibelle auf der Post herrschte am 24-ten und 25-ten große Not. Der Posthalter suchte händeringend nach einem Mann, der im Stande wäre, die von Muskau telephonisch eintreffen- den Telegramme in englischer Sprache aufzunehmen.

Mit herzlichstem Gruß, auch von meiner Frau *Ihr M. Laue*
Grüssen Sie bitte E. Meyer, Scherrer, Pauli,
sowie Dennert in der
Löwenstr. 3. Sie finden ihn dort.

[128] In der Nacht vom 30. Juni auf den 1. Juli 1934 fand der sogenannte Röhm-Putsch statt, in dessen Folge Hitler die Führung seiner SA ermorden ließ.

Standort: [BAL], bk0016n8t3c; Dokumentnummer: **[0371/18.08.1934]**

München, 18.8.34

Lieber Stern!
Meine Karte vom 16-ten werden Sie schon erhalten haben. Ich habe sie vorsichtshalber nach Cambridge und nicht mehr nach Paris gesandt. Ich wiederhole hier, dass wir uns, wenn irgend möglich, in Kopenhagen in den ersten Oktobertagen treffen wollen. Mir liegt deshalb so viel daran, weil ich mehr und mehr an die Möglichkeit denken muss, dass ich gezwungen sein könnte, mir eine Stellung im Ausland zu suchen. Ich halte mich in B.[Berlin], solang ich kann. Aber wie lange kann ich noch?
Abgesehen von allgemeinen Gründen für solche Frage gibt es noch einen besonderen. Sie kennen die Anfeindungen, die ich durch J. Stark erfahren habe: Entlassung aus meiner Stellung an der P. T. R., zweimalige Aufforderung an die D. Phys. Ges., mich aus dem Dastusch heraus zu tun, Angriff in Broschüren. Ähnlich geht es Planck. Erst vor Kurzem haben Stark und Gehrcke einen unglaublichen Artikel gegen ihn und Einstein in der deutschen Optiker-Zeitschrift (oder so ähnlich) erscheinen lassen.

Am 11. 8. erhielten nun Planck und ich ein Telegramm:
„Umgehend Antwort erbeten, ob Sie zusammen mit anderen Nobelpreisträgern folgende Kundgebung unterzeichnen wollen:
In Adolf Hitler verehren ~~wir~~ und bewundern wir deutsche Naturforscher den Retter und Führer des deutschen Volkes. Unter seinem Schutz und seiner Förderung wird unsere wissenschaftliche Arbeit dem deutschen Volke dienen und das deutsche Ansehen in der Welt mehren.

Stark, Notgemeinschaft der deutschen Wissenschaft."

Ich habe geantwortet: "Ich bin gegen jede politische Kundgebung von Gelehrten" Planck hat ähnlich abtelegraphiert. Wer sonst die Anfrage erhalten hat, kann ich nicht sagen. Da die "Nicht-Arier" vermutlich außer Betracht blieben, kommen nicht nur noch Nernst, Heisenberg, Wieland und vielleicht einige Mediziner in "Betracht". Natürlich kann man jeden, der ablehnt, einen Strick drehen. Wir beginnen heute die Heimreise über Regensburg, Eger. Die Fahrt war schön, trotz aller Sorgen und trotz vielen Regens. Insbesondere hatten wir am 16-ten einen nun [Wort nicht lesbar] Tag in Berchtesgaden, das von Hitler-Verehrern wimmelt. Am 18-ten waren wir zum Nachmittags-Thee bei Planck am Tegernsee. Unsere Antwort an Stark hatten wir schon vorher abgesandt.
Eine schöne Komödie spielt jetzt das Reichs-Kultur-Ministerium mit der Notgemeinschaft d. D.(eutschen) Wissenschaft. Rust hat Stark zum Präsidenten ernannt, nach meiner Ansicht sehr unfreiwillig, (aber) nur auf allerhöchsten Befehl, denn Stark ist mit Hitler eng befreundet, wie man gerade in Oberbayern, wo Stark ein Gut besitzt, sehr wohl oft zu spüren bekommt. Nun ist eben die Notgemeinschaft ein eingetragener Verein, und über Innehaltungen der Satzungen wacht der Register-Richter.
Der machte also darauf aufmerksam, dass nur die Mitglieder-Versammlung den Präsidenten ernennen können, diese aber dem Beschluss nach dem BGD auch notwendig wäre, wenn die Mitglieder des Vereins ausnahmslos (einer) schriftlich der

Ernennung des neuen Präsidenten zustimmten. Also schrieb [Name nicht lesbar] im Auftrage von Rust an alle Mitglieder der Notgemeinschaft, d. h. alle deutschen Hochschulen und Akademien, sie möchten der Ernennung Starks zustimmen und sogleich ihr Einverständnis mit einer durch ihn herbei führende Satzungsänderung aussprechen. Als eine Blankovollmacht! Nun war vorauszusehen, dass die Hochschulen ja sagten; denn diese werden ja jetzt von den Rektoren allein vertreten, und die Rektoren ernennt die Regierung. Aber bei den Akademien besteht noch die alte Verfassung. Die Akademien zu Berlin, Göttingen, Leipzig, München, haben nein gesagt!! Ebenso die Universität München, deren Rektor Escherich vermutlich Stark persönlich kennt. Dass ich an der Abstimmung der Akademien nicht ganz unschuldig bin, müssen Sie sich wohl denken.
Und wie gehts nun weiter? Herr Rust erklärt: Die Mitgliederabstimmung hat eine grosse Majorität für Stark ergeben. Folglich ist Stark gewählt und hat seine Vollmacht. Nun kommt es auf den Register-Richter an. Tut der seine Pflicht, so trägt er Stark nicht als Präsidenten ein, weil keine Mitgliederversammlung stattgefunden hat, und die schriftliche Umfrage keine Einstimmigkeit ergeben hat. Aber leider wird es jetzt immer häufiger in Deutschland, dass Richter ihre Pflicht nicht tun und das Recht beugen. Aber wenn ich davon schreiben wollte, würde aus dem Briefe ein Buch.
Darum trete ich jetzt ab und verbleibe mit herzlichsten Gruss. Ihr M. Laue

Laue hegte den Wunsch, in naher Zukunft einen USA-Besuch zu machen. Dazu war eine offizielle Einladung notwendig, und außerdem musste das Geld für diese Reise aufgetrieben werden. Courant wandte sich in dieser Angelegenheit am 21.1.1935 an Stern.

Standort: [NYU], MC150 Courant, Box 8, Folder 5;

Dokumentnummer: **[0421/21.01.1935]**

January 21, 1935

Professor Otto Stern,
Physics Department
Carnegie Institute of Technology.
Pittsburgh, Penn.

Lieber Stern,
Ich schreibe Ihnen heute, um Sie zu fragen, ob und wann Sie in der nächsten Zeit nach New York kommen. Dann würde ich nämlich gern über Laue mit Ihnen mündlich sprechen. Wenn ich Sie aber nicht sehr bald sehen kann, so muss die Angelegenheit schriftlich diskutiert werden.
Laue hat, wie aus einem Brief von ihm an Ladenburg hervorgeht, meinen ursprünglichen Brief und einen mündlichen Gruss, den ich ihm habe bestellen lassen, so aufgefasst, als ob unter Umständen eine richtige Einladung an ihn für die kommenden Osterferien geplant sei. Mit Ladenburg hatte ich eine nicht ganz angenehme Auseinandersetzung darüber. Jedenfalls muss ich nunmehr an Laue schreiben, um ihm zu sagen, dass die Sache so nicht stimmt. Ich möchte diese jedoch nicht ganz gern tun, bevor ich die ganze Sache mit Ihnen erörtert habe.

Also schreiben Sie mir bitte doch bald, ob und wann Sie hierher kommen.
Viele herzliche Grüsse
Ihr [Courant]

P.S. Sehen Sie eine Möglichkeit, eine bescheidene Summe für eine Einladung von Laue in Pittsburgh aufzutreiben?

Courant berichtete Stern am 7.2.1935 von den weiteren Komplikationen in der zeitlichen Durchführung einer solchen Reise.

Standort: [NYU], MC150 Courant, Box 8, Folder 5;
Dokumentnummer: **[0430/07.02.1935]**
February 7, 1935

Professor Otto Stern,
Physics Department
Carnegie Institute of Technology.
Pittsburgh, Penn.

Lieber Stern,
An Laue habe ich geschrieben und ihm nochmals erklärt, dass eine völlige Finanzierung seiner Reise so schnell schwierig ist (ich habe auch die Krankheit Ihres Präsidenten erwähnt), dass wir aber hofften, für den Herbst alles arrangieren zu können, und dass ich sehr enttäuscht über die durch die Verhältnisse erzwungene Verzögerung sei.
Im übrigen scheint es wirklich so, dass Laue ausserordentlich viel an dem Besuch liegt, und dass er Scheffer im Sinne einer möglicherweise bevorstehenden Einladung verstanden hat. Dies ging aus einem gestern eingegangenen Brief von Lise Meitner hervor. Sie bittet mich um nähere Auskunft, da sie vermutet, dass ein Missverständnis vorliegen könnte. Ich lege Ihnen den Brief von Lise Meitner bei. Ich habe ihr sofort ausführlich geantwortet und ihr geschrieben, dass wir hoffen, die ganze Sache in bescheidener Weise zustande zu bringen, aber nicht für die jetzigen Osterferien, sondern wohl erst für die Zeit nach den Sommerferien.
Ausserdem habe ich für die Tragung der Kosten für die Ueberfahrt an seinen Freund Dr. Jeidels in Berlin geschrieben. Ich hoffe, dass er glatt zustimmt, da er die Situation und Laue recht gut kennt. Sollte es mit Jeidels nicht klappen, so werde ich mich an Max Warburg wenden.
Nochmals viele herzliche Grüsse und vielen Dank für den netten Abend neulich.
Ihr [Courant]

Um Gelder aufzutreiben, schrieb Courant dann mögliche Unterstützer in Deutschland an. Einer dieser Angeschriebenen war der Bankier Otto Jeidels in Berlin. Courant informierte Stern über seine Kontakte zu Jeidels.

Standort: [NYU], MC150 Courant, Box 8, Folder 5;

Dokumentnummer: **[0434/28.02.1935]**

February 28, 1935

Professor Otto Stern,
Physics Department
Carnegie Institute of Technology.
Pittsburgh, Penn.

Lieber Stern,

Soeben kam ein sehr netter Brief von Jeidels mit dem in Abschrift beigefügten Passus über Laue. Ich glaube, dass danach die Frage der Ueberfahrt gesichert ist. Inzwischen habe ich noch einmal festgestellt, dass hier in New York jedenfalls eine, wenn auch nur knapp bezahlte Einladung für Laue leicht erreichbar sein wird. Es kommt also jetzt nur darauf an, die richtige Form für die Einladung zu finden, und das möchte ich lieber Ihnen und Ladenburg überlassen. Immerhin würde ich gern, um die Sache mit Jeidels endgültig zu regeln, bald eine Mitteilung von Ihnen darüber haben. Ich würde auch gern, damit Laues Ungeduld befriedigt wird, so bald als möglich an Laue bzw. an Lise Meitner ein paar Zeilen schreiben.

Wollen Sie an Herzfeld schreiben oder soll ich das tun? Ebenso an Oldenberg.

In Eile mit vielen herzlichen Grüssen

Ihr [Courant]

Jeidels Antwortbrief an Courant lautete:

Standort: [BAL], bk0016n8p2r; Dokumentnummer: **[0432/18.02.1935]**

Abschrift.

Dr. Otto Jeidels *Berlin W.8 18. Februar 1935*
Behrenstrasse 32-33

Lieber Herr Courant:

.... Was Herrn von Laue und meine etwaige Mitwirkung dabei betrifft, so haben Sie zwar recht, dass ich bi(n)s an den Hals mit Verpflichtungen beladen bin, aber Herrn von Laue eine wirkliche Freude zu bereiten, würde mir doch ein finanzielles Opfer wert sein. Ich möchte Sie deshalb bitten, mir erstens zu sagen, worin die finanzielle Mitwirkung bestehen soll und wie hoch sie sich beläuft, und zweitens, worauf sich die Einladung an Herrn von Laue nach Amerika bezieht, damit ich mir ein Urteil bilden kann, ob die Reise für Herrn von Laue wirklich die volle Befriedigung zu bringen verspricht, die Sie, ich und unsere anderen hiesigen Freunde ihm gern verschaffen möchten. Herr von Laue ist, wie Sie wissen, ein Mann mit besonderen feinen Nerven und Empfindungen, und es ist deshalb nötig, dass er von seinem Besuch in Amerika einigermassen zufriedengestellt wird und die finanzielle Unterstützung der Reise eine Form hat, welche seine vornehme Empfindlichkeit nicht beschwert. Schreiben Sie mir bitte hierüber, was, wie ich aus Ihrem Briefe ersehe, nicht allzu eilig ist-

.... *gez. Jeidels*

Der folgende Brief Courants ist nahezu identisch mit dem Brief vom 28.2.1935. Er wird hier trotzdem wiedergegeben, da er einige Zusatzinformationen enthält.

Standort: [BAL], bk0016n8p2r; Dokumentnummer: **[0435/01.03.1935]**

[New Rochelle, N. Y.], 1. März 1935 March 1st, 1935

Lieber Stern:

Soeben kam ein Brief von Jeidels mit dem in Abschrift beigefügten Passus über Laue. Ich glaube wir können demnach die Bezahlung der Ueberfahrt im positiven Sinne als erledigt betrachten.

Es kommt jetzt sehr darauf an, die richtige Form für die Einladung zu finden. Das sollten eigentlich besser Sie alteingesessene Amerikaner Ladenburg und Stern machen. Immerhin würde ich gern, um die Sache mit Jeidels endgültig zu regeln, bald eine Mitteilung

von Ihnen haben. Es wäre gut, damit Laues Enttäuschung und Ungeduld befriedigt wird, wenn er sobald als möglich ein paar Zeilen über die positive Entwicklung der Angelegenheit erhält.

Hier in New York wird sich übrigens eine bescheiden renummerierte Vortragseinladung erreichen lassen. Herr Halpern, mit welchem ich darüber gesprochen habe, hat schon von sich aus neulich eine Andeutung darüber an Laue geschrieben. – Können Sie übrigens in der Sache an Herzfeld und Oldenberg schreiben oder soll ich das tun?

Nachdem Jeidels offenbar im Prinzip bereit ist, für die Ueberfahrtskosten aufzukommen, wäre es ja garnicht ganz ausgeschlossen, Laue schon für Ende April oder einzuladen. Dann allerdings wäre sehr schnelles Handeln von uns nötig. Ich bin während der nächsten Woche hier in New York, fahre aber für den 11. und 12. März nach Bethlehem[129] *und wahrscheinlich Ende der Woche, d. h. am 16. für etwa 8 Tage nach Lafayette und Urbana. Hoffentlich versäume ich dadurch nicht die nächste Gelegenheit, Sie hier zu sehen.*

Mit vielen herzlichen Grüssen Ihr R. Courant

Ladenburg, der ebenfalls in die Laue-Sache involviert war, dämpfte den Optimismus von Courant und äußerte noch Bedenken. Er schlug weitere Wege vor, um noch Gelder aufzutreiben und um auch den geschicktesten Weg für die Einladung zu finden.

Standort: [BAL], bk0016n8t18; Dokumentnummer: **[0436/02.03.1935]**

Princeton, 2.3.1935

Lieber Herr Stern,

Ich habe eben einen kurzen Brief von Courant bekommen mit der Abschrift des Briefes an Sie und des Auszuges des Briefes von Jeidels. Mich wundert, dass Courant hieraus entnimmt, dass Jeidels die Kosten für die Überfahrt ganz übernehmen will. – Gesetzt er tut es, bleibt natürlich die Schwierigkeit, anständige Einladungen zu bekommen. Das Beste ist anscheinend doch Ihr Vorschlag, die Einladung vom „German Scientist Fund" ausgehen zu lassen - - - - man könnte das Wort „relief" aus-

[129] Bethlehem ist eine Stadt in Pennsylvania (2010 ca. 70.000 Einwohner). Bethlehem wurde am Heiligen Abend des Jahres 1741 von Nikolaus Ludwig Graf von Zinzendorf so benannt und ist der Hauptort der Herrnhuter Brüdergemeine in Nordamerika. Bereits 1742 entstand das Moravian College. Es ist das sechstälteste College der USA.

lassen und Herzfeld bitten (und) einen entsprechenden Brief an Laue zu schreiben und ihm mitzuteilen, dass so und so viel (eben die Summe die Jeidels geben will -) ihm in Deutschland überwiesen werden wird – (notabene, falls Jeidels mit dieser Form einverstanden ist; er kann ja das Geld von seiner Bank an Laue überweisen) und dass ihm hier ein Scheck über ..... $s zur Verfügung gestellt wird.. (nämlich die Summe die Sie geben wollen).

Das genügt natürlich nicht. Ich habe deshalb vor einigen Tagen mit Einstein gesprochen (der sehr erfreut war, dass Laue herkommen würde und eine Einladung vom Institut for adv. Study lebhaft befürworten will) – und soeben mit Flexner selbst. Dieser will noch mit seinen Herren sprechen und ist bereit sich an der Finanzierung zu beteiligen, ohne bisher sich auf eine Summe festzulegen. Er meint aber Folgendes: 1) Es wäre sehr nützlich wenn sich Laue ein oder zwei Vorträge ins Englische übersetzen liesse und diese hier vorliest, nachdem er sich vorher eingeübt hat. 2) Die Angelegenheit wäre viel leichter zu arrangieren, wenn Laue im Oktober käme (das Institut schliest am 1. Mai). 3) Man könnte Laue nicht einladen Touristenklasse zu kommen - - und ich stimme darin bei - - , er müsste genügend Geld bekommen, um auf einem Einklassenboot, eventuell Cabinenklasse zu fahren „dignified“! Ich schätze, dass das Retourbillet, einschliesslich Tips cirka 300$ kostet und für den Aufenthalt hier ((~~könnte man Harvard und MIT anfragen)~~ etwa 4 Wochen, müsste man wohl $350 – 400 zusammenhaben.

Wenn Laue englisch vorliest, könnte man Harvard und MIT anfragen, ob sie postizipieren wollen und etwas kann ich dann wohl auch von unserem Research Committee bekommen. John Hopkins[130] *und ebenso Tuve (Terrestrial Magnetism in Washington) werden ihn wohl gerne offiziell einladen, aber kaum Geld anbieten.*

Eventuell könnte man Wertheimer bitten eine Einladung von der New School for Social Research ergehen zu lassen, wo Laue über „Kausalität“ sprechen könnte (eventuell sogar Deutsch) - - allerdings werden sie kaum pekuniär beitragen.

Falls Sie mit meinen Vorschlägen im wesentlichen einverstanden sind, geben Sie bitte diesen Brief (den Durchschlag) an Courant weiter. Ich glaube es ist besser wenn dieser vorläufig nicht an Laue schreibt, sondern nur an Jeidels, um zu erfahren wieviel dieser gibt (hoffentlich mindestens 600 M.) und ob er einverstanden ist, wenn dieses Geld Laue offiziell vom German Scientist Fund in U.S.A. angeboten wird und wenn weitere offizielle Einladungen vom Institute for Advanced Study und von einigen (anderen) Universitäten in Aussicht gestellt werden.

Ich stimme Flexner in allen 3 Punkten bei und meine entschieden, die Einladung sollte auf Oktober dieses Jahres erfolgen.

Nebenbei: haben Sie etwas von Minkowski gehört? Ich nichts mehr seit Anfang Januar.

Verzeihen Sie die schlechte Tipperei! Herzliche Grüsse, auch an Baker

Ihr R. Ladenburg

Stern unterstützte die Vorschläge von Ladenburg und informierte Courant über Ladenburgs Brief.

---

[130] „John Hopkins“ ist die Johns Hopkins University in Baltimore.

Standort: [NYU], MC150 Courant, Box 8, Folder 5;

Dokumentnummer: **[0439/06.03.1935]**

[Pittsburgh], 6.3.1935

Lieber Courant:
Besten Dank für Ihren Brief vom 1. D. M. Ich habe inzwischen einen Brief von Ladenburg bekommen, dessen Abschrift ich Ihnen auf seinen Wunsch beilege.- Ferner habe ich gestern mit Ladenburg telephoniert, hauptsächlich um folgende Punkte zu regeln:
Es scheint mir nicht nett, die Einladung vom German Scientist's Fund ausgehen zu lassen. Da Flexner ihn vom Institute for Advanced Studies einladen will, ohne aber das Geld dafür aufzubringen , so würde ich es am Vernünftigsten finden, die Sache so zu machen, dass die Einladung offiziell von Flexners Institut ausgeht, dem für diesen Zweck das Reisegeld von Jeidels und das Geld vom German Scientist's Fund zur Verfügung gestellt wird. Ladenburg meinte, dass Flexner wohl mit dieser Regelung einverstanden sein würde, muss ihn aber natürlich noch einmal fragen. Vielleicht sind Sie so gut, sich diesbezüglich direkt mit Ladenburg in Verbindung zu setzen und, sowie Flexners Zusage endgültig ist, sofort an Jeidels zu schreiben, dass Laue diese Einladung bekommen würde, falls er [Jeidels] die Reisekosten übernimmt.
Nun die Frage des Zeitpunkts. Ich würde es ausserordentlich viel lieber sehen, wenn Laues Besuch noch dieses Frühjahr erfolgen könnte. Leider scheint mir das aber ziemlich aussichtslos. Wie Sie aus Ladenburgs Brief ersehen, schliesst das Institut in Princeton am ersten Mai. Laue musste also in zwei, spätestens drei Wochen von Deutschland abfahren, was kaum möglich sein dürfte. Es bleibt also leider nichts anderes übrig, als den Besuch bis zum Oktober zu verschieben. Dagegen sollte natürlich die Einladung, die also offiziell vom Institute for Advanced Studies ausgehen würde, sobald als möglich erfolgen, d. h. sobald Jeidels zugesagt hat. Das hätte auch den Vorteil, dass wir Laues Vortrags- bezw. Besuchsreise hier gut vorbereiten könnten. Ganz wohl ist mir dabei nicht – denn was kann alles bis zum Herbst passieren – aber was soll man machen.
Mit vielen herzlichen Grüssen Ihr Otto Stern

Auch Courant fand Ladenburgs Vorschlag gut, dass die Einladung von Flexner im Namen des Institutes for Advanced Studies ausgehen sollte, und teilte dies Stern im Brief vom 9.3.1935 mit.

Standort: [NYU], MC150 Courant, Box 8, Folder 5;

Dokumentnummer: **[0440/09.03.1935]**

März 9, 1935

Professor Otto Stern,
1060 Morewood Ave.
Pittsburgh,
Pa..

Lieber Stern:
Vielen Dank für Ihren Brief, der gleichzeitig mit einem von Ladenburg kam, Ladenburg hat den Vorschlag gemacht, dass die offizielle Einladung von dem Flexner Institut ausgehen sollte mit dem Zusatz, dass andere Institutionen sich wohl auch anschliessen würde. Ich habe nun darauf sofort noch einmal an Jeidels geschrieben und ihn gebeten mir wenn möglich pa(e)r Kabel mitzuteilen, ob er die Kosten für die Ueberfahrt "im Auftrage des Institute for Advanced Study" zur Verfügung stellen will, wenn die Einladung in dieser Weise arrangiert werden kann.- Sobald ich von Jeidels höre, bekommen Sie Nachricht.
Ueber meine Reisepläne bin ich mir noch nicht klar. Ich werde vielleicht wegen meiner Vorlesungen usw. ziemlich direkt nach New York zurück müssen. Wenn ich es also nicht so einrichten kann, dass ich unterwegs in Pittsburgh Station mache, so hoffe ich doch, Sie sehr bald in New York zu sehen. Ich gebe Ihnen jedenfalls noch Bescheid.
Viele herzliche Grüsse
Ihr [Courant]

Ladenburg informierte Stern, dass Jeidels die Reisekosten für Laue zum Teil übernehmen würde.

Standort: [BAL], bk0016n8t18; Dokumentnummer: **[0441/18.03.1935]**
Princeton, 18.3.1935

Lieber Stern,
Courant teilt mir mit, dass Jeidels gekabelt hat, er wird gerne die Reisekosten für Laue gemäss Courants Wunsch übernehmen. Ich habe heute mit Flexner gesprochen, der prinzipiell mit unserem Vorschlag einverstanden ist, u[nd] ~~Laue~~ voraus sichtlich gemeinsam mit unserer Universität, Laue einladen wird.
Einzelheiten erfahre ich noch teile sie Ihnen dann mit.
Herzlichen Gruss *Ihr R. Ladenburg*

Dies wurde auch von Courant in seinem Brief vom 21.3.1935 an Stern bestätigt.

Standort: [NYU], MC150 Courant, Box 8, Folder 5;
Dokumentnummer: **[0442/21.03.1935]**
den 21. März 1935

Professor Otto Stern,
1060 Morewood Ave.
Pittsburgh,
Pa..
Lieber Stern:
Hoffentlich sind Sie inzwischen schon durch Ladenburg über das positive Telegramm von Jeidels unterrichtet. Wie Sie aus der beiliegenden Briefabschrift ersehen, ist noch ein zweites Telegramm von Jeidels angekommen. Ich nehme an, dass dieses Telegramm keine Einschränkung seiner Bereitwilligkeit darstellt. Jeidels Brief wird wohl erst in acht Tagen hier sein.

Ich hätte gern auf der Rückreise bei Ihnen Station gemacht, Es zeigte sich aber, dass die schlechten Verbindungen von Urbana[131] *aus meine Rückreise über Chicago nötig machten. Hoffentlich sehe ich Sie nun bald hier.*
Viele herzliche Grüsse
Ihr [Ladenburg]

Standort: [NYU], MC150 Courant, Box 8, Folder 5;
Dokumentnummer: **[0450/08.04.1935]**
[New York], 8.4.1935

Lieber Stern:
Gestern habe ich eine lange Unterhaltung mit Flexner wegen Laue gehabt im Anschluss an Jeidels Brief. Flexner war ausserordentlich nett, erklärte, dass er sich sehr für Laues Besuch interessierte und dass er nur einmal mit Veblen sprechen und dann in den nächsten Tagen eine offizielle anständige Einladung an Laue abschicken wolle. Die Zahlung der Ueberfahrt durch Jeidels will er jedoch gern übernehmen. Die Einladung denkt er sich so, dass Laue völlige Freiheit hat, zu reisen oder sich aufzuhalten, wo er will. Flexner war äusserst freundlich und betonte immer wieder, dass diese Einladung an Laue wirklich aus vollem Herzen erfolgte. Insbesondere hat Einstein sich sehr dafür interessiert. In diesem Sinne will er auch noch direkt an Jeidels schreiben.
Jedenfalls scheint mir danach die Sache in Ordnung zu sein. Ich hoffe, dass die offizielle Einladung nunmehr wirklich in wenigen Tagen abgehen wird. Meinen Briefwechsel mit Jeidels habe ich Flexner mitgegeben, sodass er die Angelegenheit wohl kaum vergessen kann.
Wann sieht man Sie hier? Viele herzliche Grüsse, auch von meiner Frau
Ihr [R. Courant]

Standort: [BAL], bk0016n8t18; Dokumentnummer: **[0453/11.04.1935]**
Princeton, 11.4.1935

Lieber Stern,
Vielen Dank für Ihren Brief. Flexner sagte mir Montag, dass er Dienstag mit unserem Praesidenten sprechen u[nd] vorschlagen wolle, eine gemeinsame Einladung von der Universität + vom Institute „in a dignified form" an Laue zu senden.
Ich hatte andrerseits Flexner gesagt, dass „wir" ausser dem Reisegeld (von Jeidels) $100 haben (- nämlich Ihr Geld! -), das dem Institut für diese Einladung zur Verfügung gestellt würde. Den Rest wollte er dann geben. –
Schade, dass Be + Ra keine Mischkristalle bilden. Ich habe indessen einige weitere Versuche in der Richtung gemacht, wie wir besprachen bzw. Sie vorschlugen. Wenn man sehr langsam + vorsichtig die Ra-Lösung eintropfen lässt, geht es voraussichtlich, u[nd] ich plane nächste Woche das 1. Praeparat mit ~15 mg Ra herzustellen bzw. bei der Ra-Chem.-Comp. in meinem Beisein herstellen zu lassen.

[131] Urbana ist eine amerikanische Kleinstadt im Staate Illinois und ist Sitz der „University of Illinois Urbana-Champaign".

Von dem Symposium der theoret. Physics in Washington habe ich nur „läuten" gehört, weiss aber nichts Näheres. Können Sie mir etwas mitteilen (Thema, Redner, Zeit) u[nd] kann man ohne weiteres teilnehmen?
Beste Grüsse *Ihr R. Ladenburg*

Kurze Zeit später konnte Courant Stern berichten, dass Laue von Princeton eine offizielle Einladung mit finanzieller Unterstützung erhält.

Standort: [NYU], MC150 Courant, Box 8, Folder 5;
Dokumentnummer: **[0451/00.04.1935]**
R. Courant [Als Datumsangabe ist nur „Mittwoch" angegeben, der Brief sollte aber noch im April 1935 geschrieben worden sein].

Lieber Stern:
Flexner sendet gleichzeitig eine sehr freundliche Einladung an Laue ab und wahrscheinlich mit derselben Post auch der Präsident der Princeton University Dodds[132]. Angebot 500 Dollar + Ueberfahrt.
Ihr R. Courant (handunterschrieben)

Am 22. September 1935 konnte Laue dann seine Amerikareise endlich antreten. Mit dem Schiff „Berlin" kam er am 30.9.1935 in Halifax an und besuchte zuerst Richard Courant in New Rochelle. Wenige Tage später (am 4.10.) traf er in Princeton mit Ladenburg, Weyl, Segré und Flexner zusammen. Am 6.10. begegnete er in Princeton auch Pauli, Veblen und Stern sowie am 8.10.1935 Albert Einstein. In seinem Reisebericht an seine Frau schrieb Laue, dass die Begegnung mit Einstein ihm doch ziemlich nahe gegangen sei und dass sie sich vor allem wissenschaftlich über die Quantemechanik unterhalten hätten und sie dabei weitgehend einer Meinung gewesen seien. Laue hielt Vorträge in Princeton, bei denen neben Einstein auch Pauli, Wigner, Condon, Ladenburg und von Neumann anwesend waren. Es fanden in dieser Zeit mehrere lange Besprechungen mit Einstein statt. Dabei bot man Laue an, doch auf Dauer in Princeton zu bleiben, was er jedoch mit dem Argument „der Soldat darf seinen Posten nicht von sich aus verlassen" ablehnte. Laue besuchte auf dieser Reise einmal Pittsburgh, um dort Vorträge zu halten und den kranken Präsidenten des Carnegie Institutes Baker zu treffen. In Baltimore traf er am 27.10.1935 Herzfeld, Maria Goeppert-Mayer, Bearden[133], Wood und Franck. Auch fanden getrennte Begegnungen mit Davisson und Germer statt. Neben Physikern hat Laue auch zahlreiche andere deutsche Emigranten aus anderen Fachrichtungen getroffen. Laue stand auf seiner Reise in den USA mit Stern in brieflichem Kontakt, um seine Besuchstermine abzusprechen. Aus Baltimore informierte er Stern über seine weiteren Reisepläne, um Pittsburgh gegen Ende seiner Reise zu besuchen.

[132] Harold Willis Dodds (1889–1980) war von 1933 bis 1957 der 15. Präsident der Princeton University.
[133] J. Alwin Bearden war ein amerikanischer Physiker. Von 1947 bis 1949 war er Chairman des „Physics Departments" der Johns Hopkins University in Baltimore.

Laue schrieb während seiner USA-Reise an Stern die folgenden kurzen Briefe:

Standort: [BAL], bk0016n8t3c; Dokumentnummer: **[0474/30.10.1935]**

Baltimore Mld, 30.10.35

Lieber Stern:
Für Telegramm und Brief vom 29.10. herzlichen Dank! Mir passt es genau so gut, am 8-ten vorzutragen, wie am 9-ten. Ich hatte den letzteren Tag einfach auf gut Glück vorgeschlagen.
Damit Sie mich jetzt immer erreichen können, wenn es notwendig werden sollte, möchte ich Ihnen sagen, dass ich bis zum 5-ten einschliesslich hier bleibe, allerdings am 4-ten den ganzen Tag in Washington zubringe. Am 6-ten reise ich nach Swarthmore /Pa, und fahre dort am 7-ten um 9 Uhr 31 ab.
Weiter fahre ich von Pittsburgh nach Columbus, wo ich am 12-ten vortrage. Ich fahre wohl am Besten am 10-ten um 2 Uhr 05 nachm. dorthin ab. Dann kann ich am 13-ten weiter nach Ithaca, wo man mich zwar nicht eingeladen hat, dass ich aber wegen Richtmeyer [Richtmyer]und Bethe gern sähe; auch soll es landschaftlich schön liegen.
Heute kam auch die offizielle Einladung Ihres Präsidenten, leider unleserlich unterschrieben von einem "Assistant to the President". Könnte ich den Namen lesen oder wüsste ich den Namen Ihres acting President, so schriebe ich ihm unmittelbar; so muss ich Sie um die Freundlichkeit bitten, ihm meinen Dank und die Annahme der Einladung auszusprechen.
Baker besuche ich morgen früh.
Indem ich hoffe, dass mein Vortrag auch die befriedigt, welche seinetwegen auf's Theater verzichten, mit freundlichem Gruss
Ihr Max Laue

Standort: [BAL], bk0016n8p2r; Dokumentnummer: **[0476/05.11.1935]**

Lieber Stern! *Baltimore 5.11.35*
Für Ihre freundliche Aufforderung, noch den 10. November ganz in Pittsburgh zu bleiben, danke ich herzlichst. Aber ich habe mich nun einmal schon zum 10-ten Abends bei Landé angekündigt und muss es dabei belassen. Am Vormittag des 10-ten stehe ich noch ganz zu Ihrer Verfügung, da der Zug um 2^{05} geht.
Mit herzlichem Gruss Ihr M. Laue

Nachdem Laue noch den deutschen Botschafter Dr. Hans Luther in Washington getroffen hatte und mit diesem Gespräche über die wissenschaftlichen Beziehungen zwischen Deutschland und den USA geführt hatte, kam er am 7.11. nach Pittsburgh und blieb bis zum 10.11. dort. Laue hielt dort Vorträge. Seine Gesprächspartner waren u. a. Stern, Estermann und Berl.

Im Zug von Columbus nach Buffalo schrieb Laue an Stern die folgende Dankeskarte:

Standort: [BAL], bk0016n8t3c; Dokumentnummer: **[0477/13.11.1935]**

Im Zuge Columbus-Buffalo, 13.11.35

Lieber Stern!

Eigentlich schreibe ich Ihnen nur zur Richtigstellung einer Adresse, die ich Ihnen neulich nach dem Gedächtnis und darum falsch sagte. Professor Grödel bei dem man sich nach Dr. Klaus Schocken erkundigen kann, wohnt in New York 829 Parc Avenue. Aber ich möchte die Gelegenheit doch auch dazu benutzen, um Ihnen, Estermann und den andere Kollegen einen recht herzlichen Dank nochmals auszusprechen. S(ie) haben mich wahrhaft fürstlich in Pittsburgh aufgenommen.

Berl brachte mir heute in Columbus einen Brief Dr. Beutlers, der bestätigt, was ich schon wusste: man hat ihn als Privatdozenten "beurlaubt", auf Grund des Staatsbürger-"Gesetzes". Berl hat sich der Sache schon angenommen und kann Ihnen Näheres mündlich berichten.

Mit herzlichem Gruss

Ihr M. Laue

M. Laue

Laue besuchte am 10.11. Landé in Columbus/Ohio und war dort bei der Familie Landé auch privat zu Gast. Nach dem Besuch in Columbus reiste er weiter nach Ithaca und traf sich mit Hans Bethe. Am 22.11.1935 verließ er an Bord der „Deutschland" die USA und kehrte am 27.11.1935 nach Deutschland zurück.

Laue, Otto Hahn und Berliner informierten öfters ihre ehemaligen deutschen Kollegen und Freunde über die sich ständig verschlechternde Lage in Deutschland. Besonders gut informiert wurde Ladenburg. Am 7.1.1936 sandte Ladenburg Stern einen Lagebericht zur Situation in den deutschen Forschungsinstituten.

Standort: [BAL], bk0016n8t18; Dokumentnummer: **[0485/07.01.1936]**

Princeton, 7.1.1936

Lieber Stern,

Dies sind die wenigen Neuigkeiten, die ich hörte (Briefe von Laue, Hahn, Berliner): Die Liste Heisenberg, Hund, Stettner (ha – ha – ha) für Schrödinger hat die Regierung abgelehnt. Stettner ist als Nachfolger von Joos in Jena. Orthmann liest an Stelle von Kirchhoff – Planck – Schroedinger. Der Physiologe Goldschmidt (KWI Biologie) ist in USA; Ewald muss sehr wahrscheinlich aus Stuttgart fort, Fajans hat noch keine Stelle gefunden. In H[ei]d[el]bg ist das Philipp Lenard Institut mit Reden von Stark, Lenard ... eingeweiht (Reden + Kommentar von Laue folgt bald). Berliners Neuritis[134] geht es nur wenig besser, er hat auf A. F. Veranlassung versucht die Rockefeller F[oundation] für einen Zeitschriftenplan in USA zu interessieren.

Laue ist gesund + sehr befriedigt heimgekehrt; die KWI feiert am 10. u. 11. Jan. 25 jähriges Bestehen. Hahn-Meitners Versuche mit Uran sind noch nicht abge-

[134] Unter einer Neuritis versteht man in der Medizin eine Entzündung eines peripheren Nervs oder Hirnnervs.

schlossen, beim Th[orium] sind die Reaktionen bei Bestrahlung mit Neutronen viel einfacher als bei U[ran].
Herzberg schreibt recht befriedigt aus Saskatoon Sask[katchewan] Canada, wo er eine Stellung für 2 Jahre, vielleicht für länger hat. Francks Frau geht es wesentlich besser.
Ich war mit Courant + Sohn, Alexanders u. Frau v. Neumann Skilaufen in Canada

Standort: [BAL], bk0016n8t18; Dokumentnummer: **[0486/15.01.1936]**
(Prov[inz]) Quebec). Forts[etzung] Jan. 15.
Frl. Dr. H. Kohn, die von unserem Komitee 300 $ bekommen hat, war einige Monate in Arosa im Sanatorium von Dr. Goetz und hat ganz interessante Versuche durchgeführt. Zurückkehrend erfuhr sie, dass ihre Pension vom 1. Jan. ab gestrichen ist – sie ist völlig mittellos.
Ich hoffe, dass wir wieder eine Sammlung zustande bringen – vielleicht kann sie noch mal etwas bekommen, sodass sie wenigstens eine Zeit lang über Wasser gehalten wird, bis sie ein Verdienst findet.
Meyerhof schrieb, die KWG + er selbst erwartet seinen Abbau in den nächsten Monaten. Die Berichte über die KWI am 11. u[nd] am 13. (editorial) in der N[ew]Y[ork]T[imes] haben Sie wohl gelesen. – Russell, aus Pasadena zurückkommend, erzählt, dass Minkowski eine gute exper. Idee hatte u[nd] mit King f-values im elektr. Ofen an Ionen misst. Man sucht nach Geld um ihn für länger zu halten.
Die Radium Chem. Comp. hat mir Ra zu $40 per mg angeboten!
Genug für heute. Herzliche Grüsse. Wann sind Sie wieder in der Nähe?
Ihr R. Ladenburg

In einem anderen Brief an Stern verwandte sich von Laue für eine Frau Dr. Kornfeld und bat Stern um Unterstützung, wenn Frau Kornfeld Hilfe brauche. Max von Laue schrieb:

Standort: [BAL], bk0016n8t3c; Dokumentnummer: **[0514/29.12.1936]**
Berlin, 29.12.36
Lieber Otto Stern !
Wir haben lange nichts von einander gehört; um so lieber benutze ich einen zufälligen Anlass, an Sie zu schreiben, obwohl ich mir von der praktischen Wirkung dieses Briefs nicht viel verspreche. Also Frl. Dr. Kornfeld, die früher bei Bodenstein gearbeitet hat, und die letzten 3 Jahre in England und Oesterreich war, fährt im Januar mit der Europa nach U. S. A. Sie hat eine Stellung am Massachusetts Institute of Technology in Aussicht und begibt sich auch sogleich nach ihrer Landung am 21. 1.37. nach Cambridge. Immerhin hat sie keine völlig fertige Abmachung in der Tasche, und schon deshalb ist es vielleicht gut, wenn Sie von ihrer Angelegenheit wissen. Als vorläufige Adresse gibt Frl. Kornfeld an: care of Dr. E. Caukin Brunauer, American association of university women, 1634 I Street N W, Washington D. C.
Von hier wäre mancherlei zu berichten, wenn das nicht zu weit führte. Mit der Arbeit geht es zum Glück ganz gut; ich deute gerade Elektronenbeugungsaufnahmen

Cochranes, veröffentlicht in den Proc. London Phys. Soc., mit Hilfe des Krystallformfaktors und bestimme auf die Art die Begrenzungsebenen von Metallschichten, die oder besser von Vorsprüngen dieser Schichten, die weit unter jeder mikroskopischen Sichtbarkeit liegen. Mitte Januar ist in Zürich ein 50-Jahr-Jubiläum der Züricher Physikalischen Gesellschaft, ich sollte dort über Kossel- und Kikuchi-Linien sprechen. Debye, Bragg junior und Sommerfeld sollen ebenfalls dort sein.
Mit herzlichem Gruss und in der Hoffnung, doch bald einmal einen Brief von Ihnen zu erhalten, Ihr M. Laue

Stern antwortete am 14.1.1937 und versprach zu helfen, soweit er könnte.

Standort: [UAF], Abt. 148 S4, Nr. 1; Dokumentnummer: **[0516/14.01.1937]**

[Pittsburgh],14.1.1937

Lieber von Laue,
Ich habe natürlich schon wieder ein sehr schlechtes Gewissen, weil ich solange nichts von mir hören ließ. Um so mehr habe ich mich über Ihren Brief vom 29. XII. gefreut. Bezgl. Frl. Dr. Kornfeld will ich natürlich gern tun, was ich kann, befürchte aber, daß das nicht viel sein wird. Ihre Bemerkung über die Vorsprünge an den Begrenzungsebenen von Kristallen interessieren mich besonders, und zwar aus zwei Gründen. Erstens möchte ich die ~~empfindlichen~~ „aktiven" Centren, die man bei der Adsorption findet (vgl.die letzte Hbger. Diss. von Zickermann, Z.f.Ph. 88, S. 43, 1934), gerne so erklären, und zweitens könnten sie ein „superlattice" an der Kristalloberfläche geben, nachdem wir jetzt mit de Brogliewellen suchen. Sind die Vorsprünge regelmäßig angeordnet? Und wie groß wäre etwa die Gitterkonstante eines eventuell durch sie gebildeten Oberflächengitters?
Hier in Pittsburgh hat sich nichts weiter geändert, außer daß der vortreffliche[r] Dr. Baker, - dem es gesundheitlich übrigens wieder ~~vortrefflich~~ ausgezeichnet geht - , durch einen neuen „President" ersetzt ist, der leider fast in allen Punkten das genaue Gegenteil ~~zur~~ von Dr. Baker ist. In der Hoffnung, daß es Ihnen und Ihrer Familie so gut als möglich geht, bin ich mit vielen herzlichen Grüßen
Ihr Otto Stern

Am 1.4.1937 informierte Laue Stern über weitere Entlassungen an deutschen Universitäten:

Standort: [BAL], bk0016n8t3c; Dokumentnummer: **[0525/01.04.1937]**

Berlin, 1. 4.1937

Lieber Stern!
Für Ihren freundlichen Brief vom 21.3. herzlichsten Dank! Es tut wohl, wenn man wieder einmal von den alten Freunden jenseits des Ozeans hört.
Zur Sache möchte ich sagen, daß auch hier Stellenwechsel stattfinden. Ewald in Stuttgart ist bis zur Entscheidung über sein Abschiedsgesuch beurlaubt und Rausch v. Traubenberg hat 3 Tage vor Schluß des Wintersemesters seine Entlassung bekommen, sucht seitdem nach einer neuen Stellung, um weiterzuarbeiten. Er war schon einmal deswegen bei uns in Zehlendorf, kommt nächste Woche nochmals hierher.

Dr. Frisch war über Ostern hier, und versicherte mir, die Dellen lägen für H_2 und He verschieden; die Meßunterschiede lägen durchaus außerhalb der Fehlergrenze. Damit wäre ja jede Deutung rein aus dem Raumgitter ausgeschloßen. Aber es kann wohl nichts schaden, wenn die Frage noch einmal experimentell ~~erfaßt wird.~~ beantwortet wird.
Meine Arbeit mit den Vorsprüngen erscheint Ende Mai in den Annalen. Dann kommt nämlich ein Festheft zum 60-ten Geburtstage Grüneisens heraus. Planck ist zurzeit in Dolomiten, kommt erst am 22.4. wieder. Das Reiseziel wurde durch die Devisenfrage bestimmt; nach Jugoslawien erhält man leichter Geld, als nach allen anderen in Betracht kommenden Ländern.

Der letzte zwischen Stern und Laue vor dem Kriegsausbruch ausgetauschte Brief, der im Nachlass zu finden ist, wurde im Mai 1937 geschrieben. Stern beschrieb seine Reisepläne und plante Möglichkeiten, um sich mit Laue treffen zu können.

Standort: [UAF], Abt. 148 S4, Nr. 1; Dokumentnummer: **[0536/31.05.1937]**

[Pittsburgh], 31. 5. 37

Lieber von Laue,
vielen Dank für Ihre Karte und den Korrekturbogen. Leider können wir die de Broglie-Wellenversuche nicht an solchen Flächen wie Cochrane machen, da die nicht genug reflektieren und beugen. Auch befürchte ich, daß Ihre Theorie auf unsere Versuche nicht anwendbar sein wird, da es sich um reine Oberflächengitter handelt. Aber zunächst müssen wir natürlich die Versuche machen, und das geht, wie ich Ihnen schon schrieb, unendlich langsam.
~~M~~ Für meine diesjährige Europareise habe ich (Kriegsausbruch etc. vorbehalten) folgendes Programm : Ich beabsichtige am 10. Juli mit der „Express of Britain" (Canadian-Pacific) von Quebec abzufahren, am 15. oder 16. in Southampton einzutreffen, einige Tage in England zu bleiben und dann nach Dänemark rüberzufahren, mit einem der kleinen Motorschiffe, die ich so liebe. Am 20. Juli hoffe ich in Fanö zu sein, wo ich meine Schwester treffen und etwa 3 Wochen bleiben will. Mitte August will ich dann nach Kopenhagen, dort 14 Tage bleiben, und Anfang Sept. nach Paris. Am 18. Sept. will ich dann von Cherbourg wieder zurückfahren nach U.St.
Am liebsten wäre es mir, wenn ~~es~~ wir uns in Dänemark irgendwo in der Zeit vom 20. Juli bis Anfang Sept. treffen könnten. Wenn Ihnen das garnicht paßt, dann schreiben Sie mir bitte Ihre Sommerpläne. Ich werde dann versuchen, es auf jeden Fall so einzurichten, daß ich Sie treffen kann.
Hier ist leider schon die feuchte Hochsommerhitze ausgebrochen, und auch sonst fühle ich mich höchst unbehaglich.
Also hoffentlich auf baldiges Wiedersehen und herzliche Grüße
Ihr Otto Stern

Ab 1939 bis zum Ende des Krieges war der Briefverkehr zwischen Stern und Deutschland zum völligen Erliegen gekommen. Stern hatte Laue 1939 zum letzten Mal vor dem Krieg in Zürich getroffen.

2.2.5 Briefe wegen Kriegsforschung und Friedensaktivitäten

Am 17. Dezember 1938 entdeckten Otto Hahn und sein Mitarbeiter Fritz Strassmann die neutroneninduzierte Umwandlung von Uran in zwei fast gleich große Tochterkerne [HAHN1938, HAHN1939]. Schon im Januar 1939 konnten Lise Meitner und Otto Robert Frisch diese Umwandlung als einen Kernspaltungsprozess erklären [MEI1939, FRI1939], wobei ein kleiner Teil der Masse entsprechend Einsteins Formel „Energie gleich Masse mal Quadrat der Lichtgeschwindigkeit“ in kinetische Energie der Fragmente umgewandelt wird. Einigen Physikern wurde sofort klar, dass dieser Prozess genutzt werden kann, um für Kriegszwecke Bomben von ungeheurer Zerstörungskraft zu bauen. Niels Bohr kritisierte schon am 2.2.1939 in seinem Brief an Stern die allzu frühe Veröffentlichung dieser Entdeckung in den Zeitungen. Er war sich der großen Bedeutung dieser Entdeckung bewusst und bezeichnete sie als „a truly wonderful development“.

Bohr kommentierte 1939 die Kernspaltung und deren mögliche Folgen wie folgt:

Standort: [NBA], Briefe Stern; Dokumentnummer: **[0556/02.02.1939]**

February 2, 1939

Dear Stern:

to my great concern I did not succeed, in spite of all my endeavors, in stopping the newspaper sensation about the nuclear splitting until the original publications of Miss Meitner and Frisch reach this country. But with the help of information from Copenhagen stating that Frisch had already, two weeks ago, proved experimentally the existence of the phenomenon of nuclear splitting [spätere Bezeichnung: Nuclear Fission= Kernspaltung], I was nevertheless able to secure for the original discoverers the full credit of this truly wonderful development. A part from the fantastic style, the circular of Science Service of January 30, 1939, which Tuve has just sent me, gives in fact a quite correct impression in this respect. I need not say how great a pleasure it was to me to be with you in Washington, and I still trust that in spite of my childish behavior you have not yet lost all hope of my salvation. But in order not to make you too sure of this, I enclose a little article on another subject of dispute between us. Looking forward to seeing you soon in Princeton,

Yours ever, Niels Bohr

Stern versuchte, Bohr in seinem Brief vom 14.2.1939 die Sorge über die Folgen von Zeitungsberichten auszureden.

Standort: [NBA], Briefe Stern; Dokumentnummer: **[0557/14.02.1939]**

[Pittsburgh], 14.2. 1939

Lieber Bohr,

Herzlichen Dank für Brief und Separatum. Ich glaube, Du machst Dir zuviel Sorgen über die amerikanischen Zeitungsartikel; am nächsten Tage denkt ja kein Mensch mehr daran.

Ich beabsichtige, am nächstfolgenden Weekend (24. – 26. II.) in New York zu sein und mal nach Princeton herüberzukommen. Wenn Du nicht da sein solltest, oder wenn es Dir – aus anderen Gründen nicht passt, lass mich's doch bitte wissen. Wenn ich keine Nachricht erhalte, nehme ich an, dass es in Ordnung ist. Ich freue mich schon sehr, wieder mal in Ruhe mit Dir sprechen zu können.
Mit den herzlichsten Grüssen Dein Otto Stern

Nach Eintritt der USA in den Krieg hat sich auch Stern an der amerikanischen Kriegsforschung beteiligt. Aus den im Nachlass vorhandenen Briefen geht hervor, dass Stern sowohl bei der Entwicklung der Atombombe mitgearbeitet hat als auch die American Defense Harvard Group [DEF1942] unterstützt hat, um alle möglichen Informationen über deutsche Wissenschaftler zusammenzutragen. Das Office of Strategic Services (OSS) (Vorläufer des CIA) in Washington hatte die Aufgabe, Wissenschaftsspionage während und nach dem Krieg in Deutschland durchzuführen.

Am 31. August 1943 wurde Stern von Otto Oldenberg gebeten, in der American Defense Harvard Group [DEF1942] mitzuarbeiten. Die Partner dort waren Edwin Kemble (Kemble's material, 1943-1944 Box 44, Kemble, Edwin C., CIV, 1943-1944 Box 44) John H.van Vleck und Otto Oldenberg.

Standort: [BAL], bk0016n8v96; Dokumentnummer: **[0570/31.08.1943]**

The Physics Laboratories
Harvard University
Cambridge, Massachusetts
Cambridge 36

Research
Laboratories
of Physics August 31, 1943
Professor Otto Stern Department of Physics
Carnegie Institute of Technology
Pittsburgh, Pennsylvania
Dear Stern,
Enclosed you will find a form letter HC inviting your assistance in a project started by the office of Strategic Services at Washington and carried through by American Defense-Harvard Group. Kemble, van Vleck and I, who are working on the project, hope that you will be able to give some information.
As many additional blanks are available as you desire.
In lengthy, discussions, I was satisfied that this information is intended for smooth cooperation after the war, not for underground activities. The secrecy seems well guarded.
If you have a question regarding the project, please send it to me.
Yours sincerely, kindest regards O.Oldenberg

Form HC BIOGRAPHICAL RECORDS

My dear Mr. Stern:
At the request of the Government, American Defense Harvard Group is making a survey of the educational and scholarly personnel of Germany, Italy, Japan, Hungary, Austria, Czechoslovakia, Rumania, Bulgaria, Finland. I am writing to see if you will be so good as to supply me with information regarding teachers or investigators in the field of Physics with whom you are directly or indirectly acquainted, and who, to the best of your knowledge, are at present resident in one of the above countries.
The primary purpose of the inquiry is to collect brief biographical records and estimates of individuals who can be relied on for personnel integrity, disintero stedness and intellectual honesty; who enjoy a good reputation and exert influence in their communities: and who possess expert competence in their subjects or professions. Any information which you may provide will be carefully guarded and held in strict confidence; and its source will not appear on the record. It will be used with discretion, and only to advance the declared aims and policies of the United States with regard to the several countries named, during the war and the immediate post-war period.
In supplying information, please use the enclosed questionnaire (FORM HA), and observe the following directions:
1. Questions filled or crossed (XXX) need not be answered, the information being already available from other sources.
2. Leave blank any questions which you do not deem yourself competent to answer either from your own knowledge or after consultation with other sources.
3. Do not attach your name to the questionaire, but attach the questionaire to your return covering letter, and pencil your initials lightly at the top of the first sheet.
4. Whenever relevant, indicate accuracy and recency of your information.
5. Enter on FORM HB the names of other sources from whom you have obtained information on any given person, together with your estimate of their reliability.
6. Under Comments (FORM HA) give any additional suggestions which you think would serve the purposes of the inquiry.
7. Address reply to this letter to______________ FORM HB should be sent to American Defense-Harvard Group. Room P, Widener Library, Cambridge, Massachusetts; Form HA should ordinarily be sent when filed to the same address; but may be sent, if preferred, to Biographical Records Section, Office of Strategic Services, Washington, D.C.
O.Oldenberg

Oldenberg bat Stern, Informationen über verlässliche und wissenschaftlich hervorragende deutsche Kollegen ihm zugehen zu lassen. Stern hat dann umgehend in 1943 kurze Urteile über Erich Hecke, Karl Friedrich Bonhoeffer und auch Max von Laue niedergeschrieben. Explizit bezeichnet er alle drei Hecke, Bonhoeffer und von Laue als „very honest and reliable“ und als strenge Antinazi. Stern schreibt an Oldenberg in seinen Notizen (genaues Datum unbekannt):

Standort: [BAL], bk0016n8v96; Dokumentnummer: **[0571/00.08.1943]**
Dear Oldenberg,

*Answering your letter of Aug. 31 is somewhat difficult for me. Of course I am only to willing to cooperate as much as I can. However, after long deliberation I find only three German colleagues measuring up the highest standards, and only one is a physicist. Furthermore I was not able to (fill out and answer many of the questions on) the forms. Therefore I don't know if they can be used (are of any value at all). (I am sending therefore to you) I leave it to you to forward them to your group or to destroy them * With best regards Yours sincerely O.Stern*

**I did not send a form for the 3rd one (Bonhoeffer) (the third one is Bonhoeffer). I don't know him as well as the two others. (The only thing) I know about him is that he is (absolute) reliable and honest and strongly Antinazi. I would not hesitate to vouch for him. I don't quite know to express these fact in the form 11A. I doubt if that enough knowledge to fill out a form.*

Sterns Urteil über Max von Laue war das folgende:

Standort: [BAL], FILM 3429, No. 69 0465+6;
Dokumentnummer: **[0572/00.08.1943]**
I, Otto Stern, an American citizen, Research Professor at the Carnegie Institute of Technology in Pittsburgh Pa, affirm and swear that I know Professor Max von Laue since about 30 years.
We were together in Zürich in 1913 and 1914 and in Frankfurt a/Main at the end of 1918 and the beginning of 1919. Later on we were in different cities but met frequently visiting each other and at meetings.
The last time we met was in the summer of 1939 in Zürich (Switzerland).
During all the long time of our friendship we discussed quite often political questions. Professor von Laue was from the beginning a very outspoken Anti-Nazi as was to be expected from such a thoroughly honest and decent character. He did what he could to counteract with extraordinary courage the influence of National-Socialism not only in science but also in every other respect.

Oldenberg bedankte sich am 27.9.1943 bei Stern und bat ihn, die Daten über Bonhoeffer doch direkt an das Office of strategic Services Bibliographical Record Section in Washington zu schicken.

Standort: [BAL], bk0016n8v96; Dokumentnummer: **[0573/27.09.1943]**

The Physics Laboratories
Harvard University
Cambridge, Massachusetts
Cambridge 36

Research
Laboratories
of Physics *September 27, 1943*

Professor Otto Stern
1060 Morewood Avenue
Pittsburgh, Pennsylvania
Dear Stern,
Thank you for your letter of September twenty-fourth. I shall forward your answers to the office in Washington, It seems to me desirable that you should write what you know of Bonhoeffer. The information you can give is presumably more important than the data on his life.
Wón't you come through Cambridge on your summer or fall vacation?
Kindest regards,
Yours very sincerely, *O. Oldenberg*
00:CR
Wouldn't you send the biography of Bonhoeffer directly to the office of Strategic Services Biographical record section Washington D.C.

Stern machte sich Gedanken, wie man in Zukunft Kriege verhindern kann und wie sich die Wissenschaftler nach dem Kriege verhalten sollten. Diese Sorge hat er auch Einstein in mehreren Gesprächen vorgetragen. Einstein nahm daher in dieser Sache Kontakt mit Bohr auf und bat ihn, sich über aussichtsvolle Lösungen Gedanken zu machen.

Standort: [EIN], AEA 89-901; Dokumentnummer: **[0659/12.12.1944]**
[Princeton,N.J.],12. Dezember 1944
Lieber Bohr:
Vor einiger Zeit erschien Otto Stern bei mir, recht alarmiert, und sagte etwa: Wenn der Krieg vorbei ist, dann gibt es in allen Ländern eine Fortsetzung des Geheimrüstens mit technologischen Mitteln, das notwendig zu Präventiv-Kriegen führt, wahren Vernichtungskriegen, schlimmer als der jetzige in Lebensvernichtung. Die Politiker kennen nicht die Möglichkeiten, und somit auch nicht das Ausmass der Bedrohung aller. Es muss jede Anstrengung gemacht werden, um solche Entwicklung abzuwenden. – Ich teilte seine Ansicht über die Situation, sah aber keinen Weg, etwas auch nur einigermassen Aussichtsreiches zu machen.
Gestern war nun Stern wieder da, und es schien uns, dass es doch einen Weg gibt, der – wenn auch geringe – Aussichten auf Erfolg gibt. Es gibt in den hauptsächlichen Ländern Wissenschaftler, die wirklich einflussreich sind und bei den politischen Leitern Gehör finden können. Da sind Sie mit Ihren internationalen Beziehungen, A. Compton hier in U.S.A., Lindeman[n] in England, Kapitza und Joffe in Russland etc. Die Idee ist, diese zu gemeinsamer Aktion auf die Leiter der Politik in ihren Ländern zu bringen, um eine Internationalisierung der Militärmacht zu erreichen – ein Weg, der als zu abenteuerlich schon geraume Zeit fallen gelassen worden ist. Aber dieser radikale Schritt mit all seinen weitgehenden politischen Voraussetzungen betreffend übernationale Regierung scheint die einzige Alternative gegen das technische Geheimwettrüsten zu sein.
Wir kamen überein, dass ich Ihnen dies unterbreiten solle. Sagen Sie nicht im ersten Augenblick „Unmöglich", sondern warten Sie ein paar Tage, bis Sie sich an den

sonderbaren Gedanken gewöhnt haben. Wenn Sie aber irgendetwas Aussichtsvolles (wenn auch eine 0,001 Chance) daran finden, so kommen Sie doch mit Stern, Pittsburgh, und Fran[c]k, Chicago, zusammen für gemeinsame Erwägung.
Mit herzlichen Grüssen *Ihr A. Einstein*

Standort: [EIN] AEA 22-240,; Dokumentnummer: **[0672/26.12.1944]**
[Princeton], 26. Dezember 1944
Lieber Stern:
Auf meinen Brief an B. [Bohr] hin hat sich eine Wolke des bleiernen Geheimnisses auf mich heruntergesenkt, sodass ich über die Sache nichts anderes berichten kann, dass wir nicht die Ersten sind, die ähnliches ins Auge gefasst haben. Ich habe den Eindruck, dass Ernsthaftes angestrebt wird und dass man der Sache am Besten dient, wenn man vorläufig nicht davon spricht und überhaupt in keiner Weise dazu beiträgt, dass im gegenwärtigen Moment die Aufmerksamkeit der Oeffentlichkeit darauf gelenkt wird. Solche nebulose Redeweise fällt mir schwer, aber ich kanns dieses Mal nicht ändern.
Herzlich grüsst Sie *Ihr [Albert Einstein]*

Stern hat sich sehr besorgt gezeigt, wie man nach dem Krieg weitere Aufrüstung verhindern kann und wie die Forschung dazu gebracht werden kann, nur noch der reinen Wissenschaft zu dienen. Im Nachlass findet sich der Entwurf für ein Memorandum, das die Wissenschaft verpflichtet, nur dem Wohle der Menschen zu dienen. Stern schrieb in seinem Memorandum:

Standort: [BAL], bk0016n8k6d; Dokumentnummer: **[0681/23.01.1945]**
Application of pure science have now a decisive influence on the fate of mankind. They might make possible the golden age and comfortable living for all people. On the other hand it is not a possibility but a certainty that they will make another war, if it comes, utterly destructive and terrible. The scientists have to recognize their responsibility for the consequences of their work and do all in their power to prevent its misuse.
The danger we think of first in this respect is that a ruthless government, like the Nazis, gets hold of an irresistible weapon and uses it to subjugate other countries. But the situation is even worse. Even if there would be only governments of good will a new war seems unavoidable. Every government as a matter of principle self. [...] would be duty bound to develop secret weapons to the utmost. Since these weapons give overwhelming advantage to the nation using it first no general staff in any country could take the responsibility not to do so. Such a tense situation must necessary lead to an explosion. It is obvious that only an international agreement can help. All governments must agree to subjects themselves to a control by an international commission of scientists and engineers. This commission has to advice the league of nations or a similar international body on danger spots and has to help with proposals to eliminate them. It is realized that this international control implies a restriction of sovereignty but it is hoped that the nations will agree to it voluntarily as the only means to avoid another war.

The scientists have to do the following: 1) Make the facts clear to government and people and to convince them of the necessity of the international agreement. 2) Work out the procedure for the construction of the international control commission and devise methods to make the control efficient. 3) Last not least they should try to develop a code of honor among themselves somewhat analogous to the code of physicians. They should feel responsible for the use made of their results and consider as their duty to cooperate with the commission.
The members of the commission have to be men of imagination and open mind. They must recognize the possibilities of applications of new developments in physics, chemistry, biology, psychology etc..

Stern fand offensichtlich Gleichgesinnte, die sich auch Sorgen um die zukünftigen Ziele der Wissenschaft machten. Einer dieser Gleichgesinnten war M. A. Tuve. Tuve schrieb Stern am 19.12.1944.

Standort: [BAL], bk0016n900s; Dokumentnummer: **[0667/19.12.1944]**

OFFICE FOR EMERGENCY MANAGEMENT
OFFICE OF SCIENTIFIC RESEARCH AND DEVELOPMENT
WASHINGTON

December 19, 1944

Dr. Otto Stern
Department of Physics
Carnegie Institute of Technology
Pittsburgh, Pennsylvania
Dear Professor Stern:
I expected to be present in Pittsburgh on December 8 to extend personally my cordial regards and to express my pleasure with regard to the announcement of the Nobel Prize awards. Recognition of your work was well deserved and makes all of us happy. I regret that sudden scheduling of some tests relating to war work prevented me from coming to the dinner as I had planned.
The pre-war days of "pure science" seem almost legendary to me now. Many of us will never again recover the point of view and mental framework of that position. I am sure that none of us with American backgrounds understand as fully as you do the magnitude of the changes in thinking which have occurred in the last fifteen years.
Nevertheless, I feel optimistic for the future because a relatively large part of the world has been aroused to the necessity for actively preserving a social fabric and a code of human relationships which is first necessary if "science for science's sake" is to be worth having.
With cordial regards, I am,

Very sincerely yours,
M.A.Tuve

Standort: [BAL], bk0016n8k92; Dokumentnummer: **[0682/23.01.1945]**

January 23, 1945

Dr. M. A. Tuve
O.S.R.D., Section T
8681 Georgia Ave,
Silver Springs
Dear Dr. Tuve:
Thank you very much for your letter of Dec. 19.
I share your opinion concerning the "pure sciences" after the war. I have the impression that many physicists, after the war, will devote themselves with special energy to problems of "pure science" just as a reaction against war work. I hope it is not wishful thinking.
With best regards, Very sincerely yours,
Otto Stern

Wie aus Einsteins Brief an Stern hervorgeht, haben damals viele Wissenschaftler ähnlich wie Stern gedacht und Initiativen für Abrüstung gestartet. Stern hat in seinem Nachlass den folgenden Zeitungsbericht der Baltimore Sun vom 1.2.1945 zu diesem Thema aufgehoben. Dort wird berichtet, dass man sich am 31.1.1945 in London getroffen hat, um zukünftige Kriege zu verhindern.

Standort: [BAL], bk0016n8k6d; Dokumentnummer: **[0684/31.01.1945]**
"An international brotherhood of scientists to prevent future wars was proposed today to the Royal Empire Society. Prof. A.V. Hill[135]*, the secretary of the society, visualized a danger that the next war could be not a conflict between armed forces but a deliberate attempt by scientific methods to destroy cities, massacre populations and make whole countries uninhabitable. The only hope of averting disaster which science misapplied could inflict on humanity he maintained, is an international brotherhood of scientific men with a common ethical standard by which potential crimes of this character would be exposed and prevented".*

Am 3.11.1945 wandte sich Franck an Stern mit der Bitte, ein Manifest der National Academy of Sciences gegen den Atombombenbau mitzuunterzeichnen. Ob Stern diesem Wunsche nachgekommen ist, kann aus den Briefen im Nachlass nicht beantwortet werden.

Standort: [BAL], bk0016n8v3w; Dokumentnummer: **[0724/03.11.1945]**

Chicago, Illinois
November 3, 1945

To: Members of the National Academy of Sciences
The current discussions in Congress on the May-Johnson bill[136] *for the control of atomic energy and the atomic bomb are of the highest national and internatio-*

[135] Baltimore Sun s. Anhang C A.V. Hill Secretary BA.

[136] The May-Johnson Bill war eine Vorlage der US-Regierung an den Congress, die Kontrolle über die Kernforschung auch nach Ende des Krieges bei der Regierung und der Armee zu belassen.

nal importance, and are also vital in their bearing on the freedom and continued internationalism of science. A recent statement on the subject, drawn up by a representative group of natural and social scientists, educators, and professional men after study of the bill with the aid of a specialist in legislation, is enclosed. This has our endorsement.

We feel that added weight will be given to this statement if it is endorsed by as many individual members as possible of the National Academy of Sciences May-Johnson bill. If you are in agreement with the enclosed statement, it is requested that you sign and return this sheet at once to the address given below.

The list of those signatures which have been received within five days will be transmitted to Congress and the President and released to the press.

J.Dempster
J. Franck
William D. Harkins
R.S. Mulliken
H.C. Urey
Sewall Wright

Please send the replies to: R.S. Mulliken, Ryerson Physical Laboratory University of Chicago, Chicago 37, Illinois

In den USA war man 1945 besorgt über eine mögliche deutsche Wiederaufrüstung. Es wurde eine Kommission „German Research and Engineering" beauftragt, ein Verfahren auszuarbeiten, wie auf der Seite der Forschung deutsche Wissenschaftler so kontrolliert werden können, dass keine neuen Waffen entwickelt werden können. Stern ging der Report der Kommission in einigen Punkten nicht weit genug.

Standort: [BAL], bk0016n911v; Dokumentnummer: **[0704/06.06.1945]**

OFFICE FOR EMERGENCY MANAGEMENT
NATIONAL DEFENSE RESEARCH COMMITTEE
OF THE
OFFICE OF SCIENTIFIC RESEARCH AND DEVELOPMENT
WASHINGTON, D.C.
June 6, 1945

JAMES B. CONANT; Chairman
RICHARD C. TOLMAN, Vice Chairman
ROGER ADAMS
CONVAY F. COE
KARL T. COMPTON
FRANK B. JEWETT[137]
CAPT: LYBRAND P. SMITH

Durch organisierten Widerstand der Wissenschaftler mit Unterstützung von Kongressabgeordneten konnte das Gesetz verzögert und praktisch verhindert werden.

[137] Frank Baldwin Jewett (1879–1949) war ein amerikanischer Physiker und der Präsident von Bell Labs.

MAJ. GEN. CLARENCE C. WILLIAMS[138] *Reply to: 1703-32nd Str. N.W.*

IRVIN STEWART, Excutive Secretary
Dr. Otto Stern
Carnegie Institute of Technology
Pittsburgh, Pennsylvania

Dear Dr. Stern:
I am enclosing copy of a preliminary report on the control of post-war German research and engeneering. The Committee is anxious to receive critical comments on its recommendation from a number of the leading schientific men in the coutry. Would you be willing to read this and let me have your reaction as promptly as possible? If you approve it, do you have any objection to the Committe's so stating when the final report, due in a few weeks, is submitted to the Foreign Economic Administration. A few editorial changes, were not included in this preliminary report on account of the short time allotted to its preparation. Will you please keep the contents of this report confidential? It was only with reluctance that the FEA granted permission to disseminate the report outside the Committe.
Sincerly yours,
Roger Adams
Chairman, Project 3 Committee
Enclosure
Restricted

Stern kommentierte diesen Report folgendermaßen:

Standort: [BAL], bk0016n911v; Dokumentnummer: **[0706/20.06.1945]**
Dr. Roger Adams June 20, 1945
Chairman, Project 3 Committee
National Defense Research Committee
1703 32nd Street N.W.
Washington, D.C.
Dear Dr. Adams:
I answer to your kind letter of June 6. I am sending you my comment on the report on the control of post war German research and engineering.
In general I am in full agreement with the recommendations of the report. I have the impression that plan C, if carried out sensibly and forcefully, will be a very efficient method to control.
However, there is one point where in my opinion the report does not go far enough. On page 3 of the report it is stated: "Since it cannot now be envisaged what discoveries in the future may have applications to armaments, —" and on page 16:

---

[138] Clarence C. Williams (1869–1958) war von 1918 bis 1930 der militärische Chief Ordonance der USA.

"In the opinion of the Committee, preventing the inauguration of biological warfare and other new scientific means of destruction as it would be preventing any of the more orthodox forms of hostalities", I doubt it.
Nazi scientists and engineers will certainly try to find methods which can be worked out with the amount of industrial development provided for by underground activities. Just because the application of an efficient control at the pilot plant stage will make a rearmament along the "orthodox" lines impossible they will concentrate their efforts on finding "non-orthodox" methods of waging war-not necessarily in the field of physics, chemistry or even biology- not requiring an elaborate industrial development. I admit that in the past - as far as I know - the introduction of new weapons always required large scale engineering work. But one cannot exclude the possibility that new methods will be found which will not require such a large scale development stage. And in my opinion this possibility may become a probability because the Nazi scientists and engineers will be forced to work exclusively in this direction as the only way out.
Protection against this kind of rearmament is of course very difficult. However it seems to me that by carefully observing the trend of scientific and engineering development and new facts and insights emerging in the course of this work, it should be possible to recognize the possibilities in advance and direct the attention of the "Technological Bureau" to the danger points. To carry out this task a small committee of men with imaginations should be attached to the "Technological Bureau". This proposal is quite tentative. I hope that better methods of protection will be found.
The purpose of my letter is to emphasize that if we force the Nazis, by preventing large scale engineering work, to look for new "unorthodox" methods, not requiring such work, we have to try to provide protection against the latter possibility.
Since in my opinion this point is of permanent importance I beg you to use my name only in case your committee decides to incorporate somehow this special point in the report.
Please excuse the delay of my answer, I was just moving from Pittsburgh to Berkeley. I retired from the Carnegie Institute of Technology in Pittsburgh and am now living at 759 Cragmont Avenue, Berkeley, California.
Sincerely yours Otto Stern

Stern befürchtete, dass Naziwissenschaftler verborgene Forschungsplätze unterhalb der Erde in Höhlen etc. nutzen könnten, um sehr effiziente, sogenannte „Small-scale"-Waffen, wie biologische Waffen, zu entwickeln. Aus heutiger Sicht gesehen, war all diese Sorge überflüssig, da es nach dem Krieg gelang, in Deutschland eine voll funktionierende Demokratie mit eigener freier Pressekontrolle etc. aufzubauen und solche Kriegsforschungen im Keim zu verhindern.

Kurz nach Ende des Krieges mit Deutschland wurde Stern von der United States Securities and Exchange Commission in New York aufgefordert, wenn möglich Informationen über weitere herausragende deutsche Wissenschaftler zu liefern

[SEC1945]. Stern antwortete am 16. und 25.7.1945, dass er nur solche deutsche Wissenschaftler kenne, die in reiner Grundlagenforschung tätig gewesen seien oder noch seien.

Standort: [BAL], bk0016n911v; Dokumentnummer: **[0707/16.07.1945]**

UNITED STATES
SECURITY AND EXCHANGE COMISSION
REGIONAL OFFICE
120 BROADWAY'NEW YORK, N.Y.
July 16, 1945

Professor Otto Stern
Carnegie Institute of Technology
Schenley Park
Pittsburgh 13, Pa.
Dear Sir:
Your name has recently been submitted by Director Webster N.Jones as a member of the Carnegie Institute of Technology faculty who is acquainted, either personally or by reputation, with German scientists.
This office is assembling a roster of outstanding German scientists, engineers and technicians who have directed or had a leading part in research and practical application of new equipment and processes.
Any assistance you can give by providing names and addresses of such Germans, or others in German scientific fields, whether in Germany or not, will be most helpful.
It is also essential that we obtain certain specific information regarding these people and I am therefore enclosing some self-explanatory forms which should be filed out in as much detail as possible and returned to this office in the enclosed envelope.
I will also appreciate receiving from you names and addresses of other persons in the United States or elsewhere, who in your opinion, may be able to furnish additional information on this subject.
Thanking you for your cooperation in this matter, I am Very sincerely yours,
Peter T. Byrne
Regional Administrator
Enclosure

Am 24. April 1945 war Stern für seine Mitarbeit im Projekt des Office of Strategic Services (OSS) mit einer Urkunde (s. Abb. 2.27) ausgezeichnet worden.

Standort: [BAL], bk0016n9b5q; Dokumentnummer: **[0688/01.03.1945]**

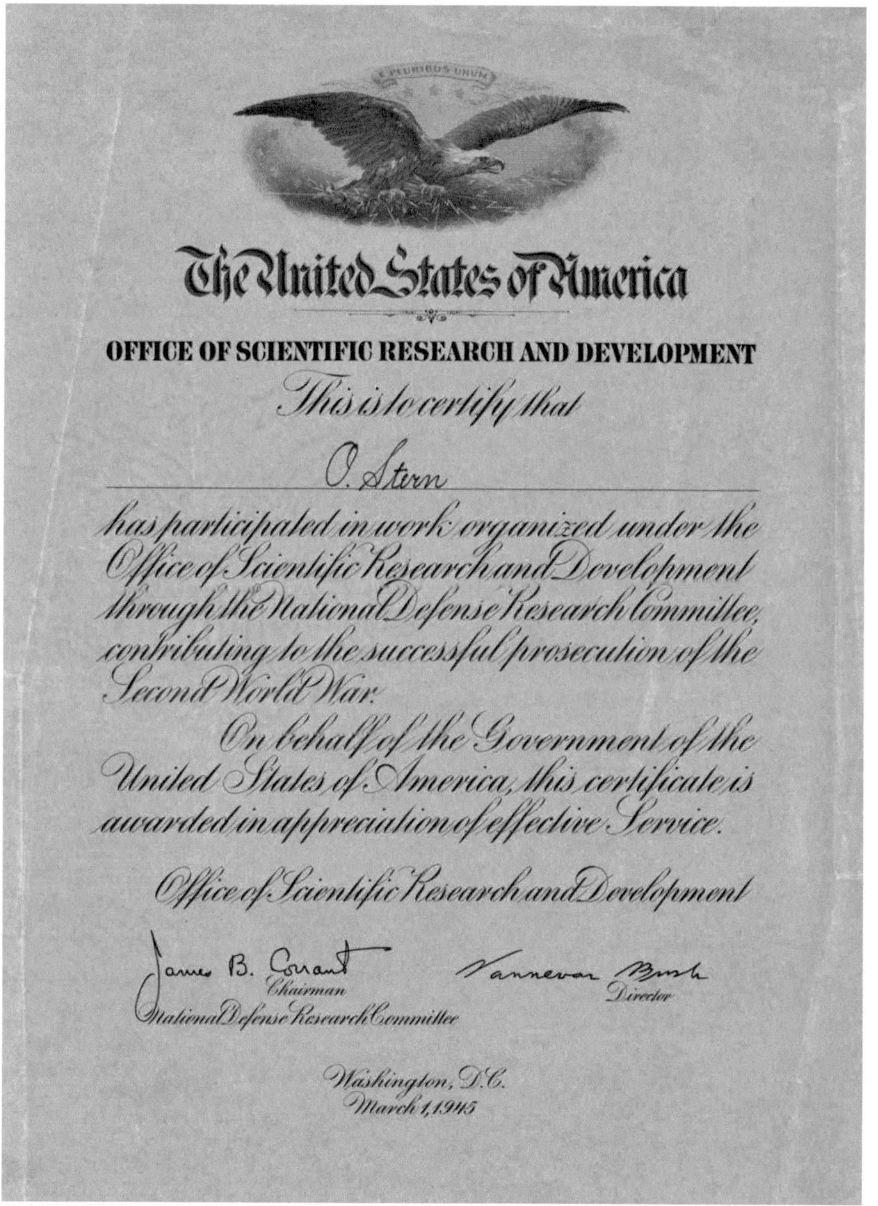

E PLURIBUS UNUM

The United States of America

OFFICE OF SCIENTIFIC RESEARCH AND DEVELOPMENT

This is to certify that

O. Stern

has participated in work organized under the Office of Scientific Research and Development through the National Defense Research Committee, contributing to the successful prosecution of the Second World War.

On behalf of the Government of the United States of America, this certificate is awarded in appreciation of effective Service.

Office of Scientific Research and Development

James B. Conant
Chairman
National Defense Research Committee

Vannevar Bush
Director

Washington, D.C.
March 1, 1945

Abb. 2.27 Urkunde für Mitarbeit im Projekt des Office of Strategic Services (OSS) (Bildquelle: [BAL] bk0016n9b5q)

Standort: [BAL], bk0016n911v; Dokumentnummer: **[0708/25.07.1945]**

July 25, 1945

Mr. Peter T. Byrne
Regional Administrator
U.S. Securities and Exchange Commision
Regional Office
120 Broadway
New York 5, N.Y. *Your reference: JWS: RM FEA-149*
Dear Mr. Byrne:
Your letter of July 16 was forwarded to me. I retired from the Carnegie Institue of Technology and I am living now at 759 Cragmont Avenue, Berkeley, Calif.
I don't know any German scientists who have a leading part in the practical application of new equipment and processes. If you are interested in German scientists working in pure researcch, please write me.
Very truly yours
O. Stern

Am 6. und 9. August 1945 wurden erstmals Atombomben im Krieg mit Japan (Hiroshima und Nagasaki) eingesetzt. Daher wurden in den Augusttagen 1945 die an der Atombombenentwicklung beteiligten Wissenschaftler in mehreren Briefen und Telegrammen auf besondere Geheimhaltung hingewiesen.

Am 1.8.1945 wurde folgende Aufforderung verschickt:

Standort: [BAL], bk0016n911v; Dokumentnummer: **[0710/01.08.1945]**

ARMY SERVICE FORCES
UNITED STATES ENGENEER OFFICE
MANHATTAN DISTRICT
OAK RIDGE TENNESSEE

IN REPLY REFER TO NIDME

Dr. Otto Stern
Carnegie Institute of Technology
Pittsburgh, Pa.
Dear Sir:
Reference is made to recent letter from this office placing limitations on the release of information by any individual, group, or organization connected with the atomic bomb project and outlining procedure to be followed in securing clearance for utilization or release of information or data connected with the project.

Recent declaration of cessation of hostilities with Japan does not in any way alter limitations on utilization or release of information and data connected with this undertaking. Official public statements and releases still comprise permissible limits of disclosure of information. The provisions of the Espionage Act still apply.

Loose talks and speculations, particularly by individuals now or formerly connected with the project, jeopardize the future of the nation and must be controlled.

I am requesting your continued compliance and support during the future in the interest of national safety.
Very truly yours,
K.D. Nichols,
Colonel, Corps of Engineers,
District Engineer

Diesem Brief folgte am 6.8.1945 ein Telegramm:

Standort: [BAL], bk0016n911v; Dokumentnummer: **[0711/06.08.1945]**
T.CA650 NL PD CHICAGO ILL 6 1945 Aug 6 PM 7 06[139]
Otto Stern
759 CRAGMONT AVE BERKELEY CALIF

WASHINGTON HAS AUTHORIZED RELEASE OF INFORMATION THAT YOU HAVE HAD A PART IN THE ATOMIC ENERGY PROGRAM UNDER YOUR SUBCONTRACT WITH THE METALLURGICAL LABORATORY: NO RELEASE REGARDING NATURE OR IMPORTANCE OF YOUR WORK CONTRIBUTION IS PERMITTED: INDIVIDUALS MAY ADMIT THEIR OWN CONNECTION BUT MAY NOT TELL WHAT THEY HAVE DONE AN ORGANIZATION MAY NOT NOW RELEASE NAMES OF ITS STAFF WORKING ON THIS TASK: ANY RELEASE FROM YOUR ORGANIZATION SHOULD ADD NOTHING TO OFFICIAL RELEASES FROM WASHINGTON: IF AUTHORIZATION FOR FURTHER RELEASE IS DESIRED IT SHOULD BE SUBMITTED FOR APPROVAL TO WASHINGTON TELEPHONE NUMBER REPUBLIC 6700 EXTENSION 76341 OR PO BOX 2610 WASHINGTON DC-
UNIVERSITY OF CHICAGO W B HARRELL BUSINESS MANAGER

Am 10.8.1945 wurde Stern über das Carnegie Institute of Technology die Urkunde des War Departments (ausgestellt am 6.8.1945) übersandt. Die Urkunde bestätigt, dass Stern am US-Atombombenprojekt mitgearbeitet hat.

Standort: [BAL], bk0016n9b5q; Dokumentnummer: **[0714/10.08.1945]**

CARNEGIE INSTITUE OF TECHNOLOGY
SCHENLEY PARK
PITTSBURGH 13, PENNSYLVANIA

DEPARTMENT
OF PHYSICS *August 10, 1945*
Dr. Otto Stern
759 Cragmont Avenue
Berkeley 8, California.

[139] Am 6. August 1945 um 8:16 Uhr japanischer Ortszeit explodierte die erste Atombombe. In diesem Augenblick war es in Chicago noch der 5. August, 17:16 Uhr.

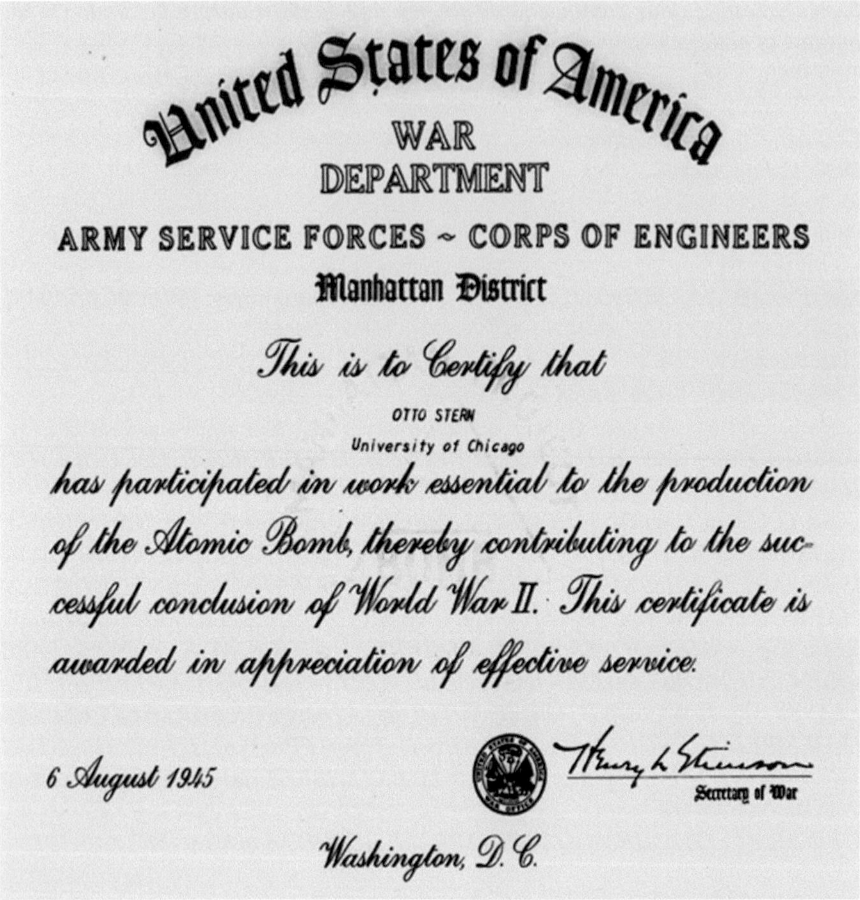

United States of America
WAR
DEPARTMENT
ARMY SERVICE FORCES ~ CORPS OF ENGINEERS
Manhattan District

This is to Certify that

OTTO STERN
University of Chicago

has participated in work essential to the production of the Atomic Bomb, thereby contributing to the successful conclusion of World War II. This certificate is awarded in appreciation of effective service.

6 August 1945

Henry L. Stimson
Secretary of War

Washington, D.C.

Abb. 2.28 Urkunde des War Departments über Sterns Mitarbeit am Manhattan-Projekt (Bildquelle: [BAL] FILM 3429, 79-0488)

Dear Dr. Stern:
It gives me great pleasure to present to you the enclosed Certificate of Merit which you have earned by your excellent work on OKMsr-950 for the National Defense Research Committee.
Sincerely yours,
Emerson M. Pugh
Official Investigator.

Nach dem zweiten Bombenabwurf auf Nagasaki am 9.8.1945 wurde am 11.8.1945 (Datum 10 oder 11 nicht exakt zu entziffern) eine weitere Geheimhaltungsverpflichtung verschickt.

Standort: [BAL], bk0016n9b68; Dokumentnummer: **[0715/11.08.1945]**

ARMY SERVICE FORCES
UNITED STATES ENGENEER OFFICE
MANHATTAN DISTRICT
OAK RIDGE TENNESSEE

IN REPLY
REFER TO EIDME

Dr. Otto Stern
Carnegie Institute of Technology
Pittsburgh, Pa.
Dear Sir:

Official public announcement of the existence and purpose of the Manhattan District undertaking has been made. Additional releases on District activity will be published from time to time. However, in the interests of National welfare, it is necessary that security be retained over many phases of the project.

While the official announcement entitles you to disclose the fact of your activities. You are advised that the official public statements and releases comprises permissible limits of disclosure of information at this time. Independent publications, addresses or advertising by individuals or groups cannot be released without prior clearance.

It is the desire of the War Department to make available information which can be released without jeopardizing the security of vital phases of the project. For this purpose, a control group has been established for the clearance of all requests for release or utilization of information relating to the project. Requests for clearance should be addressed to either Major General L.R.Groves, P.O. Box 2610, Washington, D.C., or The District Engineer, Manhattan Engineer District[140]*, P.O. Box E, Oak Ridge, Tennessee.*

Requests must be in writing and accompanied by the full text of the proposed release including exhibits and illustrations, all in triplicate. The present security classification of data included in the proposed releases will be retained, and all documents will be handled in accordance with such classification.

Your cooperation in complying with the modified security policy is necessary. Your attention is invited to Espionage Act U.S.C., 31 and 32, covering unauthorized disclosures of information, and to the fact that even information classified as low as RESTRICTED falls within the scope of this act.

I wish to express appreciation for your contribution to the success of the compliance and support during this period into which we are now entering.

Very truly yours,
K.D. Nichols
Colonel, Corps of Engineers,
District engineer

---

[140] Manhattan District Engineer war der Tarnname für das Manhattan-Projekt, in dem ab 1942 alle Entwicklungsschritte für den Bau der Atombombe durchgeführt wurden. K.D. Nichols war ein Mitarbeiter im Sicherheitsbereich.

Diesem Brief folgte am 15.8. ein weiteres Telegramm wegen Geheimhaltung.

Standort: [BAL], bk0016n911v; Dokumentnummer: **[0716/15.08.1945]**
TBC 397 DL PD=CHICAGO ILL 15 358P 1945 Aug 15 PM 5 16
OTTO STERN
759 CRAGMONT AVE BERKELEY CALIF

OFFICIAL DECLARATION OF CESSINATION OF HOSTALITIES WITH JAPAN DOES NOT IN ANY WAY ALTER SECURITY LIMITATIONS ON RELEASE OF INFORMATION ON THE ATOMIC BOMB PROJECT: SECURITY RESTRICTIONS IMPOSED IN OUR TELEGRAM OF SIX AUGUST CONTINUE TO APPLY. THE PRESIDENT IN HIS BROADCAST OF NINE AUGUST EMPHASIZED THE NECESSITY IN THE INTEREST OF NATIONAL SAFETY FOR CONTROLLING RELEASE OF INFORMATION ON THIS REVOLUTIONANRY DEVELOPMENT. LOOSE TALK AND IDLE SPECULATION BY PERSONS NOW OR FORMERLY CONNECTED WITH THE PROJECT JEOPURDIZE THE SECURITY OF THE NATION AND MUST BE CONTROLLED. WE ARE AGAIN ASKING YOU PERSONALLY TO CONTINUE YOUR COMPLETE COOPERATION THROUGH WASHINGTON TELEPHONE NUMBER REPUBLIC 6700 EXTENSION 76341 OR PO BOX 2610 WASHINGTON DC THIS TELEGRAM IS SENT AT THE REQUEST OF THE GOVERNMENT.

Standort: [BAL], bk0016n911v; Dokumentnummer: **[0718/12.09.1945]**

ARMY SERVICE FORCES
UNITED STATES ENGENEER OFFICE
MANHATTAN DISTRICT
OAK RIDGE TENNESSEE

IN REPLY REFER TO EIIME *12 September 1945*
Dr. Otto Stern
Carnegie Institute of Technology
Pittsburgh, Pa.
Dear Sir;
This office has received a number of inquiries as to whether the official ending of hostilities with Japan makes possible any relaxation in security restrictions on the atomic bomb project. In the interest of national security, no appreciable modification of regulations concerning this project can be made, although slightly more latitude is being given to approval of releases by individuals and organizations within the limits of information already disclosed in official public releases. Security regulations still require the prior approval by this office of any proposed advertising or news release by individuals and organizations connected with the project.
A complete text of the proposed releases should be submitted in writing to the District Engineer, Manhattan Engineer District, P.O. Box E, Oak Ridge, Tennessee, attention Major E.J.Bloch. The District Engineer has established an organization

at this locality for the expeditions handling of these requests. Every effort will be made to review requests promptly.
Your cooperation in complying with the above procedure in the interest of national security, is solicited.
Very truly yours
K.D.Nichols, Colonel, Corps of Engineers, District Engineer.

In Rahmen der „Defence"-Forschung hat Stern auch Arbeiten durchgeführt, die patentfähige Erfindungen darstellten. Das von Stern im Patent [PAT1946] entwickelte Verfahren behandelt das Testen von dynamischer Kompression von Metallen. Das Patent wurde am 18.12.1946 eingereicht. Ob das Verfahren zu einer industriellen Anwendung kam oder Stern Einnahmen verschaffte, kann aus den Briefen und Dokumenten des Nachlasses nicht beurteilt werden.

Welche Bedeutung dieses Patent bei der Entwicklung der Atombombe spielte, geht weder aus dem Patent noch aus den Dokumenten im Nachlass Sterns hervor. Beim Zündvorgang einer Atombombe müssen kleinere Uranteile (unkritische Masse) dynamisch in extrem kurzer Zeit zur kritischen Masse durch dynamische Kompression vereinigt werden, damit die notwendige Kettenreaktion lawinenartig gestartet wird. Stern meldete hier ein Patent an, das diesen Kompressionsvorgang simulieren und elektronisch vermessen konnte.

Standort: [BAL], bk0016n911v; Dokumentnummer: **[0740/13.11.1946]**

CARNEGIE INSTITUE OF TECHNOLOGY
SCHENLEY PARK
PITTSBURGH 13, PENNSYLVANIA
November 13, 1946

Dr. Otto Stern
759 Cragmont Avenue
Alameda County
Berkeley 8, California.

CONFIDENTIAL
Re. Invention Disclosure =SRD-356
Contract No:OEMsr-825
Inventor Otto Stern
Title: Hydraulic Velocity

Dear Dr. Stern:
In reply to your letter of November 6, 1946, I am returning the patent papers for your signature and notarizations. You will note that the Petition has been prepared for your present address.
Two copies of the Assignment are enclosed. Please fill in the date on page one and the date , your signature, witnesses' signature and have same notarized on page two, then return both copies. It appears that you have kept the third copy forwarded with my letter of October 30, 1946, which was intended for you.
One copy of the Oath, Power of Attorney, and Petition is attached as the last page of the Patent Application. Please fill in the date, your signature and address. Have the notary public fill in the portion below your signature.

I am enclosing a stamped, self-addressed envelope to use in returning all papers. Please register the letter when you return the papers as enough postage has been affixed for this purpose.
We will appreciate your prompt return of the executed papers as final payment to the school is held up until these papers are completed.
I hope that you will have an enjoyable trip to Europe.
Very truly yours,
Charles B. Stanton
Special Contracts Officer
Office of the Controller. *Enclosures (3)*

Standort: [BAL], bk0016n911v; Dokumentnummer: **[0745/16.12.1946]**

WAR DEPARTMENT
OFFICE OF THE CHIEF ORDNANCE
WASHINGTON, D.C.

TO INSURE PROMPT ATTENTION
IN REPLYING REFER TO
NO 072/2209
ATTENTION OF

ORDGL-PATENT Br (T) *Stern, Otto* *16 December 1946*
Mr. Otto Stern 759 Cragmont Avenue
Berkeley 8, California

Dear Mr. Stern:
There is enclosed herewith power of attorney dealing with your application for Dynamic Compression Testing which should be signed and returned to this office.
FOR THE CHIEF OF ORDANCE:
Very truly yours
G.J.Kessenich
1 Incl *Assistant*
Power of Atty.
beantw. 12.1.1947

Standort: [BAL], bk0016n912d; Dokumentnummer: **[0796/17.12.1947]**

ORDNANCE DEPARTMENT
FRANKFORD ARSENAL
PHILADELPHIA, 37. PENNSYLVANIA

Record HIForman/vjw/634

IN REPLY
REFER TO
ORDBA-LC
FA 070/r364

Professor Otto Stern
Morewood Avenue
Pittsburgh 13, Pennsylvania

Dear Professor Stern:
The Patent Section of the Arsenal is proceeding your patent application for Apparatus for Dynamic Compression Testing covering the invention which you made in fulfillment of Contract OSRD-3568 with the Carnegie Institute of Technology.
In connection with this application, the U.S. Patent Office has requested that a deficiency in the original application's Petition be corrected by a statement signed by you, giving your complete post office address.
It will therefore be appreciated if you will sign the enclosed statement and return same to this Arsenal. You will note that the enclosed statement has been prepared in two copies, one of which recites your address which has been on record here for more than a year. Preferably, this form is the one that should be signed and returned. However, if you have changed your address, it is recommended that you use the other form which provides a blank space that may be filled in by you in ink.
Your cooperation and compliance with this request will be very much appreciated.
FOR THE COMMANDING GENERAL;
Very truly yours,
(Unterschrift nicht lesbar) for C.C. Fawcett Assistant

Sterns Mitarbeit im Atombombenprojekt verschaffte ihm einen Beratervertrag mit dem Argonne National Laboratory in Chicago. Stern erhielt nach dem Krieg verschiedene Zertifikate für seine Mitarbeit in den Forschungsprojekten der US-Verteidigungsanstrengungen. Da Stern seinen Wohnsitz nach Berkeley verlegt hatte, war eine Mitarbeit in Argonne/Chicago wegen der großen Entfernung schwierig geworden. Stattdessen bot sich eine Mitarbeit bei Glen Seaborg am Lawrence Berkeley Laboratory an.

Standort: [BAL], FILM 3429, 71-0458; Dokumentnummer: **[0751/01.01.1947]**

Argonne National Laboratory
P.O. BOX 5207
CHICAGO 60, ILLINOIS
Butterfield 1400

January 1, 1947

Dr. Otto Stern
Department of Physics
University of California
Berkeley, California

Dear Dr. Stern:
It has been brought to my attention that your consultant subcontract with the Argonne National Laboratory expired December 31, 1946. I took up the matter over the phone with Dr. Seaborg on Thursday of last week, and he secured me that you are presently directly connected with the Atomic Energy Commision's work at California. Since the purpose of our subcontract was largely to insure that this contact with our work would be maintained, the present California arrangement would seem to be much more effective than the long range agreement with laboratory here. Con-

sequently, we have notified our business office that we are not requesting extension of your contract.
May I thank you on behalf of the laboratory for all that you have done for us during these past years. It has been deeply appreciated not only by the scientific personnel but by the administration of the Laboratory as well. Were it not for the extreme geographic separation of California from Chicago and our understanding that you are associated with the work going on in California, we would be extremely unhappy to allow your contract to lapse. We wish you the greatest of happiness in your connection with the California work and trust that if you come East you will arrange to pay us a visit here.
Sincerely yours,
Norman Hilberry[141]
Associate Director

Mit den Briefen vom 9.1.1947 und 23.1.1947 wurde der bestehende Argonne-Vertrag dann beendet.

Standort: [BAL], bk0016n911v; Dokumentnummer: **[0759/23.01.1947]**

Argonne National Laboratory
P.O. BOX 5207
CHICAGO 60, ILLINOIS
Butterfield 1400

January 23, 1947

Mr. Otto Stern:
There is enclosed a signed copy of the termination notice of the subcontract between you and Argonne National Laboratory for your information and file.
Very truly yours,
J. H. McKinley
Business Manager

Argonne National Laboratory *ANL 73*
Chicago, Illinois
NOTICE OF TERMINATION OF SUBCONTRACT

Standort: [BAL], bk0016n911v; Dokumentnummer: **[0754/09.01.1947]**

Contract No. 31-109-38-13

To: *Mr. Otto Stern* *Subcontractor*
759 Cragmont Avenue
Berkeley, California

[141] Norman Hilberry (1899–1986) war ein amerikanischer Physiker und von 1942 bis 1946 Assistent des Projektleiters im „Chicago Metallurgical Laboratory“, das Entwicklungsprojekte im Atombombenprogramm durchführte.

Dear Mr. Stern:
You are hereby notified that by reason of normal expiration, the certain subcontract between you and the Argonne National Laboratory dated July 1, 1946, and bearing descriptive number above indicated, is terminated as of 31st day of December 1946.
According to your records, there exists no financial obligation to you.
Dated at Chicago, Illinois, this 9th day of January 1947
ARGONNE NATIONAL LABORATORY
By J.W. McKinley, Business Manager

Das Problem der Sicherheit in Fragen der militärischen Forschung auf dem Gebiet der Atombombe (Problem of Security in Government Service) wurde auch in der National Academy of Sciences sehr intensiv diskutiert. Aus diesem Grunde wurde eine Kommission einberufen, die eine Entscheidungsvorlage dazu vorbereiten sollte. Eine wichtige Schlussfolgerung war, dass jeder, der im Dienste der Regierung für die USA arbeitet, sich an die Sicherheitsvorgaben der Regierung halten muss. Dies sollte auch für Wissenschaftler gelten.

Standort: [BAL], bk0016n8v4f; Dokumentnummer: **[0823/14.02.1949]**
14.2.1949
NATIONAL ACADEMY OF SCIENCES
Office of the President
Constitution Avenue
Washington 25, D.C.
February 14, 1949
To the members of the National Academy of Sciences
As a sequel to the discussion on the subject of civil rights which occurred during the business session of the Academy on April 27, 1948, and to subsequent discussions within the Council of the Academy at their meetings on June 10 and November 14, 1948, I invited Messrs Conant, Oppenheimer, and Buckley[142] *to draft a statement which might represent the convictions on the Academy membership on this subject. Their statement was submitted to the Council of the Academy in January and was considered at their meeting on February 3, 1949. It was adopted by unanimous vote and I was instructed to send it to the President for such use as he might wish to make of it. It was voted that the statement should not receive publicity through action of the Council or the Academy.*
A copy of the statement is attached hereto.
Yours very sincerely Alfred N. Richards[143]
President

[142] Oliver Ellsworth Buckley (1887–1959) war ein amerikanischer Physiker. Er entwickelte seit 1914 bei Bell Labs neue Kommunikationssysteme und war nach 1944 auch Mitglied der National Science Foundation.
[143] Alfred Newton Richards (1876–1966) war ein amerikanischer Pharmaloge. 1941 ernannte Präsident Roosevelt ihn als Chairman des Medical-Research-Komitees, und von 1946 bis 1950 war er Präsident der National Science Foundation.

2.2.6 Briefe in der Nachkriegszeit

Der Briefverkehr mit den alten Freunden in Deutschland war während des Krieges völlig zum Erliegen gekommen. Nur die auch zur Emigration gezwungenen alten Weggefährten, wie Max Born in England oder Lise Meitner in Stockholm, hatten wenigstens zu Sterns Nobelpreisverleihung einen Brief geschrieben (s. Bd. II, Abschn. 2.4). Lise Meitner gratulierte Stern am 14.1.1945 zu seiner „Exellency", die jetzt, wie sie betonte, durch die Auszeichnung aus Stockholm offiziell bestätigt wurde, und schilderte ihre Arbeitsbedingungen in Stockholm als „rather poor". Sie fühlte sich trotz vieler netter Kollegen dort in Stockholm ziemlich isoliert. Der mit der Schreibmaschine in Englisch verfasste Brief verrät deutlich die wenig motivierende Stimmung am Ende des Krieges, ohne viel Hoffnung auf einen Neuanfang. Lise Meitner erkundigte sich auch nach Sterns Familie und fragte, ob Sterns Schwester die Emigration aus Deutschland gelungen ist. Man wusste wegen des Krieges wenig voneinander.

Der oben erwähnte Brief [0682] vom 23.1.1945 an Tuve zeigt, dass Stern auch Mitstreiter in seinem Bemühen gefunden hat, nach dem Krieg durch internationale Zusammenarbeit in der Wissenschaft mit enger Verbindung zur Politik weitere Kriege zu verhindern. Auch mit Ladenburg hat Stern in dieser Angelegenheit zusammengearbeitet. Darauf weist indirekt Ladenburgs Brief an Stern vom 15.6.1945 hin, in dem er Stern darüber informiert, wer von den US-Wissenschaftlern nach Moskau eingeladen war und wer diese Einladung angenommen hat.

Standort: [BAL], bk0016n8t18; Dokumentnummer: **[0705/15.06.1945]**

Princeton N. J., June 15, 45

Lieber Stern:

Vor allem andern möchte ich Ihnen auch im Namen meiner Frau sagen, wie herzlich wir mit Ihnen den schweren Verlust empfinden, den Sie durch den Tod Ihrer lieben Schwester erlitten haben. Wir haben erst kürzlich durch James Franck als er hier durchkam, davon erfahren.

Sodann möchte ich Ihnen – für alle Fälle falls Sie es noch nicht wissen sollten – mitteilen, dass Max v. Laue nebst Frau + Tochter gesund sind, Theodor Laue erhielt diese Nachricht von einem Professor aus Harvard, der den Vater kurz vorher gesehen hatte (wo, wissen wir nicht; wir vermuten in Württemberg). Ferner schrieb mir Oldenberg, dass Sommerfeld, Rich. Becker, Houtermans, Heisenberg, Hund unversehrt sind, wie er indirekt durch Kollegen erfahren hat; Sommerfeld sei ein entschiedener „Anti-Nazi wie stets zuvor."

Ferner möchte ich Sie darauf vorbereiten, dass ein Breslauer Junge, Werner Barasch, Sie voraussichtlich demnächst aufsuchen und um Rat wegen Chemiestudium befragen wird. Beiliegender Brief einer Jugendfreundin von mir enthält alles Nähere (die Briefschreiberin Lily ist die jüngere Tochter des Zoologen Karl Chun, die geschiedene Frau des Botanikers Ernst Pringsheim, der wiederum ein Bruder des Juristen Fritz Pringsheim ist, dessen Sohn Peter [Pringsheim] meine Tochter Eva [Ladenburg] geheiratet hat. Komplizierte Familienverhältnisse! Der in dem Brief erwähnte Johannes ist Lilys Sohn, der aus Prag in die Schweiz entfloh + auf dem

Wege nach England kurz vor Überschreiten der spanischen Grenze bei Perpignan verschwunden ist. Der junge Barasch war bei mir und ich war so kühn ihm Ihre Adresse zu geben, da er nach San Francis[k]co fuhr.
James Fr. [Franck] *war in Princeton, um Niels Bohr zu besuchen, hat ihn aber verpasst. Bohrs offizielle Adresse ist jetzt: Institute for Advanced Study, doch soll er z. Zt. nicht hier sein - ich habe ihn bisher nicht gesehen. Rabi ist Chairman (oder Head?) des Physics Dep. in Columbia geworden, als Nachfolger Pegrams. Auf Grund der Einladung nach Moskau sind Alexander (Mathematiker am Institute in Pr.), Stopley Bronk (Biophysicist), Langmuir am 10. in N. Y. abgeflogen; Lawrence, Pauli, Wood, Franck, Pringsheim, die auch eingeladen waren, nicht. Aber das wissen Sie gewiss längst.*
Enough gossip!
Meine Familie ist wohl, speziell Ihre kleine Freundin Cathryn. Diese sowie wir alle freuen uns auf ihren Vater Peter P.[Pringsheim], der 89 „Punkte" hat + deshalb voraussichtlich innerhalb der nächsten 6 oder 9 P Monate zurückkommen wird. —-
Ist die Aussicht von Ihrem Arbeitszimmer noch immer so schön? Und wie geht es Ihnen? Die ganze Familie lässt grüssen – wir vermissen Sie hier im Osten.
Ihr Rudolf Ladenburg
Ich plane in der 2. Julihälfte nach Estes Park zu Baers (Colliers Cottage) zu fahren.

Heisenberg u. a. haben ihre Mitarbeit am deutschen Atombombenprojekt damit moralisch zu rechtfertigen versucht, dass sie behaupteten, das ganze Projekt durch eine langsame Blockadearbeit an der Realisierung gehindert zu haben. Ladenburg aber beschreibt in seinem Brief vom 11.10.1946 an Stern eine ganz andere Sicht zur Einstellung einiger deutscher Physiker zum deutschen Uranprojekt.

Standort: [BAL], bk0016n8t18; Dokumentnummer: **[0733/11.10.1946]**
Lieber Stern,
Ich fand Ihren Brief um $\frac{3}{4}$ 4 als ich aus dem Institut heimkam, um meine Frau zum T[h]ee zu Diracs zu bringen, wo auch Bohrs erwartet wurden. So konnte ich ihm gleich Ihren Brief geben. Nachdem er ihn gelesen, sagte er dass er im Dezember wieder in Copenhagen sein würde, genaue Daten wisse er noch nicht, hoffte aber Sie dort zu sehen, er würde Ihnen noch selbst schreiben. Prompte Antwort, nicht wahr?
Diracs wohnen bis Januar in Wigners Haus, die selbst in Oak Ridge sind.
Ich konnte Bohr auch gleich Laues Brief vom 7.8.45 zeigen. Doch sagte er, er wisse von Heisenberg, der ihn i. J.[Jahres] *1941 besucht hätte, dass dieser damals die Arbeiten an der Atombombe geleitet habe + sehr zuversichtlich gewesen wäre, dass wenn der Krieg genügend lange daure, die Deutschen mit der Bombe die endgültige Entscheidung herbeiführen würden. Und nach dem Siege an dem H.* [Heisenberg]*+ besonders v. Weizsäcker nicht zweifelte, würde die Wissenschaft auch in D.* [Deutschland] *anerkannt werden . . . . Wie dankbar können wir sein, dass es anders kam, als diese unsere Kollegen erhofften . . . . Ich werde Theo v. L.* [Theodor von Laue] *schreiben, dass Sie eine Kopie von Laue's Brief haben möchten. Wir*

– einschließlich Panofsky – freuen uns sehr Sie im November bestimmt zu sehen. Ihr Rudolf L.

Ladenburg bezieht sich hier auf einen brieflichen Bericht Laues, den Laue an seinen in den USA lebenden Sohn Theodor von Laue geschrieben hat. Im Nachlass Sterns befindet sich die Kopie dieses Briefes, den Max von Laue während seiner Internierung in Farm Hall[144] an seinen Sohn geschrieben hat.

Standort: [BAL], bk0016n8t3c; Dokumentnummer: **[0712/07.08.1945]**

Huntingdon (England), 7.8.1945

Lieber Theodor!
Dieser Brief bezieht sich auf ein weltgeschichtliches Ereignis von unabsehbarer Tragweite. Bin ich auch weit von Hiroshima entfernt gewesen als die Uranbombe platzte, so habe ich doch die Nachricht davon inmitten von Kollegen erlebt, die an dem Uranproblem seit Jahren gearbeitet haben, und gleich mir alle unter ganz exceptionellen Umstaenden, naemlich, "detained for His Majesty's pleasure", leben.
Bevor ich aber auf die Bombe naeher eingehe, muss ich Einiges nachholen, das sich seit meinem letzten, im Juni geschriebenen Briefe bei uns ereignet hat.
Wir sind naemlich am 3. Juli von Facequeval nach England ueberfuehrt [worden]. Wir fuhren bis Luettich, oder richtiger bis zum Militarflugplatz bei dem Doerfchen Ans, mit amerikanischen Militarautos, von dort flogen wir in einer Dakotamaschine herueber bis in die Naehe von Cambridge. Wir kamen in ein altes Besitztum in dem jetzt zu Huntingdon gehoerenden-Dorf Godmanchester, und sind dort sehr gut untergebracht, in mancher Beziehung besser noch als in Facqueval - doch hatte Facequeval eine schoenere Lage.
Wir haben hier nach wie vor vortreffliche Verpflegung (wie englische Militaerpersonen, also besser als die englische Zivilbevolkerung), haben Buecher, Zeitungen, Rundfunk, ein Klavier, einen Sportplatz hinter dem Hause. Wir bekamen kuerzlich neue Kleidungsstuecke und, soweit Bedarf war, Schuhe. Also es geht uns ausgezeichnet, abgesehen davon, dass wir keinerlei Nachricht von unseren Familien bekommen haben, und auch erst heute Briefe dorthin mit einiger Aussicht auf Befoerderung absenden konnten. Die Briefe, die wir am 18. Juni schrieben, gingen zwar bis zu einer Kontrollstelle in Paris, dort aber haben die Amerikaner sie festgehalten. Wir haben das als eine Haerte empfunden, die uns bisher ganz unverstaendlich war. Was nun geschehen ist, wirft freilich darauf und ueberhaupt auf unsere Detainung einiges Licht.
Um 19.45 Uhr begann gestern, wie stets, unser Abendessen, an dem auch die beiden uns bewachenden englischen Offiziere, Major Rittner und Captain Brodie, regelmaessig teilnehmen (in Facqueval ass Major R.- der Captain war noch nicht da - nicht mit uns, sondern mit den amerikanischen Offizieren, welche dort die Bewachung hatten, und die wegen "Nonfraternisation" sich von uns entfernthalten

144 Farm Hall ist ein englischer Landsitz in der Nähe von Cambridge. Nach dem Zweiten Weltkrieg wurden hier vom 3.7.1945 bis 3.1.1946 zehn deutsche Kernphysiker (u. a. Otto Hahn, Werner Heisenberg, Max von Laue, Karl Friedrich Weizsäcker, Walther Gerlach, Paul Harteck) interniert. Deren Gespräche wurden dort abgehört und protokolliert.

mussten). Vorher schon hatte der Major den Kollegen Hahn [Otto Hahn] *etwas von einer Rundfunkmeldung angedeutet, dass die Amerikaner eine Atombombe benutzt haetten. Bei Tisch ergaenzte er diese Mitteilung und es erhob sich naturlich sogleich eine lebhafte Diskussion. Wir wollten nicht recht daran glauben. Einige Stimmen meinten, wenn ueberhaupt etwas Wahres daran waere, so bedeutete der Name "Atombombe" eben etwas anderes, als was wir darunter verstaenden; mit Uranspaltung koenne diese Sache jedenfalls nichts zu tun haben.*
Dann aber hoerten wir die englischen Rundfunknachrichten um 21 Uhr. Und da wurde nun klipp und klar gesagt, dass Englaender und Amerikaner in gemeinsamer, jahrelanger, muehseliger und ueberaus kostspieliger Entwicklungsarbeit die Uranspaltung zur Konstruktion einer Bombe ausgearbeitet haetten. Ich brauche auf die Meldung nicht naeher einzugehen, Du hast sie ja auch, wenn nicht gehoert, so doch heute in den Zeitungen gelesen. Dass die Kommentare, welche die Journalisten teilweise neben die offiziellen Darlegungen Churchill's[145] *setzten, die historischen Zusammenhaenge nicht ganz richtig darstellen, ist kein Wunder. Es ist vielleicht gar ganz gut, dass Hahn's Name nicht genannt ist, weil man nicht uebersehen kann, welche Wirkungen eine Nennung in Deutschland gehabt haette. Nach einem solchen Kommentar, ueberschrieben "A Jewess found the Clue", waere Lise Meitner die Entdeckerin der Uranspaltung.*
Die Wirkung dieser Meldung auf die hier versammelten deutschen Physiker war natuerlich eine sehr tiefgehende. Zwar war ich - wenn ich mit mir einmal beginnen darf -verhaeltnismaessig unbeteiligt; habe ich doch bei der ganzen Uranspaltungsforschung immer nur die Rolle eines Beobachter gespielt, den die Beteiligten manchmal, aber keineswegs immer auf dem Laufenden hielten. Auch Otto Hahn, um dessen Stimmung sich Major Rittner ernstliche Sorgen machte, blieb ganz ruhig und sagte nur, er freue sich, an der Konstruktion einer solchen Mordwaffe unbeteiligt zu sein. Aber sehr erregt war Walt[h]er Gerlach, der sich als ehemaliger "Bevollmaechtigter des Reichsmarschalls fuer Kernphysik", etwa wie ein geschlagener Feldherr vorkam und zudem durch ein paar unvorsichtige Bemerkungen eines der Juengeren unter uns peinlich beruehrt war. Harteck, Hahn, ich und Heisenberg suchten ihn gestern Abend und auch heute Morgen zu beruhigen, was dann auch gelang. Aber die Stimmung blieb bei ihm und auch bei anderen unserer Runde doch nicht unbeeinflusst. Die Bombe beherrschte heute doch so ziemlich das Gespraech und die Zeitungen wurden nur so "verschlungen". Heisenberg stellte noch mehrfach fest, dass man sich auf Grund der hier vorliegenden Kenntnisse und bisherigen Berichte kein genaues Bild von den Vorgaengen in der Bombe mache koenne.
Die Hauptfrage ist natuerlich, warum wir in Deutschland nicht zur Bombe gekommen sind. Darauf ist zu sagen: 1) Die deutschen Physiker haetten niemals solche Mittel bewilligt erhalten, wie sie England und USA zu diesem Zwecke zur Verfuegung gestellt haben. Weder die Arbeitskraefte noch das Geld waere in einem annaehernd so grossen Masse verfuegbar gewesen. Darum schon hat kein Physiker ernstlich an die Beantragung solcher m(M)ittel gedacht. Dass die an Staerke

[145] Winston Leonard Spencer-Churchill (1874–1965) war von 1940 bis 1945 britischer Premierminister.

dauernd zunehmende Verbombung aller Staedte ein weiteres Hindernis gewesen waere, geht ja auch aus Churchill's Erklaerung hervor, dass man die Herstellung der Atombombe der Luftgefahr wegen nicht nach England verlegt hat. 2) Die ganze Uran-Forschung war bei uns auf die Schaffung einer Uranmaschine als Energiequelle gerichtet, einmal weil niemand an die Moeglichkeit einer Bombe in absehbarer Zeit glaubt, zweitens, weil im Grunde niemand von uns eine solche Waffe in die Haende Hitlers legen wollte. Was die Zeitungen von deutschen Bestrebungen zur Konstruktion der Bombe schreiben, ist reine Phantasie, und was sie ueber die Stoerung solcher Bestrebungen durch die Ueberfaelle auf das norwegische Kraftwerk Rjuland berichten, ist nicht viel besser. Das "schwere Wasser", das das KWI fuer Physik von dort bezog, eignet sich gar nicht, wenn man eine schnelllaufende Uran-Explosion erzielen will, wohl aber fuer den bei uns beabsichtigten langsamen Reactionsablauf in der Uranmaschine.
Die an der Bombe beteiligten Kollegen kennen wir zum groessten Teil persoenlich. Dass Niels Bohr darunter ist, wundert uns etwas. Wir halten auch in der Beziehung die Zeitungsmeldungen nicht fuer ganz zuverlaessig.
Viel geschlafen hat in der letzten Nacht wohl keiner von uns. Aber das heute, wie an jedem Dienstag, stattfindende Kolloquium lassen wir nicht ausfallen. Bagge[146] *spricht ueber angeregte Kern-Zustaende.*
Eine ungeheure Macht ist durch diese erste praktische Anwendung der Uranspaltung in die Haende von Menschen gelegt. Gott gebe, dass sie nie in andere als reine Haende kommt!
Mit herzlichem Gruss an Dich und Hilli,so wie an alle meine Kollegen,
Dein Vater sgd. Max Laue

2.2.6.1 Briefverkehr mit Jensen

Erst ab 1946 nahm Stern wieder Kontakte mit alten Freunden in Deutschland auf. Nach den Dokumenten im Nachlass von Stern war Hans Jensen der Erste, der am 12.4.1946 Stern über den Zustand der Hamburger Physik berichtete und Stern nachträglich zum Nobelpreis gratulierte. Jensen war Schüler Sterns in Hamburg gewesen und 1946 an das Institut für theoretische Physik der Technischen Universität Hannover berufen worden. Er schrieb:

Standort: [BAL], bk0016n8s1r; Dokumentnummer: **[0725/12.04.1946]**
Sehr verehrter lieber Herr Stern, *12.4.1946*

die Oeffnung unserer Grenzen, wenigstens für die Post, gibt mir Gelegenheit, Ihnen, wenn auch verspätet, zum Nobel-Preis zu gratulieren. Ich erfuhr damals davon durch das Londoner Radio , - das ich übrigens aus alter Anhänglichkeit noch immer oft höre, obschon der Reiz des Verbotenen weggefallen, - und es war damals

[146] Erich Rudolf Bagge (1912–1996) war ein deutscher Kernphysiker, der im Zweiten Weltkrieg am deutschen Uranprojekt (Entwicklung eines Kernreaktors mit Ziel Atombombenbau) arbeitete.

erstaunlich, wie schnell sich die Nachricht in Deutschland herumsprach, und überall war man höchst erfreut, dass diese längst fällige Ehrung endlich erfolgt war.
Ich hoffe, dass Sie mir Ihr Wohlwollen bewahrt haben, auch durch diesen bösen Krieg hindurch, und ich hoffe auch, dass Bohr Ihnen, wenn Sie mal wieder das Good Old Europe besuchen, bestätigen wird, dass ich nur einer von einer [von einer] ganzen Zahl deutscher Physiker bin, die auch durch diese böse Zeit hindurch die Einstellung und Haltung bewahrt haben, die ich in Kopenhagen zum Ausdruck zu bringen versuchte. Vor allem das Uranproblem war im Wesentlichen in guten Händen. Als Hamburger Klatsch wird Sie vielleicht interessieren, dass Ihr geschätzter Kollege P. P. Koch sich allmählich zu einem verbissenen Nazi entwickelt hatte, und u. a. Harteck und später auch mich bei der Gestapo denunziert hat. Wir hatten damals sehr grosses Glück, dass nichts Schlimmes aus der Sache wurde, denn unser „Sündenregister" bei den Nazis war, wenn sie alles gewusst hätten, natürlich nicht unerheblich; ich selbst habe Gerlach zu danken, der damals als „Bevollmächtigter für Kriegsphysik" befragt wurde und meine Angelegenheit bagatellisierte. Auch Herrn Lenz versuchte Koch aus dem Amt zu bringen, was an der anständigen Haltung der Fakultät scheiterte. – Lenz geht es relativ gut, er ist immer sehr um seine Gesundheit besorgt, es geht aber auch ohne Taxi und sogar das Frieren und die sehr mässige Ernährung hat er bislang ausgezeichnet überstanden. Koch wurde im letzten Nazijahr von mehreren Leuten wohlwollend nahegelegt, sich rechtzeitig pensionieren zu lassen, z. B. schrieb ihm v. Laue, es sei gut, sich emeritieren zu lassen, solange man den Verstand dazu besässe, a[n]ber er hat „eisern die Stellung gehalten" bis die Engländer kamen und ihn dann alsbald aus seinem Amte entliessen, ohne Pension, allein weil er „Amtswalter" bei der Partei war, ohne dass seine bösartigen Unternehm[e]ungen dabei zur Sprache kamen; er hat dann diese selbstverschuldete Situation mit Cyankali quittiert, requiescat in pace!
Ihr Hamburger „nettes kleines Institut" ist bis auf zerbrochene Fensterscheiben verschont geblieben und wird inzwischen schon wieder renoviert; die Physik ist etwas stärker mitgenommen, aber auch noch reparabel, dagegen sieht die Chemie ziemlich bös aus. Auf den physikalischen Lehrstuhl wurde mein Freund Gentner berufen, der während des Krieges die Freundschaft und enge Zusammenarbeit mit Joliot in unserem Sinne aufrecht erhalten hat. Die Hamburger freuen sich alle sehr, dass er kommen wird. Wir werden englischerseits durch Ihren Schüler Fraser betreut, der sich alle Mühe gibt, uns das Leben erträglich zu machen.
Schliesslich hoffe ich wie viele andere, dass Sie bei Ihrer nächsten Europareise nicht wieder Ihren berühmten Bogen um Deutschland machen werden, sondern uns Gelegenheit geben werden, Sie auf dem Heimatboden begrüssen zu können; wenn auch die Hoffnung, dass Sie ganz zurückkämen, wohl zu hoch gespannt ist. Jedenfalls wird es hoffentlich recht bald sein, dass wir Sie wiedersehen.
Vielleicht darf ich Sie bitten, Grüsse an Pauli und Franck und selbstverständlich auch an Herrn Estermann auszurichten.
Mit den besten Grüssen stets Ihr sehr ergebener – Schüler, wenn ich so sagen darf –

[Hans Jensen]

Die Andeutung von Jensen „*Vor allem das Uranproblem war im Wesentlichen in guten Händen*" und die Erwähnung seines Besuches während des Krieges bei Bohr könnten einen wichtigen Bezug zum deutschen Uranprojekt haben. Denn es könnte Jensen und nicht Heisenberg gewesen sein, der bei seinem Besuch 1943 in Kopenhagen Bohr vertrauliche Information über das deutsche Uranprojekt zukommen ließ. Dabei ging es um eine Reaktorzeichnung des deutschen Prototypen, wie Hans Bethe in seinem 1993 an der Cornell University gehaltenen Vortrag über das deutsche Atombombenprojekt vermutet hat [BET1993].

Ein weiteres Lebenszeichen aus Deutschland war eine Postkarte aus Göttingen, wo Jensen, Fraser und Heisenberg sich auf einer lokalen Physikertagung getroffen hatten. Sie schickten Stern von dort Grüße.

Standort: [BAL], bk0016n8s1r; Dokumentnummer: **[0729/05.10.1946]**

Göttingen 5. 10. 46

Sehr verehrter lieber Herr Stern,
wir sind hier in Göttingen auf der ersten Gauvereinstagung im alten Geiste versammelt unter der väterlichen Fürsorge Herrn Frasers, der sich in ganz rührender Weise um den guten Verlauf bemüht hat. Fraser und ich haben dabei in etwas wehmütiger Erinnerung unseres gemeinsamen Lehrers gedacht der jetzt so weit weg ist, auf jeden Fall wollten wir Ihnen aber unsere herzlichsten Grüsse senden.
Stets Ihr H.Jensen Ronald Fraser
Viele Grüsse in Erinnerung an die alte Zeit ! Ihr W. Heisenberg
Beste Wünsche zum neuen Aufenthaltsort, wir schreiben noch an die alte Adresse, da wir die neue nicht kennen.

Stern hat dann fast regelmäßig seine über die Nazizeit bewahrten Freunde und einige frühere Kollegen mit „Care-Paketen" versorgt. Jensen bedankt sich in seinem Brief vom 12.3.1947 für die große Überraschung. Jensen sieht darin den Beweis, dass Stern ihm trotz der bösen Zeiten sein Wohlwollen bewahrt hat. Jensen führt weiter aus:

Standort: [BAL], bk0016n8s1r; Dokumentnummer: **[0762/12.03.1947]**

Egestorf[147]*, 12. März 1947*

Sehr verehrter, lieber Herr Stern !
Ihre gewichtige, wortlose Antwort auf meinen Gratulationsgruß war eine große erfreuende Überraschung für mich, nicht so sehr des Inhalts wegen, den wir, weiß Gott, zu schätzen gelernt haben, sondern vor allem weil ich wohl daraus entnehmen darf, daß Sie mir auch durch diese bösen Zeiten hindurch Ihr Wohlwollen bewahrt haben.
Ich genieße gerade – als eindrucksvolle Abwechslung gegenüber dem selbstgezogenen Kraut – eine der Zigaretten aus dem Paket, und werde dadurch erinnert an Tage des befreiten Aufatmens, als die ersten amerikanischen Truppen hier durchzogen, die sich gegen uns sehr konziliant benahmen – trotz der damaligen antifraternisation-order: meine Frau war damals Ärztin eines D.P.- camps, und ihre

[147] Egestorf liegt am Ostrand des Naturschutzgebietes Lüneburger Heide.

Pflegebefohlenen, die sie auch vor der Befreiung betreut hatte, waren unsere Fürsprecher gewesen.
Seither ist hier wieder sehr sorgenvoller, grauer Alltag geworden. Von dem Leben in unseren zerstörten Hochschulen werden Sie vermutlich einiges gehört haben, es ist so trostlos, daß man kaum darüber reden mag, und dieser perverse Winter hat nun ein Übriges dazu getan – zur Zeit funktionieren nicht mal mehr die primitivsten sanitären Anlagen. Selbst das fast unzerstörte Göttingen hat schwer zu schaffen, um seinen Betrieb aufrecht zu erhalten.
Die einzige erfreuliche Überraschung ist eigentlich die Studentengeneration: bei den sehr schweren äußeren Bedingungen ein sehr großer Arbeitsernst und das Bedürfnis nach einer soliden Breite des Studiums; politisch etwas unsicher, aber sehr aufgeschlossen und bereit zu lernen und nachzudenken; - die 12 Jahre N.-S.–Jugenderziehung und militärischer Verwilderungsgefahr haben offenbar doch nicht so verheerend gewirkt, wie wir gefürchtet hatten. Jedenfalls gefallen mir die Studenten eigentlich besser als die Generation der jüngeren und älteren Hochschullehrer, die doch als Gesamtheit ziemlich blamiert dasteht, und der, nach meinem Empfinden, das Bewußtsein dieser, unserer, Blamage durchaus nicht tief genug sitzt. Was meine Arbeit angeht, so haben wir uns seit einiger Zeit ziemlich mit der Frage geplagt, wieweit man die Elementhäufigkeitsverteilung als eingefrorenes thermisches Gleichgewicht verstehen kann, und dabei sind uns verschiedene Gesichtspunkte begegnet, die ich in der allmählich, wenn auch spärlich, uns zugänglichen ausländischen Literatur nicht gefunden habe; ich hoffe Ihnen bald einen Sonderdruck schicken zu können. Das Problem ist mir doppelt reizvoll, einmal weil die Eindringlichkeit dieser Frage noch ein Stück „Hamburger Schule" ist, zum anderen, weil es mir die Erinnerung an V. M. Goldschmidt lebendig macht, in dessen Haus ich 1943 am Vorabend seiner Flucht nach Schweden zufällig Gast war, als es mir gelungen war, angeblich des D_2O wegen, eine kurze Reise nach Oslo, via Kopenhagen, machen zu können.
In der Hoffnung, Sie bald einmal zu sehen, hier, oder wonach ich mich sehr sehne, bei Bohr, verbleibe ich stets Ihr sehr ergebener *H. Jensen*

Nur zwei Monate später erhielt Jensen das nächste Sternsche „Care-Paket". In seinem Dankesbrief an Stern beschreibt er auch die konservative Einstellung seiner damaligen älteren Physikerkollegen:

Standort: [BAL], bk0016n8s1r; Dokumentnummer: **[0765/10.05.1947]**
Sehr verehrter lieber Herr Stern,.... *Egestorf, 10. 5. 1947*

wenn ich den Dankbrief für das zweite CAREpaket, das für mich eher eine noch größere Überraschung war als das erste, immer weiter hinausschob, so war es vielleicht aus einem etwas unbestimmten Bedürfnis, Ihnen etwas recht erfreuliches von hier berichten zu können, worauf man immer irgendwie wartet.
Statt dessen habe ich nun die traurige Nachricht, daß Hecke am 13. Februar an einem Krebsleiden gestorben ist. Den beiden Bohr war es im letzten Herbst gelungen, ihn nach einer Operation, als es ihm vorübergehend etwas besser ging, nach

Kopenhagen zu holen, so daß ihm wenigstens die letzten Monate in einem erfreulichen Milieu und auch unter äußerlich zivilisierten Bedingungen (wie man hier die Verhältnisse auch mit einer guten Komik kaum nennen kann) auszuleben vergönnt war.

Sein Tod ist mir ein sehr schmerzlicher Verlust, da er mir so etwas wie ein väterlicher Freund war und es immer mehr wurde. Er war auch in der bösen Zeit einer der wenigen ganz aufrechten Erscheinungen im Leben der Hamburger Universität (in der Fakultät neben Harteck der einzige, der dem in Hbg besonders starkem Druck zum Parteieintritt nicht nachgegeben hatte), und es ist sehr tragisch, daß wir ihn gerade jetzt verlieren müssen. Ihr „Gruß" hatte den wohltuenden Charakter einer moralischen Rückenstärkung, wie sie auch in Heckes Persönlichkeitswirkung lag, und sie ist fast nötig, denn die hiesige geistige Situation ist gräßlich verwickelt, man wird oft an Panofskys Prophezeiung aus dem Jahre 33 erinnert: „Das vierte Reich wird schlimm, da müssen wir marschieren und die anderen machen die Witze!"

Zuweilen beschleicht uns das Gefühl, Don Quichote zu spielen mit unseren liberalistischen Ideen zwischen den Mühlsteinen von links und rechts, ein Gefühl der Vereinsamung, wie man es selbst in all den bösen Jahren kaum kannte, und ein Bedürfnis, sich nur um die Physik, als eine eindeutig anständige Angelegenheit, zu kümmern und sonst um nichts.

Speziell im hiesigen Hochschulleben sehe ich die Gefahr nicht bei den „Nazis" – die Rauhbeine sind eliminiert und still – sondern in den konservativen (um nicht zu sagen reaktionären) Kräften. Lauter persönlich saubere und höchst ehrenwerte Erscheinungen, die sich gewiß nichts zu schulden kommen ließen und die Exzesse der Nazis durchaus verdammten, die aber vor – und auch nach – 33 dem „nationalen Element" der „Bewegung" recht wohlwollend gegenüberstanden, und nicht sahen, was da über uns und Europa hereinbrach, ehe es viel zu spät war. Zwar gibt es manche andere aus dem ehemals konservativen Lager, die schon damals den Anachronismus eines militanten Nationalismus erkannten oder auch aus den zwölf Jahren die Konsequenzen zogen, wie unter den Physikern v. Laue oder Kopfermann oder Heisenberg und auch Lenz und viele mehr; - daneben existiert aber auch noch eine sehr massive „Harzburger Front", sozusagen, die eben weil ihre Vertreter persönlich unbescholten dastehen – (es gehörte dort auch zum guten Ton, nicht „in der Partei" zu sein) – jetzt sich berufen fühlt, das Hochschulleben zu bestimmen, und von ihrer persönlich und national selbstgerechten Haltung fürchte ich einen schlimmen Einfluß auf die Studentengeneration, zu der ich, wie ich Ihnen wohl schon schrieb, allerlei Vertrauen gewonnen habe.

Gegen diese „Front" rühren sich Kräfte wohl an allen Hochschulen, aber wir haben oft das Gefühl, schon wieder, oder noch, in der Defensive zu sein, und man ist ständig in der Zwickmühle gegenüber dem Problem der Autonomie der Wissenschaft und des Primats der wissenschaftlichen Wertung vor allen anderen Gesichtspunkten, zu denen man natürlich auch stehen möchte – z. B. in den Fragen der so furchtbar ungeschickt und holperig verlaufenden „Entnazifizierung".

Hoffentlich habe ich mich nun nicht zu einem düsteren Bild hinreißen zu lassen; wir sind keineswegs hoffnungslos und mutlos, und die Physik ist wieder, wie auch in den vergangenen 12 Jahren, in jeder Hinsicht eine rechte Oase.

Zu Göttingen war kürzlich die zweite „Gauvereinstagung“, die durch den Besuch Blacketts und einiger jüngerer englischer Physiker sehr eindrucksvoll wurde.
Mit den besten Grüßen und nochmals herzlichen Dank verbleibe ich stets Ihr sehr ergebener Hans Jensen

Offensichtlich hat Laue mit Jensen über Sterns Empfindungen zu Deutschland gesprochen. Jensen beabsichtigte zu Sterns 60. Geburtstag ein Festheft herauszugeben, aber hat dann doch (offensichtlich nach einer Beratung mit Laue) darauf verzichtet. Jensen schrieb am 23.10.1947 an Stern:

Standort: [BAL], bk0016n8s1r; Dokumentnummer: **[0785/23.10.1947]**
Sehr verehrter, lieber Herr Stern, *Egestorf, 23.10.1947*
Ihr freundlicher Brief hat mich noch mehr gefreut als das dritte CARE – paket, das einige Zeit vorher ankam. Ihre Abneigung gegen jegliches Schreiben ist mir wohl noch in Erinnerung, und deshalb hatte ich niemals daran gedacht, von Ihnen eine Antwort zu bekommen; um so größer war die Überraschung Ihre Handschrift wiederzusehen.
Ihre Einstellung, die mir auch Herr v. Laue schilderte, ist mir nur zu gut verständlich, und ich weiß kaum etwas dazu zu sagen – außer vielleicht, daß mich die Jahre eine ganz besondere Furcht vor jeder collektiven Beurteilung von Menschengruppen gelehrt haben, wo schon jedes Individuum eine so vielfältige und spannungsreiche Erscheinung ist - . Andererseits werden Sie sagen, daß z. B. der Wiederbeitritt zur Akademie zwangsläufig eine Stellungnahme zu eine[m] Collektiv wäre, - darauf wüßte ich auch nichts zu erwidern - . Das unselige Gezänk um Thomas (- gerade in der von Ihnen berührten Frage -) in der deutschen Presse gibt Ihnen leider sehr recht – besonders betrüblich, da es sich in der jetzt „freien Presse[“] austobte.
Es war deshalb wohl in Ihrem Sinne, wenn ich den Gedanken wieder aufgegeben habe, den ich erwog, zu Ihrem bevorstehenden 60. Geburtstag ein Festheft in der Zeitschrift Physik zu veranlassen - wenn es auch leicht gewesen wäre, darin nur solche Namen zu versammeln von denen eine Gratulation nicht peinlich für Sie sein würde. Und damit komme ich zu dem einen Punkt Ihres Briefes, dem ich widersprechen möchte, daß ich „zu den wenigen Deutschen, die ... usw. ... “ gehören soll; so wenige waren und sind unserer wirklich nicht. Wenn Heisenberg z. B. in dem Aufsatz in „Naturwiss.“ und „Nature“ sich so zurückhaltend äußerte, so war es wohl aus dem Gefühl, es sei besser von einigen Kollegen draußen mißverstanden zu werden, als hier den Keim zu einer neuen Dolchstoßlegende zu legen. Auch Lenz fühlt sich Ihnen gegenüber in einer etwas schiefen Lage und wagt nicht, Ihnen zu schreiben – obwohl er sich schon 33 wirklich sehr mutig bemüht hat, Ihnen und Ihren Leuten honorige Bedingungen zum Dableiben zu schaffen (was damals gottlob fehlschlug und was ihm damals sehr nahe ging) und auch sonst sich einwandfrei benommen hat; noch in den letzten Jahren, als Koch nur danach suchte, ihm etwas am Zeuge flicken zu können, hat er sich energisch um Herrn Touschek (Halbjude), jetzt in Glasgow, und Herrn Gora, (Pole unter Gestapoaufsicht), jetzt bei Sommerfeld, bemüht. Der letzte katastrophale Winter hatte Lenz gesundheitlich sehr zugesetzt, er

hat sich aber wieder gut erholt, und in Bezug auf Heizungsmaterial hat er für den kommenden Winter besser vorgesorgt. Im übrigen hat H e r z f e l d sich rührend um ihn gekümmert.
Zur Zeit ist hier die äußere Not immer noch so groß, (und verschärft sich eher noch), daß sie praktisch alles Denken und Fühlen der Menschen absorbiert, und es ist wohl verständlich, daß die schlimme Gegenwart zu meist ein Zurückbesinnen auf ihre eigentliche Wurzel verhindert. Selbst eine Stimme vom Format der alttestamentlichen Propheten würde wohl kaum durchdringen.
Die Goldschmidt-Verteilung als ein Gleichgewicht zu verstehen scheint mir immer unmöglicher, je mehr ich mich darum bemühte. Bei den hohen Dichten bleibt die Stoßzahl so groß, daß selbst bei ziemlich tiefen Temperaturen und entsprechend kleinen Wirkungsquerschnitten, die Reaktionshäufigkeit so groß bleibt, daß von einem „Einfrieren" nicht die Rede sein kann, und für tiefere Temperaturen (kT 1/2 MeV = 5.10^9 Grad) wird der Bolzmannfaktor so maßgebend, daß ein viel stärkerer Häufigkeitsabfall als bei Goldschmidt im Gleichgewicht unvermeidlich ist. Man muß deshalb wohl doch kinetische Betrachtungen anstellen und dafür habe ich noch keinen recht befriedigenden Weg gefunden. Die Diskussion der thermodynamischen Fragen soll demnächst in einem V. M. Goldschmidt-Gedenkheft der „Naturwissenschaften" erscheinen. Goldschmidt habe ich noch am Vorabend seiner Flucht nach Schweden besuchen dürfen und wenn das Gespräch auch damals mehr um menschlich-politische Fragen kreiste, so haben wir doch auch einiges physikalische besprochen.
An mich ist eine Berufung nach Heidelberg ergangen; es fehlt nur noch das placet der amerikanischen Dienststellen, die sich erst gründlich vergewissern wollen, daß ich wirklich kein Nazi war, und ich hoffe, daß diese Untersuchung positiv ausfällt, wenn ja auch manche komischen Dinge hierzulande passieren. Ich würde schon sehr gerne dort mit B o t h e zusammenarbeiten, wenn es mir auch schwerfällt, hier meinen engen Kontakt mit Hamburg, (besonders Herrn H a r t e c k) und Göttingen zu lockern. Jedenfalls wird aber bei dem hiesigen Arbeitstempo wohl noch etwa ein Jahr darüber hingehen, bis etwas daraus wird.
Mit nochmals herzlichem Dank für Ihre freundlichen Sendungen und vor allem für Ihren Brief, und Empfehlungen an Herrn P a u l i, verbleibe ich
Ihr stets sehr ergebener Hans Jensen

Standort: [BAL], bk0016n8s1r; Dokumentnummer: **[0792/21.11.1947]**
Egestorf, 21.11.47

Sehr verehrter, lieber Herr Stern,
die besten Wünsche für einen angenehmen und wissenschaftlich fruchtbaren Winter in Ihrer neuen californischen Heimat, - fernab von den kleinlichen europäischen Sorgen - , möchte ich mit der Mitteilung verbinden, daß schon wieder ein Paket, diesmal von einer Chicagoer Firma in Ihrem Auftrag abgesandt, wohlbehalten eingetroffen ist. „Herr Stern" ist in den Augen meiner 6-jährigen Tochter die etwas märchenhafte Gestalt eines gütigen Onkels aus Schlaraffen-Amerika geworden, dessen Züge so ziemlich mit denen des guten Knecht Ruprecht verschwimmen.

Mit herzlichem Dank und den besten Grüßen stets Ihr sehr ergebener
Hans Jensen

Im Brief [0801] vom 28.2.1948 teilt Jensen Stern mit, dass er jetzt in Heidelberg den Ruf angenommen habe. Er freute sich dort auf die Zusammenarbeit mit Wolfgang Gentner, Otto Haxel und Walther Bothe. Jensen betrachtete Stern als einen seiner wichtigsten Lehrer.

Standort: [BAL], bk0016n8s1r; Dokumentnummer: **[0801/28.02.1948]**

Egestorf, 28.2. 1948

Sehr verehrter, lieber Herr Stern,
da ich nicht dazu gekommen war, außer dem kurzen Geburtstagsgruß, den ich mit Fraser und Groth schrieb, einen ausführlicheren Brief rechtzeitig abzusenden, hatte ich mir vorgenommen, Ihnen am 17. Febr. zu schreiben. Auch daraus wurde nichts, weil ich in jenen Tagen auf Reisen war.
Am 17. II . war ich gerade für ein paar Tage bei meinem Freunde Gentner in Freiburg. Wir haben viel an Sie gedacht und von Ihnen gesprochen, und von der langen Kette unseliger Entwicklungen, die dahin führten, daß wir diesen Tag nicht mit Ihnen hier in Deutschland feiern konnten (- das wäre wohl dann in Dahlem im Haberschen Institut gewesen) - auch über die Motive, die sehr komplex sind, warum wir in den 30-iger Jahren nicht das Land verließen (und jetzt „drüben" Ihren Geburtstag hätten feiern können), versuchten wir uns zum (x + 1) ten mal Rechenschaft zu geben. –
Wir haben immer noch das Gefühl, daß es richtig war zu bleiben – wobei wir das Elend des Krieges wohl vorausgesehen hatten, wenn auch nicht das Ausmaß der materiellen <u>*und*</u> *geistigen Misere hierzulande, die einen zuweilen mutlos macht.*
In Heidelberg (bzw. im Karlsruher Ministerium) habe ich jetzt endgültig zugesagt. Es ist wohl eine reizvolle Aufgabe, aus dem Vakuum, das die Lenard-Aera dort hinterlassen hat (die Bibliothek des Instituts wirkt wie ein Museum) die theoretische Physik neu aufzubauen; auch auf das Zusammenwirken mit Bothe freue ich mich – und unter normaleren Bedingungen wäre es gewiß ein einfacher Entschluß gewesen (so schwer es mir fällt, den engen Kontakt mit Göttingen und Hamburg zu lösen). – aber da ich bei der Wohnungs- und sonstigen Misere vermutlich meine Familie auf Jahre nicht mitnehmen kann, habe ich doch nur mit ziemlich gemischten Gefühlen schließlich zugesagt (Richard Beckers Frau in Göttingen hatte mir ziemlich abgeraten) denn das Junggesellendasein wird bei den heutigen materiellen Bedingungen eine scheußliche Belastung sein.
Nun ist aus dem Geburtstagsgruß ein trübseliges Stimmungsbild aus Deutschland geworden, was garnicht meine Absicht war. Ich möchte diesen Tag nicht vorübergehen lassen, ohne ihn zum Anlaß zu nehmen, Ihnen herzlich zu danken für die vielen Anregungen und Förderungen, die mir in den Hamburger Jahren von Ihnen zuteil wurden, und die so nachhaltig waren, daß ich nicht weiß, ob ich mich eher einen Schüler von W. Lenz oder von O. Stern nennen sollte. Die Frage „wann der Frosch ins Wasser springt" klingt mir aus dem Hamburger Seminar noch immer in den Oh-

ren und sie ist, glaube ich, ein ganz wesentlicher Zug des physikalischen Denkens, das ich dort gelernt habe.
Schließlich möchte ich Ihnen auch noch danken für das Care-paket das als Weihnachtsüberraschung ankam, und das, ebenso wie Ihr Brief damals, zugleich auch in nicht-materieller Hinsicht eine Wohltat war in dem Paria-Dasein, das wir jetzt mit unseren Landsleuten zu teilen haben. Mit den besten Wünschen für ein erfolgreiches und befriedigendes Wirken in Ihrer neuen Heimat verbleibe ich stets Ihr sehr ergebener

Hans Jensen

Im Brief vom 1.5.1948 diskutiert Jensen u. a. erstmals ein physikalisches Thema mit Stern, und zwar ein kernphysikalisches Thema über die Häufigkeitsverteilung der Elemente in der Natur. Jensens Arbeiten zum Kernschalenmodell, in der erstmals die magischen Zahlen der Kerne erklärt werden konnten, erwähnt er noch nicht. 1949 erschien mit Otto Haxel als erstem Autor Jensens sehr wichtige Arbeit [HAX1949] über die Rolle der Spin-Bahn-Kopplung in Kernen. Haxel hatte diesen Zusammenhang entdeckt und Jensen dazu die Theorie entwickelt. 1963 erhielt Jensen dafür den Nobelpreis für Physik.

Standort: [BAL], bk0016n8s1r; Dokumentnummer: **[0804/01.05.1948]**

Egestorf, 1. Mai 1948

Sehr verehrter, lieber Herr Stern,
zunächst unseren herzlichen Dank für das Oster-CARE-paket. Es ist wirklich eine Hilfe bei der Arbeit, da ohne solchen Zuschuß, es ein full-time-job wäre, den notwendigsten Lebensunterhalt herbeizuschaffen, der einem, neben den unmittelbarsten Lehrverpflichtungen, kaum Zeit ließe, sich darüber hinaus mit ernsthafteren Dingen zu befassen.
Mit gleicher Post ~~beiliegend~~ sende ich Ihnen einige Sonderdrucke, die den Krieg überstanden haben. Sie wirken vielleicht etwas reichlich bunt und lassen ein systematisches Ausholen eines „Arbeitsgebietes" vermissen, aber z. T. ist daran der Krieg schuld, ausserdem scheint es mir wichtig, mich in meinen jungen Jahren noch etwas umzutun und schließlich (zu meiner Entschuldigung) ist die Kollektion noch nicht vollständig, insbes. fehlen allerlei kernphysikal. Bemühungen von denen ich keine Separate mehr besitze, da sie in Hbg dem Kriege zum Opfer gefallen sind. Der Bericht über die Häufigkeitsverteilung der Elemente ist insofern ein Rekord, als es die v.Weizsäckersche Publikationstechnik, in der (n + 1)-Arbeit die Note zu revozieren, in eine und dieselbe Publikation verlegt. Mir scheint in diesem Problemkreis die Idee Gamows – die Elemententstehung in ein so frühes Stadium der Welt zu verlegen, wo die Expansionsgeschwindigkeit so groß war, daß das vollständige Gleichgewicht sich gar nicht einstellen konnte, - die glücklichste zu sein. Freilich erfordert es dann Nachdenken, um daraus konkrete Aussagen zu machen. Einstweilen bin ich dabei, die Kosmologie bei Heckmann in Hamburg anständig zu lernen. Es wird damit allgemein ja unbeschwert und leichtsinnig umgegangen, insbes. hier von Jordan, bei dem anscheinend nicht nur in politischer Hinsicht eine Schraube locker ist, so gut ich ihn persönlich leiden kann; er ist einer der Wenigen, bei dem

man die politischen Verirrungen einfach nicht ernst nehmen konnte – das war die Meinung unter allen meinen Freunden – und persönlich hat er sich niemals die geringste Unanständigkeit geleistet; seine Tragik ist nur sein wildgewordener Füllfederhalter, der sich jetzt auf den Randgebieten der Physik austobt.

Mit den besten Grüßen stets Ihr sehr ergebener Hans Jensen

Der rege Briefverkehr mit Jensen kam nach 1948 fast zum Erliegen. Zumindest gibt es im Sternschen Nachlass nach 1948 nur noch einen Brief von Jensen zu Sterns 80. Geburtstag. Im Jensen-Nachlass im Archiv der Universität Heidelberg gibt es keinen einzigen Stern-Brief. Das mag daran liegen, dass Stern sehr schreibfaul war. Der Hauptgrund wird jedoch sein, dass im Jensen-Nachlass fast überhaupt keine persönlichen Briefe, sondern nur dienstliche Briefe aus der Zeit nach 1948 zu finden sind.

Jensens letzter Brief an Stern aus den Tagen der Nachkriegszeit wurde von Jensen während eines vierwöchigen Aufenthaltes bei Bohr in Kopenhagen geschrieben.

Standort: [BAL], bk0016n8s1r; Dokumentnummer: **[0815/22.11.1948]**

Kopenhagen, 22.11.48

Sehr verehrter, lieber Herr Stern,

diesen Gruß sende ich, wie Sie sehen, aus Kopenhagen, wohin Bohr mich auf vier Wochen eingeladen hat. Ich brauche kaum zu betonen, wieviel, - ganz abgesehen von den wissenschaftlichen Anregungen, die jedes Begegnen mit Bohr in sich birgt, - diese erste Reise über die so scharf gehüteten Grenzen der Reste unseres Landes (das diese Heimsuchung so frevelnd herausforderte) und die Möglichkeit, seine Probleme, mit Abstand, von aussen zu sehen, für mich bedeutet, - und gerade in Kopenhagen, in dessen weltoffene Atmosphäre ich zuerst 1933 mehr instinktiv und seither immer wieder und bewußter floh, aus dem erstickenden Dunst des „3. Reiches", - und auch mir den Mut holte zum Aushalten bei dem Volke, das ich natürlich trotz seines krampfartigen Verirrt- und Verführtseins liebte, und wo ich, wenn auch voll jugendlichen Unklarheiten, so etwas wie Aufgaben und Verpflichtungen sah. - In recht verändertem und doch auch wieder verwandtem Sinn, merke ich, daß ein neues Bad in dieser Atmosphäre mir eigentlich höchst nötig und nützlich war.

Charakteristisch für den jetzt auch äusseren Tiefstand unseres Landes ist, daß ich damals, als unbegüterter frischgebackener Assistent, wenigstens für die Kosten solcher Unternehmungen selbst aufkommen konnte, während ich jetzt, in bürgerlich arrivierter Stellung, sogar in dieser Hinsicht auf die Güte Bohrs angewiesen bin. – Aber ich möchte nicht in die Naivität so vieler Briefschreiber aus Deutschland verfallen, und nur über das dortige Elend jammern, in meinem, nicht sehr kleinen Freundeskreis waren wir uns von Anbeginn klar, daß das alles weit zurückbleiben würde, gegenüber dem Unglück, das in deutschem Namen in der Welt angerichtet wurde – nun auch ein Satz, den ich gerade dieser Tage in Thomas Manns „Dr. Faustus" fand, nämlich, „daß wer da Wind sähet, wissen müßte daß er Sturm ernten mag" uns durch all die Kriegsjahre voll banger Besorgnis im Sinn gelegen hat. Ausserdem hat sich in den letzten Monaten bei uns zulande vieles zum Besseren gewandt, und wir hofften sehr, daß diese Zeit nach der Geldentwertung nicht nur eine

Scheinblüte sei, sondern daß ~~sich~~ der Differentialquotient wirklich sein Vorzeichen gewechselt habe, - trotz aller Erstickungen, die der unglaubliche Bürokratismus, sowohl der eigenen Verwaltung wie auch der der Control Commission, zur Folge hat. Die bürokratischen Hemmnisse, die seit zwei Jahren meine Aufnahme der Lehrtätigkeit in Heidelberg hintangehalten haben, scheinen jetzt auch überwunden zu sein. Jedenfalls schrieb mir Bothe, daß meine Ernennung nun endlich unterschrieben sein soll, so daß er hoffe, mich zum Sommersemester dort zu haben.
Ihnen von hier aus einen Gruß zu senden war mir ein besonderes Bedürfnis, weil für mich die Erinnerungen an Sie ebenso an Kopenhagen hängen wie an meine Hamburger Lehrjahre. In Ihrem dortigen Institut herrscht ein gesundes Leben, Harteck hat es sehr geschickt durch die Kriegsjahre und die fürs Institut eher schwierigere Nachkriegszeit gebracht, sodaß es sich fast wie eine Präziosität unter den Instituten in Deutschland ausnimmt. Harteck hat jetzt das Rektorat übernommen und man darf es wohl als ein gutes Zeichen für Hamburg werten, daß ein Mann, der eine so unversöhnliche antinazistische Haltung mit organisatorischer Tüchtigkeit verbindet, zu diesem Amte gewählt wurde.
Schließlich möchte ich Ihnen noch aufs herzlichste danken für das CARE-Paket, das kurz vor meiner Abreise in Egestorf ankam, und das mein Töchterchen freudig begrüßte, als Zeichen, daß nun Weihnachten nicht mehr so ganz fern sei.
Mit den besten Grüßen stets Ihr sehr ergebener Hans Jensen

2.2.6.2 Nachkriegsbriefverkehr mit von Laue

Am 23.11.1946 schrieb Max von Laue seinen ersten Brief nach Ende des Krieges an Stern, den Otto Hahn bei den Nobelpreisverleihungen im Dezember 1946 in Stockholm Stern persönlich überreichte. Laue schrieb:

Standort: [BAL], bk0016n8t3c; Dokumentnummer: **[0744/23.11.1946]**

Göttingen, 23.11.46

Lieber Otto Stern!
Ihr freundlicher Brief vom 30. 10. kam heute an. Er war meiner Frau und mir eine große Freude. Denn wir haben lange nichts von Ihnen gehört. Auch Gerlach der in diesen Tagen sich hier aufhält, bedauerte, daß Sie nichts von sich hören ließen. Ich traf ihn übrigens bei dem Ihnen ja wohlbekannten Dr. Ronald Fraser, der hier als Bevollmächtigter der Britischen Militärregierung für Physik lebt, und mit dem wir alle sehr zufrieden sind.
Wenn Sie nicht nach Deutschland kommen dürfen, so haben wir keine Aussicht, zusammen zu kommen. Denn als ich im September eine feierliche Einladung nach Zürich hatte und die schweizer Regierung alles ihr Mögliche tat, um die Reise zustande zu bringen, verweigerte man mir von London aus die Ausreise. „Dafür wäre es noch zu früh." Aber mit Otto Hahn kommen Sie ja in Stockholm zusammen, und er wird Ihnen auch diesen Brief überbringen. Denn in Zürich wäre er doch wohl kaum vor vier Wochen, was doch wohl reichlich spät ist.
Daß Sie nicht nach Deutschland reisen dürfen, ist sehr bedauerlich. Es gäbe hier Vieles, was zu sehen Ihnen und Ihren Landsleuten sehr nützlich wäre. Hahn kann

Ihnen über den Punkt einiges erzählen, sofern sich im Rausch der Nobel-Feste ein ruhiges Stündchen ergibt.
Meiner Frau und mir geht es hier erträglich. Unser Zehlendorfer Haus haben die Russen und liebe Landsleute von uns, später auch noch Amerikaner ausgeplündert. Jetzt wohnen uns Fremde darin, nachdem es einigermaßen von den Kriegsschäden wieder hergerichtet sein soll.
Ich selbst konnte es bis jetzt nicht sehen, da ich nicht nach Berlin gelangen konnte. Zum Januar habe ich eine Einladung zu einem Dahlemer Kolloquium; ich bezweifle, daß ich die Erlaubnis dazu erhalte.
Meine Tochter lebt mit Mann und Kind in Tailfingen in der französischen Zone von Württemberg. Auch Sie hilft sich, so gut es eben geht, durch, ist aber ganz glücklich. Mein Sohn Theodor bekam im Oktober seinen ersten Sohn und nannte ihn, da er am 12-ten zur Welt kam, Christopher nach Kolumbus. Vom Militär wurde er jetzt entlassen, er hofft zum Frühjahr wieder als Instructor für Geschichte an eine Universität zu kommen. Bis dahin lebt er in East Sandwich (Mass.) in ländlicher Stille.
Und zum Schluß fällt mir ein, daß ich Ihnen wohl noch nie zum Nobelpreise gratuliert habe. Es wird hiermit herzlichst nachgeholt.
Mit bestem Gruß *Ihr Max v. Laue*

P.S. Meine Frau macht mich darauf a[u]fmerksam, daß Sie vielleicht Herr Hahn oder Fraser ein paar Kleinigkeiten mitgeben können, die in Stockholm ohne Weiteres zu beschaffen sind, hier aber nicht. Nämlich ein kleines Küchenmesser, einen Schlips für mich und eine Tube Zahnpasta.

Am 20.12.1946 überbrachten Hahn und Fraser dann Laue die von Stern „erbettelten" Gegenstände. Im folgenden Brief bedanken sich Max von Laue und seine Frau Magda bei Stern. Vor allem der Nachsatz von Magda von Laue beschreibt in unmissverständlicher Weise, wie die Lebensbedingungen 1946 waren. Laue, der durch den Krieg alles verloren hatte, bemühte einen Otto Stern und Otto Hahn, ihm die einfachsten Dinge fürs Leben zu besorgen. Laue schrieb an Stern:

Standort: [BAL], bk0016n8t3c; Dokumentnummer: **[0747/21.12.1946]**
Göttingen, 21.12.46

Lieber Otto Stern!
Gestern überbrachten mir Hahn und Fraser Ihre Grüße samt dem besternten Schlips und Anderem. Für Alles herzlichsten Dank! Fraser aber teilte mir darüber hinaus noch mit, Sie wollten mich in die Schweiz einladen. Das wäre mi[t]r selbstverständlich eine große Freude, und Fraser meint ja auch, die erforderliche Genehmigung wäre jetzt, im Gegensatz zum September 46, zu erhalten. Ich habe mit ihm sogleich die Reihenfolge der dazu erforderlichen Schritte durchgesprochen.
Der erste bestände darin, daß Sie mir eine schriftliche Einladung senden, aus der hervorgeht, daß Sie für die pekuniäre Seite der Sache sorgen wollen. Das ist erforderlich zum Vorweis auf dem Schweizer Konsulat. Diesen Brief würde Fraser dann benutzen, die Genehmigung der englischen Stellen herbeizuführen. Liegt diese vor, so kann ich mich an das Schweizer Konsulat wenden. Obwohl dieses von mir schon

aus dem Briefwechsel weiß, den ich im Juli und August mit ihm hatte, und obwohl es mir damals außerordentlich entgegen kam, wird es sich wohl empfehlen, wenn Sie in Zürich mit Hilfe der schweizerischen Kollegen dem Konsulat einen Wink geben lassen.
Was den Termin meines Besuches bei Ihnen anbelangt, so bin ich darin ziemlich frei. Eine Vortragseinladung nach Braunschweig, die anfangs auf den Februar lautete, jetzt aber wegen Heizungsschwierigkeiten der dortigen Techn. Hochschule schon auf März verschoben ist, läßt sich weiter, unter Umständen bis in den Sommer, verschieben. Nur möchte ich die zweite Hälfte April in Göttingen sein. Dann soll hier nämlich eine Tagung des Gauvereins Niedersachsen der Deutschen Physikalischen Gesellschaft in der Britischen Zone stattfinden, und gleichzeitig eine wichtige Vorstandssitzung der genannten Gesellschaft, deren Vorsitzender ich vorläufig bin. Diese Sitzung wird Fragen von größter Bedeutung für die deutsche Physik zu behandeln haben, und ich bekomme die 13, über die ganze Britische Zone verstreuten Vorstandsmitglieder bei den heutigen Bahnverhältnissen ohne den Anlaß einer wissenschaftlichen Tagung nicht zusammen. Das Aushilfsmittel der schriftlichen Verständigung zwischen ihnen reicht im vorliegenden Falle nicht aus. Übrigens sollen auch englische Kollegen zu den Vorträgen erscheinen, und ich möchte deren Anwesenheit nicht gern versäumen.
Nun noch etwas Anderes! Wir hatten zu gestern Abend den Kollegen Flügge samt Frau eingeladen. Es kam nur Frau Flügge und sagte, ihr Mann wäre wieder einmal wegen Unterernährung zusammengeklappt. Auch sind Flügges mit der Heizung besonders schlecht daran. Ihr Kind haben sie schon einem Kinderheim in Göttingen übergeben, wo es im Warmen ist. Diese besondere Notlage hängt nun zweifellos damit zusammen, daß weder er noch sie sich den Verhältnissen so gut anzupassen verstehen, wie das heute bei uns erforderlich ist, und wie es Anderen auch mehr oder minder gelingt. Da aber hieran nichts zu ändern ist, überlegen Sie doch bitte mit den Züricher Kollegen, ob man ~~ihnen~~ Flügges nicht mit einem Lebensmittelpaket etwas rascher helfen kann, als das durch CARE-Pakete möglich ist. Tatsächlich haben sie bisher auch ein solches nicht erhalten. Flügge wohnt hier in der Bürgerstraße 20a. Seine Berufung nach Marburg steht dicht vor dem Abschluß, sodaß er zum Sommer wohl dahin übersiedeln wird.
Wir haben zum Glück stets gut geheizte Räume, und sind insofern bei – 10^0 C draußen den meisten Kollegen weit überlegen.
Mit recht herzlichem Gruß, auch an Pauli und die anderen Züricher Physiker,
Ihr M.v. Laue

Lieber Herr Stern, ich danke Ihnen sehr für die so unbescheidenen Mitbringsel. Ganz besonders möchte ich Ihnen aber danken, dass Sie meinem Mann ein Beisammensein mit Ihnen ermöglichen. Wir hatten uns schon fast bei Ihnen eingelebt, mein Mann hat viel Wissenschaft im Gegensatz zu Hechingen u. ich meinen Wald, Freund u. Tröster von jeher.

Beste Grüsse
Ihre Magda v. Laue

Stern (Briefentwurf) antwortete LaueAnfang 1947 (genaues Datum nicht bestimmbar[148]).

BE Standort: [BAL], bk0016n8t3c; Dokumentnummer: **[0750/00.00.1947]**

Lieber v. Laue,

soeben erhielt ich Ihren Brief vom 21. X. 46.

Anbei sende ich Ihnen die gewünschte schriftliche Einladung. Leider glaube ich ~~kaum~~, daß es kaum möglich sein wird, die erforderlichen offiziellen Schritte rechtzeitig zu vollenden. Denn ich ~~fliege habe~~ will ja schon eine Einschiffung für den 24. I. nach London ~~fliegen~~, um am 29.I. nach U.S.A. zurückzufahren. Ich habe das Fraser doch erzählt, offenbar hat er das verschwitzt. Nun sagen mir die Physiker hier, daß im Frühjahr wieder einer der netten Züricher Physikerkongresse stattfinden soll. Wenn Sie dann fahren, bin ich auch gern bereit die Kosten zu übernehmen. Ich kann aber nur amerikanische Dollar zur Verfügung stellen, für deren Umwechslung in schweiz. Frcs. man eine besondere Erlaubnis beantragen muß. Aber da werde ich natürlich [...][149]. Ich habe Sie übrigens schon in einem sicheren Brief (soweit ich noch [...][150] meiner Abreise aus U.S.A.) schriftlich eingeladen. Natürlich wußte ich nicht, wie schwierig die Sache ist.

An Flügge werde ich ein Paket senden, falls meine swfrcs. reichen.

Haben Sie eigentlich mein Care-paket noch nicht erhalten?

~~Ich freue mich, daß es Ihnen~~ und ~~Ihrer Gatt~~ Seien Sie doch bitte so gut, Ihrer Gattin meinen besten Dank für Ihre freundlichen Zeilen zu sagen. Schön, daß es Ihnen beiden wenigstens leidlich zu gehen scheint.

Herzlichst *Ihr Otto Stern*

Am 21.8.1945 schrieb die Göttinger Akademie an Stern, um Stern zu bewegen, wieder Mitglied zu werden, nachdem man ihn 1938 aus der Akademie ausgeschlossen hatte. Dieser Brief wurde noch an Sterns Pittsburgher Adresse geschickt. Von diesem Brief hat Stern erst mit großer zeitlicher Verzögerung erfahren. Diese erste Anfrage hat Stern wahrscheinlich nicht erreicht, oder Stern hat einfach nicht reagiert. Diese Anfrage lautete:

Standort: [BAL], bk0016n8n1p; Dokumentnummer: **[0717/21.08.1945]**

den 21.Aug.1945

Herrn
Professor Dr. Otto Stern
Carnegie Institute of Technology
Pittsburgh
Pennsylvania USA

[148] Dieser Briefentwurf Sterns ist eine Antwort auf den Brief von Laue und seiner Frau vom 21.12.1946 und wurde wahrscheinlich Anfang 1947 geschrieben.

[149] nicht entzifferbar.

[150] nicht entzifferbar.

Sehr verehrter Herr Kollege!
"Nachdem die bedauerlichen Umstände, die seinerzeit zu Ihrem Ausscheiden geführt haben, nicht mehr bestehen, bitten wir Sie, Sie wieder als Mitglied führen zu dürfen."
Mit angelegentlicher Begrüssung Ihr sehr ergebener [auf dieser Kopie gibt es keine Unterschrift]

Da Stern nicht reagierte, wurde am 28.12.1946 eine zweite Einladung an Stern geschrieben:

Standort: [BAL], bk0016n8n1p; Dokumentnummer: **[0749/28.12.1946]**
den 28.12.1946

Herrn
Professor Dr. Otto Stern
Carnegie Institute of Technology
Pittsburgh
Pennsylvania USA
Sehr verehrter Herr Kollege!
Am 21. August 1945 haben wir an Sie und an eine Reihe weiterer Mitglieder unserer Akademie folgendes Schreiben gerichtet:
"Nachdem die bedauerlichen Umstände, die seinerzeit zu Ihrem Ausscheiden geführt haben, nicht mehr bestehen, bitten wir Sie, Sie wieder als Mitglied führen zu dürfen."
Offenbar ist die Mehrzahl dieser Schreiben verloren gegangen. Wir bitten Sie daher wiederholt, sich in dem bezeichneten Sinne wieder als unser Mitglied zu betrachten. Zu unserer grossen Genugtuung sind die Herren Misch und Latte längst wieder hier in unseren Kreis eingetreten und arbeiten in ihm mit.
Mit angelegentlicher Begrüssung Ihr sehr ergebener
Smend [handschriftlich]

Die im Sternschen Nachlass sich befindende Anfrage vom 28.12.1945 hat Stern am 14. April 1947 dann ablehnend beantwortet.

Standort: [AdW], Stern, O. 5 0001; Dokumentnummer: **[0764/14.04.1947]**

Otto Stern
759 Cragmont Ave.
Berkeley 8, CAL d. 14.IV 47
Sehr geehrter Herr Kollege,

Ihren Brief vom 28.XII 47 habe ich infolge meiner Übersiedlung und einer längeren Reise nach Europa erst vor kurzer Zeit erhalten.

Ich danke der Göttinger Akademie für ihre Aufforderung. Jedoch machen die furchtbaren Ereignisse der Hitlerzeit es mir unmöglich, mich wieder als Mitglied der Akademie zu betrachten.

Hochachtungsvoll
Otto Stern

Franck wurde ebenfalls aufgefordert, wieder Mitglied der Akademie zu werden. Er hat Stern dann am 11.2.1947 darüber informiert, dass er in dieser Sache anders als Stern denkt und sich anders entscheidet.

Standort: [BAL], bk0016n8q5x; Dokumentnummer: **[0761/11.02.1947]**

The University of Chicago
CHICAGO 37, ILINOIS
Department of Chemistry

KENT CHEMICAL LABORATORY GEORGE HERBERT JONES LABORATORY

February 11, 1947

Professor Otto Stern
Cragmont Street
Berkeley 8, California

Dear Stern:
I certainly was glad to see you if even for such a short time. I am sending you herewith, as I promised, a copy of the letter which I want to send to the Akademie and, since Courant thought that we should let one another know what we are doing in this matter, I have also sent copies to him, to Weyl, and to Ladenburg. I will wait for a few days for the reactions of the others, but I do not want to postpone my answer to the Akademie for too long a time.
I believe I promised also to send you a copy of a little talk I gave in a drive to get some money for the Atomic Scientists. It only contains common places, of course, but still these apparently are not commonplaces to non-scientists.
I hope that you recovered from your cold and are again in full possession of your normal voice.
With best greetings,
Yours
J. Franck [Unterschrift handgeschrieben]
Encl.: Akademie letter
Atomic Scientist's Talk

Am 30.1.1947 hat Franck der Göttinger Akademie wie folgt geantwortet:

Standort: [BAL], bk0016n8q5x; Dokumentnummer: **[0760/30.01.1947]**
Chicago, den 30.1.1947
An den Präsidenten der Göttinger Akademie der Wissenschaften Herrn Prof. Dr. Smend GÖTTINGEN
Sehr geehrter Herr Kollege Smend:
Mein Freund Born sandte mir Ihren freundlichen Brief in dem Sie mich auffordern mich wieder als ein Mitglied der Göttinger Akademie zu betrachten. Ich erhielt auch von Freunden die in gleicher Lage wie ich sind die Nachricht, dass sie einen Brief gleichen Inhalts erhalten hätten. Ich freue mich über diese Einstellung der Akademie.
Jedoch kann und will ich nicht durch ein einfaches "Ja" den Eindruck erwecken, dass ich die "bedauerlichen Umstände, die seinerzeit zu meinem Austritt geführt

haben" als unangenehme Episode betrachte, die ich so schnell wie möglich vergessen möchte. Zuviel Entsetzliches ist während der Nazizeit im Namen Deutschlands geschehen, als dass das möglich wäre. Natürlich glaube ich nicht, dass jeden Deutschen die gleiche Schuld trifft. Eine allgemeine Schuld besteht jedoch, von der ich mich selbst nicht ausschliessen kann. Was Deutschland jetzt zu leiden hat ist tieftraurig und vieles was Deutschland auferlegt ist, ist meines Ermessens grundfalsch und schmerzlich. Viele von uns Auswanderern bemühen sich in leider nur zu engem Rahmen unserer Möglichkeiten dem körperlichen Elend in Deutschland zu steuern. Zu einer geistigen Wiedergeburt können wir nur beitragen, indem wir versuchen die Kreise in Deutschland zu stützen, von denen eine geistige Erneuerung ausgehen kann und muss.
Ich hoffe nicht fehl zu gehen in meiner Annahme, dass die Göttinger Gesellschaft der Wissenschaften es als höchstes Ziel betrachtet an dieser Aufgabe mit zu arbeiten und, dass sie einen Wiedereintritt vormaliger Mitglieder als eine moralische Unterstützung dieser Arbeit ansieht.
Ich bitte Sie verehrter Herr Kollege diese meine Interpretation den Herren Mitgliedern vorzulegen, da nur, wenn ich mich in diesem Punkte mit Ihnen einig weiss ich Ihre Anfrage bejahen kann und gern bejahen werde.
Ich erwarte daher ihre freundliche Benachrichtigung. In der Hoffnung, dass Sie meine Einstellung verstehen und mit bestem Dank.
Hochachtungsvoll Ihr [Franck]

Obwohl von Laue Stern selbst noch einmal sehr persönlich gebeten hat, der Akademie wieder beizutreten, ist Stern dieser Bitte nicht nachgekommen. Laue bedauerte in seinem Brief an Stern dessen Absage und schrieb:

Standort: [BAL], bk0016n8t3c; Dokumentnummer: **[0768/11.06.1947]**
Göttingen, 11.6.47

Lieber Stern !
Heute kam wieder ein CARE-Paket von Ihnen. Meine Frau und ich danken herzlichst. Solche Sendungen sind immer eine große Freude. Auch kommen wir leichter an die für uns bestimmten CARE-Pakete heran, als an solche der Caritas Suisse, die wir aus Holzminden[151] abholen müßen.
Gestern z. B. war meine Frau deswegen von 4 Uhr morgens bis 13 Uhr unterwegs, mit langen Aufenthalten in Kreiensen[151] und in recht langsamen Zügen. Die CARE-Pakete aber werden hier von der inneren Mission verabfolgt.
Sehr schmerzlich war es mir, neulich in der Akademie zu hören, daß Sie und einige andere ehemalige Mitglieder der Akademie jetzt nicht wieder beitreten wollen. Es mag ja sein, daß es Ihnen eine gewisse Überwindung gekostet hätte; aber solche Überwindung müßen wir jetzt Alle üben, und zwar recht oft, wenn die Zukunft der Welt überhaupt wieder friedlich aussehen soll.
Zweimal in den letzten Wochen besuchte uns A. Goetz aus Pasadena; die Gespräche mit ihm waren sehr interessant. Planck's wollen gern ein paar Wochen in die

[151] Holzminden und Kreiensen sind zwei Kleinstädte in der Nähe von Göttingen.

Schweiz, haben aber auch eine Einladung des Opht[h]almologen Wölfflin in Basel. Aber die Sache kommt nicht vom Fleck. Ein Telegramm an Scherrer hatte bisher kein Ergebnis. Das Befinden Plancks ist wechselnd, zurzeit wieder ganz befriedigend.
Mit recht herzlichem Dank und Gruß Ihr M. v. Laue

Die Briefe belegen, wie schwierig damals die Lebensbedingungen waren. Selbst die einfachsten Dinge des täglichen Lebens konnte man nicht kaufen, Wohnungen gab es bei Weitem nicht genug, sogar zum Heizen der Räume fehlten Holz oder Kohle und Reisen in Deutschland oder gar ins Ausland waren wegen Zonengrenzen etc. praktisch unmöglich. Ein Visum für die Einreise in die Schweiz erhielt man nur über spezielle Beziehungen. Im Brief vom 6.1.1947 an Laue bestätigt Stern, dass er alle Kosten eines Besuches der Familie Laue in der Schweiz übernehmen werde.

Standort: [BAL], bk0016n8t3c; Dokumentnummer: **[0753/06.01.1947]**

Zürich, den 6. Januar 1947

Lieber von Laue,
es wäre mir eine grosse Freude, wenn Sie und Ihre Frau für einige Wochen als meine Gäste in der Schweiz verbringen könnten. Natürlich würde ich für die Kosten Ihres Aufenthaltes aufkommen. In der Hoffnung, dass es Ihnen möglich sein wird, diese Einladung anzunehmen, bin ich mit herzlichem Gruss Ihr [Otto Stern]

Für die Familie Laue waren die regelmäßigen Care-Pakete Sterns eine wichtige Unterstützung.

Standort: [BAL], bk0016n8t3c; Dokumentnummer: **[0773/15.08.1947]**

Tailfingen, Kr. Ballingen, 15.8.47
Schlossstr. 6X
X Das ist die Adresse meines Schwiegersohnes Dr. Lemcke

Lieber Otto Stern!
Seit dem 1. 8. sitzen meine Frau und ich zur Sommerfrische, und um unsere Enkelin einmal kennen zu lernen, hier bei meiner Tochter. Eng ist's bei ihr, auch schon ohne den Zuwachs durch uns Beide. Denn sie bekam ihre beiden Räume 1944, als sie als Laborantin des Hahn'schen Institutes hierher zog und allein stand (ihr Mann war ja damals im Felde und Niemand glaubte, dass das Paar auch nach Kriegsende hier bleiben müsse.) Immerhin habe ich ein bescheidenes Plätzchen zum Lesen und Schreiben im KWI[152]*, und so bin ich ganz leidlich versorgt. Das ist aber um so wichtiger, als die durchaus anomale Hitze, welche seit Monaten über Europa lagert, den Aufenthalt im Freien fast unmöglich macht. Das Institut hat Ferien. So sitze ich hier mutterseelen-allein in dem Bibliotheksraum. Nur abends besuche ich manchmal Institutsmitglieder, neulich z. B. Strassmann, heute Flammersfeld.*
Trotz aller Beengung erholen meine Frau und ich uns sehr gut. Das liegt nicht zum Wenigsten an CARE-Paketen, die wir uns vom Frühjahr, als sie reichlich einliefen,

[152] KWI ist das Kaiser-Wilhelm Institut in Tailfingen/Württemberg

aufgespart haben. Aber der Zustrom scheint abzuebben, nicht nur für uns, sondern allgemein. Da möchte ich Ihnen nun eine Bitte vortragen, die für meine Tochter, die zum nächsten Jahresanfang ihr zweites Kind erwartet, von grosser Bedeutung ist. Könnten Sie ihr nicht ein paar Kilo Haferflocken senden? Die sind, wo sie überhaupt zu haben sind, ja recht wohlfeil. Die Ausgabe wird Sie nicht belasten. Und sie könnten hier viel helfen. Meine Frau schliesst sich dieser Bitte von Herzen an. Zum 29.8. kehren wir nach Göttingen zurück. Dann gilt's, die letzten Vorbereitungen zur Herbsttagung der D. Phys. Ges. der Britischen Zone zu treffen. Allerhand geschäftliche Sitzungen werden sich an sie anschliessen. Vorher noch muss ich in Stuttgart am 28. 8. eine Sitzung der Abteilung „Forschungsüberwachung" des süddeutschen Länderrates mitmachen. Für Arbeit ist also gesorgt. Im Winter soll ich dann in Göttingen über Geschichte der Physik lesen, allerdings nur einstündig.
Mit recht herzlichem Gruss, auch von meiner Frau M. v. Laue

Im Jahre 1947 fehlte es praktisch an allem, auch an den notwendigsten Nahrungsmitteln für Kleinkinder. Laues direkte Bitte um Haferflocken ist daher verständlich und sie zeigt, dass Stern den Laues fast wie ein Familienmitglied nahe gestanden haben muss. Obwohl wir das im Einzelnen nicht belegen können. Stern hat mit Sicherheit alle Wünsche der Laues erfüllt.

Ähnlich Jensen äußert sich auch Max von Laue in seinem Brief vom [136/23.09.1947] an Stern zur Entnazifizierung. Laue berichtet über Besucher und tägliche Reiseprobleme sowie über den Umgang mit alten Nazis:

Standort: [BAL], bk0016n8t3c; Dokumentnummer: **[0780/23.09.1947]**
Lieber Otto Stern! Göttingen, 23.9.47
Heute Morgen holten meine Frau und ich mit unserem primitiven Handwägelchen drei CARE-Pakete vom Spediteur Weber ab, bei welchem die Innere Mission diese verteilt. Sie kamen von Ihnen, James Franck und H. Mark. Haben Sie herzlichsten Dank für das Ihre! Eins der Pakete haben wir sogleich eröffnet, die anderen bleiben im Keller, bis im Winter der sicher sehr dringende Bedarf danach kommt. Die Eröffnung war wieder einmal ein kleines Fest für uns.
Seit ich Ihnen das letzte mal schrieb, waren meine Frau und ich reichlich vier Wochen in Tailfingen bei unserer Tochter. Unsere 1 3/4-jährige Enkelin war uns eine große Freude. Trotz der tropischen Hitze haben wir uns gut erholt. Das war allerdings auch sehr notwendig; den[n] hier kamen sogleich nach der Rückkehr recht anstrengende Zeiten: Eine Herbstsitzung der D. Phys. Ges. in der Britischen Zone. Ich hatte den Vorsitz, und werde ihn auch in den beiden folgenden Jahren führen müßen, da man mich zum Vorsitzenden wiedergewählt hat. Daneben macht die PTR [Physikalische Technische Reichsanstalt] viel Sorge und Mühe.
Kürzlich sahen wir hier Mr. Havighurst aus Chicago, der als Vertreter der Rockefeller Foundation deutsche Universitäten besucht. Er war mit Hahn, Houtermans und Lamla gestern bei uns im Hause, nach dem Abendessen natürlich. Das ist jetzt überhaupt die gebräuchlichste Form geselliger Zusammenkünfte. Erinnern Sie sich noch des Physikers Dr. Laub, der um 1920 herum allerhand publizierte, einmal mit Einstein zusammen? Er war jetzt als pensionierter argentinischer Konsul auf ein

paar Wochen in Zürich. Ich hätte ihn gern in Tailfingen (Wohnort von Laues Tochter, wo Laue kurze Zeit 1947 zu Besuch war) gesehen. Aber obwohl die Autofahrt von Zürich nach Tailfingen leicht in 3 Stunden zu machen ist, gelang dies nicht. Er bekam die erforderlichen Papiere nicht. So wollte er mich gern an der Grenze sprechen. Aber ich mußte ihm schreiben, eine Fahrt von Tailfingen dorthin ist für Jemand, der kein eigenes Auto besitzt, nicht so leicht, wie eine Reise von Argentinien in die Schweiz. Das ist ein Unternehmen von etwa 5 Tagen, wenn man die Rückfahrt mitrechnet, dessen Ablauf sich vorher nicht ganz übersehen läßt. Selbst wenn die Unterkunftsfrage sich lösen läßt mit Hilfe guter Freunde und Bekannter, so ist die Bahnfahrt mangels eines käuflichen Fahrplans unvoraussehbar, und auch wenn man alle Züge wüßte, so stände noch keineswegs fest, ob man in den beabsichtigten Zügen auch Platz findet. Das württembergische Eisenbahnnetz ist an sich schon verwickelt. Wenn nun aber noch so viele, wichtige Brücken und Viadukte gesprengt sind, wie im Donau- und Höllental, so ist die Sache noch wesentlich komplizierter. Und dabei war im August bei uns tropische Hitze. Ich schreibe Ihnen dies, damit Sie einmal sehen, wie es bei uns steht.

Jetzt wird bei uns, d. h. persönlich, das Schreibpapier, die Briefumschläge und das Farbband knapp, wie Sie ja vielleicht an diesem Briefe bemerken. Können Sie da einmal aushelfen? Ich brauche Farbbänder von 13 mm Breite.

Man macht uns öfter zum Vorwurf, daß die Entnazifizierung zu milde gehandhabt werde. Da will ich Ihnen berichten, daß auf der Geschäfts-Sitzung Anfang dieses Monats Richard Becker den Antrag einbrachte und zum Beschluß durchbrachte, daß es in krassen Fällen, welche die Physik angehen, der Vorstand der D. Phys. Ges. in der Britischen Zone für die Reinheit der Physikerschaft durch Eingaben bei den Behörden sorgen solle. Das zielte auf Erich Schumann, der lächelnd, wie stets, auf der Tagung erschienen war; es ging auch das Gerücht, er habe eine Anstellung in Hamburg in Aussicht. Dieses Gerücht bestätigte sich freilich nicht. Aber immerhin tat ich einen Schritt in dieser Sache bei einer englischen Dienststelle, die mir versicherte, wir würden künftig vor Herrn Schumann Ruhe haben. In Tübingen war übrigens mein Spezialfreund L. A. Sommer bei den Franzosen aufgetaucht. Auch ihm habe ich das Konzept verdorben. Ich habe nämlich die auf ihn bezüglichen Akten aus Berlin heraus bekommen. Sie sehen also, wir wehren uns schon gegen die üblen Residuen des dritten Reichs.

Leider geht es Planck gar nicht gut. Die Arteriosklerose äußerst sich jetzt in mangelhafter und manchmal ganz aussetzender Durchblutung des Gehirns, während Herz, Lunge und die anderen Organe noch tadellos funktionieren. Aber er verliert häufig, wenn auch nur auf Augenblicke, das Bewußtsein und ist schon dreimal dabei hingefallen. Auch dies hat ihm, objektiv gesehen, wenig geschadet. Aber er klagt sehr über die Schmerzen der kleinen Prellungen, die er sich zugezogen hat, hat überhaupt keine Freude mehr am Leben. Bis vor etwa 8 Wochen, da er den ersten Sturz tat, spielte er noch täglich sein Viertelstündchen Klavier, mit drei Fingern der rechten Hand, da zwei steif sind. Seitdem liegt er in der Zimmer-Klinik in der Goßlerstraße und fühlt sich recht unglücklich. Nach Aussage der Ärzte kann es noch Monate weiter gehen. Frau Planck war ein paar Mal nach dem Abendessen mit Anderen bei uns. Sie hält es nicht aus, immer nur neben ihm zu sitzen und Tag und

Nacht seiner zu warten. Aber es ist so schwer, Krankenwärter oder –wärterinnen zu bekommen, auch in der Klinik. Es ist eine traurige Lage.
Übrigens hat die D. Phys. Ges. Planck, Sommerfeld, Gustav Mie, Gerdien, Zenneck, Prandtl, Herman v. Siemens zu Ehrenmitgliedern ernannt. Bei Siemens liegt darin ein Protest gegen seine Behandlung durch die Alliierten, den diese hoffentlich verstehen werden. Mit recht herzlichem Gruß und in der Hoffnung, einmal brieflich von Ihnen zu hören, Ihr M. v. Laue

Am 23.4 1948 wäre Max Planck 90 Jahre alt geworden. Zu diesem Anlass wollte Eduard Grüneisen in den *Annalen der Physik* ein Max Planck gewidmetes Heft herausgeben. Laue schrieb daher am 23.9.1947 Plancks alte Weggefährten in den USA an, einen Artikel zum Heft beizutragen.

Standort: [BAL], bk0016n8t3c; Dokumentnummer: **[0781/27.09.1947]**
Lieber Otto Stern! Göttingen, 27. September 1947
Am 23. April 1948 ist Max Planck's 90. Geburtstag. Ob er ihn noch erlebt, ist mehr als zweifelhaft. Er liegt jetzt in der Klinik, leidet geistig schwer an den Folgen der Arteriosklerose, während Herz, Lunge und die anderen Organe immer noch vollkommen intakt sind; so mag sich der jetzige Zustand noch lange hinziehen, er kann aber auch plötzlich enden.
Was nun auch geschehen mag, die Annalen der Physik, in deren Redaktion Planck so viele Jahrzehnte gesessen hat, beabsichtigen, zum 23. April ein ihm oder seinem Gedächtnis gewidmetes Heft herauszubringen. Es wäre sehr schön, wenn Sie einen deutschen Kollegen bevollmächtigen, die Korrekturen zu lesen und das Imprimatur zu geben. Eine gleiche Bitte geht an die Herren

H. Bethe, Ithaka
P. Debye, Ithaka
A. Einstein, Princeton
J. Franck, Chicago
R. Ladenburg, Princeton
F. London, Durkham
G. B. Pegram, New York
F. Reiche, New York

und ausserdem natürlich auch an viele europäische Kollegen. Die schnellste Beförderung des Manuskriptes wäre es, wenn Sie es an

Herrn Dr. R. G. J. Fraser
C. C. G. Research Branch, Göttingen
Bunsenstrasse 10, A. V. A., Haus 7

adressieren wollten und ihn bäten, das Manuskript mir zu übergeben, es sei denn, dass Sie einen Weg wissen, das Manuskript durch amerikanische Dienststellen an Prof. E. Grüneisen, Marburg, Mainzergasse 33, zu befördern.
Im übrigen habe ich Ihnen ja erst kürzlich geschrieben und weiss daher heute nichts weiter zu erzählen.
Mit herzlichem Gruss auch von meiner Frau Ihr M. v. Laue

Ob Stern Laue eine Absage erteilt hat, ist den Autoren nicht bekannt. Im Gedächtnisband der *Annalen* Band 438 Unterband I gibt es jedoch keinen Beitrag von Stern. Laue schrieb Stern am 1.10.1947 und bedauerte dessen Einstellung gegenüber Deutschland.

Standort: [BAL], bk0016n8t3c; Dokumentnummer: **[0783/01.10.1947]**

Lieber Otto Stern! *Göttingen, 1.10.47*

Ihr freundlicher Brief vom 22.9. erreicht mich in sehr traurigen Tagen. Planck liegt im Sterben, und wenn der Todeskampf sich auch schon viel länger hingezogen hat, als die Ärzte für möglich hielten, so ist doch keine Aussicht mehr, daß er uns erhalten bleibt. Sein Geist ist ohnehin schon lange dahin; er liegt bewußtlos zu Bett. Nur das Herz hält immer noch aus. Nun, über dieses Thema werden Sie wohl Verschiedentliches in den Zeitungen lesen, noch bevor Sie in Zürich eintreffen. Die Grabstätte wird auf dem hiesigen Zentralfriedhof im Westen der Stadt sein, wo sich die Familie schon vor längerer Zeit einen Platz gesichert hat.

Daß Sie über die Empfindungen, die Ihnen das „dritte Reich" aufzwang, nicht hinwegkommen, ist sehr zu bedauern, wenn auch verständlich. Wir alle müßen solche Ressentiments über Bord werfen, wenn die Menschheit nicht zu Grund gehen soll. Und die so notwendige Überführung der Welt in einen neuen Zustand, die schließlich einmal kommt, setzt sich um so schneller und mit um so weniger Geburtswehen durch, je schneller und gründlicher wir dies tun. Selbst der geschickteste Staatsmann kann ohne Gesinnungsänderung aller Menschen nichts wesentliches erreichen. Sie brauchen ja nur in die Zeitungen zu sehen, um dies illustriert zu finden.

Und nun noch eine Bitte. Ich kaufte von Ihrem Gelde in Zürich einen braunen Anzug, den ich bei feierlichen Gelegenheiten oft brauche. Aber es fehlt mir die Weste dazu, die damals nicht zu haben war. Können Sie mir von Zürich aus eine senden? Frau Professor Meyer wird sich des Anzugs wohl erinnern, da sie ihn mit ausgesucht hat.

Mit recht herzlichem Gruß, auch von meiner Frau,

Ihr M. v. Laue

Max von Laue fügte weiter an:

Die Annalen der Physik, die jetzt unter der Redaktion von Grüneisen und Möglich[153] *erscheinen, und tatsächlich auch schon zwei Hefte herausgebracht haben, wollten ursprünglich zu Plancks 90-ten Geburtstage, dem 23.4.1948, ein Festheft erscheinen lassen. Jetzt wird ein Gedächtnisheft daraus. Ich habe Ihnen schon nach Berkeley geschrieben, und ich wiederhole es hier, ob Sie nicht einen kleinen Artikel dazu liefern wollen. Es wäre angesichts der Bedeutung Planck [s] für die gesamte Physik durchaus angemessen, wenn auch vom Ausla[n]de her eine Anzahl von Beiträgen einliefen. Ich schreibe dies auf Aufforderung der beiden Redakteure; auch sind Pohl und ich ja im Kuratorium der Annalen.*

Auch Max von Laues Ehefrau Magda bedankte sich im gleichen Brief bei Stern über die damals unerreichbaren „Leckereien".

[153] Friedrich Möglich (1902–1957) war ein deutscher theoretischer Physiker.

Standort: [BAL], bk0016n8t3c; Dokumentnummer: **[0784/01.10.1947]**
Lieber Herr Stern,
Haben Sie auch von mir 1000 Dank für Ihre inhaltsreichen Leckereien. Gierig stürzten wir uns beide erst mal auf die darin enthaltene Schokolade, man lacht manchmal über sich selbst wie man sich verändert hat, aber man lacht doch noch, zum Glück haben wir dies nicht verlernt. Einen regelrechten, nicht ersatzmässigen Geburtstagskuchen werde ich auch aus dem Paket für meinen Mann bereiten können, die Ohren werden Ihnen klingen!!
Viele Grüsse von Ihrer dankbaren Magda v.Laue .

Planck starb dann am 4.10.1947, und so wurde aus der Festschrift ein „In Memoriam". Die Beiträge wurden dann in den *Annalen* im Band 438, Unterband I 1948 publiziert. Von den im Brief angeschriebenen *(H. Bethe, Ithaka„ P. Debye, Ithaka, A. Einstein, Princeton, J. Franck, Chicago, R. Ladenburg, Princeton, F. London, Durkham, G. B. Pegram, New York, F. Reiche, New York und Otto Stern/Berkeley)* hat nur James Franck einen Beitrag geliefert. Die eingereichten Beiträge kamen u. a. von Arnold Sommerfeld, Max von Laue, Erwin Schrödinger, Walter Bothe, James Franck, Karl Herzfeld, S. Flügge, Max Born, Lise Meitner, Pascual Jordan, Walther Meißner, Robert Wichard Pohl, Werner Heisenberg und Hartmut Kallmann.

Die Briefe von Laue an Stern kamen in den Jahren 1947/48 sehr regelmäßig. Dies hat natürlich damit zu tun, dass er sich für die regelmäßigen Care-Paketebedanken wollte. Die Briefe enthalten jedoch immer wieder interessante Beschreibungen der damaligen Lebensbedingungen. In dem Brief vom 24.03.1948 versuchte Laue, dies in einem Gedicht darzustellen.

Standort: [BAL], bk0016n8t3c; Dokumentnummer: **[0802/24.03.1948]**
Tailfingen, 24.3.48

Lieber Stern!
Seit 10 Tagen sind meine Frau und ich in dieser schwäbischen Gegend zu Besuch bei unserer Tochter. Wir wohnen freilich in einem bäuerlichen Gasthaus, weil die Räume, die meiner Tochter und ihrem Mann zur Verfügung stehen, mehr Puppenstuben, denn Wohnungen für Menschen sind. Aber wir sind natürlich viel mit ihnen zusammen. Hauptzweck der Reise ist die Taufe unserer zweiten Enkelin Jutta Lemcke, die wir am 21-ten vollzogen.
Ausserdem arbeite ich hier im KWI für Chemie. Ich muss am 8.4. in Tübingen einen feierlichen Vortrag über Planck halten. Schliesslich such ich mich auch durch Spaziergänge zu erholen. Freilich ist die Verpflegung in Göttingen besser, als was wir hier haben. Immerhin ist ein Wechsel der Umgebung immer erholsam.
Aus Göttingen schrieb mir meine Sekretärin, es wäre ein CARE-Paket für mich angekommen. Der Absender sind Sie, sofern ich den von ihr verstümmelt wiedergegebenen Namen richtig ergänze. Haben Sie also herzlichen Dank, auch von meiner Frau. Das Paket bleibt in unserer Wohnung in Göttingen, bis wir am 13.4. dorthin zurückkehren. Wir hoffen, dass uns nicht etwa die hohe Politik einen Strich durch die Rechnung macht. Manche Berichte aus USA lassen freilich Schlimmes befürchten.

Das umstehende Gedicht trug der niedersächsische Kultusminister Dr. Grimme[154] *bei der Einführung des neuen Direktors des Max-Planck-Gymnasiums in Göttingen vor. Es gibt einen so guten Einblick in unsere innere Lage, dass ich mir einige Abschriften davon zur Versendung in's Ausland geben liess. Dass das Papier so schlecht ist, dass es in der Schreibmaschine zerreisst, ist zwar nicht für die innere, wohl aber für die äussere Situation kennzeichnend, in der sich Jeder bei uns befindet.*
Mit recht herzlichem Gruss, auch von meiner Frau

Ihr M. v. Laue

Auf neuen Wegen *von Hugo Lämmerhirt*

Komm, Junge, gib mir Deine Hand
und schreite mir zur Seite.
Es geht jetzt in ein neues Land
Es geht in unser Vaterland,
Ich geb Dir das Geleite.

Der Weg, den wir nun beide gehen,
Führt nicht in weite Fernen,
Doch mußt Du immer ihn bestehn:
Er heischt sich selbst ins Herz zu sehn
Und vieles neu zu lernen.

Zum ersten lerne, still zu sein
Und alles Laute hassen.
Die Trommel stellt ihr Dröhnen ein
Verweht ist der Fanfare Schrein
Von Strassen und von Gassen.
Die Zeit braucht einen andern Ton

Als den der Kälberfelle
Du spürst ihn in Dir selbst, mein Sohn:
Sei still und Die erklingt als Lohn
Des eigenen Wesens Quelle.

Der zweite Schritt führt Dich zur Pflicht,
So wie sie Dir geziemet
Sie habe nun ein leicht Gewicht:
Du bist ein Kind – es ziemt sich nicht
Dass man als Mann Dich rühmet.

Fragst Du, welch Mass Dir wohl gebührt
In allen Deinen Tagen,

---

[154] Adolf Berthold Ludwig Grimme (1889–1963) war ein deutscher sozialdemokratischer Kulturpolitiker. Er war erster niedersächsischer Kultusminister in der neuen Bundesrepublik. Nach ihm ist der Grimme-Preis benannt.

So folge dem, der Dich nun führt
Und alle Wege hat erspürt,
da bist Du wohl beraten.

Und sprach man Dir von Heldentum,
Hiess wie ein Mann Dich streiten,
und träumtest Du von frühem Ruhm:
Vergiß den Traum beizeiten.

Auch mir zerging ein hoher Traum
In Grauen und Vernichtung,

Da fand ich Dich, im öden Raum,
Fand Mut und neue Dichtung.

Ging uns der Traum vom Reich verloren,
Wir haben uns gefunden:
Den Weg zum neuen Lebensborn,
daran wir nun gesunden.

Du fragst: Wo ist das Vaterland?
Mach Dir darob nicht Schmerzen.
Denn merke: Wer sich selbst erkannt
Den Weg zu seinen Quellen fand,
Der trägt's im eignen Herzen.

Standort: [BAL], bk0016n8t3c; Dokumentnummer: **[0840/23.08.1953]**

Berlin, 23.8.53

Lieber Otto Stern!
Wir hörten lange nichts von Ihnen und hoffen, dass dieser Brief auch auf Ihrer Seite eine Aeusserung hervorruft. Zudem ist heute der letzte Ferientag; morgen öffnet das Fritz-Haber-Institut der Max-Planck-Gesellschaft, wie es seit dem 1.7. heisst seine Pforten, und dann wird wieder die Zeit knapp. Denn die Umstellung infolge der Auflösung der Deutschen Forschungshochschule, zu der wir bisher gehörten, und des Anschlusses an die Max-Planck-Gesellschaft macht mehr Arbeit, als der Aussenstehende für möglich hält. Immerhin, auch dieses Stadium geht vorüber. Freilich im September wimmelt es von Kongressen. Am 15. 9. beginnt der für Elektronenmikroskopie, und sofort nach dessen Enden fängt der d. Physikertag an, beide in Innsbruck. Wieviele Chemikertagungen im gleichen Monat sind, ob noch solche der Kristallographen u.s.w. hinzukommen, vermag ich nicht abzuschätzen. Aber zu allen solchen Tagungen gehen Mitglieder des F.–Haber–Instituts – und sie wollen Reise-Beihilfen von mir haben. Schon deren Bewilligung und Einschränkung auf eine mit den Institutsmitteln vereinbares Mass ist mühsam und zeitraubend.
Trotzdem geht die wissenschaftliche Arbeit vorwärts, weniger meine eigene, als die der anderen Institutsmitglieder. Irgend- etwas „Sensationelles" ist aber nicht zu berichten. Im Juni und Juli hatten wir unseren Sohn hier, samt seiner ganzen Familie, d. h. Frau, einen Sohn von 6 und einer Tochter von 3 Jahren. Das war uns eine

grosse Freude, trotzdem sich die Kinder echt amerikanisch benahmen und somit viel Unruhe ins Haus brachten. Theo hatte hier eine Gastprofessur an der Freien Universität [Berlin]. Anfang August besuchten wir dann („wir" heisst: meine Frau, Theo samt Familie und ich) meine Tochter, welche dieses Jahr samt Familie in einem kleinen Dorf in der Lüneburger Heide sitzt. Da hatte ich einmal alle 5 Enkelkinder beisammen und hatte die Freude, dass sie sich trotz der verschiedenen Sprache gut vertrugen. Danach war mein Sohn und Anhang in Berchtesgaden und sonst in Süddeutschland; aber die geplante Reise nach Paris hat er wohl aufgeben müssen wegen des grossen Streiks in Frankreich. An einem der letzten Tage des August fliegt die ganze Sippschaft wieder nach USA. Es bleibt nur die schöne Erinnerung.
In diese Besuchszeit fielen wieder zwei Kongresse. Ende Juni war in Lindau am Bodensee ein Treffen der Nobelpreisträger für Physik, arrangiert von der Stadt unter dem „Protectorate" des Grafen von Bernadotte, der auf Mainau haust. Es ist ein schwedischer Prinz, der aber vorzog, auf seine Rechte als Mitglied des Königshauses zu verzichten, um dafür eine Frau nach eigenem Geschmack nehmen zu können. Von Nobelpreisphysikern waren nicht allzuviele da. Ein gewisser Otto Stern hätte sich m. E. dort sehen lassen sollen. So hatte man noch Otto Hahn, der aber wegen plötzlicher Herzerkrankung fast hätte wieder absagen müssen, Hevesy und wohl noch einen[155]*, auf den ich augenblicklich nicht komme, eingeladen. Interes[s]ant war es, den alten Frederick Soddy persönlich kennen zu lernen, obwohl er reichlich absonderlich geworden ist. Die Tage waren durch schönes Wetter begünstigt, sodass auch die Ausflüge, die mit dem Treffen verbunden waren, gut durchgeführt werden konnten. Mich begleitete statt meiner Frau, die zu Hause unabkömmlich war, meine Schwiegertochter, der als Amerikanerin ein Prinz natürlich besonders Eindruck machte. Sie hatte übrigens das Glück, bei einer gemeinsamen Fahrt durch Vadut Liechtenstein in Vaduz auch dort eine Prinzessin kennen zu lernen, wenngleich diese erst 3 Jahre alt war. Das machte sich ganz zufällig.*
Sodann war Ende Juni in Hamburg ein Kongress für „Wissenschaft und Freiheit" von dem Sie sicher gehört haben. Aus USA war z. B. A. H. Compton samt Frau da. Er versuchte ohne viel Erfolg eine Rede auf Deutsch zu halten. Das persönliche Zusammensein mit ihm war aber sehr erfreulich. Im Allgemeinen waren die Reden gut, namentlich die auf der Schlussitzung, auf der u. A. der Berliner „Regierende", Ernst Reuter, und der Hamburger Kultursenator Landahl sprechen. Eröffnungs- und Schluss-Sitzung waren im Festsaal des Rathauses, an den Sie Sich vermutlich erinnern; die sonstigen Sitzungen waren in einem neu errichteten Schulgebäude, dessen Aula zu einem modernen internationalen Kongresssaal mit allem Zubehör (telephonische Uebertragung in 3 Sprachen u.s.w.) umgewandelt war.

Wenn ich dann noch erzähle, dass meine Frau und ich im Mai 10 Tage mit dem Auto in der Schweiz gewesen sind, und dass ich im Juli noch ein paar Tage an der Elb- und Wesermündung zugebracht habe, so bin ich mit meinem Repertoire für diesmal wohl fertig.

[155] Es handelt sich wahrscheinlich um Hans Karl August Euler-Chelpin (1873–1964), deutscher Chemiker und Nobelpreisträger.

Mit recht herzlichem Gruss, auch von meiner Frau, den ich auch Ihren Verwandten in Berkeley zu übermitteln bitte,

Ihr M. v. Laue

Standort: [BAL], FILM 3429, 74-0019; Dokumentnummer: **[0861/31.05.1954]**

31.5.1954

L. M. v. Laue,
wie Sie sehen, bin ich wieder mal in Zürich und hoffe sehr, Sie wieder zu sehen. Trotz meiner notorischen Schreibfaulheit hätte ich Ihnen schon eher geschrieben, aber ich war mal wieder Krank, - meiner Hauptbeschäftigung in den letzten Jahren. Ich hatte eine Operation (Hernia[156]) und lag 2 Wochen in der Klinik. Seit 2 Tagen bin ich raus und auf den [Beinen] allerdings noch schwach.

Am 5.9.1954 schrieb Stern an Laue:

BE Standort: [BAL], bk0016n8k8h; Dokumentnummer: **[0871/05.09.1954]**

5.9.1954

L. M. v. Laue
Herzlichen Dank für Ihren Brief v. 23.8. mit den prompten und guten Nachrichten von Volmers. Ich freue mich natürlich schrecklich. ~~Jetzt besteht doch wirklich~~ Ich hatte die Hoffnung, ~~daß ich Volmers~~ schon ziemlich aufgegeben, Volmers nochmal wieder zu sehen. Jetzt besteht doch wirklich Aussicht dafür, wahrscheinlich bei meiner nächsten Europreise. Ich will nächsten Herbst (Spt. 1955) wieder rüberkommen, falls die Weltlage u. meine Gesundheit mir keinen Strich durch die Rechnung machen.
Dann wird es mir auch hoffentlich glücken, Sie und Ihre Frau wieder zu sehen. Bis dahin viele sehr herzl. Grüße

Ihr Otto Stern

Am 20.8.1954 schrieb Stern an seinen nahen Verwandten (Cousin) Rudolf Stern in New York:

BE Standort: [BAL], bk0016n8k8h; Dokumentnummer: **[0867/20.08.1954]**

[Berkeley, 20.8.1954]

Lieber Rudi,
vielen Dank für Deinen Brief vom 9. d. M. aus der Schweiz mit der Empfehlung des Arztes. Ich kenne Dr. Windesheim noch gut, ich lasse mich von ihm impfen, etc. Er ist ein sehr netter Mensch, aber offenbar kein sehr guter Arzt. Ich habe inzwischen Dr. Rothecgu in San Francisco einmal konsultiert, will es aber nicht wieder tun. Ich beabsichtige jetzt Dr. Gontzl hier zu konsultieren, der mir glaubwürdig empfohlen wird.

---

[156] Hernia, zu deutsch Hernie. In der Umgangssprache bedeutet dies einen "Eingeweidebruch" (Austritt von Eingeweiden aus der Bauchhöhle durch eine Lücke in die tragenden oder begrenzenden Gewebeschichten).

~~Well ?!~~
Ich freue mich, daß sich Eure in Europareise so gut entwickelt hat, hoffentlich ~~auch weiterhin~~ bleibt es so.
Herzlichste Grüße Euch beiden u. Fritz [Stern], sobald Ihr ihn seht.
Euer Otto

2.2.6.3 Briefverkehr mit Bonhoeffer

Im Sternschen Nachlass gibt es auch etliche Briefe von Karl Friedrich Bonhoeffer aus den Nachkriegsjahren. Die Briefe sind handgeschrieben und im Gegensatz zu den Briefentwürfen Sterns (handgekritzelt mit vielen stenographischen Abkürzungen und Streichungen) sehr gut lesbar.

Standort: [BAL], bk0016n8n5w; Dokumentnummer: **[0763/05.04.1947]**

Berlin Nikolasee, d. 5.4.1947
Prof. Dr. K. F. Bonhoeffer Kirchweg 28
Sehr verehrter, lieber Herr Stern!
zunächst möchte ich Ihnen, wenn auch sehr verspätet zum Nobelpreis gratulieren, den ich Ihnen schon seit vielen Jahren immer gewünscht hatte. Vor kurzem war ich in Göttingen. Dort traf ich Herrn von Laue, der mir Grüsse von Ihnen bestellte, über die ich mich sehr freute. Er erzählte mir, Sie hätten bei Ihrer Abreise aus der Schweiz Geld zurückgelassen, von dem er seinen dortigen Erholungsaufenthalt bestritten hätte. Er habe nicht alles verbraucht, und ich solle es nach Ihrem ausdrücklichen Wunsch für mich verwenden, wenn ich in die Schweiz zur Erholung ginge.
Nun fahre ich aber gar nicht in die Schweiz zur Erholung. Erstens ist die Einladung, die wie ich jetzt höre im Januar an mich abgegangen ist, niemals bei mir angekommen. Ausserdem aber bin ich mittlerweile von selbst wieder gesund geworden, wobei die Care Pakete, die in letzter Zeit von Amerika an mich gelangt sind, wesentlich mitgeholfen haben. Schliesslich habe ich eine Einladung nach Manchester, wo ich Mitte Juni hinfahren werde, und so könnte ich gar nicht von hier weg. Nicht nur aus beruflichen, sondern auch aus persönlichen Gründen. Die Existenzbedingungen sind hier doch noch so schwierig, dass ich meine Familie nicht länger allein lassen möchte. Wer abwesend ist, kommt überall zu kurz, und das kann heutzutage sehr entscheidend sein. So kann ich also von Ihrem freundlichen Angebot keinen Gebrauch machen. Aber ich möchte Ihnen sehr herzlich dafür danken. Freut einen heute schon jedes Zeichen freundlichen Verständnisses, das aus dem Ausland kommt, so besonders, wenn es von einem so verehrten Kollegen kommt. Sie sind, wie Sie vielleicht gar nicht wissen, überhaupt der erste gewesen, der mich wissenschaftlich ernst genommen hat, als ich meine Arbeiten über H Atome machte-sogar noch vor J. Franck. Das werde ich Ihnen natürlich nie vergessen.
Mit vielen Grüssen stets Ihr K.F. Bonhoeffer [alles handgeschrieben]

Standort: [BAL], bk0016n8n5w; Dokumentnummer: **[0771/04.07.1947]**

Berlin Nikolasee, d. 4.7.1947

Prof. Dr. K. F. Bonhoeffer
Kirchweg 28

Amerik. Sect.

Lieber Herr Stern,
Vor einigen Tagen kam ich aus England, wo ich einen Monat lang in Oxford, Manchester, London und Cambridge gewesen bin. Es war eine wunderschöne und interessante Zeit, ich habe mich körperlich wieder vollkommen erholt, und neben einer zwanzigprozentigen Gewichtszunahme viel Anregungen und Sonderdrucke mit nach Berlin zurückgenommen. Ich kam hier gerade zurecht, um ein Lebensmittelpaket, das die Firma Moch Chicago in Ihrem Auftrag an mich geschickt hat, in Empfang zu nehmen. Haben Sie vielen herzlichen Dank, dass Sie so an mich denken! In der Tat ist ja die Existenz hier allmählich ungeheuer schwierig geworden, und jedes Paket wird von der ganzen Familie mit einer Freude begrüsst, von der Sie sich schwerlich die richtige Vorstellung machen können. Den heutigen Nachmittag war Ihr früherer Schüler Jensen bei mir. Er ist der erste Physiker aus den Westzonen, der uns hier besuchen kommt. Wir haben ein paar sehr nette Stunden miteinander gehabt, er hat uns über seine neuesten Arbeiten über die Elementhäufigkeitsverteilung erzählt und was man sich so heute von der "Welt" denkt. Ich soll Ihnen viele Grüsse bestellen. Wenn Sie einmal Zeit hätten, mir zu schreiben, so würde ich gern wissen, was Ihre Cousine oder Nichte Marga Haber[157], geb. Stern jetzt macht. Ich hörte bei Simon und Polanyi von dem Tode des jungen Haber und würde ihr gern schreiben, da ich sie noch aus Breslau von unserer Kinderzeit her kenne.
Also nochmals recht herzlichen Dank und viele Grüsse
Ihr Karl Friedrich Bonhoeffer [alles handgeschrieben]

Standort: [BAL], bk0016n8n5w; Dokumentnummer: **[0787/06.11.1947]**

6.11.47.

Prof. Dr. K. F. Bonhoeffer *Berlin-Nikolasee*

Lieber Herr Stern:
Vor kurzem ist wieder einmal ein wunderschönes Futterpaket gekommen. Die Schwierigkeit bei den Dankesbriefen für solche Sendungen ist, dass (sich) die Monotonie des Kalorienbedarfs sich möglichst nicht in der Monotonie dieses Briefes ausdrücken soll. Aber danken möchte ich Ihnen ja doch; denn, offen gesprochen, dass wir noch existieren können, ohne zu "schieben" oder zu stehlen, verdanken wir einfach solchen Paketen. Aber Sie sollen nicht denken, dass Sie mir nun noch dazu auf meine Briefe antworten müssen, so sehr ich mich über den letzten von Ihnen gefreut habe. Habe ich Ihnen darauf überhaupt geantwortet?
Ich hoffe sehr, dass es mir möglich sein wird im kommenden Frühjahr in die U.S.A. zu fahren. Die Universität Notre Dame hat mich für das Frühjahrssemester ein-

[157] Marga Haber geb. Stern war die Nichte von Otto Stern. Ihr Großvater und Otto Sterns Vater waren Söhne von Abraham Stern aus 1. und 2. Ehe (nach Aussage von Diana Templeton-Killen).

geladen und mir so ziemlich freigestellt, den letzten Monat des Semesters dazu zu benutzen, auch an andere Orte zu fahren. Allerdings weiss ich noch nicht, ob es dazu reichen wird, nach Californien zu reisen. Aber sehen und sprechen möchte ich Sie auf alle Fälle, und ich hoffe sehr, dass es sich irgendwie machen wird.
Mit nochmaligem Dank nicht nur von mir, sondern auch meiner Frau und den Kindern und vielen Grüssen
Ihr Karl Friedrich Bonhoeffer [alles handgeschrieben]

Standort: [BAL], bk0016n8n5w; Dokumentnummer: **[0795/13.12.1947]**

Berlin Nikolassee
Prof. Dr. K. F. Bonhoeffer *Kirchweg 28, d. 13.12.1947*
Sehr verehrter, lieber Herr Stern!

Sie und Franck sind jetzt diejenigen, die meine Familie über Wasser halten. Seit meinem letzten Brief sind wieder zwei Pakete von Ihnen eingetroffen. Haben Sie vielen Dank! Sie nehmen mir in der Tat grosse Sorgen ab, und ich hoffe nur, dass diese Zeiten bald vorübergehen. Ob aus meiner Amerikareise etwas wird, weiss ich immer noch nicht. Die Bürokratie arbeitet langsam. Mit der wissenschaftlichen Arbeit geht es schlecht. Zum experimentieren fehlen alle Mittel und zum Nachdenken kommt man auch nicht so, wie man möchte. Zu Hause sitzt man nicht nur mit seiner Familie, sondern noch mit den Nachbarn, die die Wärme des Küchenherdes geniessen wollen, mehr aufeinander als nebeneinander in der Küche als dem einzigen geheizten Raum, und im Institut, wo wir glücklicher Weise es noch geheizt haben, wird man dauernd durch Verwaltungskram und Personalfragen gestört. Was waren das für schöne Zeiten, nach dem vorigen Krieg! Was ist damals alles gearbeitet worden! Mit allen guten Wünschen zu Weihnachten und Neujahr.
Stets Ihr dankbar ergebener Karl Friedrich Bonhoeffer [alles handgeschrieben]

Standort: [BAL], bk0016n8n5w; Dokumentnummer: **[0803/09.04.1948]**

Berlin Nikolassee, d. 9.4.1948
Prof. Dr. K. F. Bonhoeffer *Kirchweg 28,*
Lieber, sehr verehrter Herr Stern!
Es ist nun wirklich an der Zeit, dass ich Ihnen für das Care-Paket danke, das nun schon vor etwa einem Monat hier ankam. Ich schrieb nicht eher, weil ich immer hoffte, dass ich innerhalb der nächsten acht bis vierzehn Tage selbst in USA sein würde. Aber die Bürokratie arbeitet mit einer unvorstellbaren Umständlichkeit und immer, wenn ich glaube, dass nun die Procedur überstanden ist, gibt es neue channels, durch welche meine Papiere laufen müssen. So wird das Semester, für welches mich Notre Dame University eingeladen hatte, vorbei sein, bis ich im Besitze meiner Fahrkarte bin. Immerhin habe ich die Hoffnung nicht aufgegeben, dass ich vielleicht doch noch diesen Monat drüben sein werde. Die politische Lage ist ja nicht gerade sehr ermutigend, und ich zweifle oft, ob ich es wagen kann, mich von meiner Familie bei der jetzigen Berlins zu trennen. Aber ich denke, dass ich von USA aus vielleicht

besser für sie sorgen kann als von hier aus. Und falls es ganz schlimm kommt, fliege ich eben wieder zurück, wie ich 39 auch zurückgeflogen bin.
Die wissenschaftliche Arbeit ist durch völliges Fehlen von Bibliotheken und wissenschaftlicher Literatur, sowie durch das Versagen des Handels infolge Geldentwertung, die irgendwelche Anschaffungen für die ausgeräumten Institute praktisch unmöglich macht, sehr erschwert. Ich beschäftige mich in den Musestunden immer noch mit der Theorie der periodischen Reaktionen und gekoppelten chemischen Prozesse mit einem Hintergedanken auf physiologisch-chemische Anwendungen. Daneben mache ich ein paar elektrochemische Versuche, die nicht viel Apparatur erfordern.
Mit nochmaligem Dank stets
Ihr Karl Friedrich Bonhoeffer [alles handgeschrieben]

Bonhoeffer konnte dann endlich im Juni 1948 die USA besuchen. Man hatte ihn eingeladen, die „Reilly Lectures in Chemistry" an der University of Notre Dame zu halten, die durch den Peter C. Reilly Fund[158] ermöglicht wurden. Das Thema seiner Vorlesungsreihe war: The kinetics of Irritable Chemical Systems. Bonhoeffer hatte insgesamt 12 Vorlesungen angekündigt, die er am 6. Juli begann und am 11. August 1948 abschloss.

Standort: [BAL], bk0016n8n5w; Dokumentnummer: **[0807/05.07.1948]**
University of Notre Dame *5.7.48*
DEPARTMET OF CHEMITRY
NOTRE DAME, INDIANA

Sehr verehrter, lieber Herr Stern!
Hierdurch möchte ich Ihnen mitteilen, dass ich vor ein paar Tagen hier eingetroffen bin, wo ich in der Sommersession, die bis Mitte August geht, eine Reihe von 12 Vorlesungen über irritable chemical systems halte (d. h. Aktivierung von passivem Eisen, Erregung von Nerven, Explosionen und was damit zusammenhängt). Ich würde Sie gern wiedersehen, und wäre Ihnen sehr dankbar, wenn Sie mir kurz schreiben könnten, ob das möglich ist. Vielleicht können Sie so nett sein, mir mitzuteilen, wo Sie sich voraussichtlich in den nächsten Monaten aufhalten werden. Wenn nicht eine unangenehme politische Entwicklung mich nach Deutschland zurücktreibt- ich habe meine Familie in Berlin lassen müssen-, so möchte ich bis zum Herbst hier bleiben. Genauere Pläne kann ich noch nicht machen, weil ich nicht weiss, wie stark ich hier nach dem 15. August beansprucht werden werde und über wieviel Geld ich verfügen werde. Ich möchte meine Pläne etwas nach Ihnen richten.
Mit vielen herzlichen Grüssen
Ihr sehr ergebener
K.F. Bonhoeffer [alles handgeschrieben]

[158] Peter C. Reilly war ein früherer „Trustee" der University of Notre Dame. Die Stiftung wurde 1945 gegründet und die Lecture Series im Jahre 1948 begonnen.

es folgt im Brief diese Adressenangabe:
nachdem 18.8. c/o Max Delbrück,
Biologic. Laborator.
Cold Spring Harbour, N.Y.

Standort: [BAL], bk0016n8n5w; Dokumentnummer: **[0810/11.08.1948]**
University of Notre Dame *11.8.48.*
DEPARTMET OF CHEMITRY
NOTRE DAME, INDIANA
Sehr verehrter, lieber Herr Stern!
Für Ihren freundlichen Brief vom 19. Juli danke ich Ihnen vielmals. Entschuldigen Sie, dass ich nicht eher antworte. Aber zunächst wollte ich erst einmal mein Reiseprogramm zusammenstellen und dann hatte ich ein doch durch das Vorbereiten der Vorlesungen in der mir doch noch sehr unbequemen Sprache sehr viel zu tun, sodass mir kaum eine freie Minute übrig blieb. Ich habe von Amerika diesmal noch nicht viel mehr gesehen, als den Campus von Notre Dame. Einmal war ich kurz in Chicago. Seit gestern habe ich aber meine Vorlesungen hinter mir und ich fange jetzt noch eine Reise nach dem Osten für drei Wochen an. Sie wird mich über Chicago nach Philadelphia, Cold Spring Harbor, Harvard, Woodshole und Lake George bringen und ich hoffe dabei doch viele meiner alten Bekannten wiederzusehen. Ich bin sehr traurig, dass es diesmal wieder nichts damit wird, Sie zu sehen. Ich könnte zwar vielleicht das Geld für die Reise nach dem Westen auftreiben. Aber ich schicke lieber davon Care-Pakete nach Haus, was ich schon in grösserem Umfang an meine zahlreichen Familienmitglieder und einige Bekannte getan habe.
Bei der Gelegenheit möchte ich auch Ihnen noch mal für alle Freundlichkeit danken, mit der Sie uns durch die schwierigen Zeiten geholfen haben.
Eigentlich sollte ich länger hier bleiben. Aber mich beunruhigt die Lage meiner Familie in Berlin im Hinblick auf den Winter, und so werde ich-wenn sich die politischen Aussichten bessern-Anfang September ein Flugzeug nehmen und in das geliebte Berlin zurückkehren.
Mit vielen Grüssen
Ihr Karl Friedrich Bonhoeffer [alles handgeschrieben]

2.2.6.4 Briefverkehr mit Heinrich Wieland, Helmut Fiedler, Friedrich Knauer, Frau Jörgensen, Max Apt, Wilhelm Groth, James Franck, Max Volmer, Wilhelm Lenz und der Deutschen Botschaft

Vielen seiner alten Freunde schickte Stern „Care-Pakete". Einer der ersten, der solche Pakete erhielt, war der Chemienobelpreisträger des Jahres 1927, Heinrich Wieland, Professor in München. Er bedankte sich in seinem Brief vom 17.12.1946 für das „schwere" Lebensmittelpaket. Wieland beklagt sich über die schlechten Zustände der Chemie an der TU-München und auch darüber, dass mit Hieber jetzt sogar als letzter Ordinarius ein Antinazi, wie Wieland überzeugt war, entlassen wurde. Er beneidete Stern, im schönen Kalifornien zu leben und erinnerte an seine

Reise im Jahre 1931 nach Berkeley. Wieland hatte im Ersten Weltkrieg 1917 im Haberschen Institut in Berlin in der Kriegsforschung gearbeitet, wo er schon Stern begegnet sein muss.

Standort: [BAL], bk0016n9109; Dokumentnummer: **[0746/17.12.1946]**

Starnberg, 17.12.1946

Sehr geehrter Herr Kollege Stern.
Es war mir eine grosse, aber erfreuliche Überraschung, als ich dieser Tage ein von Ihnen für mich bestimmtes, schweres Lebensmittelpacket aus den USA ausgehändigt bekam. Haben Sie vielen Dank für diese grosszügige Hilfsbereitschaft, die ich Ihnen zur Zeit leider nicht entgelten kann. Sie wissen ja sicher, wie schlecht es der Chemie in München ergeht und was wir alles haben durchmachen müssen. An der Technischen Hochschule ist nun als letzter Ordinarius ganz neuerlich auch Hieber entlassen worden. Niemand weiss warum; denn Hieber hat immer als Antinazi gegolten und war es meines Wissens auch.
Wie beneide ich Sie um Ihr Leben in Californien! Im Frühjahr 31 war ich mit meiner Frau auch einige Tage in Berkeley und wir haben uns dort ganz besonders wohl gefühlt. Ich denke noch gerne zurück an Ausflüge nach Santa Barbara und nach dem alten Missionskloster, in dessen Friedhof die alten Indianer begraben sind. Ich habe den Namen vergessen. Dann waren wir einmal abends bei Herbert Evans, der oben am Berg ein schönes Haus im spanischen Stil besaß.
Nachdem mein Haus in München vollständig mit seinem ganzen Inhalt abgebrannt war, habe ich mit meiner Familie zum Glück in Starnberg in einem bescheidenen, 1934 von mir erbauten Haus eine Unterkunft gefunden, jetzt natürlich auch durch eine Einquartierung belastet. Im vergangenen Jahr ist das Haus 9 Monate lang – bis März 46 von den Amerikanern beschlagnahmt gewesen; das war eine fürchterliche Zeit.
Zum Nachfolger meines Freundes, Ihres Lehrers Hans Fischer ist Stephan Goldschmidt berufen. Seine Bedingung, dass er eine Wohnung in München erhalte, konnte bisher nicht erfüllt werden.
Ich hoffe, dass es Ihnen in Californien gut geht und würde mich freuen, diese Annahme durch einen Bericht von Ihnen bestätigt zu erhalten.
Mit den besten Grüssen *Ihr alter H.Wieland*
(Heinrich Wieland)

Stern bedachte auch ferne Verwandte in seiner Stern-Haber-Verwandtschaft. Ende 1947 schickte er an Helmut Fiedler[159] in Düsseldorf lebend, einen Neffen von Fritz Haber ein Care-Paket, mit dem dieser in keiner Weise gerechnet hatte.

[159] Helmut Fiedler war Neffe von Fritz Haber und Sohn von Habers Schwester Margarete.

Standort: [BAL], bk0016n8q8k; Dokumentnummer: **[0793/24.11.1947]**

HELMUT FIEDLER 22a Büderich b. Düsseldorf, den 24. November 47
Grebenstrasse 1
Telefon 134

Sehr verehrter Herr Professor Stern:

Welche unglaubliche Freude haben Sie meiner Frau und mir bereitet! Gestern brachte uns die Post eine Abholkarte ins Haus über ein Paket, auf dem Ihr Name als Absender stand. Sie können sich unsere begeisterte Annahme dieser Liebesgabe garnicht vorstellen! So haben Sie wirklich meinen Brief vom 2. Mai erhalten und in so überaus gütiger Weise gerade jetzt in einer Zeit, die uns hier so überaus hart trifft, so an mich gedacht, in der uns jede Lebensmöglichkeit durch den bevorstehenden Winter schwere Sorgen bereitet. Ich bedauere von Herzen, dass ich Ihren Brief nicht erhalten habe, den Sie als Antwort auf meine(n) damaligen Zeile doch gewiss an mich geschickt haben. Ihr Name fiel so oft in Kreisen meines Onkels in Dahlem, als er noch unter uns weilte. Wie überaus gütig, dass Sie sich in seinem Andenken so hochherzlich sich meiner erinnern und so gütig bedenken.

Ich hörte damals von Herrn Teschow der Kaiser Wilhelm Gesellschaft dass Sie an das Carnegie Institut nach Pittsburgh gingen. Darf ich fragen, ob Sie auch heute noch dort tätig sind?

Nun noch eine Frage. Sie haben gewiss auch Hermann Haber, den Sohn meines Onkels gekannt, der ja leider dieses Jahr so tragisch aus dem Leben schied. Mein Vetter Hermann war ja mit Marga Stern aus Breslau verheiratet. Sind Sie verwandt mit ihr? Sie ist leider auch gestorben und hat Hermann nicht lange überlebt. Ihre Krankheit hat wohl schon lange an ihr gezehrt. Weiter muss ich fragen, ob Sie verwandt sind mit dem bekannten Sprachwissenschaftler Paul Stern. Das interessiert mich besonders deshalb, weil er mit meiner Mutter Margarete Fiedler[160] *geb. Haber bis zuletzt in Leipzig zusammen war und mit ihr in Theresienstadt ums Leben kam. Ich besitze als besonders teures Andenken von ihm mehrere Bücher mit eigenem exlibris.*

Die Familie meines Onkels ist nun in alle Welt zerstreut. Ich würde gern von Ihnen, verehrter Herr Professor, hören, wen der Familie Sie besonders gut gekannt haben. Seine älteste Schwester Frau Else Freihan[161] *hat meinen Onkel in den letzten Jahren ja stets begleitet und sie ging auch mit ihm nach England. Dort lebt sie auch heute noch in Wistow Hall*[162] *und ist (ich) stehe mit ihr in ständigem Gedankenaustausch. Wir haben uns leider nun über 12 Jahre nicht mehr gesehen. Ich bin inzwischen 40 Jahre alt geworden und es fällt meiner Tante schwer, zu verstehen, wie sich die Dinge hier bei uns in den vergangenen Jahren geändert haben. Leider kann sich kaum jemand vorstellen, der seit oder vor Kriegsbeginn im Ausland lebt, wie wir diese gräßlichen Jahre hier überhaupt überstanden haben. Es ist nur ein reines Glück für jeden einzelnen, der unter die Judenverfolgungen fiel, sich überhaupt ge-*

[160] Margarete Fiedler geb. Haber war eine Schwester von Fritz Haber.

[161] Else Freihan geb. Haber war eine Schwester von Fritz Haber.

[162] Wistow Hall ist ein kleiner Ort nahe Leicester in England.

rettet zu haben. Deshalb ist es umso schwerer, uns heute hier zu verstehen, denn wir haben uns doch in jeder Form dagegen gewehrt und müssen jetzt hier unter Verhältnissen leiden, die uns an sich garnicht betreffen. Deshalb beurteilen wir auch die Schuld an dem Geschehenen ganz anders, als die, die diese Schuld auf sich geladen haben, und die unser Land und Millionen Menschen zugrunde gerichtet haben, Und deshalb haben wir auch den grossen Wunsch, die Einsicht unserer persönlichen Freunde und Leidensgefährten im Ausland zu fördern, uns ihre Hilfe angedeihen zu lassen, denn wir können ja nun nicht wieder die Leidtragenden sein, nachdem wir 12 Jahre hindurch nur gelitten haben. Ich selbst lege deshalb ganz besonderen Wert darauf, einen guten Kontakt mit meinen Freunden auch geschäftlicher Art im Ausland zu gewinnen, um ihnen zu zeigen, dass doch noch Menschen hier leben, die jederzeit Fühlung mit dem Weltgeschehen haben und weiter denken, als über ihre Landesgrenzen hinaus. Es ist für mich ganz klar, dass USA oder England oder jedes andere Land, das mit uns im Krieg stand und gelitten hat, uns zunächst jahrelang links liegen lässt, um diese verpestete und verseuchte Land erst mal wieder zur inneren Vernunft kommen zu lassen und zur Besinnung, über das, was es in der Welt angerichtet hat. Erst solche Sanktionen können einen solchen verseuchten Staatsapparat mal wieder zur Vernunft bringen. Ich kann aber nicht begreifen, warum man uns nicht willig die Hand reicht und unsere Belange fördert und uns Lebensmöglichkeiten in verstärktem Masse gibt, die wir ja nur durch wirtschaftliche Gründe nicht in der glücklichen Lage waren, rechtzeitig das Land zu verlassen. Deshalb begrüsse ich Ihre so besonders einsichtsvolle und überaus gütige Einstellung zu meinen Nöten, die ich Ihnen schon in meinem Briefe schilderte.

Jedenfalls würden Sie mich sehr glücklich machen, verehrter Herr Professor Stern, wenn Sie gewissermassen die Patenschaft für mich in dieser Notzeit übernehmen würden. Die Not um (das) die einfachsten Nahrungsmittel ist so gross, wie Sie es sich garnicht vorstellen können. Wir haben hier das Unglück, in der dichtesten besiedelten Gegend unseres Landes zu wohnen, wo die notleidenden Menschenmassen in den Trümmern der zerschlagenen Städte hausen und ihr kümmerliches Dasein fristen.

Die einfachsten Fragen bilden oft Probleme, die aber gelöst werden müssen. Diesen Sommer hatten wir eine Trockenheit, wie wir sie seit 1911 nicht gekannt haben. Die Folge war eine ganz erbärmliche Kartoffelernte, sodass wir pro Kopf kaum 1 Ztr. zur Einkellerung für den Winter bekamen. Diese drastischen Zahlen sprechen für sich. Ich habe mich in meinem Leben noch nie mit Ernährungsfragen so beschäftigen müssen, wie die letzten 3-4 Jahren. Es ist wirklich jammervoll, denn meine Ziele sind ja anderer Art, aber die Not zwingt eben, sich damit zu beschäftigen, sonst ist die Lebensmöglichkeit infrage gestellt und Krankheit ist die Folge.

Ich bin von Beruf Kaufmann und die vergangenen 12 Jahre leider beruflich sehr zurück gesetzt gewesen. Ich arbeite jetzt mit emsiger Geduld daran, mir etwas zu schaffen, um im nächsten Jahre mich auf dem Gebiete der industriellen Materialbeschaffung selbständig zu machen. Ich versuche noch mit ausländischen Firmen Kontakt zu bekommen, um auch diese Ziele später zu verwirklichen.

Alles ist aber die Frage der Gesundheit und wenn die Unterernährung und die Krankheit als deren Folge so weiter rapid fortschreitet, kann man einfach rein phy-

sisch diese Ziele nicht verfolgen. Man hat nicht die Kraft und die Leistungsfähigkeit dazu. Solche Dinge habe ich noch nie gekannt und sie treten jetzt in ihrer ganzen Problematik zu Tage. So versuchen, wir, verehrter Herr Professor, unsere neuen Aufgaben und die Dinge hier zu meistern, die sich uns entgegenstemmen. Es ist nicht leicht, man möchte manches Mal den Mut verlieren, wenn man an eine Aussichtslosigkeit denken sollte. Aber ich bin optimistischer. Wo ein Wille und eine eigene Tatkraft da ist, muss sich auch ein Weg dazu finden lassen, wenn auch das Mass der Geduld enorm ist, das man aufbringen muss.
Ich würde mich herzlich freuen, verehrter Herr Professor, von Ihnen zu hören und bedauere umsomehr, dass Ihr Brief verloren gegangen ist. Ihr gütiges Gedenken war unsere schönste Weihnachtsfreude, sie war eine Gabe des Himmels und wir sind Ihnen sehr sehr dankbar, für Ihre gütige Hilfe.
Ich möchte Ihnen, verehrter Herr Professor, mit meiner Frau unsere herzlichsten und wärmsten Wünsche und unsere Dankbarkeit aussprechen. Wir wünschen Ihnen von ganzem Herzen ein gesegnetes Weihnachtsfest, das Ihnen Gewissheit bringen möge, dass unsere leuchtenden Augen beim Auspacken Ihrer Paketes Ihnen über den Ozean hinweg unsere unbegrenzte Freude ausdrücken sollen.
Wir wünschen Ihnen schöne Weihnachten und angenehme Feiertage und einen guten Übergang in ein hoffentlich glücklicheres Neues Jahr, von dem wir Alle uns so viel erhoffen.
Nehmen Sie nochmals unseren herzlichsten Dank und unsere allerherzlichsten Grüsse
Ich verbleibe
Ihr sehr ergebener
Helmut Fiedler
[Brief mit Schreibmaschine geschrieben, Unterschrift handschriftlich]

Standort: [BAL], bk0016n8q8k; Dokumentnummer: **[0805/08.05.1948]**
HELMUT FIEDLER

22a Büderich b. Düsseldorf, den 8. Mai 1948
Grebenstrasse 1 Telefon 134
Land Nordrhein-Westfalen
britische Zone

Herrn Professor Otto Stern
759 Cragmont Ave
Berkeley 8 Calif.
USA
Sehr verehrter Herr Professor Stern!
Wir hatten kürzlich die grosse Freude, meinen Onkel Herr Dr. Alfred Glückmann[163] *aus Mailand, den Schwager von Fritz Haber, hier zu sehen, der sich von Mailand kommend über München, Frankfurt und Köln eine Woche bei mir aufhielt, bevor er nach Berlin weiterreiste.*

[163] Alfred Glückmann ist ein Schwager von Fritz Haber. Er war von 1912 bis 1924 Oberbürgermeister der Stadt Guben.

Mein Onkel war mit seiner Familie 1936 nach Palästina ausgewandert, dort war seine Frau gestorben, er ging dann zu seinem Sohn Arnold[164]*, der Ing. in Mailand ist und blieb bis jetzt bei ihm. D(S)ie Sehnsucht nach der alten Heimat trieb ihn nach hier zurück und wir haben hier glückliche Stunden und Tage der Wiedersehensfreude mit ihm verlebt. Wir sprachen auch über Sie bei dieser Gelegenheit und er erinnerte sich Ihrer noch deutlich, da er als früherer Oberbürgermeister von Guben noch lebhafte Erinnerungen an die früheren Zusammenhänge hatte.*
Ich bedaure nun aufrichtig, dass Sie mein Brief vom 24. November scheinbar wieder nicht erreicht hat, da ich leider bisher keine Antwort von Ihnen erhielt.
Sollten Sie ihn aber doch erhalten haben, würden Sie mir mit einer Antwort eine grosse Freude bereiten, um zu hören, wie es Ihnen jetzt geht.
Mit den allerherzlichsten Wünschen und Empfehlungen verbleibe ich
Ihr sehr ergebener Helmut Fiedler (nur Unterschrift handbeschrieben)

Wenn Stern um Hilfe gebeten wurde, konnte man sicher sein, dass er sein Möglichstes tat, um zu helfen. Auch nahen Verwandten, die nach Südamerika hatten emigrieren müssen, half Stern mit einem Geldbetrag.

Standort: [BAL], FILM 3429, 68-0342; Dokumentnummer: **[0806/12.06.1948]**
Lieber Otto, *Tarija*[165]*, 12/6.48*
meinen herzlichen Dank fuer Brief und Scheck, der mir eine grosse Hilfe in Bernhard's Angelegenheiten war, die leider nur langsam vorwaerts kommen, da immer neue Schwierigkeiten auftauchen. Es tut mir ausserordentlich leid, dass ich Dich um mehr bat, als Deinen Verhaeltnissen entspricht, die ich natuerlich nicht kennen konnte. Besonders wusste ich nicht, dass Du Deine Stellung aufgegeben hast u. nicht mehr in Pittsburgh bist. Ich uebersandte den Brief an Dich einem Frl. Berta Rosenthal, die in Pittsb. lebt u. hier eine mir befreundete Cousine hat-mit uns ist sie trotz des Namens nicht verwandt- zur Weitegabe, u. sie musste den Brief liegen lassen, bis sie Deine neue Adresse ermittelt hatte., was ca. 4 Mon. dauerte. Dass Du mir dann so umgehend den Scheck sandtest, verpflichtet mich zu ganz besonderem Dank, den ich hiermit nochmals allerherzlichst Dir ausspreche. Ohne Dollarhilfe konnte ich nicht weiter u. bin nun durch Deine Hilfe ein gutes Stueck vorwaerts gekommen.
Solltest Du einmal eine groessere Reise unternehmen, so komm nach dem schoenen, interessanten Bolivien, ich wuerde mich sehr freuen, Dich gastlich bei mir aufnehmen zu koennen.
Wie ich hoffe, trifft Dich mein Brief bei bestem Wohlsein an, u. Dich herzlichst gruessend verbleibe ich
Deine Lisa (nur Unterschrift handgeschrieben)

Am 30.12.1947 wagte auch Sterns früherer Assistent Friedrich Knauer, mit Stern wieder zu korrespondieren. Knauer hatte dem Nationalsozialismus nahe gestanden

[164] Arnold Glücksmann ist der Sohn von Alfred Glücksmann.
[165] Tarija ist ein Ort in Bolivien.

und daher als einziger der früheren Gruppe Otto Sterns in Hamburg „überlebt“ und war 1939 dort zum apl. Professor ernannt worden.

Standort: [BAL], bk0016n8s6h; Dokumentnummer: **[0797/30.12.1947]**

Hamburg, 30. Dezember 1947

Lieber Herr Stern !

Kürzlich habe ich Ihre beiden neuesten Molekularstrahlarbeiten im Physical Review gesehen, und sie haben mich sehr interessiert. Mit der Beobachtung des freien Falles der Atome haben Sie ja eine Ihrer alten Lieblingsideen wieder aufgegriffen und sie in einem Apparat verwirklicht, der bei der großen Strahllänge und der raffinierten Verstellung des Auffängers ein wahres Meisterwerk der Feinmechanik geworden ist, und der sicher nicht leicht zu bedienen war. Ich konnte den Versuch gleich in meiner Vorlesung erwähnen. Mit den Streuversuchen haben Sie eine alte Aussage der Quantentheorie bestätigt. Und wie wird es mit der Präzessionsmessung des Bohr'schen Magnetons? Ich wäre Ihnen sehr dankbar, wenn Sie mir von beiden Arbeiten einen Sonderdruck überlassen könnten.

Die Bitte um Sonderdrucke Ihrer Arbeiten war der Grund zum Schreiben dieses Briefes. Aber ich möchte Ihnen gern noch etwas von hier erzählen, wenn ich auch nicht weiß, ob es Sie interessiert. Ich habe nun auch wieder einen Molekularstrahlapparat in Betrieb genommen, der schon vor dem Kriege beinahe fertig war, dann aber wegen anderer Arbeiten liegen bleiben mußte, und der zum Glück – wie das ganze Institut – die Fliegerangriffe heil überstanden hat. Ich habe damit zunächst die Verweilzeit von Alkaliatomen am glühenden Wolframdraht in Abhängigkeit von der Temperatur gemessen, aber bei höherer Temperatur als Langmuir. Die Verweilzeit wird, wie zu erwarten, immer kürzer und war schließlich bei etwa 10^{-5} Sekunden für mich nicht mehr messbar. Mit dieser kurzen Ansprechzeit des W-Drahtes war es dann möglich, in einem Kalium-Molekularstrahl eine Geschwindigkeitszerlegung durch die Laufzeit des Strahles zu erhalten. Die ganze Maxwellkurve ist im Oszillographen sichtbar und konnte photographiert werden.

Das bedeutet bei der kurzen Beobachtungszeit eine Ausnutzung der Nachweisempfindlichkeit bis an die natürliche Grenze der Nachweisbarkeit mit der Taylor-Langmuir-Methode überhaupt, wo der Strahlenausschlag im thermischen Rauschen der Verstärkerröhren untergeht. Bei Ihren letzten Messungen sind Sie vermutlich auch nicht mehr weit oberhalb dieser Grenze gewesen. Ich will meine Streumessungen von früher fortsetzen und bei Streuwinkeln messen, wo die Streuung noch von der Geschwindigkeit des Strahles abhängt.

Meiner Frau und mir geht es noch verhältnismäßig gut. Trotzdem werden Sie sich von den Verhältnissen, unter denen wir leben und die das Arbeiten sehr behindern, kaum eine Vorstellung machen können. Ich habe 1943 während der Tage der Hamburger Katastrophe geheiratet. Da wir unsere (meine alte Wohnung) heil behalten haben und unsere zwei Zimmer mit unserem Jungen allein bewohnen dürfen, und da ich meine Stellung im Institut behalten habe, dürfen wir im Vergleich zu anderen Leuten nicht klagen.

Hoffentlich geht es Ihnen gesundheitlich gut. Herr Fraser hat mir einmal ganz kurz erzählt, daß Sie sich ein Landhaus gebaut hätten. Von Ihrem Nobelpreis habe ich schon während des Krieges „unter dem tiefsten Schwiegel", wie Herr Frisch zu sagen pflegte, gehört, und ich beglückwünsche Sie dazu! Was machen Sie jetzt, wenn man danach fragen darf? Ich habe gleichlautende Briefe nach Pittsburgh und nach Berkeley geschrieben und ich hoffe, daß wenigstens einer Sie erreicht. Mit freundlichen Grüßen, auch an Herrn Estermann, und besten Wünschen für das neue Jahr bin ich

Ihr Fr. Knauer

Am 30.9.1947 sandte Frau Jörgensen[166] Stern den folgenden Brief:

Standort: [BAL], bk0016n8s3y; Dokumentnummer: **[0782/30.09.1947]**

Hamburg, den 30.9.1947

Lieber Professor Stern!
haben Sie vielen herzlichen Dank für Ihren freundlichen Brief vom 5.9., der trotz Luftpost erst am 26. in meine Hände kam, mit Ihrer freundlichen Einladung, Sie in Kopenhagen zu treffen. Ich mußte ein paar Tage warten, da es gerade Wochenende war und konnte mich gestern erst erkundigen. Leider wieder, wie Sie es ja auch voraussahen mit negativem Bescheid. Wir dürfen immer noch nicht. Warum nicht, kann einem niemand sagen, aber die Welt ist wohl noch zu böse auf alles, was deutsch heisst, und da im allgemeinen heute in Massen, im Kollektiv gedacht wird, so wird kein Unterschied zwischen deutsch und Nazi gemacht. Traurig und bedrückend für uns, die wir anders denken!- Bei Dänemark liegt der besondere Fall auch dadurch, dass in Dänemark noch so viele deutsche Flüchtlinge sind, die noch nicht zurück können. Deshalb gibt Dänemark keinem Deutschen eine Einreiseerlaubnis solange die Flüchtlinge nicht zurück geführt sind. Für Norwegen ist eine Erlaubnis leichter zu bekommen (ausserdem ist mein Mann ja Norwegischer Abstammung, [Herrn Jörgensens Vater war Norweger]. *Aber all das ist auch in Folge des himmelhoch wuchernden Amtsschimmel nicht kurzfristig zu erledigen.*
Wir hätten uns schrecklick gefreut Sie mal wiederzusehen und zu sprechen, aber leider geht es nun auch dieses Jahr noch nicht. Aber wir danken Ihnen herzlich für Ihre freundliche Einladung. Ob es wohl nächstes Mal glücken wird? Es wäre zu schön mal raus zu kommen. Man dreht hier so langsam durch und ich fürchte man kriegt, ob man sich auch noch ständig dagegen wehrt, allmählich einen ganz beschränkten Horizont. Es müsste sehr schön sein, sich mal alles von draussen ansehen zu können und mal wieder einen objektiven Standpunkt zu gewinnen.
Hoffentlich haben Sie eine erfreulichere Europa-Reise als das letzte Jahr. Hatten Sie voriges Jahr am Ende Ihres Europa Aufenthaltes noch Prof. Hecke in Dänemark, der ja leider dort gestorben ist, gesprochen?
Daß Sie uns wieder ein Care-Esspaket zugedacht und geschickt haben, freut uns riesig. Das ist immer eine große Freude und wunderbare Hilfe für uns. Wir sind Ihnen sehr von Herzen dankbar dafür. Es ist mit den Care-Paketen immer am sichersten,

[166] Herr Joergensen war ein früherer Mitarbeiter an der Universität Hamburg, es sind keine weiteren Daten über ihn oder seine Frau vorhanden.

und so können Geber und Empfänger sicher zur beiderseitigen Freude damit rechnen, daß es ankommt. Sie sind ja auch (wenn nicht ganz so schön, wie die alten Care-Pakete schon wegen der jetzt leider so völlig fehlenden Cigaretten) recht gut zusammengestellt, allein schon das schöne Fett, was uns über die recht empfindliche "Fettlücke" hinweg hilft.- Sonst wird ja entsetzlich gestohlen, man könnte schon sagen. hemmungslos. Aber dieser moralische kriminelle Tiefst-Stand ist wohl eine Folgeerscheinung der großen Not.
Mein Mann läßt herzlich grüssen und Ihnen für Ihre leider unerfüllbare Einladung danken. Es geht ihm bedauernsweise z. Zt. nicht gut. Er hat wieder sehr viel Schmerzen. Wir hoffen, daß es kein Rückfall ist. Er soll, sobald Platz ist, wieder nach Lübeck ins Krankenhaus zur erneuten Untersuchung und evtl. Behandlung.
Wir wünschen Ihnen alles Gute und einen schönen interessanten Aufenthalt im alten Europa.

Mit herzlichen Grüßen
Ihre Frau Jörgensen.

Am 1.2.1948 nahm auch Wilhelm Groth, ein Physikochemikerkollege aus Hamburg, mit Stern wieder per Brief Kontakt auf. Aus den Briefen von Jensen wurde schon klar, dass Groth ein überzeugter Antinazi gewesen war. Er beschreibt die Zeit von 1933 bis 1948 so:

Standort: [BAL], bk0016n8r17; Dokumentnummer: **[0798/01.02.1948]**
Hamburg, den 1. 2. 1948

Lieber Herr Professor Stern !
Ich habe bisher nicht gewagt, Ihnen zu schreiben, weil ich nicht wusste, ob ein Brief aus Deutschland mehr Abneigung oder Freude bereiten würde; aber ich denke, dass ich Ihnen zu Ihrem 60. Geburtstag meine Grüsse und meine herzlichen Wünsche senden darf – aus dem Institut, das für mich immer noch das Ihre und das in einer Umgebung, die Sie kaum wiedererkennen würden, völlig wohlerhalten ist.
Wie oft sind in diesen schrecklichen 15 Jahren meine Gedanken bei Ihnen gewesen, in dankbarer Erinnerung an die Zeit, als ich bei Ihnen arbeiten konnte, in ohnmächtiger Beschämung über Alles, was in Deutschland geschah und ein wenig auch mit sehnsüchtigem Neid, dass Sie all dem entgehen konnten. Wie oft habe ich an unsere letzte Unterredung gedacht, in der Sie sagten, wie schwer es Ihnen würde, von Hamburg fortzugehen und ich Ihnen erwiderte, dass es nicht besser sei, hier zu bleiben und auf den nächsten Krieg zu warten. Das war 1933 – ich glaube, dass ich das ganze Unglück vorausgesehen habe; es war nicht leicht, zu bleiben, zu wissen und nichts daran ändern zu können – es war mir klar, dass wir diese Unmenschen nur durch eine gewaltige Katastrophe wieder loswerden konnten. Dass wir unsere Zukunft, unser Leben nicht hergegeben haben, um gegen das Grauenhafte zu protestieren (geändert hätten wir damit nichts), war unsere Verfehlung; was wir während des Krieges (den ich nicht so schlimm empfunden habe wie die Jahre nach 1933) erlebt haben und jetzt erleben, scheint mir eine milde Sühne.
Es hat wenig Menschen gegeben, die sich ganz vertrauten – Jensen gehörte dazu und auch Harteck. Ich kann Ihnen nicht schildern, wie wir unter dem Kochschen

Institut gelitten haben; Sie wissen sicherlich, dass Koch sich kurz nach der Besetzung umgebracht hat – das sagt genug. Wir haben immer gearbeitet, mit vielen äusseren Störungen und oft mit starken inneren Hemmungen, und wir können auch jetzt ohne Schwierigkeiten arbeiten – dank einem Rat, den Fermi gab, als er uns bei seiner Ausreise nach den USA besuchte: den Krieg in den Dienst der Wissenschaft stellen. Ich habe gemeinsam mit Harteck einige Jahre Photochemie im Schumann-Ultraviolett gearbeitet, später Reaktionskinetik, Gaskinetik und dann Isotopentrennung. Das hat uns im Krieg unser Leben gerettet – jetzt ist im Institut eine Ultrazentrifuge für Gase aufgestellt, mit der ich noch einige Zeit experimentieren kann. Ausserdem setze ich Versuche, Isotope in einer Glimmentladung zu trennen, ganz vielversprechend fort und messe einmal genau, wie die Diffusion von zwei Gasen ineinander vor sich geht- das scheint ein triviales Problem, ist aber bei näherer Betrachtung sehr kompliziert.
Im Institut sind noch Reiser[167]*, der ein ausgezeichneter Mechaniker geworden ist und übrigens gemeinsam mit Harteck und mir bei der Gestapo angezeigt wurde – er wurde mit Handschellen aus dem Institut verhaftet – und unverständlicherweise Knauer, der immer zu den Anderen gehört hat und uns das Leben sehr schwer machte.*
Das Haus am Hofweg, in dem Sie wohnten, ist praktisch unzerstört, und wie durch ein Wunder sind die Wohnungen aller Institutsmitglieder erhalten geblieben. Mein Vater dagegen hat in einer Nacht Alles verloren, was er besass; wir sind arm geworden, aber das ist von geringer Bedeutung in dieser Zeit der Scham und der Verwirrung.
Es wäre eine grosse Freude, wenn ich einmal wieder mit Ihnen sprechen könnte, aber das ist ein Wunsch, der wohl für lange Zeit unerreichbar ist, und ich bin nicht sicher, dass wir lebend über die nächsten Jahre hinwegkommen werden. Ich wünsche Ihnen ein gutes Leben und ich hoffe, dass Sie um derer willen, die mehr gelitten haben, als sich mit Worten sagen lässt, zuweilen einen guten Gedanken für Ihre alte Heimat haben.

Mit herzlichen und ergebenen Grüssen *Ihr Wilhelm Groth*

Zum 60. Geburstag von Stern kam aus Hamburg die folgende Glückwunschkarte:

Standort: [BAL], bk0016n8s1r; Dokumentnummer: **[0799/04.02.1948]**

Hamburg, 4.2.1948

Dear Stern,
I have spent this evening in Groth's house, with Jensen also here. We have been speaking of many matters, some serious and some trivial – but it has also not escaped our memories that February 17th is your 60th Birthday. So we thought you might like to receive the congratulations of these people you had around you in the old Hamburg days, who severally and unitialy hold you in warmest affection and esteem, and towards whom I can hope that you ~~fall~~ feel the first if not the latter !

So – Happy Birthday to you !

[167] Reiser war schon unter Stern der Institutsfeinmechaniker.

Many Happy Returns !
Herzlichste Glückwünsche !
Ronald Fraser
Hans Jensen Wilhelm Groth

Stern hatte seinem Vetter Max Apt Geld in einer Notlage geliehen. Max Apt war nach England emigriert. Am 10.8.1948 bedankte sich Max Apt bei Stern für diese finanzielle Unterstützung. 1954 hat Apt diesen Betrag Stern dann zurückzahlen können.

Standort: [BAL], bk0016n8n1p; Dokumentnummer: **[0809/10.08.1948]**

Richmond (Surrey, [UK]), 10.8.1948

Lieber Otto,
ich habe mich über Deine freundlichen Zeilen sehr gefreut und danke Dir herzlich für den beigelegten Cheque über $50.

Als wir uns 1935 in New York trafen war [der Grund][168] dieser auf eigene Kosten unternommenen Reise, die maßgebenden Kreise in America und England für meine Pläne zur Lösung des jüd. Problems zu gewinnen. Als Präsident Roosevelt aus ähnlichen Erwägungen Januar 1938 die Evian Conferenz[169] einberief und sich das Evian Committee in London constituierte, bat mich der Vorsteher der jüd. Berliner Gemeinde bei diesem Committee meine Ideen zu vertreten, die ich außerdem in einem Büchlein[170] veröffentlicht hatte.
Statt mit Onkel Julius nach America zu gehen hielt ich mich für verpflichtet im Interesse der Allgemeinheit nach London zu gehen. Dies hat sich als Fehler erwiesen. Das Versprechen, nur die erforderlichen Devisen zur Verfügung zu stellen, konnte nicht gehalten werden. Auch stieß ich auf eine starke zionistische Opposition. Ich mußte daher froh sein, daß mir im Laufe der Jahre eine kleine Rente bewilligt wurde, die mich vor der Proletarisierung schützt, aber die Nebenausgaben nicht deckt, die sich eben aus meinem Alter ergeben – ich werde im nächsten Jahr 80 – und aus der Notwendigkeit vieler Neuanschaffungen. Diese Nebenaus- gaben stellen aber erfreulicherweise einen so geringen Betrag dar, daß deren Bestreitung kein so großes Problem bilden sollte. Ich habe mich seit einigen Jahren in das landschaftlich [schöne][171] Richmond zurückgezogen, wo ich billiger lebe und doch den Contact nach London aufrecht erhalten kann.
Daß Du dich rechtzeitig ins Privatleben zurückgezogen hast, war sehr klug. Denn schließlich ist die Gesundheit das kostbarste Gut, das wir uns erhalten müssen.

---

[168] nicht entzifferbar.

[169] Die Konferenz von Évian-les Bains am Genfersee fand vom 6. Juli bis 15. Juli 1938 statt. Hier trafen sich Vertreter von 32 Nationen, um auf Initiative des amerikanischen Präsidenten Franklin D. Roosevelt die Auswanderung von Juden aus Deutschland zu verbessern. Die Konferenz hatte aber keinen Erfolg.

[170] Max Apt, Konstruktive Auswanderungspolitik: ein Beitrag zur jüdischen Überseekolonisation Berlin 1936, 48 Seiten.

[171] nicht entzifferbar.

Und wir sind alle stolz darauf, daß Du alle Ehrungen erfahren hast, die ein Wissenschaftler sich nur wünschen kann.
Mit nochmaligem besten Dank für Dein freundliches Gedenken verbleibe ich mit herzlichen Grüßen

Dein Vetter Max Apt

Standort: [BAL], bk0016n8n1p; Dokumentnummer: **[0860/17.05.1954]**
Prof Dr. Max Apt *Baden-Baden, 17.5.1954*
Haus National
Lichtentaler Allee

Lieber Otto,
Bertl [Kamm] war so freundlich, mir Deine jetzige Adresse zu geben. Ich habe die Absicht, Dir die 175$, die Du mir während der Emigration freundlichst zur Verfügung gestellt hast, zurückzuzahlen. Die Devisenformalitäten bestehen noch und es wird immerhin noch eine Zeitlang dauern ehe Du das Geld bekommst. Ich möchte heute nur bitten, mir das Bankkonto zu benennen, auf welches dieser Betrag überwiesen werden soll und Deine Privatadresse.
Ich habe mich entschlossen, wieder nach Deutschland zurückzukehren und gedenke bis auf weiteres in Baden-Baden zu bleiben. Sollte Dich Dein Weg durch Deutschland führen, so würde ich mich freuen, wenn wir uns wiedersehen könnten. Ich gehe jetzt auf das 85. Jahr, habe alle Gebrechen, die in diesem Alter üblich sind, kann mich aber erfreulicherweise noch geistig beschäftigen wie in alter Zeit. In der Hoffnung bald von Dir zu hören, bin ich mit besten Grüßen
Dein getreuer Vetter Max Apt [nur Unterschrift handschriftlich]

Stern hatte Franck zu dessen 70. Geburtstag am 26. August 1952 gratuliert.

Standort: [BAL], bk0016n8q5x; Dokumentnummer: **[0835/01.09.1952]**
d. 1. Sept. 52
Falmouth. Mass.
103 Elm Road
Lieber Stern,
Vielen Dank für Ihren lieben Geburtstagsbrief und Ihre Ankuendigung der Europareise ab N.Y. am 10. Sept. Auf dem Geburtstagsbrief werde ich wohl durch eine Art Rundbrief oder gedruckte Karte antworten müssen da ich nicht den Rest meiner Lebenstage mit persönlichen Antworten verbringen möchte. Das soll aber nicht heissen dass ich mich über Wünsche jeder dieser vielen Briefe und sicherlich über Ihren nicht gefreut hätte. Die Collection von Briefen und die Einzelbrief waren eine ganz grosse Überraschung für mich und trotz aller Abneigung den Pfingstochsen zu spielen, doch eine sehr freudige. Wir haben indem wir unser altes Ferienheim hier gegen ein viel schöneres in Falmouth[172] *vertauscht haben. Das Haus geht über un-*

[172] Falmouth ist ein kleiner Ort in Massachusetts an der Atlantikküste gelegen (nahe bei Cape Cod).

sere Verhältnisse, aber schliesslich warum sollen wir nicht Schulden machen. Das ist aber heutzutage die beste Kapitalanlage.
Nur schnell eine gekürzte Übersicht. Hertha [Sponer] und ich haben hier einen schönen wenn auch heissen und wegen vieler Besuche etwas hektischen Sommer verbracht. Mir gehts jetzt sehr gut d. h. zum mindesten viel besser als letztes Jahr. ich muss nur lernen ein bischen mehr vorsichtig zu sein., sonst schwellen mir die Beine an, da das Herz nicht immer völlig ausreichend sich betätigt. Die Störungen sind klein und werden nicht einer Europareise im Wege stehen. Hertha reist mit einer Guggenheim Stiftung schon am 24. Sept. nach Schweden (Uppsala Phys. Institut). Ich werde Anfang 1953 nachkommen. Wir wollen bis Ende Sommer drüben bleiben. Es wäre schön Sie drüben zu treffen, aber Sie werden wohl kaum bis in den Januar hinein drüben bleiben. Wenn ja, so lassen Sie uns wissen. Evtl. treffe ich Hertha so um die Jahreswende herum irgendwo im Süden Europas. Leider werden wir uns auch in New York nicht treffen. Wir bleiben bis zum 13ten hier und über Boston Washington New York bringe ich Hertha ans Schiff um dann nach Chicago zu gehen. Ich vermute Sie werden sich wohl nicht den Umweg leisten uns hier zu besuchen. Schön wäre es. Alles Gute von meiner Frau und mir Ihr Franck
Lisco arbeitet. Ich hoffe er ist permanent gesundet. Zur Zeit ist er mit Familie in New York auf Ferien.

mit folgendem Anhang:

Lieber Stern!   01.9.1952 in New York zur Post
Es ist mir leider nicht moeglich brieflich den vielen Freunden und Kollegen zu danken, die mir meinen 70 sten Geburtstag zu einem wunderschoenen Erlebnis gemacht haben. Daher bitte ich Sie fuerlieb zu nehmen mit dieser gedruckten Danksagung und der Versicherung, dass ich mich unverdient reich beschenkt fühle durch die mir erwiesene Herzlichkeit und Freundschaft. [ab hier handschriftlich an Stern hinzugefügt]
Wohin ich Ihnen diese (wie alle andern) sehr verspätete Dankkarte schicken soll, wusste ich nicht. Irgendwo und irgendwann werden Sie sie wohl erhalten und mindestens noch gute Wünsche für 1953 annehmen. Wir werden in Uppsala sein, gehen aber erst 14 Tage an die Riviera. Falls Sie uns mal schreiben, so ist es wohl das bequemste es über Chicago zu thun.
Herzlichen Dank u. herzliche Grüsse Ihr J.F. [James Franck]

Ein wichtiger Weggefährte und persönlicher Freund von Otto Stern war Max Volmer. Beide hatten sich schon 1918/19 im Nernst'schen Institut in Berlin kennengelernt und zusammen geforscht (drei gemeinsame Publikationen: S10, S11 und S13 [SB2016]). Volmer hat sicher durch die gemeinsamen Experimente am Ende des Ersten Weltkrieges entscheidend Sterns Wechsel vom Theoretiker zum Experimentalphysiker mit beeinflusst. Volmer war 1945 zusammen mit der Forschergruppe um Gustav Hertz nach Russland gegangen und kam erst im März 1955 [VOL1955, VOL1985] nach Deutschland (DDR) zurück.

Wie aus dem handgeschrieben Brief vom 9.7.1954 von Max Volmer an Stern zu entnehmen ist, muss Stern mit Volmer schon im Sommer 1954 Kontakt aufgenommen haben und den Wunsch geäußert haben, Volmer zu besuchen.

Max Volmer schrieb am 9.7.1954 (Absenderadresse ist Potsdam-Babelsberg!):

Standort: [BAL], bk0016n8k6d; Dokumentnummer: **[0866/09.07.1954]**
Lieber Herr Stern,
das ist aber eine Überraschung. Wollen Sie nicht doch hierher kommen und bei uns Quartier nehmen? Ich würde Sie auch sehr gerne sehen, glaube aber es wird sonst kaum zu machen sein. Bis zum 1. Aug. geht das Semester. Dann will ich mit Herrn Heinrich eine entermolo.. Reise in die Karpaten bei Jablonien und Craretora machen. Das wäre sicher auch was gegen Rheumatismus- mit dem ich auch zu tun habe- aber entspricht nicht Ihren Ansprüchen und Comfort. Dagegen käme für Sie das Bad Pystian[173] *in Betracht und man könnte sich z. B. in Krakau treffen. :::bad [Ortsname nicht entzifferbar]soll auch für Rh (euma) sein.*
Sehen Sie mal ob Sie auf obiger Basis etwas vorschlagen können. Letzten Donnerstag wurden bei uns Ihre Arbeiten im Colloquium referiert.
Herzliche Grüsse auch von Collega stets Ihr M.Volmer

Auch Laue informierte Stern über sein Treffen mit Lotte Volmer.

Standort: [BAL], bk0016n8t3c; Dokumentnummer: **[0869/23.08.1954]**
Prof. Dr. Max von Laue *Berlin-Dahlem, den 23.8.54*
Lieber Otto Stern!
Gestern kam ich aus den Alpen zurück und fand hier die Ankündigung vor, Frau Volmer wolle mich heute besuchen. Das hat sie auch getan. Man sieht ihr die höheren Jahre schon an, aber im Wesen ist sie wie früher munter und frisch. Ihre wichtigste Mitteilung war die Ankündigung, daß ihr Mann und sie selbst in wenigen Monaten zurückkehren. Gustav Hertz und Frau sollen noch früher entlassen werden. Es existiere, so sagte sie, ein allgemeiner "Befehl", die deutschen "Spezialisten" heimzusenden.
Was sie sonst von der Stimmung in Rußland, auch den Deutschen gegenüber, erzählte, klang sehr beruhigend. Auch sei nach Stalins Tod eine merkliche Erleichterung eingetreten, z. B. könne man jetzt schon seine Meinung sagen. Überhaupt sei es von Vornherein ein zweckmäßiges Verfahren gewesen, den Machthabern gelegentlich deutlich, u. U. sogar grob, die Meinung zu sagen.
Ein Amt will Volmer hier nicht mehr annehmen, Aber er freut sich offenbar auf sein Haus in Babelsberg. Morgen fliegt Frau Volmer[174]*, die schon mehrere Tage hierweilte, wieder zurück nach Moskau.*
Wir haben es in Pertisau[175] *recht erholsam gehabt. Meine Kräfte haben sich merklich gehoben. Das Wetter war erfreulich kühl. Daß es häufig regente, war sicher für mich beß(ss)er, als große[n] Hitze. Meine Frau bleibt noch einige Zeit dort.*

[173] Bad Pystian ist ein Ferienort in der Slowakei.
[174] Lotte Volmer geb. Pusch war die Ehefrau von Max Volmer.
[175] Pertisau ist ein Ferienort am Achensee in Österreich.

Mit recht herzlichem Gruß
Ihr M.v. Laue [handschriftlich]

Im folgenden Brief informierte Stern dann Franz Simon über Volmers baldige Rückkehr.

BE Standort: [BAL], bk0016n8k8h; Dokumentnummer: **[0870/00.09.1954]**
L.[ieber] Simon,
[.....] Kürzlich schrieb mir Laue, daß Frau Volmer ihn besucht und ihm mitgeteilt hätte, daß Volmer in wenigen Monaten nach Deutschland zurückkehren würde. Es existieren im allgemeinen „Befehle" die deutschen „Spezialisten" herzusenden[3]*......*
Viele Grüße, auch an Ihre Frau Ihr Otto Stern

Ehe sich Stern und Volmer dann vom 25. bis 29.10.1955 in West-Berlin getroffen haben, wurden noch weitere Briefe ausgetauscht. Volmer schrieb am 4.8.1955 an Stern:

Standort: [BAL], bk0016n907n; Dokumentnummer: **[0878/04.08.1955]**
Lieber Herr Stern,
Ihre Schwester[176] *hat uns viel Liebes von Ihnen erzählt: wie gut es Ihnen geht, wie schön Sie wohnen und wieviel Papier Sie für die Theorie verbrauchen. Aber dass Sie bald selbst kommen, ist doch das Beste. Unser Meeting in Ragaz*[177] *ist beinah 20 Jahre her. Die Welt sieht wieder mal ganz anders aus. Die Wertung der Wissenschaft ist gestiegen, vielleicht etwas ungesund hoch, aber unser Kreis ist klein und die Spaltung "Zum Kotzen"! Sie werden sehen, ich erwarte Ihre Anmeldung von Zürich her und Ihre Wünsche bez. Quartier. Am schönsten wäre es, wenn Sie bei uns wohnen würden. Auf Ihr Kommen freuen sich riesig Ihre alten Freunde Kolleg und Kollega Volmer*

BE Standort: [BAL], bk0016n8k8h; Dokumentnummer: **[0877/23.07.1955]**
Stern schrieb am 23.7.1955 an Volmer:

[Berkeley], 23.7.1955

Lieber Herr Volmer, liebe Frau Collega,
ich freue [mich] schrecklich, Sie beide wieder zu sehen und zu sprechen. Ich hatte die Hoffnung schon aufgegeben, umso mehr freue ich mich jetzt.
~~Also~~ Wenn alles klappt, will ich Ende September in Zürich eintreffen und bis Anfang Januar dort bleiben. Von Zürich will ich dann [...][1] *nach Berlin fliegen. Von U.S.A. nach Europa fliege ich nicht, da ich die Seereise immer sehr genieße, es soll mein vierundzwanzigstes crossing werden.*
Bis zum 10. Sept. erreicht mich hier, 1. Okt. in Zürich, Physikal. Institut ETH Gloriastr. 35. Übrigens schickt mir meine Schwester immer die Post per Air Mail nach.

[176] Berta Kamm geb. Stern
[177] Bad Ragaz (bis 1937 *Ragaz*) ist ein Ort im Kanton St. Gallen/Schweiz.

Da ich über 3 Monate in Europa bleiben will, können wir [...][2].
Hoffentlich, hoffentlich kommt nichts dazwischen.
Allerherzlichste Grüße *Ihr O. S.*

1, 2 unleserliche Einfügungen.

Am 29.8.1955 schrieb Stern an Volmer:

BE Standort: [BAL], bk0016n8k8h; Dokumentnummer: **[0879/29.08.1955]**
[Berkeley], 29.8.1955

Lieber Herr Volmer,
vielen Dank für Ihren lieben Brief vom 4.8. und die schönen Photographien. Leider habe ich kein anständiges neueres Bild von mir. Ich lege meine Paßphotographie, die zwar nicht sehr schön, aber ganz neu ist. Anbei noch eine Aufnahme von meinem Haus. Das Schönste davon ist aber auch nicht drauf ist, das ist die wunderbare Aussicht über die ganze San Francisco Bay.
Was die Entwicklung der Wissenschaft, und speziell der Physik betrifft, so bin ich ziemlich unglücklich darüber. Die Anwendungen der Atomphysik (?) als Wissenschaft zu bezeichnen, ist einfach ein Sakrileg. Aber abgesehen davon sind auch die rein wissenschaftlich unleugbaren ~~glänzenden~~ Erfolge doch wahrhaft (?) außerordentlich. Im Verständnis der Fundamente ist man seit 1926 nicht weitergekommen. Ich verspreche seit langer Zeit von der Seite der Thermodynamik her dem Quantenproblem näher zu kommen, aber ohne Erfolg. Ich werde halt alt! Ich freue mich schon sehr drauf, Ihnen von diesen Dingen zu erzählen.
[Ihr Otto Stern]

Stern hat dann von Zürich kommend die Volmers in Berlin besucht (s. Bd. III, Abschn. 2.5). Stern ist in West-Berlin geblieben und nicht nach Ost-Berlin eingereist. Auf Nachfrage beim Stasi-Archiv wurde den Autoren mitgeteilt, dass es dort keinerlei Daten über Otto Stern und eine Einreise Sterns nach Ostberlin gibt.

Nach erfolgtem Treffen schrieb Volmer an Stern :

Standort: [BAL], bk0016n8t3c; Dokumentnummer: **[0882/00.12.1955]**
Potsdam-Babelsberg, Dezember 1955

Lieber Otto Stern,

„Es ist zum kotzen!" Reisen kann ich nicht höchstens bis Berlin, könnte mich Ihnen kaum widmen, alles strengt mich an. Lise [Meitner]hat uns allerlei Liebes von Ihnen erzählt. Was ich treibe?
1.) „Alternde Forscher oft lieben zu philosophieren, mir sei zum Abschluss gewährt Tröstung in Dir. Beides ist innig verwandt: der Wortschwall [Poesie], decket die Blössen, kündend den sterbenden Geist, Phantasie die erlischt."
2.) Atome und Entomologie
„Ematurga atomaria" und ihre Lokalformen vom schwarzen Meer bis Jaroslawl; „Flügel oben gelb bis weiss, dicht mit schwarzen Atomen bestreut" (so heisst es in der Literatur).

3.) Ornithologie: Die Waldeule ein schrecklicher Vogel; hat mir vor Zeiten ein zärtliches Rendevous total gestört.
Alles Quatsch. Da[ge]gen ist Lottchen wie immer munter und Tätig, würde auch gern reisen, wenn sie nicht den modernden Klotz am Bein hätte. Ich wundere mich, daß es Sie noch nach dem wüsten Europa zieht. Sie haben es doch so schöner daheim.
Herzlichst Ihre lieben Volmers

Emphehlung auch, an Frau Schwester und an Pauli

Der theoretische Physiker Wilhelm Lenz war ein wichtiger Diskussionspartner während Sterns Hamburger Jahren (1923–1933) gewesen. Lenz hatte aber bis 1955 nicht gewagt, Stern zu schreiben, und umgekehrt hatte Stern auch mit Lenz keinen Kontakt nach dem Kriege aufgenommen. Lenz schrieb 1955 an Stern:

Standort: [BAL], bk0016n8t9p; Dokumentnummer: **[0883/29.12.1955]**
Hamburg, 29. 12.19 55

Lieber Herr Stern !
Seitdem Sie aus Hamburg weggegangen sind, ist so Furchtbares geschehen, dass ich mich, wie die anderen hier, in Ihrem Gedächtnis ausgelöscht wähnen musste. Und nun haben Sie mir durch Hn. Pauli Grüße bestellen lassen! Wie soll ich Ihnen dafür anders danken, als dass ich Ihnen einmal ausführlicher schreibe. Durch Hn. Pauli weiß ich, daß Sie wieder einmal auf die Chandarelle gehen übers Jahresende, und dort hoffe ich Sie brieflich zu erreichen.
Wie viele sind nicht mehr am Leben, seit wir vor etwa 25 Jahren in St. Moritz waren. Rogowski, der damals herrliche Geschichten von seinem Institutsbau erzählte, ist bald nach Kriegsende einem Herzschlag erlegen. Von den Mitgliedern der Fakultät leben nicht mehr:
Schorr, Winkler, Gü[h]rich, Rabe und Hecke. Auch Wolff, der Anglist und besondere Freund Heckes ist, vor etwa 2 Jahren gestorben. Bald nach Kriegsbeginn drang die Kunde zu uns, dass Gordon nicht mehr am Leben sei [1939 in Stockholm gestorben]. Koch, der einst Joviale, der immer für Leben und Lebenlassen war, ist durch die Nazis in eine seltsame seelische Verfassung gedrängt worden – oder besser verführt worden -; er wurde ganz unausstehlich extremistisch, hat Harte[c]k und seine Leute denunziert, wollte mich mit phantastischen Begründungen zwangsweise emeritieren lassen und hat einige Pamphlete gegen die ihm nicht genehme (große) Gruppe der Fakultät verfasst. Das Ende war dann, dass er von der Militär-Regierung nach dem Kriege entlassen wurde und er sich am 1. 10. 45 in meinem Dienstzimmer das Leben nahm. Seine Hauptmitstreiter waren H. G. Möller (angewandte Physik) und Lütgens (ein a. o. Wirtschaftsgeograph), beide zunächst entlassen und später pensioniert (nicht emeritiert).
Die Kleinen, Ihr Knauer, Kochs Meyer [Hans Heinrich] und Möller's Hagen haben frühzeitig in hohen Stiefeln, kackbrauner Uniform und dito Käppi, ein scheußlicher Anblick, auch Möller hat da mitgemacht und, wohl unter Druck von Koch, zunächst auch David, der aber bald wieder absprang. SA nannte sich dieser Verein. Nach und nach wurde diesen Allen Absolution erteilt und sie wieder in ihr Amt aufgenommen.

Den Jungen, die eine Assistentenstelle oder sonst ein Amt haben wollten, blieb nichts anders übrig, als in die Partei zu gehen, d. h. Beitrag zu zahlen und bei Sammlungen mit der Sammelbüchse herumzulaufen. So Jensen, der ja damals im Herzen noch Kommunist war. Seinem Nachfolger in der theoret. Assistentenstelle Hn. Artmann, jetzt Diätendozent, der sehr schöne Arbeiten über Festkörperphysik und chemische Bindung schreibt, ist es aufgrund meines gesundheitlichen Mangels allerdings gelungen, im Kriege die Ass.stelle zu bekommen, ohne Parteimitglied geworden zu sein u. es zu bleiben.

Und nun, ach Gott, ich selbst. Ich hatte anfangs auf dem Standpunkt gestanden, dass die Nazis eben hingenommen werden müssten, also ohne oppositionelle Haltung, wenn anders das Elend der Arbeitslosigkeit und das drohende kommunistische Regime nicht abzuwenden waren. Nur wollte ich ganz im Hintergrund bleiben. Diese Primitiven mit den groben Manieren sagten mir nicht zu, und ein Mann mit einem Parteiabzeichen flöste mir Unbehagen ein. Aber es kam doch anders. Hier in Hamburg nämlich hatte sich die Kaufmannschaft weitgehend von der Partei fern gehalten und es wurde dem „Gauleiter", das ist der Großnazi von Hamburg gewesen, von seinen Nazigenossen vorgehalten, dass er propagandistisch nicht durchzugreifen verstehe. Die Folge war, dass er sich auf diejenigen der Intelligenz und Wissenschaft stürzte, die er bedrängen konnte. Dazu gehörte die Uni. Und so wurden wir mit Rundschreiben von ihm „beglückt". Drei Stück waren das, und eins immer gröber als das andere, Marke Nazi. Da bekamen es viele, die Familie hatten, mit der Angst und so kam es, dass in Hamburg 90 % des Lehrkörpers in der Partei waren, während es anderwärts nur 5 – 10 % waren. Da ich nicht verheiratet bin, konnte ich es mir leisten, zu denken: wenn sie mich hinauswerfen gehe ich halt in die Industrie. Aber gerade um die kritische Zeit der vielen Partei-Eintritte passierte es mir, dass ich in's Krankenhaus mußte mit einer Kiefergeschichte, die leider septoid wurde und einen längeren Krankenhausaufenthalt erforderte. Angesichts des Verlaufs dieser Erkrankung begann ich an meiner Brauchbarkeit für die Industrie zu zweifeln. Ich kroch in diesem geschwächten Zustand zu Kreuze, verlassen von allem kollegialen Rat, den ich mir vor allem von den Juristen zu holen gedachte u. die ich jetzt nicht erreichen konnte ehe der Termin des Eintritt-Schlusses kam. Allerdings bedang ich mir aus, kein Amt übernehmen zu müssen. Und so wurde ich denn Parteigenosse Ende 1937. Ich empfand das als demütigend und habe mich von dem Parteibetrieb fast restlos ferngehalten. Und habe mich gerächt, indem ich meinen Assistenten Artmann darin bestärkte, nicht in die Partei einzutreten. Die Militär-Regierung hat an diesen 1937ern keinen Anstoß genommen, sofern sie kein Parteiamt übernommen hatten, u. so hatte also dieser Parteieintritt für mich keine Folgen.

Es kam der Krieg, den ich für mich als Hitlerkrieg bezeichnete und von vornherein für verloren hielt, weshalb ich von meinen engeren Freunden – anderen mußte man von Sieg mitreden – für einen unverbesserlichen Pessimisten gehalten wurde. Nur als Frankreich darniederlag dachte ich für kurze Zeit, dass der Krieg auf Eis gelegt würde bis USA gerüstet war. Aber als dann England Widerstand zeigte, hielt ich den Krieg für endgültig verloren u. blieb dabei, trotz aller Siegesfanfaren.

Vom Chemischen Institut sind durch Bomben zwei Stock weggerissen worden, das Hygienische ist ganz zerstört, das Physikalische hatte einen Schaden am Dach, Ihr Institut blieb heil, Möller's Institut wurde ganz zerstört. – Ich war in die Nähe der Uni gezogen, wo viele Bomben fielen, des Dammtorbahnhofs wegen. Aber es ging gut, da wir eine gefährlich große Brandbombe löschen konnten u. das, was vom Haus schon brannte. Unsere Gasmaske war sehr gut, wie ich damals feststellte; später erfuhr ich, dass sie so gut war, weil sie schlichter war als die englische u. sich daher nicht so leicht verstopfte wie diese. – Ich hätte nicht gedacht, dass ich den Krieg überstehen würde, weil meine Anfälligkeit gegen Erkältungen im Lauf der Zeit bedenklich groß geworden ist. Ich hatte das Glück, keinen schweren Situationen gegenübergestellt zu sein. Jetzt z. B. kann ich nur noch im Sommer in's Freie, sonst gehe ich vom warmen Zimmer eingemummelt zur Taxe u. wieder in's Warme. Ich werde 1956 emeritiert und habe vor, nach dem Süden zu ziehen, soweit mir die dazu nötige Gesundheit bleibt. Zu meinem zu erwartenden Abgang (wahrscheinlich Ende SS 56) ist mir eine große Genugtuung geworden. Aufgrund meines Vorschlages, auf die z. Zt. freie Exp. Phys. Professur einen Kerndynamiker zu setzen u. eine Maschine zu verlangen (wozu zunächst gar keine Aussicht zu bestehen schien) und stetigen weiteren Drängens ist es schließlich gelungen, den Senat dazu zu bringen, dass er 7,5 Mill. D-Mark für ein Kernphys.Institut bewilligte; die Maschine soll 2 Milliarden e-Volt schwere Teilchen liefern, Hr. Jenschke [1] (Wiener) Urbana hat angenommen. Nun muß ein Nachfolger für mich berufen werden[178]; eine Liste liegt noch nicht vor.

Dies wäre wohl das Wichtigste, was ich Ihnen sagen wollte; vieles wäre noch hinzuzusetzen. Ich wünsche Ihnen ein gutes

Neues Jahr und grüße Sie als *Ihr alter W. Lenz* [l]

P.S. Es ist zwar lange her, aber wenn ich den Brief überlese, empfinde ich es trotzdem als unumgänglich, Ihnen noch sehr sehr nachträglich meinen Glückwunsch zu sagen zu der höchsten Ehrung, die einem Wissenschaftler zuteil werden kann, der Verleihung des Nobelpreises. Nachdem Sie das H-Kernmoment gemessen hatten, war das zwar ein Selbstgänger, die Tatsache der endlichen Verleihung aber ist doch dann eine hohe Genugtuung.

Linus Pauling versuchte Otto Stern 1961 zu gewinnen, seine Initiative für Abrüstung zu unterstützen. Aus dem Sternschen Nachlass geht jedoch nicht hervor, ob Stern ein Mitunterstützer wurde. Unterzeichnet hat er den Aufruf offensichtlich nicht.

[178] Harry Lehmann (1924–1998) wurde der Nachfolger von Wilhelm Lenz an der Hamburger Universität.

Standort: [BAL], bk0016n8k8h; Dokumentnummer: **[0936/07.02.1961]**

3500 FAIRPOINT STREET, PASADENA, CALIFORNIA

7 February 1961

Professor Otto Stern
739 Cragmont Avenue
Berkeley 8, California
Dear Otto:
I am not angry with you, but I would, of course, have preferred that you sign the statement.
I am just preparing a news release in which I point out that the stated policy of the United States government is to work toward the goal of total and universal disarmement (not, of course, realizable for many years or decades), and that to allow nuclear weapons to spread to more and more nations can only cause trouble for everybody.
So far about thirty Nobel Laureates have signed the statement, about one hundred members of the National Academy of Sciences, and about one hundred Fellows of the Royal Society .
What I am angry about (not really angry, but unhappy) is that I never see you. I wish that our paths would cross again.

Cordially yours,
Linus [handunterschrieben]
Linus Pauling

2.2.7 Briefe und Dokumente zur Verfolgung durch die Nationalsozialisten der eigenen Familie Sterns

Otto Sterns Familie hat selbst auch Holocaustopfer zu beklagen. Seine Stiefmutter Paula Stern, geborene Feldheim (1868–1943) wurde am 1. September 1942 in Wiesbaden wohnend nach Theresienstadt deportiert und starb dort am 4. Feb. 1943. In Sterns Nachlass gibt es die Kopie eines Abschiedsbriefs (Rotkreuzbrief), den Paula Stern am 31.8.1942 an Berta Kamm geb. Stern (*Miss Berthel Kamm*) in Berkeley geschrieben hat, der Berta aber erst am 8.12.1942 übergeben wurde. Dieser Brief lautet [WIE], [BAL]:

Standort: [BAL], bk0016n8s4d; Dokumentnummer: **[0569/00.12.1942]**

Wwe Paula Sara Stern, Wiesbaden, Walluferstr. 13, II
Verwandtschaftsgrad: Mutter
Empfänger: Miss Berthel Kamm, Berkeley, (Cal.) USA, 710 Keeler Avenue
Alle gesund.
Verlasse mit Schwestern morgen Wiesbaden. Näheres später durch Erich. Schickte Otto Weihnachten Roteskreuzbrief. Keine Antwort erhalten. Eure letzte Nachricht: Depesche 2/XII
Lebt wohl!

31. August 1942. Paula Sara Stern
Antwort:
Beantworteten im Juli ersten Rotkreuzbrief. Keine Nachricht von Erich. Wir alle gesund. Gib Lebenszeichen, wann immer möglich, Sind in Gedanken stets bei Euch. In Liebe!
English translation:
Answered in July first Redcross-letter. No message from Erich. We all healthy. Give sign of life whenever possible. Our thoughts are always with you. In Love!
Dec. 8. 1942 Berta (Stern) Kamm

Lieber Otto, Dec. 8. 1942
Lieber Otto, Obenstehend Abschrift eines Rotkreuzbriefes, den ich heute erhielt. Herzl. Dank für Brief und Scheck. Ich bin schrecklich busy mit 2 jobs, außer Haushalt. Herzliche Grüße!
Ob meine Antwort sie erreicht und wo??? Scheußlich!! Deine Be.

Im Hauptstaatsarchiv der Stadt Wiesbaden [WIE] gibt es zahlreiche Dokumente bezüglich Clara Stern und den Schwestern Paula Stern geb. Feldheim und Emmy Feldheim. Für Paula (Jg. 1868) fehlt die Devisenakte. Es gab wegen Paula Stern einen Antrag auf Entschädigung beantragt von Professor Dr. Otto Stern und Berta Kamm geb. Stern. Dem Antrag auf Entschädigung wurde nicht stattgegeben, da die Antragsteller nicht die leiblichen Kinder waren. In der Akte befindet sich auch das Testament von Oskar Stern aus dem Jahre 1925, das die vier Kinder aus der ersten Ehe mit Jenni geb. Rosenthal – Dr. phil Otto Stern (Jg.1888), Berta Kamm geb. Stern (Jg.1889), Dr. phil Kurt Stern (Jg.1892) und Elise Stern (Jg.1899) – zu gleichen Teilen als Erben einsetzt. Paula Stern geb. Feldheim wurde in diesem Testament eine jährliche Rente von 12.000 RM bewilligt. Dazu wurden 250.000 RM aus sicheren Papieren aus dem Nachlass ausgeschieden und bei einer zuverlässigen Bank hinterlegt. Die 20.000 RM, die sie in die Ehe mitgebracht hatte, wurden ihr gleichfalls ausgezahlt. Außerdem erhielt sie Mobiliar, Geschirr, Silber. Aus den Akten von Clara Stern ist zu entnehmen, dass Paula Stern im Jahre 1942, nachdem sie auch ihre Möbel verkauft hatte, vollkommen mittelos war und von der Schwester unterstützt wurde. Clara Stern wohnte gemeinsam mit ihren Schwestern Paula und Emmy seit 1932 in Wiesbaden, Wallufer Str. 13.

Otto Sterns Bruder Kurt [Stern] wurde 1933 gezwungen, sein Haus in Frankfurt-Niederrad Deutschordenstr. 78 zu verkaufen und emigrierte zuerst nach Frankreich. 1934 übersiedelte er nach New York. Am 19.12.1938 nahm Kurt sich in New York das Leben. Außerdem haben viele Verwandte Otto Sterns Deutschland verlassen müssen und sind in die USA, nach England oder auch Südamerika emigriert.

Der bekannte Münchener Botaniker Professor Otto Renner hat an Otto Stern 1958 den folgenden Brief geschrieben, aus dem man Kurts wichtige wissenschaftliche Leistungen auf dem Gebiet der Botanik erkennen kann:

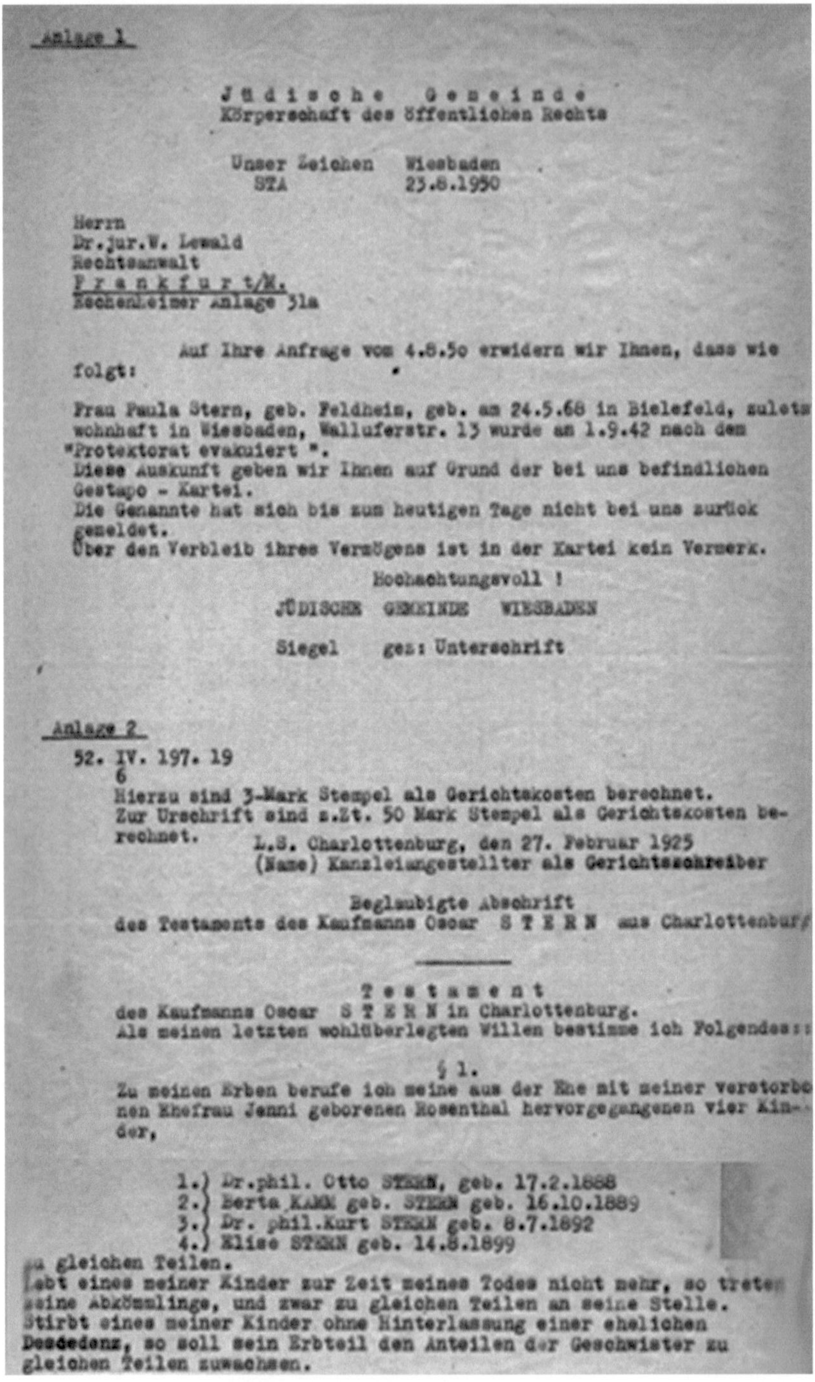

Anlage 1

J ü d i s c h e   G e m e i n d e
Körperschaft des öffentlichen Rechts

Unser Zeichen STA   Wiesbaden 23.8.1950

Herrn
Dr.jur.W. Lewald
Rechtsanwalt
F r a n k f u r t/M.
Bockenheimer Anlage 31a

Auf Ihre Anfrage vom 4.8.50 erwidern wir Ihnen, dass wie folgt:

Frau Paula Stern, geb. Feldheim, geb. am 24.5.68 in Bielefeld, zuletzt wohnhaft in Wiesbaden, Walluferstr. 13 wurde am 1.9.42 nach dem "Protektorat evakuiert ".
Diese Auskunft geben wir Ihnen auf Grund der bei uns befindlichen Gestapo - Kartei.
Die Genannte hat sich bis zum heutigen Tage nicht bei uns zurück gemeldet.
Über den Verbleib ihres Vermögens ist in der Kartei kein Vermerk.

Hochachtungsvoll !
JÜDISCHE GEMEINDE WIESBADEN

Siegel   gez: Unterschrift

Anlage 2

52. IV. 197. 19
6
Hierzu sind 3-Mark Stempel als Gerichtskosten berechnet.
Zur Urschrift sind z.Zt. 50 Mark Stempel als Gerichtskosten berechnet.
L.S. Charlottenburg, den 27. Februar 1925
(Name) Kanzleiangestellter als Gerichtsschreiber

Beglaubigte Abschrift
des Testaments des Kaufmanns Oscar S T E R N aus Charlottenbur

T e s t a m e n t
des Kaufmanns Oscar S T E R N in Charlottenburg.
Als meinen letzten wohlüberlegten Willen bestimme ich Folgendes::

§ 1.
Zu meinen Erben berufe ich meine aus der Ehe mit meiner verstorbenen Ehefrau Jenni geborenen Rosenthal hervorgegangenen vier Kinder,

1.) Dr.phil. Otto STERN, geb. 17.2.1888
2.) Berta KAMM geb. STERN geb. 16.10.1889
3.) Dr. phil.Kurt STERN geb. 8.7.1892
4.) Elise STERN geb. 14.8.1899

zu gleichen Teilen.
Lebt eines meiner Kinder zur Zeit meines Todes nicht mehr, so treten seine Abkömmlinge, und zwar zu gleichen Teilen an seine Stelle.
Stirbt eines meiner Kinder ohne Hinterlassung einer ehelichen Descedenz, so soll sein Erbteil den Anteilen der Geschwister zu gleichen Teilen zuwachsen.

Abb. 2.29 Antwortbrief der Jüdischen Gemeinde Wiesbaden zum Verbleib von Paula Stern (Bildquelle: [WIE])

Standort: [BAL], bk0016n8x08; Dokumentnummer: **[0917/16.01.1958]**
16.1.1958 Renner an Stern über Kurt
[maschinengeschrieben mit Handunterschrift]
Prof. O. Renner *München, 16. Jan. 1958*
Menzinger Straße 67
Botanisches Institut
Herrn Professor Dr. O. Stern,
Berkeley
Sehr geehrter Herr Kollege.
Seit ich weiß nicht wie lange habe ich die Absicht Ihnen zu schreiben, weil ich Sie bitten wollte mich wissen zu lassen, was das Schicksal Ihres Bruders Kurt war, seit er Europa verlassen hatte. Vor einiger Zeit bin ich besonders an ihn erinnert worden, als einer meiner hiesigen Kollegen sich mit der Morphologie von Nepanthes beschäftigte und dabei auf die Dissertation Ihres Bruders Bezug nahm.
Sie werden sich schwerlich so lebhaft wie ich des Abends in einem Münchener Restaurant entsinnen, an dem Ihr Bruder mich mit Ihnen bekannt machte; ich hörte damals zum ersten Mal den Namen Einstein. Daß Sie Nobelpreisträger wurden, habe ich natürlich erfahren. Seit einigen Jahren dürfte ich selber Vorschläge für Physik und Chemie machen, aber das nehme ich mir selbst nicht heraus.
E. Bünning, dessen Assistent Ihr Bruder in Frankfurt war, ist Ordinarius in Tübingen und gegenwärtig wohl der erste Mann in der deutschen Botanik. Mein Nachfolger in Munchen zu werden, wohin ich vor fast zehn Jahren von Jens zurückgerufen wurde, konnte er sich nicht entschließen; ich bin seit ein paar Jahren emeritiert.
Ihre amerikanischen Landsleute sind sehr aufmerksam gegen mich. Man hat mich zum ausw. Mitglied der Amer. Ac. of Sciences in Boston, der National Acad. of Sci., sogar der sehr exklusiven Amer. Philos. Soc. gewählt- den beiden letzten gehören Sie selber an-, auch zum korr. M. der Botanical Soc. of America. Eine Karl Schurz-Professur in Madison war mir angeboten, als ich eben von einer Reise in Niederländisch Indien zurückgekehrt war, und da konnte ich nicht schon wieder weg. Jetzt werde ich die Neue Welt nicht mehr sehen, weil ich nicht mehr reise. Mit R. Goldschmidt, den Sie wohl kennen, bin ich dauernd in Verbindung; er ist noch erstaunlich produktiv.
Ich hoffe, daß es Ihnen gut geht und bin mit besten Grüßen Ihr sehr ergebener O.Renner

Otto Stern und Berta Kamm geb. Stern als Erben von Kurt haben am 13. August 1951 durch Antrag an die Wiedergutmachungskammer Frankfurt versucht, eine Wiedergutmachung zu erhalten. Durch Vergleich (1000 DM) mit der damaligen Besitzerin Gertrud Leopold wurde das Verfahren beendet.

Ende 1938 nahm sich Kurt Stern in New York das Leben. Er wurde dann, wie im Vertrag vom 6.1.1939 festgelegt, auf dem Ferncliff Cementary in der Stadt Greenburgh, County of Westchester im Staat New York bestattet.

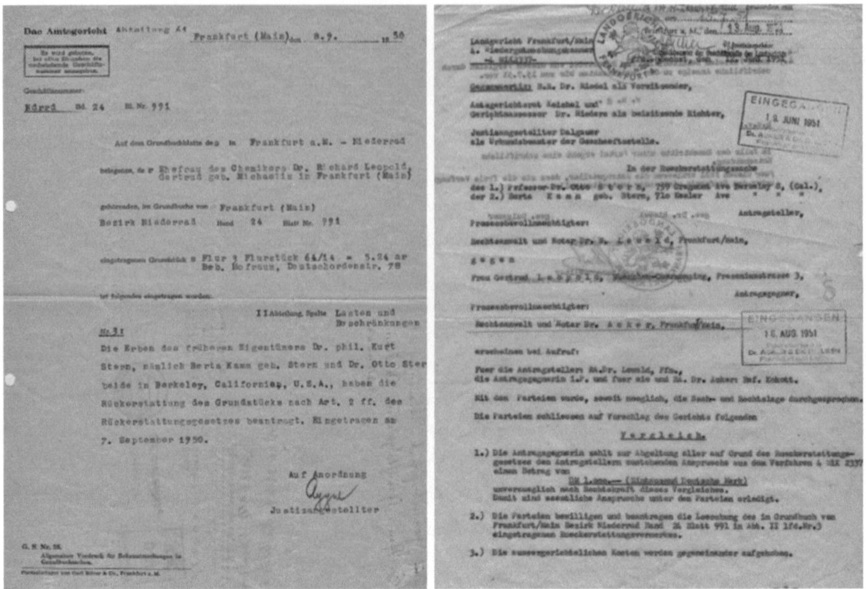

Das Amtsgericht Abteilung 44 Frankfurt (Main), den 8.9. 19 50

Geschäftsnummer: Ndrrd Bd. 24 Bl. Nr. 991

Auf dem Grundbuchblatte des in Frankfurt a.M. - Niederrad

belegenen, der Ehefrau des Chemikers Dr. Richard Leopold, Gertrud geb. Michaelis in Frankfurt (Main)

gehörenden, im Grundbuche von Frankfurt (Main) Bezirk Niederrad Band 24 Blatt Nr. 991

eingetragenen Grundstück s Flur 3 Flurstück 64/14 = 5.24 ar Geb. Hofraum, Deutschordenstr. 78

ist folgendes eingetragen worden:

II Abteilung, Spalte Lasten und Beschränkungen

Nr. 3:

Die Erben des früheren Eigentümers Dr. phil. Kurt Stern, nämlich Berta Kamm geb. Stern und Dr. Otto Stern beide in Berkeley, California, U.S.A., haben die Rückerstattung des Grundstücks nach Art. 2 ff. des Rückerstattungsgesetzes beantragt. Eingetragen am 7. September 1950.

Auf Anordnung

Justizangestellter

Landgericht Frankfurt/Main

EINGEGANGEN 19. JUNI 1951

Justizangestellter Dalgauer als Urkundsbeamter der Geschäftsstelle.

In der Rückerstattungssache

des 1.) Professor Dr. Otto Stern, 759 Cragmont Ave Berkeley 8, (Cal.),
der 2.) Berta Kamm geb. Stern,

Antragsteller,

Prozessbevollmächtigter:

Rechtsanwalt und Notar Dr. Leopold, Frankfurt/Main,

gegen

Frau Gertrud Leopold,

Antragsgegner,

Prozessbevollmächtigter:

Rechtsanwalt und Notar Dr. Acker, Frankfurt/Main,

EINGEGANGEN 16. AUG. 1951

erscheinen bei Aufruf:

Mit den Parteien wurde, soweit moeglich, die Sach- und Rechtslage durchgesprochen.

Die Parteien schliessen auf Vorschlag des Gerichts folgenden

Vergleich.

1.) Die Antragsgegnerin zahlt zur Abgeltung aller auf Grund des Rueckerstattungsgesetzes den Antragstellern zustehenden Ansprueche aus dem Verfahren 4 WiK 2337 einen Betrag von DM 1.000,-- unverzueglich nach Rechtskraft dieses Vergleiches. Damit sind saemtliche Ansprueche unter den Parteien erledigt.

2.) Die Parteien bewilligen und beantragen die Loeschung des im Grundbuch von Frankfurt/Main Bezirk Niederrad Band 24 Blatt 991 in Abt. II lfd.Nr.3 eingetragenen Rueckerstattungsvermerkes.

3.) Die aussergerichtlichen Kosten werden gegeneinander aufgehoben.

Abb. 2.30 Gerichtsbescheid in Sachen Wiedergutmachung Kurt Stern wegen Hausenteignung in Frankfurt (Bildquelle: [KRA2011])

Standort: [BAL], bk0016n8q4c; Dokumentnummer: **[0555/06.01.1939]**

Im Vertrag vom 6.1.1939 zwischen der Ferncliff Cemetery Association und Otto Stern heisst es:

This Indenture, *made the 6th day of January in the year of our Lord, one thousand nine hundred and thirty-nine between the Ferncliff Cemetery Association, duly incorporated and pursuant to the laws of the State of New York, party of the first part, and OTTO STERN of 1060 Morewood Ave., Pittsburgh, Pa. party of the second part.*

Stern muss sich im Jahre 1947 bemüht haben, die sterblichen Überreste seines Bruders Kurt nach Berkeley zu überführen. Am 4. Dezember 1947 erhielt er folgende Antwort der Leitung des Ferncliff Cemetary:

Standort: [BAL], bk0016n8q4c; Dokumentnummer: **[0794/04.12.1947]**

THE DIRECTORS OF "FERNCLIFF"
NARTDALE; NEW YORK

December 4, 1947 Dr. Otto Stern 759 Cragmont Avenue Berkeley 8, California

Dear Dr. Stern:

The cost of removing the cremented remains of Dr. Kurt Stern from under the marker is $ 10.00.

Shipping the cremented remains to Berkeley would cost $ 1.50 and with the bronze marker approximately $5.00.

All we need is your authorization to make this transfer, we do not require any papers from Berkeley.
As suggested, if you want to sell the grave you can either advertise it or get in touch with Charles A. Potter, cemetary broker, at Broadway, New York.
Yours very truly,
FERNCLIFF CEMETARY ASSOCIATION
Henry Freudenberg

1947 wurden Kurts sterblichen Überreste nach Berkeley überführt. Am 12.5.2012 wurde von der Stadt Frankfurt zum Gedenken an Kurt Stern vor dem Haus in Frankfurt-Niederrad Deutschordenstr. 78 ein „Stolperstein" in den Bürgersteig eingelassen.

Otto Stern selbst hätte als zur Emigration gezwungener Professor nach dem Krieg in Deutschland eine hohe Wiedergutmachung zugestanden. Wie Franz Simon in folgendem Brief vom 22.8.1954 an Stern schreibt, hätte Stern ab 1950 pro Jahr ca. 18.000 DM als Wiedergutmachung erhalten können. Für die Zeit von 1950 bis zu seinem Tode 1969 hätte die gesamte Wiedergutmachungszahlung an Stern fast 350.000 DM betragen.

Standort: [BAL], bk0016n8x51; Dokumentnummer: **[0868/22.08.1954]**
[Oxford], 22. August 1954

Lieber Stern,
Estermanns waren gerade hier und erzaehlten, dass Sie wohl jetzt wieder zurueck sind. Ich kann Ihnen also jetzt fuer Ihr Telegram danken, es war sehr nett von Ihnen zu hoeren. Hoffentlich haben Sie eine gute Zeit in Europa gehabt. Hier war das Wetter fuerchterlich. Wir muessen noch ueber die British Association in Oxford bleiben, dann fahren wir auf 4 Wochen auf den Continent. Uebrigens, ich werde zu einer Conferenz nach Washington fahren, Ende Oktober; wenn ich hier laenger wegkann, gehe ich vielleicht nach Pasadena fuer ein paar Tage.
Ich schreibe heute hauptsaechlich um Ihnen zu sagen, dass die meisten Emigranten jetzt ihre Entschaedigung von der Deutschen Regierung bekommen. Man erhaelt sein Emeritus Gehalt – ungefaehr 18000 DM, und zwar ruecklaeufig vom Jahre 50 an, und zwar kann man es voll uebertragen. Ich habe es noch nicht, aber die Nachricht, dass ich es bald bekommen werde. Wie Sie wissen, war ich freiwillig gegangen, aber das macht nichts – die Leute haben ohne weiteres zugegeben, dass man ja nur gegangen ist, da man kurz drauf doch haette gehen muessen – oder man unter den Umstaenden doch nicht haette bleiben wollen. Das gilt als Verfolgung. Ich weiss, dass Sie nichts mit der Entschaedigung zu tun haben wollten, aber ich finde man soll denen nichts schenken. Fuer die meisten hier ist es ausserdem nicht moeglich, nach dem Ruecktritt von der kleinen hiesigen Pension zu leben. Es ist moeglich, dass die Frist zur Eingabe schon vorbei ist, aber meiner Erinnerung gibt es eine Klausel, die einen spaeteren Antrag ermoeglicht, wenn man nichts von dem Gesetz gewusst hat.

Abb. 2.31 Stolperstein in Frankfurt in Erinnerung an Kurt Stern (Bildquelle: Aufnahme der Autoren)

Uns geht es weiter gut; es ist schade, dass wir Sie bei der Durchfahrt durch England versaeumt haben. Ich haette Ihnen gerne unsere Arbeiten gezeigt.
Herzliche Gruesse, auch von Lotte, Ihr Franz Simon

Stern antwortete Simon wie folgt:

Standort: [BAL], bk0016n8k8h; Dokumentnummer: **[0868a/00.09.1954]**
L.[ieber] Simon,
vielen Dank für Ihren Brief vom 22. VIII.[1954]. Ich habe mich wirklich gefreut, als ich von Ihrer Erinnerung hörte. Außerdem ist es ein schönes Gegenstück zu der schäbigen Art, in der die Amerikaner Oppenheimer behandelt haben.
Was die Entschädigung der Emigranten betrifft, so haben Sie natürlich ganz recht. Ich kann für mich nur sagen, daß ich es nicht über mich bringe, mit dem Deutschen Staat noch irgendetwas zu tun zu haben.
Kürzlich schrieb mir Laue, daß Frau Volmer ihn besucht und ihm mitgeteilt hätte, daß Volmer in wenigen Monaten nach Deutschland zurückkehren würde. Es existieren im allgemeinen „Befehle" die deutschen „Spezialisten" herzusenden.
Ich hoffe sehr, Sie zu sehen, wenn Sie im Herbst nach U.S.A. und hoffentlich auch nach Californien kommen.
Viele Grüße, auch an Ihre Frau Ihr Otto Stern

Nach Durchsicht des gesamten Nachlasses, in dem Stern viele Zahlungsbelege aufgehoben hat, findet sich keinerlei Hinweis auf einen entsprechenden Antrag Otto Sterns auf ein Emeritusgehalt oder auf Zahlungen der deutschen Wiedergutmachungsbehörden [BAR1966]. Die Frage, warum Stern in Sachen Kurt und Paula Stern Anträge auf Wiedergutmachung gestellt hat, in seiner Sache jedoch nicht, obwohl es hier um sehr hohe Beträge ging, bleibt unbeantwortet.

Sterns Lebensdaten und Chronologie seines Wirkens

Diese Chronologie von Otto Sterns Wirken basiert auf folgenden Quellen:

1. Otto Sterns selbst verfassten Lebensläufen,
2. Sterns Briefen und Sterns Publikationen,
3. Sterns Reisepässen
4. Sterns Züricher Interview 1961
5. Dokumenten der Hochschularchive

(17.2.1888 bis 17.8.1969)

1888
Geb. 17.2.1888 als Otto Stern in Sohrau/Oberschlesien

In allen Lebensläufen und Dokumenten findet man immer nur den Vornamen Otto. Im polizeilichen Führungszeugnis ausgestellt am 12.7.1912 vom königlichen Polizeipräsidium Abt. IV in Breslau wird bei Stern ebenfalls nur der Vorname Otto erwähnt. Nur im Emeritierungsdokument des Carnegie Institutes of Technology wird ein zweiter Vorname Otto M. Stern erwähnt.

Vater: Mühlenbesitzer Oskar Stern (*1850–†1919) und Mutter Eugenie Stern geb. Rosenthal (*1863–†1907)

Nach Angabe von Diana Templeton-Killan, der Enkeltochter von Berta Kamm und somit Großnichte von Otto Stern (E-Mail vom 3.12.2015 an Horst Schmidt-Böcking) war Ottos Großvater Abraham Stern.
Abraham hatte 5 Kinder mit seiner ersten Frau Nanni Freund. Nanni starb kurz nach der Geburt des fünften Kindes. Bald danach heiratete Abraham Berta Bender, mit der er 6 weitere Kinder hatte. Ottos Vater Oskar war das dritte Kind von Berta.
Abraham und Nannis erstes Kind war Heinrich Stern (1833–1908). Heinrich hatte 4 Kinder. Das erste Kind war Richard Stern (1865–1911), der Toni Asch

H. Schmidt-Böcking, A. Templeton, W. Trageser (Hrsg.), *Otto Sterns gesammelte Briefe – Band 1*, https://doi.org/10.1007/978-3-662-55735-8

heiratete. Deren erstes Kind war Rudi Stern (1895–1962), der die Physikerin Kaethe Brieger (1894–1973) heiratete. Beide sind die Eltern des Historikers Fritz Stern (96–06). Rudolf Stern war Mediziner und Wissenschaftler. Er emigrierte kurz vor dem Zweiten Weltkrieg nach New York.

1892
1892 zog die Familie Stern von Sohrau nach Breslau. Am 3.4.1892 wurde Otto Stern in Breslau angemeldet (Polizeiliches Führungszeugnis vom 12.7.1912: Nach diesem Pol. Führungszeugnis war er in Breslau bis zum 23.4.1906, dann wieder vom 15.8.1906 bis 1.6.1908, vom 1.9.1908 bis 20.8.1910 und vom 1.9.1910 bis zum 4.5.1912 mit Wohnsitz angemeldet.

Die Geschwister von Otto Stern waren: Berta Stern (*1889–†1963), Kurt Stern (*1892–†1938), Lotte Stern (*1897–†1912) und Elise Stern (*1899–†1945)

Ab Ostern 1894 besuchte Stern das Johannesgymnasium in Breslau.

1906
Am 22.3.1906 erhielt Stern das Zeugnis der Reife.

In Sterns „Königlicher Prüfungskommision" waren: Gymnasialdirektor Geheimer Regierungsrat Laudien, Prof. Dr. Toeplitz, Prof. Dr. Wohlauer, Dr. Schneck, Dr. Gabriel, Oberlehrer Schwarzer
Laudien, Wohlauer, Schneck, Gabriel und Schwarzer konnten nicht identifiziert werden.

Ab 1906 begann Stern mit dem Studium mit Vorlesungen (je ein Semester) in Freiburg und München:

Vorlesungen bei:
in Freiburg: bei dem Chemiker Conrad Willgerodt.
in München: bei dem Chemiker Adolph von Baeyer, der 1905 den Nobelpreis in Chemie erhalten hatte, und bei dem Physiker Leo Graetz, den Erfinder der Graetz-Schaltung
in Breslau: bei Richard Abegg, der die Elektronenaffinität und Valenzregel eingeführt hatte, Walter Herz in Chemie, Richard Hönigswald in Physik (Schwarzer Strahler), Jacob Rosanes in Mathematik, Clemens Schaefer in klassischer theoretischer Physik und bei dem jungen Otto Sackur in Chemie.
In einigen Biografien über Otto Stern wird Arnold Sommerfeld als einer seiner Lehrer genannt. Stern selbst bestätigt, dass er Vorlesungen bei Sommerfeld gehört hat, aber da er in diesen Vorlesungen nichts verstanden habe, führt er im Anhang seiner Doktorarbeit Sommerfeld nicht als seinen Lehrer auf.

1907
1907 ist seine Mutter Eugenie geb. Rosenthal gestorben

1908
Am 6.3.1908 bestand Stern das Verbandsexamen in Chemie in Breslau.

Das Verbandsexamen war eine akademische Prüfung im Fach Chemie. Es wurde 1898 eingeführt und bis 1918 an Universitäten verlangt, um praktische und theoretische Grundkenntnisse nachzuweisen. Das Bestehen dieser Prüfung war Voraussetzung, um zur Promotion zugelassen zu werden.

1912
Am 6.3.1912 musste sich Stern der mündlichen Doktorprüfung (Rigorosum) in Breslau unterziehen.

Am 13.4.1912 folgte die Promotion in Breslau. Die Betreuer der Dissertationsarbeit waren Otto Sackur. Stern wurde auch von Lummer geprüft.

Die Doktorarbeit wurde dreifach publiziert: alle Sternpublikationen siehe [SB2016]
Vorabpublikation:
21.2.1912 Zur kinetischen Theorie des osmotischen Druckes konzentrierter Lösungen und über die Gültigkeit des Henry'schen Gesetzes für dieselben AU Stern, Otto SO Jahresbericht der Schlesischen Gesellschaft für vaterländische Cultur VO 90 I (II. Abteilung: Naturwissenschaften. a. Sitzungen der naturwissenschaftlichen Sektion) PA 1-36 PY 1913 DT B URL (Identisch mit S1)

S1 13.4.1912 Otto Stern, Zur kinetischen Theorie des osmotischen Druckes konzentrierter Lösungen und über die Gültigkeit des Henryschen Gesetzes für konzentrierte Lösungen von Kohlendioxyd in organischen Lösungsmitteln bei tiefen Temperaturen. Dissertation Universität Breslau 1-35 (1912) Verlag: Grass, Barth, Breslau.
S2 16.8.1912 Otto Stern, Zur kinetischen Theorie des osmotischen Druckes konzentrierter Lösungen und über die Gültigkeit des Henryschen Gesetzes für konzentrierte Lösungen von Kohlendioxyd in organischen Lösungsmitteln bei tiefen Temperaturen. Z. Physik. Chem., 81, 441–474 (1913).
S3 Otto Stern, Bemerkungen zu Herrn Dolezaleks Theorie der Gaslöslichkeit, Z. Physik. Chem., 81, 474–476 (1913)

1912 ist seine Schwester Lotte Stern (geb. 1897) gestorben.

Nach Ostern 1912 geht Stern zu Einstein nach Prag.

Dies erfolgte durch Empfehlung Otto Sackurs und durch Fürsprache Fritz Habers bei Einstein. In der Literatur wird auch Arnold Eucken als Vermittler angegeben, Stern erwähnt im Züricher Interview [JOST1961] jedoch nicht Eucken als Vermittler.
Albert Einstein und Otto Stern, Einige Argumente für die Annahme einer Molekularen Agitation beim absoluten Nullpunkt. Ann. Physik, 40, 551–560 (1913) 345 eingegangen am 5.1.1913

Im August 1912 kehrte Einstein nach Zürich zurück. Otto Stern begleitete ihn. Ab Wintersemester 1912/13 wurde Stern wissenschaftlicher Mitarbeiter Einsteins (s. SzZE Schulratsarchiv 1912, Protokoll des Präsidenten, 29. Oktober 1912, Nr. 469).

1913

Am 26.6.1913 stellt Stern den Antrag auf Habilitation bei Eidgenössischem Schulrat (ETH-Bibliothek, Hochschularchiv, SR3 1913/Nr. 677)

Die Gutachter waren:: Albert Einstein und Pierre Weiss beide Physik sowie Emil Baur Phys. Chemie Antrag 7.7.1913 (SzZE Schulratsarchiv 1913, Akten, Nr. 854).

2.8.1913 Schulratssitzung und Ernennung Otto Sterns zum Privatdozenten für Physikalische Chemie an der ETH-Zürich (s. SzZE Schulratsarchiv 1913, Protokoll des Schweizerischen Schulrates, 2. August 1913, Nr. 110).

Zwei identische Publikationen der Habilitationsschrift:

S4 Otto Stern, Zur kinetischen Theorie des Dampfdrucks einatomiger fester Stoffe und über die Entropiekonstante einatomiger Gase, Physik. Z., 14, 629–632 (1913) eingegangen am 22.5.1913.

S4a Otto Stern, Zur kinetischen Theorie des Dampfdrucks einatomiger fester Stoffe und über die Entropiekonstante einatomiger Gase, Habilitationsschrift Zürich Mai 1913, 154–162, Druck von J. Leemann, Zürich I, oberer Mühlsteg 2.

S5 Albert Einstein und Otto Stern, Einige Argumente für die Annahme einer Molekularen Agitation beim absoluten Nullpunkt. Ann. Physik, 40, 551–560 (1913), eingegangen am 5.1.1913

Vom 2.8.1913 bis Herbst 1914 war Stern Privatdozent an der ETH in Zürich, Physikalische Chemie.

Am 15.11.1913 hielt Stern seine Antrittsvorlesung an der ETH Zürich (um 11 3/4 Uhr) im Chemiegebäude mit dem Titel: Die Bedeutung der Molekulartheorie für die chemische Gleichgewichtslehre

Im Wintersemester 1913/14 und Sommer Semester 1914 musste er dort Vorlesungen halten.

1914

S6 Otto Stern, Zur Theorie der Gasdissoziation. Ann. Physik, 44, 497–524 (1914) 349 eingegangen 27.2.1914

Am 10.11.1914 stellte Stern den Habilitationsantrag (siehe Dokument „*Habilitationsgesuch*“ [0032/10.11.1914], eigentlich Antrag auf eine Umhabilitation von Zürich nach Frankfurt) an der Naturwissenschaftlichen Fakultät der Königlichen Universität Frankfurt.

Die Gutachter waren von Max von Laue und Arthur Schoenflies

Ab Herbst 1914 bis 1.10.1921 war Stern Privatdozent für theoretische Physik in Frankfurt. Sein Kriegsdienst begann am 18.12. 1914 und endete mit Kriegsende Nov.1918.

1915
Am 20.1.1915 erhielt Stern die Mitteilung der Naturwissenschaftlichen Fakultät Frankfurt, dass er jetzt als Privatdozent für theoretische Physik zugelassen wurde (offiziell ab 28.6.1915 nach Einwilligung des königlichen Kommissars)

Am 21.4.1915 stellte er schon einen Antrag auf Beurlaubung wegen Kriegsdienst. Er war bis ca. 1.7.1915 am Flieger- und Luftschiffhafen Frankfurt stationiert.

Offiziell wurde Stern erst am 22. November 1915 auf sein Gesuch hin als Privatdozent an der ETH Zürich vom schweizerischen Schulrat entlassen [ETHZ].

1916
Ab ca. Juli 1915 bis August 1916 war Stern als Wetterbeobachter in Lomsha/Polen tätig, in dieser Zeit überlebt Stern den Absturz seines Wetterflugzeuges (Aussage von Alan Templeton, Großneffe von Otto Stern)

Er hat dort aus „Langeweile" [JOST1961] zwei Publikationen über Entropieprobleme verfasst:

S7 Otto Stern, Die Entropie fester Lösungen. Ann. Physik, 49, 823–841 (1916) 354 eingegangen am 10.2.1916.
S8 Otto Stern, Über eine Methode zur Berechnung der Entropie von Systemen elastisch gekoppelter Massenpunkte. Ann. Physik, 51, 237–260 (1916) 356 eingegangen am 2.8.1916.

1917
Seit ca. Herbst 1917 war Stern zur Kriegsforschung bei Walther Nernst an der Universität Berlin abkommandiert (Projekte z. B. Verflüssigung von Ölen) (nach Züricher Interview).

Während dieser Zeit wurde Stern auch in Belgien zum Aufbau von Physikal. Labors eingesetzt (laut Zürich Interview).
Stern hat sich im Januar 1917 bei der Minenwerferabteilung in Markendorf bei Jüterborg und im März 1917 auf der Maschinenbeschaffungsstelle in Lüttich sowie im Juni 1917 auf der Maschinenbeschaffungsstelle in Antwerpen aufgehalten (diese Information wurde aus den Feldpostkarten [BAL] geschrieben zwischen Stern und seiner Familie erhalten).

1918+1919
Ab erste Hälfte 1918 führte Otto Stern im Institut von Walter Nernst zusammen mit Max Volmer Grundlagenforschung durch (3 Publikationen mit Volmer)

S10 Otto Stern und Max Volmer, Über die Abklingungszeit der Fluoreszenz. Physik. Z., 20, 183–188 (1919) eingegangen Berlin 2.1.1919.

S11 Otto Stern und Max Volmer. Sind die Abweichungen der Atomgewichte von der Ganzzahligkeit durch Isotopie erklärbar. Ann. Physik, 59, 225–238 (1919) eingereicht 7.1.1919 aus dem Phys. Chem. Institut der Univ. Berlin, Durchführung Aug. bis Nov. 1919 (s. S11) eingegangen Berlin 7.1.1919.

S12 Otto Stern, Zusammenfassender Bericht über die Molekulartheorie des Dampfdrucks fester Stoffe und Berechnung chemischer Konstanten. Z. Elektrochem., 25, 66–80 (1919) eingegangen am 3.11.1919 von Berlin, Schlüterstr. 37.

S13 Otto Stern und Max Volmer. Bemerkungen zum photochemischen Äquivalentgesetz vom Standpunkt der Bohr-Einsteinschen Auffassung der Lichtabsorption. Zeitschrift für wissenschaftliche Photographie, Photophysik und Photochemie, 19, 275–287 (1920) Frankfurt und Berlin eingegangen 12.11.1919.

Am 31. Januar 1919 ist Sterns Vater Oskar Stern in Berlin/Charlottenburg gestorben.

Im Februar 1919 Rückkehr nach Frankfurt wegen Vorlesungsverpflichtung. (Beginn der Vorlesungen des Zwischensemesters am 3.2.1919)

Am 6.8.1919 Ernennung zum Professor an der Universität Frankfurt durch den Minister für Wissenschaft, Kunst und Volksbildung in Berlin.

S9 Max Born und Otto Stern, Über die Oberflächenenergie der Kristalle und ihren Einfluss auf die Kristallgestalt. Sitzungsberichte, Preußische Akademie der Wissenschaften, 48, 901–913 (1919) ausgegeben am 4.12.1919.

S15 Otto Stern, Zur Molekulartheorie des Paramagnetismus fester Salze. Z. Physik, 1, 147–153 (1920) eingegangen 30.12.1919.

1920

1919 bis 1920 Messung der Maxwellschen Geschwindigkeitsverteilung von Atomstrahlen, die durch Verdampfung bei der Temperatur T entstehen.

Im April 1920 Besuch und Teilnahme am sogenannten „Bonzenfreien“ Kolloquium in Berlin-Dahlem.

19.–25.9.1920 Teilnahme an der DPG-Tagung in Bad Nauheim (19.–25.9.1920).

> Otto Stern hält einen Vortrag über seine Messungen der Maxwell’schen Geschwindigkeitsverteilung von Atomstrahlen, Teilnehmer der Tagung waren damals Arnold Sommerfeld, Max Born, W. Hallwachs, Gustav Mie, Alfred Landé, Pieter Debye, Walter Nernst, Wolfgang Pauli, Paul Ewald, Otto Hahn, Heinrich Rausch von Traubenberg, Friedrich Dessauer, Wilhelm Lenz, Gustav Hertz, Wilhelm Ostwald, H. Diels, W. Grotrian, Robert Wichard Pohl, Erich Hückel, Heinrich Rubens, James Franck, Carl Ramsauer, Philipp Lenard, Max Planck, Albert Einstein u. a.

S14 Otto Stern, Eine direkte Messung der thermischen Molekulargeschwindigkeit, Physik. Z., 21, 582–582 (1920) Vortrag auf der 86. Naturforscherversammlung und 1. DPG-Tagung Bad Nauheim vom 19.–25.9.1920.

S16 Otto Stern, Eine direkte Messung der thermischen Molekulargeschwindigkeit. Z. Physik, 2, 49–56 (1920), eingereicht 27.4.1920.

S17 Otto Stern, Nachtrag zu meiner Arbeit: „Eine direkte Messung der thermischen Molekulargeschwindigkeit", Z. Physik, 3, 417–421 (1920) eingereicht 22.10.1920.

Ab 1920 zusammen mit Walther Gerlach Aufbau und Durchführung des Stern-Gerlach-Experimentes (Gerlach kam am 1.10.1920 als Assistent zu Richard Wachsmuth).

1921

S18 Otto Stern, Ein Weg zur experimentellen Prüfung der Richtungsquantelung im Magnetfeld. Z. Physik, 7, 249–253 (1921) eingegangen 26.8.1921.

S19 Walther Gerlach und Otto Stern, Der experimentelle Nachweis des magnetischen Moments des Silberatoms. Z. Physik, 8, 110–111 (1921) eingegangen am 18.11.1921

28.9.1921 Mitteilung an Universität Frankfurt über Ruferteilung der Universität Rostock sowie Rufannahme am 3.11.1921

1.10.1921 bis 31.12.1922 planmäßiger a. o. Professor für theoretische Physik an der Uni Rostock.

20.10.1921 Stern wird für das WS1921/22 durch das Mecklenburgsche Schweriner Ministerium für Unterricht zum kommissarischen Leiter des Physikalischen Instituts an der Uni Rostock ernannt.

Trotz Wechsel nach Rostock wurden die Experimente mit Gerlach bis April 1922 weitergeführt. Stern kam nur in den Ferien (Weihnachtsferien 1921 und Osterferien 1922) nach Frankfurt.

29.11.1921 Vereidigung in Rostock

Am 4. und 5.11.1921 erster erfolgreicher Versuch in Frankfurt durch Gerlach für Nachweis eines magnetischen Momentes von Silberatomen: Aufweitung im Magnetfeld. Ergebnis: Silberatom hat ein magnetisches Moment, Größe ca. 1 Bohr'-sches Magneton.

1922

In der Nacht vom 7.2. auf 8.2.1922 wurde erstmals in Frankfurt eine Dubletaufspaltung für Silberatome beobachtet. Dies ist das berühmte „Stern-Gerlach-Experiment" mit dem Nachweis des „Stern-Gerlach-Effektes". Dies ist der erste experimentelle Beweis für die Quantisierung der atomaren Drehimpulse und für sogenannte Richtungsquantelung in Atomen überhaupt.

S20 Walther Gerlach und Otto Stern, Der experimentelle Nachweis der Richtungsquantelung im Magnetfeld. Z. Physik, 9, 349–352 (1922) eingegangen am 1.3.1922.

S21 Walther Gerlach und Otto Stern, Das magnetische Moment des Silberatoms. Z. Physik, 9, 353–355 (1922) eingegangen am 1.4.1922.
S22 Otto Stern, Über den experimentellen Nachweis der räumlichen Quantelung im elektrischen Feld. Physik. Z., 23, 476–481 (1922) vermutlich DPG Tagung, Arbeit ist in Rostock entstanden.

8.11.1922 Rufannahme in Hamburg (dokumentiert durch Sterns Brief an Universität Rostock).

13.11.1922 Bestätigung der Rufannahme nach Hamburg durch persönliche Erklärung bei der Hamburger Hochschulbehörde.

27.11.1922 Ernennung zum ordentlichen Professor in Hamburg durch Senatsbeschluss.

27.12.1922 Mitteilung der Entlassung in Rostock zum 1.1.1923.

1923

26.1.1923 Vereidigung in Senatssitzung der Universität Hamburg.

S23 Immanuel Estermann und Otto Stern, Über die Sichtbarmachung dünner Silberschichten auf Glas. Z. Physik. Chem., 106, 399–402 (1923); die Versuche dazu wurden im Sommer 1922 in Rostock durchgeführt, eingegangen am 28.7.1923.

7. bis 8. Juli 1923 Besuch der Gautagung in Göttingen.

16. bis 22. September 1923 Teilnahme an der Tagung der Deutschen Physikalischen Gesellschaft in Bonn.

1924

S26 Walther Gerlach und Otto Stern, Über die Richtungsquantelung im Magnetfeld. Ann. Physik, 74, 673–699 (1924) eingegangen am 26.3.1924.
S25 Otto Stern, Zur Theorie der elektrolytischen Doppelschicht. Z. Elektrochemie, 30, 508–516 (1924) eingegangen am 21.8.1924.

21. bis 27. September 1924 Teilnahme an der Tagung der Deutschen Naturforscher und Ärzte in Innsbruck.

1925

S24 Otto Stern, Über das Gleichgewicht zwischen Materie und Strahlung. Z. Elektrochem., 31, 448–449 (1925)

Anfang Oktober 1925 Teilnahme an der Tagung der Faraday-Society (Bereich Physikalische Chemie) in Oxford mit publiziertem Beitrag S27.

1926

S27 Otto Stern, Transformation of atoms into radiation. Transactions of the Faraday Society, 21, 477–478 (1926)

Diese Publikation ist fast identisch mit Sterns Publikation S24.

21. bis 26. Juni 1926 Teilnahme an der Tagung in Zürich über die Probleme des Magnetismus.

19. bis 26. September 1926 Teilnahme an der Tagung der Deutschen Physikalischen Gesellschaft zusammen mit der Tagung der Deutschen Naturforscher und Ärzte in Düsseldorf.

S28 Otto Stern, Zur Methode der Molekularstrahlen I. Z. Physik, 39, 751–763 (1926) eingegangen 8.9.1926.
S29 Friedrich Knauer und Otto Stern, Zur Methode der Molekularstrahlen II. Z. Physik, 39, 764–779 (1926) eingegangen 8.9.1926.
S30 Friedrich Knauer und Otto Stern, Der Nachweis kleiner magnetischer Momente von Molekülen. Z. Physik, 39, 780–786 (1926) eingegangen 8.9.1926.
S31 Otto Stern, Bemerkungen über die Auswertung der Aufspaltungsbilder bei der magnetischen Ablenkung von Molekularstrahlen. Z. Physik, 41, 563–568 (1927) eingegangen 22.12.1926.
S32 Otto Stern, Über die Umwandlung von Atomen in Strahlung. Z. Physik. Chem., 120, 60–62 (1926) eingegangen 1.10.1925.

1927

Juli 1927 „Gremiumstagung" in Hamburg.

11. bis 20. September 1927 Teilnahme an der internationalen Tagung in Como zum 100. Todestag von Alessandro Volta. (Atti del Congresso Internationale dei Fisici, Como 11–20 Settembre 1927) Proceedings herausgeben von Nicola Zanichelli/Bologna mit Sterns Beitrag (in Deutsch): Versuche an Molekuarstrahlen, Seite 117–118.

Stern trug hier erstmals über seine Atomstrahlinterferenzexperimente vor.

> Dort gab es lebendige Diskussionen zwischen Niels Bohr und Werner Heisenberg über die neue Quantentheorie. In diesen Diskussionen ging es um grundsätzliche Fragen der philosophischen Interpretation der quantenmechanischen Messgrößen. Heisenberg hatte gerade sein berühmtes Paper über die „Unschärfe-Relation" veröffentlicht. Bohr trug hier seine neuen Deutungen (sogenannte Kopenhagener Interpretation) über Kausalität und Statistik in der Quantenwelt vor. Der Welle-Teilchen-Dualismus spielte eine große Rolle. Neben den beiden vorgenannten waren Max Born, Wolfgang Pauli, Enrico Fermi, Marconi, Hendrik Kramers und viele andere Pioniere der neuen Quantenphysik anwesend. Albert Einstein nahm an dieser Tagung nicht teil.
> Zusammen mit der etwas später 1927 stattfindenden Solvay-Konferenz in Brüssel ist diese Como-Konferenz in der Geschichte der Quantenmechanik berühmt

geworden wegen ihrer Diskussion über die Interpretation der neuen Quantentheorie. Stern nahm an der Solvay-Konferenz nicht teil.

1928

16. bis 21. Mai 1928 Teilnahme an der Hauptversammlung der Deutschen Bunsengesellschaft für physikalische Chemie in München.

S34 Georg von Hevesy und Otto Stern, Fritz Habers Arbeiten auf dem Gebiet der Physikalischen Chemie und Elektrochemie. Naturwissenschaften, 16, 1062–1068 (1928) zum 60. Geburtstag von Fritz Haber am 9.12.1928.

S36 Friedrich Knauer und Otto Stern, Intensitätsmessungen an Molekularstrahlen von Gasen. Z. Physik, 53, 766–778 (1929) eingegangen am 24.12.1928

21.6. 1928 Einladung zu einem dreimonatigen Gastaufenthalt an die Universität Berkeley/CA.

1929

S33 Friedrich Knauer und Otto Stern, Über die Reflexion von Molekularstrahlen. Z. Physik, 53, 779–791 (1929) eingegangen am 24.12.1928. Über diese Arbeit hat Stern in Como vorgetragen. Darin wurde die Reflexion der Atomstrahlen an Oberflächen nachgewiesen, aber noch keine Interferenzen beobachtet.

S35 Otto Stern, Erwiderung auf die Bemerkung von D. A. Jackson zu John B. Taylors Arbeit: „Das magnetische Moment des Lithiumatoms“, Z. Physik, 54, 158 (1929) eingegangen am 11.2.1929.

S37 Otto Stern, Beugung von Molekularstrahlen. Naturwissenschaften, 17, 391–391 (1929) 20.4.1929 ab Hamburg, Erster Nachweis der Interferenzen.

11.1.1929 Absage des Gastaufenthaltes in Berkeley an Hochschulbehörde

12.4.1929 Ruf auf ein Ordinariat für Physikalische Chemie an der Universität Frankfurt durch das Preußisches Ministerium für Wissenschaft, Kunst und Volksbildung zum 1.10.1929, Nachfolge Richard Lorenz.

22.4.1929 Erneuerung der Einladung auf Gastaufenthalt in Berkeley

14.5.1929 Der Universitätssenat der Universität Hamburg unterstützt in seiner Sitzung Sterns Forderungen und ermächtigt Prof. Blaschke, der Hochschulbehörde nochmals eindringlich klarzumachen, welchen Wert die Hamburger Universität auf das Verbleiben von Stern in Hamburg legt.

12. Juli 1929 Bleibeverhandlungen werden mit einem sehr positiven Vertrag für Stern abgeschlossen.

15.7.1929 Otto Stern teilt der Universität Frankfurt mit, dass er den Ruf nach Frankfurt nicht annimmt

S38 Friedrich Knauer und Otto Stern, Bemerkung zu der Arbeit von H. Mayer „Über die Gültigkeit des Kosinusgesetzes der Molekularstrahlen.“ Z. Physik, 60, 414–416 (1930) eingegangen 14.12.1929.

S40 Immanuel Estermann und Otto Stern, Beugung von Molekularstrahlen. Z. Physik, 61, 95–125 (1930) eingegangen 14.12.1929.

1930

1930 von Mitte Januar bis Mitte April Gastaufenthalt an der Universität Berkeley

1930 Verleihung der Ehrendoktorwürde (LL.D.) an Otto Stern durch die Universität Berkeley/CA.

1930 Angebot Max von Laues an Stern auf eine Direktorenstelle im Kaiser-Wilhelm-Institut für Physik in Berlin. Stern lehnt aber ab, da er soeben erfolgreich in Hamburg Bleibeverhandlungen geführt hatte.

S39 Otto Stern, Beugungserscheinungen an Molekularstrahlen. Physik. Z., 31, 953–955 (1930).

Teilnahme an der Sechsten Solvay-Konferenz 20. bis 25.10.1930 in Brüssel.

Teilnehmer: Edouard Herzen, Emile Henrion, Jules-Emile Verschaffelt, Charles Manneback, Aime Cotton, Jaques Errera, Otto Stern, Auguste Piccard, Walther Gerlach, Charles Galton Darwin, Paul Dirac, Edmond Henri Georges Bauer, Pjotr Leonidowitsch Kapitza, Leon Brillouin, Hendrik Anthony Kramers, Peter Debye, Wolfgang Pauli, Jakow Dorfman, John H. van Vleck, Enrico Fermi, Werner Heisenberg, Theophile de Donder, Pieter Zeeman, Pierre-Ernest Weiss, Arnold Sommerfeld, Marie Curie, Paul Langevin, Albert Einstein, Owen Willans Richardson, Blas Cabrera, Niels Bohr, Wander Johannes de Haas

1931

19. bis 22. Mai 1931 Teilnahme an der Physikertagung in Zürich (Thema: Kernphysik).

14. und 15.2.1931 Teilnahme an der Tagung der Deutschen Physikalischen Gesellschaft (Gauverein Niedersachsen) in Hannover.

S41 Thomas Erwin Phipps und Otto Stern,„ Über die Einstellung der Richtungsquantelung, Z. Physik, 73, 185–191 (1932) eingegangen 9.9.1931.

S42 Immanuel Estermann, Otto Robert Frisch und Otto Stern, Monochromasierung der de Broglie-Wellen von Molekularstrahlen. Z. Physik, 73, 348–365 (1932) eingegangen 22.9.1931. Auf den Tagungen in Hannover, Göttingen und Zürich wurde über Ergebnisse dieser Arbeit vorgetragen. Verhandl. der Deutschen Physik. Gesellschaft 12, 18 (1931)

12.7.1931 Teilnahme an der DPG-Tagung in Göttingen.

Verhandl. der Deutschen Physik. Gesellschaft 12, 41 (1931)

20.–24.5.1931 Teilnahme an der Tagung „Physikalische Vortragswoche“ der Eidgenössischen Technischen Hochschule in Zürich Phys. Zs. 32, 670 1931 Molekularstrahlprobleme.

S43 Immanuel Estermann, Otto Robert Frisch und Otto Stern, Versuche mit monochromatischen de Broglie-Wellen von Molekularstrahlen. Physik. Z., 32, 670–674 (1931) Auf der Tagung in Zürich wurde über Ergebnisse dieser Arbeit vorgetragen.

1931 Teilnahme an der Kernphysiktagung in Rom (Volta-Konferenz) Oktober: Pauli postuliert dort das Neutrino. Antiteilchenexistenz wurde theoretisch vorausgesagt.

Teilnehmer: Heisenberg, Bohr. Millikan, Debye, Compton, Pauli, Curie, Fermi, Marconi, u. a.

1932

S44 Otto Robert Frisch, Thomas Erwin Phipps, Emilio Segrè und Otto Stern, Process of space quantisation. Nature, 130, 892–893 (1932)

15.–17.7.1932 Teilnahme an der Tagung des Gauvereins der DPG in Kiel.

S45 Otto Robert Frisch und Otto Stern, Die spiegelnde Reflexion von Molekularstrahlen. Naturwissenschaften, 20, 721 (1932), eingegangen am 7.8.1932.

1933

15. bis 26. April 1933, Reiseantrag ohne Zielangabe.

Pfingstferien 1933, Reiseantrag ohne Zielangabe.

S46 Robert Otto Frisch und Otto Stern, Anomalien bei der spiegelnden Reflexion und Beugung von Molekularstrahlen an Kristallspaltflächen I. Z. Physik, 84, 430–442 (1933) eingegangen am 28.4.1933

S47 Otto Robert Frisch und Otto Stern, Über die magnetische Ablenkung von Wasserstoffmolekülen und das magnetische Moment des Protons I. Z. Physik, 85, 4–16 (1933) eingegangen 27.5.1933

28. Juni bis 1. Juli 1933 Teilnahme und Vortrag beim Kongress über Fragen der Kältephysik und der Kernphysik an der Eidgenössischen Technischen Hochschule Zürich:

S48 Otto Stern, Helv.Phys. Acta 6, 426 (1933).

S49 Otto Robert Frisch und Otto Stern, Über die magnetische Ablenkung von Wasserstoffmolekülen und das magnetische Moment des Protons. Leipziger Vorträge 5, 36–42 (1933), Verlag: S. Hirzel, Leipzig.

S50 Otto Robert Frisch und Otto Stern, Beugung von Materiestrahlen. Handbuch der Physik XXII. II. Teil. 313–354 (1933), Verlag: Julius Springer Berlin.

S51 Immanuel Estermann, Otto Robert Frisch und Otto Stern, Magnetic moment of the proton. Nature, 132, 169 (1933) Juli 1933.

S52 Immanuel Estermann und Otto Stern, Über die magnetische Ablenkung von Wasserstoffmolekülen und das magnetische Moment des Protons II. Z. Physik, 85, 17–24 (1933) eingegangen 12.7.1933.

S53 Immanuel Estermann und Otto Stern, Eine neue Methode zur Intensitätsmessung von Molekularstrahlen. Z. Physik, 85, 135–143 (1933) eingegangen am 20.7.1933.

S54 Immanuel Estermann und Otto Stern, Über die magnetische Ablenkung von isotopen Wasserstoffmolekülen und das magnetische Moment des „Deutons“[179]. Z. Physik, 86, 132–134 (1933) eingegangen am 19.8.1933.

Am 29.6.1933 Entlassung der drei Assistenten von Otto Stern (Immanuel Estermann, Otto Robert Frisch und Robert Schnurmann) wegen ihrer Zugehörigkeit zum mosaischen Glauben.

Am 29.06.1933 Telegramm Sterns aus Zürich an Landesschulbehörde Abteilung Hochschulwesen Universität Hamburg zu Händen von Herrn Professor Rein; Antrag auf Entlassung aus dem Staatsdienst zum 1.10.1933.

30.06.1933 nachfolgender Brief an die Landesschulbehörde Abteilung Hochschulwesen z. Hd. von Herrn Prof. Dr. Gustav Adolf Rein:

Hierdurch bestätige ich der Landesschulbehörde ergebenst meine telegraphisch ausgesprochene Bitte, mich zum 1. Oktober 1933 aus dem Staatsdienst zu entlassen.

Sterns Antrag auf Entlassung hatte eine Vorgeschichte. Otto Stern wusste, dass er in Nazideutschland keine Zukunftsperspektive für seine Forschung hatte. Daher hatte er schon mit anderen Forschungsinstituten im Ausland (Carnegie Institute of Technology in Pittsburgh/USA sowie Lindemann/England, der Universität in Jerusalem und der Stanford University) Kontakte geknüpft.

Kontaktperson zum Carnegie Institute of Technology in Pittsburgh war dessen Präsident Thomas S. Baker.

Baker kam am 6. Januar 1933 mit dem Schiff in Hamburg an, hielt dort am 7.1. eine Rede, anschließend hielt er Reden in Berlin, Heidelberg, München etc. [*s. Personalakte Sterns im Archiv des Carnegie Mellon Institutes in Pittsburgh, Bericht im Carnegie Magazin vom 1.11.1944*] [ACMU].

Baker hat am 12.7.1933 Stern nochmals in Hamburg getroffen [*s. Brief von Stern vom 13.7.1933 an den Engländer Lindemann* [0225]]. Am 20.6.1933 stellte Stern bei Rein (Leiter der Abt. Hochschulwesen in der Landesunterichtsbehörde) einen Reiseantrag zum Besuch einer Tagung in Zürich (28.6. bis 1.7.1933). Dabei ahnte Rein offensichtlich schon, dass Stern seine Auswanderung vorbereitete. [*s. handschriftliche Notiz von Rein vom 23.6.1933, Staatsarchiv Hamburg, Personalakte Stern*].

Am 18. Juli schickte Baker von Paris aus Stern an dessen Privatanschrift in Hamburg, Hofweg 9, das formale Angebot für eine Forschungsprofessor am Carnegie Institute of Technology.

[179] Der „Schwere Wasserstoff-Kern“ „Deuteron“ wurde anfänglich auch als „Deuton“ bezeichnet.

Am 5. August teilte Stern per Telegramm und am 8. August per Brief Baker mit, dass er das Angebot annehme. Baker schrieb sofort am 5.8. zurück und bestätigte die Zusage.

Das Angebot galt auch für Immanuel Estermann, der sich in einem Brief vom 7. August bei Baker dafür bedankte.

Am 12.7.1933 fand schon in Hamburg die Fakultätssitzung statt, in der die Nachfolge von Stern in Hamburg besprochen wurde [*Staatsarchiv Hamburg, Personalakte Stern*].

Am 18. September informierte Stern die Landesunterichtsbehörde Hamburg, dass er vom 19.9. bis 30.9.1933 verreisen werde.

Wie aus der Personalakte Sterns im Archiv der Carnegie Mellon University in Pittsburgh zu ersehen ist, reiste Stern offensichtlich mit der Bahn (Schlafwagen) über Dänemark nach England.

Von dort (England) schrieb er am 23. September in einem Brief an Baker, dass er nach Besuchen in Paris und Zürich am 29.9.1933 mit der Minetonka der Red Star Line von Antwerpen nach New York fahren werde. Die Familie Estermann stieg am 30.9. in Southampton zu. Am 6. oder 7.10.ankerte das Schiff New York. Anfang Oktober 1933 erreichten Stern und Estermann Pittsburgh.

Anfang Oktober erhielt Stern 25.000 $ Forschungsmittel von der Buhl Foundation sowie eine Förderung vom Emergency Committee in Aid of Displaced German Scholars.

Am 06.07.1933 wurde in Hamburg der Antrag Sterns auf Entlassung vom Präses der Landesunterrichtsbehörde Hochschulwesen zum 1. Okt. d. J. genehmigt.

Am 1. Oktober 1933 Entlassung Sterns aus dem Hochschuldienst Hamburgs.

Am 28.12.1933 wurde Otto Stern von der American Physical Society zum Fellow ernannt.

1934

Anfang Juni bis 15.9.1934 Reise Sterns nach Europa (nicht Deutschland), Er besuchte die Städte Zürich, Paris etc. [s. Briefe Sterns an Max Born vom 14.9.1934 und an Baade vom 2.5.1934 sowie Brief von Demuth „Notgemeinschaft Deutscher Wissenschaftler im Ausland" vom 3.8.1934 an Stern].

S55 Immanuel Estermann und Otto Stern, Magnetic moment of the deuton. Nature, 133, 911 (1934) vorgetragen und eingereicht Mai 1934.

S56 Otto Stern, Bemerkung zur Arbeit von Herrn Schüler: Über die Darstellung der Kernmomente der Atome durch Vektoren. Z. Physik, 89, 665 (1934) eingegangen 17.5.1934.

1935

19. bis 21. April 1935 Teilnahme an der Konferenz in Washington über theoretische Physik.

Vom 7.11. bis zum 10.11.1935 besuchte Max von Laue Stern in Pittsburgh und hielt dort mehrere Vorträge. Seine Gesprächspartner in Pittsburgh waren außerdem Estermann und Berl.

S57 Otto Stern, Remarks on the measurement of the magnetic moment of the proton. Science, 81, 465 (1935) Mai 1935

1936

Vom 13. bis 15.1.1936 hat Wolfgang Pauli Stern in Pittsburgh besucht und Vorträge gehalten.

3. April 1936 Ernennung zum Mitglied der Dänischen Wissenschaftsakademie (Det Kongelige Danske Videnskabernes Selskab) der „naturvidenskapelig-mathematiske Klasse"

Mai bis Juni 1936 Reise nach London und Kopenhagen.

7. bis 12. September 1936 Teilnahme an der Harvard Tercentury Conference an der Harvard University, Vortrag Sterns: On the derivation of Nuclear Moments from measurements on Molecules (69 0075) (Vorträge von Einstein, Bohr, Heisenberg, Compton, Millikan, Eddington etc.)

1937

Am 23. und 24. Februar 1937 besuchte Bohr Stern in Pittsburgh. Er hielt zwei Vorträge: Problems of Atomic Nuclei und Causality in Atomic Physics.

20.7. bis Ende September 1937 Stern besucht Europa (Weyduyne/Belgien und Kopenhagen, keine Einreise nach Deutschland). Teilnahme an der September Konferenz von Bohr in Kopenhagen. Teilnehmer Heisenberg, Bohr, Pauli, Stern, Meitner u. a.

S58 Immanuel Estermann, Oliver C. Simpson und Otto Stern, Magnetic deflection of HD molecules (Minutes of the Chicago Meeting, November 27–28, 1936), Phys. Rev. 51, 64 (1937).

S59 Otto Stern, A new method for the measurement of the Bohr magneton. Phys. Rev., 51, 852–854 (1937) Mai 1937, eingegangen am 8.3.1937.

S60 Otto Stern, A molecular-ray method for the separation of isotopes (Minutes of the Washington Meeting, April 29, 30 and May 1, 1937), Phys. Rev. 51, 1028 (1937).

S61 J. Halpern, Immanuel Estermann, Oliver C. Simpson und Otto Stern, The scattering of slow neutrons by liquid ortho- and parahydrogen. Phys. Rev., 52, 142 (1937) Juli 1937.

S62 Immanuel Estermann, Oliver C. Simpson und Otto Stern, The magnetic moment of the proton. Phys. Rev., 52, 535–545 (1937) eingereicht am 9.7.1937.

1938

1. Dezember 1938 Entlassung aus der Gesellschaft der Wissenschaften zu Göttingen

1938 Bruder Kurt Stern (geb. 1892) in New York gestorben

S63 Immanuel Estermann, Oliver C. Simpson und Otto Stern, The free fall of molecules (Minutes of the Washington, D. C. Meeting, April 28–30, 1938), Phys. Rev. 53, 947–948 (1938)

1939

Am 8. März 1939 wird Otto Stern amerikanischer Staatsbürger.

1939 Mitte Juli bis Ende August Europareise Sterns (s. Brief an Laue [105/08.07. 1939] und Brief [107/25.07.1939]) (Stationen der Reise: Amsterdam, 16.7.; Oxford; 17.7.London; 20.7. Amsterdam; 21.7.–26.7. Kopenhagen mit Spritztour nach Danzig; 27.7. London)

1942/43

Am 31. August 1942 Abschiedsbrief von Paula Stern/Wiesbaden (Stiefmutter von Otto Stern). Am 4. Februar 1943 stirbt Sterns Stiefmutter Paula Stern in Theresienstadt.

> Paula Stern lebte zusammen mit ihren Schwestern Clara Stern und Emmy Feldheim zwischen 1936 und ihrer Deportation 1942 in der Wallauer Straße 13 in Wiesbaden. Claras Vermögen wurde im Juli 1938 beschlagnahmt, 1942 erbittet sie die Freigabe von monatlich 300 Reichsmark, da sie ihre inzwischen ebenfalls mittellos gewordene Schwester Paula, ihre Stieftochter Emmy und deren Tochter Ruth unterstützt. Die Schwestern werden schließlich ebenfalls am 1. September 1942 nach Theresienstadt deportiert, Clara ist 75, Paula 74 und Emmy 72 Jahre alt. Paula stirbt am 4. Februar, Emmy am 19. Februar und Clara am 12. Juni 1943 im Lager.

1939 bis 1945 Mitarbeit von Otto Stern in der militärischen Forschung der USA.

Am 31. August 1943 Einladung zur Mitarbeit bei American Defense Harvard Group.

1944

S64 Immanuel Estermann, Oliver C. Simpson und Otto Stern, Deflection of a beam of Cs atoms by gravity (Meeting at Pittsburgh, Pennsylvania, April 28 and 29, 1944), Phys. Rev. 65, 346 (1944)

11.9.1944 Entscheidung des Nobelkommittees: Nobelpreis der Physik 1943 wird an Otto Stern verliehen (einziger Preisträger).

11.11.1944 Stern erhält Mitteilung über Nobelpreisverleihung.

8.12.1944 Nobelpreisbanquett in Pittsburgh

10.12.1944 Nobelpreisverleihung durch den schwedischen Minister Wollmar Boström im New Yorker Waldorf-Astoria Hotel (zusammen mit Rabi, Nobelpreis für Physik 1944).

1945

1.3.1945 „Certification for effective service for the National Defence Research Committee“ durch „Office of Scientific Research and Development of the United States of America“

24.4.1945 Aufnahme in die National Academy of Sciences of the United States of America

1945 Schwester Elise Stern (geb. 1899) in New York gestorben

6.8.1945 „Certification of participation on the production of the Atomic Bomb" durch „War Department of the United States of America"

1945 Emeritierung von Otto Stern zum Ende des akademischen Jahres 1944/45, (Beschluss des „Executive Committee of Trustees" des Carnegie Institute of Technology am 4.4.1945, Brief vom 9.4.1945)

1945 Übersiedlung nach Berkeley/CA

1946

Am 19.4.1946 wurde Otto Stern zum Mitglied der American Philosophical Society ernannt.

Am 29.11.1946 fuhr Stern mit Schiff „Queen Elizabeth" von New York nach Southampton England. Am 12.12.1946 hielt Stern seine offizielle Nobelpreisrede in Stockholm. Danach besuchte er Niels Bohr in Kopenhagen. Über Weihnachten wohnte er im Schlosshotel Garni in Zürich. Am 15., 17. und 20. Januar 1947 hielt er Vorträge in Basel (Basler Chemische Gesellschaft) sowie in Zürich und Genf. Am 24.1.1947 Flug von Zürich nach London und am 29.1.1947 von Southampton mit „Queen Elizabeth" zurück nach New York.

S65 Immanuel Estermann, Oliver C. Simpson und Otto Stern, The free fall of atoms and the measurement of the velocity distribution in a molecular beam of cesium atoms. Phys. Rev., 71, 238–249 (1947) eingegangen 29.11.1946.

S66 Otto Stern, Die Methode der Molekularstrahlen, *Chimia* **1**, 91 (1947)

S67 Immanuel Estermann, Samuel N. Foner und Otto Stern, The mean free paths of cesium atoms in helium, nitrogen, and cesium vapor. Phys. Rev., 71, 250–257 (1947) eingegangen 29.11.1946.

1947

Am 17.9.1947 fährt Stern mit dem Schiff von New York nach Southampton, Ankunft am 23.9.1947 in England, am 25.9. über Harwich nach Esbjerg (Ankunft am 26.9.). Teilnahme an einer Konferenz in Kopenhagen mit Teilnehmern u. a. Kramers, Weisskopf, Pais, Rosenfeld, Peierls, Blackett, Placzeck, Wheeler, Klein u. a.

Am 2.10. Flug nach Zürich. Am 26.10. Einreise nach Frankreich. Am 17.11. Flug von Zürich nach England (Northholt) und am 19.11. von Southhampton mit Schiff nach New York, Ankunft in New York am 25.11.1947.

1948

S68 Otto Stern, Nobelvortrag: The method of molecular rays. In: *Les Prix Nobel en 1946,* ed. by M. P. A. L. Hallstrom *et al,* pp. 123–30. Stockholm, Imprimerie Royale. P. A. Norstedt & Soner. (1948)

S69 Immanuel Estermann, W.J. Leivo und Otto Stern, Change in density of potassium chloride crystals upon irradiation with X-rays. Phys. Rev., 75, 627–633 (1949) eingegangen am 20.4.1948.

Am 7.11.1948 ab New York nach Europa, am 26.1.1949 Ausreise über Basel/Elsass und Rückreise nach USA.

1949
Europareise: am 5.9.1949 Ankunft in Rotterdam, 11.9. Einreise Basel/Elsässer Bahnhof, 26.10. Ausreise Basel/Elsässer Bahnhof, 29.10. mit Schiff von Rotterdam nach USA.

S70 Otto Stern, On the Term k lnn! in the Entropy. Rev. of Mod. Phys., 21, 534–535 (1949) Juli 1949.

1950/51
Europareise: am 5.12.1950 Ankunft in LeHavre, am 7.12.1950 ist er bei Aachen in britische Zone eingereist und hat damit seit 1933 erstmals wieder deutschen Boden betreten. Am 7.12. reist er über Flensburg nach Kopenhagen, am 12.12. über Malmö nach Schweden und am 15.12. ist er wieder bei Malmö ausgereist. Am 17.12. ist er bei Flensburg nach Deutschland und am 8.12. über den Badischen Bahnhof/ Basel in die Schweiz (vermutlich im Januar 1951 wieder nach Kopenhagen) gereist. Am 7.2.1951 wieder von Dänemark über Flensburg zurück nach Deutschland. Am 7.2. über Zevenaar nach Rotterdam. Mit Schiff am 10.2.1951 Rückkehr nach USA. Ankunft in New York 19.2.1951.

1952/53
Europareise: 30.9.1952 Ankunft in Rotterdam, über Belgien und Frankreich am 1.10. Einreise in die Schweiz über Basel/Elsässer Bahnhof, Weihnachten 1952 in St. Moritz, am 8.1. über Basel/Badischer Bahnhof und Venlo nach Rotterdam. Am 10.1. auf Schiff in Rotterdam, am 19.1.1953 Ankunft in New York.

1954
Europareise: Am 18.3.1954 ab San Francisco. Am 22.3. an New York und am 29.3. mit „Empress of Scotland" nach Liverpool. Am 5.4. 1954 Ankunft in Liverpool, am 6.4. über Harwich nach Esbjerg (7.4.), 8.4. Ankunft in Bromma/Stockholm, 11.4. Ankunft Kopenhagen/Kastrup, 12.4. Einreise nach Deutschland, 13.4. Einreise in die Schweiz, 11.7. Einreise nach Deutschland, 11.7. Ausreise nach Holland/Venlo, am 13.7.1954 mit Schiff ab Rotterdam.

1955
Europareise: Am 19.9.1955 Ankunft in Zürich/Flugplatz. Am 25.10. ab Zürich mit Flugzeug nach Stuttgart und weiter nach Berlin (dies ist der erste Besuch Sterns in Deutschland nach 1933, wo er nachweislich Freunde wieder in Deutschland besucht). In Berlin trifft er Max Volmer und dessen Frau sowie Max von Laue. Am 29.10. mit Flugzeug zurück nach Zürich (s. Brief an Lotte Volmer vom 06.10.1955), am 5.1.1956 ab Zürich Flughafen nach England/Bournemouth, am 7.1. ab Liverpool mit Schiff und Ankunft in Canada am 13.1.1955.

1957

Europareise: Ab Mitte März bis Mitte Juli 1957 in Europa, Ankunft in Bremerhaven und Besuch von Max Born in Bad Pyrmont, 24.3. Einreise in die Schweiz Basel/ Badischer Bahnhof, 24.4. Besuch in München, um Lise Meitner zu treffen. Otto Stern lehnt es aber ab, in München Walther Gerlach zu treffen. Am 9.7. mit Schiff ab Rotterdam zurück in die USA (siehe Briefe Sterns an Meitner [0911], [0913] und [0914])

1958

Am 17.2.1958 hat Otto Stern seinen 70. Geburtstag. Nach Aussage von Liselotte Templeton (private Mitteilung an HSB) besuchten an diesem Tage Wolfgang Pauli und Max von Laue Otto Stern in Berkeley.

13.10.1958 Ankunft in Southampton, 15.10. Flug von London nach Zürich, 15.12.1958 Pauli gestorben. Teilnahme an Gedenkfeier in Zürich, 30.1.1959 Rückkehr nach New York.

1960

Europareise: Am 2.5. 1960 Ankunft in Zürich, 3.7. Rückflug von London nach New York.

19.11.1960 Verleihung der Ehrendoktorwürde für Naturwissenschaften durch die ETH Zürich (Stern aber wegen Krankheit nicht selbst anwesend).

1961/62

Europareise: Am 19.10.1961 Flug von San Franzisco nach New York. Am 24.10. 1961 per Schiff von New York nach Bremerhaven. Ankunft in Bremerhaven am 30.10. Am 31.10. Einreise in die Schweiz Basel/Badischer Bahnhof.

Im Dezember vier Tage Aufenthalt in Wien und im Januar eine Woche im Engadin. Am 9.3.1962 von Zürich nach London und am 12.3.1962 weiter nach Baltimore per Flugzeug. Stern trifft in London Otto Robert Frisch und Lise Meitner.

S71 Otto Stern, On a proposal to base wave mechanics on Nernst's theorem. Helv. Phys. Acta, 35, 367–368 (1962) eingegangen am 20.2.1962

1963

Europareise: Am 19.3.1963 Flug von San Francisco nach New York. Am 23.3. mit „S.S. United States" von New York nach Bremerhaven. Ankunft am 30.3. in Zürich, am 31.3. Besuch von Lise Meitner. Stern bleibt bis Ende Juni in Zürich. Am 21. bis 23.6.1963 Treffen mit Jordan in Zürich. Am 26.6.1963 Rückreise über London. Mit Schiff (Southampton) Rückkehr in die USA. Ankunft in New York am 2.7.1963.

Am 10.12.1963 Sterns Schwester Berta Kamm geb. Stern (geb. 1889) in Berkeley gestorben.

1964

Europareise: Ab Juni 1964 Aufenthalt in Zürich. Rückflug am 25.6. von London nach New York.

S72 Otto Stern, The method of molecular rays. Nobel lectures Dec. 12, 1946 / Physics 8–16 (1964), Verlag: World Scientific, Singapore identisch mit S68.

1965/66

Europareise: Vom 29.7.1965 bis ca. 20.2.1966 in Zürich, Otto Stern ist dauernd krank. Am ca. 21.2.1966 Flugreise zurück in die USA.

1968

Am 17.2.1968 Sterns 80. Geburtstag. Glückwünsche kommen u. a. von Emilio Segrè und Hans Jensen sowie Bundespräsident Lübke.

Stern nimmt am Nobelpreisträgertreffen (1.7.–5.7.1968) in Lindau teil. Die Physik steht 1968 im Mittelpunkt des Treffens. Stern reiste aus Zürich an.

> 22 Nobelpreisträger und ca. 480 junge Wissenschaftler trafen sich in Lindau zum 18-ten Treffen der Nobellaureaten. Dieses Treffen war der Physik gewidmet. Anwesende Nobelpreisträger waren: Werner Heisenberg, Julian Schwinger, Paul Dirac, William Bragg, Aleksandr M. Prochorov, Hustav Hertz, George Paget Thomson, Rudolf Ludwig Mößbauer, Willis Eugene Lamb, Ilia Frank, Robert Sanderson Mulliken, Ernest Walton, Isidor Isaac Rabi, Robert Hofstadter, Walter Houser Brattain, Maria Goeppert-Mayer, Feodor Lynen, Otto Stern, Charles Hard Townes, Eugen Paul Wigner.

Am 27.10.1968 Tod von Lise Meitner in Cambridge.

1969

Otto Stern stirbt am 17. August 1969 in Berkeley während eines Kinobesuches.

Ehrungen Otto Sterns nach seinem Tode:

1988

1988 Zum 100. Geburtstag Sterns findet in Hamburg zu seinen Ehren eine Feier statt mit Benennung eines Hörsaals nach Stern. Außerdem erscheint in der Zeitschrift für Physik, D Atoms Molecules and Clusters 10 (1988) eine Sonderausgabe zum Gedenken von Otto Stern.

1993

Seit 1993 wird jährlich die Stern-Gerlach-Medaille verliehen. Sie ist die höchste Auszeichnung der Deutschen Physikalischen Gesellschaft für einen Experimentalphysiker.

2011

2011 fand die Einweihung des Otto Stern Zentrums (Hörsaalzentrum und Bibliothek) am neuen Campus Riedberg der Universität Frankfurt statt.

2015
2014 verlieh die Europäische Physikalische Gesellschaft der alten Physik der Universität Frankfurt Robert-Mayer-Straße 2–4 die Auszeichnung „Historic Site“ (Weltkulturerbe der Wissenschaft) wegen des dort durchgeführten Stern-Gerlach-Experiments.

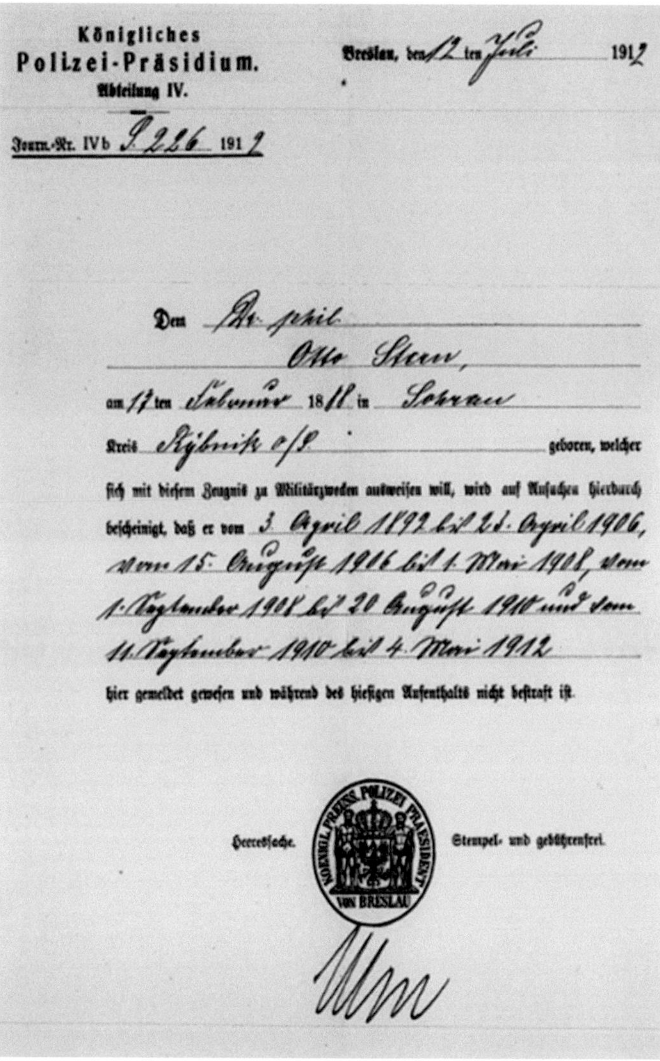

Königliches
Polizei-Präsidium.
Abteilung IV.

Breslau, den 12ten Juli 1912

Journ.-Nr. IVb J. 226 1912

Dem Dr. phil.
Otto Stern,
am 17ten Februar 1888 in Sohrau
Kreis Rybnik O/S. geboren, welcher
sich mit diesem Zeugnis zu Militärzwecken ausweisen will, wird auf Ansuchen hierdurch bescheinigt, daß er vom 3. April 1892 bis 23. April 1906, vom 15. August 1906 bis 1. Mai 1908, vom 1. September 1908 bis 20 August 1910 und vom 11. September 1910 bis 4. Mai 1912
hier gemeldet gewesen und während des hiesigen Aufenthalts nicht bestraft ist.

Heeressache. KOENIGL. PREUSS. POLIZEI PRAESIDENT VON BRESLAU Stempel- und gebührenfrei.

Abb. 2.32 Polizeiliches Führungszeugnis von Otto Stern (1912 Breslau) (Bildquelle: [BAL] FILM 3429, 67-0372 Fotogalerie)

Kurzbiographien

Die folgenden Kurzbiographien sind aus allgemein zugänglichen biographischen Referenzquellen, u. a. auch Wikepedia, zusammengestellt und sollen dem Leser kurze biographische Hintergrundinformation zu dem im Text vorkommenden Personen bieten.

Richard **Abegg** (1869–1910) war ein deutscher Chemiker. Er arbeitete als Assistent bei Ostwald in Leipzig, Arrhenius in Stockholm und Nernst in Göttingen. 1909 wurde er ordentlicher Professor an der Universität Breslau und starb ein Jahr später bei einem Heissluftballonabsturz. Er führte den Begriff Elektroaffinität in die Chemie ein und stellte die Valenzregel auf.

Roger **Adams** (1889–1971) war ein amerikanischer Chemiker. Ab 1905 studierte er an der Harvard University Chemie. 1912 promovierte er mit einer Arbeit in Organischer Chemie und erhielt dann ein Reisestipendium zu einem Aufbaustudium in Deutschland, das er bei Emil Fischer (1852–1919), Otto Diels (1876–1954) und Richard Willstätter (1872–1942) in Berlin verbrachte. Er wurde dann Assistent von Charles Loring Jackson (1847–1935) an der Harvard University. 1916 wurde er Assistant Professor an der University of Illinois und dann ordentlicher Professor und 1926 Nachfolger von William A. Noyes (1857–1941). Hier blieb er bis zu seiner Emeritierung 1954. (Rockefeller Foundation)

Walter Sydney **Adams** (1876–1956) war ein amerikanischer Astronom und wurde am 20. Dezember 1876 in Antakya (Türkei) geboren. 1885 kam er in die USA und studierte am Dartmouth College in Hanover (New Hampshire USA). 1898 schloss er sein Studium ab, setzte aber seine Studien in Deutschland weiter fort. Bekannt wurde Adams durch seine spektralanalytischen Untersuchungen. Seine spektralanalytischen Untersuchungen der interstellaren Materie und von Sternen, u. a. dem Sirius-Begleiter Sirius B, dem ersten entdeckten Weißen Zwerg, waren von großer Bedeutung. Mit Arnold Kohlschütter (1883–1969) entwickelte er 1914 eine Methode zur spektroskopischen Bestimmung der absoluten Helligkeit (spektroskopische Parallaxen)und damit der Entfernung von Sternen. Mit seinen spektroskopischen

Untersuchungen gelang ihm auch die Entdeckung der durch Gravitation induzierte Rotverschiebung, die neben anderen physikalischen Phänomenen eine weitere Bestätigung der Allgemeinen Relativitätstheorie darstellte. Von1923 bis 1946 war Adams 1946 Direktor des Mount-Wilson-Observatoriums in Kalifornien.

James Waddell **Alexander II.** (1888–1971) war ein amerikanischer Mathematiker und wurde am 19. September 1888 in Sea Bright (N.J.) geboren. Er studierte in Princeton Mathematik mit dem Spezialgebiet Topologie. Danach studierte er in Paris und Bologna und wirkte von 1911 bis 1933 an der Universität Princeton, seit 1928 als Professor für Mathematik. Später arbeitet er am Institute for Advanced Study in Princeton.

Luis Walter **Alvarez** (1911–1988) war ein amerikanischer Physiker und Nobelpreisträger. 1937 konnte er erstmals den so genannten Elektroneneinfang nachweisen, den 1935 Hideki Yukawa vorausgesagt hatte. 1939 bestimmte er gemeinsam mit Felix Bloch das magnetische Moment des Neutrons, wozu sie einen Strahl langsamer Neutronen erzeugen mussten. Ebenfalls 1939 entdeckte er das 1934 von Mark Oliphant vorhergesagte Wasserstoff-Isotop Tritium, (später wichtig für die Kern-Fusion). Während des Zweiten Weltkrieges arbeitete er an der Entwicklung der Atombombe und des Radars mit. Am MIT „Radiation Lab", wo er 1940 seine Arbeit für das Militär begann, entwickelte er drei Radarsysteme. Nach dem Krieg entwickelte er den Protonen-Linearbeschleuniger in Berkeley, der ab 1947 im Einsatz war. Außerdem war er in Berkeley Mitentwickler der ersten Synchrotrone. Ab 1950 wandte er sich der Detektor-Entwicklung zu. Alvarez erhielt 1968 den Nobelpreis für Physik „für seinen entscheidenden Beitrag zur Elementarteilchenphysik, insbesondere seine Entdeckung einer großen Anzahl von Resonanzzuständen, ermöglicht durch seine Entwicklung von Techniken für die Wasserstoff-Blasenkammer und in der Datenanalyse".

Hannes Olof **Gösta Alfvén** (1908–1995) war ein schwedischer Physiker. Er erhielt 1970 den Physik-Nobelpreis für „seine grundlegenden Leistungen und Entdeckungen in der Magnetohydrodynamik mit fruchtbaren Anwendungen in verschiedenen Teilen der Plasmaphysik". 1937 bekam er eine Stelle am Nobel-Institut für Physik in Stockholm, 1940 wurde er am Königlichen Institut für Technologie zum Professor für elektromagnetische Theorie und elektrische Messungen berufen. Alfvén war unter anderem Mitglied der Königlich Schwedischen Akademie der Wissenschaften (Stockholm); er war außerdem einer der wenigen Wissenschaftler seiner Zeit, welche gleichzeitig Mitglied der amerikanischen und der sowjetischen Akademie der Wissenschaften waren.

Edoardo **Amaldi** (1908–1989) war ein italienischer Physiker. Nach dem Diplom 1929 ging er nach Leipzig zu Peter Debye, wo er über Röntgenspektren von Flüssigkeiten arbeitete. Nach seiner Rückkehr nach Rom veröffentlichte er 1932 eine Arbeit über die Rotationsspektren des Ammoniakmoleküls, in der quantenmechanische Auswahlregeln bestätigt wurden (nach Edward Teller und Placzek). 1936 besuchte er die USA, um sich das notwendige Wissen für den Aufbau eines Cockcroft-Walton-Beschleunigers zu verschaffen. 1938 wurde Edoardo Amaldi auf den Lehrstuhl für Experimentalphysik in Rom berufen, den er 41 Jahre lang innehatte. Amaldi war einer der Gründer des Istituto Nazionale di Fisica Nucleare (INFN), dessen Präsident er wurde, der INFN-Laboratorien von Frascati sowie des Europäischen Kernforschungszentrums (CERN) in Genf. Amaldi beschäftigte sich mit Molekülphysik, Kern- und Teilchenphysik. Er veröffentlichte auch theoretische Arbeiten, z. B. zur Theorie Magnetischer Monopole und der Gravitationswellen. Als angesehenes Mitglied der Accademia Nazionale dei Lincei engagierte sich Amaldi in der Pugwash-Bewegung und in der ISODARCO (International School on Disarmament And Research on Conflicts) für die nukleare Abrüstung. 1964 wurde Amaldi in die Gelehrtenakademie Leopoldina gewählt.

Carl David „Charles“ **Anderson** (1905–1991) war ein US-amerikanischer Physiker und Nobelpreisträger. Anderson erwarb 1930 am California Institute of Technology (Caltech) seinen Doktorgrad mit einer Arbeit über die Verteilung der Elektronenemission in kosmischen Gasen unter Einwirkung von Röntgenstrahlung. Bereits zwei Jahre später gelang Anderson als Mitarbeiter von Robert Andrews Millikan am Caltech der Nachweis des von Paul Dirac 1929 postulierten Positrons mit Hilfe der Wilson-Kammer. Gemeinsam mit Seth Neddermeyer wies er 1932 nach, dass hochenergetische Gammastrahlung bei der Durchdringung von Materie die Emission von Positronen bewirkt. Damit war das erste Beispiel von Antimaterie gefunden worden. Für seine Entdeckung des Positrons erhielt er 1936 den Nobelpreis für Physik, zusammen mit Victor Franz Hess für dessen Arbeiten, die 1912 in Wien zur Entdeckung der kosmischen Strahlung geführt hatten.

Max **Apt** (1869–1957) war ein deutscher Chemiker und Vetter von Otto Stern. Er war Mitbegründer des Centralvereins deutscher Staatsbürger jüdischen Glaubens Berlin (1898) und der Handelshochschule Berlin (1906). Er arbeitete von 1903 bis 1920 als Syndikus der „Korporation der Kaufmannschaft Berlin“ und war Mitglied der Deutschen Demokratischen Partei (DDP). 1938 vertrat er die Jüdische Gemeinde zu Berlin auf der Konferenz von Evian. Apt emigrierte 1939 nach Großbritannien und kehrte 1954 nach Berlin zurück, wo er verschiedene Funktionen in der Jüdischen Gemeinde ausübte. Er starb am 16.12.1957 in Berlin.

Emil **Artin** (1898–1962) war ein österreichischer Mathematiker und einer der führenden Algebraiker des 20. Jahrhunderts. Er promovierte 1921 bei Gustav Herglotz in Leipzig. 1923 habilitierte er an der Universität Hamburg und wurde dort 1926 Ordinarius im Fach Mathematik. 1937 folgte die Emigration in die USA. Nach kurzer Tätigkeit an der University of Notre Dame wurde er Professor an der Indiana University in Bloomington, um dann 1946 an die University in Princeton zu wechseln. 1958 kehrte er nach Hamburg zurück.

Kurt **Artmann** (1911–1957) war ein deutscher theoretischer Physiker. Er promovierte 1940 und habilitierte 1943 bzw. 1945 an der Hamburger Universität. 1949 wurde er dort apl. Professor.

Pierre Victor **Auger** (1899–1993) war ein französischer Physiker. Er entdeckte den nach ihm benannten Auger-Effekt, wenn angeregte Atome durch Emission von gebundenen Elektronen ihre Anregungsenergie (charakteristische Energiewerte) abgeben.

Otto von **Auwers** (1895–1949) war ein deutscher Physiker. Er studierte an den Universitäten Heidelberg, München und Marburg Naturwissenschaften und wurde dann Assistent an den Universitäten Danzig und Greifswald. Am 2. Juni 1920 wurde er an der Universität Marburg mit dem Thema: Magnetische Messungen an Heuslerschen Aluminium-Mangan-Broncen mit hochprozentigem Eisengehalt promoviert. Ab 1924 war von Auwers im Forschungslaboratorium von Siemens beschäftigt. 1935 habilitierte er sich an der Universität Berlin, wo er auch 1943 außerordentlicher Professor war. 1946 wurde er ordentlicher Professor an der Bergakademie in Clausthal. Sein Arbeitsgebiet bildete die Untersuchung der lichtelektrischen Effekte und der ferromagnetischen Werkstoffe.

Wilhelm Heinrich **Walter Baade** (1893–1960) war ein deutscher Astronom und Astrophysiker. Nach seiner Promotion 1919 in Göttingen und seiner Anstellung an der Hamburger Sternwarte im Jahre 1920 arbeitete er 1926/7 an verschiedenen US Observatorien u. a. am Mount-Wilson-Observatorium. 1928 wurde er in Hamburg habilitiert. Im Jahre 1931 erhielt Baade einen Ruf an das Mount-Wilson-Observatorium. Durch Bestimmung von Entfernungen im Universum konnte er feststellen, dass das Universum doppelt so groß und alt ist, wie vorher angenommen. Ab 1951 war Baade korrespondierendes Mitglied der Bayrischen Akademie der Wissenschaften und ab 1959 hatte er die Gauß-Professur an der Universität Göttingen inne.

Ernst Emil Alexander **Back** (1881–1959) war ein war ein deutscher Physiker. Nach dem Studium der Rechtswissenschaften begann er in Tübingen das Physikstudium. Zusammen mit Friedrich Paschen erstellte er ab 1920 die genauesten Energietabellen von Photonübergängen im Magnetfeld (Zeeman-Effekt) und entdeckte hier den sogenannten Paschen-Back-Effekt.1929 wurde er Ordinarius an der Universität Hohenheim.

Richard Josef **Bär** (Baer) (1892–1940) war ein Schweizer Physiker. Weihnachten 1940 plante er, mit seiner Familie (Frau Ellen-Bär-Lohnstein) in die USA zu emigrieren. Richard Bär verstarb jedoch vorher, so dass seine Familie alleine nach Princeton auswanderte. Ellen Bär heiratete später den Mathematiker Hermann Weyl. Ellen Weyl war mit Stern eng befreundet.

Thomas Stockham **Baker** (1871–1939) war ein amerikanischer Erzieher und Wissenschaftler. Er studierte u. a. in Leipzig und lehrte Deutsch an der John Hopkins University in Baltimore. 1919 übernahm er eine Verwaltungsstelle am Carnegie Institute of Technology in Pittsburgh und wurde dort 1922 der 2. Präsident des Institutes. Aus gesundheitlichen Gründen musste er 1935 zurücktreten und starb 1939.

Werner **Barasch** (1919–2008) war ein deutscher Mediziner und ein „Breslauer Junge“ (Otto Stern). Gebrüder Barasch, war der Name einer deutschen Warenhauskette. Inhaber waren die beiden jüdischen Kaufleute Artur und Georg Barasch, die Warenhäuser in Gleiwitz, Kattowitz, Breslau, Magedeburg, Beuthen, Braunschweig und Königsberg betrieben. Werner Baraschs Vater war Artur Barasch (1872–1942). Die Autobigraphie von Werner Barasch, Entronnen: Autobiographische Skizze der Jahre 1938 bis 1946, erschien in Frankfurt am Main 2001.

John **Bardeen** (1908–1991) war ein amerikanischer theoretischer Physiker. Er promovierte 1936 bei Eugene Wigner. Für seine Leistungen bei der Transistorentwicklung bei den Bell-Labs (1945–1951) erhielt er 1956 den Nobelpreis für Physik. 1951 wechselte er an die University of Illinois in Urbana-Champaign. Er blieb dort bis 1975 und arbeitete auf dem Gebiet der Supraleitung. Für seine Arbeiten auf dem Gebiet der Supraleitung wurde ihm 1972 zum zweiten Mal der Nobelpreis für Physik verliehen.

R. Bowling **Barnes** war ein amerikanischer Physiker. Er publizierte mit dem Frankfurter Physiker Marianus Cerny (1896–1985) 1931 eine gemeinsame Arbeit: R. Bowling Barnes und Marianus Cerny, Messungen am NaCl und KCL im Spektralbereich ihrer ultraroten Eigenschwingungen Zeitschrift für Physik, Juli 1931, Band 72, Seiten 447–461

Heinrich Georg **Barkhausen** (1881–1956) war ein deutscher Physiker. Nach ihm ist der Barkhausen-Effekt benannt, der auf magnetischen Eigenschaften von Festkörpern beruht.

Edmond **Bauer** (1880–1963) war ein französischer Physiker. Er war Assistent bei Jean Perrin und Mitarbeiter von Paul Langevin and Marie Curie. 1945 wurde er Professor für Physikalische Chemie an der Sorbonne in Paris.

Emil **Baur** (1873–1944) war ein schweizerischer Physikochemiker und Professor an der Eidgenössischen Technischen Hochschule in Zürich.

Adolf von **Baeyer** (1835–1917) war ein deutscher Chemiker und wurde am 31. Oktober 1835 in Berlin als Sohn des Geodäten Johann Jacob Baeyer und seiner Ehefrau Eugenie, geborene Hitzig geboren. Nach dem Besuch des Gymnasiums in Berlin studierte er an der Friedrich-Wilhelms-Universität (heutige Humboldt-Universität) in Berlin Mathematik und Physik, um dann an die Ruprecht-Karls-Universität in Heidelberg zum Studium der Chemie bei Robert Bunsen

(1811–1899) und August Kekulé von Stradonitz (1829–1896), bei dem er auch 1858 promovierte, zu wechseln. Mit Kekulé ging er auch nach Gent. 1860 habilitierte er sich in Berlin und übte dann eine Lehrtätigkeit für Organische Chemie am Gewerbeinstitut in Berlin aus. 1866 wurde er außerordentlicher Professor an der Friedrich-Wilhelms-Universität. 1872 folgte die Berufung an die Universität Straßburg und nach dem Tode von Justus Liebig 1873, die Übernahme von Liebigs Lehrstuhl an der Universität in München. Adolf von Baeyer entwickelte die erste Indigosynthese und synthetisierte das Phenolphtalein, das Fluorescin und war ein Wegbereiter für die Alizarin-Synthese. Seine wissenschaftliche Arbeit wurde 1905 mit dem Nobelpreis für Chemie gekrönt.

Guido **Beck** (1903–1988) war ein deutsch argentinischer theoretischer Physiker. Er studierte Physik an der Universität Wien und promovierte 1925 bei Hans Thirring über ein Thema der Relativitätstheorie. Ab Februar 1928 war er für vier Jahre erster Assistent bei Heisenberg in Leipzig. 1930/31 arbeitete er in Cambridge bei Rutherford und danach bei Bohr in Kopenhagen. Nach Aufenthalten in Prag, Kansas/USA, Odessa/Sowjetunion, Frankreich, Portugal etc. emigrierte er 1943 nach Argentinien. Ab 1951 wirkte er in Brasilien, um 1962 wieder nach Argentinien zu gehen. Er arbeitete auf dem Gebiet der Kernphysik.

Richard **Becker** (1887–1955) war ein deutscher Physiker. Richard Becker wurde am 3. Dezember 1887 in Hamburg geboren und war ab 1926 Professor an der Technischen Hochschule in Berlin. 1936 ging er nach Göttingen. Seine Arbeitsgebiete waren die Quantentheorie, die Festigkeitslehre und die Thermodynamik. Er starb in Göttingen.

Heinrich **Behnke** (1898–1979) war ein deutscher Mathematiker an der Westfälischen Wilhelms-Universität in Münster.

Ernst **Berl** (1877–1946) war ein österreichischer Chemiker und Professor für Technische und Makromolekulare Chemie. 1919 wurde er als Ordinarius für technische Chemie und Elektronenchemie an die Technische Hochschule in Darmstadt berufen. Im Juli 1933 verließ Ernst Berl Deutschland und nahm einen Ruf am Carnegie Institute of Technology in Pittsburgh, Pennsylvania, an.

Arnold **Berliner** (1862–1942) war ein deutscher Physiker. Er studierte Physik an der Universität Breslau und promovierte 1886. Er wurde später Herausgeber der Zeitschrift die „Naturwissenschaften". 1935 zwangen die Nazis ihn, diesen Posten aufzugeben. Bevor man ihn als Jude deportieren konnte, nahm er sich 1942 das Leben.

Gustaf *Lennart* Nicolaus Paul **Bernadotte,** Graf von Wisberg (1909–2004) war ein schwedischer Adliger der auf der Insel Mainau residierte. Er ist ein Nachfahre von Jean Baptiste Bernadotte (1763–1844), Marschall von Frankreich, der 1818 als Karl XIV. Johann König von Schweden wurde und der Begründer des schwedischen

Königshauses Bernadotte ist. Graf Lennart Bernadotte war der einzige Sohn von Prinz Wilhelm von Schweden (1884–1965) und der russischen Großfürstin Marija Pawlowna Romanowa (1890–1958). Durch seine Heirat mit der bürgerlichen Fabrikantentochter Karin Nissvandt (1911–1991) am 20. Februar 1932 verzichtete er durch Austritt aus dem schwedischen Königshaus auf eine mögliche Thronfolge. Internationale Bedeutung erlangte Graf Bernadotte durch seine Umgestaltung der Insel Mainau zur Blumeninsel, die jährlich von Millionen Touristen besucht wird und, dass er – angeregt durch die beiden Lindauer Ärzte Franz Karl Hein und Gustav Parade – durch seine guten Beziehungen zum schwedischen Nobelkomitee der Initiator der Nobelpreisträgertagung in Lindau am Bodensee wurde, die erstmals 1951 stattfand.

Albrecht **Bethe** (1872–1955) war ein deutscher Physiologe. 1915 wurde er als Ordinarius für Physiologie an die Universität Frankfurt berufen und baute dort das Institut für Physiologie auf. 1917 war er Rektor der Frankfurter Universität. Er war der Vater des Physikers Hans Bethe (1906–1005). 1937 wurde er von den Nazis entlassen, da er in erster und zweiter Ehe mit einer jüdischen Frau verheiratet war. Er wurde 1945 wieder in sein Amt eingesetzt.

Hans Albrecht **Bethe** (1906–2005) war ein deutsch-US-amerikanischer Physiker und Nobelpreisträger für Physik. Er promovierte 1928 bei Sommerfeld. Bis zum Jahre 1933 erhielt Bethe Lehrpositionen in Frankfurt am Main und Stuttgart. 1932/33 vertrat er das Extraordinariat für Theoretische Physik an der Eberhard Karls Universität Tübingen. Diese Stelle verlor er mit der Machtübernahme der Nationalsozialisten, weil seine Mutter Anna, Tochter des Medizinprofessors Abraham Kuhn, jüdischer Abstammung war. Er emigrierte im Oktober 1933 nach Großbritannien, wo er in den Jahren 1933 und 1934 die Position eines Dozenten an der Universität Manchester innehatte. Im Februar 1935 wurde Assistenzprofessor an der Cornell-Universität in Ithaca und im Sommer 1937 Professor. Bis zu seinem Lebensende blieb er mit einigen Unterbrechungen dort. Im Zweiten Weltkrieg ging er zuerst an das Radiation Laboratory am Massachusetts Institute of Technology, um am Mikrowellenradar zu arbeiten. Anschließend ging Bethe an das Los Alamos Scientific Laboratory, wo er, von Oppenheimer berufen, als Leiter der Theoretischen Abteilung an der Entwicklung der ersten Atombombe mitwirkte. 1941 wurde Bethe Staatsbürger der USA. Bethe starb in Ithaca im Alter von 98 Jahren. Er war der letzte Überlebende aus einer großen Reihe von Physikern aus der stürmischen Zeit der Physik Anfang des 20. Jahrhunderts. Bethe war ein Pionier der Anwendung der Quantenmechanik auf verschiedensten Gebieten der Physik. Hans Bethe untersuchte 1930 die Bremsung von Elektronen in Materie und die Bremsstrahlung relativistischer Elektronen (Bethe-Heitler-Formel, 1934), einer der frühen Anwendungen der Quantenelektrodynamik (QED). Bethe erwarb sich schon in den 1930-er Jahren einen Ruf als führender Kernphysiker. Seinen Nobelpreis bekam er für eine Arbeit zur Energieerzeugung in Sternen aus dem Jahr 1939. Er erkannte, dass die in Sternen wie der Sonne ablaufenden Kernreaktionsketten, die Wasserstoff zu Helium verschmelzen, über Kohlenstoffkerne als Katalysatoren ablaufen. Dieser Zyklus wird Bethe-Weizsäcker-Zyklus genannt wird.

Theobald Theodor Friedrich Alfred von **Bethmann Hollweg** (1856–1921) war ein deutscher Politiker und Reichskanzler von 1909 bis 1917.

Heinrich **Biltz** (1865–1943) war ein deutscher Chemiker. 1891 wurde er Professor an der Universität Greifswald und wechselte 1897 nach Kiel. Ab 1911 war er bis zu seiner Emeritierung im Jahre 1933 Professor an der Universität Breslau.

Raymond Thayer **Birge** (1887–1980) war ein amerikanischer Physiker. Nach einigen Jahren Tätigkeit an der Universität in Syracuse wurde er als Professor an die Universität in Berkeley berufen und blieb dort bis zu seiner Emeritierung im Jahre 1955. Er gilt als Architekt des Aufbaues des dortigen Physikdepartments und ihm gelang es, renommierte Wissenschaftler, wie z. B. Oppenheimer oder Lawrence, zu berufen.

Patrick Maynard Stuart **Blackett** (1897–1974) war ein englischer Physiker. Für die Weiterentwicklung der Wilsonkammer und der damit gemachten Entdeckungen auf dem Gebiet der Kernphysik (z. B. Höhenstrahlung) wurde ihm 1948 der Nobelpreis für Physik verliehen.

Wilhelm Johann Eugen **Blaschke** (1885–1962) war ein österreichischer Mathematiker. Er kam 1919 nach Hamburg, das er zu einem Zentrum der Mathematik machte. Dort blieb er bis zu seiner Emeritierung 1953. 1927/28 war er Rektor der Universität Hamburg.

Walker **Bleakney** (1901–1992) war ein amerikanischer Physiker. Er gilt als Miterfinder des Massenspektrometers und arbeitete auf dem Gebiet der Atom- und Molekülphysik sowie der Strömungslehre. Er war Dekan des Physics Department an der Princeton University und Leiter des Princeton „Ballistic Projects" während des zweiten Weltkrieges.

Felix **Bloch** (1905–1983) war ein schweizerisch-amerikanischer Physiker jüdischer Herkunft. Er erhielt 1952 den Nobelpreis für Physik. 1929 war Bloch Assistent bei Wolfgang Pauli an der ETH Zürich. Nach einigen Zwischenstationen wurde er 1931 Assistent bei Werner Heisenberg in Leipzig. Nach der Machtergreifung der Nationalsozialisten ging er zurück in die Schweiz und 1934 an die Stanford-Universität, wo er bis 1971 blieb. Er übernahm dort den Lehrstuhl für theoretische Physik. 1939 wurde er amerikanischer Staatsbürger. Ab dem Sommer 1942 arbeitete Bloch im Manhattan-Projekt in Los Alamos, wozu er von Robert Oppenheimer eingeladen worden war, den er noch aus Berkeley kannte. Anschließend gelangen ihm wichtige Arbeiten zum Ferromagnetismus und die Messung der magnetischen Momente von Atomkernen. 1946 entdeckte er unabhängig von Edward Mills Purcell und zusammen mit William Webster Hansen und Martin

Packard die Kernspinresonanz. 1952 erhielt Bloch zusammen mit Edward Mills Purcell für diese Entdeckung den Nobelpreis für Physik. Bloch war 1954 bis 1955 Generaldirektor des CERN in Genf.

Hans Hermann **Bluntschli** (1877–1962), schweizerischer Anatom. Er wurde am 19. Februar 1877 in Frankfurt am Main geboren und war an der Frankfurt Universität seit 1915 Professor. Von 1933 bis 1947 wirkte er an der Universität Bern. Er nahm an mehreren Expeditionen teil. Seine Arbeitsgebiete waren die Anthropologie, die Paläontologie und die Geographie.

Max **Bodenstein** (1871–1942) war ein deutscher Physikochemiker. Von 1900 bis 1906 war er Mitarbeiter von Ostwald in Leipzig und wurde 1906 außerordentlicher Professor an der TU-Berlin. 1908 wurde er zum Ordinarius an die TH-Hannover berufen. Bodenstein gilt als der Begründer der chemischen Kinetik. 1923 kehrte er als Nachfolger von Nernst nach Berlin zurück.

Hendrik **Boeke** (1881–1918) war ein holländischer Mineraloge und wurde 1914 in Frankfurt zum ordentlichen Professor ernannt. Er nahm sich 1918 das Leben.

Harald **Bohr** (1887–1951) war ein dänischer Mathematiker und der Bruder von Niels Bohr. Er studierte wie sein Bruder Niels in Kopenhagen und war dann in Kopenhagen ab 1910 Dozent und ab 1915 Professor an der Technischen Hochschule in Kopenhagen. 1930 wurde er an die Universität Kopenhagen berufen, wo er das Mathematische Institut gründete.

Niels Hendrik David **Bohr** (1885–1962) war ein dänischer Atomphysiker. Bohr war ab 1911 Mitarbeiter von Ernest Rutherford am Cavendish Laboratory in Cambridge (England). 1913 entwickelte er aufbauend auf den Rutherfordschen Vorstellungen und der Quantenhypothese von Max Planck das Bohrsche Atommodell. 1914 wurde er Dozent an der Universität Manchester. Ab 1916 war er Professor und ab 1920 Direktor des Institutes für Theoretische Physik in Kopenhagen. 1918 formulierte Niels Bohr erstmals das Korrespondenzprinzip. 1921 fand er eine theoretische Erklärung für den Aufbau des Periodensystems der Elemente, indem er die Atomhülle als aus Elektronenschalen aufgebaut ansah (Bohrsches Aufbauprinzip). Für seine Verdienste um die Erforschung der Struktur der Atome und der von ihnen ausgehenden Strahlung. erhielt er 1922 den Nobelpreis für Physik. 1926/27 formulierte er zusammen mit Werner Heisenberg (1901–1976) die sogenannte „Kopenhagener Deutung“ der Quantentheorie.

Ludwig **Boltzmann** (1844–1906) war ein österreichischer Physiker und Mathematiker. Boltzmann wurde am 20. Februar 1844 in Wien geboren. In Linz ging er zur Schule. Hier machte er am Akademischen Gymnasium 1863 sein Abitur und studierte dann an der Universität Wien Mathematik und Physik. 1866 wurde Boltzmann der Assistent von Josef Stefan (1835–1893), des Direktors des Physikalischen Institutes der Universität Wien. Hier wurde er auch zum Doktor der

Philosophie promoviert und lehrte dann an der Universität Wien als Privatdozent bis zum 31. Juli 1869. Von 1869 bis 1873 war er dann Professor in Graz und übernahm dann das Ordinariat für Mathematik an der Universität Wien bis 1876. In diesem Jahr kehrte er an die Universität Graz zurück. Ein Ruf nach Berlin als Nachfolger von Gustav Kirchhoff (1824–1887), den Boltzmann 1888 erhielt, scheiterte und so blieb er bis 1890 an der Universität Graz, um im gleichen Jahr an die Universität München zu wechseln, wo er bis 1894 lehrte. 1894 übernahm Boltzmann das Ordinariat für Theoretische Physik an der Universität Wien, das er bis 1900 innehatte. Dann begann von 1900 bis 1902 seine Zeit an der Universität Leipzig. Die wissenschaftlichen Auseinandersetzungen die er hier mit Wilhelm Ostwald (1853–1932) um die Energetik hatte, belasteten ihn schwer und es zeigten sich bei Boltzmann Anzeichen eines Nervenleidens und Suizidgedanken. 1902 kehrte Boltzmann nach Wien zurück und wurde am 1. Oktober 1902 zum ordentlichen Professor für theoretische Physik an der Universität Wien ernannt, das er bis zu seinem Tode 1906 vertrat. Ludwig Boltzmann war ein bedeutender Forscher auf dem Gebiet der Thermodynamik und neben Josiah Willard Gibbs (1839–1903) ein Mitbegründer der Statistischen Physik. Er war ein Verfechter des atomistischen Gedankens und verteidigte die objektive Existenz von Atomen gegenüber Angriffen von Ernst Mach (1838–1916) und Wilhelm Ostwald. Boltzmanns wohl bedeutendste Leistung, neben vielen anderen physikalischen Forschungsergebnissen, stellt die Fassung der Entropie dar, die er mit der thermodynamischen Wahrscheinlichkeit verband. Unter einem schlechten Gesundheitszustand und Depressionen leidend, die ihm eine Ausübung seiner Lehrverpflichtungen unmöglich machten, nahm er sich am 5. September 1906 in Duino bei Triest das Leben.

Karl Friedrich **Bonhoeffer** (1899–1957) war ein deutscher Chemiker. 1922 wurde er in Berlin bei Walther Nernst promoviert. Von 1923 bis 1930 war er Assistent bei Fritz Haber am Kaiser-Wilhelm-Institut für Physikalische und Elektrochemie in Berlin-Dahlem. 1929 entdeckte er zusammen mit Paul Harteck die Wasserstoffmodifikationen Ortho- und Parawasserstoff. Im Jahr 1930 wurde Bonhoeffer ordentlicher Professor für physikalische Chemie an der Universität Frankfurt.

Boorse war ein Mitarbeiter Frasers in Cambridge und wollte zu Stern nach Pittsburgh wechseln. Er verfügte über ausgezeichnete Erfahrung im Bau von Wasserstoffverflüssigungsanlagen. Stern suchte einen solchen Fachmann, aber trotz Unterstützungsbrief von Rabi konnte Stern für ihn keine Stelle in Pittsburgh besorgen.

Gudmund **Borelius** (1889–1985) war ein schwedischer Physiker. Er promovierte 1915 an der Universität Lund mit dem Thema: Undersökningar av gränspotentialer. Das Arbeitsgebiet von Borelius bildete die Technische Physik. Von 1922 bis 1955 war er Professor an der Kungliga Tekniska Högskolan (Königliche Technische Hochschule KTH) in Stockholm. Die KTH verleiht auch die Boreliusmedaille für Technische Physik. Zu Borelius siehe z. B. den Brief von Schnurmann an Stern vom 20.10.1933.

Elisabeth **Bormann** (1895–1986) war eine österreichische Physikerin. Zusammen mit Max Born bestimmte sie in Frankfurt mit Hilfe der Sternschen Molekularstrahlmethode erstmals die freie Weglänge neutraler Atome beim Durchgang durch Gase. (Max Born/Elisabeth Bormann, Eine direkte Messung der freien Weglänge neutraler Atome, Physikalische Zeitschrift 21, 582 (1920)).

Max **Born** (1882–1970) war ein deutscher theoretischer Physiker. Ab 1904 arbeitete Max Born in Göttingen in der Arbeitsgruppe des Mathematikers David Hilbert (1862–1943). 1906 promovierte er bei dem Mathematiker Carl Runge (1856–1927) mit einer Arbeit aus dem Bereich der angewandten Mathematik, die den Titel trägt: „Untersuchungen über die Stabilität der elastischen Linie in Ebene und Raum unter verschiedenen Grenzbedingungen." 1909 ging Born nach Cambridge, um sich bei Joseph John Thomson (1856–1940) mit der modernen Experimentalphysik vertraut zu machen. Im gleichen Jahr habilitierte er sich an der Universität Göttingen mit einer Arbeit die den Titel trägt: „Die Theorie des starren Elektrons in der Kinematik des Relativitätsprinzips". Ab dem 23. Oktober 1909 wirkte er als Privatdozent an der Universität Göttingen. Ein weiteres Forschungsfeld war die Theorie atomarer Kristallgitter und die Volumenformen von Atomen (zusammen mit Alfred Landè). Hierüber veröffentlichte er 1915 das Buch Dynamik der Kristallgitter.

Seine erste Professur erhielt Born am 15. Januar 1915 in Berlin als außerordentlicher Professor für theoretische Physik an der Berliner Universität. Durch einen Tausch der Lehrstühle, von Laue ging von Frankfurt am Main nach Berlin und Born kam nach Frankfurt, wurde Born 1919 ordentlicher Professor theoretische Physik an der Universität Frankfurt. Born blieb zwar nur bis 1921, trotzdem war seine Zeit in Frankfurt am Main eine fruchtbare Phase seines physikalischen Schaffens. 1921 wurde Born nach Göttingen berufen. Hier entwickelte er unter anderem mit zusammen mit Wolfgang Pauli, Werner Heisenberg, Pascual Jordan und Friedrich Hund große Teile der modernen Quantenmechanik. Die Born-Oppenheimer-Näherung in der Molekülphysik (1928) und die Bornsche Näherung in der Streutheorie wurden von ihm entwickelt. Bedingt durch nationalsozialistische Machtübernahme, musste Born wegen seiner jüdischen Abstammung 1933 nach England emigrieren. Hier arbeitete er zuerst in Cambridge bis er 1936 einen Lehrstuhl in Edinburgh erhielt. 1948 wurde ihm die Max-Planck-Medaille und 1950 die Hughes-Medaille verliehen. 1954 wurde ihm der Nobelpreis für Physik für seine grundlegenden Forschungen in der Quantenmechanik, besonders für seine statistische Interpretation der Wellenfunktion verliehen. Born war verheiratet mit Hedwig Born, geborene Ehrenberg (1891–1972). 1954 kehrten Born und seine Frau nach Deutschland zurück.

Satyendranath **Bose** (1894–1974) war ein indischer Physiker, der wichtige Beiträge zur mathematischen und statistischen Physik lieferte. Insbesondere ist seine Zusammenarbeit mit Albert Einstein zur Gasförmigkeit der elektromagnetischen Strahlung anerkannt worden (Ideales Bosegas). Bose verfasste im Alter von 27 Jahren, als er an der University of Dhaka arbeitete, einen kurzen Artikel über die Quantenstatistik der Photonen, den er an Einstein zur Begutachtung sandte.

Wollmar Filip Boström (1878–1956) war ein schwedischer Diplomat. Seit 1903 diente er als Minister für Auswärtige Angelegenheiten und war von 1925 bis 1945 als schwedischer Minister in Washington tätig.

Walter **Bothe** (1891–1957) war ein deutscher Physiker. In der Zeit von 1908 bis 1913 studierte er Physik, Mathematik, Chemie und Musikwissenschaften an der Universität Berlin. Nach einer bestandenen Lehramtsprüfung wurde er Assistent von Hans Geiger (1882–1945) am Radioaktiven Laboratorium der Physikalisch Technischen Reichsanstalt PTR. Bothe war Schüler von Max Planck (1858–1947) und wurde mit einer theoretischen Arbeit 1914 zum Dr. phil. promoviert. Nach seiner Rückkehr aus der Kriegsgefangenschaft 1920, wurde Bothe der Nachfolger von Geiger an der PTR und hatte dieses Amt bis 1930 inne. Mit Hans Geiger entwickelte er ab 1924 die Koinzidenzmethode, mit der er in Zusammenarbeit mit Werner Kolhörster (1887–1946) in den Jahren von 1928 bis 1929 den Korpuskularcharakter der kosmischen Strahlung nachweisen konnte. 1925 habilitierte er sich bei Planck. 1929 wurde er Privatdozent und außerplanmäßiger Professor, ab 1930, ordentlicher Professor an der Universität Gießen. 1930 gelang ihm der Nachweis der künstlichen Kern-Gammastrahlung. 1932 ging Bothe als Nachfolger von Philipp Lenard (1862–1947) an die Universität Heidelberg. Trat aber bereits 1933 von seinem Ordinariat zurück und wurde 1934 zum Leiter des Institutes für Physik des Kaiser-Wilhelm-Instituts für medizinische Forschung ernannt, eine Position die er bis zu seinem Tode 1957 inne hatte. Nach dem 2. Weltkrieg baute er das erste deutsche Zyklotron und erhielt 1954 für seine Arbeiten zur Entwicklung der Koinzidenzmethode und die damit gemachten Entdeckungen zusammen mit Max Born (1882–1970) den Nobelpreis für Physik.

Laurence George **Bowman** (1866–1950) wurde in Russisch-Polen geboren und kam 1870 nach England. Er besuchte das University College in London und machte seinen Master in Moral Science (Philosophie). Später war er als Mitglied und „Headmaster“ der Liberalen Partei tätig und Chairman des „Education Committee of the Jewish Religious Education Board“ sowie Vice chairman des „Central School Employment.

Sir William Lawrence **Bragg** (1890–1971) war ein britischer Physiker und Sohn von Sir William Henry Bragg (1862–1942). W. L. Bragg wurde am 31. März 1890 in Adelaide (Australien) geboren. Bragg besuchte in Adelaide das St. Peter's College und studierte dann an der University of Adelaide Mathematik. Nach Beendigung seines Studiums 1908 ging er nach Großbritannien und studierte am Trinity College in Cambridge. 1914 wurde er Dozent am Trinity College und von 1915 bis 1919 erfolgte seine Militärzeit in der Britischen Armee, wo er als technischer Berater für Schallmessung in der Kartenabteilung des militärischen Hauptquartiers in Frankreich tätig war. Von 1937 bis 1938 war er Professor für Physik in Manchester und von 1937 bis 1938 Direktor des National Physical Laboratory in Manchester. Von 1938 bis 1953 war er Professor für Experimentalphysik in Cambridge (Cavendish-Professor). 1953 wechselte er zur Royal Institution of Great Britain in

London über, an der er bis zu seinem Ruhestand 1966 blieb. Sir William Lawrence Bragg wurde durch Veröffentlichungen von Max von Laue (1879–1960) über seine Beugungsversuche von Röntgenstrahlen an Kristallen angeregt. Von 1912 bis 1914 arbeitete er mit seinem Vater an der Untersuchung von Kristallen mit Röntgenstrahlen. 1912 fand er die Bragg-Gleichung. Zusammen mit seinem Vater erhielt er 1915 den Nobelpreis für Physik.

Walter Houser **Brattain** (1902–1987) war ein US-amerikanischer Physiker. Seine Ausbildung als Physiker erhielt er am Whitman College und an der University of Orgeon. Von 1928 bis 1929 war er Physiker am National Bureau of Standards. Brattain promovierte 1929 an der University of Minnesota und ging dann zu den Bell Laboratories. Von 1941 bis 1943 forschte er an der Columbia University. 1967 bis 1972 war er Gastprofessor am Whitman College und von 1951 bis 1952 an der Harvard University. Von 1960 bis 1968 war er für die Amerikanische Marine tätig, blieb aber bis zu seinem Ruhestand 1967 Angestellter der Bell Laboratories. Das Arbeitsgebiet von Brattain bildete die Oberflächenphysik von Festkörpern. 1956 erhielt er zusammen mit William B. Shockley (1910–1989) und John Bardeen (1908–1991) den Nobelpreis für Physik.

Gregory **Breit** (1899–1981) war ein russisch-amerikanischer Kernphysiker. Er wurde am 14. Juli 1899 in Nikolajew (Russland) geboren. 1915 emigrierte Breit nach den USA und studierte an der Johns Hopkins University. 1923 wurde er Assistant Professor an der University of Minnesota. Von 1924 bis 1929 war er an der Carnegie Institution in Washington D.C. 1928 hatte er einen Gastaufenthalt an der ETH in Zürich. Ab 1929 war er Professor an der New York University. Hier machte er bedeutende Arbeiten zur Quantentheorie wechselwirkender relativistischer Elektronen und 1932 bis 1933 zur Quantentheorie der Dispersion, über den Aufbau der Atomkerne und die Theorie der Kernkräfte. Ab 1934 war er Professor an der University of Wisconsin in Madison. Zusammen mit Eugene Paul Wigner (1902–1995) erarbeitete er 1936 das für die Deutung zahlreicher Kernreaktionen wichtige Konzept des Zwischenkerns. 1942 bis 1945 war er am amerikanischen Atombomben-Projekt (Manhattan-Projekt) beteiligt. Von 1947 bis 1968 wirkte er an der Yale University in New Haven (Connecticut), anschließend in Buffalo (N.Y.).

Percy Williams **Bridgman** (1882–1961) war ein amerikanischer Physiker, der 1946 den Physiknobelpreis für seine Arbeiten auf dem Gebiet der Physik hoher Drucke erhielt.

Otto **Brill** (1903–1967) hatte 1929 mit der Arbeit „Über die Bildung von Niederschlägen durch Molekularstrahlen" bei Otto Stern in Hamburg promoviert. 1937 ist er nach Peru ausgewandert.

Léon **Brillouin** (1889–1969) war ein französisch-amerikanischer Physiker, der am 7. August 1889 in Sèvres, Seine-et-Oise geboren wurde. Er war der Sohn des Physikers Marcel Louis Brillouin (1854–1948) und dessen Ehefrau Caharlotte Mascart.

Sein Physikstudium an der Universität Paris beendete er 1921 mit einer Dissertation über das Thema: La théorie des solides et les quanta. Die Promotionsprüfung legte er bei Marie Curie (1867–1934) und Jean Perrin (1870–1942) ab. 1928 wurde Brillouin Professor für Physik an der Universität Paris und hielt bis 1931 auch Vorlesungen an der École Supérieure d'Èlectricité über Radiotechnik. Von 1932 bis 1939 wirkte er am Collège de France. 1939 bis 1940 war er der Direktor des Französischen Rundfunks. Nach der Niederlage Frankreichs ging Brillouin in die USA und wurde 1941 Gastprofessor an der University of Wisconsin in Madison. 1942 wurde er Professor an der Brown University Providence (Rhode Island). Von 1943 bis 1945 arbeitete er in einer Forschungsgruppe für Angewandte Mathematik des Office of Scientific Research and Development. 1946 wechselte er zur Harvard University, wo er bis 1949 blieb. Im gleichen Jahr ging er als Direktor für Electronic Education zu IBM. 1952 wurde er Forschungsdirektor am Watson Scientific Computing Laboratory von IBM. Schließlich wurde er Adjunct Professor of Physics an der Columbia University in New York. Internationale Anerkennung gewann er durch seine Arbeiten zur Festköperphysik und Informationstheorie.

Louis-Victor Pierre Raymond de **Broglie** (1892–1987) war ein französischer Physiker. Er gehörte zur französischen Adelsfamilie der Broglies und war der jüngere Bruder des Experimentalphysikers Maurice de Broglie. De Broglie gilt als einer der bedeutendsten Physiker des 20. Jahrhunderts. Für seine Entdeckung der Wellennatur des Welle-Teilchen-Dualismus in seiner Dissertation Recherches sur la théorie des quanta und der daraus resultierenden Theorie der Materiewellen erhielt er 1929 den Nobelpreis für Physik.

Detlev Wulf **Bronk** (1897–1975) war ein US-amerikanischer Biophysiker und Wissenschaftsmanager. Bronk studierte am Swarthmore College Elektrotechnik und Physik an der University of Michigan. 1924 promovierte er. In seiner Dissertation beschäftigte er sich bereits mit seinem späteren Forschungsgebiet der Biophysik. Er wurde danach Professor am Swarthmore College und 1929 Professor für Biophysik an der University of Pennsylvania. 1940 bis 1941 wurde er zusätzlich Professor für Physiologie am Medical College der Cornell University und schließlich 1948 Präsident der Johns Hopkins University und 1953 des Rockefeller Institute. Sein Forschungsgebiet bildete hauptsächlich die Regulation des Nervensystems.

Ernst Robert **Bruck** (1876–1942) war von 1919 bis 1935 Professor für Versicherungsrecht an der Universität Hamburg.

Esther Caukin **Brunauer** (1901–1959) war eine langjährige Mitarbeiterin bei der American Association of University Women (AAUW). Sie und ihr Ehemann wurden auch von Senator Joseph McCarthy als Staatsfeinde verfolgt.

Eduard **Buchner** (1860–1917) war ein deutscher Chemiker und Nobelpreisträger für Chemie. Er wurde am 20. Mai 1860 in München geboren, wo er auch die Schule besuchte und 1877 sein Studium an der Ludwig-Maximilians-Universität in München begann. Gleichzeitig besuchte er in den Jahren 1878 bis 1881 anorganische Praktika an der Technischen Universität München bei Emil Erlenmeyer. Durch seinen Kontakt zu einer Konservenfabrik kam er erstmals mit Gärungsprozessen in Berührung, durch die seine bedeutenden Untersuchungen zu biochemischen Gärungsprozessen veranlasst wurden. In der Zeit von 1882 bis 1884 forschte er über Spaltpilze und dem Einfluss von Sauerstoff bei Gärungsprozessen. 1883 bis 1884 setzte er sein Studium an der Ludwig-Maximilians-Universität fort, wo er im Hauptfach organische Chemie bei Adolf von Baeyer (1835–1917) und Theodor Curtius (1857–1928) studierte. 1888 wurde Buchner von Adolf von Baeyer promoviert und 1891 habilitierte er sich bei ihm mit einer Arbeit „Über Synthesen von Pyrazol-, Pyrazolin- und Trimethylenderivaten mittels Diazoessigäther – Ein Beitrag zur Kenntnis der ringförmigen Atombindung“. Im Herbst 1893 ging er zu Curtius an die Universität Kiel, wo er als Privatdozent lehrte. Schließlich erhielt er 1896 den Ruf als außerordentlicher Professor für analytische und pharmazeutische Chemie an der Universität Tübingen. Hier entstand auch seine erste Arbeit zur alkoholischen Gärung ohne Hefezellen, für die er 1907 den Nobelpreis für Chemie erhielt. 1898 erhielt er einen Ruf als Ordinarius für Chemie von der Landwirtschaftlichen Hochschule bin Berlin. In Berlin veröffentlichte er eine zweite Arbeit zur zellfreien Gärung. 1909 wurde er zum Mitglied der Leopoldina gewählt und folgte einem Ruf als Ordinarius für Chemie an die Universität Breslau. 1911 nahm er einen Ruf an die Universität in Würzburg an. Nach Ausbruch des Ersten Weltkrieges meldete sich Buchner zur Armee und wurde 1915 Major. Da der Universitätsbetrieb im Chemischen Institut der Universität Würzburg sehr unter der Abwesenheit Buchners litt, erreichte die Universität für ihn eine Freistellung, so dass er im März 1916 aus dem Kriegsdienst wieder entlassen wurde. Nach dem Kriegseintritt der USA mel dete sich Buchner aber im April 1917 wieder freiwillig, befehligte eine bayerische Munitionskolonne. Am 11. August 1917 wurde er bei Focsani in Rumänien schwer verwundet und starb zwei Tage später. Er war ursprünglich der Doktorvater von Otto Stern, wurde aber wegen seines Wechsels nach Würzburg von Biltz vertreten.

Emil Arnold **Budde** (1842–1921) war ein deutscher Physiker. Nach ihm wurde der „Budde-Effekt“ benannt. (Siehe hierzu: Max von Laue, Nachruf auf Emil Arnold Budde, In: Verhandlungen der Deutschen Physikalischen Gesellschaft 1921, S. 66–68).

Erwin **Bünning** (1906–1990) war ein deutscher Botaniker. Seine wichtigsten Forschungsbeiträge leistete er auf dem Gebiet der Chronobiologie. Kurt Stern war sein Mitarbeiter in Frankfurt gewesen.

Blas **Cabera** (1946–?) ist ein US-amerikanischer Elementarteilchenphysiker, der am 21. September 1946 in Paris geboren wurde. Er studierte an der University of Virginia und promovierte 1975 an der Stanford University. Hier wurde er 1981 zum Assistant Professor, 1984 zum Associate Professor und 1991 zum Professor ernannt. Er war von 1996 bis 1999 der Vorsitzende der Fakultät für Physik. Cabreras

Forschungsgebiet bildete lange Zeit die Suche nach Magnetischen Monopolen, der aber kein Erfolg beschieden war.

William Wallace **Campbell** (1862–1938) war ein amerikanischer Astronom. Er war ab 1891 Mitarbeiter am Lick-Observatorium nahe der Stadt San Jose bei San Franzisco und von 1901 bis 1923 war er dort Direktor und Professor. Danach war er von 1923 bis 1930 Präsident der University of California. Er befasste sich mit Sternspektroskopie, z. B. Radialgeschwindigkeit von Sternen und Entdeckung von Doppelsternen mit spektroskopischen Methoden. Er leitete auch mehrere Sonnenfinsternisexpeditionen. 1931–1935 war er Präsident der National Academy of Sciences. Er hat Otto Stern einige Male für den Nobelpreis für Physik vorgeschlagen.

Sir James **Chadwick** (1891–1974) war ein englischer Physiker. Für die Entdeckung des Neutrons 1932 wurde Chadwick 1935 der Nobelpreis für Physik verliehen. Chadwick arbeitete zwei Jahre bei Ernest Rutherford am Physical Laboratory in Manchester, wo er sich mit verschiedenen Problemen der Radioaktivität befasste. Kurz vor Ausbruch des 1. Weltkrieges ging er als Mitarbeiter zu Hans Geiger an die Physikalisch-Technische Reichsanstalt in Berlin-Charlottenburg. Nach der Rückkehr nach England und Rutherfords Übernahme der Leitung des Cavendish-Laboratoriums wurde er 1919 dessen enger Mitarbeiter und assistierender Direktor des Instituts. 1932 gelang Chadwick durch den Beschuss von Berylliumatomen mit Alphateilchen der experimentelle Nachweis für die Existenz des Neutrons. Seine Untersuchungen waren wichtige Vorarbeiten für Fermi sowie Hahn und Straßmann zur Entdeckung der Neutronen induzierten Spaltung von Kernen des Elements Uran. Chadwick widmete sich in der Folge dem Aufbau eines Zyklotrons an der Universität Liverpool. 1943 ging Chadwick in die USA, um am Manhattan-Projekt mitzuarbeiten. Er leitete dort die britische Mission beim Manhattan Projekt und blieb bis 1946. Er hatte großen Anteil an der britischen Entscheidung zur Beteiligung am Aufbau des europäischen Kernforschungszentrums CERN.

Paul Henri Adolph Wilhelm Franz de **Chapeaurouge** (1876–1952) war ein Hamburger Jurist und Politiker. In der Weimarer Republik war er Hamburger Senator und gehörte 21 Jahre der Hamburgischen Bürgerschaft an, nach dem Krieg wurde er außerdem Mitglied des Parlamentarischen Rates.

Carl **Chun** (1852–1914) war ein deutscher Zoologe. 1875 promovierte er in Leipzig im Fach Medizin. Er wandte sich dem Gebiet der Tiefenfauna der Meere zu. 1883 wurde er zum ordentlichen Professor an die Universität in Königsberg und 1891 an die Universität Breslau berufen.

Lily **Chun** (1887–1954) war die geschiedene Frau des Botanikers Ernst Pringsheim (1881–1970), und eine sozialdemokratische Politikerin sowie die Tochter von Carl Chun.

John Douglas **Cockcroft** (1897–1967) war ein britischer Physiker, der zusammen mit Ernest Walton Ionenbeschleuniger für die Kernphysikforschung entwickelte. 1951 erhielt er für seine Kernphysikarbeiten den Nobelpreis für Physik.

Alfred Einstein **Cohn** (1879–1957) war ein amerikanischer Mediziner. Er war Mitbegründer des Organizing Committee for Displaced Foreign Scholars and Displace Foreign Physicians (Duggan committee).

Arthur Holly **Compton** (1892–1962) war ein US-amerikanischer Physiker. 1920 erhielt Compton einen Ruf der Washington University in St. Louis, Missouri. Compton untersuchte um 1922 die Streuung von monochromatischen Röntgenstrahlen an Kristallen und beobachtete dabei, dass Elektronen frei gesetzt werden und die Strahlung zu längeren Wellenlängen verschoben ist. Compton hatte hiermit den später nach ihm benannten Compton-Effekt entdeckt. 1927 wurde er für diese Entdeckung mit dem Nobelpreis für Physik ausgezeichnet. Er wechselte 1923 an die University of Chicago. Von 1942 bis 1945 war Compton im Rahmen des Manhattan-Projektes Leiter der Plutoniumforschungsabteilung. Nach dem Zweiten Weltkrieg kehrte er nach Saint Louis zurück.

Karl Taylor **Compton** (1887–1954) war ein amerikanischer Physiker und der älteste Bruder von Arthur Compton. Er promovierte 1912 an der Princeton Universität und wurde dort 1919 „Full Professor". Von 1930 bis 1948 war er Präsident des MIT in Boston. Während des Krieges war er dort stark in die Kriegsforschung involviert und beriet auch amerikanische Präsidenten.

Edward Uhler **Condon** (1902–1974) war ein US-amerikanischer Physiker und wurde am 2. März 1902 in Alamogordo (New Mexico) geboren. Er fand 1927 eine wellenmechanische Begründung des 1926 von James Franck (1882–1964) aufgestellten Prinzips, mit dessen Hilfe sich Aussagen über die Wahrscheinlichkeit von Übergängen zwischen verschiedenen Schwingungszuständen eines Moleküls machen lassen. Das Prinzip bezieht sich auf den Fall, dass sich neben dem Schwingungszustand auch die elektronische Anregung des Moleküls ändert. Diese Gesetzmäßigkeit nennt man das Franck-Condon-Prinzip. 1928 konnte er den Alpha-Zerfall von Atomkernen mit dem quantenmechanischen Tunneleffekt erklären. Er war von 1928 bis 1937 Professor an der Princeton University und von 1945 bis 1951 Direktor des National Bureau of Standards. 1946 wurde er Präsident der American Physical Society und 1953 der American Association fort he Advancement of Science. Von 1956 bis 1963 war er Professor an der Washington University in St. Louis, dann in Boulder. Ab 1966 leitete Condon ein Forschungsteam das sich auf Ersuchen der US-Luftwaffe mit dem UFO-Problem beschäftigte. Die Ergebnisse des Condon Committee lösten unterschiedliche Reaktion aus, da Condon in seinem abschließenden Bericht angab alle UFO-Phänomene natürlich erklären zu können, was von vielen Fachkollegen nicht akzeptiert wurde. Condon lieferte viele bedeutende Forschungsergebnisse zur quantentheoretischen Behandlung von Atom- und Molekülspektren. Er starb am 26. März 1974 in Boulder (Colorado).

James Bryant **Conant** (1893–1978) war ein amerikanischer Chemiker, Wissenschaftspolitiker und Diplomat. Zwei Jahrzehnte, von 1933 bis 1953 war er Hochschulpräsident der Harvard-Universität. Dort führte er zahlreiche einschneidende Reformen ein, die auf eine leistungsorientierte Zulassung der Studenten abzielten. Diese Reformen wurden von zahlreichen US-Universitäten als vorbildlich angesehen und übernommen. In den Jahren des Zweiten Weltkriegs und anschließend bis 1946 war er auch Vorsitzender des Nationalen Verteidigungsforschungsrats (National Defense Research Committee, NDRC) und trieb hier politisch das Manhattan-Projekt zur Entwicklung der ersten Atombombe entscheidend voran. Nach dem Kriegsende war er als Berater für die National Science Foundation und die Atomenergiekommission tätig. Von 1953 bis 1955 wirkte er als US-amerikanischer Hoher Kommissar in Deutschland und von 1955 bis 1957 als erster Botschafter der USA in der Bundesrepublik Deutschland.

Dirk **Coster** (1889–1950) war ein niederländischer Physiker. Von 1913 bis 1919 studierte er Physik an der Universität Leiden und promovierte dort 1922. Anschließend arbeitete er bei Karl Manne Siegbahn an der Universität Lund und bei Niels Bohr in Kopenhagen. Von 1924 bis 1949 lehrte er Experimentalphysik an der Universität Groningen. Gemeinsam mit George de Hevesy entdeckte er 1923 das Element Hafnium durch Röntgenspektroskopie in einem Zirkoniummineral.

Aimé **Cotton** (1869–1951) war ein französischer Physiker, der am 9. Oktober 1869 in Bourg-en-Bresse geboren wurde. Er besuchte in Borg-en Bresse das Gymnasium (Lycée) und eine spezielle mathematische Abteilung am Lycée „Blais Pascal“ in Clermont-Ferrand. 1899 trat er in die École normale supérieure (die „Höhere Normalschule“) ein, die ein Hochschultyp in Frankreich und den frankophonen Ländern ist. Bei seinem Abschluss 1893 gewann er den physikalischen Wissenschaftspreis. An der École normal supérieure bereitete er sich auch auf seine Doktorarbeit vor, die er 1896 verteidigte und die den Titel „Forschungen über die Absorption und Dispersion des Lichtes von Substanzen, die zur optischen Rotation fähig sind“ (Cotton-Effekt). 1907 entdeckte er mit Henri Mouton (1869–1935) den Cotton-Mouton-Effekt, der auch als magnetische Doppelbrechung bezeichnet wird. Der Cotton-Mouton-Effekt bildet das Analogon zum elektrooptischen Kerr-Effekt. Ab 1910 war er Professor in Toulon und ab 1920 in Paris. 1923 wurde er in die Französische Akademie der Wissenschaften gewählt. 1938 wurde der Präsident dieser Akademie.

Richard **Courant** (1888–1972) war ein deutschamerikanischer Mathematiker. Er wurde am 8. Januar 1888 in Lublinitz (Oberschlesien) geboren. Da seine Eltern öfters umzogen, besuchte Courant das Gymnasium in Glatz und dann das König-Wilhelm-Gymnasium in Breslau. Zum Wintersemester 1906/07 begann er ein Studium der Physik an der Universität Breslau, wechselte dann aber zur Mathematik. Von Breslau ging er nach Zürich und Göttingen, wo er der Assistent von David Hilbert (1862–1943) wurde. 1910 wurde Courant promoviert. Das Thema seiner

Dissertation war: Über die Anwendung des Dirichletschen Prinzips auf die Probleme der konformen Abbildung. 1912 habilitierte er sich und wurde Privatdozent. Sofort bei Ausbruch des 1. Weltkrieges wurde Courant am 8. August 1914 zur deutschen Armee eingezogen, wurde dann verwundet und aus dem Kriegsdienst entlassen. Er kehrte an die Universität Göttingen zurück, wo er der Nachfolger von Felix Klein (1849–1925) und Direktor des mathematischen Institutes wurde. 1925 wurde er Mitglied der Göttinger Akademie der Wissenschaften. Nach der Machtergreifung 1933 verließ Courant Deutschland und ging zuerst für ein Jahr nach Cambridge und dann in die USA, nach New York. Courant setzte hier die Tradition der Göttinger Mathematik fort, die bis auf Carl Friedrich Gauß (1777–1855) zurückgeht und baute hier mit Kurt Friedrichs (1901–1982) und Peter Lax (1926–?) ein mathematisches Forschungszentrum auf, das spätere Courant Institute for Mathematical Sciences an der Universität New York. Richard Courant war ein herausragender und bedeutender Mathematiker. Sein Arbeitsgebiet lag besonders auf dem Gebiet der Angewandten Mathematik. Seine Bücher „Vorlesungen über Differential- und Integralrechnung“, „Methoden der mathematischen Physik“ und seine mit Herbert Robbins (1915–2001) verfasste Einführung in die Mathematik „Was ist Mathematik?“ sind zeitlose Werke der mathematisch-physikalischen Literatur.

Richard Threlkeld **Cox** (1898–1991) war ein amerikanischer Physiker. Er studierte ab 1915 Physik an der Johns Hopkins University. 1920 machte er seinen Bachelor BA und 1924 wurde er promoviert. Seine Dissertation trägt den Titel A Study of Pfund's Pressure Gauge. Von 1924 bis 1943 lehrte er an der New York University und kehrte dann an die Johns Hopkins University zurück. Seine Arbeitsgebiete waren die Wahrscheinlichkeitstheorie, die Elektronenstreuung und die Entladungen elektrischer Aale. Seine bedeutendste Leistung bildet das Theorem von Cox, das sich mit den logischen Grundlagen der Wahrscheinlichkeit beschäftigt.

Carl Julius **Cranz** (1858–1945) war ein deutscher Physiker und Mathematiker. Ab 1904 war Professor an der militärtechnischen Akademie in Berlin-Charlottenburg und Leiter des Laboratoriums für Ballistik.

Nils Gustaf **Dalén** (1869–1937) war ein schwedischer Ingenieur. Er erhielt 1912 den Nobelpreis für Physik „für seine Erfindung selbstwirkender Regulatoren, die in Kombination mit Gasakkumulatoren zur Beleuchtung von Leuchttürmen und Leuchtbojen verwendet werden“.

Charles Galton **Darwin** (1887–1962) war ein englischer Physiker und wurde am 19. Dezember 1887 in Cambridge geboren. Er schloss 1910 sein Studium der Mathematik am Trinity College in Cambridge ab und wurde dann zeitweise Mitarbeiter von Ernest Rutherford (1871–1937) und Niels Bohr (1885–1962) in Manchester, wo er sich mit Fragen der Atomphysik beschäftigte. Unter der Anleitung von Henry Mosley (1887–1915) beschäftigte er sich ab 1912 mit der Röntgenbeugung.

1914 entwickelte er unabhängig von Peter Paul Ewald (1888–1985) eine dynamische Theorie der Röntgenstreuung (Röntgenstrahlinterferenzen) an Kristallgittern. Während des Ersten Weltkrieges befasste sich Darwin bei den Royal Engineers mit ballistischen Problemen und war ab 1919 Lecturer und Fellow des Christ Church College in Cambridge. Hier entwickelte er mit Ralph Howard Fowler (1889–1944) die Darwin-Fowler-Methode zur Berechnung von Mittelwerten und Schwankungen in statistischen Gesamtheiten. Nach einem Gastaufenthalt am California Institute of Technology wurde er 1924 Professor an der Universität Edinburgh, an der bis 1936 blieb. Darwin war der erste, der 1928 mit der neuen relativistischen Quantenmechanik von Paul Adrien Maurice Dirac (1902–1984) die Feinstruktur des Wasserstoffatoms behandelte (Darwin-Term). 1936 wurde er Master des Christ College in Cambridge und von 1938 bis 1949 Direktor des National Physical Laboratory in Cambridge. Während des Zweiten Weltkrieges war er bei der Koordinierung des Atombombenprojektes der Alliierten (USA und Großbritannien) beteiligt. Darwin beschäftigte sich in seinen wissenschaftlichen Arbeiten mit Optik und Statistischer Mechanik.

Erwin **David** (1911–xxxx) promovierte 1934 bei Lenz und wurde 1935 wiss. Hilfsarbeiter (als Nachfolger von Gordon). Bei seiner Habilitation 1940 wurde ihm die Lehrbefugnis verweigert, weil er nicht bereit war, dem NS-Dozentenbund beizutreten; 1941 folgte seine Ernennung zum Dozenten.

Clinton Joseph **Davisson** (1881–1958) war ein US-amerikanischer Physiker. Davisson erhielt 1937 den Physiknobelpreis für die experimentelle Bestätigung der von de Broglie vorhergesagten Wellennatur von Elektronenstrahlen. Die Experimente hatte er zusammen mit Lester Halbert Germer durchgeführt. Er war von September 1911 bis April 1917 im Physik-Department am Carnegie Institute of Technology in Pittsburgh tätig, im Juni 1917 nahm er für die Zeit des Krieges eine Stelle in der Ingenieurabteilung der Western Electric Company (den späteren Bell Telephone Laboratories) in New York City an. Er wurde 1946 bei den Bell Telephone Laboratories nach 29 Dienstjahren pensioniert und war von 1947 bis 1949 Visiting Professor für Physik an der University of Virginia in Charlottesville, Virginia.

Peter **Debye** (1884–1966) war ein niederländischer Physiker und theoretischer Chemiker. Er studierte an der RWTH Aachen Elektrotechnik und war in Aachen Student von Arnold Sommerfeld, der ihn nach seinem Wechsel 1906 an die Ludwig-Maximilians-Universität München mitnahm. Debye arbeitete dort im Bereich der theoretischen Physik und wurde 1908 promoviert mit einer Arbeit über Strahlungsdruck. 1910 folgte die Habilitation. Im Jahr darauf wurde er Professor für Theoretische Physik an der Universität Zürich als Nachfolger von Albert Einstein, wo er zwei Jahre blieb. Es folgten Professuren an der Universität Utrecht ab 1912, ab 1913 an der Universität Göttingen, ab 1920 an der ETH Zürich, ab 1927 an der Universität Leipzig und ab 1934 an die Friedrich-Wilhelms-Universität zu Berlin. Seit 1935 war Debye Direktor des Kaiser-Wilhelm-Instituts für Physik in Berlin-Dahlem. Zwischen 1936 und 1939 war er auch Mitglied des Senats der Kaiser-Wilhelm-Gesellschaft. Als Vorsitzender der Deutschen Physikalischen Gesellschaft (DPG), was er 1937 bis 1939 war, sah sich Debye 1938 genötigt, in einem Rundschreiben die verbliebenen jüdischen Mitglieder zum Austritt aufzufordern. Als das nationalsozialistische Regime von Debye die Annahme der deutschen Staatsbürgerschaft verlangte, lehnte er dies ab; er ließ sich beurlauben, ging mit Frau und Sohn 1940 in die USA und lehrte ab 1940 an der Cornell University in Ithaca, New York. 1941 wurde er US-Staatsbürger, so dass er danach an kriegswichtiger Forschung über Kunststoffe beteiligt sein konnte. Auch nach dem Krieg setzte er die Polymerforschung fort. 1952 ging er an der Cornell University offiziell in den Ruhestand, forschte dort aber weiter bis zu seinem Tod.

Max **Dehn** (1878–1952) war ein deutscher Mathematiker. Von 1921 bis 1939 war er Professor in Frankfurt. Er emigrierte über Norwegen in die USA.

Gustav Adolf **Deißmann** (1866–1937) war ein deutscher evangelischer Theologe, Papyrologe und Ökumeniker.

Max Ludwig Henning **Delbrück** (1906–1981) war ein deutsch-amerikanischer Biophysiker. 1969 wurde ihm der Nobelpreis für Medizin verliehen.

Fritz **Demuth** (1876–1963) war ein deutscher Jurist. Er koordinierte die „Notgemeinschaft Deutscher Wissenschaftler im Ausland“ in Zürich.

Friedrich **Dessauer** (1981–1963) war ein deutscher Physiker, der in seiner Forschung vor allem die Wirkung von Röntgenstrahlung auf biologische Objekte untersuchte. 1921 wurde er Leiter des Institutes für physikalische Grundlagen der Medizin, das später zum ersten Kaiser Wilhelm Institut für Biophysik wurde. 1933 musste er emigrieren (Türkei) und kehrte erst 1948 wieder nach Frankfurt zurück.

Otto **Diels** (1876–1954) war ein deutscher Chemiker und Nobelpreisträger der Chemie. Er wurde am 23. Januar 1876 in Hamburg geboren. Otto Diels besuchte das Joachimsthalsche Gymnasium in Berlin und studierte dann an der Friedrich-Wilhelms-Universität in Berlin bei Emil Fischer (1852–1919) Chemie. 1899 schloss er sein Studium ab und wurde mit der Dissertation „Zur Kenntnis der Cyanurverbindungen“ am 19. Juli 1899 in Berlin promoviert. 1904 erfolgte die Habilitation und 1906 erhielt er den Titel Professor. 1913 wurde er außerordentlicher Professor an der Universität Berlin und 1916 erfolgte die Ernennung zum ordentlichen Professor und Direktor des Chemischen Institutes der Christian-Albrechts-Universität in Kiel. Von 1925 bis 1926 war er auch Rektor der Christian-Albrechts-Universität. Diels leitete das Institut für Chemie bis 1945. Seine hauptsächlichen Arbeitsgebiete bildeten die Konstitution der Steroide, die Dehydrierungsreaktionen mit Selen, α-Diketone, Urethane und Kohlenstoffsuboxid. Mit seinem Schüler Kurt Alder

(1902–1958) erhielt er 1950 den Nobelpreis für Chemie für die Entdeckung der Diels-Alder-Reaktion.

Paul Adrien Maurice **Dirac** (1902–1984) war ein britischer Physiker. Eine seiner wichtigsten Leistungen ist die Herleitung der sogenannten Dirac-Gleichung im Jahre 1928, in der Einsteins Spezielle Relativitätstheorie und die Quantenphysik erstmals zusammengebracht werden konnten. Damit legte er die Grundlagen für den späteren Nachweis von Antimaterie. 1933 wurde ihm dafür der Nobelpreis für Physik verliehen.

Robert E. **Doherty** (1885–1950) war ein amerikanischer Elektroingenieur. Er war ab 1935 bis 1950 Präsident des Carnegie Institutes of Technology in Pittsburgh.

Edward Adelbert **Doisy** (1893–1986) war ein US-amerikanischer Biochemiker und Hochschullehrer an der Saint Louis University. Für seine Entdeckung der chemischen Natur des Vitamins K erhielt er 1943 gemeinsam mit Henrik Dam den Nobelpreis für Medizin.

Théophile Ernest **de Donder** (1872–1957) war ein belgischer Physiker und Physikochemiker. Er wurde am 19. August in Brüssel geboren und wollte – wie sein Vater – Volksschullehrer werden. Er bildete sich wissenschaftlich weiter und erhielt schließlich 1899 von der Universität Brüssel den Doktorgrad für Physik, ohne jemals eine Vorlesung besucht zu haben. Erst spät wurde er Professor in Brüssel und konnte den Schuldienst aufgeben. Die Arbeitsgebiete de Donders waren die Allgemeine Relativitätstheorie und die Thermodynamik, hier besonders die Thermodynamik von Nicht-Gleichgewichtsprozessen. Mit Albert Einstein (1879–1955) stand de Donder in freundschaftlichem Gedankenaustausch. Der bedeutendste Schüler de Donders, der auch seine Forschungen fortführte, war der Physikochemiker Ilya Prigogine (1917–2003), der 1977 den Nobelpreis für Chemie erhielt.

Jakov Grigorevich **Dorfman** (1898–1974) war ein russischer Physiker. Hier – im späteren Leningrad – wirkte er und hatte 1923 die para- und ferromagnetischen Resonanzerscheinungen vorhergesagt und war seit 1930 Leiter des magnetischen Laboratoriums in Leningrad. Dorfmann beteiligte sich auch am 6. Solvaykongreß 1930 in Brüssel, wo er u. a. auch Wolfgang Pauli kennenlernte. Er starb am 4. November 1974 in Moskau. (Siehe hierzu: Karl von Meyenn (Hrsg.), Wolfgang Pauli – Wissenschaftlicher Briefwechsel mit Bohr, Einstein, Heisenberg u. a., Band II (1930–1939), Seite 87)

Friedrich **Dolezalek** (1873–1920) war ein österreichisch-ungarischer bzw. deutscher Chemiker für physikalische Chemie an der TU-Berlin.

Stephen Pierce Hayden **Duggan** (1870–1950) war Professor „of Political Science" am „College of the City of New York und formte das „Institute of International Education" mit der Absicht, internationalen wissenschaftlichen Bildungsaustausch zwischen den Nationen zu erreichen. Er war Direktor des „Emergency Committee in Aid of Displaced German Scholars".

Friedrich Carl **Duisberg** (1861–1935) war ein deutscher Chemiker und Industrieller. 1883 kam er zur Friedrich Bayer A.G (später Bayer A.G). Zu seinem Gedächtnis wurde 1949 die Carl Duisberg Gesellschaft gegründet, die zusammen mit der Deutschen Stiftung für Internationale Entwicklung internationale Weiterbildung etc. fördert.

Louis Dominique Joseph Armand **Dunoyer** de Segonzac (1880–1963) war ein Französischer Physiker. Ihm gelang es 1911 den ersten Atomstrahl im Vakuum zu erzeugen.

Saul **Dushman** (1883–1954) war ein russisch-amerikanischer Chemiker.

Carl Henry **Eckart** (1902–1973) war ein US-amerikanischer Physiker und Ozeanograph, der am 4. Mai 1902 in St. Louis (Missouri) geboren wurde. Eckart studierte an der Washington University in St. Louis. 1923 schloss er sein Studium mit dem Master ab und wurde 1925 an der Princeton University promoviert. Von 1925 bis 1927 war er am California Institute of Technology und 1927 bis 1928 bei Arnold Sommerfeld (1868–1951) an der Universität München. Von 1928 bis 1946 war er Professor an der University of Chicago. 1930 veröffentlichte Eckhart mit Eugene Paul Wigner (1902–1995) das sogenannte Wigner-Eckhart-Theorem. Es ist ein Hilfsmittel für die Berechnung der Matrixelemente eines Tensoroperators, wenn dessen Symmetrieeigenschaften bekannt sind. Während des Zweiten Weltkrieges beschäftigte er sich mit Unterwasserschall. Von 1946 bis 1952 war er dann Direktor des Marine Physical Laboratory an der University of California und von 1948 bis 1951 Direktor der Scripps Institution of Oceanography. Er war von 1963 bis 1965 Präsident des Akademischen Senates der University of California und wurde 1965 der Vice Chancellor for Academic Affairs der University of California. Bis zu seiner Emeritierung 1971 blieb er Professor für Geophysik am Scripps Institute.

Sir Arthur Stanley **Eddington** (1882–1944) war ein britischer Astrophysiker. Ihm gelang es 1919 die von Einstein in der Allgemeinen Relativitätstheorie vorausgesagte Gravitationsfeldablenkung von Licht nachzuweisen.

John Emil Max **Eggert** (1891–1973) war ein deutscher physikalischer Chemiker.

Paul **Ehrenfest** (1880–1933) war ein russischer und nachher staatenloser Physiker. Ab 1912 war er Professor für Theoretische Physik an der Universität Leiden. 1933 verübte er Selbstmord.

Albert **Einstein** (1879–1955) war ein deutsch amerikanischer theoretischer Physiker. Von 1901 bis zu seinem Tode besaß er auch die Staatsbürgerschaft der Schweiz. 1905 publizierte er drei Arbeiten (1. über den Photoeffekt, 2. über die Brownsche

Molekularbewegung und 3. seine spezielle Relativitätstheorie) die zu den wichtigsten Veröffentlichungen des 20. Jahrhunderts zählen. Seine Forschungen zur Struktur von Materie, Raum und Zeit sowie dem Wesen der Gravitation veränderten maßgeblich das physikalische Weltbild. Auch zur Quantenphysik leistete er wesentliche Beiträge. „Für seine Verdienste um die theoretische Physik, besonders für seine Entdeckung des Gesetzes des photoelektrischen Effekts", erhielt er den Nobelpreis des Jahres 1921. 1933 verließ er Deutschland und hat bis zu seinem Tode Deutschland nie mehr betreten.

Anton Freiherr von **Eiselsberg** (1860–1939) war einer der bedeutendsten Chirurgen. Er war ab 1893 Professor für Medizin an der Universität Utrecht und ab 1896 an der Universität in Königsberg, bevor er von 1901 bis 1931 die I. Chirurgische Universitätsklinik Wien als Direktor leitete.

Walter Maurice **Elsasser** (1904–1991) war ein deutsch-amerikanischer Physiker der am 20. März 1904 in Mannheim geboren wurde. Er studierte an den Universitäten Heidelberg, München und Göttingen. 1925 schlug er einen Versuch zur Beugung und Interferenz von Elektronen an Kristallgittern vor, um die Wellennatur des Elektrons zu demonstrieren. Dieser Versuch, der de Broglies Hypothese stützte, wurde dann 1927 von Clinton Joseph Devisson (1881–1958) und Lester Halbert Germer (1896–1971) durchgeführt. Der Davisson-Germer-Versuch der Elektronenbeugung an Kristallen, bewies den Wellen-Teilchen-Dualismus der von Elektronen durch die Beobachtung der Interferenz ihrer Materiewellen. 1927 promovierte er in Göttingen mit der Dissertation „Zur Theorie der Stoßprozesse bei Wasserstoff". Es begann seine Zeit als Assistent. 1927 ging er nach Leiden zu Paul Ehrenfest (1880–1933), dann wechselte er an die ETH nach Zürich und arbeitete bei Max von Laue (1879–1960) in Berlin. Von 1928 bis 1930 war er Assistent an der TH Berlin. 1929 erhielt er eine Einladung an das Physikalische Institut in Charkow und war dann von 1930 bis 1933 Assistent von Erwin Madelung (1881–1972) an der Universität in Frankfurt am Main. Von 1933 bis 1936 war er am Institut Henri Poincare in Paris. Da für ihn ein wissenschaftliches Arbeiten in Deutschland nicht mehr möglich war emigrierte er 1936 in die USA, wo er am California Institute of Technology eine neue Wirkungsstätte fand. In diesem Jahr konnte er auch die Neutronenbeugung nachweisen. 1939 schuf er die Dynamotheorie des Erdmagnetismus. Ab 1941 war er am Meteorologischen Observatorium der Harvard University tätig. Im Zweiten Weltkrieg war er ab 1942 am Laboratorium der US Army in Fort Monmouth tätig. 1950 veröffentlichte er bedeutende Arbeiten zur Magnetohydrodynamik des Erdkerns. Weitere Arbeitsgebiete von Walter Elsasser waren die Quantenmechanik und Biophysik. Sein ganzes Leben lang war er an biologischen Problemen interessiert und forschte nach dem Zusammenhang von Leben und Materie. Er starb am 14. Oktober 1991 in Baltimore (Maryland).

Julius Johann Phillipp Ludwig **Elster** (1854–1920) war ein deutscher Physiker. Elster arbeitete zusammen mit Hans Friedrich Geitel auf den Gebieten der Meteorologie, Atomphysik und speziell des lichtelektrischen Effektes. 1893 erfanden Elster und Geitel die Fotozelle. Elster war seit 1892 Mitglied der Leopoldina. 1902 wurde er zum auswärtigen Mitglied der Göttinger Akademie der Wissenschaften gewählt. 1915 wurde ihm die Ehrendoktorwürde der Technischen Hochschule Braunschweig verliehen.

Paul Sophus **Epstein** (1883–1966) war ein russisch-amerikanischer Physiker. Er arbeitete als theoretischer Professor am California Institute of Technology.

Joseph **Erlanger** (1874–1965) war ein amerikanischer Physiologe, der für die Entdeckung unterschiedlicher Arten von Nervenfasern im Jahre 1944 zusammen mit Herbert Spencer Gasser den Nobelpreis für Physiologie oder Medizin erhielt.

Jacques **Errera** (1896–1977) war ein belgischer Physikochemiker und wurde am 25. September 1896 in Brüssel geboren. In Brüssel studierte er Chemie und wurde 1921 an der Freien Universität Brüssel in Chemie promoviert. Nach Studien in Paris und Leipzig erwarb er 1923 hier auch den Titel eines Docteur spécial für Physikalische Chemie. Ab 1924 wirkte er als Dozent an der Freien Universität Brüssel und wurde hier 1926 zum außerordentlichen und 1930 zum ordentlichen Professor ernannt. Diese Stelle hatte er bis zu seiner Emeritierung 1960 inne. Während des Zweiten Weltkrieges emigrierte er nach den USA, kehrte aber danach wieder nach Belgien zurück. Er lehrte als Gastprofessor an den Universitäten Paris, Cambridge, Manchester und Aberdeen. Seine hauptsächlichen Arbeitsgebiete waren die Molekülstruktur, die Infrarotspektroskopie, die Ultraschallwellen und die Kolloidchemie. Er starb am 30. März 1977 in Brüssel.

Karl Leopold **Escherich** (1871–1951) war ein deutscher Forstwissenschaftler und Entomologe. 1914 wurde er auf den Lehrstuhl für angewandte Zoologie der Ludwig-Maximilians-Universität München berufen. Von Oktober 1933 bis Oktober 1935 war er Rektor der Universität München. 1936 wurde Escherich emeritiert. Bereits 1921 trat er der NSDAP bei und nahm 1923 auch am Hitlerputsch teil.

Immanuel **Estermann** (1900–1973) war ein deutsch amerikanischer Atomphysiker. Er studierte Physikalische Chemie in Hamburg und wurde dort 1921 bei Max Vollmer promoviert. 1923 wurde er ein enger Mitarbeiter von Otto Stern in Rostock und blieb es bis 1945. Mit der Machtergreifung der Nationalsozialisten verlor er als Jude seine Assistentenstelle an der Universität Hamburg. Er emigrierte 1933 in die USA an das Carnegie Institute of Technology in Pittsburgh (zusammen mit Otto Stern), wo er Associate Professor und nach dem Zweiten Weltkrieg Professor wurde. 1951 ging er an das Office of Naval Research, zunächst als Berater und Leiter der Abteilung Materialwissenschaften, ab 1959 als deren wissenschaftlicher Direktor in London. 1964 ging nach Israel, wo er Lidow Professor für Festkörperphysik am Technion wurde. Estermann starb 1973 in Haifa.

Arnold **Eucken** (1884–1950) war ein deutscher Physikochemiker er wurde am 3. Juli 1884 in Jena geboren. Eucken studierte an der Christian-Albrechts-Universität in Kiel, wechselte dann an die Universität Jena und schließlich an die Friedrich-Wilhelms-Universität in Berlin. Hier arbeitete er bei Walther Nernst (1884–1941) und wurde 1907 mit der Dissertation „Über den stationären Zustand zwischen polarisierten Wasserstoffelektroden" promoviert. 1911 habilitierte er sich in Kiel. Zur Übernahme eines Lehrstuhles an der Universität Breslau, den er bereits 1915 übernehmen sollte, kam es, bedingt durch den Ersten Weltkrieg, erst 1919. 1930 ging er als Nachfolger von Gustav Tammann (1861–1938) an die Georg-August-Universität in Göttingen. Hier wirkte er bis 1950 als Ordinarius. Euckens wissenschaftliche Leistungen liegen auf dem Gebiet der Physikalischen und der Technischen Chemie. Er führte genaue Bestimmungen der spezifischen Wärme und der Leitfähigkeit von Festkörpern und Gasen durch und konnte experimentell die Gültigkeit des von Peter Debye (1884–1966) gefundenen T^3-Gesetzes und den 3. Hauptsatz der Thermodynamik (Nernstscher Wärmesatz) bestätigen. Arnold Eucken starb am 16. Juni 1950 in Seebruck am Chiemsee durch Freitod.

Herbert **Evans** (1882–1971) war ein amerikanischer Mediziner und Biologe.

Peter Paul **Ewald** (1888–1985) war ein deutscher Physiker und wurde am 23. Januar 1888 in Berlin geboren. Ewald studierte in München Physik und wurde mit der Dissertation „Dispersion und Doppelbrechung von Elektronengittern (Kristallen)" 1912 von Arnold Sommerfeld (1868–1951) promoviert. 1918 habilitierte er sich mit der Arbeit „Die Kristalloptik der Röntgenstrahlen". 1921 wurde er außerordentlicher Professor an der TH Stuttgart und arbeitete hier eng mit Richard Glocker (1890–1978) zusammen. Ewald war der erste, der in Fortsetzung der bedeutenden Arbeiten von Max von Laue (1879–1960) über die Röntgeninterferenzen der Kristalle, eine theoretische Grundlage hierfür lieferte und Einzelheiten der Röntgenstreuungsversuche von Max von Laue verständlich machte. Er begründete auch die dynamische Theorie der Röntgeninterferenzen, die auch auf andere Strahlungsarten angewendet werden konnte. Von 1932 bis 1933 war er Rektor der Technischen Hochschule Stuttgart. Im April 1933 trat Ewald von allen Ämtern zurück und verließ 1938 Deutschland für immer. Der theoretische Physiker und Physik-Nobelpreisträger Hans Bethe (1906–2005) heiratete Ewalds Tochter Rose. Ewald starb am 22. August in Ithaca, New York.

Kasimir (Kazimierz) **Fajans** (1887–1975) war ein polnisch-deutsch-amerikanischer Physikochemiker. Von 1904 bis 1909 studierte er Chemie in Leipzig und in Heidelberg, wo er auch promovierte. Weitere Stationen waren die ETH in Zürich (bei Richard Willstätter) und die Universität Manchester (bei Ernest Rutherford). 1913 wurde Fajans in Karlsruhe habilitiert und 1917 ging er als außerordentlicher Professor an die Universität München, wo er 1925 zum ordentlichen Professor für physikalische Chemie ernannt wurde. 1918 wurde er deutscher Staatsbürger. 1932 wurde er Direktor des Instituts für Physikalische Chemie. Da Fajans Jude war, wurde er 1935 in München entlassen. Er emigrierte in die USA und war von 1936 bis 1957 Professor an der University of Michigan in Ann Arbor. 1942 nahm er die amerikanische Staatsbürgerschaft an. Fajans entdeckte 1913 gleichzeitig mit

Frederick Soddy das Verschiebungsgesetz. Im gleichen Jahr isolierte er aus Uran das Isotop mit der Massenzahl 234 des Elementes Protactinium.

Ladislaus **Farkas** (1904–1948) war ein ungarischer Physikochemiker und wurde am 10. Mai 1904 in Dunaszerdahely in Ungarn geboren. Nach seinem Schulabschluss nahm er von 1922 bis 1924 ein Studium der Chemie an der Technischen Hochschule in Wien auf und ging dann an die Technische Hochschule in Berlin, wo er am 27. April 1928 mit der Dissertation „Der Reaktionsmechanismus des photochemischen Jodwasserstoffzerfalls" promoviert wurde. Gleich nach seiner Promotion bekam er eine Stelle bei Fritz Haber (1868–1934) am Kaiser-Wilhelm-Institut für Physikalische Chemie in Berlin. 1933 wurde er entlassen, weil er jüdischer Abstammung war. 1936 erhielt er an der Hebräischen Universität in Jerusalem eine Professur für Physikalische Chemie. Ladislaus Farkas starb bei einem Flugzeugabsturz in der Nähe von Rom am 31. Dezember 1948.

Livingston **Farrand** (1867–1939) war ein US-amerikanischer Arzt, Anthropologe und Psychologe und wurde am 14. Juni 1867 in Newark (New Jersey) geboren. 1888 machte er einen Bachelor-Abschluss an der Universität Princeton und ging dann an die Columbia Universität wo er 1891 seinen Doktor in Medizin machte. Er hatte Gastaufenthalte in Cambridge und Berlin und war dann ab 1893 Professor für Psychologie in Kolumbien. Er wurde dann Mitarbeiter des Ethnologen Franz Boas (1858–1942) mit dem er auch eine Expedition in den pazifischen Nordwesten unternahm (Jesup-Nordpazifik-Expedition). 1903 bis 1914 wurde er Professor für Anthropologie. Von 1914 bis 1919 war er Präsident der Universität von Colorado. 1921 wurde er Präsident der Cornell University. Durch seine rege Tätigkeit expandierte die Universität, so dass es sogar 1931 zur Gründung der University of Nanking (China) durch die Cornell University kam.

Enrico **Fermi** (1901–1954) war ein italienisch-amerikanischer Physiker und einer der großen Pioniere der Kernphysik. Ab 1926 war er Professor für theoretische Physik in Rom. 1934 wandte sich Fermi der Experimentalphysik zu. Mit Hilfe von freien Neutronen untersuchte er Kernumwandlungsprozesse von Transuranen. Fermi emigrierte 1938 in die USA und arbeitete dort sehr aktiv im „Manhattan-Projekt" mit. Das erste Transuran konnte er 1942 nachweisen. 1938 erhielt Fermi für seine kernphysikalischen Arbeiten den Nobelpreis der Physik. Fermi konnte 1942 mit dem Reaktor an der University of Chicago erstmals eine kritische Kernspaltungs-Kettenreaktion in Gang setzen. Im Sommer 1944 ging Fermi nach Los Alamos in das geheime Atom-Forschungslabor der USA und wurde Berater von Robert Oppenheimer. Fermi spielte eine wichtige Rolle bei Entwicklung und Bau der ersten Atombomben. Nach dem Zweiten Weltkrieg beschäftigte sich Fermi wieder mit der Grundlagenforschung im Kernforschungszentrum an der Universität Chicago.

Markus **Fierz** (1912–2006) war ein Schweizer Physiker. Für seine Beiträge zur Quantentheorie etc. erhielt er 1979 die Max-Planck-Medaille und 1989 die Einstein-Medaille.

Hans **Fischer** (1881–1945) war ein deutscher Chemiker und wurde am 27. Juli in Frankfurt-Höchst geboren. Fischer studierte Chemie an der Universität Marburg, das er 1904 mit der Promotion beendete. Dann wechselte er zur Medizin und begann ein Medizinstudium an der Universität München, das 1908 mit der Promotion zum Doktor der Medizin abschloss. Anschließend wurde er Assistent von Emil Fischer (1852–1919) in Berlin. 1910 ging er wieder zurück nach München. Hier begann er über Gallenfarbstoffe zu forschen. 1912 habilitierte er sich und wurde dann 1915 Professor für medizinische Chemie an der Universität Innsbruck. 1918 wechselte er an die Universität Wien, wo er als Professor und Leiter des Institutes für Medizinische Chemie wirkte. 1921 wurde er zum Professor und Direktor des Institutes für Organische Chemie der Technischen Hochschule in München ernannt. 1930 erhielt er den Nobelpreis für Chemie. Das Arbeitsgebiet von Hans Fischer war die systematische Untersuchung der Pyrrol-Farbstoffe, hier vor allem die Porphyrine. 1935 gelang es ihm die Konstitution des Chlorophylls aufzuklären. Die Totalsynthese des Chlorophylls konnte er wegen der Zerstörung seines Institutes durch einen Bombenangriff 1944 nicht fertigstellen. Er starb am 31. März 1945 in München durch Selbstmord.

Arnold **Flammersfeld** (1913–2001) war ein deutscher Physiker. Er war von 1939 bis 1945 Mitarbeiter am deutschen Uranprojekt.

Abraham **Flexner** (1866–1959) war ein amerikanischer Pädagoge und Wissenschaftsorganisator. Von 1930 bis 1939 war er Gründungsdirektor des Institute for Advanced Study in Princeton.

Siegfried **Flügge** (1912–1997) war ein deutscher theoretischer Physiker, der am 16. März 1912 in Dresden geboren wurde. Er studierte in Dresden und Göttingen und wurde 1933 mit einer Dissertation mit dem Titel „Der Einfluß der Neutronen auf den inneren Aufbau der Sterne" von Max Born (1882–1979) promoviert. Für Flügge begann dann seine Assistentenzeit. Zuerst war er Assistent bei Erwin Madelung (1881–1972) in Frankfurt am Main. Am 20. Juli 1938 habilitierte er sich mit der Arbeit „Wirkungsquerschnitte bei Reaktionen zwischen sehr leichten Atomkernen" (Frankfurt am Main, Hab.-Schrift 1938) und ging dann zu Werner Heisenberg (1901–1976) und Friedrich Hund (1896–1997) an die Universität Leipzig. Schließlich kam er nach Berlin, an das Kaiser-Wilhelm-Institut für Chemie zu Otto Hahn (1879–1968) und Lise Meitner (1878–1968), wo er bereits 1939 mit seiner Arbeit „Kann der Energieinhalt der Atomkerne technisch nutzbar gemacht werden?" den Nachweis erbringen konnte, dass eine technische Realisierbarkeit sowohl von Kernreaktoren als auch Atombomben möglich ist. 1940 wurde er Privatdozent an der Universität Berlin. Während des Zweiten Weltkrieges arbeitete Flügge am deutschen Atomenergieprojekt und wurde 1944 außerordentlicher Professor an der Universität Königsberg und 1945 in Göttingen. Von 1949 bis 1950 war er Gastprofessor an der University of Wisconsin-Madison in USA und 1953 am Carnegie Institute of Technology in Pittsburgh. Von 1947 bis 1961 war er dann ordentlicher Professor in Marburg. 1961 wurde er Professor in Freiburg im Breisgau. Er starb am 15. Dezember 1997 in Hinterzarten.

Adriaan Daniel **Fokker** (1887–1972) war ein niederländischer Physiker. Nach dem Studium an der Universitäten Delft und Leiden bei Hendrik Lorentz ging er zu Einstein (nach Zürich) und zu Rutherford und Bragg. Mit Max-Planck entdeckte er die Fokker-Planck-Gleichung. Später wurde er Professor in Leiden.

Paul Darwin **Foote** (1888–1971) war ein Elektronikingenieur mit physikalischem Interesse. Anfang der dreißiger Jahre kam er nach Pittsburgh und übernahm dort eine führende Stelle in der Ölindustrie.

James **Franck** (1882–1964) war ein deutsch-amerikanischer Physiker, der ab 1916 Professor in Berlin war. Von 1918 bis 1920 war er Abteilungsleiter im Kaiser-Wilhelm-Institut für physikalische Chemie in Berlin-Dahlem. 1920 wechselte er – wie Max Born – nach Göttingen, wo er bis zu seiner Emigration 1933 blieb. 1925 erhielt er zusammen mit Gustav Hertz (1887–1975) für den 1913 ausgeführten Franck-Hertz-Versuch den Nobelpreis für Physik. 1935 emigrierte er in die USA und war von 1935 bis 1938 Professor an der John Hopkins University in Baltimore und von 1938 bis zu seiner Emeritierung 1947 Professor für physikalische Chemie in Chicago. Er arbeitete seit 1942 im Manhattan-Projekt mit, wo er sich mit metallurgischen Problemen befasste. Nach dem Tod seiner ersten Frau war er in zweiter Ehe mit seiner früheren Assistentin Hertha Sponer verheiratet. Stern und Franck hatten sich schon während des ersten Weltkrieges in Berlin bei Fritz Haber kennengelernt und waren lebenslang eng befreundet. Er ist auch bekannt durch den sogenannten Franck-Report, als er versuchte, den Präsidenten der USA vom Einsatz der Atombombe im Krieg gegen Japan abzubringen.

Ingrid **Franck**, geborene Josephson wurde in Göteborg in Schweden geboren. Sie studierte Musik und heiratete 1906 den Physiker und späteren Nobelpreisträger James Franck (1882–1964). Sie hatte die Kinder Dagmar (verheiratete von Hippel) und Elisabeth (verheiratete Lisco). Von 1921 bis 1933 wohnte sie in Göttingen und emigrierte dann 1933 mit ihrem Mann in die USA. Sie starb 1942 in Chicago.

Philipp **Frank** (1884–1966) war ein österreichisch-amerikanischer Physiker, Mathematiker und Philosoph, der am 20. März 1884 in Wien geboren wurde. Er studierte bei Ludwig Boltzmann (1844–1906) Physik und promovierte 1907 an der Universität Wien über ein Thema aus der theoretischen Physik. Durch sein Interesse an philosophischen Fragen kam er mit dem „Wiener Kreis“ in Kontakt. Befreundet war er mit Richard von Mises (1883–1953) mit dem er auch 1925 das Buch „Differentialgleichungen und Integralgleichungen der Mechanik und Physik“ herausgab. In Prag arbeitete Frank mit Albert Einstein (1879–1955) zusammen, dessen Nachfolger er 1912 an der Deutschen Universität in Prag wurde und wo er bis 1938 blieb. Frank ging dann in die USA. Hier war er dann Dozent an der Harvard-Universität. 1947 wurde er mit dem Buch „Albert Einstein – Sein Leben und seine Zeit" auch zum Biographen Einsteins. Franck arbeitet auf mehreren physikalischen und wissenschaftsphilosophischen Gebieten. Er starb am 21. Juli 1966 in Cambridge Massachusetts USA).

Ilya Mikhailovich **Frank** (1908–1990) war ein russischer Physiker. Zusammen mit Pavel Cherenkov und Igor Tamm entdeckte er in Moskau die sogenannte „Cherenkov-Strahlung", für die alle drei 1958 den Nobelpreis für Physik erhielten.

Ronald George Juta **Fraser** (1899–1985) war ein britischer Physiker. Ende der zwanziger Jahre war er Postdoc bei Otto Stern in Hamburg. Er arbeitete in den dreißiger Jahren bei Imperial Chemical Industries und an der Universität Cambridge. Nach dem Zweiten Weltkrieg war er für die physikalische Forschung in der britischen Besatzungszone zuständig und förderte die Göttinger Physiker. Er förderte die Gründung einer Deutschen Physikalischen Gesellschaft in der Britischen Zone und war maßgeblich an der Neugründung der Physikalisch-Technischen Reichsanstalt in Braunschweig beteiligt. Er war der Erste, der den Beweis erbrachte, dass die Aufspaltung des Ag-Strahles im Stern-Gerlach-Experiment auf den Elektronenspin zurückzuführen war. 1949 wurde er Ehrenmitglied der Deutschen Physikalischen Gesellschaft.

Johann **Frers** (1895–1952) war ein deutscher Chemiker und wurde am 6. August 1895 in Dorum geboren. Er wurde 1923 in Halle promoviert. Seine Dissertation trägt den Titel „Über die Koexistenz von Ionen- und Elektronenleitung in den festen Cuprohaloiden". Frers wurde wissenschaftlicher Angestellter am Hamburgischen Chemischen Staatsinstitut und trat im Mai 1933 in die NSDAP ein. 1937 wurde er Führer des NS-Dozentenbundes und 1939 stellvertretender Gaudozentenführer in Hamburg. 1940 erfolgte die Ernennung zum außerplanmäßigen Professor und Abteilungsvorsteher des Instituts für Elektrochemie. Als wissenschaftliche Leistungen von Frers können die verbesserte Maßanalyse des Elements Fluor und die Feststellung der Periodizitäten bei Aufbau der Salze angesehen werden. 1945 erfolgte seine Entlassung, gegen die er Widerspruch einlegte. Zu einer erneuten Anstellung an der Universität Hamburg kam es aber nicht.

Albert Friederich **Frey-Wyssling** (1900–1988) war ein Schweizer Botaniker und Pionier der Molekularbiologie und von 1961 bis 1964 Rektor der ETH-Zürich.

Erich **Friedländer** (1901–1997) war ein deutsch-amerikanischer Chemiker. Er besuchte das Goethe Gymnasium in Frankfurt und begann 1920 sein Studium der Chemie an der Universität Frankfurt. Er promovierte 1930 bei Richard Lorenz in Frankfurt und wechselte ins KWI für Physikalische Chemie nach Berlin. 1933 musste er als Jude emigrieren, zunächst nach Frankreich, dann Schweiz und 1940 in die USA. Hier nahm er den Namen „Eric Charles Flint" an. 1944 gratulierte er Stern zu dessen Nobelpreis und lebte damals in Upper Montclair im Staate New Jersey.

Robert Marc **Friedman** ist Professor für Geschichte der Physik an der Universität Oslo. 1978 hat er an der John Hopkins University promoviert. Von 1989–97 war er Professor am Dept. of History & Science an der Univ. of Calif, San Diego und von 1997–2000 Senior Researcher am Forum for University History der University of Oslo, Von 2000 bis 2010 war er Prof of History of Science an der Univ. of Oslo. Seit 2010 ist er Professor of History of Science, Inst for arkeologi, konservering & historie an der Universität Oslo.

Walter **Friedrich** (1883–1963) war ein deutscher Biophysiker. Er wurde 1911 bei Röntgen in München promoviert. 1912 wies er auf Vorschlag von Max von Laue zusammen mit seinem Doktoranden Paul Knipping erstmals durch Streuung der Röntgenschen „X-Strahlen" an Kristallen die Interferenzeigenschaften dieser Strahlung nach. Laue wurde für diese Entdeckung der Physiknobelpreis des Jahres 1914 verliehen. Diese Kleinwinkelstreumethode von Röntgenstrahlung wurde später zu einer wichtigen Untersuchungsmethode für Molekülstrukturen in der Biophysik.

Otto Robert **Frisch** (1904–1979) war ein österreichisch-britischer Physiker und Neffe von Lise Meitner. 1922 begann er sein Physikstudium an der Universität Wien und promovierte 1926. Nach mehrjährigem Aufenthalt an der Physikalisch-Technischen Reichsanstalt in Berlin erhielt er bei Otto Stern am Institut für Physikalische Chemie in Hamburg eine Anstellung und war hier an mehreren Pionierexperimenten zur Untersuchung zur Kernstruktur von Protonen und Deuteronen beteiligt. Nach der Machtübernahme Hitlers emigrierte er im Sommer 1933 nach London an das Birkbeck College, wo er beim Physiker Patrick Maynard Stuart Blackett über die Technologie der Nebelkammer und über künstliche Radioaktivität arbeitete. Ab 1934 arbeitete er fünf Jahre in Kopenhagen bei Niels Bohr an Fragen der Kernphysik, insbesondere der Neutronenphysik. Meitner und Frisch stellten als Erste die Hypothese auf, dass in Otto Hahns Experimenten eine Spaltung des Uranatoms in zwei Teile, also eine „Kernspaltung" erfolgt sein müsse. Frisch beobachtete als Erster die energiereichen Bruchstücke durch ein physikalisches Experiment am 13. Januar 1939 in Kopenhagen und bestätigte so die Kernspaltung.

Wendell Hinkle **Furry** (1907–1984) war ein Doktorand von Ernest Lawrence in Berkeley und hat später als theoretischer Physiker auf dem Gebiet der Kernphysik (Mesonen) gearbeitet.

Dennis **Gábor** (1900–1979) war ein ungarischer Ingenieur, der 1971 den Nobelpreis für Physik für die Erfindung der Holografie erhielt. Er lebte von 1920 bis 1933 in Deutschland, danach emigrierte er nach England. Dennis Gábor war Gründungsmitglied des Club of Rome.

Wolfgang Max Paul **Gaede** (1878–1945) war ein deutscher Physiker und Pionier bei der Entwicklung von Vakuumpumpen.

George Anthony **Gamow** (1904–1968) war ein russisch amerikanischer Physiker. Er trug wesentlich zur Kernphysik und zur Urknall-Theorie bei und sagte 1948 mit seiner Arbeitsgruppe die kosmische Hintergrundstrahlung voraus. An der George Washington University in Washington DC arbeitete er mit Edward Teller und Ralph Alpher zusammen. Beispielsweise führte er in Zusammenarbeit mit Teller 1934 bis 1936 Gamow-Teller-Übergänge in die Theorie des Betazerfalls ein. Seine Arbeiten über die Theorien des Alphazerfalls von Atomkernen (Tunneleffekt), der thermonuklearen Reaktionen, der Entstehung der Sterne und der Elemente (Alpher-Bethe-Gamow-Theorie) sowie des Betazerfalls sind wichtige Arbeiten der Kernphysik.

Ernst Johann **Gehrcke** (1878–1860) war ein deutscher Physiker. Gehrcke zählte neben Paul Weyland, Philipp Lenard und Johannes Stark zu den bekanntesten Physikern, die die Relativitätstheorie ablehnten. Gehrcke war von 1901 bis 1946 Mitarbeiter der Physikalisch-Technischen Reichsanstalt in Berlin.

Hans **Geiger** (1882–1945) war ein deutscher Physiker. Er studierte ab 1902 Physik und Mathematik in Erlangen und München und wurde dann bei Eilhard Wiedemann (1852–1928) mit der Dissertation „Strahlungs-, Temperatur- und Potentialmessungen in Entladungsröhren mit starken Strömen" promoviert. Er ging dann nach Manchester und wurde zuerst Assistent von Arthur Schuster (1851–1934) und ab 1907 von Ernest Rutherford (1871–1937). 1912 ging er zurück nach Deutschland – er galt nun als international anerkannter Fachmann auf dem Gebiet der Radioaktivität – und wurde Mitarbeiter der Physikalisch-Technischen-Reichsanstalt in Berlin-Charlottenburg. 1924 habilitierte er sich. 1925 wurde er Professor in Kiel. 1929 wechselte er nach Tübingen. 1936 wurde er Direktor des Physikalischen Instituts der TH Berlin. Hans Geiger starb am 24. September in Potsdam. Bekannt wurde er vor allem durch den Geiger-Zähler.

Hans Friedrich **Geitel** (1855–1923) war ein deutscher Physiker. Geitel arbeitete zusammen mit Julius Johann Philipp Ludwig Elster auf den Gebieten der Meteorologie, Atomphysik und speziell des lichtelektrischen Effektes. Geitel erkannte das Zerfallsgesetz der Radioaktivität und prägte 1899 den Begriff Atomenergie. 1893 erfand Geitel zusammen mit Elster die Fotozelle. 1915 wurde Geitel die Ehrendoktorwürde der Technischen Hochschule Braunschweig verliehen.

Wolfgang **Gentner** (1906–1980) war ein deutscher Physiker. Gentner studierte Physik in Erlangen und Frankfurt am Main. In Frankfurt wurde er 1930 von Friedrich Dessauer (1881–1963) mit der Dissertation „Untersuchungen an einer Lenard-Coolidge-Röhre" promoviert. Von 1932 bis 1935 war er am Radium-Institut von Marie Curie (1867–1934) in Paris. 1935 ging er an das Kaiser-Wilhelm-Institut für medizinische Forschung in Heidelberg zu Walther Bothe (1891–1957). Er habilitierte sich 1937 mit der Arbeit „Die Absorption, Streuung und Sekundärstrahlung harter Gamma-Strahlen" in Frankfurt. 1939 ging er nach Berkeley, um Erfahrungen für den Bau eines Zklotrons zu sammeln. Während des Krieges war Gentner im deutschen Uranprojekt tätig. 1942 war er in Paris, um das dortige Zyklotron in Betrieb zu nehmen. Gentner leitete dann den Aufbau des Heidelberger Zyklotrons das 1944 fertiggestellt wurde. Von 1946 bis 1958 war er Professor in Freiburg. Von 1955 bis 1959 war er der Direktor des Forschungszentrums CERN in Genf und von 1958 bis 1972 des Max-Planck-Instituts für Kernphysik in Heidelberg. Bis zu seiner Emeritierung 1974 war er Professor in Heidelberg.

Hans **Gerdien** (1877–1951) war ein deutscher Physiker. Er studierte Physik, Chemie und Mathematik in München und Göttingen. 1903 wurde er mit der Arbeit „Über den Einfluss der Torsion auf das magnetische Moment zirkular magnetisierter Nickel- und Eisendrähte" von Emil Wiechert (1861–1928) promoviert. Er war dann Assistent bei Wiechert. 1906 wechselte er nach Göttingen zu Eduard Riecke (1845–1915). Ab 1908 war er bei Siemens in Berlin, wo er das Forschungslabor gründete und leitete. 1916 wurde er in Göttingen dann Professor. Gerdien blieb bis zu seiner Pensionierung 1944 bei Siemens in Berlin.

Walther **Gerlach** (1889–1979) war ein deutscher Physiker. Er promovierte 1912 bei Friedrich Paschen in Tübingen und habilitierte sich dort 1916. Seit 1917 war er Privatdozent an der Georg-August-Universität Göttingen und kam 1919 nach einem kurzen Aufenthalt in der Industrie an die Universität Frankfurt, wo er 1921 a.o. Professor wurde. 1921/22 führte er zusammen mit Otto Stern den sogenannten Stern-Gerlach-Versuch zum Nachweis der Richtungsquantelung durch. Ab 1925 ging Gerlach als Ordinarius als Nachfolger Paschens nach Tübingen. 1929 erhielt Gerlach den Lehrstuhl für Experimentalphysik an der Ludwig-Maximilians-Universität München, den er bis zur Emeritierung 1957 innehatte. Ab 1943 leitete er die Fachsparte Physik und die Arbeitsgemeinschaft für Kernphysik im Reichsforschungsrat und war Bevollmächtigter des Reichsmarschalls für Kernphysik für das deutsche Uranprojekt, ab 1944 Bevollmächtigter für Kernphysik. Er war von 1948 bis 1951 Rektor der Ludwig-Maximilians-Universität und von 1949 bis 1951 auch der erste Präsident der Fraunhofer-Gesellschaft sowie von 1956 bis 1957 Präsident der Deutschen Physikalischen Gesellschaft (DPG).

Lester Halbert **Germer** (1896–1971) war ein US-amerikanischer Physiker. Zusammen mit Clinton Davisson wies er 1927 erstmals experimentell die Welleneigenschaften von Elektronenstrahlen nach.

William Francis **Giauque** (1895–1982) war ein amerikanischer Chemiker. Giauque erhielt 1949 den Nobelpreis für Chemie „für seinen Beitrag zur chemischen Thermodynamik, insbesondere für seine Untersuchungen über die Eigenschaften bei extrem tiefen Temperaturen".

R. C. **Gibbs** (1878–?) war ein amerikanischer Physiker. Zu seinen wissenschaftlichen Arbeiten gehören Untersuchungen zur Kernstruktur (Magnetische Momente). Ab 1934 arbeitete er an der Cornell University z. T. in Kooperation mit Hans Bethe.

Er war bis 1946 Chairman des „Physics Departments“. 1946 hat er sich emeritieren lassen.

Josiah Willard **Gibbs** (1839–1903) war ein amerikanischer Physiker und hat zusammen mit Ludwig Boltzmann die statistische Mechanik begründet.

James J. **Gibson** (1904–1979) war ein amerikanischer Psychologe. Gibson lehrte von 1929 bis 1949 am Smith College und von 1949 bis zu seinem Tode an der Cornell University. Sein Arbeitsgebiet war die Wahrnehmungspsychologie.

Maria **Goeppert-Mayer** (1906–1972) war eine deutsch-amerikanische Physikerin und Physik-Nobelpreisträgerin. Sie studierte Physik in Göttingen und wurde 1930 von Max Born (1882–1970) mit der Arbeit „Über Elementarakte mit zwei Quantensprüngen“ promoviert. Sie heiratete den Mitarbeiter von James Franck (1882–1964) Joseph Edward Mayer (1904–1983) und ging mit ihm 1930 in die USA. Maria Goeppert-Mayer lehrte von 1930 bis 1939 an der Johns Hopkins University und von 1939 bis 1946 an der Columbia University. 1946 wurde sie ordentliche Professorin an der University of Chicago. Ab 1960 lehrte sie an der University of California. Die große Leistung von Maria Goeppert-Mayer bestand darin, dass sie für die sogenannten magischen Zahlen eine Erklärung fand. Mit Hans Daniel Jensen (1907–1973) – der unabhängig von ihr ebenfalls eine Erklärung für die magischen Zahlen fand und damit eine Deutung der Stabiltät von Atomkernen geben konnte (Schalenmodell) – erhielt sie 1963 den Nobelpreis für Physik.

Richard Baruch-Benedikt **Goldschmidt** (1878–1958) war ein deutscher Biologe und Genetiker. Richard Goldschmidt war der Sohn eines Frankfurter Kaufmanns und besuchte dort auch das Goethe-Gymnasium. 1914 wurde Goldschmidt nach Berlin an das neu gegründete Kaiser-Wilhelm-Institut für Biologe berufen. 1935 emigrierte Goldschmidt in die USA und wurde als Professor an die Universität in Berkeley berufen.

Stefan **Goldschmidt** (1889–1971) war ein deutscher Chemiker. Er studierte in München Chemie und wurde 1912 von Otto Dimroth (1872–1940) mit der Arbeit „Über den Abbau der Laccainsäure“ promoviert. 1913 ging er mit Dimroth, bei dem er auch seine Habilitation 1919 abschloss, zuerst nach Greifswald und dann nach Würzburg. In Würzburg wurde er 1923 außerplanmäßiger Professor und ging dann als Extraordinarius und Leiter der Organischen Chemie an die TH Karlsruhe. Hier wurde er 1929 ordentlicher Professor. 1935 wurde er aus dem Staatsdienst entlassen, er ging daher 1938 in die Niederlande. Nach dem Krieg erhielt er einen Ruf an die TH München, wo er 1947 der Nachfolger von Hans Fischer (1881–1945) in der Organischen Chemie wurde.

Victor Moritz **Goldschmidt** (1888–1947) war ein schweizerischer Geochemiker der 1905 sein Studium der Minearalogie, Geologie und Chemie an der Universität Oslo begann. 1911 wurde er promoviert. Bereits 1914 wurde er Professor und

Direktor am Mineralogischen Institut der Universität Christiania. 1929 ging er an die Universität Göttingen, musste aber wegen seiner jüdischen Abstammung 1935 nach Oslo emigrieren, wo er von 1936 bis 1941 blieb. Nach der Besetzung Norwegens floh er nach Schweden und ging schließlich nach Großbritannien. Goldschmidt erforschte die Gesetzmäßigkeiten, die die Verteilung der Elemente im Erdkörper bestimmen. Er untersuchte das Vorkommen der Elemente in irdischen Gesteinen und Meteoriten. Das nach ihm benannte Goldschmidt-Diagramm stellt die Häufigkeit der chemischen Elemente auf der Erde in Abhängigkeit von ihrer relativen Atommasse dar. Goldschmidt gilt neben dem Russen Wladimir Wernadski (1863–1945) als Begründer der modernen Geochemie und Kristallchemie.

Else **Goldstein** wurde am 9. September 1899 in Werther/Westfalen geboren und starb am 28. April 1943 im KZ Theresienstadt.

Fritz **Goos** (1883–1968) war ein deutscher Physiker und Astronom. Er besuchte in Hamburg das Realgymnasium, an dem er 1902 das Abitur machte. Nach einer Tätigkeit in einer Maschinenfabrik begann er 1903 ein Studium der Mathematik und Naturwissenschaften in Berlin. 1905 ging er nach Bonn, um dort Astronomie und Mathematik zu studieren. 1908 wurde er in Astronomie mit der Arbeit „Der spektroskopische Doppelstern Capella" promoviert. An der Sternwarte in Bonn wurde er Assistent und ging dann 1909 an die Sternwarte in Hamburg-Bergedorf. 1911 wurde er Mitarbeiter am Hamburger Physikalischen Staatsinstitut und außerplanmäßiger Professor an der Universität Hamburg. Seine bekannteste Arbeit ist der experimentelle Nachweis der Versetzung eines Lichtstrahles bei der Totalreflexion (Goos-Hänchen-Effekt).

Walter **Gordon** (1893–1939) promovierte 1921 an der Universität Berlin, seit 1926 war er wissenschaftlicher Hilfsarbeiter an der Universität Hamburg, 1929 Habilitation, 1930 wurde er nichtbeamteter ao. Professor, 1933 wurde ihm gekündigt und die Lehrbefugnis entzogen. Er emigrierte nach Schweden, wo er am Institut für Mechanik und mathematische Physik in Stockholm wirkte.

Cornelis Jacobus **Gorter** (1907–1980) war ein holländischer Physiker. Er arbeitete auf den Gebieten der Tieftemperaturphysik und magnetischen Eigenschaften von Festkörpern. Er forschte an der Universität Groningen und wurde 1940 zu Nachfolger von Pieter Zeeman an die Universität Amsterdam berufen. 1946 ging er nach Leiden as Nachfolger von W.H. Keesom.

Samuel Abraham **Goudschmidt** (1902–1978) war ein niederländisch-amerikanischer Physiker. In den USA änderte er seinen Nachnamen in Samuel Goudsmit. Zusammen mit George Uhlenbeck postulierte er 1925 die Existenz des Elektronenspins. Ab 1932 war er Professor an der University of Michigan. Nach dem Krieg war er 1946 bis 1948 Professor an der Northwestern University und ging dann 1948 als Senior Scientist an das Brookhaven National Laboratory, wo er bis zu seiner Pensionierung 1970 blieb. Goudschmidt war im Zweiten Weltkrieg 1941 bis 1946 am

Radiation Laboratory des Massachusetts Institute of Technology und gegen Ende des Krieges als leitender Wissenschaftler bei der Alsos-Mission. Er nahm in Hechingen die Gruppe um Werner Heisenberg gefangen und brachte sie anschließend nach Farm Hall in England.

Leo **Graetz** (1856–1941) war ein deutscher Physiker. Graetz studierte Mathematik und Physik in Breslau und Berlin. Er wurde 1879 in Breslau promoviert und wechselte 1880 an die Universität Straßburg. Hier wurde er 1881 der Assistent von August Kundt (1839–1894). Er habilitierte sich 1881 an der Universität München und wurde dann 1893 außerordentlicher Professor an der Universität München. 1908 erhielt er ein persönliches Ordinariat. 1926 wurde er emeritiert. Die Arbeitsgebiete von Graetz waren die Elektrizität, der Magnetismus und die Atommodelle. Sein Buch „Die Elektrizität und ihre Anwendungen" war über Jahrzehnte das Standardwerk der Elektrotechnik.

Karl **Grandin** ist der Direktor des „Center for History of Science" innerhalb der „Royal Swedish Academy of Sciences". Die Protokolle der Nobelpreisentscheidungen und die Nominierungsbriefe der Nominatoren unterstehen seiner Aufsicht.

Adolf **Grimme** (1889–1963) war ein deutscher Kulturpolitiker der SPD. Er studierte 1908 bis 1914 Philosophie und Germanistik in Halle, München und Göttingen. 1914 schloss er sein Studium ab. Nach einer Zeit als Studienassessor wurde er 1919 Studienrat in Hannover. Hier wurde er 1920 Mitglied der SPD. Grimme trat für eine Verbindung von Christentum und Sozialismus ein und war Mitglied im Bund der Religiösen Sozialisten. 1923 wurde er Oberstudienrat. 1925 Oberschulrat. 1928 Ministerialrat im Preußischen Kultusministerium und Referent des Kultusministers Carl Heinrich Becker (1876–1933). Seit 1930 war er der Nachfolger Beckers und letzte Kultusminister der Weimarer Republik. Er wurde 1933 seines Amtes enthoben und arbeitete dann für den Verlag Walter de Gruyter. Er hatte Kontakt zum Widerstand und wurde 1943 zu drei Jahren Zuchthaus verurteilt. Nach 1945 wurde Grimme Beauftragter für das Erziehungswesen in der Britischen Zone und 1946 niedersächsischer Kultusminister. Auf dem ersten Parteitag der SPD nach dem Kriege wurde er in den Parteivorstand gewählt. 1948 wurde er Generaldirektor des Nordwestdeutschen Rundfunks NWDR, Präsident der Studienstiftung des deutschen Volkes und Senator der Max-Planck-Gesellschaft. Nach ihm ist der Fernsehpreis Adolf-Grimme-Preis benannt.

Franz Maximilian **Groedel** (1881–1951) war ein deutscher Arzt und Kardiologe. Er studierte in München, Gießen und Leipzig. In Leipzig promovierte er auch. 1909 entwickelte er die Röntgenkinematographie. An der Universität Frankfurt habilitierte er sich 1919 und wurde dann 1925 an Frankfurter Universität außerplanmäßiger Professor. Groedel gründete das Kerckhoff-Institut in Bad Nauheim und war ab 1931 der erste Direktor. Nach der Machtergreifung 1933 emigrierte Groedel in die USA und gründete das American College of Cardiology. Seine Arbeitsgebiete waren die Kardeologie und die Röntgenologie.

Lars O. **Grondahl** (1881–1968) war ein amerikanischer Elektroingenieur (zahlreiche Patente) in Pittsburgh.

Wilhelm **Groth** (1904–1977) war ein deutscher Physikochemiker und arbeitete an der Universität Hamburg. Von 1965 bis 1966 war er Rektor der Universität Bonn.

Walter **Grotrian** (1890–1954) war ein deutscher Astronom und Astrophysiker. Grotrian habilitierte sich 1921 an der Universität Potsdam und war dann in Potsdam Privatdozent. 1922 ging er als Observator an das Potsdamer Astrophysikalische Observatorium, das damalige Einstein-Institut. Ab 1927 war er als Professor an der Berliner Universität tätig und ab 1932 am Einstein-Institut. Im Zweiten Weltkrieg war Grotrian Major und ab 1941 Geschäftsführer der Deutschen Physikalischen Gesellschaft. Seine Arbeitsgebiete waren die Astrospektroskopie und ihre Anwendung zur Erklärung astrophysikalischer Phänomene und die Sonnenphysik.

General Leslie R. **Groves** (1896–1970) war der militärische Leiter des Manhattan Projektes.

Eduard **Grüneisen** (1877–1949) war ein deutscher Physiker. Er studierte in Halle und Berlin bei Max Planck (1858–1947) und Emil Warburg (1846–1931). Warburg promovierte ihn 1900 mit einer Arbeit „Über die Bestimmung des Wärmeleitvermögens der Metalle und über das Verhältnis desselben zur elektrischen Leitfähigkeit bei Kupfer, Eisen und einer Nickel-Kupferlegierung“. 1905 habilitierte er sich in Berlin und ging dann als Assistent an die Physikalisch-Technische Reichsanstalt in Berlin-Charlottenburg, wo er 1911 Leiter des Schwachstromlaboratoriums wurde. 1919 wurde er Direktor der Abteilung für Elektrizität und Magnetismus. Von 1927 bis 1947 war er ordentlicher Professor für Experimentalphysik und Direktor des Physikalischen Institutes an der Universität Marburg. Seine Arbeitsgebiete waren die Messung der Schallgeschwindigkeit und die Festkörperphysik.

Georg **Gürich** (1859–1938) war ein deutscher Geologe, Er wurde 1910 Professor und Direktor des Mineralogisch-Geologischen Institutes in Hamburg. Nach der Gründung der Universität Hamburg im Jahre 1919 wurde er auch Professor an der Universität Hamburg; 1933 wurde er in der Ruhestand versetzt.

John Simon **Guggenheim** (1867–1941) war ein amerikanischer Geschäftsmann. Als sein Sohn John Simon 1922 starb, gründeten er zusammen mit seiner Frau Olga Hirsh die „John Simon Guggenheim“-Stiftung.

Allvar **Gullstrand** (1862–1930) war ein schwedischer Mediziner und erhielt den Nobelpreis für Medizin „für seine Arbeiten über die optischen Eigenschaften des Auges“ für das Jahr 1911. 1894 bis 1913 war er der erste Professor für Augenheilkunde an der Universität Uppsala. 1914 erhielt er eine personengebundene Professur für physikalische und physiologische Optik an der Universität Uppsala, die er bis zu seiner Emeritierung 1927 bekleidete. 1905 wurde er Mitglied der Königlich Schwedischen Akademie der Wissenschaften.

Vilhelm **Carlheim-Gyllensköld** (1859–1934) war ein schwedischer Physiker. Von 1910 an war er Mitglied im Nobelkommittee der schwedischen Wissenschaftsakademie.

Wander Johannes de **Haas** (1878–1960) war ein niederländischer Physiker und Mathematiker. 1911 ging er nach Berlin, wo er den Magnetismus untersuchte. Als wissenschaftlicher Mitarbeiter an der dortigen Physikalisch-Technischen Reichsanstalt kam es zur Zusammenarbeit mit Albert Einstein, welche 1915 zum Nachweis des so genannten Einstein-de-Haas-Effektes führte. 1917 wurde er Professor für Physik an der Technischen Hochschule Delft, 1922 dann an der Universität Groningen und 1925 an der Universität Leiden. Dort wurde er Nachfolger seines Doktorvaters und Direktor des Kamerlingh-Onnes-Instituts.

Fritz **Haber** (1868–1934) war ein deutscher Chemiker und Chemie-Nobelpreisträger. Nach dem Abitur und einer kaufmännischen Lehre studierte Haber ab 1886 Chemie in Heidelberg bei Wilhelm Bunsen (1811–1899) und wechselte dann an die Technische Hochschule in Berlin zu August Wilhelm von Hofmann (1818–1892). 1891 wurde er bei Carl Liebermann (1842–1914) mit einer Dissertation „Über einige Derivate des Piperonals" in Organischer Chemie promoviert. Haber setzte dann sein Studium an der ETH in Zürich und dann in Jena fort. 1894 wurde er Assistent am Institut für Physikalische Chemie an der TH Karlsruhe. 1896 habilitierte er sich und wurde dann 1898 außerordentlicher Professor für Technische Chemie in Karlsruhe. 1905 bis 1908 entwickelte er mit Carl Bosch (1874–1940) das Haber-Bosch-Verfahren, für das er 1918 der Nobelpreis für Chemie erhielt. 1911 wurde Haber zum Direktor des Kaiser-Wilhelm-Institutes für Physikalische Chemie und Elektrochemie in Berlin-Dahlem ernannt, das heutige Fritz-Haber-Institut der Max-Planck-Gesellschaft. Bei Ausbruch des Ersten Weltkrieges meldete sich Haber freiwillig und ermöglichte durch seine Kriegsforschungen den Einsatz von Giftgasen. Mit Max Born (1882–1970) entwickelte er den Born-Haber-Prozeß. Wegen seiner jüdischen Abstammung emigrierte er 1933 nach Großbritannien. Er starb 1934 in Basel.

Hermann **Haber** (1902–1946) war ein deutscher Chemiker und der Sohn von Fritz Haber und Clara Haber (1870–1915), geborene Immerwahr. Hermann Haber war mit **Margarete (Marga) Haber** (1901–1947), geborene Stern, der Schwester von Rudolf Stern (Neffe von Otto Stern) verheiratet. Er verübte am 9. November 1946 in New York Suizid.

Curt **Hagen** (1898–1964) hat 1926 an der Universität Hamburg promoviert, 1939 habilitiert in angewandter Physik mit Ernennung zum Dozenten. Er war gleichzeitig im Oberkommando der Wehrmacht tätig.

Friedrich Lazarus **Hahn** (1888–1975) war ein deutscher Chemiker schlesischer Herkunft. Er wurde 1911 mit der Dissertation „Synthese einiger α-Aminoketone" in Berlin promoviert. 1933 emigrierte er über Frankreich, Ecuador und Guatemala nach Mexiko.

Otto Emil **Hahn** (1879–1968) war ein deutscher Chemiker. Er gilt als einer der Pioniere der Radioaochemie. Zwischen 1905 und 1921 entdeckte er zahlreiche Isotope (1917 das Element Proaktinium) und 1909 den Rückstoßeffekt beim radioaktiven Zerfall. Für die Entdeckung und den radiochemischen Nachweis der Kernspaltung im Jahre 1938 wurde ihm 1945 der Nobelpreis für Chemie für das Jahr 1944 verliehen. Seit 1912 war Hahn wissenschaftliches Mitglied und von 1928 bis 1946 Direktor des Kaiser Wilhelm Instituts in Berlin. Von 1928 bis 1936 war er Senator der Kaiser Wilhelm Instituts Gesellschaft (KWG). Anfang 1934 erklärte Hahn aus Solidarität mit entlassenen jüdischen Kollegen seinen Austritt aus dem Lehrkörper der Universität Berlin. Von 1946 bis 1948 war Hahn der letzte Präsident der KWG sowie Gründer und von 1948 bis 1960 erster Präsident der aus der KWG hervorgegangenen Max Planck Gesellschaft. Nach 1945 gehörte er zu den schärfsten Gegnern der Aufrüstung mit Atomwaffen.

Wilhelm **Hallwachs** (1859–1922) war ein deutscher Physiker und Schüler von Heinrich Hertz (1857–1894). Durch Hertz wurde Hallwachs zur Untersuchung des lichtelektrischen Effektes (äußerer Photoeffekt) angeregt. 1888 entdeckte er, dass eine negative Metallplatte entladen wird, wenn man sie mit ultraviolettem Licht bestrahlt. Man nannte daher den Photoeffekt auch Hallwachs-Effekt.

Otto **Halpern** (1899–1982) war ein österreichischer theoretischer Physiker. Er besuchte das Gymnasium in Wien und studierte dann an der Universität Wien bei Hans Thirring (1888–1976) von 1918 bis 1922 theoretische Physik. 1922 wurde er mit der Dissertation „Zur Photophorese" von Thirring promoviert und war dann sein Assistent. 1926 wollte er sich habilitieren, was aber aus antisemitischen Gründen verhindert wurde. Mit einem Rockefeller-Stipendium ging er 1928/29 zu Werner Heisenberg an die Universität Leipzig. Von Leipzig wechselte er 1930 nach New York und wurde an der New Yorker Universität Professor. Er arbeitete hier mit Gregory Breit (1899–1981) über Neutronenphysik und wurde 1934 Breits Nachfolger. Im Zweiten Weltkrieg arbeite er in der Radarforschung. Nach dem Krieg ging er an das Lawrence Radiation Laboratory in Berkeley.

Paul **Harteck** (1902–1985) war ein österreichischer Physikochemiker. Nach der Matura studierte er in Wien und Berlin Chemie. Er wurde 1926 von Max Bodenstein (1871–1942) mit der Dissertation „Experimentelle und theoretische Beiträge zur Photokinetik des Kohlenoxychlorides" in Berlin promoviert und arbeitete dann bei Arnold Eucken (1884–1950) in Breslau. Von 1928 bis 1933 war er Assistent bei Fritz Haber (1868–1934) am KWI für Physikalische Chemie in Berlin-Dahlem und ging dann für ein Jahr zu Ernest Rutherford (1871–1937) nach Cambridge. 1934 wurde er Direktor des Institutes für Physikalische Chemie in Hamburg. Harteck war Mitarbeiter am deutschen Uranprojekt und nach dem Zweiten Weltkrieg von 1945 bis 1946 in Farm Hall (England) interniert. Von 1948 bis 1950 war er Rektor der Universität Hamburg. 1951 emigrierte Harteck in die USA und arbeitete am Rensselaer Polytechnic Institute in Troy (New York).

Wilhelm Eugen **Hartmann** (1853–1915) war ein deutscher Elektrotechniker. Er war am Physikalischen Institut der Universität Göttingen technischer Assistent des Physikers Wilhelm Eduard Weber. Er stellte für Friedrich Wilhelm Kohlrausch Messinstrumente für dessen elektrische Präzisionsmessungen herstellte. Aus dieser Zusammenarbeit ging das Federgalvanometer und das Spiegelgalvanometer mit Fernrohrablesung hervor. 1884 gründete er mit dem Kaufmann Wunibald Braun in Frankfurt am Main die Firma Hartmann & Braun. Er förderte den Physikalischen Verein und trug zur Gründung der ersten elektrotechnischen Fachschule bei. Er war von 1900 bis zu seinem Tod 1915 mehrfach Vorsitzender des Vereins. Auch zählt er zu den Gründern des in Berlin entstanden Elektrotechnischen Vereins, aus dem 14 Jahre später der VDE entstand. 1901 ernannte die preußische Regierung ihn zum Professor.

Willy **Hartner** (1905–1981) war ein deutscher Wissenschaftshistoriker. Nach dem Abitur in Bad Homburg studierte er an der Johann-Wolfgang-Goethe-Universität Chemie und Astronomie und wurde 1928 von Martin Brendel (1862–1939) in Himmelsmechanik mit der Dissertation „Die Störungen der Planeten in Gyldénschen Koordinaten als Funktion der mittleren Länge" promoviert. Sein Hauptarbeitsgebiet war die Geschichte der Naturwissenschaften. Hier kam ihm zu Gute, dass er mehrere Sprachen sprach und u. a. auch als Lektor für nordische Sprachen an der Goethe-Universität wirkte. Besondere Bedeutung für die Entwicklung Hartners hatte das mathematikhistorische Seminar von Max Dehn (1878–1952), Paul Epstein (1871–1939), Ernst Hellinger (1883–1950) und Carl Ludwig Siegel (1896–1981), sowie der Völkerkundler Leo Frobenius (1873–1938). 1935 war er als Gastprofessor für Wissenschaftsgeschichte an der Harvard University. 1943 gelang ihm in Frankfurt die Gründung des Instituts für die Geschichte der Naturwissenschaften. 1946 wurde er ordentlicher Professor. Von 1959 bis 1960 war er Rektor. 1971 bis 1978 war er Präsident der Academie International d'Histoire des Sciences.

Eduard **Haschek** (1875–1947) war ein österreichischer Physiker. Ab 1912 war er außerordentlicher, seit 1929 ordentlicher Professor. Unmittelbar nach dem Anschluss Österreichs erhielt Haschek am 22. April 1938 Berufsverbot und Hausverbot an der Universität.

Robert James **Havighurst** (1900–1991) war ein amerikanischer Physiker. Er arbeitete als Postdoc an der Harvard University auf dem Gebiet der Struktur er Atome. 1928 wurde er „Experimental educator" und erhielt eine Professur für Erziehung an der University of Chicago. 1965 wurde er Mitglied in der „National Academy of Education". Seine Erziehungsmethoden hatten einen großen Einfluss auf das amerikanische Erziehungssystem.

Otto **Haxel** (1909–1998) war ein deutscher Physiker. Er studierte Ingenieurwissenschaften und Technische Physik an der TH München. 1933 wurde er in Tübingen von Hans Geiger (1882–1945) mit der Dissertation „Protonenemission von Aluminium angeregt durch α-Strahlen von Radium C und Thor C" promoviert. 1936 wurde er bei Geiger Oberassistent an der TH in Berlin-Charlottenburg und habilitierte sich 1936 mit der Arbeit „Die Kernspektren der leichten Elemente". Während des Zweiten Weltkrieges war Haxel Mitarbeiter am deutschen Uranprojekt. Haxel war nach dem Krieg Mitarbeiter am Max-Planck-Institut für Physik in Göttingen und wurde 1947 Professor an der Universität Göttingen. 1949 war er mit Hans E. Suess (1909–1993) und Hans D. Jensen (1907–1973) an der Formulierung des Schalenmodells des Atomkerns beteiligt. Ab 1950 baute er an der Universität Heidelberg das II. Physikalische Institut auf. 1956 wirkt er an der Gründung des Kernforschungszentrums Karlsruhe mit und war von 1970 bis 1975 dessen wissenschaftlich-technischer Direktor.

Erich **Hecke** (1887–1947) war ein deutscher Mathematiker. Hecke studierte Mathematik und Naturwissenschaften zunächst an den Universitäten Breslau, Berlin und später bei Hilbert in Göttingen. 1912 habilitierte er sich in Göttingen. 1915 erhielt er eine Professur in Basel und kam dann 1918 nach Göttingen zurück. Ab 1919 war er Ordinarius in Hamburg. Während des Zweiten Weltkriegs war er wegen seiner offen zur Schau getragenen anti-nationalsozialistischen Haltung ständig in Gefahr verhaftet zu werden. Hecke war Otto Stern freundschaftlich verbunden. Ab dem 14. 5. 1945 war er Dekan der Math.-Nat.-Fakultät in Hamburg.

Erich **Hecker** (1926–) ist ein deutscher Biochemiker, der in Tübingen studierte und 1952 mit der Dissertation „Über die Methodik der Gegenstromverteilung und ihre Anwendung auf die Isolierung und Reindarstellung der Inhaltsstoffe der Sexualduftdrüsen des Seidenspinners" von Adolf Butenandt (1903–1995) promoviert wurde. Er wirkte dann am Max-Planck-Institut für Biophysik in Tübingen und an der University of Wisconsin in Madison. 1958 ging er nach München, wohin das MPI für Biophysik mittlerweile umgezogen war, und wurde Abteilungsleiter. 1962 habilitierte er sich in München. 1964 wurde er Professor an der Universität Heidelberg und Gründungsdirektor des Instituts für Biochemie am Deutschen Krebsforschungszentrum. 1994 wurde er emeritiert.

Otto **Heckmann** (1901–1983) war ein deutscher Astronom. Trotz großem Widerstand der konservativen Studenten wurde er 1942 er zum Direktor der Hamburger Sternwarte ernannt und hatte deren Leitung bis 1962 inne.

Werner Karl **Heisenberg** (1901–1976) war ein deutscher theoretischer Physiker. Er promovierte 1923 bei Sommerfeld. 1925 gelang es ihm erstmals durch Vergleich der Kinematik von klassischen und Quantensystemen die Eigenwerte einer Quantenmessung in Operatorform zu definieren und damit mittels Matrizen zu berechnen. Diese Quantentheorie, genannt Matrizenmechanik (unter Mithilfe von Born und Jordan entstanden) ist identisch mit den Lösungen der 1926 von Schrödinger hergeleiteten sogenannten „Schrödinger Gleichung". 1927 konnte Heisenberg auf ähnliche Weise zeigen (Vergleich kinematischer Messgrößen und Eigenwerte), dass die Präparationsgenauigkeit einer Messung im Orts- und Impulsraum durch die sogenannte „Unschärfe Relation" begrenzt wird. Die Ausgangsparameter (wie Ort und Impuls) sind in einer Messung von Quantenteilchen auf dem atomaren Präzisionsniveau immer nur statistisch einstellbar. Mit nur 26 Jahren wurde Heisenberg 1927 als Professor an die Universität Leipzig berufen. 1932 wurde ihm für seine Matrizenmechanik und Unschärfe Relation der Nobelpreis für Physik verliehen. Von 1942 bis 1945 leitete Heisenberg das Kaiser Wilhelm Institut für Physik in Berlin und war an führender Stelle im deutschen Atombombenprojekt involviert. Nach dem Kriege wurde er 1946 Direktor des Max-Planck Institutes in Göttingen und ab 1958 Direktor des MPI für Physik in München. Zu seinen Schülern gehören: Felix Bloch, Edward Teller, Rudolf Peierls, Guido Beck, Erich Bagge, u. a. Enge Mitarbeiter waren Carl Friedrich Weizsäcker, Friedrich Hund und Wolfgang Pauli.

Walter Heinrich **Heitler** (1904–1981) war ein deutscher Physiker. Einer seiner Lehrer war Arnold Sommerfeld. Er promovierte 1926 bei Karl Herzfeld in München. 1926 bis 1927 war er Rockefeller Stipendiat bei Bohr in Kopenhagen. Danach wechselte er zu Schrödinger nach Zürich und formulierte dort zusammen mit Fritz London ein Modell der kovalenten Bindung, das für die Entwicklung der Valenzstrukturtheorie der Molekülbindung eine wichtige Grundlage wurde. 1933 musste er nach England emigrieren und leitete dort zusammen mit Hans Bethe die Bethe-Heitler Formel zur Beschreibung der Wechselwirkung schneller geladener Teilchen mit Materie ab. 1941 verhalf ihm Schrödinger zu einer Professur am „Dublin Institute for Advanced Studies" und 1949 wurde er Professor an der Universität Zürich. 1968 wurde ihm die Max-Planck-Medaille verliehen.

Ernst David **Hellinger** (1883–1950) war ein deutscher Mathematiker. Ernst Hellinger studierte Mathematik an den Universitäten Heidelberg, Breslau und Göttingen bei David Hilbert. Schon im Studium freundete er sich mit Max Born an. In seiner Doktorarbeit von 1907 entwickelte er einen neuen Typ Integral, das so genannte Hellinger-Integral. Später entwickelte er zusammen mit Hilbert die Hilbert-Hellinger-Theorie. 1914 wurde er Professor in Frankfurt. 1936 wurde er als Jude von den Nationalsozialisten in den Zwangsruhestand versetzt. Auch nach der Reichspogromnacht 1938 weigerte er sich zu fliehen und wurde am 13. November verhaftet und ins Konzentrationslager Dachau deportiert. Nach Fürsprache einflussreicher Freunde wurde er nach sechs Wochen aus dem Konzentrationslager entlassen, unter der Bedingung, dass er emigrieren würde. Im Februar 1939 emigrierte Hellinger in die USA.

Hugo **Hergesell** (1859–1938) war ein deutscher Metereologe. Seit 1914 wirkte er in Berlin und war Leiter des Aeronautischen Observatoriums in Lindenberg (Kr. Beeskow).

Paul **Hertz** (1881–1940) war ein deutscher Physiker. Er promovierte bei Max Abraham in Göttingen (Thema: Untersuchungen über die unstetigen Bewegungen eines Elektrons). Im September 1933 wurde ihm die Venia Legendi entzogen. Nach Lehrtätigkeiten 1934/35 an der Universität Genf, und an der Deutschen Universität in Prag ging er 1938 an die Yale University in die USA.

Gustav Ludwig **Hertz** (1887–1975) war ein deutscher Physiker und ein Neffe des Physikers Heinrich Hertz. Zusammen mit James Franck führte er 1912/1913 Elektronenstoßversuche durch, die wichtige Grundlagen für die Richtigkeit des Bohrschen Atommodells und der Quantentheorie lieferten. Dieses Experiment ist bekannt als Franck-Hertz-Versuch. 1925 erhielten beide dafür den Nobelpreis für Physik. Hertz hat nach dem 2. Weltkrieg an der Entwicklung der russischen Atombombe gearbeitet und konnte 1956 nach Deutschland zurückkehren (DDR).

Walter **Herz** 1875–1930) war ein deutscher Chemiker. Er machte sein Abitur in Breslau und studierte dann an der Universität Breslau Chemie. 1897 wurde er mit der Dissertation „Die Benzylinide der Äpfelsäure. Über einige Derivate des Piperazins" promoviert. Nach einer Assistententätigkeit wurde er zum Honorarprofessor ernannt. 1928 übernahm er den Lehrstuhl für Physikalische Chemie an der Universität Breslau.

Gerhard **Herzberg** (1904–1999) war ein deutscher Chemiker und Physiker. Er emigrierte 1935 nach Kanada und erhielt 1971 den Chemie-Nobelpreis.

Édouard **Herzen** (1877 1936) war ein belgischer Chemiker. 1902 wurde er mit der Dissertation „Sur les tensions superficielles de mélanges de liquides normaux" an der Universität Genf promoviert. Er war dann Professor an der École des Hautes Études in Brüssel. Herzen nahm an der ersten (1911) und an der fünften Solvay-Konferenz (1927) teil.

Karl Ferdinand **Herzfeld** (1892–1978) war ein österreichischer Physiker. Er studierte in Wien, Zürich und Göttingen. Er wurde 1914 an der Universität Wien von Friedrich Hasenöhrl (1874–1915) mit der Dissertation „Zur Elektronentheorie der Metalle" promoviert. Er war dann Assistent bei Arnold Sommerfeld (1868–1951) und Kasimir Fajans (1887–1975) an der Universität München und wurde 1925 außerordentlicher Professor an der Universität München. 1926 war er als Gastprofessor an der Johns Hopkins University in Baltimore (Maryland). Hier wurde er dann angestellt und blieb bis 1937, dann wechselte er zur Catholic University of America in Washington, D.C.

Victor Franz **Hess** (1883–1964) war ein österreichischer Physiker. Für die Entdeckung der Kosmischen Strahlung erhielt er 1936 zusammen mit Carl David Anderson den Nobelpreis für Physik. Nach dem Anschluß Österreichs wurde Hess 1938 fristlos entlassen. Noch im selben Jahr emigrierte er mit seiner jüdischen Frau in die USA. An der Fordham University in New York konnte er seine Forschungen fortsetzen.

Georg Karl von **Hevesy** (1885–1966) war ein ungarischer Physikochemiker. Hevesy arbeitete ab 1910 bei Ernest Rutherford (1871–1937) in Manchester (England) und ab 1913 bei Friedrich Adolf Paneth (1887–1958) am Institut für Radiumforschung in Wien. Hier entwickelte er mit Paneth, die Hevesy-Paneth-Methode, eine Isotopen- oder Indikatormethode zur radioaktiven Markierung von Stoffen und der Verfolgung ihres Weges in Organismen. 1923 entdeckte er mit Dirk Coster (1889–1950) das Hafnium. Nach einer Lehrtätigkeit in Budapest von 1920 bis 1926 wurde er Mitarbeiter von Niels Bohr in Kopenhagen und schließlich 1926 Professor in Freiburg i. Br., wo er bis 1934 blieb. Nach seiner Emigration 1934, arbeitete er von 1934 bis 1943 wieder am Institut von Niels Bohr in Kopenhagen. 1943 erhielt er den Nobelpreis für Chemie für die Entwicklung der Indikatormethode. Von 1943 bis 1956 war er Professor in Stockholm. Er starb 1966 in Freiburg im Breisgau.

Adolf **Heydweiller** (1856–1925) war ein deutscher Physiker. Er war Ordinarius für Physik von 1907 bis 1921 an der Universität Rostock.

Walter Otto **Hieber** (1895–1976) war ein deutscher Chemiker. Nach seiner Habilitation wurde er Dozent in Heidelberg und 1935 Direktor des Anorganisch-chemischen Instituts der Technischen Universität in München. Er gilt als der Begründer der Metallcarbonyl-Chemie.

Emil **Hilb** (1882–1929) war ein deutscher Mathematiker und wurde 1909 als apl. Professor für Mathematik an die Universität Würzburg berufen.

Norman **Hilberry** (1899–1986) war ein amerikanischer Physiker und von 1942 bis 1946 Assistent des Projektleiters im „Chicago Metallurgical Laboratory", das Entwicklungsprojekte im Atombombenprogarmm durchführte.

David **Hilbert** (1862–1943) war ein deutscher Mathematiker. Er studierte von 1880 bis 1885 Mathematik an der Universität Königsberg. Hier wurde er auch 1885 mit der Dissertation „Über invariante Eigenschaften specieller binärer Formen, insbesondere der Kugelfunktionen" promoviert wurde. Er habilitierte sich dann und wurde 1893 ordentlicher Professor an der Universität Königsberg. 1895 erhielt er einen Ruf an die Universität Göttingen, die zum Hauptwirkungsort seines wissenschaftlichen Arbeitens werden sollte. Hilberts Arbeiten umfassen fast alle Gebiete der Mathematik und ihrer Grundlagen. Auch auf dem Gebiet der theoretischen Physik leistete er Hervorragendes. Hier sind vor allem seine Arbeiten zur Allgemeinen Relativitätstheorie zu nennen. Hilbert wurde 1930 emeritiert.

Joel Henry **Hildebrand** (1881–1983) war ein amerikanischer Chemiker. Hildebrand studierte ab 1899 Chemie und Physik an der University of Pennsylvania und danach an der Humboldt-Universität Berlin unter anderem bei Jacobus Henricus van ’t Hoff und Walter Nernst. Später lehrte an der University of Pennsylvania. 1913 wurde er von Gilbert Newton Lewis an die University of California, Berkeley, eingeladen, wo er Instructor, 1918 Associate Professor und 1919 Professor wurde. 1949 bis 1951 war er Dekan der Fakultät für Chemie.

Arthur Robert von **Hippel** (1898–2003) war ein deutscher Materialwissenschaftler und Physiker. Er war mit Dagmar Franck, der Tochter von James Franck, verheiratet. 1936 emigrierte er in die USA und wurde Professor am MIT in Boston.

Richard **Hönigswald** (1875–1947) war ein östereichisch-deutsch-amerikanischer Philosoph auf dem Gebiet des realistischen Kritizismus. Er studierte und promovierte an der Universität Halle. 1906 ging er als Privatdozent an die Universität Breslau und wurde 1910 dort Titularprofessor. Am 10. Juni 1916 wurde Hönigswald dann Nachfolger von William Stern und 1919 zum ordentlichen Professor ernannt. 1929 nahm Hönigswald einen Ruf an die Universität München ab dem Sommersemester 1930 an. Ein fieses Gutachten von Heidegger erledigte den Rest. 1933 wurde er als konvertierter Jude zwangsemeritiert. Hönigswald lebte danach zurückgezogen als Privatgelehrter in München. 1938 wurde ihm sein Doktorgrad aberkannt und für kurze Zeit in Dachau arrestiert. 1939 gelang es ihm mit der Hilfe von Freunden über die Schweiz nach den USA zu emigrieren, konnte aber dort keine Anstellung finden. Nach Kriegsende knüpfte Hönigswald wieder Kontakte nach Deutschland und wurde Mitherausgeber des „Archivs für Philosophie“.

Robert **Hofstadter** (1915–1990) war ein amerikanischer Physiker und Physik-Nobelpreisträger. Nach Schulbesuch und Studium der Physik promovierte er 1938 an der Princeton University. Während des Zweiten Weltkrieges arbeitete er an Geschossen für die Flugabwehr. Hier lehrte er auch von 1946 bis 1950. Dann ging er an die Stanford University in Palo Alto (Californien), wo er bis 1985 blieb. Hofstadter wurde vor allem durch seine Streuversuche mit hochenergetischen Elektronen an leichten Atomkernen berühmt (Hofstadter-Versuche). Zusammen mit Rudolf Mößbauer (1929–2011) erhielt er 1961 den Nobelpreis für Physik für seine Pionierarbeiten zur Elektronenstreung an Atomkernen.

Ludwig **Hopf** (1884–1939) war ein deutscher theoretischer Physiker. Er war ein früher Mitarbeiter Einsteins in Zürich und für eine kurze Zeit in Prag. 1933 emigrierte er wegen seines mosaischen Glaubens nach England.

Erich Moritz von **Hornbostel** (1877–1936) war ein österreichischer Musikethnologe. Hornbostel studierte in Wien zuerst Chemie und ging dann nach Berlin wo er am Psychologischen Institut Assistent bei Carl Stumpf (1848–1936) wurde. 1925 wurde er in Berlin außerordentlicher Professor für Musikwissenschaft. Während des Ersten Weltkrieges entwickelte er zusammen mit Max Wertheimer (1880–1943) einen Richtungshörer zur militärischen Anwendung. Er baute das Berliner Phonogramm-Archiv auf und leitete es bis 1933. Dann emigrierte er in die Schweiz und später in die USA nach New York. Aus gesundheitlichen Gründen musste er aber New York bald wieder verlassen und ließ sich in Cambridge (England) nieder.

Friedrich (Fritz) Georg **Houtermans** (1903–1966) war ein deutscher Physiker. Houtermans studierte von 1922 bis 1928 in Göttingen und promovierte dort bei James Franck (1882–1964) 1927 mit der Dissertation „Über die Bahnfluoreszenz und die lichtelektrische Ionisierung des Quecksilberdampfes". Von 1928 bis 1933 war Houtermans Assistent von Gustav Hertz (1887–1975) an der Technischen Hochschule in Berlin. Als Kommunist musste er 1933 nach England emigrieren. 1935 ging er in das Ukrainische Physikalisch-Technische Institut in Charkow (Sowjetunion). Im Rahmen der sogenannten „Stalinschen Säuberung" wurde er 1937 in Moskau verhaftet und dann durch das Hitler-Stalin-Abkommen 1940 nach Deutschland ausgeliefert und von der Gestapo inhaftiert. Max von Laue (1879–1960) erreichte es, ihn frei zu bekommen und ihm am Privatlabor von Manfred von Ardenne (1907–1997) eine Anstellung zu verschaffen. Dort gelangte er zu bedeutenden Forschungsergebnissen und sagte bereits die Transurane voraus. Von 1944/45 war er an der Physikalisch-Technischen Reichsanstalt in Berlin und dann in Göttingen tätig. Er ging dann nach Bern und war hier am Physikalischen Institut bis 1966 Professor.

Edwin **Hubble** (1889–1953) war ein amerikanischer Astronom. Er studierte Physik und Astronomie in Chicago und beendete sein Studium 1913. Dann wurde er 1914 Assistent am Yerkes-Observatorium der Universität von Chicago. Ab 1919 arbeitete er am Mount-Wilson-Observatorium bei Pasadena. Hier konnte er 1923 den Nachweis erbringen, dass der Andromeda-Nebel weit außerhalb unserer Galaxis liegt. Von großer Bedeutung für die Forschungen von Hubble war sein Assistent Milton Humason (1891–1972), der die Rotverschiebung der Galaxien nach weisen konnte. Hubble war der erste, der einen Zusammenhang zwischen der Rotverschiebung und der Entfernung der Galaxien erkannte. Der belgische Priester Georges Lemaitre (1894–1966) vertrat bereits 1927 – zwei Jahre vor Hubble – die Auffassung, dass die nachgewiesene Rotverschiebung als eine Expansion des Weltalls zu interpretieren sei, die in voller Übereinstimmung mit der Allgemeinen Relativitätstheorie Albert Einsteins sei. Hubbles Arbeitsgebiete waren die Klassifikation der Spiralgalaxien, die Expansion des Weltalls und die Hubble-Konstante der galaktischen Kosmologie.

Donald J. **Hughes** (1915–1960) war ein amerikanischer Physiker. Er promovierte 1940 in Physik an der Universität von Chicago und ging dann zum Naval Ordnance Laboratory der US Navy und war ab 1943 Mitarbeiter beim Bau der amerikanischen Atombombe (Manhattan Project) in Chicago. 1944/45 wurde er Leiter der kernphysikalischen Abteilung am Argonne National Laboratory. Nach 1945 war er am Brookhaven Laboratory, 1953/54 Gastprofessor in England, 1955/56 Präsident der Federation of Atomic Scientists. Sein Hauptarbeitsgebiet war die Neutronenphysik.

Erich **Hückel** (1896–1980) war ein deutscher Chemiker und Physiker. Er besuchte 1905 bis 1914 das Gymnasium in Göttingen und studierte von 1914 bis 1921 an der Universität Göttingen Physik und Mathematik. Im Ersten Weltkrieg war er bei Ludwig Prandtl (1875–1953) in der Modelversuchsanstalt für Aerodynamik und bei der Marine in Warnemünde. 1921 wurde er von Peter Debye (1884–1966) mit der Dissertation „Zerstreuung von Röntgenstrahlen durch anisotrope Flüssigkeiten" promoviert. 1922 ging er zu Debye an die ETH Zürich, wo er sich auch 1925 mit der Arbeit „Konzentrierte Lösung wässriger Elektrolyte" habilitierte. 1928 ging er an die Universität London und dann zu Niels Bohr (1885–1962) nach Kopenhagen. Hier beschäftigte er sich hauptsächlich mit der Anwendung der Quantenmechanik auf die Chemie. Diese Arbeit setze er dann 1929 in Leipzig bei Werner Heisenberg (1901–1976) und Friedrich Hund (1896–1997) fort. 1930 habilitierte er sich für Physikalische Chemie um und erhielt einen Lehrauftrag an der Universität Stuttgart. 1937 wurde er außerordentlicher Professor in Marburg. 1947 Lehrstuhlinhaber für Theoretische Physik. 1961 ordentlicher Professor und 1962 emeritiert. Erich Hückel war ein Pionier der Quantenchemie.

Erik **Hulthén** (1891–1972) war ein schwedischer Physiker. Er wurde 1923 an der Universität Lund von Manne Siegbahn (1886–1978) mit der Dissertation „Über die Kombinationsbeziehungen unter den Bandenspektren" promoviert und war dann bis 1927 an der Universität Lund Dozent. Er erhielt dann ein Stipendium und war von 1925 bis 1927 an der Michigan State University. Von 1927 bis 1928 war er bei Niels Bohr (1885–1962) in Kopenhagen. Von 1929 bis zu seiner Emeritierung 1959 war er dann Professor für Experimentalphysik an der Universität in Stockholm. Hulthén war ab 1931 Mitglied der Schwedischen Akademie der Wissenschaften und von 1929 bis 1957 Mitglied des Nobelkomitees für Physik.

Friedrich Hermann **Hund** (1896–1997) war ein deutscher Physiker. Er leistete bedeutende Beiträge zur Entwicklung der Atomphysik. Nach ihm sind die Hundschen Regeln benannt. 1928 wurde er ordentlicher Professor für Theoretische Physik in Rostock. 1929 wurde er als Professor für Mathematische Physik (Nachfolger von Gregor Wentzel) an die Universität Leipzig berufen, wo auch Heisenberg wirkte. Als Heisenberg 1942 nach Berlin ging, übernahm Hund das Direktorat am Leipziger Physik-Institut. 1943 erhielt er wie kurz zuvor Pascual Jordan die Max-Planck-Medaille. 1946 wechselte er als Professor an die Universität Jena, wo er 1948 Rektor war. In Jena kam es zu Konflikten mit den sowjetischen Besatzungsdienststellen, bei denen er sonst in hohem Ansehen stand. 1949 erhielt er den Nationalpreis der DDR. Hund wurde 1951 Professor in Frankfurt am Main als Nachfolger von Erwin Madelung. Nach einer Gastprofessur 1956 an der University of Maryland war er ab 1957 als Professor für Theoretische Physik wieder in Göttingen tätig. 1964 wurde Friedrich Hund emeritiert. 1926/27 entdeckte und beschrieb er den später so genannten Tunneleffekt (dessen Entdeckung meist George Gamow zugeschrieben wird) zuerst bei optisch isomeren Molekülen. In der Molekülphysik und -spektroskopie unterscheidet man nach Hund die so genannten Hundschen Kopplungsfälle (a) bis (e), je nach der Art und Weise, in der die verschiedenen quantenmechanischen Drehimpulse (Elektronenspin, Bahndrehimpuls, Rotation) zum Gesamtdrehimpuls koppeln (Vektoraddition). In Leipzig verbreiterte Hund sein Arbeitsfeld und wandte sich auch der Kernphysik zu. Unabhängig von Eugene Wigner untersuchte er 1937 als erster eine angenäherte SU (4)-Symmetrie in den Kernspektren (die sich bei Spin- und Isospininvarianz der Kernkräfte ergibt).

David Rittenhouse **Inglis** (1905–1995) war ein amerikanischer Physiker und Professor für Physik an der University of Massachusetts, wo er auch 1931 promoviert wurde. Während des Zweiten Weltkrieges war er Mitarbeiter beim Bau der amerikanischen Atombombe in Los Alamos (Manhattan Project). Nach dem Krieg war er der Leiter der Abteilung für theoretische Kernphysik am Argonne National Laboratory in Illinois. Er trat nach 1945 für Abrüstung und Frieden ein und beschäftigte sich mit alternativen Energien (z. B. der Windenergie).

Ernst **Ising** (1900–1998) war ein deutscher Mathematiker und Physiker. Nach dem Abitur in Bochum studierte er Mathematik, Physik und Astronomie in Göttingen, Bonn und Hamburg. Er wurde 1924 von Wilhelm Lenz (1888–1957) mit der Dissertation „Beitrag zur Theorie des Ferro- und Paramagnetismus“ in Hamburg promoviert. In seiner Doktorarbeit analysiert Ising ein von Lenz vorgeschlagenes Modell mit dem der Ferromagnetismus erklärt werden sollte (Ising-Modell). Nach seiner Promotion arbeitete er in der Patentabteilung der AEG. 1927 unterrichtete er am Internat Salem am Bodensee und studierte dann Pädagogik und Philosophie in Berlin. 1930 bestand er das Lehramtsexamen für Höhere Schulen. Da Ising jüdischer Abstammung war, wurde er 1933 aus dem Staatsdienst entlassen und arbeitete dann am jüdischen Kinder- und Landschulheim in Caputh bei Potsdam, wo er 1937 auch Schulleiter wurde. 1939 emigrierte Ising nach Luxemburg. 1947 wanderte er nach USA aus. In Amerika war er zuerst Lehrer an einem College in Minot (North Dakota) und wurde dann Professor an der Bradley University in Peoria (Illinois). 1976 wurde emeritiert.

Gustav **Jäger** (1865–1938) war ein österreichischer Physiker. Er machte 1879 auf dem Gymnasium in Eger seine Matura und studierte dann an der Universität Wien Physik, wo er auch 1888 mit der Dissertation „Die elektrische Leitfähigkeit von Salzlösungen“ promoviert wurde. 1891 war er Privatdozent am Institut für theoretische Physik und Assistent von Josef Stefan (1835–1893) und dann bei Ludwig Boltzmann (1844–1906). 1897 wurde er außerordentlicher Professor für theoretische Physik an der Universität Wien und 1905 wurde er ordentlicher Professor an der TH Wien. Hier begleitete er auch von 1915 bis 1916 das Amt des Rektors. 1918 wurde er Direktor des Instituts für theoretische Physik der Universität Wien und 1920 Direktor des 2. Physikalischen Instituts. 1934 wurde er emeritiert. Jägers Arbeitsgebiete waren u. a. die kinetische Gastheorie und ihre Anwendungen. Er war ein Wegbereiter der Molekulartheorie.

Gerhart August **Jander** (1892–1961) war ein deutscher Chemiker. Er studierte ab 1912 Chemie in München und Berlin und promovierte 1917 in Berlin. Von 1918 bis 1922 war er Assistent bei Zsigmondy und Windhaus in Göttingen. 1925 wurde er dort zum außerordentlichen Professor ernannt. Im selben Jahr trat er der wieder zugelassenen NSDAP bei und beteiligte sich am Hitler-Putsch 1923 in München. 1933 wurde er Nachfolger von Fritz Haber am KWI für Physikalische Chemie in Berlin. Von 1935 bis 1951 war er Professor in Greifswald und dann bis 1960 an der TU-Berlin.

Aloysio **Janner** (1928–2016) war ein schweizerischer Physiker und Doktorand von Wolfgang Pauli (1900–1958). Ab 1963 war er Professor für theoretische Physik an der Universität Njimwegen.

Julius **Wagner-Jauregg** (1857–1940) war ein österreichischer Psychiater. Für die Entdeckung der therapeutischen Bedeutung der Malariatherapie zur Behandlung der progressiven Paralyse erhielt er 1927 den Nobelpreis für Medizin, weitere Arbeitsbereiche waren die Behandlung von Psychosen, der Syphilis und von Schilddrüsenerkrankungen.

Zay **Jeffries** (1888–1965) war ein amerikanischer Geologe und arbeitete auf dem Gebiet der Metallurgie sowie der Materialwissenschaften. 1939 wurde er zum Mitglied der National Academy of Sciences gewählt.

Otto **Jeidels** (1882–1947) war ein deutscher Bankier. Er wurde in Frankfurt geboren und promovierte 1904 zum Dr. Phil. Nach Tätigkeit in britischen und amerikanischen Tochterunternehmen der Metallgesellschaft kam er zur Berliner Handelsbank (BHG), wo er 1909 zum Leiter des Sekretariats aufstieg. Von 1918 bis 1933 war er deren persönlich haftender Gesellschafter. 1938 emigrierte er als Jude in die USA und wurde dort 1939 Teilhaber der Privatbank Lazard Frères&Co in New York. Seit 1943 war er Vizepräsident der „Bank of America" in San Francisco.

Hans Daniel **Jensen** (1907–1973) war ein deutscher Physiker, seit 1941 war er außerordentlicher Professor an der TH-Hannover. 1949 wurde er Ordinarius für theoretische Physik an der Universität Heidelberg. Er entwickelte zusammen mit Otto Haxel und Hans Eduard Suess unabhängig von Maria Goeppert-Mayer das Schalenmodell des Atomkerns. Dafür erhielt er 1963 den Nobelpreis für Physik.

Willibald **Jentschke** (1911–2002) war ein österreichisch deutscher Kern- und Teilchen-Physiker. Er ging 1947 in die USA und leitete die Zyklotrongruppe an der University of Illinois, Urbana. 1954 wurde er zum Nachfolger von Rudolf Fleischmann (1903–2002) an der Hamburger Universität berufen. Das Hamburger Helmholtz-Zentrum DESY verdankt ihm seine Existenz.

Abram Fjodorowitsch **Joffe** (1880–1960) war ein russischer theoretischer Physiker. Er gilt als einer der Begründer der modernen Physik in Russland. Nach dem Studium in St. Petersburg ging er zu Röntgen nach München. 1905 promovierte er bei Röntgen. 1906 kehrte er nach St. Petersburg zurück. 1914 wurde er an die

Universität in St. Petersburg berufen und begründete 1916 sein berühmtes Physikseminar. Er war 1918 Mitbegründer des „Röntgen- und Radiologischen Instituts", aus dem später das nach ihm benennte „Joffe-Institut" hervorging. Er blieb dessen Direktor bis 1950, als er aufgrund der damaligen antisemitischen Kampagnen aus dem Amt gedrängt wurde. Während des Zweiten Weltkriegs war er am Aufbau eines Radarsystems um Leningrad beteiligt. Joffes Arbeitsgebiet war die Festkörperphysik. Joffe galt für Generationen von russischen Physikern als Leitfigur. Joffe erhielt zahlreiche russische und internationale Ehrungen.

Irène **Joliot-Curie** (1897–1956) war eine französische Physikerin und Chemikerin. Sie erhielt mit ihrem Ehemann Frédéric Joliot-Curie 1935 den Chemienobelpreis für die Entdeckung der künstlichen Radioaktivität. Irène Joliot-Curie engagierte sich stark in der Politik. 1934 beteiligte sie sich erstmals mit ihrem Mann an einem Aktionskomitee antifaschistischer Intellektueller. Im Frühjahr 1936 gewann die Volksfront unter Léon Blum die Wahlen. Die Nobelpreisträgerin trat als Staatssekretärin für Wissenschaft und Forschung in die Regierung ein und gehörte damit zur ersten Gruppe von drei Frauen, die überhaupt jemals in Frankreich ins Kabinett berufen wurden – damals hatten Frauen in Frankreich noch nicht einmal das Wahlrecht. Irène Joliot-Curie blieb nur drei Monate auf dem Posten; es war ihr darum gegangen, ein Zeichen für die Frauenbewegung zu setzen. 1937 wurde sie auf eine Dozentenstelle an der Sorbonne berufen. Nach der Besetzung von Paris durch deutsche Truppen flüchtete das Ehepaar im Juni 1940 nach Clermont-Ferrand, kehrte aber wieder in die Hauptstadt zurück. In Paris spielte ihr Mann eine riskante Doppelrolle als Forscher am Collège de France und als Résistance-Kämpfer.

Jean Frédéric **Joliot-Curie** (1900–1958) war ein französischer Physiker. Joliot wurde nach seinem Studium 1925 am Institut du Radium Assistent von Marie Curie, deren Tochter Irène er 1926 heiratete. Zusammen mit seiner Frau erhielt er 1935 den Chemienobelpreis für die Synthese eines Radionuklids, die den beiden kurz zuvor durch Beschuss von Aluminium mit Alphateilchen gelang. 1937 wurde er zum Professor am Collège de France ernannt. Für seine Forschungstätigkeiten in Paris konnte er Hans von Halban und Lew Kowarski gewinnen. Nach der deutschen Besetzung Frankreichs 1940 nahm er in der Résistance aktiv am Widerstand teil. 1941 wurde er Präsident der Nationalen Front des Widerstands. Während der Besatzung stand er der Kommunistischen Partei Frankreichs nahe. Er wurde 1943 in die Académie des Sciences gewählt. Nach dem Krieg wurde Joliot-Curie DR (Directeur de Recherche) beim Centre national de la Recherche Scientifique (CNRS) und 1946 Hochkommissar für Atomenergie im neu gegründeten Commissariat à l'énergie atomique (CEA) und leitete 1948 den Bau des ersten französischen Atommeilers. Diese Position musste er bald wieder räumen, weil er sich zusammen mit seinem Team weigerte, am Bau einer französischen Atombombe mitzuwirken. Ab 1950 war er Präsident des Weltfriedensrates und korrespondierendes Mitglied der Deutschen Akademie der Wissenschaften zu Berlin. Er wurde 1950 von der sowjetischen Regierung mit dem Stalinpreis für Frieden ausgezeichnet. Nach dem Tod seiner Frau 1956 übernahm er deren Professur an der Sorbonne und beschäftigte sich in den letzten beiden Lebensjahren hauptsächlich mit dem Aufbau des Instituts für Kernphysik in Orsay.

Webster N. **Jones** (1888–1962) war Vizepräsident des Carnegie Institutes of Technology.

Pascual **Jordan** (1902–1980) war ein deutscher theoretischer Physiker, der zusammen mit Werner Heisenberg und Max Born als der Vater der Matrizenmechanik (Quantenmechanik) gilt. Pascual Jordan wirkte maßgeblich an der Entwicklung und mathematischen Formulierung der Quantenmechanik mit. Er kam 1923 an die Universität Göttingen und promovierte 1924 bei Max Born. Die mathematische Formulierung der neuen Matrizenmechanik kam dabei hauptsächlich von Jordan, der vorher Assistent von Richard Courant gewesen war. 1926 wurde er Privatdozent in Hamburg und erhielt dann 1929 eine außerordentliche Professur an der Universität Rostock, die 1935 in eine ordentliche Professur umgewandelt wurde. Nach Ende des Zweiten Weltkriegs verhinderte seine positive Einstellung zum Nationalsozialismus seine weitere Hochschultätigkeit. Erst nach der Entnazifizierung 1947 erhielt er zunächst auf Empfehlung Wolfgang Paulis eine Gastprofessur in Hamburg. 1953 wurde er dort Ordentlicher Professor bis zu seiner Emeritierung im Jahre 1971. Von 1957 bis 1961 war Jordan Mitglied des Deutschen Bundestages für die CDU. Bemerkenswert war seine ablehnende Stellungnahme 1957 gegen die „Göttinger Achtzehn" zur Frage der atomaren Bewaffnung der Bundeswehr.

Georg **Joos** (1894–1959) war ein deutscher Physiker. Nach dem Abitur studierte er an der TH Stuttgart Ingenieurwesen und nach dem Ersten Weltkrieg Physik an der Universität Tübingen. 1920 wurde er mit der Dissertation „Untersuchungen über die Frage, wie die Beeinflussung von Absorptionslinien durch ein fremdes, indifferentes Gas von dessen Dichte abhängt" promoviert. Von 1921 bis 1924 war er Assistent bei Jonathan Zenneck (1871–1959) an der TH München. Hier habilitierte er sich 1922 mit der Arbeit „Theorie des Elektronenröhrengenerators". 1924 war Joos Dozent an der Universität Jena. 1925 wurde er Professor für theoretische Physik und Direktor des Physikalischen Instituts. 1935 wurde er der Nachfolger von James Franck (1882–1964) in Göttingen. Die Beziehung von Joos zum NS waren ambivalent. 1938 wurde er ehrenamtlich in das Hauptamt für Technik berufen und war für den NS Bund deutscher Technik tätig, aber Auseinandersetzungen mit dem NS Dozentenbund führten dazu, dass er seine Professur aufgab und Chefphysiker in den Carl-Zeiss-Werken in Jena wurde. Nach dem Zweiten Weltkrieg wurde er 1946 an die Technische Universität München berufen, wo er mithalf das Physikalische Institut wieder aufzubauen, an dem er bis zu seinem Tode 1959 blieb.

Res **Jost** (1918–1990) war ein Schweizer theoretischer Physiker. Sein Hauptarbeitsgebiet war die Quantenfeldtheorie. 1984 wurde ihm die Max-Planck-Medaille verliehen.

Eduard **Justi** 1904–1986) war ein deutscher Physiker. Nach dem Besuch des Gymnasiums in Halle an der Saale und dem Abitur studierte er Physik, Chemie, Mathematik und Geologie an den Universitäten Marburg, Kiel und Berlin. 1929 wurde er in Marburg mit der Dissertation „Über die kalorimetrische Absolutmessung des elektrolytischen Leitvermögens für hochfrequenten Wechselstrom“ promoviert. Dann war er bis 1949 an der Physikalisch-Technischen Reichsanstalt in Berlin tätig. 1935 habilitierte er sich und war dann 1939 als Dozent und ab 1942 als außerplanmäßiger Professor an der Universität Berlin tätig. 1944 wurde er an die Universität in Posen versetzt und war dann von 1946 bis 1974 Professor für technische Physik an der TH Braunschweig. Seine Arbeitsgebiete waren die Tieftempertaturphysik, die Thermodynamik und die Direktumwandlung von Energie (Brennstoffzelle, Solartechnik etc.).

Hartmut Paul **Kallmann** (1896–1978) war ein deutscher Physiker. Kallmann begann 1916 ein Studium der Chemie an der TH Berlin-Charlottenburg, danach der Physik an der Friedrich-Wilhelms-Universität. 1920 wurde er bei Max Planck promoviert. Er lehrte und forschte von 1920 bis 1933 sowie von 1945 bis 1948 am Kaiser-Wilhelm-Institut für physikalische Chemie und Elektrochemie (dem Institut Fritz Habers) und der Universität Berlin, überlebte mit Hilfe seiner Frau und von Carl Bosch (I. G. Farben) die Hitlerzeit in Berlin. 1948 emigrierte er in die USA und unterrichtete seit 1950 an der New York University. Er war Inhaber von rund 70 Patenten. Kallmann entdeckte das Szintillationsverfahren zum Zählen von Alphateilchen.

Berta **Kamm** geb. Stern (1889–1963) war die älteste der drei Schwestern Otto Sterns. 1938 musste auch sie mit ihrer Familie (Ehemann und zwei Kinder) nach den USA/Berkeley emigrieren.

Walter Joseph **Kamm** (1886–1954) war der Ehemann von Berta Kamm.

Dieter Max **Kamm** war der Sohn der Eheleute Berta und Walter Kamm.

Ernst **Kantorowicz** (1895–1963) war ein deutscher Historiker. Er machte 1913 sein Abitur und begann dann eine kaufmännische Lehre in Hamburg. Bei Ausbruch des Ersten Weltkrieges meldete er sich freiwillig. Nach dem Krieg wurde er 1921 in Heidelberg promoviert. Er unterrichtete dann bis 1930 als Privatdozent an der Universität Heidelberg. Kantorowicz gehörte dem Kreis um den Dichter Stefan George (1868–1933) an, der ihn maßgeblich prägte. 1930 bis 1932 unterrichtete er als Honorarprofessor an der Universität in Frankfurt am Main. Nach der Machtübernahme 1933 wurde es für ihn immer schwerer an der Universität zu unterrichten, da NS-Studenten die Vorlesungen störten. 1934 wurde er emeritiert und 1938 emigrierte er nach England und ging an die Universität Oxford und 1939 in die USA, wo er in Berkeley einen Lehrauftrag erhielt. Schließlich wurde er 1945 Professor in Berkeley.

Pjotr Leonidowitsch **Kapitza** (1894–1984) war ein russischer Physiker und Nobelpreisträger der Physik. Nach dem Schulabschluss studierte er in St. Petersburg und von 1921 bis 1934 bei Ernest Rutherford (1871–1937) in Cambridge. Ab 1934 war er in Moskau. Er wirkte dann als Direktor an dem für ihn gegründeten Akademie-Institut für Physikalische Probleme (später: Kapitza-Institut). Bedeutung erlangte Kapitza u. a. durch seine Arbeiten zur Tieftemperaturphysik. Mit A. A. Penzias (1933–) und R. W. Wilson (1936–) erhielt er 1978 den Nobelpreis für Physik für seine grundlegenden Erfindungen und Entdeckungen in der Tieftemperaturphysik.

Schlomo **Kaplansky** (1884–1950) war zionistischer Politiker, Sozialist und Führer der Poale-Zion-Bewegung.

Karl **Kaufmann** (1900–1969) war von 1929 bis 1945 Gauleiter und ab 1933 Reichsstatthalter in Hamburg.

Hermann **Kees** (1886–1964) war ein deutscher Ägyptologe und wurde 1924 Professor an der Universität Göttingen. Er wurde 1927 in die Göttinger Akademie der Wissenschaften gewählt.

Willem Hendrik **Keesom** (1876–1956) war ein niederländischer Physiker. Ab 1923 war er Professor für Experimentalphysik in Leiden, wo er der Nachfolger von Kamerlingh Onnes in dessen Laboratorium wurde. Sein Hauptarbeitsgebiet war die Tieftemperaturphysik. Im Jahr 1926 erfand er eine Methode, Helium durch Druck zu verfestigen, was seinem Lehrer Kamerlingh-Onnes, der Helium 1908 erstmals verflüssigte, nicht gelungen war.

Edwin Crawford **Kemble** (1889–1984) war ein amerikanischer Physiker. Ab 1906 studierte Kemble Physik an der Ohio Wesleyan University und an der Case School of Applied Science. Seinen Bachelor Abschluss machte er 1911. Er ging dann als Instructor an das Carnegie Institute of Technology und wurde 1917 mit dem Thema „Studies in the Application of the Quantum Hypothesis to the Kinetic Theory of Gases and to the Theory of their Infrared Absorption Bands" von Percy Williams Bridgeman (1882–1961) an der Harvard University promoviert. Nach einer kurzen Tätigkeit in der Industrie ging Kemble wieder zu Bridgeman als Instructur an die Harvard University. 1924 wurde er Assistant Professor, 1927 Associate Professor. Von 1927 bis 1928 hatte Kemble ein Guggenheim-Stipendium und verbrachte diese Zeit bei Max Born (1882–1970) in Göttingen und Arnold Sommerfeld (1868–1951) in München. Von 1930 bis zu seiner Emeritierung 1957 war er Professor für Physik an der Harvard University.

Donald William **Kerst** (1911–1993) war ein amerikanischer Physiker. Er arbeitete auf dem Gebiet der Teilchenbeschleuniger. Ab 1943 beteiligte er sich am Manhattanprojekt. Zusammen mit Tihiro Ohkawa entwickelte er die ersten torodialen Plasmasysteme mit Hilfe des magnetischen Einschlusses.

Seishi **Kikushi** (1902–1974) war ein japanischer Physiker. Er ging in Tokio zur Schule und studierte dann an der Tokyoer Universität. 1926 machte er seinen Abschluss. Er entdeckte 1929 die sogenannten Kikuchi-Linien im Bild der Elektronenbeugung. Zur weiteren Fortsetzung seines Physikstudiums ging er 1929 nach Deutschland zu Lothar Nordheim (1899–1985) nach Göttingen und zu Werner Heisenberg (1901–1976) nach Leipzig. 1934 wurde er Professor für Physik an der Universität Osaka und baute hier einen Cockcroft-Walton-Generator zur Teilchenbeschleunigung. Kikushi gilt als Vater der japanischen Kernphysik und wurde 1955 der erste Direktor des Institutes für Kernforschung der Universität Tokio.

Gustav **Kirchhoff** (1824–1887) war ein deutscher Physiker. Er studierte 1842 bis 1847 Mathematik und Physik an der Universität Königsberg bei Franz Neumann (1898–1895) und Friedrich Julius Richelot (1808–1875). Er arbeitete von 1850 an der Universität Breslau und ging dann von 1854 bis 1875 an die Universität Heidelberg. Von 1875 bis 1886 war er Professor für theoretische Physik an der Universität Berlin. Kirchoffs Arbeitsgebiet war die Elektrizitätslehre, um deren Erforschung er sich große Verdienste erwarb (Kirchhoffsche Regeln), aber auch um das Emissions- und Absorptionsvermögen des Lichtes bei glühenden Körpern (Kirchhoffsches Strahlungsgesetz).

Paul **Klapper** (1885–1952) emigrierte 1892 mit seinen Eltern von Rumänien in die USA. 1922 wurde er Dekan am City College und einige Jahre später am Queens College in New York. Er arbeitete in vielen nationalen Kommissionen im Bereich der Erziehung mit und wurde vielfach geehrt.

Oskar Benjamin **Klein** (1894–1977) war ein schwedischer Physiker. Klein wurde bereits in jungen Jahren Mitarbeiter von Svante Arrhenius am Nobelinstitut. 1923 erhielt er den Ruf an die University of Michigan, kam jedoch bereits 1925 nach Kopenhagen zurück und wurde 1926 Dozent an der Universität Lund. 1930 folgte er Erik Ivar Fredholm als Professor der Physik an der Universität Stockholm. Zusammen mit Theodor Kaluza entwickelte er die Kaluza-Klein-Theorie, eine Erweiterung der Allgemeinen Relativitätstheorie zum Elektromagnetismus. Zusammen mit Hannes Alfvén entwickelte er die Klein-Alfvén-Kosmologie, mit Walter Gordon die Klein-Gordon-Gleichung der relativistischen Quantenmechanik, mit Yoshio Nishina die Klein-Nishina-Formel. Das Kleinsche Paradoxon bezeichnet das im Vergleich zum nicht-relativistischen Verhalten (Schrödingergleichung mit Potentialbarriere) paradoxe Verhalten von Lösungen der Diracgleichung. Die Universität Stockholm und das Nobelkomitee vergibt ihm zu Ehren die Oskar-Klein-Medaille mit zugehöriger Vorlesung.

Friedrich **Knauer** (1897–1979) war ein deutscher Physikochemiker. Nach dem Abitur studierte er von 1918 bis 1924 an der Universität Göttingen und der TH Hannover Physik und wurde dann 1923 mit einer Dissertation über Elektrotechnik promoviert. Er war dann bis 1924 Assistent bei Robert Wichard Pohl (1884–1976) an der Universität Göttingen und ging dann zu Stern ans Institut für Physikalische

Chemie in Hamburg. 1932 wurde er Assistent und 1933 habilitierte er sich und wurde Privatdozent. 1939 wurde er zum nichtplanmäßigen Professor an der Universität Hamburg ernannt und arbeitete dann ab 1940 in der Gruppe von Paul Harteck (1902–1985) am deutschen Nuklearprojekt mit. Sein besonderes Interesse galt der Neutronendiffusion in Uran. Nach 1945 arbeitete er bis 1963 weiter am Institut für Physikalische Chemie in Hamburg und leitete das Institut als kommissarischer, später als stellvertretender Geschäftsführer.

Adolf **Kneser** (1862–1930) war ein deutscher Mathematiker. Er wuchs in Rostock auf und ging dann 1879 an die Universität Rostock. Knesers Patenonkel war der Physiker und Wissenschaftshistoriker Johann Christian Poggendorff (1796–1877). Durch ihn kam er wohl zur Physik und veröffentlichte seine erste Arbeit über Akustik in Rostock. Sein Mathematikstudium setzte er in Berlin fort. Nach einem kurzen Aufenthalt an der Universität Heidelberg wurde er von Ernst Kummer (1810–1893) und Leopold Kronecker (1823–1891) 1884 mit der Dissertation „Irreduktibilität und Monodromiegruppe algebraischer Gleichungen" promoviert. Er habilitierte sich an der Universität in Marburg und ging 1899 als außerordentlicher Professor an die Universität Dorpat (damals 1893–1918 hieß sie Juriew) in Russland. Diese Universität ernannte ihn 1900 zum ordentlichen Professor für Angewandte Mathematik. Im gleichen Jahr ging er an die Bergakademie nach Berlin und 1905 an die Universität Breslau. Hier blieb er bis zu seiner Emeritierung 1928. Seine Arbeitsgebiete waren die algebraische Geometrie und die Analysis.

Paul **Knipping** (1883–1935) war ein deutscher Physiker. Zusammen mit Friedrich und Laue bewies er 1912, dass die X-Strahlen Röntgens bei der Streuung an Kristallen Beugungseffekte zeigen und die Röntgenstrahlung hochenergetische Photonen sind. Laue erhielt für diesen experimentellen Beweis den Nobelpreis für Physik des Jahres 1914.

Martin Hans Christian **Knudsen** (1871–1949) war ein dänischer Physiker. Er ist bekannt wegen seiner Arbeiten zur Molekularstrahlströmung. 1912 wurde er zum Professor an er Technischen Universität Dänemarks ernannt und blieb dort bis zu seiner Emeritierung im Jahre 1941. Viele physikalische Erscheinungen der Niederdruckgasströmung tragen bis heute seinen Namen. 1909 wurde er Mitglied der Königlich Dänischen Akademie der Wissenschaften und diente von 1917 bis 1945 als deren Sekretär. Nach ihm wurden benannt: die Knudsen-Diffusion, das Knudsen-Gas, die Knudsenströmung, die Knudsen-Zahl und die Knudsenzelle.

Peter Paul **Koch** (1879–1945) war ein deutscher Experimentalphysiker. Seit 1919 war er ordentlicher Professor an der Universität Hamburg und später aktiver Nationalsozialist.

Hans **Kohn** (1891–1971) war ein österreichischer Philosoph und Historiker. Er besuchte die Schule in Prag und geriet während des Ersten Weltkrieges 1915 in russische Gefangenschaft. Nach dem Krieg lebte er in Paris und London. Hans Kohn war Zionist und schrieb für zionistische Organisationen. 1925 übersiedelte er nach Palästina und ging von dort 1934 in die USA, wo er an mehreren Schulen und Universitäten unterrichtete.

Hedwig **Kohn** (1887–1964) war eine deutsche Physikerin. Neben Lise Meitner und Hertha Sponer war sie die einzige Frau, die vor 1933 habilitieren konnte. Im gleichen Jahr 1906 wie Otto Stern begann sie ihr Physikstudium an der Universität Breslau und promovierte dort 1913 mit einer spektroskopischen Untersuchung von Metalldämpfen. 1914 wurde sie Assistentin am Physikalischen Institut der Universität Breslau bei Lummer. Wenig später wurde sie Privatdozentin. 1933 wurde ihr die Lehrerlaubnis entzogen und sie emigrierte in die Schweiz. 1938 ging sie in die USA an das „Women's College" der University of North Carolina. Am Wellesley College wurde sie 1945 Assistenzprofessorin und drei Jahre später ordentliche Professorin. 1952 wechselte sie an Durham University und arbeitete hier mit Herta Sponer zusammen.

Hans **Kopfermann** (1895–1963) war ein deutscher Physiker. 1913 begann er das Studium der Physik an den Universitäten Erlangen und Berlin. Bei Ausbruch des Ersten Weltkrieges 1914 meldete er sich freiwillig zur Armee. Nach dem Ersten Weltkrieg setzte er sein Studium an den Universitäten Erlangen und Göttingen fort. 1923 wurde er von James Franck (1882–1964) promoviert und gingen dann zu Rudolf Ladenburg (1882–1952) an das Kaiser-Wilhelm-Institut für Physikalische Chemie und Elektrochemie in Berlin-Dahlem. Die Habilitation erfolgte 1932. Danach ging er für ein Jahr zu Niels Bohr (1885–1962) nach Kopenhagen. 1933 wurde er Oberassistent bei Gustav Hertz (1887–1975) in Berlin und wurde zum nichtbeamteten außerplanmäßigen Professor ernannt. 1937 wurde er ordentlicher Professor und Nachfolger von Heinrich Rausch von Traubenberg (1880–1944) an der Universität Kiel. 1941 wurde er Mitglied der NSDAP setzte sich aber in den Jahren 1940 bis 1942 mit Wolfgang Finkelnburg (1905–1967) für die Anerkennung der modernen theoretischen Physik und gegen die „Deutsche Physik" (sog. „Münchner Religionsgespräche"). 1942 ging er nach Göttingen und 1953 als Direktor des I. Physikalischen Instituts an die Universität Heidelberg.

Gertrud **Kornfeld** (1891–1955) war eine österreichische Chemikerin. Sie studierte Chemie in Prag und arbeitete dann ab 1914 als Assistentin am Chemischen Institut der Prager Karl-Ferdinands-Universität. Hier wurde sie 1915 mit der Dissertation „Über Hydrate in Lösungen" promoviert. 1919 verließ sie Prag und übernahm eine Stelle als Volontärassistentin bei Max Bodenstein (1871–1942) an der TH Hannover. Mit Bodenstein ging sie 1925 an das Physikalisch-Chemische Institut der Universität Berlin. Hier habilitierte sie sich 1928 als erste Frau im Fach Chemie. Da sie Jüdin war, wurde ihr aber 1933 die Lehrbefugnis entzogen und sie emigrierte nach England. An der Universität Nottingham erhielt sie ein Stipendium aber keine Anstellung, so dass sie im gleichen Jahr nach Österreich ging und hier an der Universität Wien mit einem weiteren Stipendium bis 1936 studierte. 1937 emigrierte sie in die USA. Ihre akademische Karriere war aber beendet, da sie keine Anstellung an einer Universität fand. Sie wechselte daher in die Industrie und arbeitete für die Firma Eastman Kodak in Rochester. Hier starb sie 1955. Die Arbeitsgebiete von Gertrud Kornfeld waren die Photochemie und die Reaktionskinetik.

Walter **Kossel** (1888–1956) war ein deutscher Physiker. Er studierte Physik in Heidelberg und wurde hier von Philipp Lenard (1862–1947) mit der Dissertation „Über die sekundäre Kathodenstrahlung in Gasen in der Nähe des Optimums der Primärgeschwindigkeit“ 1911 promoviert. Kossel habilitierte sich an der TH München und war von 1921 an Professor für theoretische Physik an der Universität Kiel. 1932 wechselte er an die TH Danzig als Professor für Experimentalphysik. 1945 ging er an die Universität Tübingen und übernahm den Lehrstuhl für theoretische Physik. Seine Arbeitsgebiete waren hauptsächlich die Erforschung des Atomaufbaues und die Struktur der Moleküle.

Hendrik Anthony **Kramers** (1894–1952) war ein niederländischer Physiker. Er studierte ab 1912 Physik in Leiden, wo er auch promovierte. In Kopenhagen war er Mitarbeiter von Niels Bohr und ab 1924 Privatdozent für Theoretische Physik an der Universität Göttingen. In diesem Jahr veröffentlichte er auch zusammen mit Niels Bohr und John C. Slater seine berühmte Arbeit über die Quantentheorie der Strahlung. 1926 wurde er Professor für Theoretische Physik an der Universität in Utrecht. 1934 wurde er der Nachfolger von Paul Ehrenfest an der Universität Leiden.

Marius **Kratzenstein** promovierte 1935 bei Otto Stern und Friedrich Knauer mit der Arbeit Untersuchungen über die „Wolke“ bei Molekularstrahlversuchen, Zeitschrift für Physik 93, 279–291 (1935).

Nicholas **Kurti** (1908–1998) war ein ungarisch-britischer Physiker, der auf dem Gebiet der Tieftemperaturphysiker arbeitete. Er promovierte auf diesem Gebiet bei Franz Simon in Berlin. 1933 folgte er Simon ans Clarendon Laboratory der University of Oxford.

Walter Rudolf **Ladenburg** (1882–1952) war ein deutscher, nach seiner Emigration ein amerikanischer Physiker. Er promovierte bei Wilhelm Conrad Röntgen. Im Ersten Weltkrieg leitete er die von ihm gegründete Schallmessabteilung der Artillerie-Prüfungskommission in Berlin. Zu dem wissenschaftlichen Stab der Abteilung gehörten zunächst Max Born, damals Extraordinarius in Berlin, und dann Borns Schüler Alfred Landé sowie Fritz Reiche, Erwin Madelung und Erwin Wätzmann. 1924 übernahm Ladenburg die Abteilung für Atomphysik am Kaiser-Wilhelm-Institut für Physikalische Chemie und Elektrochemie (seit 1948: Fritz-Haber-Institut der Max-Planck-Gesellschaft) in Berlin-Dahlem. Hier gelang ihm 1928 der erste experimentelle Nachweis der stimulierten Emission von Strahlung, welche Albert Einstein zwölf Jahre zuvor in die Quantentheorie der Strahlung eingeführt hatte. 1932 folgte er einem Ruf an die Universität Princeton, New Jersey (USA) und leitete dort das Palmer Physical Laboratory.

Willis Eugene **Lamb** (1913–2008) war ein amerikanischer Physiker und Nobelpreisträger der Physik. 1930 bis 1934 studierte er an der University of California in Berkeley Chemie. 1938 wurde er von J. Robert Oppenheimer mit der Dissertation „Über die elektromagnetischen Eigenschaften von Kernsystemen" promoviert. Dann ging er an die Columbia University und wurde hier 1945 Assistant Professor, 1947 Associate Professor und schließlich 1948 zum ordentlichen Professor berufen. 1951 wechselte er zur Stanford University in Kalifornien, 1953 bis 1954 war er Professor an der Harvard University von 1956 bis 1962 arbeite Lamb an der University of Oxford und an der Yale University in New Haven. Seit 1974 wirkte Lamb als Professor an der University of Arizona, wo 2002 emeritiert wurde. Seine große Leistung war die experimentelle Untersuchung des Effektes der sogenannten Lamb-Verschiebung (Lamb-Shift). 1955 wurde er mit dem Nobelpreis für Physik – den er sich mit Polykarp Kusch (1911–2004) teilte – für die Entdeckung der Feinstruktur des Wasserstoffspektrums ausgezeichnet.

Ernst **Lamla** (1888–1986) war ein deutscher Physiker. Er studierte bei Max Planck (1858–1947) in Berlin Physik und wurde von ihm 1912 mit der Dissertation „Über die Hydrodynamik des Relativitätsprinzips" promoviert. Für kurze Zeit war er Assistent am Institut für Theoretische Physik der Universität Berlin. 1933 wurde er aus politischen Gründen entlassen. Nach dem Zweiten Weltkrieg zog er nach Göttingen – wo auch sein alter Lehrer Max Planck lebte – und leitete in Göttingen das Staatliche Gymnasium. Er wurde 1954 in den Ruhestand versetzt.

Cornelius **Lanczos** (1893–1974) war ein ungarischer Mathematiker und Physiker. Nach dem Besuch der Schule und dem Erwerb der Hochschulreife begann er 1910 in Budapest Mathematik und Physik zu studieren. Nach Abschluss seines Studiums 1915 war er Assistent am Polytechnikum und wurde dann 1921 von Rudolf Ortvay (1885–1945) an der Universität in Szeged mit der Dissertation „Die funktionentheoretischen Beziehungen der Maxwellschen Äthergleichungen" promoviert. Nach seiner Promotion ging er an die Universität Freiburg und war dann 1924 als Assistent von Erwin Madelung (1881–1972) an der Universität Frankfurt. Nach seiner Habilitation in Frankfurt am Main, war er 1928 bis 1929 der Assistent von Albert Einstein (1879–1955) in Berlin. 1931 war Gastprofessor an der Purdue University in West Lafayette (Indiana). Lanczos wurde noch 1932 außerordentlicher Professor in Frankfurt am Main, blieb aber an der University in West Lafayette und ging dann 1946 zu Boeing nach Seattle. 1949 ging zum National Bureau of Standards der USA in Los Angeles. Auf Einladung von Erwin Schrödinger (1887–1961) ging er 1952 an das Institute for Advanced Study in Dublin. Lanczos war häufig Gastwissenschaftler an amerikanischen oder ausländischen Universitäten. Der Goethe-Universität blieb er bis zu seinem Tod 1974 freundschaftlich verbunden.

Heinrich **Landahl** (1895–1971) war ein deutscher Politiker (SPD) und langjähriger Hamburger Schulsenator.

Alfred **Landé** (1888–1975) war ein deutscher theoretischer Physiker. Er studierte bei Arnold Sommerfeld in München und wurde 1913 Assistent von David Hilbert in Göttingen, wodurch er Max Born kennenlernte. 1914 promovierte er bei Sommerfeld. Von 1919 bis 1922 war er dann in Frankfurt am Main am Institut für Theoretische Physik bei Max Born. Hier konnte er in der Zeit vom Dezember 1920 bis April 1921 eine Erklärung des anomalen Zeeman-Effektes geben und er entdeckte den Landéschen g-Faktor. Er war der erste, der halbzahlige Spins und den g-Faktor 2 in die Quantenphysik einführte (siehe Alfred Landé, Zeitschrift für Physik 5, 231–241 (1921) und 7, 398–405, (1921)). Dadurch war er auch in der Lage als erster theoretischer Physiker den 1922 in Frankfurt am Main durchgeführten Stern-Gerlach-Versuch richtig zu deuten. Außerdem ist die Born-Landé-Gleichung zur Hälfte nach ihm benannt. Ab 1922 wirkte Landé als Professor an der Universität Tübingen und ab 1931 bis zu seinem Tode als Professor an der Universität in Columbus (Ohio) in den USA.

Paul **Langevin** (1872–1946) war ein französischer Physiker. Er war ab 1909 Professor am Collège de France und von 1926 bis 1946 Direktor des physikalisch-chemischen Instituts der Sorbonne in Paris. Seine Arbeitsgebiete waren u. a. der Magnetismus, die kinetische Gastheorie und die Moderierung von Neutronen.

Irving **Langmuir** (1881–1957) war ein amerikanischer Chemiker, Physiker und Nobelpreisträger für Chemie. Nach seinem Abschluss im Fachbereich Bergbau an der Columbia-University 1903 ging er zu Walther Nernst an das Institut für Physikalische Chemie in Göttingen. Hier wurde er 1906 promoviert. Danach lehrte er an mehreren wissenschaftlichen Institutionen. Auf Langmuir gehen mehrere Erfindungen zurück. 1932 erhielt er für seine Arbeit im Bereich der Oberflächenchemie (Langmuir-Effekt) den Nobelpreis für Chemie. Die Bezeichnung Plasma geht auf Langmuir zurück (1928). Da der Plasmazustand durch weitere Energiezufuhr aus dem gasförmigen Aggregatzustand erzeugt werden kann, wird er auch der vierte Aggregatzustand genannt.

Otto **Laporte** (1902–1971) war ein deutsch-amerikanischer Physiker. Er begann sein Studium 1920 in Frankfurt und promovierte 1924 bei Sommerfeld, wo er mit Heisenberg, Pauli, Wentzel, Herzfeld, Ewald u. a. zusammen war. Als Rockefeller Stipendiat ging er 1924 in die USA zum National Buro of Standards und nahm 1935 die amerikanische Staatsbürgerschaft an. 1926 ging er an die University of Michigan, wo er 1945 „Full Professor" wurde. Sein Arbeitsgebiet war die Strömungsmechanik. Seit 1972 verleiht die American Physical Society den „Otto Laporte-Preis".

Karl **Lark-Horovitz** (1892–1958) war ein österreichisch-amerikanischer Physiker und wurde am 20. Juli 1892 in Wien geboren. Er studierte ab 1911 an der Universität Wien Chemie und Physik und wurde 1919 in Physik promoviert. 1925 erhielt er ein

Rockefeller-Stipendium, mit dem er nach Toronto, an die University of Chicago, das Rockefeller Institute in New York und die Stanford University ging. Ab 1929 wirkte er als Professor an der Purdue University, wo er die Physikalische Fakultät aufbaute und insbesondere die Kernphysik förderte. 1935 erhielt er den Preis der American Association of Physics Teacher. Lark-Horovitz holte auch Julian Schwinger (1918–1994), Cornelius Lanczos (1893–1974) und Karl Wilhelm Meissner (1891–1959) an die Purdue University und Victor Weisskopf (1908–2002) und Lothar Nordheim (1899–2002) als Gastprofessoren. Zu Gastvorträgen lud er berühmte Kollegen wie J. Robert Oppenheimer (1904–1967), Emilio Segrè (1905–1989) und Wolfgang Pauli (1900–1958) ein. Sein Hauptarbeitsgebiet war die Festkörperphysik. Lark-Horovitz war ein Pionier der Halbleiterforschung. Er starb am 14. April 1958 in West Lafayette (Indiana).

Wendell Mitchell **Latimer** (1893–1955) war ein amerikanischer Chemiker, der 1933 das Tritium (sehr schwerer Wasserstoff) entdeckte. Er war über viele Jahre ein wichtiger Repräsentant der Chemie in der „American National Science Foundation".

Kurt **Latte** (1891–1964) war ein deutscher klassischer Philologe. 1931 wurde er nach Göttingen berufen und wurde als Jude 1936 zwangsemeritiert. Latte überstand die nationalsozialistische Herrschaft in Hamburg, Düsseldorf und Osterode, wo er zeitweilig im Versteck lebte. 1945 kehrte er auf seinen Göttinger Lehrstuhl zurück.

Jakob Johann **Laub** (1884–1962) war ein Physiker, der in Galizien geboren wurde. Er studierte an den Universitäten Wien, Krakau und Göttingen. wo er auch bei David Hilbert, Woldemar Voigt, Walther Nernst, Karl Schwarzschild und Hermann Minkowski Vorlesungen hörte. 1907 promovierte er an der Universität Würzburg. 1909 wurde Laub Mitarbeiter von Philipp Lenard an der Universität Heidelberg. 1911 wanderte er nach Argentinien aus. Nach der Übernahme der argentinischen Staatsbürgerschaft 1920 trat er in den diplomatischen Dienst ein. Von 1920 bis 1925 war Laub Geschäftsträger im Vice-Consular-Büro in München, ab 1925 Vizekonsul in Breslau, ab 1933 bis 1937 Generalkonsul in Hamburg. Von 1937 bis 1939 war er Botschafter in Warschau und wurde im September 1939 nach Argentinien abberufen. 1947 kehrte er nach Europa zurück. Bekannt wurde er vor allem durch seine Zusammenarbeit und Korrespondenz mit Albert Einstein in der frühen Phase der speziellen Relativitätstheorie. In seiner neuen Heimatstadt Freiburg geriet er in wirtschaftliche Not und verkaufte deswegen einen Teil seiner Korrespondenz mit Einstein.

Magdalene von **Laue** geb. Degen (1891–1961) war die Ehefrau von Max von Laue.

Max von **Laue** (1879–1960) war ein deutscher Physiker. Von Laue studierte an den Universitäten Straßburg, Göttingen, München und Berlin Physik und Mathematik. 1903 promovierte er bei Max Planck in Berlin über die Theorie der Interferenzen an planparallelen Platten und übernahm 1905 bei seinem Doktorvater eine Assistentenstelle. Nach seiner Habilitation 1906 beschäftigte er sich mit der Relativitätstheorie Albert Einsteins und konnte 1907 durch Anwendung des relativistischen Additionstheorems das Fizeau-Experiment im Sinne der Relativitätstheorie deuten. 1909 kam er als Privatdozent an das Institut für Theoretische Physik der Ludwig-Maximilians-Universität München. 1912 entdeckte er zusammen mit Walter Friedrich und Paul Knipping die Beugung von Röntgenstrahlen an Kristallen. Damit war nachgewiesen, dass sich Röntgenstrahlung wie eine Welle ausbreitet. Außerdem konnte aus den Beugungsmustern erstmals auf die Kristallstruktur geschlossen werden. Für diese Arbeit erhielt von Laue 1915 den Nobelpreis für Physik des Jahres 1914. Im Oktober 1914 war er auf den Lehrstuhl für Theoretische Physik an der neu gegründeten Universität Frankfurt am Main berufen worden. 1919 kehrte von Laue von Frankfurt als Professor an die Universität Berlin zurück. Ebenfalls 1919 beginnt seine Tätigkeit am Kaiser-Wilhelm-Institut für Physik, in dem er 1922 als Vertreter Albert Einsteins die Position des stellvertretenden Direktors übernimmt. Während der Herrschaft des Nationalsozialismus trat er für Albert Einstein und gegen die „Deutsche Physik“ ein (etwa bereits auf der Tagung der Deutschen Physikalischen Gesellschaft im September in Berlin). 1943 wurde er vorzeitig emeritiert. Nach dem Krieg lieferte er wichtige Beiträge zum Aufbau der Max Planck Gesellschaft.

Theodor von **Laue** (1916–2000) war ein deutsch-amerikanischer Historiker und der Sohn von Max und Magdalene von Laue.

Ernest Orlando **Lawrence** (1901–1958) war ein amerikanischer Physiker. 1928 wurde er auf eine Stelle als Associate Professor für Physik an der University of California, Berkeley berufen, die 1930 in eine ordentliche Professur umgewandelt wurde. 1936 wurde er Direktor des Strahlungslabors. Nach ersten Arbeiten über das Ionisationspotential von Metalldämpfen erfand Lawrence 1929 das Zyklotron, das er nutzte, um verschiedene Elemente mit beschleunigten Teilchen zu beschießen. Durch den Teilchenbeschuss wurden in seltenen Fällen vollkommen neue Elemente sowie hunderte zuvor unbekannte radioaktive Isotope der bekannten Elemente erzeugt. Lawrence war während des Zweiten Weltkrieges maßgeblich an der Entwicklung der Atombombe beteiligt, nach dem Krieg setzte er sich für einen Atomteststopp ein. 1939 wurde ihm für seine Beiträge zur Ionenbeschleunigerentwicklung der Nobelpreis für Physik verliehen.

Henry Goddard **Leach** (1880–1970) war ein amerikanischer Autor, Pädagoge und Dichter.

Harry **Lehmann** (1924–1998) war ein deutscher Physiker. Nach dem Abitur 1942 war Lehmann Soldat in der deutschen Wehrmacht und geriet in Nordafrika in amerikanische Gefangenschaft. Ab 1946 studierte er Physik in Rostock und dann an der Humboldt-Universität in Berlin. 1950 wurde er von Friedrich Hund (1896–1997) mit der Dissertation „Zur Regularisierung der klassischen

Elektrodynamik“ an der Universität Jena promoviert. 1952 ging er zu Werner Heisenberg (1901–1976) nach Göttingen und für ein Jahr als Gastwissenschaftler nach Kopenhagen. 1956 wurde er der Nachfolger von Wilhelm Lenz (1888–1957) an der Universität Hamburg. Lehmann war maßgeblich beteiligt beim Aufbau des Deutschen Elektronen-Synchrotrons und ein Pionier der Quantenfeldtheorie.

Alexander Iljitsch **Leipunski** (1903–1972) war ein russischer Physiker. Er machte ein Fernstudium mit dem Abschluss am mechanischen Technikum in Rybinsk. Ab 1921 studierte er an der Polytechnischen Universität in St. Petersburg. 1923 arbeitete er im Physikalisch-Technischen Institut von Abram Fjodorowitsch Joffe (1880–1960) in Leningrad und dann am Charkower Physikalisch-Technischen Institut, wo er der Leiter des Labors für Kernphysik war. 1935 war er bei Ernst Rutherford (1871–1937) in Cambridge und 1936 konnte er die Neutrinohypothese von Wolfgang Pauli bestätigen. 1940 beschäftigte er sich mit dem Bau eines Teilchenbeschleunigers. Von 1941 bis 1944 wurde er Direktor des Instituts für Physik und Mathematik der Akademie der Wissenschaften, an der er 1944 die Abteilung für Kernphysik gründete. Seine Arbeitsgebiete waren vor allem die Atomphysik, die Kernphysik und die Kernenergie.

Philipp **Lenard** (1862–1947) war ein deutscher Physiker und Nobelpreisträger der Physik, der in Preßburg (Bratislava) in der damaligen Habsburgermonarchie aufwuchs und 1880 in Budapest und Wien Naturwissenschaften studierte. Mit einer Unterbrechung setzte er 1883 seine Studien an der Universität in Heidelberg fort. 1886 wurde er hier mit der Dissertation „Über die Schwingungen fallender Tropfen“ promoviert. Ab 1889 war er Assistent bei Georg Quinke (1834–1924) im physikalischen Institut in Heidelberg. 1881 wurde er Assistent bei Heinrich Hertz (1857–1894) in Bonn, wo er sich auch habilitierte. In Bonn beschäftigte er sich auch erstmals mit Experimenten mit Kathodenstrahlen, für die er berühmt werden sollte (Lenard-Fenster). Lenards Versuche trugen wesentlich dazu bei, den Korpuskularcharakter der Kathodenstrahlen nachzuweisen, die Priorität an der Entdeckung des Elektrons wurde aber J.J. Thomson (1856–1940) zugesprochen, ebenso die Entdeckung der X-Strahlen (Röntgen-Strahlen) durch W.C. Röntgen (1845–1923), der von Lenard beraten worden war und dem er geholfen hatte. Beides erbitterte Lenard zutiefst. Er konnte auch den Lichtelektrischen Effekt experimentell klären. Die theoretische Deutung gelang Albert Einstein (1879–1955) 1905. 1905 erhielt Lenard den Nobelpreis für Physik für seine Arbeiten über die Kathodenstrahlen. 1907 wurde Lenard der Nachfolger von Quincke und Direktor des physikalischen Institutes. Der verlorene Erste Weltkrieg und das Aufkommen der modernen Physik ließen Lenard zu einem überzeugten Nationalsozialisten und zum Begründer und Propagator der „Deutschen Physik“ werden. Im 3. Reich wurde Lenard vielfach geehrt. So wurde z. B. 1935 das Physikalische Institut der Universität Heidelberg in Philipp-Lenard-Institut umbenannt. Er starb 1947.

John **Lennard-Johns** (1894–1954) war ein britischer Mathematiker und Theoretischer Physiker. Er studierte Mathematik an der Universität Manchester. Hier promovierte er auch 1922 in Mathematik und 1924 in Cambridge in theoretischer Physik. 1931 führte er das Lennard-Jones-Potential ein, das die Kraft zwischen Edelgasmolekülen beschreibt. Von 1925 bis 1932 war er Professor für Theoretische Physik an der Universität Bristol. 1932 wechselte er nach Cambridge, wo er bis 1953 blieb. John Lennard-Jones gilt als der Vater der modernen „computational chemistry".

Wilhelm **Lenz** (1888–1957) war ein deutscher theoretischer Physiker und war seit 1921 Professor an der Universität Hamburg bis zu seiner Emeritierung. Seine Schüler in Hamburg waren Ernst Ising, Wolfgang Pauli, Hans Jensen u. a.

Alfred **Leu** hat 1925 in Hamburg bei Otto Stern mit der Arbeit: „Versuche über die Ablenkung von Molekularstrahlen im Magnetfeld" promoviert. Er hat noch bis 1928 oder länger als sogenannter „Seniorstudent" bei Stern mitgearbeitet. Weitere Lebensdaten konnten nicht gefunden werden.

Armin Otto **Leuschner** (1868–1953) war ein amerikanischer Astronom. Leuschner wurde in den USA geboren, wuchs aber in Deutschland auf. Er studierte an der University of Michigan und promovierte aber 1897 in Berlin. Er kehrte nach Kalifornien zurück und wurde Professor für Astronomie an der University of California, Berkeley, wo er bis zur Emeritierung blieb. Er errichtete das später nach ihm benannte Leuschner-Observatorium.

Gilbert Newton **Lewis** (1875–1946) war ein amerikanischer Chemiker. Er promovierte 1899 an der Harvard University und ging danach nach Deutschland. Von 1905 bis 1912 war er Professor am MIT in Boston. 1912 ging er an die University of California in Berkeley, wo er dann sein ganzes Leben verbrachte als Professor und Dekan des Chemie Departments. Er ist der Entdecker der „Co-valenten Bindung" (Theorie) in der Chemie und wurde dafür auch 41 Mal für den Nobelpreis vorgeschlagen (1931 auch von Stern). Den Nobelpreis erhielt er jedoch nie. Außerdem arbeitete er auf den Gebieten der Thermodynamik (Lewis-Zahl, die das Verhältnis des Wärmeübergangs durch Diffusion zum Wärmeübergang durch Wärmeleitung angibt), der Fluoreszenz und der Theorie der Strahlung Schwarzer Körper. 1933 stellte er als erster „Schweres Wasser" her (enthält statt einem Proton als Kern das Deuteron).

Lester C. **Lewis** (1902–?) war ein amerikanischer Physiker. 1930 war er als „Charles A. Coffin Fellow" Mitarbeiter bei Stern in Hamburg und promovierte dort 1931 mit der Arbeit „Die Bestimmung des Gleichgewichts zwischen den Atomen und den Molekülen eines Alkalidampfes mit einer Molekularstrahlmethode". Nach Anstellung in der Industrie (Papierfabrik in Ohio) wurde er später Kurator und „Executive Director" für „Physical Sciences" am Smithsonian Museum in Washington.

Frederick Alexander **Lindemann** (1886–1957) war ein in Deutschland geborener britischer Physikochemiker. Lindemann promovierte bei Walther Nernst. In der Zwischenkriegszeit war Lindemann als Professor für Experimentalphysik in Oxford und als Direktor des Clarendon-Laboratoriums tätig.

Axel Edvin **Lindh** (1888–1960) war ein schwedischer Physiker. Er promovierte 1922 an der Universität Lund. Er wurde später Professor an der Technischen Hochschule in Göteborg und an der Universität Uppsala. Seit 1934 gehörte er dem Nobelkomitee für Physik an.

Franz **Linke** (1878–1944) war ein deutscher Geophysiker und Metereologe. Er war Direktor des meteorologischen und geophysikalischen Instituts der Johann-Wolfgang-Goethe Universität.

Hermann **Lisco** (xxxx–2000) war ein in Deutschland geborener Anatom und Professor an der Harvard University. Er war verheiratet mit Elisabeth Franck, der zweiten Tochter von James Frank.

Leonard Benedict **Loeb** (1891–1978) war ein amerikanischer Chemiker. 1916 promovierte er bei Millikan in Chicago. Danach arbeitete er am National Buro of Standards und nahm am 1. Weltkrieg teil. Nach Aufenthalten bei Rutherford in Manchester und Chicago wurde er 1923 auf eine Professur für Physik an die Universität Berkeley berufen und 1929 zum Full-Professor ernannt.

Fritz **London** (1900–1954) und sein Bruder Heinz (1907–1970) waren beide Physiker und arbeiteten nach ihrer Emigration 1933 bei Franz Simon im Bereich der Tieftemperaturphysik.

Francis Wheeler **Loomis** (1889–1976) war ein amerikanischer Physiker.

Richard **Lorenz** (1863–1929) war Professor für Physikalische Chemie an der Universität Frankfurt.

Thomas Martin **Lowry** (1874–1936) war ein englischer Physikochemiker.

Homer Hiram **Lowry** (1898–1971) war Direktor des „Coal research Laboratory“ im Carnegie Institute of Technology in Pittsburgh.

W. Wallace **Lozier** (1906–1993) war ein amerikanischer Physiker.

Otto **Lummer** (1860–1925) war ein deutscher Physiker. Nach dem Abitur 1880 studierte er an verschiedenen Universitäten in Deutschland. 1884 wurde er Assistent von Hermann von Helmholtz (1821–1894) in Berlin. Hier arbeitete er an der Physikalisch-Technischen Reichsanstalt und wurde 1894 zum Professor ernannt wurde. Ab 1904 war er Professor an der Universität Breslau. Lummer konstruierte zusammen mit Wilhelm Wien (1864–1928) 1895 den ersten „Schwarzen Körper“ und konnte mit diesem die Strahlungsgesetze von Stefan-Boltzmann, Wien und Planck bestätigen.

Rudolf **Lütgens** (1881–1972) wurde 1910 Lehrbeauftragter und 1920 Privatdozent für Wirtschaftsgeographie am Kolonialinstitut in Hamburg. 1928 wurde er Honorarprofessor für Geographie und 1942 Leiter des neuen Kolonial- und Wirtschaftsgeographischen Instituts. Wegen seiner Verbindung zum Nationalsozialismus wurde im Herbst 1945 entlassen. 1947 wurde er rehabilitiert und 1953 emeritiert.

Hans **Luther** (1879–1962) war ein deutscher Jurist, Politiker, Finanzfachmann und Diplomat. Vom 20. Januar 1925 bis zum 18. Mai 1926 war Luther Reichskanzler. Von 1933 bis 1937 war er deutscher Botschafter in den USA.

Feodor **Lynen** (1911–1979) war ein deutscher Chemiker und Nobelpreisträger für Physiologie oder Medizin. Nach dem Abitur am Luitpold-Gymnasium in München studierte von 1930 bis 1934 Chemie an der Universität München. 1937 wurde er mit der Dissertation „Die Giftstoffe des Knollenblätterpilzes“ promoviert und arbeitete von 1937 bis 1942 im Chemischen Labor der Bayerischen Akademie der Wissenschaften. 1941 habilitierte er sich. 1942 wurde er Abteilungsleiter für Biochemie des Chemischen Staatslaboratoriums der Universität München. 1947 wurde er außerordentlicher und 1953 ordentlicher Professor. 1954 wurde er Direktor des Max-Planck-Instituts für Zellchemie (später MPI für Biochemie). 1957 wurde Lynen Professor für Biochemie an der Universität München. Von 1974 bis 1976 war er Direktor des MPI für Biochemie. Seine Emeritierung erfolgte 1979. Für seine bedeutenden Arbeiten über den Mechanismus und die Regulierung des Cholesterin- und Fettsäurestoffwechsels erhielt er mit Konrad Emil Bloch (1912–2000) den Nobelpreis für Physiologie oder Medizin.

Shirley **MacLane** (1934–) ist eine amerikanische Filmschau-, Fernseh- und Theaterspielerin.

Erwin **Madelung** (1881–1972) war ein deutscher Physiker. Er verbrachte seine Kindheit und Jugend in Bonn, Rostock und Straßburg. In Straßburg machte er sein Abitur und studierte dann in Kiel, Zürich und Straßburg Physik. 1905 wurde er mit der Dissertation „Über Magnetisierung durch schnellverlaufende Ströme und die Wirkungsweise des Rutherford-Marconischen Magnetdetektors“ von Hermann Theodor Simon (1870–1918) in Göttingen promoviert. 1912 habilitierte er sich in Göttingen. 1918 wurde er zum Professor ernannt. 1921 wurde er der Nachfolger von Max Born (1882–1970) auf dem Lehrstuhl für Theoretische Physik in Frankfurt am Main, den er bis 1949 inne hatte. Seine Arbeitsgebiete waren die Atomphysik und die Quantenmechanik. 1926 formulierte er, vor Louis de Broglie(1875–1960) und David Bohm(1917–1992), eine deterministische Version der nichtrelativistischen Quantenmechanik und war damit ein Vorläufer der „de Broglie-Bohm Theorie“ oder „Bohmschen Mechanik“.

Thomas **Mann** (1875–1955) war ein deutscher Schriftsteller. 1929 erhielt er den Nobelpreis für Literatur.

Guglielmo **Marconi** (1874–1937) war ein italienischer Radiopionier und Unternehmensgründer der *Wireless Telegraph & Signal Company*, der späteren „Marconi Company“. Im Jahr 1909 bekam er für seine Arbeiten im Gebiet der Funktelegraphie zusammen mit Ferdinand Braun, der die theoretischen Grundlagen dazu erarbeitete, den Nobelpreis für Physik.

Herbert **Marcuse** (1898–1979) war ein deutsch-amerikanischer Philosoph, Politologe und Soziologe, dessen Philosophie in der Studentenbewegung von 1968 eine große Rolle spielte. Er wird neben Max Horkheimer (1895–1973), Theodor W. Adorno (1903–1969) und Jürgen Habermas (1929–) der „Frankfurter Schule“ zugeordnet.

Hermann Franz **Mark** (1895–1992) war ein österreichisch-amerikanischer Chemiker, der als Pionier der modernen Polymerwissenschaften gilt.

Charles Max **Mason** (1877–1961) war ein amerikanischer Mathematiker und Physiker. Er promovierte bei Hilbert in Göttingen und wurde dann Physikprofessor in Wisconsin. Im ersten Weltkrieg entwickelte er Verfahren der U-Bootortung mittels Schall. Mason war dann von 1925 bis 1929 Präsident der University of Chicago und war von 1929 bis 1936 Präsident der Rockefeller Foundation. Als Präsident der Rockefeller Foundation förderte er besonders die Umsiedlung der von den Nationalsozialisten von der Universität Göttingen vertriebenen Mathematiker.

Hans Ferdinand **Mayer** (1895–1908) war ein deutscher Physiker. Mayer studierte ab 1915 Mathematik, Physik und Astronomie in Karlsruhe und Heidelberg. 1920 promovierte er bei Lenard „Über das Verhalten von Molekülen gegenüber freien langsamen Elektronen“. Ab 1922 war er bei der Berliner Siemens & Halske A.G. und beschäftige sich mit der störungsfreien Informationsübertragung in Kabelverbindungen über große Entfernungen. Im Jahre 1938 wurde er zum Direktor dort ernannt. 1943 wurde Mayer aus politischen Gründen zu KZ-Haft verurteilt und überlebte aber im KZ durch Fürsprache von Werner von Siemens u. a. Wegen seiner wichtigen kriegstechnischen Kenntnisse wurde ihm im KZ ein eigenes Forschungslabor eingerichtet. Nach dem Krieg ging in die USA und lehrte als Professor für Nachrichtentechnik an der Cornell University. 1950 kehrte er nach Deutschland zur Fa. Siemens zurück.

James William **McBain** (1882–1953) war ein kanadischer Chemiker. McBain machte 1904 seinen Masterabschluss an der Universität Toronto und wurde 1909 an der Universität Heidelberg promoviert. Von 1927 bis zu seiner Emeritierung war er Professor an der Stanford University.

Robert Franklin **Mehl** (1898–1976) war ein amerikanischer Metallurg und Direktor des Metal Research Laboratory des Carnegie Institute of Technology in Pittsburgh.

Lise **Meitner** (1878–1968) war eine österreichische Kernphysikerin. 1907 war sie Mitarbeiterin von Otto Hahn in Berlin geworden und arbeitete über 30 Jahre mit Hahn zusammen. 1918 erhielt Lise Meitner erstmals eine eigene radiophysikalische Abteilung mit angemessenem Gehalt und wurde Leiterin der physikalisch-radioaktiven Abteilung des Kaiser-Wilhelm-Instituts für Chemie. 1926 wurde sie außerordentliche Professorin für experimentelle Kernphysik an der Berliner Universität. 1938, als Deutschland Österreich annektierte, wurde Lise Meitner deutsche Staatsbürgerin und war dadurch als gebürtige Jüdin in besonderer Weise gefährdet und emigrierte nach Stockholm. Hier veröffentlichte sie im Februar 1939 zusammen mit ihrem Neffen Otto Frisch die erste physikalisch-theoretische Erklärung der Kernspaltung, die ihr Kollege Otto Hahn und dessen Assistent Fritz Strassmann im Dezember 1938 entdeckt und mit radiochemischen Methoden nachgewiesen hatten. Ab 1947 leitete Lise Meitner die kernphysikalische Abteilung des Physikalischen Instituts der Hochschule in Stockholm. 1960 übersiedelte Lise Meitner zu ihrem Neffen Otto Robert Frisch nach Cambridge. Sie wurde über 40 mal für den Nobelpreis vorgeschlagen, hat ihn aber nie verliehen bekommen.

Kurt Alfred Georg **Mendelssohn** (1906–1980) war ein deutsch-britischer Physiker. Sein Vetter Franz Eugen Simon, erweckte sein Interesse an der Tieftemperaturphysik. Er war Schüler von Max Planck, Walther Nernst, Erwin Schrödinger und Albert Einstein.

Karl Wilhelm **Meissner** (1891–1959) war ein deutsch-amerikanischer Physiker. Karl Wilhelm Meissner studierte in Tübingen und München Physik. Bei Paschen hat er 1915 promoviert. Ab 1916 wurde er wissenschaftlicher Assistent bei Edgar Meyer in Zürich. 1925 ging Meissner zu Wachsmuth nach Frankfurt. Nach der Emeritierung des Lehrstuhlinhabers für Astronomie, Martin Brendel, wurde Meissner 1927 zum ordentlichen Professor für Astronomie an der Universität Frankfurt berufen. Nach der Emeritierung von Wachsmuth 1932 wurde Meissner zum ordentlichen Professor für Experimentalphysik und Direktor des Physikalischen Instituts berufen. Meissner wurde am 1937 entlassen und emigrierte in die USA. 1941 wurde er an der Purdue University zum Professor ernannt. 1959 brach Meissner zu einer Europareise auf. Während der Überfahrt starb er an Herzversagen.

Walther **Meissner** (1882–1974) war ein deutscher Physiker. Er studierte von 1901 bis 1904 Maschinenbau an der Technischen Hochschule Charlottenburg. Ab 1904 ging an die Berliner Universität und studierte Mathematik und Physik und wurde 1907 von Max Planck (1858–1947) mit der Dissertation „Zur Theorie des Strahlungsdrucks“ promoviert. 1908 wurde er Mitarbeiter der Physikalisch-Technischen Reichsanstalt PTR. 1915 erfolgte die Ernennung zum Regierungsrat und 1927 zum Oberregierungsrat. An der PTR baute er eine Wasserstoffverflüssigungsanlage auf und von 1922 bis 1925 eine Heliumverflüssigungsanlage. 1927 wurde er der Leiter des Kältelabors und des Laboratoriums für elektrische Atomforschung. 1930 habilitierte er sich in Berlin. 1932 entdeckte er zusammen mit Robert Ochsenfeld (1901–1993) den Meißner-Ochsenfeld-Effekt. 1934 wurde Meissner Professor für Technische Physik an der TH München. 1946 wurde er kommissarischer Leiter der Bayerischen Akademie der Wissenschaften und von 1947 bis 1950 deren Präsident. 1952 wurde er emeritiert. Sein Hauptarbeitsgebiet war die Tieftemperaturforschung.

George Strausser **Messersmith** (1883–1960) war Botschafter der USA und von 1929 bis 1933 Generalkonsul in Berlin.

Karl von **Meyenn** (1937–) ist ein deutscher Physiker und Physikhistoriker. Er studierte an der Universität Santiago de Chile Physik und wurde 1971 mit der Dissertation „Der Order-Disorder-Übergang in $NaNO_2$“ bei Siegfried Flügge in Freiburg im Breisgau promoviert. Danach lehrte er an der Pontificia Universidad Católica de Chile. 1975 wechselte er zu Armin Hermann (1933–) an den Lehrstuhl für Geschichte der Naturwissenschaften und Technik der Universität Stuttgart. Von 1985 bis 1990 war er Professor für Wissenschaftsgeschichte an der Universitat Autonoma de Barcelona. 1991 ging er an das MPI für Physik in München und war dann ab 2000 am Institut für Theoretische Physik in Ulm. Seit 1975 bis heute ist Karl von Meyenn der Herausgeber des wissenschaftlichen Briefwechsels von Wolfgang Pauli.

Edgar **Meyer** (1879–1960) war ein deutscher Physiker. 1912 nahm Meyer einen Ruf als Extraordinarius für Theoretische Physik an der Universität Tübingen an, wo er bis zum Wintersemester 1915/16 blieb. Danach nahm Meyer einem Ruf an die Universität Zürich als Ordinarius für Experimentalphysik und Direktor des Physikalischen Instituts an. Diese Stellung hatte Meyer bis zu seiner Emeritierung im Jahr 1949 inne.

Hans Heinrich **Meyer** (1894–1978) wurde 1924 an der Universität Hamburg wissenschaftlicher Hilfsarbeiter bei Koch. 1925 promovierte er dort und legte 1931 seine Habilitation ab. 1939 wurde er Dozent und 1946 wissenschaftlicher Rat.

Stefan **Meyer** (1872–1949) war ein österreichischer Physiker und Pionier der Erforschung der Radioaktivität. Er lehrte an der Universität Wien als Professor für Physik, wirkte maßgeblich an Aufbau und Leitung des Wiener Instituts für Radiumforschung sowie bei der internationalen Radium-Standard-Kommission mit.

Otto Fritz **Meyerhof** (1884–1951) war ein deutscher Biochemiker, der 1922 gemeinsam mit Archibald Vivian Hill den Nobelpreis für Medizin erhielt. 1918 wurde Meyerhof Professor an der Universität Kiel, habilitierte sich 1913 und wurde dort 1918 Professor. 1924 wurde er an das Kaiser-Wilhelm-Institut für Biologie in Berlin berufen und 1929 Direktor am neu gegründeten Kaiser-Wilhelm-Institut für medizinische Forschung in Heidelberg. 1938 musste er über die Schweiz und Spanien in die USA flüchten.

Albert Abraham **Michelson** (1852–1931)) war ein amerikanischer Physiker deutscher Herkunft. Nach Abschluss seines Studiums 1873 ging er 1981 nach Deutschland und führte in Potsdam sein berühmtes Experiment zur Messung der Lichtgeschwindigkeit in Bezug zum „Äther" aus. Er konnte zeigen, dass die Lichtgeschwindigkeit unabhängig von einem möglichen „Äthermedium" ist. Dieses Ergebnis war eine extrem wichtige Grundlage für die Entdeckung der speziellen Relativitätstheorie. 1887 wiederholte Michelson zusammen mit Eduard Morley dies Experiment in Cleveland und konnte das Potsdamer Ergebnis bestätigen. 1907 wurde Michelson als erstem Amerikaner dafür der Nobelpreis der Physik verliehen. 1889 wurde er Professor an der Clark University in Worcester (Mass) und ab 1892 an der University of Chicago.

Gustav Adolf Feodor Wilhelm Ludwig **Mie** (1868–1957) war ein deutscher Physiker.

Robert Andrews **Millikan** (1868–1953) war ein amerikanischer Physiker und Nobelpreisträger der Physik. Er begann sein Studium in Ohio und studierte zuerst Mathematik und Griechisch und widmete sich dann dem Studium der Physik, das er mit dem Abschlussexamen als Physiklehrer beendete. 1895 wurde er an der Columbia University promoviert. Danach ging er nach Deutschland und vertiefte sein Physikstudium an den Universitäten Berlin und Göttingen. 1896 kehrte er in die USA zurück und wurde Assistent bei Albert A. Michelson (1852–1931) und wurde 1910 Professor für Physik an der University of Chicago. 1909 begannen seine Forschungen zur Bestimmung der elektrischen Ladung von Elektronen. Es gelang ihm die Ladung zu bestimmen und 1910 veröffentlichte er seine erste Arbeit darüber. Die Bestimmung der elektrischen Elementarladung e begründete Millikans Ruhm und seine Auszeichnung mit dem Nobelpreis für Physik 1923.

Rudolph **Minkowski** (1895–1976) war ein deutsch-amerikanischer Astrophysiker. Er arbeitete bis 1934 an der Universität Hamburg und emigrierte dann mit Hilfe von Otto Stern und Walter Baade in die USA. 1922 kam er ans Physikalische Staatslabor der Universität Hamburg, wo er 1926 Privatdozent wurde und 1930 Professor. Er war in Hamburg mit dem Astronomen Walther Baade befreundet. Ab 1935 ging er auf Vermittlung von Baade ans Mount Wilson Observatorium in den USA, wo er bis zu seiner Pensionierung 1960 blieb. Er wurde 1961 mit der „Bruce Medal" ausgezeichnet.

Georg **Misch** (1878–1965) war ein deutscher Philosoph und Historiker. Er wurde 1923 in die Göttinger Akademie gewählt und emigrierte 1935 aus rassistischen Gründen nach England und kehrte 1946 nach Göttingen zurück.

Martin August **Möbius** (1859–1946) war ein deutscher Botaniker und war Prodekan der Naturwissenschaftlichen Fakultät der Universität Frankfurt.

Henry Allan **Moe** war Mitarbeiter und von 1945 bis 1966 Trustee in der Guggenheim Foundation und war von 1959 bis 1965 (Jahr der Emeritierung) deren Vizepräsident.

Friedrich **Möglich** (1902–1957) war ein deutscher theoretischer Physiker.

Hans Georg **Möller** (1882–1967) war ein deutscher Physiker. Seit 1925 war er Direktor des neugegründeten Instituts für Angewandte Physik an der Universität Hamburg. Wegen seiner positiven Einstellung zum Nationalsozialismus wurde er 1945 vom Dienst suspendiert und in den vorzeitigen Ruhestand versetzt. Nach seiner Rehabilitation wurde er 1949 emeritiert.

Rudolf Ludwig **Mößbauer** (1929–2011) war ein deutscher Physiker. und Entdecker des sogenannten Mößbauer-Effektes. Er promovierte 1958 bei Meyer-Leibnitz am Max-Planck-Institut für Medizinische Forschung in Heidelberg und untersuchte dabei die Resonanzabsorption von γ-Strahlung in Kernen. Sein Verfahren lieferte eine extrem hohe Auflösung, so dass man mit dem sogenannten „Mößbauer-Effekt" fundamentale Grundlagen der Quantenphysik erstmals vermessen konnte. Für dieses Verfahren erhielt er 1961 den Nobelpreis für Physik. Ab 1964 bis zu seiner Emeritierung 1997 war er Professor an der TU-München.

Forest Ray **Moulton** (1872–1952) war ein amerikanischer Astronom und wurde 1912 „Full Professor" an der „University of Chicago". Er war außerdem Sekretär der American Association for the Advancement of Science.

Robert Sanderson **Mulliken** (1896–1986) war ein amerikanischer Physiker. 1966 wurde ihm für seine Arbeiten zur „Orbitaltheorie" der chemischen Bindungen der Nobelpreis für Chemie verliehen. Besonderen Einfluss auf seine Arbeiten hatte Friedrich Hund (Hund Mullikan Theorie). 1928 ging er als Associate Professor an die University of Chicago, wo er 1931 eine volle Professur erhielt. Im Zweiten Weltkrieg leitete er von 1942 bis 1945 das Information Office für das Plutonium Project der Universität.

Edward R. **Murrow** (1908–1965) war von 1932–1935 „Assistant Director" des „Institutes of International education" und ab 1933 Secretary des „Emergency Committees in Aid od Displaced German Scholars". Später wurde er ein berühmter Radio Reporter.

Seth Henry **Neddermeyer** (1907–1988) war ein amerikanischer Physiker. Neddermeyer promovierte 1935 bei Robert Oppenheimer am Caltech, wo er danach bis

1941 Research Fellow war. Ab 1946 war er Associate Professor und später Professor an der University of Washington. Ab 1973 war er dort Professor Emeritus. Gemeinsam mit Carl David Anderson entdeckte er 1936 das Positron.

Walther **Nernst** (1864–1941) war ein deutscher Physiker und Chemiker. Er studierte u. a. bei Hans Heinrich Landolt und Richard Börnstein in Berlin und ab 1886 bei Ludwig Boltzmann. 1887 promovierter er bei Friedrich Kohlrausch in Würzburg und arbeitete dort auch mit Swante Arrhenius zusammen. 1889 habilitierte sich Nernst bei Wilhelm Ostwald in Leipzig. 1891 wurde er in Göttingen apl. Professor und dann 1895 dort Ordinarius. 1905 wechselte er nach Berlin, wo er bis zu seinem Tod geblieben ist. Er war Rektor der Berliner Universität und auch von 1922 bis 1924 Präsident der Physikalisch-Technischen Reichsanstalt in Berlin. Nernst leistete fundamental wichtige Beiträge zur Thermo- und Elektrochemie. 1920 wurde ihm dafür der Nobelpreis für Chemie verliehen. 1905 formulierte er in seiner Vorlesung den 3. Hauptsatz der Thermodynamik (Nernst Theorem) und zeigte, dass am absoluten Temperaturnullpunkt die Entropie auch den Wert Null annimmt.

John **von Neumann** (1903–1957) war ein ungarisch amerikanischer Mathematiker. Er leistete bedeutende Beiträge zur mathematischen Logik, Funktionsanalysis und Quantenmechanik. Er besuchte in Budapest das humanistische deutschsprachige Lutheraner Gymnasium zusammen mit Eugene Wigner. Er studierte zunächst von 1921 bis 1923 Chemieingenieurwesen in Berlin und dann an der ETH-Zürich. 1926/27 arbeitete er zusammen mit David Hilbert in Göttingen. Von Neumann war von 1928 bis 1933 (jüngster) Privatdozent der Berliner Universität und im Sommersemester 1929 an der Universität Hamburg, wo er Stern begegnet sein muss. Von Neumann verfasste eines der ersten mathematisch durchdachten Bücher über die Quantenmechanik. Mit Wigner veröffentlichte von Neumann 1928/29 eine Reihe von Arbeiten über die Anwendung der Gruppentheorie in den Atomspektren. Im Herbst 1929 wurde er an die Princeton University in New Jersey eingeladen. Ab 1933 wirkte er am Institute of Advanced Studies in Princeton und ab 1943 am Manhattan Projekt in Los Alamos. Auch an der Weiterentwicklung der amerikanischen Wasserstoffbombe war von Neumann beteiligt. Später hat er wichtige Beiträge zur Entwicklung des Computers geleistet.

Marietta von **Neumann,** geborene Kövesi (1909–1992) war die Ehefrau von Johann von Neumann.

K.D. **Nichols** arbeitete im Projekt Manhattan District Engineer. Dies war der Tarnname für das Manhattan Projekt, in dem ab 1942 alle Entwicklungsschritte für den Bau der Atombombe durchgeführt wurden. K. D. Nichols war ein Mitarbeiter im Sicherheitsbereich.

Alfred **Nobel** (1833–1896) war ein schwedischer Chemiker und Erfinder. Er besuchte von 1841 bis 1842 die Schule in Stockholm und wurde dann durch Privatlehrer erzogen. 1842 kam er nach St. Petersburg. Nobel absolvierte ein Physik- und

Chemiestudium. Er beherrschte bereits im Alter von 17 Jahren fünf Sprachen und reiste in viele Länder darunter Deutschland, Frankreich und die USA. In Paris lernte er den Entdecker des Nitroglycerins Ascanio Sobrero (1812–1888) kennen. 1859 ging er zurück nach Schweden. 1866 erreichte er die Stabilisierung von Nitroglycerin durch Kieselgur. Dieses Verfahren ließ er sich 1867 patentieren und er erwarb durch diese Erfindung ein Vermögen. Der neue Sprengstoff konnte auch für Kriegszwecke genutzt werden, was Nobel aber ablehnte. Er verfolgte eine pazifistische Linie und hatte einen umfangreichen Briefwechsel mit der späteren Friedensnobelpreisträgerin Bertha von Suttner. Nobel erwarb mit seiner Erfindung ein großes Vermögen und gründete eine Stiftung. Die Zinsen aus seinem Vermögen sollten in jedem Jahr an die Wissenschaftler vergeben werden, die durch ihre Forschungen der Menschheit den größten Nutzen erbracht haben. Für die Vergabe des Preises sollte die Schwedische Akademie der Wissenschaften zuständig sein. Nobel hatte am Ende seines Lebens 355 Patente. Mit der Vergabe des Nobel-Preises ist sein Name für immer verbunden.

Emmy **Noether** (1882–1935) war eine deutsche Mathematikerin. Sie besuchte die Schule in Erlangen und machte in Nürnberg ihr Abitur. Emmy Noether lebte zu einer Zeit, als es noch nicht normal war, dass Frauen studierten. Ihr gelang es dennoch, sich in Erlangen für Mathematik zu immatrikulieren. Hier wurde sie auch 1907 von Paul Gordan (1837–1912) mit der Dissertation „Über die Bildung des Formensystems der ternären biquadratischen Form" promoviert. Sie ging dann an die Universität Göttingen, hatte aber große Schwierigkeiten sich zu habilitieren und als akademische Lehrerin wirken zu können. 1919 konnte sie sich schließlich als erste Frau in Deutschland in Mathematik habilitieren. 1922 bekam sie eine außerordentliche Professur. 1928 bis 1929 übernahm sie eine Gastprofessur in Moskau und schließlich 1930 in Frankfurt am Main. 1933 verlor sie ihre Lehrbefugnis und emigrierte in die USA. Ab 1934 hielt sie Vorlesungen am Institute for Advanced Study in Princeton und war am Bryn Mawr College in Bryn Mawr/Pennsylvania tätig, wo sie auch verstarb. Emmy Noether lieferte Grundlegende Beiträge zur Mathematik und theoretischen Physik. Das Noether-Theorem trägt ihren Namen. Es macht eine Aussage über die Verbindung zwischen Symmetrien von physikalischen Naturgesetzen und Erhaltungsgrößen.

Lothar Wolfgang **Nordheim** (1899–1985) war ein amerikanischer theoretischer Physiker deutscher Herkunft

Otto **Oldenberg** (1888–1983) war ein deutsch-amerikanischer Physiker und wurde in Berlin geboren. Er promovierte 1913 in Göttingen über das Thema: „Spektroheliographische Untersuchungen am Lichtbogen." Er arbeitete dann am Physikalischen Institut der Universität München auf dem Gebiet der Spektroskopie (Feinstruktur und Zeemaneffekt der Balmerserie).

Er emigrierte wegen seiner jüdischen Abstammung 1935 (?) in die USA und erhielt eine Professur an der Harvard University in Cambridge/Mass.

Julius Robert **Oppenheimer** (1904–1967) war ein amerikanischer theoretischer Physiker deutscher Abstammung, der vor allem während des Zweiten Weltkriegs für seine Rolle als wissenschaftlicher Leiter des Manhattan-Projekts bekannt wurde. Robert Oppenheimer gilt als „Vater der Atombombe“. Nach dem Krieg setzte sich Oppenheimer gegen ein nukleares Wettrüsten zwischen der Sowjetunion und den Vereinigten Staaten ein. Daher wurde ihm die „Sicherheitsgarantie“ der United States Atomic Energy Commission (USAEC) und damit seine Beraterfunktion für geheime Projekte der US-Regierung 1954 entzogen, da er sich weigerte die Wasserstoffbombe zu bauen.

Leonard Salomon **Ornstein** (1880–1941) war ein niederländischer Physiker. 1914 wurde er Nachfolger von Peter Debye als Professor für Physik an der Universität Utrecht. Nach der deutschen Besetzung 1940 war er als Jude stark gefährdet, weigerte sich trotz Angeboten von Freunden aber, das Land zu verlassen. Er wurde wie alle Juden in den Niederlanden aus öffentlichen Ämtern entfernt und durfte sogar sein Labor in Utrecht nicht mehr betreten. Ornstein isolierte sich daraufhin aus der Öffentlichkeit und starb wenig später.

Wilhelm **Orthmann** (1901–1945) war ein deutscher Physiker.

Carl Wilhelm **Oseen** (1879–1944) war ein schwedischer theoretischer Physiker. Von 1909 bis 1933 war Oseen Professor für Mechanik und Mathematische Physik an der Universität Uppsala. 1921 wurde er Mitglied der Königlich Schwedischen Akademie der Wissenschaften sowie 1933 Vorstand des Nobelinstitutes, das vorher unter Svante Arrhenius seinen Schwerpunkt in physikalischer Chemie hatte und sich mit Oseen auf theoretische Physik ausrichtete. 1921 schlug er Albert Einstein für den Nobelpreis vor.

Wilhelm **Ostwald** (1853–1932) war ein deutsch-baltischer Chemiker und Naturphilosoph. Er war Nobelpreisträger für Chemie und gilt als einer der Mitbegründer der Physikalischen Chemie. Ostwald war ein außergewöhnlich vielseitiger Forscher. 1881 wurde er Professor in Riga. 1887 bis 1906 lehrte er an der Universität Leipzig. Seine Naturphilosophie, die er als „Energetik“ bezeichnete, führte ihn zu einem naturwissenschaftlichen Monismus. Er war auch zeitweise Vorsitzender der monistischen Bewegung. 1909 erhielt er den Nobelpreis für Chemie für seine grundlegenden Arbeiten zur Katalyse, zu chemischen Gleichgewichten und Reaktionsgeschwindigkeiten.

Abraham **Pais** (1918–2000) war ein niederländischer Physiker. Er ging in Amsterdam zur Schule und begann 1935 mit dem Studium der Physik, Chemie und Mathematik an der Universität Amsterdam. 1940 beendete er sein Studium und wurde dann Assistent bei Leon Rosenfeld (1904–1974). Die Besetzung der Niederlande durch die Deutsche Wehrmacht brachte für Pais erhebliche Schwierigkeiten mit sich, so war z. B. eine akademische Anstellung, bzw. seine Promotion, fraglich geworden. Dennoch gelang es ihm 1941 promoviert zu werden. Er tauchte dann unter, lebte zwei Jahre im Untergrund und wurde im März 1945 von der Gestapo verhaftet. Da eine Deportation zu diesem Zeitpunkt nicht mehr erfolgen konnte wurde er bald wieder freigelassen. Da Niels Bohr (1885–1962) auf die Arbeiten von Pais aufmerksam geworden war, konnte er nach dem Krieg in Kopenhagen arbeiten. 1946 war er Assistent von Bohr. 1947 ging er an das Institute for Advanced Study in Princeton und arbeitete mit J. Robert Oppenheimer (1904–1967) und lernte Albert Einstein (1879–1955) kennen. 1963 wurde er Professor für theoretische Physik an der Rockefeller University. Pais war Quantenfeldtheoretiker. Sein Arbeitsgebiet war die Teilchenphysik. Er war ein großer Kenner der Physikgeschichte und einer der führenden Einstein-Biographen.

Friedrich Adolf „Fritz" **Paneth** (1887–1958) war ein deutsch-österreichischer Physiker und Chemiker. Er studierte von 1906 bis 1910 in Wien und München Chemie. Nach einem Aufenthalt bei Soddy in Glasgow habilitierte er sich in Wien und war später Professor in Hamburg, Berlin und Königsberg. 1993 emigrierte er nach England. Von 1939 bis 1953 war er Professor an der University of Durham. 1953 kehrte er nach Deutschland zurück und wurde an das Max-Planck-Institut in Mainz berufen (Nachfolger von Strassmann).

Erwin **Panofsky** (1892–1968) war ein deutscher Kunsthistoriker, der 1934 mit seiner Familie in die USA emigrierte. Ab Sommersemester 1910 studierte Panofsky zunächst Jura, dann Kunstgeschichte, Geschichte und Philosophie. Im Jahr 1920 habilitierte er sich an der Universität Hamburg. und wurde dort 1927 ordentlicher Professor. 1933 wurde er als Jude entlassen. 1935 nahm er einen Ruf an das Institute of Advanced Studies in Princeton an. Stern und Panofski kannten sich aus Hamburg. In den USA hatten sie weiter engen persönlichen Kontakt.

Wolfgang Kurt Hermann **Panofsky** (1919–2007) war ein deutsch-amerikanischer Physiker. Panofsky war der Sohn des Kunsthistorikers Erwin Panofsky. Wegen der Verfolgung der Juden durch die Nationalsozialisten emigrierte die Familie Panofsky in die USA. Von 1945 bis 1951 war er Assistenz-Professor an der University of California -Berkeley und danach bis zur Emeritierung Professor an der Stanford University. Wolfgang Panofsky war entscheidend am Aufbau des SLAC beteiligt (Stanford Accelerator).

Friedrich **Paschen** (1865–1947) war ein deutscher Physiker. Er studierte von 1884 bis 1888 an den Universitäten von Berlin und Straßburg, wo er 1888 bei August Kundt promovierte. Anschließend war er als Assistent bei Johann Wilhelm Hittorf an der damaligen Akademie in Münster und als Privatdozent an der Technischen Hochschule Hannover beschäftigt. 1901 wurde er ordentlicher Professor an der Universität Tübingen. Unter seiner Leitung wurde Tübingen ein Zentrum spektroskopischer Forschung. Die Erforschung der Spektrallinien und ihr serienweiser Aufbau lieferte die Basis für den Einblick in die inner-atomare Dynamik. Er entdeckte 1912 zusammen mit Ernst Back den nach ihnen benannten in starken magnetischen Feldern auftretenden Paschen-Back-Effekt. Ab 1924 war Friedrich Paschen Präsident der von Werner von Siemens und Hermann von Helmholtz ins Leben gerufenen Physikalisch-Technischen Reichsanstalt, der heutigen Physikalisch-Technischen Bundesanstalt.

Franziska „Franca" **Pauli** geb. Bertram (1901–1987) war die zweite Ehefrau von Wolfgang Pauli.

Wolfgang **Pauli** (1900–1958) war ein österreichischer theoretischer Physiker. Pauli war einer der bedeutendsten Physiker des 20. Jahrhunderts. In München war er Schüler von Arnold Sommerfeld. Von 1923 bis 1928 war er Professor in Hamburg, wo er eng mit Otto Stern und Wilhelm Lenz (1888–1957) zusammenarbeitete. 1928 wechselte er nach Zürich. Von 1935 bis 1936 und von 1940 bis 1946 war er Gastprofessor in Princeton (New Jersey, USA) und erhielt 1946 die amerikanische Staatsbürgerschaft. Im gleichen Jahr kehrte er nach Zürich zurück. Mit seinem Namen sind wesentliche Leistungen in der modernen Physik verbunden. Für die Aufstellung des Pauli-Prinzips erhielt er 1945 den Nobelpreis für Physik. Pauli starb 1958 in Zürich.

Linus Carl **Pauling** (1901–1994) war ein amerikanischer Chemiker. Er erhielt 1954 den Nobelpreis für Chemie für seine Forschungen über die Natur der chemischen Bindung und ihre Anwendung bei der Aufklärung der Struktur komplexer Substanzen. 1946 wurde er Mitglied des „Emergency Committee of Atomic Scientists", dessen Vorsitzender Albert Einstein war. Unter den anderen sieben Mitgliedern waren Hans Bethe, Harold Urey und Leo Szilard. 1958 übergaben Pauling und seine Frau der US-Regierung eine Petition der UNO, die mehr als 11.000 Wissenschaftler unterzeichnet hatten. Dies führte dazu, dass Kennedy und Chruschtschow 1963 ein Testverbot unterschrieben haben. 1963 erhielt er für sein großes Engagement im Jahr 1962 den Friedensnobelpreis als besondere Auszeichnung für seinen Einsatz gegen Atomwaffentests. Pauling ist damit neben Marie Curie der bislang einzige Träger zweier unterschiedlicher Nobelpreise.

George B. **Pegram** (1876–1958) war ein amerikanischer Physiker. Er wuchs in Trinity in North Carolina auf und machte 1885 einen Abschluss an der Duke University (früher Trinity College) in Physik. 1903 wurde er promoviert und 1918 ordentlicher Professor. Von 1913 bis 1945 war er der Vorsitzende des Fachbereichs Physik der Columbia University. Ab 1930 forschte er mit John R. Dunning (1907–1975) über die Eigenschaften von Neutronen und machte sich ab 1940 mit Enrico Fermi (1901–1954) und Marcus Oliphant (1901–2000) Gedanken über die Möglichkeit einer Atombombe. In der technischen Abteilung des Manhattan-Projektes spielte George B. Pegram eine führende Rolle.

Rudolph Ernst **Peierls** (1907–1995) war ein deutsch-britischer Physiker. Er studierte ab 1926 bei Arnold Sommerfeld in München und ab 1928 bei Werner Heisenberg in Leipzig, wo er promovierte. Bei Wolfgang Pauli in Zürich und in Leipzig entstanden die wichtigen Arbeiten von Peierls zur Festkörperphysik, teilweise in

Zusammenarbeit mit Felix Bloch. Sein Interesse galt auch der Kernphysik. 1933 befand er sich gerade als Rockefeller-Stipendiat in Cambridge und beschloss, nicht mehr nach Deutschland zurückzukehren. 1937 erhielt er eine Professur an der Universität Birmingham, wo er im Laufe der folgenden Jahrzehnte eine eigene Schule der theoretischen Physik aufbaute.

Carl Wilhelm **Petersen** (1868–1933) war ein deutscher Jurist und Hamburger Senator. Von 1923–1930 und 1932–1933 war er Erster Bürgermeister von Hamburg.

August Herman **Pfund** (1879–1949) war ein US-amerikanischer Physiker und Spektroskopiker. Pfund war Professor für Optik an der John Hopkins Universität in Baltimore und entdeckte 1924 die nach ihm benannte Serie im Spektrum des Wasserstoffs (Pfund-Serie).

Thomas E. **Phipps** (1896–1990) war ein amerikanischer Physiker. Nach der Promotion 1921 ging er 1928 zu Otto Stern und baute ein Drei-Stufen-Stern-Gerlachexperiment auf, wie es Einstein in einem Brief an Stern 1928 vorgeschlagen hatte. Er wirkte später an der University of Urbana.

Auguste **Piccard** (1884–1962) war ein Schweizer Physiker (Experimentalphysik) und Erfinder. Er ist der Zwillingsbruder des Chemikers Jean-Felix Piccard und Vater von Jacques Piccard. Bertrand Piccard ist sein Enkel.

George **Placzek** (1905–1955) war ein tschechischer Physiker. Er studierte Physik in Prag und Wien und promovierte 1928. Von 1932 bis 1939 forschte und lehrte er in Kopenhagen, Charkow, Paris, Jerusalem und an der Cornell University in Ithaca/USA. Zusammen mit Peierls und Bohr erarbeitete er eine Theorie von Neutroneninduzierten Kernreaktionen (Bohr-Peierls-Placzek-Theorem). Ab 1943 leitete er die Theorieabteilung in Chalk River/Kanada und ging 1945 ans Los Alamos National Laboratory. 1948 wurde er Mitglied des Institute of Advanced Studies in Princeton.

Max Karl Ernst Ludwig **Planck** (1858–1947) war ein deutscher theoretischer Physiker. Er gilt als Begründer der Quantenphysik. 1900 gelang es ihm, die Photonenverteilung, bzw. Lichtverteilung, eines „Hohlraumstrahlers“ (Schwarzer Strahler) erstmals exakt theoretisch zu beschreiben. Dabei entdeckte er, dass Licht von den Oszillatoren in der Wand des Hohlraums in diskreten Quanten absorbiert und emittiert wird, wo die Energie jedes Photons gleich der Schwingungsfrequenz ν mal einer universellen Konstanten ist. Diese universelle Konstante wird heute die Plancksche Konstante (auch Plancksches Wirkungsquantum) genannt und sie ist die fundamental wichtigste Größe für die dynamische Quantisierung der Atom- und Molekülstruktur. Für die Entdeckung des Planckschen Wirkungsquantums erhielt er 1919 den Nobelpreis für Physik des Jahres 1918.

Henning **Pleijel** (1873–1962) war ein schwedischer Physiker. Er studierte Philosophie an der Universität Uppsala und schloss 1904 sein Studium ab. 1906 wurde er in Philosophie promoviert und wurde dann auch Dozent für Mechanik und mathematische Physik an der Universität Uppsala. 1914 wurde er Professor für theoretische Elektrotechnik an der Königlichen Technischen Hochschule in Stockholm. Von 1922 bis 1927 war er auch Rektor dieser Hochschule. Nach dem Tod von Henrik Söderbaum (1862–1933) – er war ständiger Sekretär der Königlich Schwedischen Akademie der Wissenschaften von 1923 bis 1933 gewesen – übernahm diese Stellung Henning Pleijel bis 1943.

Robert Wichard **Pohl** (1884–1976) war ein deutscher Physiker. Pohl machte 1903 sein Abitur in Hamburg und studierte dann in Heidelberg Naturwissenschaften. Er ging dann nach Berlin um Physik zu studieren und arbeitete bereits 1904 bei Emil Warburg (1846–1931) am Physikalischen Institut. 1906 wurde er von ihm mit der Dissertation „Über die Zersetzung von Ammoniak und Bildung von Ozon durch stille elektrische Entladung" promoviert. 1912 habilitierte er sich. 1916 erhielt Pohl einen Ruf als außerordentlicher Professor an die Universität Göttingen. 1920 wurde er in Göttingen Ordinarius für Experimentalphysik und Direktor des 1. Physikalischen Instituts. Für Göttingen begann jetzt die Blütezeit der Göttinger Physik, mit Pohl, James Franck (1882–1964) als Direktor des 2. Physikalischen Instituts und Max Born (1882–1970) als Direktor des Instituts für Theoretische Physik. Bedeutung erlangte Pohl vor allem als herausragender akademischer Lehrer der Experimentalphysik.

Michael **Polanyi** (1891–1976) war ein ungarisch-englischer physikalischer Chemiker. Von 1926 bis 1933 war er Professor am Kaiser-Wilhelm-Institut für Physikalische Chemie in Berlin und emigrierte 1933 nach England.

Ludwig **Prandtl** (1875–1953) war ein deutscher Ingenieur. Er lieferte bedeutende Beiträge zum grundlegenden Verständnis der Strömungsdynamik.

Fritz **Pringsheim** (1882–1967) war ein deutscher Rechtswissenschaftler und der Bruder von Ernst Pringsheim.

Ernst **Pringsheim** (1859–1917) war ein deutscher Physiker. Er studierte an mehreren deutschen Universitäten und wurde schließlich 1882 mit der Dissertation „Über das Radiometer" promoviert. Er habilitierte sich und war dann von 1896 bis 1905 Professor an der Universität Berlin, wo er mit Otto Lummer (1860–1925) zusammenarbeitete. Ab 1905 wirkte er an der Universität Breslau. Das Arbeitsgebiet von Pringsheim war die Optik.

Peter **Pringsheim** (1881–1963) war ein deutscher Physiker. Wie sein Vater schlug er als Physiker eine akademische Laufbahn ein. Er promovierte 1906 an der Universität München mit einer Doktorarbeit über Gasentladungen bei Wilhelm Conrad

Röntgen. Nach dem Studium arbeitete Peter Pringsheim bei Eduard Riecke in Göttingen und J. J. Thomson im englischen Cambridge. Von Thomson erhielt Pringsheim die Anregung, sich mit den lichtelektrischen Verhalten der Alkalimetalle zu beschäftigen.

Alexander Michailowitsch **Prochorow** (1916–2002) war ein sowjetischer Physiker. Obwohl in Australien geboren, studierte er bei Wladimir Fock an der Universität von St. Petersburg. Er promovierte 1946 mit einer theoretischen Arbeit über Frequenzstabilisierung. 1955 entwickelte er mit Basow das Verfahren des optischen Pumpens und somit das Maser-Prinzip. 1964 erhielt er zusammen mit Basow und Townes für diese Arbeiten den Nobelpreis für Physik.

Karl **Przibram** (1878–1973) war ein österreichischer Physiker. Ab 1912 arbeitete er am Wiener Institut für Radiumforschung. Nach dem Anschluss Österreichs an das nationalsozialistische Deutschland verlor er seine Professur an der Universität Wien und überlebte den Krieg in Belgien. Er verbrachte die Zeit des Zweiten Weltkriegs in Brüssel. 1946 kehrte er als ordentlicher Universitätsprofessor an die Universität Wien zurück.

Paul **Rabe** (1869–1952) war ein deutscher Chemiker, Er war ab 1914 Direktor des Chemischen Staatsinstitutes in Hamburg und dann ab 1919 (nach der Gründung der Hamburger Universität) bis 1935 Professor an der Universität Hamburg.

Isidor Isaac **Rabi** (1898–1988) war ein in Österreich geborener amerikanischer Physiker. 1928 arbeitete er für ca. 1 Jahr im Institut von Otto Stern in Hamburg, wo er sich in die Molekularstrahlmethode einarbeiten konnte. Nach Rückkehr in die USA (zuerst an der Columbia University in New York und danach am MIT in Boston) konnte er die Auflösungen für Kernspinmessungen entscheidend verbessern und viele neue Anwendungsgebiete für die Molekularstrahltechnik erschließen. 3-Stufen Stern-Gerlach-Apparaturen benutzend implementierte er in die Sternsche Apparatur die Photon-Resonanztechnik. Für diese Beiträge wurde ihm 1944 der Nobelpreis für Physik verliehen. Zahlreiche Schüler von ihm wurden ebenfalls die Molekularstrahlmethode benutzend mit dem Nobelpreis ausgezeichnet. Rabi hatte einen großen Einfluss auf die amerikanische Wissenschaftspolitik.

C. V. **Raman** (Chandrasekhara Venkata Raman; (1888–1970)) war ein indischer Physiker und Nobelpreisträger. Raman wurde vor allem bekannt für die experimentelle Entdeckung der Ramanstreuung (inelastische Streuung des Lichtes). Das daraus abgeleitete Verfahren der Ramanspektroskopie ist eine der wichtigsten Untersuchungsmethoden der Molekül- und Festkörperphysik. 1930 wurde ihm für seine Arbeiten der Nobelpreis für Physik verliehen.

Norman **Ramsay** (1915–2011) war ein amerikanischer Physiker und Nobelpreisträger für Physik. Er begann 1931 ein Ingenieurstudium an der Columbia University, wechselte aber dann zur Mathematik. 1935 machte er den Bachelor in Mathematik und ging dann an die Universität Cambridge (England), wo er den Bachelor in Physik erwarb. Dann ging er zurück an die Columbia University und wurde von Isidor Isaac Rabi (1898–1988), dem Erfinder der Molekularstrahl-Magnetresonanz-Methode, 1940 promoviert. Nach der Promotion ging er als Fellow der Carnegie Institution nach Washington D.C. Während des Zweiten Weltkrieges beschäftigte er sich mit Radarforschung. Ab 1943 war er an der Entwicklung der amerikanischen Atombombe (Manhattan Projekt) beteiligt. Mit Molekularstrahlexperimenten beschäftigte er sich, zusammen mit Rabi und seiner Arbeitsgruppe, nach dem Zweiten Weltkrieg an der Columbia University. Hier untersuchte er die Hyperfeinstruktur im Spektrum des Wasserstoffatoms. Ramsay und Rabi waren beide maßgebliche Initiatoren bei der Gründung des Brookhaven National Laboratory. An der Harvard Universität, wo Ramsey 1947 Professor wurde, baute er ein Molekularstrahllabor auf und entwickelte die „Seperated oscillatory field method“ für Magnetresonanzexperimente. Mit Daniel Kleppner (1932–) entwickelte er einen Wasserstoff-Maser, mit dem er Präzissionsmessungen zur Hyperfeinstruktur machen konnte. Daraus entwickelten Ramsey und seine Mitarbeiter die erste Atomuhr. Ramsey erhielt für die Weiterentwicklung der Atomstrahlresonanzmethode und seine präzisen Zeit- und Frequenzmessungen zusammen mit Hans-Georg Dehmelt (1922–2017) und Wolfgang Paul (1913–1993) den Nobelpreis für Physik.

Erich Rudolph Alexander **Regener** (1881–1955) war ein deutscher Physiker. Ab der zweiten Hälfte der 1920er-Jahre beschäftigte Regener mit Hilfe von Ballonfahrten sich mit der von Victor Franz Hess 1912 entdeckten kosmischen Strahlung, 1937 wurde Regener auf der Grundlage des Gesetzes zur Wiederherstellung des Berufsbeamtentums in den Wartestand versetzt und seines Amtes als Hochschullehrer und Direktor des physikalischen Instituts der Technischen Hochschule Stuttgart enthoben. Unterstützt vom Reichsluftfahrtministerium gründete er daraufhin am 1. Januar 1938 in Friedrichshafen am Bodensee die private Forschungsstelle für Physik der Stratosphäre, die am 30. Mai 1938 in die Kaiser-Wilhelm-Gesellschaft eingegliedert wurde. Von 1945 bis 1951 war Regener wieder auf seinem Lehrstuhl in Stuttgart tätig. 1948 wurde er Vizepräsident der Max-Planck-Gesellschaft.

Max Gustav Hermann **Reich** (1874–1941) war ein deutscher theoretischer Physiker. 1920 wurde er ordentlicher Professor für angewandte Physik in Göttingen.

Fritz **Reiche** (1883–1969) war ein deutscher theoretischer Physiker, der 1907 bei Planck promoviert hatte. Gegen Ende des 1. Weltkrieges war er Mitarbeiter Habers im Kaiser Wilhelm Institut für Physikalische Chemie. Hier begegnete er auch Otto Stern. Von 1921 bis 1933 war er Ordinarius für theoretische Physik an der Universität Breslau. Da er Jude war, wurde er 1933 entlassen. Nach Gastaufenthalten an verschiedenen Universitäten konnte er dann 1941 in die USA emigrieren.

Gustav Adolf **Rein** (1885–1979) war ein deutscher Historiker. Als Staatskommissar (ab 1933) sowie als Rektor der Universität Hamburg (1934–1938) hatte er maßgeblichen Anteil an der Gleichschaltung der Hochschule sowie an der Entlassung zahlreicher jüdischer und politisch unliebsamer Professoren.

Friedrich Hermann **Rein** (1898–1953) war ein deutscher Physiologe und seit 1932 Ordinarius an der Universität Göttingen. Er wurde 1933 in die Göttinger Akademie der Wissenschaften gewählt.

Otto **Renner** (1883–1960) war ein deutscher Botaniker und Ordinarius an der LMU in München.

Ernst **Reuter** (1889–1953) war ein deutscher Politiker (SPD) und Oberbürgermeister von Berlin.

Owen Willans **Richardson** (1879–1959) war ein englischer Physiker. Für die Entdeckung des „Glühelektrischen Effektes“ wurde ihm 1928 der Nobelpreis für Physik verliehen.

Robert Davis **Richtmyer** (1910–2003) war ein amerikanischer theoretischer Physiker und angewandter Mathematiker, der sich u. a. mit der Numerik von Hydrodynamik beschäftigte. Er hatte u. a. in Göttingen studiert und bei Slater am MIT 1935 promoviert. Nach dem Krieg hat er am Wasserstoffbombenprojekt unter Edward Teller mitgearbeitet.

Ernst Hermann **Riesenfeld** (1877–1957) war ein deutsch-schwedischer Chemiker. Er besuchte das Gymnasium in Breslau und machte 1897 sein Abitur. Dann studierte er Naturwissenschaften in Heidelberg und ab 1899 in Göttingen. Hier beschäftigte er sich mit Physikalischer Chemie und wurde mit der Dissertation „Ueber elektrolytische Erscheinungen und elektromotorische Kräfte an der Grenzfläche zweier Lösungsmittel“ von Walther Nernst (1864–1941) promoviert. 1913 ging er als Professor nach Freiburg im Breisgau und 1920 wurde er Professor an der Berliner Universität. 1933 verlor als Jude seine Professur und emigrierte 1934 nach Schweden. Hier arbeitete er bis 1952 am Nobel-Institut für Physikalische Chemie. Riesenfelds Dissertation stellte eine Pionierarbeit auf dem Gebiet der Elektrochemie an Grenzflächen nichtmischbarer Flüssigkeiten dar.

Howard Percy **Robertson** (1903–1961) war ein amerikanischer Mathematiker und Physiker. Nach Promotion 1925 am CALTECH ging er als Postdoc nach Göttingen und zu Sommerfeld nach München. Ab 1947 hatte er eine Professur für mathematische Physik am CALTECH inne.

John Davison **Rockefeller Sr.** (1839–1937) war ein amerikanischer Industrieller. Rockefeller war Mitbegründer einer Erdölraffinerie, aus der 1870 die Standard Oil Company hervorging. Die Vorfahren der Rockefeller wanderten 1723 aus dem Westerwald (Rockenfeld bei Neuwied) nach Amerika aus.

Wilhelm Conrad **Röntgen** (1845–1923) war ein deutscher Physiker. Er entdeckte am 8. November 1895 im Physikalischen Institut der Universität Würzburg die nach ihm benannten Röntgenstrahlen. Für diese Entdeckung erhielt er 1901 als erster Physiker überhaupt den Nobelpreis für Physik. Seine Entdeckung revolutionierte unter anderem die medizinische Diagnostik und führte zu weiteren wichtigen Erkenntnissen des 20. Jahrhunderts, z. B. der Entdeckung und Erforschung der Radioaktivität.

Walter **Rogowski** (1881–1947) war seit 1912 Mitarbeiter der Physikalisch-Technischen Reichsanstalt, 1920 wurde er Professor für theoretische Elektrotechnik an der TH Aachen.

Franklin Delano **Roosevelt** (1882–1945) war von 1933 bis zu seinem Tod 1945 der 32. Präsident der Vereinigten Staaten. Er gehörte der Demokratischen Partei an. Nach seiner ersten Amtszeit wurde er 1936, 1940 und 1944 jeweils mit deutlichen Mehrheiten wiedergewählt – er war damit der einzige Präsident der USA, der länger als zwei Wahlperioden amtierte. Unter seiner Präsidentschaft wurden Sozialversicherung bundesweit eingeführt.

Jacob **Rosanes** (1842–1922) war ein deutscher Mathematiker. 1865 promovierte er im Fach Physik. 1873 ging er an die Berliner Universität, wo er 1876 einen Lehrstuhl für Mathematik erhielt.

Heinrich **Rubens** (1865–1922) war ein deutscher Physiker. Er verbrachte seine Kindheit und Jugend in Wiesbaden und in Frankfurt am Main. An der Wöhlerschule in Frankfurt machte er sein Abitur und begann 1884 an der TH Darmstadt und in Berlin das Studium der Elektrotechnik, wechselte aber 1885 zur Physik und setzte sein Studium 1886 in Straßburg fort. Mit August Kundt (1839–1894), bei dem er schon in Straßburg Vorlesungen gehört hatte, ging er nach Berlin und wurde sein Assistent. Von Kundt wurde er auch 1889 mit der Dissertation „Die selective Reflexion der Metalle“ an der Universität Berlin promoviert. Er habilitierte sich 1892 und wurde Privatdozent an der Berliner Universität. Ab 1895 war er außerordentlicher Professor für Physik. 1900 wurde er zum ordentlichen Professor an der TH Berlin-Charlottenburg ernannt. 1903 ging er an die Militärtechnische Akademie in Berlin und 1906 wurde er der Nachfolger von Paul Drude (1863–1906) als Professor für Physik und Direktor des Physikalischen Institutes der Berliner Universität. Das Arbeitsgebiet von Rubens war die elektromagnetische Strahlung. 1900 konnte er durch Messungen, die er zusammen mit Ferdinand Kurlbaum (1857–1927) ausführte, den Nachweis erbringen, dass das Wiensche Strahlungsgesetz für den langwelligen Bereich nicht zutrifft. Diese Messungen zur Strahlung Schwarzer Körper waren von großer Bedeutung für die Entwicklung der jungen Quantentheorie.

Emil **Rupp** (1898–1979) war zwischen 1926 und 1935 einer der bekanntesten deutschen Physiker, dessen angebliche Experimente und Veröffentlichungen jedoch später als völlig gefälscht erkannt wurden.

Bernhard **Rust** (1883–1945) war ein deutscher Politiker (NSDAP). Ab 1933/34 leitete er das preußische Kultusministerium und von 1934 bis 1945 das Reichsministerium für Wissenschaft, Erziehung und Volksbildung. Rust war ein Hauptvertreter der nationalsozialistischen Erziehung.

Bertrand **Russell** (1872–1970) war ein britischer Philosoph, Mathematiker und Logiker.

Ernest **Rutherford** (1871–1937) war ein neuseeländischer Physiker, der 1908 den Nobelpreis für Chemie erhielt. 1902 stellte er die Hypothese auf, dass chemische Elemente durch radioaktiven Zerfall in Elemente mit niedrigerer Ordnungszahl übergehen. Er teilte 1903 die Radioaktivität in Alphastrahlung, Betastrahlung sowie Gammastrahlung nach der positiven, negativen oder neutralen Ablenkung der Strahlenteilchen in einem Magnetfeld auf und führte den Begriff der Halbwertszeit ein. Diese Arbeit wurde 1908 mit dem Nobelpreis für Chemie ausgezeichnet. Sein bekanntester Beitrag zur Atomphysik ist das Rutherfordsche Atommodell, das er 1911 aus seinen Streuversuchen von Alphateilchen an Goldfolie ableitete. Rutherford zusammen mit Hans Geiger wies erstmals 1917 experimentell nach, dass durch Bestrahlung mit Alphateilchen ein Atomkern (in seinem Falle Stickstoff) in einen anderen (in seinem Falle in das nächstschwerere Element Sauerstoff) umgewandelt werden kann. Bei diesen Experimenten entdeckte er das Proton. 1919 ging er als Professor nach Cambridge, wo er Direktor des Cavendish-Laboratoriums war.

Otto **Sackur** (1880–1914) war ein deutscher Physiker und Chemiker. Sackur arbeitete sowohl experimentell als auch theoretisch. Er promovierte 1901 bei Richard Abegg in Breslau über das Verhalten starker Elektrolyte. Nach der Habilitation in Breslau wurde er 1905 Privatdozent und 1911 Titular-Professor in Breslau. 1912 ging er zu Fritz Haber ans Kaiser-Wilhelm-Institut für Physikalische Chemie und Elektrochemie in Dahlem, wo er 1913 Abteilungsleiter wurde. Sackur kam bei einer Explosion im Labor Fritz Habers in Dahlem ums Leben, bei dem er an geheimen Arbeiten für den ab erstmals 1915 erfolgten Giftgaseinsatz im Ersten Weltkrieg sowie an Forschungen über Sprengstoffe beteiligt war. Er entwickelte zur gleichen Zeit wie Hugo Tetrode (um 1912) die Sackur-Tetrode-Gleichung zur Berechnung der Entropie einatomiger idealer Gase nach der klassischen Statistischen Mechanik. Bei der Anpassung seiner Formel an die Messdaten für Quecksilber-Dampf machte er 1913 die bedeutende Entdeckung, dass für die „Größe der Phasenraumzelle" für jede der drei Koordinaten genau die Plancksche Konstante h gewählt werden muss, um Übereinstimmung mit den Daten zu erzielen.

Meghnad **Saha** FRS (1893–1956) war ein indischer Astro-Physiker. Die nach ihm benannte Saha-Gleichung beschreibt die chemischen und physikalischen Bedingungen in Sternen.

Clemens **Schaefer** (1878–1968) war ein deutscher Physiker. Er promovierte 1900 bei Emil Warburg und wurde 1910 apl. Professor für theoretische Physik in Breslau. 1917 wurde er der Nachfolger Pringsheims in Breslau als ordentlicher Professor. Von 1920 bis 1926 war er Professor für Experimentalphysik in Marburg um 1926 wieder nach Breslau zurückzukehren. Nach der Vertreibung 1945 wurde er Professor in Köln. Er gab mit seinem Marburger und Breslauer Kollegen Ludwig Bergmann das bekannte Lehrbuch zur Experimentalphysik heraus.

Paul Hermann **Scherrer** (1890–1969) war ein Schweizer Physiker. Scherrer studierte anfänglich Botanik wechselte aber nach zwei Semestern zur Physik. 1912 ging er nach Königsberg und dann nach Göttingen und arbeitete dort zusammen mit Pieter Debye an der Strukturbestimmung von Kristallen mit Hilfe der Röntgenstrahlbeugung (Debye-Scherrer-Verfahren). 1920 wurde er Professor an der ETH Zürich,

Erhard **Schmidt** (1876–1959) war ein deutscher Mathematiker.

Adolf **Schmidt** (1893–1971) war als Feinmechaniker im Physikalisch Theoretischen Institut der Universität Frankfurt angestellt. Er war Mechaniker am Institut für Theoretische Physik in Frankfurt am Main bei Max Born und hatte wesentlichen Anteil an der technischen Realisierung des 1922 von Walther Gerlach und Otto Stern durchgeführten Stern-Gerlach-Versuches zur Überprüfung der Richtungsquantelung in Silberatomen.

Friedrich **Schmidt-Ott** (1860–1956) war ein deutscher Jurist, Politiker und Wissenschaftsorganisator. Er besuchte von 1866 bis 1873 das Königliche Wilhelms-Gymnasium in Berlin und dann von 1873 bis 1878 das Friedrichs-Gymnasium in Kassel, das auch von dem späteren deutschen Kaiser Wilhelm II. (1859–1941) besucht wurde und eine lebenslange Freundschaft zwischen diesen beiden Männern begründete. Schmidt-Ott studierte von 1878 bis 1881 an den Universitäten in Berlin, Heidelberg, Leipzig und Göttingen Jura. Von 1881 bis 1884 war er Referendar. Nach seinem Jurastudium und anschließender Promotion wurde er Beamter im höheren Verwaltungsdienst. 1888 wurde er Mitarbeiter von Friedrich Althoff (1839–1908) im Kultusministerium („Ministerium der geistlichen- und Unterrichtsangelegenheiten"), dessen Nachfolger er 1907 wurde. Von 1917 bis 1918 war er preußischer Kultusminister. 1920 war er zusammen mit Fritz Haber (1868–1934) der Initiator für die Gründung der Notgemeinschaft der deutschen Wissenschaft und ihr erster Präsident. 1934 wurde Schmidt-Ott von den Nationalsozialisten entlassen und Johannes Stark (1874–1957) wurde sein Nachfolger. Nach dem Zweiten Weltkrieg wurde er der Ehrenpräsident der neugegründeten Deutschen Forschungsgemeinschaft DFG. Schmidt-Ott wirkte auf mehreren Gebieten der Wissenschafts- und Kulturpolitik. Besondere Verdienste erwarb er sich durch die Gründung der Kaiser-Wilhelm-Gesellschaft, der späteren Max-Planck-Gesellschaft, 1909.

Robert **Schnurmann** (1904–1995) war ein deutsch-englischer Chemiker und bis 1933 Assistent bei Otto Stern in Hamburg. Von 1935 bis 1937 arbeitete er in Stockholm um dann nach Cambridge/England zu gehen. Schnurmann ist bis zu seinem

Tod am 1.4.1995 in England geblieben. Er war vom 1.10.1933 bis 31.12.1934 am Physikalischen Institut der Technischen Hochschule in Stockholm beschäftigt und wechselte zum 1.2.1935 zu Fraser ans Physical Chemistry Laboratory in Cambridge. Nach den Unterlagen des Chemischen Instituts der Universität Hamburg* Hamburg blieb er dort bis 1939. Von 1939 bis 1942 war er bei der London Midland and Scottish Railway Company, Research Laboratory, Derby, England angestellt und ab 1943 bis 1956 war er Chief Physicist im Physics Department von Manchester Oil Refinery, Ltd., Manchester, England.

Arthur Moritz **Schoenflies** (1853–1928) war ein deutscher Mathematiker. Er veröffentlichte 1891 das Buch „Kristallographie und Kristallstruktur".

Richard **Schorr** (1867–1951) wurde 1902 Direktor der Hamburger Sternwarte (bis 1941). Von 1919–1935 war er Professor für Astronomie an der Universität Hamburg.

Walter Hans **Schottky** (1886–1976) war ein deutscher Physiker. Nach Schottky wurde der Schottky-Effekt (betr. Glühemission in der Röhrentechnik), die Schottky-Diode, Schottky -Barriere und die Schottly-Gleichung benannt.

Erwin Rudolf Josef Alexander **Schrödinger** (1887–1961) war ein österreichischer Physiker. Schrödinger gilt als einer der Begründer der Quantenmechanik und erhielt für die Entdeckung neuer produktiver Formen der Atomtheorie gemeinsam mit Paul Dirac 1933 den Nobelpreis für Physik. Nach seiner Kriegsteilnahme am Ersten Weltkrieg folgte er Berufungen nach Jena (1920), Stuttgart (1920), Breslau (1921) und Zürich (1922). In Zürich vertrat er den Lehrstuhl für Theoretische Physik. Hier formulierte er auch die nach ihm benannte Schrödinger-Gleichung. 1927 ging Schrödinger nach Berlin, wo er die Nachfolge von Max Planck an der Friedrich-Wilhelms-Universität antrat. 1936 kehrte er nach Österreich zurück, um in Graz an der dortigen Universität zu lehren. Am 26. August 1938 wurde er schließlich wegen „politischer Unzuverlässigkeit" entlassen. Schrödinger ging nach Dublin, wo er ab 1940 wirkte und Direktor der Schule für Theoretische Physik des Dublin Institute for Advanced Studies war. 1956 kehrte er nach Wien zurück. Hier lehrte er bis zu seinem Tod am Institut für Theoretische Physik der Universität Wien.

Wilhelm **Schütz** (1900–1972) war ein deutscher Physiker. Er promovierte 1923 an der Universität Frankfurt bei Gerlach und wurde später Professor an der Universität Jena.

Winfried Otto **Schumann** (1888–1974) war ein deutscher Physiker.

Erich **Schumann** (1898–1985) war ein deutscher Physiker, Musikwissenschaftler und Wissenschaftsorganisator im Dritten Reich. Schumann machte 1919 sein Abitur in Berlin und studierte dann in Berlin Mathematik, Physik, Musikwissenschaft und Psychologie. Seine Dissertation machte er 1922 bei dem Psychologen und Musikwissenschaftler Carl Stumpf (1848–1936) über das Thema: Über die Abhängigkeitsbeziehungen zwischen der objektiven und subjektiven Tonintensität. 1929 habilitierte er sich in den Musikwissenschaften mit dem Thema: Physik der Klangfarben. 1931 erhielt er die Lehrbefugnis für Physik. Schumann trat schon vor Hitlers Machtergreifung 1933 der NSDAP bei und wurde 1932 Leiter des Wehrpolitischen Amtes der NSDAP. Von 1932 bis 1944 leitete er die Forschungsabteilung des Heereswaffenamtes. 1933 wurde er Ordinarius für Physik und Systematische Musikwissenschaften an der Universität Berlin. Für ihn wurde auch an der Berliner Universität das II. Physikalische Institut eingerichtet, das auf dem Gebiet der Sprengstoffphysik arbeitete. Dadurch wurde Schumann auch der Bevollmächtigte des Reichsforschungsrates für Sprengstoffphysik. In dieser Funktion war Schumann der Stellvertreter von Generalfeldmarschall Wilhelm Keitel im Präsidialrat des Reichsforschungsrates. Schumann wurde später der Vorwurf gemacht, dass er durch das in Aussicht stellen sogenannter „Wunderwaffen" den Krieg verlängert habe. Nach 1945 verhinderte Max von Laue in seiner Funktion als Vorsitzender der Deutschen Physikalischen Gesellschaft zunächst seine Übernahme in den Universitätsdienst. Von 1949 bis 1963 wurde Schumann dann aber der Leiter des Helmholtz-Institutes für Tonpsychologie und medizinische Akustik in Hamburg. Er starb am 25. April in Hamburg.

Philipp **Schwartz** (1894–1977) war ein deutscher Mediziner und Professor an der Goethe-Universität in Frankfurt am Main (1927–1933). Er wurde 1933 entlassen, weil er Jude war. Er ging nach Zürich und gründete hier die „Beratungsstelle für deutsche Wissenschaftler", die später den Namen „Notgemeinschaft deutscher Wissenschaftler im Ausland" trug. Durch deren Vermittlung konnten mehr als 150 deutsche Professoren in der Türkei als Hochschulordinarien eine Stelle finden. Ab 1953 wirkte Schwartz in den USA. 1957 wurde im Rahmen der Wiedergutmachung Schwartz eine Stelle an der Goethe Universität verweigert. Der Sitz der Notgemeinschaft wurde 1935 von Zürich nach London verlegt. Sie gab auch die Liste der „Displaced German Scholars" heraus (finanziert von der Rockefeller Foundation). Bis 1945 hat die Notgemeinschaft mehr als 2600 Wissenschaftler aus Deutschland, Österreich und Böhmen unterstützt.

Egon **Schweidler** (1873–1948) war ein österreichischer Physiker. Von 1911 bis 1926 leitete er den Lehrstuhl für Experimentalphysik an der Universität Innsbruck, wo er 1924 Dekan und 1925/26 Rektor war. 1926 kehrte er im Rahmen seiner Berufung auf das Ordinariat am II. Physikalischen Institut der Universität Wien zurück. Dort wirkte er zugleich als Sekretär (1929–1933), Generalsekretär (1933–1938) und Vizepräsident (1939–1945) der Österreichischen Akademie der Wissenschaften. 1933 wurde er auch zum Vorsitzenden der Deutschen Physikalischen Gesellschaft gewählt.

Julian Seymour **Schwinger** (1918–1994) war ein amerikanischer Physiker. 1939 hat er an der Columbia University bei Rabi promoviert und wechselte dann zu Oppenheimer nach Berkeley. Während des Krieges arbeitete er am MIT in Boston an der Radarentwicklung mit. Dabei entwickelte er die Theorie der Wellenausbreitung, wobei die Lippmann-Schwinger-Gleichung entdeckt wurde. Nach dem Kriege war sein Hauptforschungsgebiet die Quantenelektrodynamik. Zusammen mit Richard Feynman und Shin'ischiro Tomanaga wurde ihm dafür 1965 der Nobelpreis in Physik verliehen. Er lehrte von 1945 bis 1972 an der Harvard University.

Glenn T. **Seaborg** (1912–1999) war ein amerikanischer Chemiker. Er promovierte 1937 an der University of California in Berkeley und wurde dort 1945 Professor für Chemie. An den Beschleunigeranlagen des Lawrence Berkeley Laboratory gelang es ihm durch Beschuss sehr schwerer Ionen auf schwere Elemente, neue Elemente von Transuranen herzustellen. Für diese Arbeiten wurde er schon 1951 mit dem Nobelpreis für Chemie ausgezeichnet.

Max **Seddig** (1877–1963) war ein deutscher Physiker und Fotopionier. Er wurde 1915 Professor an der Universität Frankfurt und 1949 emeritiert.

Emilio **Segrè** (1905–1989) war ein italo-amerikanischer Physiker und Nobelpreisträger für Physik. Er studierte zuerst Ingenieurwissenschaften in Rom. Ab 1927 wechselte er zur Physik. Sein Physikstudium schloss er 1928 mit einer Promotion bei Enrico Fermi (1901–1954) ab. Ab 1939 arbeitete er bei Otto Stern (1888–1969) in Hamburg und bei Pieter Zeeman (1865–1943) in Amsterdam. 1932 bis 1936 war er Assistenzprofessor an der Universität Rom. Von 1936 bis 1938 wurde er Direktor der Physiklaboratorien an der Universität Palermo. 1938 emigrierte er nach den USA, da die faschistische Regierung antisemitische Gesetze erlassen hatte, die für Segrè als Jude ein weiteres Verbleiben in Italien unmöglich machten. Durch Ernest O. Lawrence (1901–1958) erhielt er eine Assistentenstelle in Strahlenlabor an der Universität in Berkeley. Von 1943 bis 1946 war Segrè Mitarbeiter beim amerikanischen Atombombenprojekt (Manhattan-Projekt) und Gruppenleiter am Los Alamos National Laboratory. Von 1946 bis 1972 war er Physikprofessor in Berkeley. 1959 erhielt er mit Owen Chamberlain (1920–2006) den Physik-Nobelpreis für die Entdeckung des Antiprotons. 1974 nahm er an der Universität Rom eine Stelle als Professor für Kernphysik an.

Nikolai N. **Semjonow** (1896–1986) war ein russischer Physikochemiker und Chemie-Nobelpreisträger.

Allen Goodrich **Shenstone** (1893–1980) war ein kanadischer Physiker und promovierte an der University in Princeton. Von 1925 bis 1962 war er Professor an der University of Toronto. Sein Arbeitsgebiet war die Atomphysik.

George Hiram **Shortley** (1910–xxxx) war ein amerikanischer Physiker und Co-Autor des Standardwerkes über Atomspektren (Edward Uhler Condon und George Hiram Shortley, The Theory of Atomic Spectra, Cambridge 1935).

Karl Manne Georg **Siegbahn** (1886–1978) war ein schwedischer Physiker und Nobelpreisträger. Er wurde 1924 mit dem Nobelpreis für Physik „für seine röntgenspektroskopischen Entdeckungen und Forschungen" ausgezeichnet.

Carl Ludwig **Siegel** (1896–1981) war ein deutscher Mathematiker. Er studierte von 1915 bis 1917 in Berlin und von 1919 bis 1920 in Göttingen, wo er auch 1920 promovierte. In seiner Dissertation und daran anschließenden Arbeiten führte er Untersuchungen des norwegischen Mathematikers Axel Thue (1863–1922) zu diophantischen Approximationen weiter, d. h. zur Approximation algebraischer Zahlen durch rationale oder auch durch (einfachere) algebraische Zahlen. 1929 gab er davon ausgehend wichtige, die mathematische Forschung befruchtende Transzendenzbeweise für spezielle Zahlen. In seiner Habilitation von 1921 ging er von der algebraischen zur analytischen Zahlentheorie über. Hier dehnte er die Hardry-Littlewoodsche Kreismethode auf Zahlkörper aus und diskutierte auf dieser Grundlage Zahlendarstellungen als Summen von k-ten Potenzen. Ab 1922 war er ordentlicher Professor für Mathematik in Frankfurt am Main. 1938 ging er an die Universität Göttingen. 1940 emigrierte er in die USA, wo er von 1940 bis 1951 am Institute for Advanced Study in Princeton arbeitete. 1944 gelang es ihm das sogenannte Waringsche Problem zu lösen. Nach dem Zweiten Weltkrieg war er dann bis zu seiner Emeritierung 1959 wieder Professor in Göttingen. Siegel verfasste Beitrage zur Zahlentheorie, zur Funktionentheorie mehrerer komplexer Veränderlicher und zur Himmelsmechanik. Er war auch Teilnehmer am historisch-mathematischen Seminar an der Universität Frankfurt, das aus Siegel, Max Dehn (1858–1952), Ernst Hellinger (1883–1950) und Paul Epstein (1871–1939) von 1922 bis 1935 bestand.

Hermann Werner von **Siemens** (1885–1986) war ein deutscher Industrieller aus dem Hause Siemens.

Franz Eugen **Simon** (1893–1956) war ein deutsch-englischer Physiker der die Methode der Isotopentrennung von ^{235}Uran entwickelte und somit einen wesentlichen Beitrag zur Entwicklung der ersten Atombombe leistete. Nach einer schweren Verletzung im 1. Weltkrieg promovierte er in Berlin bei Nernst auf dem Gebiet der Tieftemperaturphysik. Zu seinen weiteren akademischen Lehrern zählten Planck, von Laue und Haber. 1931 wurde er Direktor des Physikalischen Instituts an der Technischen Hochschule Breslau. Da er Jude war, verließ er 1933 Deutschland und wurde Mitarbeiter von Frederic Lindemann am Clarendon Laboratorium in Oxford. Nach Kriegsende wurde er zum Professor für Thermodynamik am Christ Church College in Oxford ernannt. Er machte dies Institut zu einem weltweit führenden Institut auf dem Gebiet der Tieftemperaturphysik. Er erhielt hohe Auszeichnungen. 1956, kurz vor seinem Tod, wurde er Nachfolger von Frederic Lindemann als Direktor des Clarendon Laboratoriums.

O.C. **Simpson** war ein Mitarbeiter Otto Sterns in Pittsburgh. Er wurde später (nach 1960) der Direktor der „Solid State Science Division" im Argonne Natl. Laboratory in Chicago.

John Clarke **Slater** (1900–1976) war ein amerikanischer Theoretischer Physiker. Slater leistete grundlegende Beiträge zur modernen Quantentheorie. Er befasste sich neben theoretischer Atom- und Molekülphysik mit der Anwendung der Quantenmechanik in der Festkörperphysik. Nach ihm benannt sind z. B., die Slater-Determinante, das Hartree-Fock-Slater-Verfahren etc. Von 1930 bis 1960 arbeitete er am MIT in Boston.

Carl Friedrich Rudolf **Smend** (1882–1975) war ein deutscher Staats- und Kirchenrechtler. Nach dem Krieg war Smend der erste Nachkriegsrektor der Universität Göttingen und trug maßgeblich zur schnellen Wiederaufnahme des Lehr- und Forschungsbetriebes bei. 1922 erhielt er einen Ruf an die Friedrich-Wilhelms-Universität nach Berlin und musste 1935 auf Druck des Reichserziehungsministeriums einen Ruf an die Universität Göttingen annehmen. In Göttingen blieb er bis zu seinem Lebensende.

Henry DeWolf „Harry" **Smyth** (1898–1986) war ein amerikanischer Physiker. Von 1926 bis 1966 war er „Faculty Member" des Physik Departments in Princeton. Während des Krieges hatte er großen Einfluß auf die militärische Forschung. Nach dem Krieg war ein Gegner der weiteren Aufrüstung. Dafür wurde ihm 1968 der „Peace Award" verliehen.

Arnold Johannes Frederick **Soddy** (1877–1956) war ein englischer Chemiker. Er studierte bei Ernest Rutherford. Dort beschäftige er sich mit Radioaktivität. Soddy erhielt 1921 „für seine Beiträge zur Kenntnis der Chemie der radioaktiven Stoffe und seine Untersuchungen über das Vorkommen und die Natur der Isotope" den Nobelpreis für Chemie.

Ludwig August **Sommer** (1895–?) war ein deutscher Physiker. Er erhielt 1926 die „Venia legendi" für Experimentalphysik an der Universität Göttingen. Wegen einer Auseinandersetzung mit Prof. James Franck erhielt Sommer Institutsverbot, da Prof. Franck das Vertrauensverhältnis als zerrüttet ansah. Sommers venia legendi für Experimentalphysik an der Universität Göttingen erlosch 1930 (Quelle: Universitätsarchiv Göttingen). Sommer hat später noch an der Universität Berlin gewirkt und muss auch Verbindungen nach Tokyo (Japan) gehabt haben.

Arnold **Sommerfeld** (1868–1951) war ein deutscher theoretischer Physiker. Sommerfeld gelang es 1916 die Feinstruktur der atomaren Zustände zu erklären, in dem er das Bohrsche Atommodell so erweiterte, dass er Ellipsenbahnen einführte und die Bewegung der Elektronen auf diesen klassischen Bahnen relativistisch berechnete. Dabei wurde er von Karl Schwarzschild und Wilhelm Lenz entscheidend unterstützt. Lenz war es eigentlich, der in Sommerfelds Theorie die wichtige Feinstrukturkonstante entdeckte. Im gleichen Jahr postulierte Sommerfeld zusammen mit seinem Schüler Pieter Debye die Existenz der Richtungsquantelung, was Otto Stern und Walther Gerlach motivierte, deren Existenz experimentell zu beweisen und darüber hinaus zum ersten experimentellen Nachweis der Drehimpulsquantisierung von Elektronen in Atomen führte. Sommerfeld war einer der größten Lehrer auf dem Gebiet der Quantenphysik. Heisenberg, Pauli, Bethe, u. a. waren seine Schüler. Er wurde 81 mal für den Nobelpreis vorgeschlagen, hat ihn aber nie erhalten.

Hertha **Sponer** (1895–1968) war eine deutsche Physikerin und die zweite Ehefrau von James Franck.

Johann(es) Nikolaus **Stark** (1874–1957) war ein deutscher Physiker. 1913 wies er die heute als Stark-Effekt bezeichnete Aufspaltung der Spektrallinien in starken elektrischen Feldern nach. Dafür wurde ihm 1919 der Nobelpreis für Physik verliehen. 1920 ging er an die Universität Würzburg. Da ein Habilitationsversuch einer seiner Schüler scheiterte, legte er aus Protest seine Professur nieder und gründete mit seinem Nobelpreisgeld ein eigenes privates Institut. Als exponierter Nazi wurde Stark im Mai 1933 von Reichsinnenminister Wilhelm Frick zum Präsidenten der Physikalisch-Technischen Reichsanstalt nach Berlin berufen. 1934 wurde er auch Präsident der Deutschen Forschungsgemeinschaft.

Fred (Alfred) **Stein** (1909–1967) war ein deutscher Fotograf und Pionier der Kleinbildfotografie. Weltruhm erlangte Stein durch seine Bildreportagen vom Paris der Dreißiger Jahre und durch seine Portraits von Albert Einstein.

Elise **Stern** (1899–1945) war die jüngste Schwester Otto Sterns.

Fritz Richard **Stern** (1926–2016) war ein amerikanischer Historiker in Breslau geboren. Fritz Stern erhielt seinen Vornamen bei der Taufe nach seinem Paten, dem Chemiker und Nobelpreisträger Fritz Haber. Zusammen mit seinen Eltern Rudolf und Käthe Stern emigrierte 1938 in die USA: 1953 promovierte er an Columbia University und wurde dort 1963 „Full Professor". 1997 wurde er emeritiert. Seit 1954 war Fritz Stern Gastprofessor an der FU in Berlin und hatte seit 1966 eine ständige Gastprofessur an der Universität in Konstanz. 1987 hielt Stern als erster ausländischer Staatsbürger im Deutschen Bundestag die Festrede zum 17. Juni.

Käthe (Catherine) **Stern,** geb. Brieger (1894–1973) war eine deutsch-US-amerikanische Montessori Pädagogin und ausgebildete Physikerin. Sie war die Ehefrau von Rudolf Stern und Mutter von Fritz Stern. „In letzter Minute" emigrierte die Familie Stern in die USA. Dort arbeitete Käthe Stern mit Max Wertheimer zusammen.

Richard **Stern** (1865–1911)) war ein deutscher Arzt und der Vater von Rudolf Stern. Stern war seit 1900 Leiter der Universitätspoliklinik zu Breslau und veröffentlichte zahlreiche Schriften.

Rudolf **Stern** (1895–1962) war ein deutsch amerikanischer Mediziner und Sohn von Otto Sterns Vetter Richard Stern (deren beide Väter waren Halbbrüder). Rudolf Stern arbeitete ab 1923 für zwei Jahre bei Fritz Haber in Berlin auf dem Gebiet der Kolloidalen Chemie. Er war verheiratet mit Käthe Brieger und musste 1938 in die USA emigrieren. Seine Schwester Marga heiratete Fritz Habers Sohn. Rudolfs Sohn war der Historiker Fritz Stern.

Georg **Stettner** (1895–1988) war ein österreichischer Physiker und der erste Patentnehmer eines Kernkraftwerkes (14. Juni 1939).

Hans **Stille** (1876–1966) war ein deutscher Geologe und Professor in Göttingen und Berlin.

Aurel Boreslav **Stodola** (1859–1942) war Ingenieur für Maschinenbau und Maschinenentwicklung. Er war seit 1892 Professor an der ETH-Zürich. Durch seine Beschäftigung mit philosophischen Fragen hatte er auch Kontakt zu Albert Einstein und Albert Schweitzer.

Friedrich Wilhelm „Fritz“ **Straßmann** (1902–1980) war ein deutscher Chemiker. Er war der Mit-Entdecker der Kernspaltung.

Hans Eduard **Suess** (1909–1993) war ein österreichisch-deutscher Kernphysiker. Nach dem Krieg war er zusammen mit Haxel und Jensen an der Entwicklung des Kernschalenmodels beteiligt. 1950 emigrierte er in die USA und war zuletzt Professor of Chemistry an der University of California in La Jolla.

Leo **Szilard** (1898–1964) war ein ungarisch amerikanischer Physiker, der seit 1919 in Berlin studierte und arbeitete. In jungen Jahren beschäftige er sich sehr intensiv mit der Thermodynamik und der Bedeutung des „Maxwellschen Dämons“. (Ref. Szilard Maschine). Als Jude musste 1933 aus Deutschland emigrieren und ging über England in die USA (1938). In den USA war sein Arbeitsgebiet die Kernphysik. Zusammen mit Fermi arbeitete er am Aufbau eines Kernreaktors. Zusammen mit Einstein überzeugte er den US Präsidenten Roosevelt, dass es nötig sei, vor den Deutschen eine Atombombe zu besitzen.

John Torrence **Tate** (1889–1950) war ein amerikanischer Physiker. Von 1926 bis 1950 war er Editor von „Physical Review“. 1914 promovierte er bei James Franck in Berlin. Von 1916 bis 1950 war er Professor an der University of Minnesota.

Hugh Stott **Taylor** (1890–1974) war ein englischer Chemiker. Er verbrachte seine Kindheit und Jugend in St. Helens (England). Hier besuchte er auch das Gymnasium und studierte dann in Liverpool, wo er 1910 sein Studium abschloss. Er arbeitete dann an seiner Dissertation und verbrachte ein Jahr am Nobel-Institut in Stockholm bei Svante Arrhenius (1859–1927) und an der TH Hannover bei Max Bodenstein (1871–1942). 1914 wurde er an der Universität Liverpool promoviert und ging dann als Dozent an die Universität Princeton, wo er auch 1915 Assistant Professor wurde. Die Ernennung zum Professor für Physikalische Chemie erfolgte 1922. In der Folgezeit wurde er auch Institutsdirektor für die Abteilung Chemie an der Universität Princeton, die er von 1926 bis 1951 leitete. Taylor war auch von 1948 bis 1958 Dekan an der Graduate School in Princeton. Sein Arbeitsgebiet war die Katalyseforschung.

Alan **Templeton** (1960–) ist der Sohn von Liselotte und David Templeton und Großneffe von Otto Stern.

David **Templeton** (1920–2010) war ein bekannter Wissenschaftler auf dem Gebiet der Biophysik (Proteinstrukturuntersuchung mittels Synchrotronstrahlung).

Diana **Templeton-Killen** (1950–) ist die Tochter von Liselotte und David Templeton und Großnichte von Otto Stern.

Liselotte **Templeton** geb. Kamm (1918–2009) war die Tochter von Berta Kamm und damit die einzige Nichte von Otto Stern. Sie war eine bekannte Wissenschaftlerin auf dem Gebiet der Biophysik (Proteinstrukturuntersuchung mittels Synchrotronstrahlung).

Hermann **Terdenge** (1882–1959) war ein deutscher Ministerialbeamter und Diplomat. Im Jahre 1926 wurde Terdenge ins Auswärtige Amt als Vortragender Legationsrat berufen. Ab 1930 war er Dirigent der Kulturabteilung des Auswärtigen Amtes.

Hugo **Tetrode** (1895–1931) war ein niederländischer Physiker. Parallel mit Otto Sackur (1880–1914) entwickelte er 1912 die Sackur-Tetrode-Gleichung zur Beschreibung der Entropie in idealen Gasen.

Hans **Thirring** (1888–1976) war ein österreichischer Physiker und Politiker (SPÖ). Hans Thirring promovierte 1911 bei Friedrich Hasenöhrl in Wien über ein thermodynamisches Thema. 1921 wurde er dort außerordentlicher und 1927 ordentlicher Professor und war bis 1938 Vorstand des Institutes. Thirring war in Österreich auch politisch tätig, so wurde er 1957 bis 1963 für die SPÖ in den Bundesrat entsandt. Er setzte sich weiter stark für die Friedensbewegung ein und propagierte die als Thirring-Plan bekannt gewordene Idee der einseitigen Abrüstung Österreichs.

George Paget **Thomson** (1892–1975) war ein englischer Physiker und Nobelpreisträger für Physik. Thomsons Vater war der Physiker und Nobelpreisträger Joseph John Thomson (1856–1940). Er ging in Cambridge zur Schule. Sein Vater unterrichtete ihn in Mathematik und Physik am Trinity College in Cambridge. Nach dem Ersten Weltkrieg erhielt er eine Stelle an der Universität Cambridge und ging dann an die Universität in Aberdeen. Hier entdeckte er 1927, unabhängig von dem amerikanischen Physiker Clinton Joseph Davisson (1881–1958), die Elektronenbeugung am Kristallgitter, was einen Beweis für die Theorie der Materiewellen von Louis de Broglie (1892–1987) bedeutete. 1937 erhielten Davisson und Thomson für ihre Forschungen den Nobelpreis für Physik.

Karl **Tiedcke** hat 1928 in der Chemie der Universität Hamburg promoviert mit dem Titel: Zur Methodik der systematischen fraktionierten Verteilung: Ein Beitrag zur Kenntnis der Pyridinbasen des Steinkohlenteers. Die Chemieabteilung des Tuberkulosehospitals in Hamburg war damals mit dem Fachbereich Chemie an der Universität Hamburg eng verbunden.

Paul Johannes **Tillich** (1886–1965) war ein deutsch-amerikanischer Theologe und Religionsphilosoph. Ab 1924 lehrte er an der Universität Marburg und ab 1925 an der TU-Dresden. Von 1929 bis 1933 war an der Universität Frankfurt tätig. Da er 1933 eine Schrift gegen den Nationalsozialismus veröffentlicht hatte, musste er 1993 in die USA emigrieren und wirkte an der Harvard University in Cambridge und der University of Chicago. Er emeritierte 1955.

Emil **Toeplitz** (1852–1917) war Mathematiklehrer am Johannes Gymnasium in Breslau.

Bruno **Touschek** (1921–1978) war ein österreichischer Physiker und Pionier der Beschleunigerentwicklung. Zu Kriegsbeginn arbeitete er als Jude in Hamburg bei Philips an der Entwicklung der Wanderfeldröhren. Zusammen mit Wideröe entwickelte er das Betatron. Nachdem man entdeckt hatte, dass er Jude war, wurde er 1945 verhaftet und ins Konzentrationslager gebracht. Am Kriegsende überlebte er den Häftlingstodesmarsch nur um Haaresbreite. 1946 bestand er sein Diplom in Physik an der Universität Göttingen. 1952 ging er nach Italien ans Istituto Nazionale di Frascati. Erst in seinem Todesjahr wurde er Professor.

Charles Hard **Townes** (1915–2015) war ein amerikanischer Physiker. Er gilt als der Erfinder des Masers und Lasers. Zusammen mit Nikolay Basov und Alexander Prokhorov wurde ihm 1964 dafür der Nobelpreis der Physik verliehen. Er war auch wissenschafts-politisch sehr aktiv und Berater fast aller Präsidenten seit Truman. Er wurde 1950 zum Professor an die Columbia University in New York berufen, von 1961 bis 1967 war er Professor am MIT in Boston und ab 1967 Professor an der University of California in Berkeley.

Professor Dr. Heinrich Freiherr Rausch von **Traubenberg** (1880–1944) war ein deutscher Physiker. Seit 1931 war er Ordinarius an der Universität Kiel. Da seine Frau Jüdin war, wurde er 1937 entlassen. Durch die Hilfe Otto Hahns konnte er am Kaiser Wilhelm Institut in Berlin weiter arbeiten, er starb aber 1944 an einem Herzanfall. Seine Frau überlebte das Konzentrationslager Theresienstadt nur durch den persönlichen Einsatz von Otto Hahn.

Walter **Traupel** (1914–1998) war Professor für Maschinenbau (thermische Turbomaschinen) und Rektor der ETH von 1961 bis 1964.

Merle Anthony **Tuve** (1901–1982) war ein amerikanischer Geophysiker. Er war der Gründungsdirektor des Instituts für Angewandte Physik an der John Hopkins Universität in Baltimore und ein Pionier bei der Entwicklung der Radartechnik.

George Eugene **Uhlenbeck** (1900–1988) war ein niederländisch-amerikanischer Physiker, der zusammen mit Samuel Goudsmit 1925 den Elektronenspin entdeckt hat.

Georges **Urbain** (1872–1938) war ein französischer Chemiker.

Harold Clayton **Urey** (1893–1981) war ein amerikanischer Chemiker (Physikalische Chemie). Er studierte bei Gilbert Lewis in Berkeley und promovierte 1923. Anschließend ging er nach Kopenhagen. Nach Aufenthalten an der Johns Hopkins University und der Columbia University wurde er später Professor an der University of Chicago. Für seine Entdeckung des Deuteriums wurde ihm 1934 der Nobelpreis für Chemie verliehen.

Oswald **Veblen** (1880–1960) war ein amerikanischer Mathematiker. Seit 1905 arbeitete er an der Princeton University und wurde dort 1926 Professor. Als Gastprofessor besuchte er auch verschiedene deutsche Universitäten (Göttingen, Berlin, Hamburg). Ab 1932 war er Professor am neu gegründeten "Institute for Advanced Studies" und unterstützte dort die Aufnahme zahlreicher Emigranten (Einstein, Weyl und von Neumann) aus Europa.

John Hasbrouck Van **Vleck** (1899–1980) war ein US-amerikanischer Physiker, der sich mit Festkörperphysik beschäftigte. Van Vleck erhielt 1977 zusammen mit Nevill F. Mott und Philip W. Anderson den Nobelpreis für Physik „für die grundlegenden theoretischen Leistungen zur Elektronenstruktur in magnetischen und ungeordneten Systemen“. Er wurde oft als Vater der modernen Theorie des Magnetismus bezeichnet und war in den 1920er Jahren ein Pionier der Quantenmechanik in den USA.

Jules-Émile **Verschaffelt** (1870–1955) war ein belgischer Physiker. 1893- bis 1894 studierte er bei van der Waals, Van't Hoff und Lorentz in Leiden. 1896 promovierte er bei Kamerlingh Onnes. 1906 wurde er Professor an der Universität Brüssel. Ab 1923 arbeitete er als Professor an der Universität in Gent und blieb dort bis 1940. Nach 1946 übersiedelte in die Niederlande.

Lotte **Volmer** geb. Pusch war eine deutsche Chemikerin und die Ehefrau von Max Volmer.

Max **Volmer** (1885–1965) war ein deutscher Chemiker. 1920 wurde er außerordentlicher Professor für physikalische Chemie an der Universität Hamburg und 1922 als Ordinarius an die technische Hochschule Berlin in Berlin berufen. Ab 1945 arbeitete er an der Atombombenentwicklung in der Sowjetunion. Nach seiner Rückkehr 1955 wurde er Präsident der Deutschen Akademie der Wissenschaften zu Berlin. In der Nazizeit war er einer der Aufrichtigen, der dem Zeitgeist nicht folgte. Seit 1918 war er ein enger persönlicher Freund von Otto Stern.

Alessandro Giuseppe Antonio Anastasio **Volta** (1745–1827) war ein italienischer Physiker. Er ist ein Pionier der Elektrizitätslehre und entwickelte die erste elektrische Batterie (Voltasche Säule). Er erfand ein sehr empfindliches Spannungsmessgerät, das kleinste Strommengen messen konnte. Ihm zu Ehren wurde die Einheit der elektrischen Spannung „Volt" genannt.

Richard **Wachsmuth** (1868–1941) war ein deutscher Physiker. Richard Wachsmuth studierte Physik an der Ruprecht-Karls-Universität Heidelberg, der Friedrich-Wilhelms-Universität Berlin und der Universität Leipzig. 1893 trat er seine erste Stelle bei der Physikalisch-Technische Reichsanstalt an. Von 1898 bis 1905 lehrte er als außerordentlicher Professor für Physik an der Universität Rostock. 1907 wurde er Dozent beim Physikalischen Verein in Frankfurt am Main. 1908 übernahm er eine Professur für Experimentalphysik an der Akademie und wurde 1913/14 deren letzter Rektor. Ab 1911 spielte Wachsmuth zusammen mit dem Frankfurter Oberbürgermeister Franz Adickes eine maßgebliche Rolle bei der Gründung der Universität Frankfurt und wurde 1914 durch den preußischen Kultusminister zum Gründungsrektor der Königlichen Universität zu Frankfurt am Main berufen. Wachsmuth war von 1914 bis zu seiner Emeritierung 1932 ordentlicher Professor für Experimentalphysik und Direktor des Physikalischen Institutes.

Ernst **Wagner** (1876–1928) war Mediziner und Physiker und einer der Würzburger Nachfolger Wilhelm Conrad Röntgens.

Julius **Wagner-Jauregg** (1857–1940) war ein österreichischer Psychiater und Medizin-Nobelpreisträger. Für seine Entdeckung der Malariatherapie zur Behandlung von progressiver Paralyse erhielt er 1927 den Nobelpreis für Medizin. Seine Arbeitsgebiete waren die Behandlung von Psychosen, der Syphilis und von Schilddrüsenerkrankungen

Ernest Thomas Sinton **Walton** (1903–1995) war ein irischer Physiker. 1922 machte er seinen Diplomabschluss am Trinity College in Dublin. Danach ging er an das Cavendish Laboratorium in Cambridge zu Rutherford. Zusammen mit John Cockroft entwickelte er einen Ionenbeschleuniger, den sogenannten Cockroft-Walton-Beschleuniger. Mit beschleunigten Protonen konnten erstmals Kernreaktionen nachgewiesen werden. Für diese Leistungen wurden Cockroft und Walton 1951 der Physiknobelpreis verliehen. 1946 wurde Walton am Trinity College zum Professor ernannt.

Emil Gabriel **Warburg** (1846–1931) war ein deutscher Physiker. 1872 wurde er an die neu gegründete Universität von Straßburg berufen. 1876 übernahm Warburg mit nur 29 Jahren in Freiburg das Ordinariat für Physik. Die Entdeckung und theoretische Deutung der magnetischen Hysterese (1880) gehört zu den wissenschaftlich bedeutendsten Leistungen Warburgs. Nach dem frühen Tod von August Kundt erhielt der 48-jährige Warburg 1894 einen Ruf nach Berlin. 1895 wurde Warburg ordentliches Mitglied der Preußischen Akademie der Wissenschaften. Nachdem er 1905 sein Amt als Ordinarius an der Berliner Universität niedergelegt hatte, übernahm er die Leitung der Physikalisch-Technischen-Reichsanstalt, die er bis 1922 innehatte. Mit 76 Jahren trat Warburg am 1. April 1922 in den Ruhestand.

Max **Warburg** (1867–1946) war einer der angesehensten Hamburger Bankiers seiner Zeit und Politiker. Von 1904 bis 1919 war Warburg Mitglied der Hamburgischen Bürgerschaft. Er war Berater des deutschen Kaiser Wilhelm II. Warburg nahm als Delegierter an den Verhandlungen zum Versailler Vertrag teil.

Otto **Warburg** (1883–1970) war ein deutscher Biochemiker und Nobelpreisträger für Physiologie oder Medizin. Sein Vater war der Physiker Emil Warburg (1846–1931). Er ging in Berlin zur Schule und machte 1901 sein Abitur. Anschließend studierte er Naturwissenschaften in seiner Geburtsstadt Freiburg im Breisgau. Wobei er den Schwerpunkt seiner Studien auf das Studium der Chemie legte. Dieses Studium der Chemie setzte er 1903 in Berlin fort. Ab 1905 studierte er auch Medizin an den Universitäten Berlin, München und Heidelberg. 1906 wurde er von Emil Fischer (1852–1919) in Chemie promoviert. 1911 wurde er von Ludolf von Krehl (1861–1937) in Heidelberg in Medizin promoviert. 1912 habilitierte er sich in Physiologie an der Universität Heidelberg. Von 1921–1923 war er außerordentlicher Professor für Physiologie an der Berliner Universität. 1930 gründete er das KWI für Zellphysiologie in Berlin-Dahlem, dessen erster Direktor er auch wurde und es bis 1967 blieb. 1931 erhielt er für die Entdeckung der Natur und der Funktion des Atmungsferments den Nobelpreis für Physiologie oder Medizin. Obwohl Warburg jüdischer Abstammung war, gelang es ihm im Dritten Reich bis zum Kriegsende seine Stellung zu behalten. 1946 wurde er Mitglied der Deutschen Akademie der Wissenschaften zu Berlin und Professor des jetzt neugegründeten Max-Planck-Institutes für Zellphysiologie (früher KWI für Zellphysiologie). Warburgs Arbeitsgebiete waren die mitochondriale Atmungskette, die Photosynthese der Pflanzen und die Tumorforschung.

Hans Joachim **Wartenberg** (1880–1960) war ein deutscher Chemiker. Seine Arbeitsgebiete waren anorganische und physikalische Chemie. 1913 wurde er ordentlicher Professor für Physikalische Chemie an der Technischen Hochschule Danzig und 1916 ordentlicher Professor für Anorganische Chemie. Ab 1932 war er ordentlicher Professor für Anorganische Chemie in Göttingen.

Rolin-Louis **Wavre** (1896–1949) war ein Schweitzer Mathematiker

Warren **Weaver** (1894–1978) war ein amerikanischer Mathematiker. Er war ein Mitbegründer der Informationstheorie. Von 1932 bis 1955 war Direktor der Abteilung Naturwissenschaften bei der Rockefeller Foundation.

David Locke **Webster** (1888–1976) war ein amerikanischer Physiker, der auf dem Gebiet der Roentgenstrahlung arbeitete.

Pierre-Ernest **Weiss** (1865–1940) war ein elsässischer Physiker. 1887 schloss Pierre-Ernest Weiss als Jahrgangsbester am Zürcher Polytechnikum sein Ingenieurstudium ab. Im darauf folgenden Jahr ging er an die École normale supérieure in Paris. In Frankreich begann er, sich mit Physik zu befassen. 1895 ging er an die Universität Rennes, 1899 an die von Lyon und 1902 wurde er an das Polytechnikum in Zürich berufen. Dort erhielt er ein Labor zur Untersuchung von magnetischen Phänomenen. 1908 war er Mitbegründer der Schweizerischen Physikalischen Gesellschaft. 1919 wurde er Leiter des Physikalischen Instituts der Universität Straßburg. 1926 wurde er an der Pariser Akademie aufgenommen. Weiss legte die Grundlagen des Para- und Ferromagnetismus und für die Temperaturabhängigkeit der Magnetisierung. Er entdeckte die weissschen Bezirke und die quantenhaften Eigenschaften der magnetischen Momente in den Atomen. Außerdem entwickelte er das Curie-Gesetz von Pierre Curie weiter zum nach ihm mitbenannten Curie-Weiss-Gesetz. Mit seinem Freund Heike Kamerlingh Onnes befasste er sich mit Magnetismus bei sehr tiefen Temperaturen.

Victor Frederick **Weisskopf** (1908–2002) war ein östereichisch amerikanischer Physiker. Er studierte bei Max Born von 1928 bis 1931 in Göttingen und ging danach zu Heisenberg nach Leipzig und zu Schrödinger nach Wien sowie zu Bohr nach Kopenhagen und Dirac nach Cambridge. Als Jude musste er 1937 in die USA emigrieren. Auf Bitten von Oppenheimer arbeitete er auch am Manhattanprojekt mit. Nach dem Kriege wurde er Professor am MIT in Boston.

Chaim **Weizmann** (1874–1952) war Chemiker und Gründer des Weizmann Instituts in Rehovot/Israel. Präsident der Zionistischen Weltorganisation und 1. Präsident Israels.

Carl Friedrich Freiherr von **Weizsäcker** (1912–2007) war ein deutscher Physiker, Philosoph und Friedensforscher. Als wissenschaftlicher Mitarbeiter des Kaiser-Wilhelm-Instituts für Physik beschäftigte sich von Weizsäcker in den 1930 er Jahren mit der Bindungsenergie von Atomkernen (Bethe-Weizsäcker-Formel, Tröpfchenmodell; 1935) und den Kernprozessen, die im Inneren von Sternen Energie liefern (Bethe-Weizsäcker-Zyklus; 1937/1938). 1936 lieferte er die erste zutreffende Deutung von Kernisomeren als verschiedenen metastabilen Zuständen des Atomkerns. 1945 gehörte von Weizsäcker zu den durch die Alliierten im Rahmen der Alsos-Mission in Farm Hall (Südengland) und später in Alswede internierten deutschen Wissenschaftlern. Über philosophische Aspekte der Quantentheorie arbeitete v. Weizsäcker seit 1931.

Gregor **Wentzel** (1898–1978) war ein deutscher theoretischer Physiker. Wentzel studierte in Freiburg im Breisgau und Greifswald und ab 1920 in München bei Arnold Sommerfeld, wo er auch Wolfgang Pauli und Werner Heisenberg traf und 1921 promovierte. 1922 habilitierte er sich in München und wurde 1926 Professor für theoretische Physik an der Universität Leipzig. Wentzel wurde 1928 Nachfolger Erwin Schrödingers an der Universität Zürich und machte Zürich gemeinsam mit Wolfgang Pauli, der im gleichen Jahr Professor an der ETH Zürich wurde, zu einem internationalen Zentrum der theoretischen Physik. 1933 erschien sein Artikel „Wellenmechanik der Stoß- und Strahlungsvorgänge“ im Handbuch der Physik. Seine „Einführung in die Quantentheorie der Wellenfelder“ von 1943 war bis zur Revolutionierung der Quantenfeldtheorie durch Richard Feynman, Julian Schwinger und andere, die Ende der 1940 er Jahre einsetzte, das führende Lehrbuch. Während des Krieges übernahm er die Vorlesungen von Wolfgang Pauli an der ETH. Ab 1948 war er bis zu seiner Emeritierung 1969 Professor an der University of Chicago (danach als Professor Emeritus bis zu seinem Tod).

Max **Wertheimer** (1880–1943) gilt als einer der Hauptbegründer der Gestaltpsychologie. Er promovierte 1905 in Würzburg. 1910 bis 1914 erarbeitete Wertheimer die Grundlagen der Gestalttheorie und führte die entscheidenden Experimente zu den Gestaltgesetzen mit Wolfgang Köhler und Kurt Koffka in Frankfurt durch, wo er sich 1912 mit seinen *Experimentellen Studien über das Sehen von Bewegung* habilitierte. Von 1922 bis 1929 war er ordentlicher Professor in Berlin und von 1929 bis 1933 in Frankfurt. 1933 emigrierte er in die USA und lehrte bis 1943 an der "New School for Social Research" in New York.

Professor A. **Westgren** war 1945 der „Chairman of the Nobel Committee for Chemistry of the Royal Swedish Academy of Sciences“.

Wilhelm Heinrich **Westphal** (1882–1978) war ein deutscher Physiker. Er war ein bekannter Autor von Hochschulbüchern und populärwissenschaftlichen Schriften sowie Herausgeber wissenschaftlicher Werke. Er promovierte 1908 mit einer Arbeit über Elektronenstrahlen. Nach dem Ersten Weltkrieg wurde er Professor an der Friedrich-Wilhelms-Universität Berlin. 1928 wurde er Professor an der Technischen Hochschule Berlin. 1955 wurde er dort emeritiert.

Hermann Klaus Hugo **Weyl** (1885–1955) war ein deutscher Mathematiker, Physiker und Philosoph, der wegen seines breiten Interessensgebiets von der Zahlentheorie bis zur theoretischen Physik und Philosophie als einer der letzten mathematischen Universalisten gilt.

John Archibald **Wheeler** (1911–2008) war ein amerikanischer Physiker. Er promovierte 1933 an der Johns Hopkins University bei Karl Herzfeld. 1938 wurde er Professor an der Princeton University, wo er bis 1976 blieb. Danach war er Professor an der University in Austin/Texas.

Heinrich Otto **Wieland** (1877–1957) war ein deutscher Chemiker. Er leitete im ersten Weltkrieg bei Fritz Haber die Giftgasabteilung im KWI für Physikalische Chemie in Berlin. 1921 wurde er Professor in Freiburg und 1925 Nachfolger von Richard Willstätter in München. Da seine Forschungen im zweiten Weltkrieg als kriegswichtig eingestuft wurden, gelang es ihm, zahlreiche Naziverfolgte Wissenschaftler zu schützen. 1927 wurde ihm der Nobelpreis für Chemie verliehen.

Wilhelm Carl Werner Otto Fritz Franz **Wien** (1864–1928) war ein deutscher Physiker. Sein Arbeitsgebiet war die Wärmestrahlung (Wiensches Verschiebungs- und Strahlungsgesetz). Für diese Arbeiten erhielt er 1911 den Nobelpreis für Physik. Ab 1900 war er Nachfolger von Conrad Röntgen als Professor in Würzburg, ab 1919 dann an der Ludwig-Maximilians Universität in München.

Eugene Paul **Wigner** (1902–1995) war ein ungarischer theoretischer Physiker. Wigner wurde in einer jüdischen Familie geboren und besuchte in den Jahren 1915 bis 1919 gemeinsam mit John von Neumann das humanistische Lutheraner-Gymnasium in Budapest. Er promovierte 1925 an der Technischen Hochschule Berlin bei Michael Polanyi. Hier lernte er Albert Einstein und Leó Szilárd kennen. Wigner und Hermann Weyl waren verantwortlich für die Einführung der Gruppentheorie als mathematische Methode in die Quantenmechanik. Wigner emigrierte in die USA und arbeitete seit 1931 in Princeton. Von 1937 bis 1971 war er Professor für Mathematik an der Princeton University. Im Jahre 1963 wurde ihm der Nobelpreis für Physik verliehen.

Ray Lyman **Wilbur** (1875–1949) war ein amerikanischer Mediziner, der von 1916 bis 1943 Präsident der Stanford Universität war.

Conrad Heinrich Christoph **Willgerodt** (1841–1930) war ein deutscher Chemiker. Er promovierte 1875 in Freiburg und war von 1882 bis 1913 apl. Professor in Freiburg.

Charles Thomson Rees **Wilson** (1869–1959) war ein schottischer Physiker und Nobelpreisträger für Physik. Er wuchs in Parish Glencorse in Schottland auf und ging nach dem Tode seines Vaters 1873 nach Manchester. Er besuchte dort eine Privatschule und erhielt dann am Owen's College seine weitere Ausbildung. 1888 ging er nach Cambridge an das Sidney Sussex College, wo er 1892 seinen Abschluss machte. Er studierte zunächst Biologie, da er Arzt werden wollte, wandte sich aber in Cambridge immer mehr physikalischen und chemischen Fragestellungen zu, so dass er schließlich nach seinem Studium am Cavendish Laboratory arbeitete. 1896 baute er einen Vorläufer der Nebelkammer und experimentierte mit ihr mit Röntgenstrahlen. 1900 wurde er Fellow am Sidney Sussex College, wo er Vorlesungen hielt und Versuche vorführte. 1911 konnte er mit einer weiterentwickelten Nebelkammer die Spuren einzelner Alpha- und Beta-Teilchen photographisch nachweisen. 1913 wurde er zum metereologischen Beobachter am Observatorium für Sonnenphysik ernannt. Ab 1918 hielt er Vorlesungen in Metereologie und übernahm auch die Vorlesungen für Fortgeschrittene in Praktischer Physik am Cavendish Laboratory. 1925 erfolgte die Ernennung zum Professor für Naturphilosophie. 1927 erhielt er, zusammen mit Arthur Compton (1892-1962), dem Entdecker des Compton-Effektes, den Nobelpreis für Physik.

Wolfgang **Windelband** (1886–1945) war Professor für Neuere Geschichte und von 1926-1933 Personalreferent am Preußischen Unterrichtsministerium.

Hans **Winkler** (1877–1945) war von 1912 bis 1943 Professor der Botanik, erst am Hamburger Kolonialinstitut, ab 1919 an der Universität Hamburg.

Emil **Wolff** (1879–1952) wurde 1919 Professor für englische Sprache und Kultur an der Universität Hamburg. Er war dort erster Nachkriegsrektor.

Robert Williams **Wood** (1868–1955) war ein US amerikanischer Physiker. Er gilt als einer der Pioniere der Infrarot- und Ultraviolettstrahlungsforschung und wurde dafür viele Male für den Nobelpreis vorgeschlagen. Von 1894 bis 1896 arbeitete er zusammen mit Heinrich Rubens an der Universität Berlin. Später war er Professor an der John Hopkins Universität/USA.

Erwin **Wrede** (1894–?) war ein deutscher Physiker, der 1927 bei Otto Stern in Hamburg promovierte mit der Arbeit „Über die Ablenkung von Molekularstrahlen elektrischer Dipolmoleküle im inhomogenen elektrischen Feld von Wasserstoffatomstrahlen im inhomogenen Magnetfeld".

Albrecht Paul Ernst Karl von **Wrochem** (1880–1944) war ein deutscher Verwaltungsjurist. Die Stadt Hamburg übertrug ihm 1917 Verwaltungsaufgaben der wissenschaftlichen Anstalten der 1. Sektion der Oberschulbehörde.

Hideki **Yukawa** (1907–1981) war ein japanischer theoretischer Physiker. Er promovierte an der Universität in Kyoto. 1935 publizierte er seine Mesonen-Theorie und erklärte damit die Wechselwirkung zwischen Protonen und Neutronen. 1940 wurde er Professor in Kyoto und 1940 an der Columbia University in New York. 1949 wurde ihm für seine Arbeiten über die Elementarteilchen der Nobelpreis für Physik verliehen. 1970 wurde er an der Kyoto Universität emeritiert.

Pieter **Zeeman** (1865–1943) war ein niederländischer Physiker. An der Universität Leiden untersuchte er die Lichtemission von Atomen im Magnetfeld und beobachtete eine mit dem Magnetfeld zunehmende Linienverschiebung. Für diesen Effekt (nach ihm Zeeman-Effekt genannt) wurde ihm 1902 der Nobelpreis für Physik verliehen.

Clarence Melvin **Zener** (1905–1993) war ein US-amerikanischer Physiker. Er entdeckte 1934 den sogenannten „Zener"-Effekt (Tunneln von Elektronen vom Valenz- zum Leitungsband unter hohen elektrischen Feldstärken). Für diese Entdeckung erhielt er hohe Auszeichnungen und wurde 1959 auch Mitglied der "National Academy of Sciences".

Jonathan Adolf Wilhelm **Zenneck** (1971–1959) war ein deutscher Physiker. Er promovierte 1894 an der Universität Tübingen. Zusammen mit Ferdinand Braun entwickelte er 1897 die Kathodenstrahlröhre. Zenneck gilt daher als der Pionier der deutschen Funktechnik. 1933 wurde Zenneck Leiter des Deutschen Museums in München.

Frederik „Frits" **Zernike** (1888–1966) war ein niederländischer Physiker. Für seine Erfindung des „Phasenkontrastmikroskops" wurde ihm 1953 der Nobelpreis für Physik verliehen.

Carl **Zickermann** (1908–) war ein deutscher Physiker. Er war der letzte Doktorand von Otto Stern in Hamburg. Das Thema seiner Dissertation lautete: „Adsorption von Gasen an festen Oberflächen bei niedrigsten Drucken".

Chronologie und Herkunft der Briefe

In der hier aufgeführten Chronologie sind die Dokumente und Briefe chronologisch dargestellt, in einzelnen Kapiteln sind die Briefe nicht streng chronologisch, sondern nach Themen und Personen angeordnet, um es dem Leser leichter zu machen, einen Themenschwerpunkt im Zusammenhang zu lesen. Damit die gesuchten Briefe leicht gefunden werden können, wird in Spalte 3 der Chronologie der jeweilige Band, in Spalte 4 das Kapitel und in Spalte 5 die Seitenzahl angegeben, wo der Brief in transkribierter Form dargestellt wird.

Die Abkürzungen in Spalte 8 kennzeichnen folgende Archive und Fundstellen:

[ACMU] ⇒ Archives of the Carnegie Mellon University,
[AdW] ⇒ Göttinger Akademie der Wissenschaften,
[BAL] ⇒ Bancroft Library, Collection number: Banc MSS 85/96 c and Microfilm number BANC FILM 3429,
[CCC] ⇒ Churchill College Cambridge,
[DMA] ⇒ Deutsches Museum München,
[EIN] ⇒ Einstein Papers Project, California Institute of Technology and Albert Einstein Archives, Hebrew University of Jerusalem,
[ETHZ] ⇒ ETH-Bibliothek Zürich, Archive,
[KRA2011] ⇒ Privater Besitz von K. Krakow, Frankfurt-Niederrad,
[NBA] ⇒ Niels Bohr Archive Kopenhagen,
[NOB] ⇒ The Nobel Population 1901–1950, A census 2002 The Royal Swedish Academy, Produced by Universal Academy Press,
Center for History of Science, The Royal Swedish Academy of Sciences,
[NYU] ⇒ New York University Archives,
[SBB] ⇒ Preußische Staatsbibliothek Berlin,
[UAF] ⇒ Archiv der Universität Frankfurt UAF,
[UAHH] ⇒ Universitätsarchiv Hamburg,
[UAR] ⇒ Universitätsarchiv Rostock,
[TEM] ⇒ Privater Nachlass Otto Sterns/ Familie Otto Stern,
[WIE] ⇒ Aktives Museum Spiegelgasse für Deutsch-Jüdische Geschichte in Wiesbaden e. V.;

Briefchronologie Band I

Nr.	Datum	Bd.	Kap.	Seite	Absender	Empfänger	Fundst.
0001	04.07.1906	I	1.3	12	Eugenie Stern	Otto Stern	BAL
0002	04.07.1906	I	1.3	12	Oskar Stern	Otto Stern	BAL
0004	24.02.1912	I	2.1	16	Nernst	Otto Stern	BAL
0005	29.10.1912	I	2.1	16	Otto Stern + Einstein	ETH Schulrat	BAL
0008	26.06.1913	I	2.1	20	Otto Stern	ETH Schulrat	ETHZ
0009	15.07.1913	I	2.1	20	Einstein	ETH Schulrat	ETHZ
0010	17.07.1913	I	2.1	22	Baur	ETH Schulrat	ETHZ
0012	07.08.1913	I	2.1	23	Sackur	Otto Stern	BAL
0013	30.08.1913	I	2.1	24	Nernst	Otto Stern	BAL
0015	11.09.1913	I	2.1	24	Nernst	Otto Stern	BAL
0030	07.09.1914	I	2.1	25	Laue	Otto Stern	BAL
0032	10.11.1914	I	2.1	26	Otto Stern	UNI-FFM	UAF
0033	10.11.1914	I	2.1	27	Otto Stern	UNI-FFM	UAF
0034	10.11.1914	I	2.1	27	Laue	UNI-FFM	UAF
0035	10.11.1914	I	2.1	29	Schoenflies	UNI-FFM	UAF
0036	11.12.1914	I	2.1	29	Schoenflies	Otto Stern	BAL
0037	28.12.1914	I	2.1	29	Laue	Otto Stern	BAL
0039	29.01.1915	I	2.1	30	Schoenflies	Minister	UAF
0040	11.02.1915	I	2.1	31	Minister	Schoenflies	UAF
0042	20.04.1915	I	2.1	31	Laue	Otto Stern	BAL
0043	21.04.1915	I	2.1	32	Otto Stern	Fakultät FFM	UAF
0044	29.04.1915	I	2.1	32	Schoenflies	Otto Stern	BAL
0046	02.06.1915	I	2.1	32	Laue	Otto Stern	BAL
0048	18.09.1915	I	2.1	33	Kurt Stern	Otto Stern	BAL
0050	24.09.1915	I	2.1	34	Laue	Otto Stern	BAL
0051	28.09.1915	I	2.1	34	Laue	Otto Stern	BAL
0053	22.10.1915	I	2.1	34	Laue	Otto Stern	BAL
0054	17.11.1915	I	2.1	35	Laue	Otto Stern	BAL
0056	09.12.1915	I	2.1	36	Laue	Otto Stern	BAL
0057	10.12.1915	I	2.1	36	Laue	Otto Stern	BAL
0058	22.12.1915	I	2.1	37	Laue	Otto Stern	BAL
0070	19.04.1916	I	2.1	38	Laue	Otto Stern	BAL
0080	03.01.1917	I	2.1	39	Born	Otto Stern	BAL
0081	15.04.1917	I	2.1	40	Eggert	Otto Stern	BAL
0082	19.09.1917	I	2.1	40	Laue	Otto Stern	BAL
0086	01.03.1919	I	2.1	42	Otto Stern	Landè	SBB
0087	02.03.1919	I	2.1	42	Nernst	Otto Stern	BAL
0089	25.07.1919	I	2.1	43	Möbius	Minister	UAF
0090	04.08.1919	I	2.1	44	Möbius	Minister	UAF
0091	06.08.1919	I	2.1	44	Minister	Möbius	UAF
0092	11.11.1919	I	2.1	45	Minister	Fakultät FFM	UAF
0093	27.11.1919	I	2.1	45	Wachsmuth	Kuratorium	UAF
0094	09.12.1919	I	2.1	46	Rektor	Otto Stern	UAF

Nr.	Datum	Bd.	Kap.	Seite	Absender	Empfänger	Fundst.
0095	09.12.1919	I	2.1	47	Meyer	Otto Stern	BAL
0097	04.05.1920	I	2.1	48	Born	Otto Stern	BAL
0099	07.06.1920	I	2.1	48	Born	Fakultät FFM	UAF
0100	20.06.1920	I	2.1	49	Schoenflies	Einstein	EIN
0101	04.07.1920	I	2.1	50	Hevesy	Otto Stern	BAL
0102	16.07.1920	I	2.1	49	Born	Einstein	EIN
0103	29.07.1920	I	2.1	50	Einstein	Schoenflies	EIN
0108	20.10.1921	I	2.1	55	Min. Mecklbg	Otto Stern	UAF
0109	29.10.1921	I	2.1	53	Min. Mecklbg	Otto Stern	UAF
0110	29.10.1921	I	2.1	53	Otto Stern	Min. Mecklbg	UAF
0111	03.11.1921	I	2.1	52	Otto Stern	Fakultät FFM	UAF
0113	29.11.1921	I	2.1	55	Uni Rostock		UAF
0116	08.02.1922	I	2.1	55	Otto Stern	Min. Mecklbg	UAF
0119	09.06.1922	I	2.1	57	Otto Stern	Min. Mecklbg	UAF
0120	08.11.1922	I	2.1	58	Otto Stern	Wrochem HH	UAF
0121	13.11.1922	I	2.1	58	Wrochem HH	Min. Mecklbg	UAF
0122	14.11.1922	I	2.1	59	Otto Stern	Min. Mecklbg	UAF
0123	27.11.1922	I	2.1	62	Senatsprot. HH		UAF
0124	28.11.1922	I	2.1	60	Wrochem HH	Otto Stern	UAF
0125	06.12.1922	I	2.1	63	Fak.HH	Otto Stern	UAF
0126	27.12.1922	I	2.1	59	Min. Mecklbg	Otto Stern	UAF
0127	03.01.1923	I	2.1	60	Min. Mecklbg	Otto Stern	UAF
0128	13.01.1923	I	2.1	64	Hoch.Beh. HH	Finanzverw. HH	UAF
0129	24.01.1923	I	2.1	63	Otto Stern	Landè	SBB
0130	26.01.1923	I	2.1	63	Senatsprot. HH	Otto Stern	UAHH
0131	29.6.19123	I	2.1	65	Riesstiftg	Otto Stern	BAL
0133	03.08.1923	I	2.1	64	Chapeaurouge	Finanzverw. HH	UAHH
0137	16.11.1924	I	2.1	66	Otto Stern	Gerlach	ADM
0150	24.03.1928	I	2.1	66	Meitner	Otto Stern	CCC
0151	30.03.1928	I	2.1	67	Otto Stern	Meitner	CCC
0154	21.06.1928	I	2.1	67	Otto Stern	Hoch.Beh. HH	UAHH
0155	23.06.1928	I	2.1	68	Chapeaurouge	Wrochem HH	UAHH
0156	25.06.1928	I	2.1	68	Wrochem HH	Otto Stern	UAHH
0157	13.07.1928	I	2.1	69	Otto Stern	Hoch.Beh. HH	UAHH
0159	11.01.1929	I	2.1	69	Otto Stern	Hoch.Beh. HH	UAHH
0160	08.04.1929	I	2.1	71	Chapeaurouge	Warburg	UAHH
0161	12.04.1929	I	2.1	70	Windelband	Wrochem HH	UAHH
0162	14.04.1929	I	2.1	70	HH Zeitung		UAHH
0163	22.04.1929	I	2.1	71	Otto Stern	Hoch.Beh. HH	UAHH
0164	23.04.1929	I	2.1	72	Linke	Otto Stern	UAF
0165	06.05.1929	I	2.1	72	Wrochem HH	Winkelband	UAHH
0167	14.05.1929	I	2.1	73	Hoch.Beh. HH		UAHH
0168	15.05.1929	I	2.1	73	Hoch.Beh. HH		UAHH
0170	07.06.1929	I	2.1	74	Senatsprot. HH		UAHH
0171	08.06.1929	I	2.1	74	Chapeaurouge	Warburg	UAHH

Nr.	Datum	Bd.	Kap.	Seite	Absender	Empfänger	Fundst.
0172	19.06.1929	I	2.1	75	Warburg	Chapeaurouge	UAHH
0173	12.07.1929	I	2.1	75	Wrochem HH	Otto Stern	BAL
0174	15.07.1929	I	2.1	77	Otto Stern	Wrochem HH	UAHH
0175	31.07.1929	I	2.1	78	Chapeaurouge	Warburg	UAHH
0176	02.08.1929	I	2.1	78	Warburg	Chapeaurouge	UAHH
0177	08.11.1929	I	2.1	88	Franck/Born/Pohl	Göttinger Akad.	AdW
0178	12.11.1929	I	2.1	79	Chapeaurouge	Warburg	UAHH
0179	15.11.1929	I	2.1	79	Warburg	Chapeaurouge	UAHH
0180	19.11.1929	I	2.1	80	Otto Stern	Hoch.Beh. HH	UAHH
0181	02.12.1929	I	2.1	81	Warburg	Chapeaurouge	UAHH
0182	06.12.1929	I	2.1	81	Chapeaurouge	Wrochem HH	UAHH
0183	13.12.1929	I	2.1	85	Wrochem HH	Terdenge	UAHH
0184	18.12.1929	I	2.1	82	Chapeaurouge	Warburg	UAHH
0185	27.12.1929	I	2.1	86	Terdenge	Wrochem HH	UAHH
0186	26.01.1930	I	2.1	87	Otto Stern	Laue	UAF
0187	15.07.1930	I	2.1	83	Warburg	Wrochem HH	UAHH
0188	23.07.1930	I	2.1	84	Wrochem HH	Otto Stern	UAHH
0189	26.07.1930	I	2.1	84	Otto Stern	Wrochem HH	UAHH
0193	28.07.1931	I	2.1	88	Otto Stern	Göttinger Akad.	AdW
0199	25.10.1931	I	2.1	89	Nagasako	Otto Stern	BAL
0205	06.02.1932	I	2.1	89	HH Zeitung		UAHH
0218	23.06.1933	I	2.1	90	Rein HH HochBeh.	Senator HH	UAHH
0219	29.06.1933	I	2.1	91	Otto Stern	Hoch.Beh. HH	UAHH
0220	30.06.1933	I	2.1	91	Otto Stern	Hoch.Beh. HH	UAHH
0221	06.07.1933	I	2.1	92	Rein HH HochBeh.Ot	Otto Stern	UAHH
0223	12.07.1933	I	2.1	93	Fak.HH		UAHH
0224	13.07.1933	I	2.1	97	Otto Stern	Lindemann	BAL
0225	16.07.1933	I	2.1	97	Lindemann	Otto Stern	BAL
0226	18.07.1933	I	2.1	101	Baker	Otto Stern	BAL
0227	25.07.1933	I	2.1	98	Donnan	Otto Stern	BAL
0228	28.07.1933	I	2.1	93	Otto Stern	Hoch.Beh. HH	UAHH
0229	05.08.1933	I	2.1	102	Baker	Otto Stern	BAL
0231	07.08.1933	I	2.1	103	Estermann	Baker	BAL
0232	08.08.1933	I	2.1	103	Foote	Otto Stern	BAL
0233	08.08.1933	I	2.1	102	Otto Stern	Baker	BAL
0234	08.08.1933	I	2.1	104	Mehl	Otto Stern	BAL
0235	10.08.1933	I	2.1	104	Grondahl	Otto Stern	BAL
0236	11.08.1933	I	2.1	94	Hoch.Beh. HH	Koch	UAHH
0237	14.08.1933	I	2.1	104	Baker	Otto Stern	BAL
0238	15.08.1933	I	2.1	98	Webster	Otto Stern	BAL
0239	15.08.1933	I	2.1	94	Rein HH HochBeh.	Otto Stern	UAHH
0240	25.08.1933	I	2.1	105	Otto Stern	Baker	BAL
0241	02.09.1933	I	2.1	107	Estermann	Otto Stern	BAL
0242	05.09.1933	I	2.1	107	Estermann	Otto Stern	BAL

Nr.	Datum	Bd.	Kap.	Seite	Absender	Empfänger	Fundst.
0243	07.09.1933	I	2.1	110	Carnegie Alumnus		ACMU
0244	07.09.1933	I	2.1	108	Baker	Otto Stern	BAL
0245	11.09.1933	I	2.1	108	Estermann	Otto Stern	BAL
0246	15.09.1933	I	2.1	99	Schwartz	Weitzmann	BAL
0247	18.09.1933	I	2.1	109	Otto Stern	Hoch.Beh. HH	UAHH
0248	21.09.1933	I	2.2	144	Minkowski	Otto Stern	BAL
0249	23.09.1933	I	2.1	109	Otto Stern	Baker	BAL
0250	11.10.1933	I	2.1	94	Knauer	Otto Stern	BAL
0252	15.10.1933	I	2.1	144	Otto Stern	Baade	BAL
0253	17.10.1933	I	2.1	145	Baade	Otto Stern	BAL
0254	18.10.1933	I	2.1	146	Baade	Otto Stern	BAL
0255	18.10.1933	I	2.1	112	Otto Stern	Ladenburg	BAL
0256	19.10.1933	I	2.1	112	Ladenburg	Otto Stern	BAL
0257	20.10.1933	I	2.1	170	Schnurmann	Otto Stern	BAL
0258	21.10.1933	I	2.1	96	Otto Stern	Knauer	BAL
0259	21.10.1933	I	2.2	147	Otto Stern	Minkowski	BAL
0260	30.10.1933	I	2.2	147	Ladenburg	Otto Stern	BAL
0261	05.11.1933	I	2.2	148	Minkowski	Otto Stern	BAL
0262	06.11.1933	I	2.2	149	Minkowski	Otto Stern	BAL
0265	21.11.1933	I	2.2	140	Ladenburg	Otto Stern	BAL
0266	26.11.1933	I	2.2	188	F.Hahn	Otto Stern	BAL
0268	08.12.1933	I	2.2	141	Franck	Otto Stern	BAL
0269	08.12.1933	I	2.1	113	Americ. Phys. Soc	Otto Stern	BAL
0270	10.12.1933	I	2.2	141	Ladenburg	Otto Stern	BAL
0272	12.12.1933	I	2.2	143	Laue	Otto Stern	BAL
0274	15.12.1933	I	2.2	194	Segrè	Otto Stern	BAL
0277	23.12.1933	I	2.2	195	Laue	Otto Stern	BAL
0281	06.01.1934	I	2.1	113	Otto Stern	Oppenheimer	BAL
0288	10.01.1934	I	2.2	197	Herzfeld	Otto Stern	BAL
0292	15.01.1934	I	2.2	195	Otto Stern	Raman	BAL
0294	20.01.1934	I	2.1	114	Oppenheimer	Otto Stern	BAL
0309	21.02.1934	I	2.2	198	Herzfeld	Otto Stern	BAL
0312	27.02.1934	I	2.2	200	Ladenburg	Otto Stern	BAL
0315	09.03.1934	I	2.2	196	Herzfeld	Otto Stern	BAL
0327	31.03.1934	I	2.2	149	Minkowski	Otto Stern	BAL
0329	20.04.1934	I	2.2	150	Ladenburg	Otto Stern	BAL
0334	29.04.1934	I	2.2	172	Schnurmann	Otto Stern	BAL
0335	29.04.1934	I	2.2	174	Gordon	Otto Stern	BAL
0336	30.04.1934	I	2.2	151	Minkowski	Otto Stern	BAL
0338	01.05.1934	I	2.2	152	Ladenburg	Otto Stern	BAL
0339	02.05.1934	I	2.2	153	Otto Stern	Baade	BAL
0340	04.05.1934	I	2.2	153	Otto Stern	Minkowski	BAL
0342	08.05.1934	I	2.2	201	Ladenburg	Otto Stern	BAL
0343	12.05.1934	I	2.2	154	Baade	Otto Stern	BAL
0344	12.05.1934	I	2.2	201	Ladenburg	Otto Stern	BAL

Nr.	Datum	Bd.	Kap.	Seite	Absender	Empfänger	Fundst.
0346	23.05.1934	I	2.2	155	Baade	Otto Stern	BAL
0347	24.05.1934	I	2.2	156	Adams	Ladenburg	BAL
0348	26.05.1934	I	2.1	115	Phipps	Otto Stern	BAL
0349	28.05.1934	I	2.2	174	Fraser	Otto Stern	BAL
0350	29.05.1934	I	2.2	155	Ladenburg	Adams	BAL
0351	01.06.1934	I	2.2	156	Ladenburg	Otto Stern	BAL
0352	01.06.1934	I	2.2	156	Ladenburg	Weaver	BAL
0353	12.06.1934	I	2.2	205	Rieger	Otto Stern	BAL
0354	13.06.1934	I	2.2	175	Schnurmann	Otto Stern	BAL
0355	15.06.1934	I	2.2	157	Baade	Otto Stern	BAL
0356	18.06.1934	I	2.2	158	Baade	Otto Stern	BAL
0358	28.06.1934	I	2.2	175	Schnurmann	Otto Stern	BAL
0359	05.07.1934	I	2.2	177	Schnurmann	Otto Stern	BAL
0360	05.07.1934	I	2.2	177	Fraser	Otto Stern	BAL
0361	06.07.1934	I	2.2	222	Laue	Otto Stern	BAL
0362	08.07.1934	I	2.2	178	Schnurmann	Otto Stern	BAL
0364	19.07.1934	I	2.2	158	Ladenburg	Otto Stern	BAL
0366	31.07.1934	I	2.2	179	Demuth	Otto Stern	BAL
0367	03.08.1934	I	2.2	159	Minkowski	Otto Stern	BAL
0368	08.08.1934	I	2.2	179	Schnurmann	Otto Stern	BAL
0369	13.08.1934	I	2.2	180	Demuth	Otto Stern	BAL
0371	18.08.1934	I	2.2	224	Laue	Otto Stern	BAL
0372	20.08.1934	I	2.2	160	Minkowski	Otto Stern	BAL
0373	21.08.1934	I	2.2	180	Schnurmann	Otto Stern	BAL
0378	22.09.1934	I	2.2	202	Ladenburg	Otto Stern	BAL
0380	24.09.1934	I	2.2	160	Baade	Otto Stern	BAL
0382	01.10.1934	I	2.2	160	Otto Stern	Baade	BAL
0383	01.10.1934	I	2.2	161	Otto Stern	Murrow	BAL
0385	03.10.1934	I	2.2	162	Murrow	Otto Stern	BAL
0387	04.10.1934	I	2.2	162	Minkowski	Otto Stern	BAL
0391	17.10.1934	I	2.2	202	Lark-Horovitz	Otto Stern	BAL
0392	20.10.1934	I	2.2	163	Baade	Otto Stern	BAL
0393	22.10.1934	I	2.2	164	Otto Stern	Ladenburg	BAL
0396	27.10.1934	I	2.2	203	Otto Stern	Lark-Horovitz	BAL
0397	27.10.1934	I	2.2	164	Ladenburg	Otto Stern	BAL
0398	05.11.1934	I	2.2	204	Otto Stern	Lark-Horovitz	BAL
0399	05.11.1934	I	2.2	207	Otto Stern	Ladenburg	BAL
0400	06.11.1934	I	2.2	165	Ladenburg	Otto Stern	BAL
0401	19.11.1934	I	2.2	166	Otto Stern	Baade	BAL
0402	19.11.1934	I	2.2	181	Otto Stern	Demuth	BAL
0403	21.11.1934	I	2.2	204	Lark-Horovitz	Otto Stern	BAL
0404	26.11.1934	I	2.2	205	Otto Stern	Lark-Horovitz	BAL
0405	28.11.1934	I	2.2	166	Baade	Otto Stern	BAL
0406	30.11.1934	I	2.2	182	Demuth	Otto Stern	BAL
0407	04.12.1934	I	2.2	167	Otto Stern	Ladenburg	BAL

Nr.	Datum	Bd.	Kap.	Seite	Absender	Empfänger	Fundst.
0408	12.12.1934	I	2.2	167	Ladenburg	Otto Stern	BAL
0409	17.12.1934	I	2.2	168	Ladenburg	Otto Stern	BAL
0410	21.12.1934	I	2.2	209	Herzfeld	Otto Stern	BAL
0412	31.12.1934	I	2.2	169	Ladenburg	Otto Stern	BAL
0413	00.01.1935	I	2.2	210	de Haas	Otto Stern	BAL
0416	08.01.1935	I	2.2	182	Demuth	Otto Stern	BAL
0418	10.01.1935	I	2.2	209	Ladenburg	Otto Stern	BAL
0419	10.01.1935	I	2.2	208	Herzfeld	Otto Stern	BAL
0421	21.01.1935	I	2.2	225	Courant	Otto Stern	NYU
0422	29.01.1935	I	2.2	169	Herzfeld	Otto Stern	BAL
0425	00.02.1935	I	2.2	210	de Haas	Otto Stern	BAL
0427	04.02.1935	I	2.2	222	Dirac	Otto Stern	BAL
0430	07.02.1935	I	2.2	226	Courant	Otto Stern	NYU
0432	18.02.1935	I	2.2	227	Jeidels	Courant	BAL
0434	28.02.1935	I	2.2	227	Courant	Otto Stern	NYU
0435	01.03.1935	I	2.2	228	Courant	Otto Stern	BAL
0436	02.03.1935	I	2.2	228	Ladenburg	Otto Stern	BAL
0437	04.03.1935	I	2.2	208	Herzfeld	Otto Stern	BAL
0439	06.03.1935	I	2.2	230	Otto Stern	Courant	NYU
0440	09.03.1935	I	2.2	230	Courant	Otto Stern	NYU
0441	18.03.1935	I	2.2	231	Ladenburg	Otto Stern	BAL
0442	21.03.1935	I	2.2	231	Courant	Otto Stern	NYU
0450	08.04.1935	I	2.2	232	Courant	Otto Stern	NYU
0451	00.04.1935	I	2.2	233	Courant	Otto Stern	NYU
0453	11.04.1935	I	2.2	232	Ladenburg	Otto Stern	BAL
0454	24.04.1935	I	2.2	183	Fraser	Otto Stern	BAL
0459	15.05.1935	I	2.2	170	Otto Stern	Minkowski	BAL
0461	23.06.1935	I	2.2	190	Hahn	Otto Stern	BAL
0474	30.10.1935	I	2.2	234	Laue	Otto Stern	BAL
0476	05.11.1935	I	2.2	234	Laue	Otto Stern	BAL
0477	13.11.1935	I	2.2	235	Laue	Otto Stern	BAL
0483	25.12.1935	I	2.2	213	Courant	Otto Stern	NYU
0485	07.01.1936	I	2.2	235	Ladenburg	Otto Stern	BAL
0486	15.01.1935	I	2.2	236	Ladenburg	Otto Stern	BAL
0487	20.01.1936	I	2.2	207	Franck	Otto Stern	BAL
0497	03.04.1936	I	2.2	116	Danske Widenskap	Otto Stern	BAL
0501	23.04.1936	I	2.2	117	Otto Stern	Danske Widenskap	BAL
0505	07.10.1936	I	2.2	184	Fraser	Otto Stern	BAL
0507	30.11.1936	I	2.2	211	Courant	Otto Stern	NYU
0508	02.12.1936	I	2.2	212	Otto Stern	Courant	NYU
0509	04.12.1936	I	2.2	185	Fraser	Otto Stern	BAL
0511	04.12.1936	I	2.2	212	Courant	Otto Stern	NYU
0514	29.12.1936	I	2.2	236	Laue	Otto Stern	BAL
0515	13.01.1937	I	2.2	215	Weaver	Otto Stern	BAL
0516	14.01.1937	I	2.2	237	Otto Stern	Laue	UAF

Nr.	Datum	Bd.	Kap.	Seite	Absender	Empfänger	Fundst.
0517	14.01.1937	I	2.2	216	Otto Stern	Weaver	BAL
0518	16.01.1937	I	2.2	216	Weaver	Otto Stern	BAL
0524	21.03.1937	I	2.1	117	Otto Stern	Laue	UAF
0525	01.04.1937	I	2.2	237	Laue	Otto Stern	BAL
0536	31.05.1937	I	2.2	238	Otto Stern	Laue	UAF
0544	22.10.1937	I	2.2	216	Guggenheim Stiftg	Otto Stern	BAL
0545	27.10.1937	I	2.2	217	Otto Stern	Guggenheim Stiftg	BAL
0546	11.01.1938	I	2.2	217	Duggan	Otto Stern	BAL
0547	20.01.1938	I	2.2	218	Otto Stern	Duggan	BAL
0548	15.02.1938	I	2.2	219	Berta Kamm	Otto Stern	BAL
0552	17.11.1938	I	2.2	213	Courant	Otto Stern	NYU
0553	01.12.1938	I	2.2	220	Göttinger Akad.	Otto Stern	BAL
0554	01.12.1938	I	2.2	220	Göttinger Akad.		AdW
0555	06.01.1939	I	2.2	320	Ferncliff Cemetary	Otto Stern	BAL
0556	02.02.1939	I	2.2	239	Bohr	Otto Stern	BOH
0557	14.02.1939	I	2.2	239	Otto Stern	Bohr	BOH
0563	07.12.1939	I	2.2	214	Courant	Otto Stern	NYU
0564	29.12.1939	I	2.2	214	Otto Stern	Courant	NYU
0567	09.09.1942	I	2.2	221	Klapper	Otto Stern	BAL
0568	14.09.1942	I	2.2	221	Otto Stern	Klapper	BAL
0569	00.12.1942	I	2.2	316	Paula Stern	Berta + Otto Stern	BAL
0570	31.08.1943	I	2.2	240	Oldenberg	Otto Stern	BAL
0571	00.08.1943	I	2.2	242	Otto Stern	Oldenberg	BAL
0572	00.08.1943	I	2.2	242	Otto Stern	Oldenberg	BAL
0573	27.09.1943	I	2.2	242	Oldenberg	Otto Stern	BAL
0579	09.11.1944	I	2.1	118	Carnegie Alumnus		ACMU
0659	12.12.1944	I	2.2	243	Einstein	Otto Stern	EIN
0667	19.12.1944	I	2.2	245	Tuve	Otto Stern	BAL
0672	26.12.1944	I	2.2	244	Einstein	Otto Stern	EIN
0678	03.01.1945	I	2.2	190	F. Hahn	Otto Stern	BAL
0680	21.01.1945	I	2.2	191	F. Hahn	Otto Stern	BAL
0681	23.01.1945	I	2.2	244	Otto Stern		BAL
0682	23.01.1945	I	2.2	246	Otto Stern	Tuve	BAL
0684	31.01.1945	I	2.2	246	Baltimore Sun		BAL
0686	22.02.1945	I	2.2	192	F. Hahn	Otto Stern	BAL
0688	01.03.1945	I	2.2	251	Defence Office	Otto Stern	BAL
0690	15.03.1945	I	2.2	193	F. Hahn	Otto Stern	BAL
0692	04.04.1945	I	2.2	193	Otto Stern		BAL
0693	09.04.1945	I	2.1	120	Doherty	Otto Stern	BAL
0696	19.04.1945	I	2.1	118	Carnegie Institute	Otto Stern	BAL
0697	24.04.1945	I	2.1	121	Natl. Acad. Sciences	Otto Stern	BAL
0698	25.04.1945	I	2.1	120	Natl. Acad. Sciences	Otto Stern	BAL
0699	27.04.1945	I	2.1	122	Natl. Acad. Sciences	Otto Stern	BAL
0700	30.04.1945	I	2.1	122	Birge	Otto Stern	BAL
0701	01.05.1945	I	2.1	123	Natl. Acad. Sciences	Otto Stern	BAL

Nr.	Datum	Bd.	Kap.	Seite	Absender	Empfänger	Fundst.
0702	06.05.1945	I	2.1	121	Otto Stern	Natl.Acad. Sci	BAL
0703	12.05.1945	I	2.1	126	Otto Stern	Meitner	CCC
0704	06.06.1945	I	2.2	247	Office War Science	Otto Stern	BAL
0705	15.06.1945	I	2.2	262	Ladenburg	Otto Stern	BAL
0706	20.06.1945	I	2.2	248	Otto Stern	Adams	BAL
0707	16.07.1945	I	2.2	250	Byrne	Otto Stern	BAL
0708	25.07.1945	I	2.2	252	Otto Stern	Byrne	BAL
0710	01.08.1945	I	2.2	252	Army Service	Otto Stern	BAL
0711	06.08.1945	I	2.1	253	Defence Office	Otto Stern	BAL
0712	07.08.1945	I	2.2	264	Laue	Theodor Laue	BAL
0714	10.08.1945	I	2.2	253	Manhattan Project	Otto Stern	BAL
0715	11.08.1945	I	2.2	255	Army Service	Otto Stern	BAL
0716	15.08.1945	I	2.2	256	Army Service	Otto Stern	BAL
0717	21.08.1945	I	2.2	279	Göttinger Akad.	Otto Stern	BAL
0718	12.09.1945	I	2.2	256	Army Service	Otto Stern	BAL
0724	03.11.1945	I	2.2	246	Natl. Acad. Sciences		BAL
0725	12.04.1946	I	2.2	266	Jensen	Otto Stern	BAL
0726	19.04.1946	I	2.1	124	Phil. Soc. Pittsburgh	Otto Stern	BAL
0729	05.10.1946	I	2.2	268	Jensen	Otto Stern	BAL
0733	11.10.1946	I	2.2	263	Ladenburg	Otto Stern	BAL
0740	13.11.1946	I	2.2	257	Carnegie Institute	Otto Stern	BAL
0741	14.11.1946	I	2.1	125	Phil. Soc. Pittsburgh	Otto Stern	BAL
0744	23.11.1946	I	2.2	276	Laue	Otto Stern	BAL
0745	16.12.1946	I	2.2	258	Patent Office	Otto Stern	BAL
0746	17.12.1946	I	2.2	298	Wieland	Otto Stern	BAL
0747	21.12.1946	I	2.2	277	Laue	Otto Stern	BAL
0749	28.12.1946	I	2.2	280	Göttinger Akad.	Otto Stern	BAL
0750	00.00.1947	I	2.2	279	Otto Stern	Laue	BAL
0751	07.01.1947	I	2.2	259	Argonne/Seaborg	Otto Stern	BAL
0753	06.01.1947	I	2.2	283	Otto Stern	Laue	BAL
0754	09.01.1947	I	2.2	260	Argonne/Seaborg	Otto Stern	BAL
0758	23.01.1947	I	2.2	186	Schnurmann	Otto Stern	BAL
0759	23.01.1947	I	2.2	260	Argonne/Seaborg	Otto Stern	BAL
0760	30.01.1947	I	2.2	281	Franck	Göttinger Akad.	BAL
0761	11.02.1947	I	2.2	281	Franck	Otto Stern	BAL
0762	12.03.1947	I	2.2	268	Jensen	Otto Stern	BAL
0763	05.04.1947	I	2.2	293	Bonhoeffer	Otto Stern	BAL
0764	14.04.1947	I	2.2	280	Otto Stern	Göttinger Akad.	AdW
0765	10.05.1947	I	2.2	269	Jensen	Otto Stern	BAL
0768	11.06.1947	I	2.2	282	Laue	Otto Stern	BAL
0771	04.07.1947	I	2.2	294	Bonhoeffer	Otto Stern	BAL
0773	15.08.1947	I	2.2	283	Laue	Otto Stern	BAL
0780	23.09.1947	I	2.2	284	Laue	Otto Stern	BAL
0781	27.09.1947	I	2.2	286	Laue	Otto Stern	BAL
0782	30.09.1947	I	2.2	304	Joergensen	Otto Stern	BAL

Nr.	Datum	Bd.	Kap.	Seite	Absender	Empfänger	Fundst.
0783	01.10.1947	I	2.2	287	Laue	Otto Stern	BAL
0784	01.10.1947	I	2.2	288	Magda von Laue	Otto Stern	BAL
0785	23.10.1947	I	2.2	271	Jensen	Otto Stern	BAL
0787	06.11.1947	I	2.2	294	Bonhoeffer	Otto Stern	BAL
0792	21.11.1947	I	2.2	272	Jensen	Otto Stern	BAL
0793	24.11.1947	I	2.2	299	Fiedler	Otto Stern	BAL
0794	04.12.1947	I	2.2	320	Ferncliff Cemetary	Otto Stern	BAL
0795	13.12.1947	I	2.2	295	Bonhoeffer	Otto Stern	BAL
0796	17.12.1947	I	2.2	258	Patent Office	Otto Stern	BAL
0797	30.12.1947	I	2.2	303	Knauer	Otto Stern	BAL
0798	01.02.1948	I	2.2	305	Groth	Otto Stern	BAL
0799	04.02.1948	I	2.2	306	Fraser	Otto Stern	BAL
0801	28.02.1948	I	2.2	273	Jensen	Otto Stern	BAL
0802	24.03.1948	I	2.2	288	Laue	Otto Stern	BAL
0803	09.04.1948	I	2.2	295	Bonhoeffer	Otto Stern	BAL
0804	01.05.1948	I	2.2	274	Jensen	Otto Stern	BAL
0805	08.05.1948	I	2.2	301	Fiedler	Otto Stern	BAL
0806	12.06.1948	I	2.2	302	Rosenthal	Otto Stern	BAL
0807	05.07.1948	I	2.2	296	Bonhoeffer	Otto Stern	BAL
0809	10.08.1948	I	2.2	307	Apt	Otto Stern	BAL
0810	11.08.1948	I	2.2	297	Bonhoeffer	Otto Stern	BAL
0815	22.11.1948	I	2.2	275	Jensen	Otto Stern	BAL
0823	14.02.1949	I	2.2	261	Natl. Acad. Sciences		BAL
0835	01.09.1952	I	2.2	308	Franck	Otto Stern	BAL
0840	23.08.1953	I	2.2	290	Laue	Otto Stern	BAL
0860	17.05.1954	I	2.2	308	Apt	Otto Stern	BAL
0861	31.05.1954	I	2.2	292	Otto Stern	Laue	BAL
0866	09.07.1954	I	2.2	310	Volmer	Otto Stern	BAL
0867	20.08.1954	I	2.2	292	Otto Stern	R.Stern	BAL
0868	22.08.1954	I	2.2	321	Simon	Otto Stern	BAL
0868a	00.09.1954	I	2.2	323	Stern	Simon	BAL
0869	23.08.1954	I	2.2	310	Laue	Otto Stern	BAL
0870	00.09.1954	I	2.2	311	Otto Stern	Simon	BAL
0871	05.09.1954	I	2.2	292	Otto Stern	Laue	BAL
0877	23.07.1955	I	2.2	311	Otto Stern	Volmer	BAL
0878	04.08.1955	I	2.2	311	Volmer	Otto Stern	BAL
0879	29.08.1955	I	2.2	312	Otto Stern	Volmer	BAL
0882	00.12.1955	I	2.2	312	Volmer	Otto Stern	BAL
0883	29.12.1955	I	2.2	313	Lenz	Otto Stern	BAL
0917	16.01.1958	I	2.2	319	Renner	Otto Stern	BAL
0927	12.11.1960	I	2.1	126	ETH	Otto Stern	BAL
0928	15.11.1960	I	2.1	127	Otto Stern	ETH	BAL
0929	19.11.1960	I	2.1	128	Züricher Zeitung		BAL
0930	23.11.1960	I	2.1	128	ETH	Otto Stern	BAL
0931	29.11.1960	I	2.1	129	Otto Stern	ETH	BAL

Nr.	Datum	Bd.	Kap.	Seite	Absender	Empfänger	Fundst.
0936	07.02.1961	I	2.2	316	Pauling	Otto Stern	BAL
0944	17.08.1961	I	2.1	129	ETH	Otto Stern	BAL
0945	22.08.1961	I	2.1	130	Otto Stern	ETH	BAL
0948	13.10.1961	I	2.1	130	Jost	Otto Stern	BAL
0949	18.10.1961	I	2.1	131	Otto Stern	Jost	BAL
0951	01.02.1962	I	2.1	132	ETH	Otto Stern	BAL
0973	05.11.1962	I	2.1	131	ETH	Otto Stern	BAL
0977	20.11.1962	I	2.2	187	Schnurmann	Otto Stern	BAL
0982	30.12.1962	I	2.2	187	Otto Stern	Schnurmann	BAL
1078	22.12.1967	I	2.2	187	Schnurmann	Otto Stern	BAL

Literaturverzeichnis

[AAC1933] https://de.wikipedia.org/wiki/Council_for_Assisting_Refugee_Academics

[BAR1966] M. Bar-Zohar, Die Jagd auf die deutschen Wissenschaftler (1944–1960), Berlin 1966.

[BB1933] Gesetz zur Wiederherstellung des Berufsbeamtentums kurz BBG wurde am 7. April 1933 erlassen und erlaubte es den nationalsozialistischen Machthabern im Deutschen Reich, jüdische und politisch missliebige Beamte aus dem Dienst zu entfernen. https://de.wikipedia.org/wiki/Gesetz_zur_Wiederherstellung_des_Berufsbeamtentums

[BET1993] Remembering Hans Bethe published by The Internet-First University Press 2005 Cornell University (digital@cornell.edu); An evening with Hans Bethe: The German Atomic Bomb Project VTS_01_1.VOB (Nov. 9th, 1993 at Cornell, Ithaca) together with Thomas Powers as discussant
und Thomas Powers, Heisenberg's War: The Secret History of the German Bomb. *Knopf. (1993).* ISBN 978-0-394-51411-6.

[CAR1911] Carnegie Corporation, siehe http://www.columbia.edu/cu/lweb/digital/collections/oral_hist/carnegie/

[CHU1997] Nobellecture by S. Chu: The manipulation of Neutral Particles, (1997); http://www.nobelprize.org/nobel_prizes/physics/laureates/1997/chu-lecture.pdf

[DEBRO1929] „Louis de Broglie – Biography". Nobelprize.org. 19 Nov 2010 http://nobelprize.org/nobel_prizes/physics/laureates/1929/broglie-bio.html

[DEB1916] P. Debye Göttinger; Quantenhypothese und Zeeman-Effekt. Physikalische Zeitschrift 17 (20) 507–512 (1916)

[DEF1942] (http://oasis.lib.harvard.edu/oasis/deliver/~hua12007)

[DIR1928] P. A. M. Dirac, *„The Quantum Theory of the Electron". Proceedings of the Royal Society. 117 (778): 610–624 (1928)*

[DIR1930] P. A. M. Dirac, Proceedings of the Royal Society of London. Series A, Containing Papers of a Mathematical and Physical Character, Vol. 126, No. 801 (Jan. 1, 1930), pp. 360–365

[DPG] Archiv der DPG https://www.dpg-31physik.de/veroeffentlichung/physik.de/veroeffentlichung/archiv/pdf/Mitgliederverzeichnis_1845_1945-gesamt.pdf Seite 69

[DUN1911] L. Dunoyer, Le Radium 8, 142, 1911.

[EIN1917] A. Einstein, Zur Quantentheorie der Strahlung, Phys. Z. 18, 121 (1917)

[EST1933a] I. Estermann, O. R. Frisch und O. Stern, Magnetic moment of the proton. Nature, 132, 169–169 (1933)

[EST1933b] I. Estermann und O. Stern, Über die magnetische Ablenkung von Wasserstoffmolekülen und das magnetische Moment des Protons II. Z. Physik, 85, 17–24 (1933)

[EST1933c] I. Estermann und O. Stern, Über die magnetische Ablenkung von isotopen Wasserstoffmolekülen und das magnetische Moment des "Deutons.SZ. Physik, 86, 132–134 (1933)

[EST1934] I. Estermann und O. Stern, Magnetic moment of the deuton. Nature, 133, 911–911 (1934)

[FÖR2008] H.Förster. STERN-Jahre der Physikalischen Chemie (Universität Hamburg, Hamburg 2008), Institut für Physikalische Chemie, Grindelallee117, 20146 Hamburg, private Mitteilung

[FRIED2003] B. Friedrich and D. Herschbach. 2003. Stern and Gerlach: How a Bad Cigar Helped Reorient Atomic Physics. *Physics Today* **56**(12): 53–59

[FRIED2003a] B. Friedrich and D. Herschbach. 2005. Stern and Gerlach at Frankfurt: Experimental Proof of Space Quantization. In Trageser, W., editor, *Stern-Stunden. Höhepunkte Frankfurter Physik*. Frankfurt: University of Frankfurt, Fachbereich Physik

[FRI1932] O. R. Frisch und O. Stern, Die spiegelnde Reflexion von Molekularstrahlen. Naturwissenschaften, 20, 721–721 (1932)

[FRI1933a] O. R. Frisch und O. Stern, Anomalien bei der spiegelnden Reflektion und Beugung von Molekularstrahlen an Kristallspaltflächen I. Z. Physik, 84, 430–442 (1933)

[FRI1933b] O. R Frisch und O. Stern, Beugung von Materiestrahlen. Handbuch der Physik XXII. II. Teil. Berlin, Verlag Julius Springer. 313-354 (1933)

[FRI1933c] O. R. Frisch und O. Stern, Über die magnetische Ablenkung von Wasserstoffmolekülen und das magnetische Moment des Protons I. Z. Physik, 85, 4–16 (1933)

[FRI1933d] O. R. Frisch, Experimenteller Nachweis des Einsteinschen Strahlungsrückstoßes. Z. Phys. 86, 42–48 (1933)

[FRI1939] O. R. Frisch: *Physical Evidence for the Division of Heavy Nuclei under Neutron Bombardment.* Nature 143 (1939) S. 276–277

[GEI1926] Handbuch der Physik herausgegeben von Hans Geiger und Karl Scheel, Springer Verlag 24 Bände (1926); siehe auch https://de.wikipedia.org/wiki/Handbuch_der_Physik

[GER1922] W. Gerlach und O. Stern, Der experimentelle Nachweis der Richtungsquantelung im Magnetfeld. Z. Physik, 9, 349–352 (1922)

[GER1924] W. Gerlach und O. Stern, Über die Richtungsquantelung im Magnetfeld. Ann. Physik, 74, 673–699 (1924)

[GRA2016] Karl Grandin (http://www.nobelprize.org/) Email vom 4.4.2016 an HSB. private Mitteilung

[HAHN1938] O. Hahn, F. Straßmann: *Über die Entstehung von Radiumisotopen aus Uran durch Bestrahlen mit schnellen und verlangsamten Neutronen*. Die Naturwissenschaften 26 (1938) S. 755–756

[HAHN1939] O. Hahn, F. Straßmann: *Über den Nachweis und das Verhalten der bei der Bestrahlung des Urans mittels Neutronen entstehenden Erdalkalimetalle*. Die Naturwissenschaften 27 (1939) S. 11–15. und O. Hahn, F. Straßmann: *Nachweis der Entstehung aktiver Bariumisotope aus Uran und Thorium durch Neutronenbestrahlung; Nachweis weiterer aktiver Bruchstücke bei der Uranspaltung*. Die Naturwissenschaften 27 (1939) S. 89–95

[HAX1949] O. Haxel, H. D. Jensen und H. E. Suess: On the „Magic Numbers“ in Nuclear Structure, Physical Review, Band 75, (1949)

[HEI1922] W. Heisenberg, Zur Quantentheorie der Linienstruktur und der anomalen Zeemaneffekte, Zeitsch. f. Phys. 8, 273–297 (1922)

[HOF2013] D. Hoffmann: Aufstieg und Niedergang der „Großen Berliner Physik“ in Geschichte der Universität Unter den Linden, Herausgeber: H. E. Tenorth mit V. Hess und D. Hoffmann ISBN 978-3-05-004670-9

[HUB2014] J. G. Huber, 2014. *Walther Gerlach (1888–1979) und sein Weg zum erfolgreichen Experimentalphysiker bis etwa 1925*. PhD dissertation, LMU München. dated 6 August 2014

[JOST1961] ETH-Bibliothek Zürich, Archive, http://www.sr.ethbib.ethz.ch/, Otto Stern tape-recording Folder »ST-Misc.«, 1961 at E.T.H. Zürich by Res Jost

[KRA1991] E. Krause, L. Huber, H. Fischer (Hrsg.) Hochschulalltag im Dritten Reich. Die Hamburger Universität 1933–1945

[LAN1921a] A. Landé, 1921a. Über den anomalen Zeemaneffekt (Teil I). *Zeitschrift für Physik* **5**(4): 231–241

[LAN1921b] A. Landé, 1921b. Über den anomalen Zeemaneffekt (II. Teil). *Zeitschrift für Physik* **7**(1): 398-405.

[LAN1923] A. Landè, Schwierigkeiten in der Quantentheorie des Atombaues, besonders magnetischer Art, Phys. Z. 24, (1923) page 442

[MEI1939] L. Meitner, O. R. Frisch: *Disintegration of Uranium by Neutrons: A New Type of Nuclear Reaction*. Nature 143 (1939) S. 239–240

[MEY2005] K. von Meyenn (Hrsg.), Wolfgang Pauli – Wissenschaftlicher Briefwechsel mit Bohr, Einstein, Heisenberg u. a., 4 Bände (1979–2005) New York Heidelberg Berlin

[PAT1946] O. Stern, (1946), Patentbeschreibung (http://www.google.ch/patents/US 2496420)

[ROC1913] https://de.wikipedia.org/wiki/Rockefeller-Stiftung und https://www.rockefeller-foundation.org/

[SAC1911] O. Sackur, Die Anwendung der kinetischen Theorie der Gase auf chemische Probleme, *Annalen der Physik*, 36: 958–980 (1911)

[SAC1913] O. Sackur, Die universelle Bedeutung des sog. elementaren Wirkungsquantums, *Annalen der Physik* 40: 67–86 (1913)

[SAU2016] T. Sauer, 2016. Multiple Perspectives on the Stern-Gerlach Experiment. In Sauer, T. and Scholl, R., editors, *The Philosophy of Historical Case Studies*, pp. 251–263. Springer

[SB2011] H.Schmidt-Böcking and K. Reich, Biographie über Otto Stern, Herausgegeben von der Goethe Universität Frankfurt, Societäts Verlag 2011, ISBN 978-3-942921-23-7

[SB2016] Horst Schmidt-Böcking, H. Reich, K. Templeton, W. Trageser, V. Vill (Hrsg.) Otto Sterns Veröffentlichungen: Springer Verlag – Band 1 Sterns Veröffentlichungen von 1912 bis 1916 – ISBN 978-3-662-46953-8 (2016), Band 2 Sterns Veröffentlichungen von 1916 bis 1926 – ISBN 978-3-662-46962-0 (2016), Band 3 Sterns Veröffentlichungen von 1926 bis 1933 – ISBN 978-3-662-46960-6 (2016), Band 4 Sterns Veröffentlichungen von 1926 bis 1962 und Mitarbeiter von 1925 bis 1929 – ISBN 978-3-662-46960-6 (2016), Band 5 Veröffentlichungen Mitarbeiter von 1929 bis 1935 – ISBN 978-3-662-46964-4 (2016)

[SCHÜ1969] W. Schütz, 1969. Persönliche Erinnerungen an die Entdeckung des Stern-Gerlach-Effektes. *Physikalische Blätter* **25**(8):343–345

[SCHUR1930] Carl Schurz Association, http://hsp.org/sites/default/files/legacy_files/migrated/findingaidmss167ncsa.pdf

[SEC1945] (https://www.sec.gov/about/annual_report/1945.pdf)

[SOM1916] A. Sommerfeld; Zur Theorie des Zeeman-Effektes der Wasserstofflinien, mit einem Anhang über den Stark-Effekt, Physikalische Zeitschrift, Bd. 17, 491–507, (1916)

[SPO2011] H. Sponer: A Woman's Life as a Physicist in the 20th Century, „So You Won't Forget Me“ (2011)

[STERN1912] O. Sterns Doktorarbeit wurde dreifach mit gleichem Titel publiziert: O. Stern, Zur kinetischen Theorie des osmotischen Druckes konzentrierter Lösungen und über die Gültigkeit des Henryschen Gesetzes für konzentrierte Lösungen von Kohlendioxyd in organischen Lösungsmitteln bei tiefen Temperaturen. Dissertation Universität Breslau 1–35, (1912) Verlag: Grass, Barth, Breslau
O. Stern, Zur kinetischen Theorie des osmotischen Druckes konzentrierter Lösungen und über die Gültigkeit des Henryschen Gesetzes für konzentrierte Lösungen von Kohlendioxyd in organischen Lösungsmitteln bei tiefen Temperaturen. Jahresbericht der Schlesischen Gesellschaft für vaterländische Cultur VO 90 I (II. Abteilung: Naturwissenschaften. a. Sitzungen der naturwissenschenschaftlichen Sektion) PA 1-36 PY 1913 DT B URL
O. Stern, Zur kinetischen Theorie des osmotischen Druckes konzentrierter Lösungen und über die Gültigkeit des Henryschen Gesetzes für konzentrierte Lösungen von Kohlendioxyd in organischen Lösungsmitteln bei tiefen Temperaturen. Z. Physik. Chem., 81, 441–474 (1913)

[STERN1913] O. Stern, Zur kinetischen Theorie des Dampfdrucks einatomiger fester Stoffe und über die Entropiekonstante einatomiger Gase, Physik. Z., 14, 629–632 (1913)

[STERN1920a] O. Stern, Eine direkte Messung der thermischen Molekulargeschwindigkeit, Physik. Z., 21, 582–582 (1920)

[STERN1920b] O. Stern, Eine direkte Messung der thermischen Molekulargeschwindigkeit. Z. Physik, 2, 49–56 (1920)

[STERN1920c] O. Stern, Nachtrag zu meiner Arbeit: „Eine direkte Messung der thermischen Molekulargeschwindigkeit“, Z. Physik, 3, 417–421 (1920)

[STERN1921] O. Stern, Ein Weg zur experimentellen Prüfung der Richtungsquantelung im Magnetfeld. Z. Physik, 7, 249–253 (1921)

[STERN1930] O. Stern, Beugungserscheinungen an Molekularstrahlen. Physik. Z., 31, 953–955 (1930)

[TET1912] H. Tetrode, Die chemische Konstante der Gase und das elementare Wirkungsquantum, *Annalen der Physik* 38: 434–442 (1912)

[TOE2011] J.P. Toennies, H. Schmidt-Böcking, B. Friedrich, J.C.A. Lower; Otto Stern (1888–1969): The founding father of experimental atomic physics, Annalen der Physik 523, 12, 1045–1070 (2011)

[TOS2006] P.E. Toschek, Otto Stern (1888–1969) in Hamburg, in: Hamburgs Geschichte einmal anders. Entwicklung der Naturwissenschaften, Medizin und Technik, edited by G. Wolfschmidt. Nucius Hamburgensis: Beiträge zur Geschichte der Naturwissenschaften, Band 2 (Norderstedt 2006)

[TRA2011] W. Trageser, 2011. *Der Stern-Gerlach-Effekt. Genese, Entwicklung und Rekonstruktion eines Grundexperimentes der Quantentheorie 1916–1926.* Ph.D. Thesis, Johann Wolfgang Goethe-Universität Frankfurt

[VOL1955] Wikipedia (https://de.wikipedia.org/wiki/Max_Volmer)

[VOL1985] Max Volmer: Eine Biographie zum 100. Geburtstag 1985, ISBN, 37983 1053 x Univ. Bibliothek der TU-Berlin, Seite 20

[ZEE1896] Zeeman, P. 1896. Over den Invloed eener Magnetisatie op den Aard van het door een Stof uitgezonden Licht. *Koninklijke Akademie van Wetenschappen te Amsterdam. Section of Sciences. Proceedings*

[ZEE1897] Zeeman, P. 1897. On the Influence of Magnetism on the Nature of the Light Emitted by a Substance. *Phil. Mag.* **43**: 226–239

Archive

[ACMU] Archives of the Carnegie Mellon University, Carnegie Mellon University Libraries
5000 Forbes Avenue Pittsburgh, PA 15213-3890; Cdn.calisphere.org

[AdW] Akademie der Wissenschaften zu Göttingen, Theaterstraße 7, 37073 Göttingen, adw@gwdg.de, www.adw-goe.de; https://adw-goe.de/digitale-bibliothek/

[BAL] Bancroft Library, University of California, Berkeley, CA 94720 6000 Peter Hanff University Archivist, History of Science and Technology Program, Collection number: Banc MSS85/96 c and Microfilm number BANC FILM 3429 (http://pdf.oac.cdlib.org/pdf/berkeley/bancroft/m85_96_cubanc.pdf

[CCC] Churchill College Cambridge CCC, CB2 1TQ, https://www.chu.cam.ac.uk/archives/

[CCT] Trinity College Library, Cambridge, archives@trin.cam.ac.uk

[DMA] Deutsches Museum München

[EIN] Albert Einstein Archives, The Hebrew University of Jerusalem, Jerusalem, Israel and Einstein Papers Project, California Institute of Technology MC 20-7, 1200 E. California Blvd., Pasadena, CA 91125, USA

[ETHZ] ETH-Bibliothek Zürich, Archive, http://www.sr.ethbib.ethz.ch/

[KRA2011] Privater Besitz von K. Krakow, Frankfurt-Niederrad, Deutschordenstr. 7; private Mitteilung 2011

[NBA] Niels Bohr Archive Kopenhagen, Blegdamsvej 17, DK-2100 Copenhagen, Denmark

[NOB] The Nobel Population 1901–1950, A census 2002 The Royal Swedish Academy, Produced by Universal Academy Press, Inc.); http://www.nobelprize.org/nomination/archive/ und http://www.nobelprize.org/, Center for History of Science, The Royal Swedish Academy of Sciences, Box 50005, SE-104 05 Stockholm, Sweden, http://www.center.kva.se/English/Center.htm

[NYU] New York University Archives; https://archive.nyu.edu/

[SBB] Staatsbibliothek zu Berlin, Preußischer Kulturbesitz, Unter den Linden 8 10117 Berlin; http://staatsbibliothek-berlin.de/die-staatsbibliothek/kontakt/

[UAF] Archiv der Universität Frankfurt UAF, Johann Wolfgang Goethe-Universität Frankfurt am Main, Michael Maaser, Senckenberganlage 31–33, 60325 Frankfurt

[UAHH] Universitätsarchiv Hamburg; http://www.hamburg.de/staatsarchiv/

[UAR] Universitätsarchiv Rostock Universitätsbibliothek Universitätsplatz 1, 18055 Rostock, Personalakte Otto Stern, urlhttp://www.ub.uni-rostock.de/ub/xAboutUs/archiv_xde.shtml

[UBF] Universitätsbibliothek Johann Christian Senckenberg, Goethe-Universität Frankfurt am Main | Campus Bockenheim

[TEM] Nachlass Otto Sterns, Diana Templeton-Killen, Stanford, Alan Templeton, Oakland, CA

[WIE] Aktives Museum Spiegelgasse für Deutsch-Jüdische Geschichte in Wiesbaden e. V.; http://www.am-spiegelgasse.de/wp-content/html/stolpersteine/data/info/stern_clara.pdf; AB M 69 0215

Personenregister

M

N

Y

Z

Sachregister

MIX
Papier aus verantwortungsvollen Quellen
Paper from responsible sources
FSC® C105338

If you have any concerns about our products,
you can contact us on
ProductSafety@springernature.com

In case Publisher is established outside the EU,
the EU authorized representative is:
Springer Nature Customer Service Center GmbH
Europaplatz 3, 69115 Heidelberg, Germany

Printed by Libri Plureos GmbH
in Hamburg, Germany